Teubner Studienbücher

Mathematik

Ahlswede/Wegener: **Suchprobleme**
328 Seiten. DM 28,80

Ansorge: **Differenzenapproximationen partieller Anfangswertaufgaben**
298 Seiten. DM 29,80 (LAMM)

Böhmer: **Spline-Funktionen**
Theorie und Anwendungen. 340 Seiten. DM 28,80

Bröcker: **Analysis in mehreren Variablen**
einschließlich gewöhnlicher Differentialgleichungen und des Satzes von Stokes
VI, 361 Seiten. DM 29,80

Clegg: **Variationsrechnung**
138 Seiten. DM 18,80

Collatz: **Differentialgleichungen**
Eine Einführung unter besonderer Berücksichtigung der Anwendungen
5. Aufl. 226 Seiten. DM 24,80 (LAMM)

Collatz/Krabs: **Approximationstheorie**
Tschebyscheffsche Approximation mit Anwendungen. 208 Seiten. DM 28,–

Constantinescu: **Distributionen und ihre Anwendung in der Physik**
144 Seiten. DM 19,80

Fischer/Sacher: **Einführung in die Algebra**
2. Aufl. 240 Seiten. DM 19,80

Floret: **Maß- und Integrationstheorie**
Eine Einführung. 360 Seiten. DM 29,80

Grigorieff: **Numerik gewöhnlicher Differentialgleichungen**
Band 1: Einschrittverfahren. 202 Seiten. DM 18,80
Band 2: Mehrschrittverfahren. 411 Seiten. DM 29,80

Hainzl: **Mathematik für Naturwissenschaftler**
3. Aufl. 376 Seiten. DM 29,80 (LAMM)

Hässig: **Graphentheoretische Methoden des Operations Research**
160 Seiten. DM 26,80 (LAMM)

Hilbert: **Grundlagen der Geometrie**
12. Aufl. VII, 271 Seiten. DM 25,80

Jaeger/Wenke: **Lineare Wirtschaftsalgebra**
Eine Einführung
Band 1: vergriffen
Band 2: IV, 160 Seiten. DM 19,80 (LAMM)

Jeggle: **Nichtlineare Funktionalanalysis**
Existenz von Lösungen nichtlinearer Gleichungen. 255 Seiten. DM 24,80

Kall: **Mathematische Methoden des Operations Research**
Eine Einführung. 176 Seiten. DM 24,80 (LAMM)

Kochendörffer: **Determinanten und Matrizen**
IV, 148 Seiten. DM 17,80

Fortsetzung auf der 3. Umschlagseite

Teubner Studienbücher Mathematik

J. Hainzl

Mathematik für Naturwissenschaftler

Leitfäden der angewandten Mathematik und Mechanik LAMM

Band 19

Die Lehrbücher dieser Reihe sind einerseits allen mathematischen Theorien und Methoden von grundsätzlicher Bedeutung für die Anwendung der Mathematik gewidmet; andererseits werden auch die Anwendungsgebiete selbst behandelt. Die Bände der Reihe sollen dem Ingenieur und Naturwissenschaftler die Kenntnis der mathematischen Methoden, dem Mathematiker die Kenntnisse der Anwendungsgebiete seiner Wissenschaft zugänglich machen. Die Werke sind für die angehenden Industrie- und Wirtschaftsmathematiker, Ingenieure und Naturwissenschaftler bestimmt, darüber hinaus aber sollen sie den im praktischen Beruf Tätigen zur Fortbildung im Zuge der fortschreitenden Wissenschaft dienen.

Mathematik für Naturwissenschaftler

Von Dr. rer. nat. Josef Hainzl
Professor an der Gesamthochschule Kassel

3., durchgesehene und erweiterte Auflage
Mit 67 Figuren, 260 Übungsaufgaben
und zahlreichen Beispielen

Springer Fachmedien
Wiesbaden GmbH 1981

Prof. Dr. rer. nat. Josef Hainzl

Geboren 1934 in Reiterschlag, ČSR. Von 1954 bis 1962 Studium der Mathematik und Physik in Stuttgart und Tübingen. 1959 Staatsexamen, 1962 Promotion in Tübingen. Von 1962 bis 1965 wiss. Mitarbeiter am Freiburger Institut für Angewandte Mathematik und Mechanik der Deutschen Versuchsanstalt für Luft- und Raumfahrt. Von 1965 bis 1973 wiss. Assistent, Akad. Rat / Oberrat am Institut für Angewandte Mathematik der Universität Freiburg. Seit 1973 Professor an der Gesamthochschule Kassel.

CIP-Kurztitelaufnahme der Deutschen Bibliothek

Hainzl, Josef:
Mathematik für Naturwissenschaftler / von Josef Hainzl.
– 3., durchges. u. erw. Aufl. –
Stuttgart : Teubner, 1981
(Leitfäden der angewandten Mathematik und Mechanik ;
Bd. 19)
Erscheint auch als: Teubner-Studienbücher :
Mathematik

ISBN 978-3-519-22326-9 ISBN 978-3-322-99979-5 (eBook)
DOI 10.1007/978-3-322-99979-5

NE: GT

Ursprünglich erchienen bei B.G. Teubner, Stuttgart 1981
Umschlaggestaltung: W. Koch, Sindelfingen

Vorwort

Dieses Buch ist die Ausarbeitung und Weiterentwicklung einer Vorlesung, die für Naturwissenschaftler an der Universität Freiburg gehalten wurde. Angesprochen sind vor allem Studenten der Biologie, der Chemie und der Mineralogie; aber auch angehenden Physikern sollte die Lektüre dabei helfen, sich die bereits im ersten Semester gebrauchten Mathematikkenntnisse rasch anzueignen.

Vorausgesetzt wird nur elementarer Schulstoff. Der Inhalt umfaßt die wichtigsten Techniken der Analysis (Differential- und Integralrechnung, elementare Funktionen, Fourierreihen, gewöhnliche Differentialgleichungen) und das Notwendigste aus der analytischen Geometrie und linearen Algebra (Vektorrechnung, Matrizen, lineare Gleichungssysteme und Determinanten, Symmetriegruppen). Hinzu kamen in der 3. Auflage zwei Kapitel über Wahrscheinlichkeitsrechnung und Statistik (wichtige Verteilungen, Erwartungswert und Varianz, Zufallsstichproben, Schätzen und Testen).

Zur Art der Darstellung: Die Mathematik erscheint nicht als Selbstzweck, sondern als Hilfswissenschaft. Fragestellungen und Begriffsbildungen werden nach Möglichkeit von den Anwendungen her motiviert. An die Stelle allgemeiner Beweise treten oft Beweise für einfachere Sonderfälle. Viele Aussagen bleiben ganz unbewiesen. Sie werden dann durch umso mehr Beispiele erläutert und plausibel gemacht. Generell galt die Devise: Zahlreiche Beispiele, darunter möglichst viele aus den einzelnen Naturwissenschaften.

Nach jedem größeren Abschnitt findet man eine Sammlung von Übungsaufgaben. Für die meisten davon – durch * gekennzeichnet – sind die Ergebnisse am Ende des Buches kurz angegeben.

Auf weitergehende mathematische Literatur wurde kaum hingewiesen, da dem Leser dafür ohnehin die Zeit fehlen wird. Die in eckigen Klammern stehenden Literaturangaben gehören in der Regel zu Anwendungsbeispielen.

Die Anzahl der Figuren im Text wurde absichtlich beschränkt, denn erfahrungsgemäß lernt der Leser mehr von den Zeichnungen oder Skizzen, die er selbst anfertigt. Und dazu wird er an vielen Stellen des Buches aufgefordert. Papier und Bleistift sind daher bei der Lektüre unentbehrlich.

Dem Herausgeber danke ich für die Ermunterung, dieses Buch zu schreiben, und dem Verlag für die sorgfältige Drucklegung.

Kassel, im Frühjahr 1980 J. Hainzl

Inhalt

1. Zahlbereiche und Funktionsbegriff

In diesem einführenden Kapitel werden die reellen und die komplexen Zahlen mit ihren wesentlichen Eigenschaften vorgestellt. Weiter führen wir den Funktionsbegriff ein und behandeln dann einige einfache Funktionen, die schon aus der Schule bekannt sind.

1.1. Die reellen Zahlen

1.1.1. Die rationalen Zahlen. Zu den elementarsten Bereichen innerhalb der Schulmathematik gehört das Bruchrechnen, also das Addieren, Subtrahieren, Multiplizieren und Dividieren von Brüchen wie 2/3 und 12/8. Allgemein haben diese „gebrochenen" Zahlen die Form a/b, wo a und b beliebige ganze Zahlen sind mit der einzigen Einschränkung $b \neq 0$. Zwei solche Brüche werden jedoch nur dann als verschiedene Zahlen betrachtet, wenn der eine Bruch nicht aus dem anderen durch Kürzen oder Erweitern hervorgeht. Die auf diese Weise als verschieden geltenden Brüche heißen rationale Zahlen; ihre Gesamtheit, die Menge der rationalen Zahlen, wird in der Regel mit dem (an „Quotient" erinnernden) Symbol $\mathbb{Q}$ bezeichnet. $r \in \mathbb{Q}$ wird also im weiteren bedeuten: r ist eine rationale Zahl.

Der Zahlbereich $\mathbb{Q}$ enthält zwei besonders ausgezeichnete Teilmengen: Die Menge der natürlichen Zahlen

$$\mathbb{N} := \{1, 2, 3, \dots\}$$ [1]

und die Menge der ganzen Zahlen

$$\mathbb{Z} := \{0, \pm 1, \pm 2, \pm 3, \dots\}.$$

Offensichtlich gilt die Enthaltenseinsbeziehung

$$\mathbb{N} \subset \mathbb{Z} \subset \mathbb{Q}.$$

Beim Aufbau des rationalen Zahlbereichs geht man von den einfachsten Zahlen, nämlich $\mathbb{N}$, aus und nimmt in zwei Schritten jeweils neue Typen von Zahlen hinzu; so gelangt man von $\mathbb{N}$ zu $\mathbb{Z}$ und von $\mathbb{Z}$ zu $\mathbb{Q}$. Das Ziel dieser fortschreitenden Erweiterung des Zahlbereichs ist, die arithmetischen Unzulänglichkeiten der jeweils erreichten Stufe noch weiter zu mildern. Die Mängel der natürlichen Zahlen liegen auf der Hand: Von den vier Grundrechnungsarten sind nur die Addition und die Multiplikation von zwei Zahlen immer ausführbar. Der Übergang von $\mathbb{N}$ zu $\mathbb{Z}$ beseitigt diese Mängel nur zum Teil: Der Quotient von zwei ganzen Zahlen ist nicht in jedem Fall wieder eine ganze Zahl. Erst durch den zweiten Erweiterungsschritt von $\mathbb{Z}$ zu $\mathbb{Q}$ wird auch dieser

---

[1]) Durch das Symbol := wird für die rechts stehende Menge die links stehende Bezeichnung eingeführt.

Nachteil behoben. Jede der vier Grundrechnungsarten ist jetzt unbeschränkt ausführbar, keine führt mehr aus dem Bereich der rationalen Zahlen heraus.

Bemerkung: Eine Ausnahme besteht bei der Division. In keinem der hier betrachteten Zahlenbereiche läßt sich die Division durch 0 vernünftig definieren. Denn Division von a durch b bedeutet ja nichts anderes als die Auflösung der Gleichung $bx = a$ nach x. Für $b = 0$ ist aber $bx = 0$ für alle $x \in \mathbf{Q}$, so daß es für die Gleichung $bx = a$ dann entweder keine Lösung $x \in \mathbf{Q}$ gibt (wenn $a \neq 0$ ist) oder unendlich viele (für $a = 0$).

Man kann mit den rationalen Zahlen nicht nur in der erwähnten Weise rechnen, sie lassen sich darüber hinaus auch der Größe nach vergleichen oder anordnen, d.h., für beliebige Zahlen $r, s \in \mathbf{Q}$ gilt genau eine der drei Beziehungen $r < s$, $r = s$, $r > s$. Diese Anordnungsfähigkeit ermöglicht eine sehr wichtige Veranschaulichung der rationalen Zahlen als Punkte auf einer Geraden (Fig. 1).

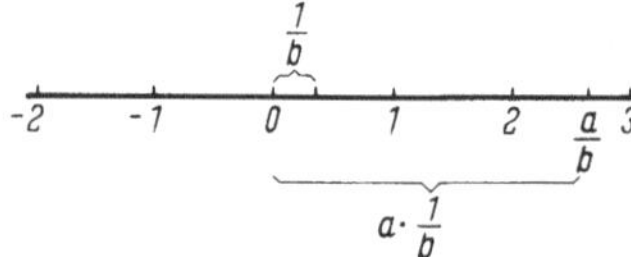

Fig. 1 Zahlengerade

Man wählt auf einer etwa horizontal verlaufenden Geraden einen Nullpunkt O und (im allgemeinen rechts davon) einen Einheitspunkt 1. Dann wird auf folgende Weise eine Abbildung der rationalen Zahlen auf Punkte dieser Zahlengeraden festgelegt: Dem Bruch a/b, dessen Nenner b als natürliche Zahl angenommen werden kann, wird derjenige Punkt der Zahlengeraden zugeordnet, der sich als Endpunkt ergibt, wenn man den b-ten Teil der Einheitsstrecke $O1$ von O aus a-mal nach rechts bzw. $(-a)$-mal nach links abträgt, je nachdem ob $a > 0$ oder $a < 0$ gilt. Wichtig bei dieser Abbildung ist, daß die Anordnung erhalten bleibt: Der Bildpunkt von $r \in \mathbf{Q}$ liegt genau dann links des Bildpunktes von $s \in \mathbf{Q}$, wenn $r < s$ ist.

Geht man umgekehrt statt von den Zahlen von der viel anschaulicheren Zahlengeraden aus, so läßt sich die angegebene Darstellung der rationalen Zahlen als Punkte jetzt interpretieren als eine Vorschrift für das Messen von Strecken, also für die Längenmessung, wobei als Maßeinheit die Strecke $O1$ auf der Zahlengeraden gewählt wird: Ist R der Bildpunkt von $r \in \mathbf{Q}$, $r > 0$, so wird der Strecke OR als Maß für ihre Länge die Zahl r zugeordnet. Erst diese Zuordnung eröffnet die Möglichkeit, geometrische Gebilde durch Zahlen zu beschreiben („analytische Geometrie") und Naturvorgänge quantitativ zu erfassen, also Naturwissenschaft zu betreiben. Aber bilden die rationalen Zahlen dazu bereits ein hinreichend feines Instrument? Kann man zum Beispiel mit den rationalen Zahlen schon jede Strecke messen, oder anders gefragt: Ist jeder Punkt auf der Zahlengeraden auch Bildpunkt einer rationalen Zahl? Nein. Zum Beispiel wäre in einem Quadrat, dessen Seiten die Länge der Einheitsstrecke $O1$ haben, den Diagonalen als Maß eine Zahl r mit $r^2 = 2$ zuzuordnen. Eine solche Zahl gibt es aber in $\mathbf{Q}$ bekanntlich nicht. Ebenso würde man von einem Zahlensystem, das zur Beschreibung der realen Welt geeignet sein soll, aus rein anschaulichen Gründen erwarten, daß etwa der Umfang oder die Fläche einer Kreisscheibe mit dem Radius 1 eine in diesen Zahlen angebbare Länge bzw. einen Inhalt besitzt. Auch hier versagt **Q**, denn 2π und π sind keine rationalen Zahlen.

So ergibt sich die Notwendigkeit, **Q** zu einem noch leistungsfähigeren Zahlensystem zu erweitern, wie es analog bereits mit **N** und **Z** geschehen ist. Für diese Erweiterung, die zu den reellen Zahlen führt, gibt es verschiedene gleichwertige Möglichkeiten. Wir schlagen hier den Weg über die Dezimalbrüche ein.

1.1.2. Dezimalzahlen. Aus der Schule ist bekannt, daß sich jeder Bruch a/b in der Form eines abbrechenden oder periodischen Dezimalbruches schreiben läßt.

Beispiele: $\frac{3}{5} = 0{,}6$; $\frac{1}{6} = 0{,}1666\ldots = 0{,}1\overline{6}\ldots$; $\frac{8}{7} = 1{,}\overline{142857}\ldots$

Auch die Umkehrung ist richtig: Jeder abbrechende oder periodische Dezimalbruch stellt eine rationale Zahl dar. Diese Aussage sei ebenfalls nur an Beispielen erläutert:

$$0{,}\overline{5}\ldots = \frac{5}{9}; \quad 0{,}\overline{81}\ldots = \frac{81}{99}; \quad 0{,}\overline{732}\ldots = \frac{732}{999}; \quad 4{,}63\overline{71}\ldots = 4 + \frac{63}{100} + \frac{71}{9900}$$

Es ist jedoch möglich, daß zwei verschiedenen Dezimalbrüchen ein- und dieselbe rationale Zahl entspricht; z.B. wird $1/2$ von $0{,}5$ und von $0{,}4\overline{9}\ldots$ dargestellt. Dieser Schönheitsfehler, der die umkehrbar eindeutige Zuordnung zwischen periodischen Dezimalbrüchen und rationalen Zahlen stört, kann dadurch behoben werden, daß man nur nichtabbrechende Dezimalbrüche zuläßt. Für $9/20$ wäre dann nicht $0{,}45$ sondern $0{,}44\overline{9}\ldots$ als die Dezimalbruchdarstellung zu wählen. Nachdem man so die rationalen Zahlen mit den nichtabbrechenden periodischen Dezimalbrüchen identifizieren (= gleichsetzen) kann, bietet sich folgende Erweiterung von **Q** auf natürliche Weise an: *Man nimmt zu den periodischen noch alle anderen nichtabbrechenden Dezimalbrüche hinzu und definiert die reellen Zahlen als die so entstehende Menge* **R** *aller nichtabbrechenden Dezimalbrüche.*

Die Zahlen aus **R****Q** sind nach Definition also nichtperiodische Dezimalbrüche und heißen irrationale Zahlen. Dazu gehören z.B. $\sqrt{2} = 1{,}41421356\ldots$, $\sqrt{3} = 1{,}7320508\ldots$ oder allgemeiner $\sqrt[n]{p}$, wo p eine Primzahl und n eine der Zahlen 2, 3, 4, ... ist. Auch $\pi = 3{,}141592653\ldots$ und alle positiven ganzzahligen Potenzen von π sind irrational. Wie sich zeigen wird, ist dieses neue Zahlensystem **R** im Gegensatz zu **Q** nun so reichhaltig, daß z.B. jedes „vernünftige" Kurvenstück eine durch eine reelle Zahl ausdrückbare Länge hat oder daß jeder vernünftig berandeten Fläche ein Inhalt zukommt, der ebenfalls durch eine reelle Zahl festgelegt ist. Dies mag die Hoffnung stützen, daß die reellen Zahlen zur quantitativen Beschreibung der Natur durchaus geeignet sein werden.

1.1.3. Rechnen mit reellen Zahlen. Wie darf nun mit diesen neuen Zahlen gerechnet werden? Man kann beweisen, daß alle Rechenregeln sich von **Q** auf **R** vererben. Dieser Nachweis soll hier jedoch nicht geführt werden. Wir begnügen uns damit, diese Tatsache aus der Konstruktion der reellen Zahlen als nichtabbrechende Dezimalbrüche an Hand von Beispielen plausibel zu machen. Betrachten wir wieder die irrationale Zahl $\pi = 3{,}141592653\ldots$ und dazu die Folge der rationalen Zahlen

$$a_0 = 3, \quad a_1 = \frac{31}{10}, \quad a_2 = \frac{314}{100}, \quad a_3 = \frac{3141}{1000}, \quad a_4 = \frac{31415}{10000}, \ldots$$

Offenbar unterscheidet sich π von den Zahlen a_k um weniger als 10^{-k} für alle $k = 0, 1, 2, \ldots$ Da dieser Unterschied gegen 0 strebt, wenn man für k immer größere Zahlen einsetzt, kann man sagen: π läßt sich so gut, wie man nur möchte, durch rationale Zahlen annähern. Dies gilt ganz allgemein:

Jede irrationale Zahl läßt sich beliebig gut durch rationale Zahlen approximieren.

Damit können nun die Rechenoperationen in naheliegender Weise von **Q** auf **R** übertragen werden. Wie sieht diese Übertragung zum Beispiel bei der Addition aus? Wie ist etwa die reelle Zahl $\sqrt{2} + \sqrt{3}$ definiert? $\sqrt{2} = 1{,}4142135\ldots$ wird approximiert durch die rationalen Zahlen $b_0 = 1$; $b_1 = 1{,}4$; $b_2 = 1{,}41$; $b_3 = 1{,}414$; .... $\sqrt{3} = 1{,}7320508\ldots$ läßt sich entsprechend annähern durch $c_0 = 1$; $c_1 = 1{,}7$; $c_2 = 1{,}73$; $c_3 = 1{,}732$; .... Die rationalen Zahlen $s_k = b_k + c_k$ sind nun für alle $k = 0, 1, 2, \ldots$ wohldefiniert und nähern sich bei wachsendem k einem bestimmten Dezimalbruch. Dieser wird als Summe $\sqrt{2} + \sqrt{3}$ erklärt. Die Addition von irrationalen Zahlen wird also im wesentlichen auf die Addition von rationalen Zahlen zurückgeführt, und Entsprechendes gilt auch für die übrigen Rechenoperationen. Damit leuchtet ein, daß auch die in **Q** gültigen Rechen*regeln* in **R** erhalten bleiben. Ebenso wird deutlich, daß bei konkret auszuführenden Rechnungen im Bereich der reellen Zahlen doch immer nur mit approximierenden rationalen Zahlen gerechnet wird. Das Ergebnis ist dann zwar auch nur eine rationale Näherung an die gesuchte reelle Zahl, entscheidend aber ist, daß man diese Näherung beliebig genau machen kann.

Nicht nur die Grundgesetze der Arithmetik übertragen sich von **Q** auf **R** (sie werden als elementare Schulkenntnisse hier nicht mehr einzeln aufgeführt); auch die *Anordnung* der rationalen Zahlen läßt sich zu einer Anordnung der reellen Zahlen fortsetzen. Ihre wesentlichen Eigenschaften seien (ohne Beweis) angegeben:

(1) Aus $a > 0$, $b > 0$ folgt $a + b > 0$ und $ab > 0$.

In vielen Anwendungsgebieten, z.B. bei der Untersuchung von Schwingungsvorgängen, ist es nützlich, einen noch umfassenderen Zahlenbereich als **R** zur Verfügung zu haben. Das sind die komplexen Zahlen, die nun noch eingeführt werden sollen. Dieser letzte Erweiterungsschritt von den reellen zu den komplexen Zahlen bringt aber neben Vorteilen auch einen Nachteil mit sich: Die komplexen Zahlen lassen sich nicht mehr anordnen.

1.2. Die komplexen Zahlen

1.2.1. Definition und Darstellung der komplexen Zahlen. Der Übergang von **Q** zu **R** wurde gleichsam von der Anschauung erzwungen. Zu den komplexen Zahlen gelangt man dagegen durch eine formale Überlegung: Man wünscht ein Zahlensystem, in dem möglichst alle Gleichungen eine Lösung haben. In **R** besitzt zwar jede *lineare* Gleichung

$$ax + b = 0; \quad a, b \in \mathbf{R}, \quad a \neq 0$$

eine Lösung $x = -b/a$, aber schon unter den quadratischen Gleichungen gibt es welche, die nicht lösbar sind. Zum Beispiel erfüllt kein $x \in \mathbf{R}$ die Gleichung $x^2 + 1 = 0$. Dies läßt sich mit Hilfe der Anordnungseigenschaften (1) „indirekt" beweisen. Dazu wird angenommen, daß es doch eine Zahl $x \in \mathbf{R}$ mit $x^2 + 1 = 0$ gibt. Dann ist sicher $x \neq 0$, also $x > 0$ oder $-x > 0$. Aus (1) folgt nun $x^2 = xx = (-x)(-x) > 0$ und $x^2 + 1 > 0$, was der Annahme $x^2 + 1 = 0$ widerspricht. Die Annahme muß also falsch sein.

Wie man rein formal jeder quadratischen Gleichung Lösungen verschaffen kann, ist wiederum aus der Schule bekannt. Man führt als eine Lösung von $x^2 + 1 = 0$ das Symbol i ein, für das also $\mathrm{i}^2 = -1$ gilt, und stellt mit Hilfe der vertrauten Lösungsformel für quadratische Gleichungen

$$(2) \qquad px^2 + qx + r = 0; \quad p, q, r \in \mathbf{R}, \quad p \neq 0$$

fest, daß man so bereits jeder Gleichung (2) zwei „Lösungen" der Gestalt

$$a + \mathrm{i}b, \quad a - \mathrm{i}b \quad (a, b \in \mathbf{R})$$

zuordnen kann[1]). Überraschenderweise leisten die Symbole $a + \mathrm{i}b$ aber noch eine ganze Menge mehr (vgl. Abschn. 1.2.4), so daß man sich berechtigt sieht, sie zu einem neuen Zahlenbereich zusammenzufassen. Wir definieren also die komplexen Zahlen als die Menge

$$\mathbf{C} := \{a + \mathrm{i}b;\ a, b \in \mathbf{R}\},$$

wobei zwei Zahlen $a + \mathrm{i}b$ und $c + \mathrm{i}d$ genau dann als gleich gelten, wenn $a = c$ und $b = d$ ist. a heißt der Realteil, b der Imaginärteil der komplexen Zahl $z = a + \mathrm{i}b$, kurz: $a = \mathrm{Re}(z)$, $b = \mathrm{Im}(z)$. Zwei Zahlen $a + \mathrm{i}b$ und $a - \mathrm{i}b = a + \mathrm{i}(-b)$ heißen konjugiert komplex. $\mathbf{R}$ besteht offenbar aus genau denjenigen komplexen Zahlen, deren Imaginärteil Null ist, d. h., es gilt $\mathbf{R} \subset \mathbf{C}$. Die komplexen Zahlen mit verschwindendem Realteil, also die Zahlen $\mathrm{i}b$ ($b \in \mathbf{R}$, $b \neq 0$) heißen rein imaginär.

In Anbetracht dieser unanschaulichen Definition der komplexen Zahlen ist eine anschauliche Darstellung für sie äußerst wünschenswert. Wir haben gesehen, daß die reellen Zahlen als Punkte auf einer Geraden (Zahlengerade) gedeutet werden können. Da nun jede komplexe Zahl $z = x + \mathrm{i}y$ durch das reelle Zahlenpaar (x, y) festgelegt ist, läßt sie sich mit Hilfe von zwei Zahlengeraden veranschaulichen. Wählt man diese in Form eines rechtwinkligen Achsenkreuzes (Abszisse und Ordinate) mit gemeinsamem Nullpunkt und gleicher Einheitsstrecke, so ergibt sich die wichtige Interpretation der komplexen Zahlen als Punkte einer Ebene, der Gaußschen Zahlenebene (Fig. 2).

Ein Punkt (x, y) dieser Ebene mit der Abszisse x und der Ordinate y wird als Bild der komplexen Zahl $z = x + \mathrm{i}y$ aufgefaßt. Auf diese Weise erhält man eine umkehrbar eindeutige Zuordnung $(x, y) \leftrightarrow x + \mathrm{i}y$ der Punkte in der Ebene und der Menge $\mathbf{C}$; sie erlaubt, die Ebene mit $\mathbf{C}$ gleichzusetzen. Zum Beispiel entsprechen die Punkte (1,0),

[1]) Die Lösungsformel von (2) lautet $x = \dfrac{-q \pm \sqrt{q^2 - 4pr}}{2p}$.

(0,1), (0, −1), (1, 1) der Reihe nach den Zahlen 1, i, −i, 1+i. Offenbar ist also die Abszisse Trägerin der reellen Zahlen (reelle Achse), während auf der Ordinate alle rein imaginären Zahlen liegen (imaginäre Achse). Je zwei konjugiert komplexe Zahlen liegen spiegelbildlich zur reellen Achse.

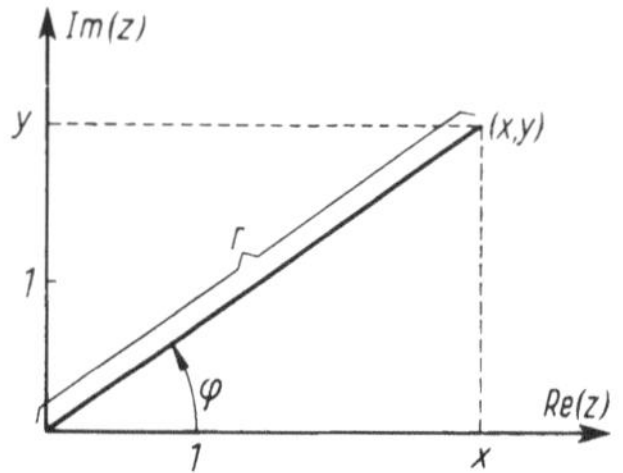

Fig. 2 Gaußsche Zahlenebene

Statt durch Real- und Imaginärteil lassen sich die komplexen Zahlen auch noch auf andere Weise beschreiben, wenn man die Punkte (x, y) der Gaußschen Zahlenebene durch die aus der Schule bekannten Polarkoordinaten r, φ darstellt. Ein Punkt $P \neq O$ wird dabei durch seinen Abstand $r = OP$ vom Nullpunkt und den Winkel φ zwischen der positiven reellen Halbachse und dem durch OP definierten Strahl festgelegt. φ wird im Bogenmaß (d.h. durch die Länge des Bogens, der vom Winkel φ aus dem Kreis um O mit Radius 1 ausgeschnitten wird) gemessen, ist nur bis auf ganzzahlige Vielfache von 2π ($\triangleq 360°$) bestimmt und ist positiv oder negativ, je nachdem, ob die durch φ festgelegte Drehung der positiven reellen Achse in den Strahl OP im Gegenuhrzeigersinn oder im Uhrzeigersinn erfolgt. Der Zusammenhang zwischen den kartesischen Koordinaten (x, y) eines Punktes – der mit diesem Zahlenpaar (x, y) identifiziert wurde – und seinen Polarkoordinaten (r, φ) wird offenbar (vgl. Fig. 2) durch die Gleichungen

(3) $$x = r\cos\varphi, \qquad y = r\sin\varphi$$

hergestellt, die sich für $r > 0$ auch nach r und φ auflösen lassen.

Damit lautet die wichtige Darstellung der komplexen Zahlen durch Polarkoordinaten:

(4) $$z = x + \mathrm{i}y = r(\cos\varphi + \mathrm{i}\sin\varphi).$$

r heißt der Betrag von z: $r = |z|$; φ heißt Argument (auch Arcus = Bogen) von z: $\varphi = \arg z$. Beispiele: $|\mathrm{i}| = 1$, $\arg \mathrm{i} = \pi/2$ oder $= 5\pi/2$ oder $= -3\pi/2$ oder allgemein: $\arg \mathrm{i} = \pi/2 + 2\pi n$ mit $n \in \mathbf{Z}$. $|1 - \mathrm{i}| = \sqrt{2}$, $\arg(1 - \mathrm{i}) = -\pi/4 + 2\pi n$ $(n \in \mathbf{Z})$.

Daß es oft vorteilhaft ist, eine komplexe Zahl durch Betrag und Argument statt durch Real- und Imaginärteil auszudrücken, werden wir schon bei der geometrischen Beschreibung der Rechenoperationen im Bereich $\mathbf{C}$ sehen, denen wir uns jetzt zuwenden.

1.2.2. Das Rechnen mit komplexen Zahlen. Was unter Summe, Differenz, Produkt und Quotient zweier komplexer Zahlen zu verstehen ist, wird nicht schon durch die Art, wie die komplexen Zahlen aus den reellen konstruiert wurden, vorgeschrieben. Man muß diese Verknüpfungen im Bereich $\mathbf{C}$ vielmehr neu definieren, aber natürlich so, daß bei Spezialisierung auf $\mathbf{R}$ die bereits festgelegten Verknüpfungen in $\mathbf{R}$ herauskommen. Diese Forderung ist für die folgenden auch durch formales Rechnen entstehenden Definitionen offenbar erfüllt:

(5) $(a+\mathrm{i}b) \pm (c+\mathrm{i}d) = (a \pm c) + \mathrm{i}(b \pm d)$

(6) $(a+\mathrm{i}b)\cdot(c+\mathrm{i}d) = (ac - bd) + \mathrm{i}(ad + bc)$

(7) $(a+\mathrm{i}b):(c+\mathrm{i}d) = \dfrac{ac+bd}{c^2+d^2} + \mathrm{i}\dfrac{bc-ad}{c^2+d^2}.$

Die letzte Definition (7) gilt dabei nur für $c+\mathrm{i}d \neq 0$, d.h., c und d dürfen nicht beide 0 sein.

Aufgrund dieser Festsetzungen (5), (6), (7) kann man nachrechnen (was hier nicht ausgeführt werden soll), daß sich alle in **R** gewohnten Regeln für die vier Grundrechenarten auch auf **C** übertragen. Als Beispiel sei etwa das Distributivgesetz

$$z(u+v) = zu + zv$$

genannt, das nun auch für beliebige komplexe Zahlen z, u, v gilt.

Um die in (5), (6), (7) definierten Verknüpfungen etwas anschaulicher zu machen und damit besser zu verstehen, untersuchen wir jetzt, welche geometrische Bedeutung diesen Operationen in der Gaußschen Zahlenebene zukommt.

Beginnen wir mit der Addition bzw. Subtraktion von zwei komplexen Zahlen $z_1 = a + ib$, $z_2 = c + id$. Falls die Punkte O, z_1, z_2 nicht auf einer Geraden liegen (worauf wir uns hier beschränken können), verlangt die Vorschrift (5) eine Parallelogramm-Konstruktion zur Gewinnung von $z_1 + z_2$ und $z_1 - z_2$: Aus Fig. 3 ist zu ent-

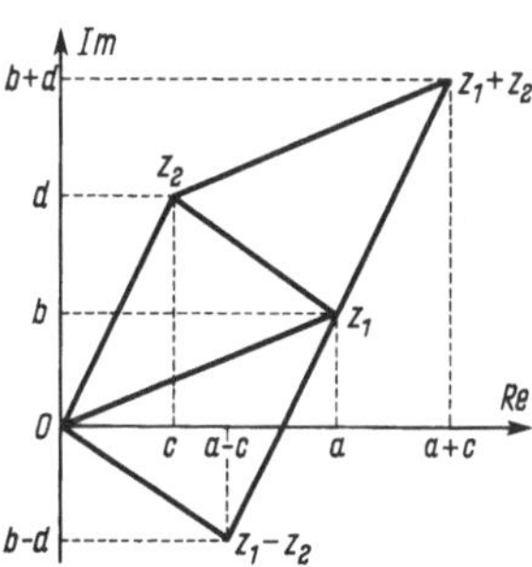

Fig. 3 Addition und Subtraktion in der Gaußschen Zahlenebene

nehmen: $z_1 + z_2$ ist die zu ergänzende Ecke des Parallelogramms mit den Seiten $\overline{Oz_1}$ und $\overline{Oz_2}$. Wegen $z_1 = z_2 + (z_1 - z_2)$ folgt dann auch: $z_1 - z_2$ ist die zu ergänzende Ecke des Parallelogramms mit den Seiten $\overline{z_2 O}$ und $\overline{z_2 z_1}$. $z_1 - z_2$ läßt sich auch durch Addition von z_1 und $-z_2$ konstruieren, wobei $-z_2$ aus z_2 durch Spiegelung am Nullpunkt hervorgeht.

Zur Veranschaulichung der Multiplikation und Division von $z_1, z_2 \in \mathbf{C}$ in der Gaußschen Zahlenebene empfiehlt es sich, diese Zahlen durch Betrag und Argument auszudrücken. Es sei also

(8) $z_1 = r_1(\cos\alpha + \mathrm{i}\sin\alpha)$

(9) $$z_2 = r_2(\cos\beta + \mathrm{i}\sin\beta).$$

Dann erhält man unter Verwendung der aus der Schule bekannten Additionstheoreme für die Funktionen sin und cos (vgl. (79), (80)) aus der Vorschrift (6):

(10) $$\begin{aligned} z_1 z_2 &= r_1 r_2 (\cos\alpha\cos\beta - \sin\alpha\sin\beta) + \mathrm{i} r_1 r_2 (\cos\alpha\sin\beta + \sin\alpha\cos\beta) \\ &= r_1 r_2 \big(\cos(\alpha+\beta) + \mathrm{i}\sin(\alpha+\beta)\big), \end{aligned}$$

das heißt

(11) $$|z_1 z_2| = r_1 r_2 = |z_1| \cdot |z_2|$$

(12) $$\arg(z_1 z_2) = \alpha + \beta = \arg z_1 + \arg z_2,$$

oder in Worten:

Bei der Produktbildung multiplizieren sich die Beträge, während sich die Argumente addieren.

Durch dieses Ergebnis kann der Punkt $z_1 z_2$ in der Gaußschen Zahlenebene leicht konstruiert werden. Man zeige als Übungsaufgabe: Der Punkt $z_1 z_2$ ist durch die Forderung festgelegt, daß die Dreiecke $(O, 1, z_1)$ und $(O, z_2, z_1 z_2)$ einander ähnlich sind. Skizze!

Nun fehlt noch die Veranschaulichung der Division. Sie läßt sich jedoch wegen $z_1/z_2 = z_1 \cdot 1/z_2$ auf die Multiplikation zurückführen, wenn Betrag und Argument von $1/z_2$ bekannt sind. Aus (7) (mit $a = 1$, $b = 0$) und (9) folgt

$$\frac{1}{z_2} = \frac{1}{r_2}(\cos\beta - \mathrm{i}\sin\beta) = \frac{1}{r_2}\big(\cos(-\beta) + \mathrm{i}\sin(-\beta)\big),$$

also

$$\left|\frac{1}{z_2}\right| = \frac{1}{|z_2|}, \quad \arg\frac{1}{z_2} = -\arg z_2$$

Dies zusammen mit (11), (12) liefert offenbar

(13) $$\left|\frac{z_1}{z_2}\right| = \frac{|z_1|}{|z_2|}, \quad \arg\frac{z_1}{z_2} = \arg z_1 - \arg z_2.$$

oder in Worten:

Bei der Quotientenbildung dividieren sich die Beträge, während sich die Argumente subtrahieren.

Damit ist auch z_1/z_2 in der Gaußschen Zahlenebene leicht zu konstruieren (Übungsaufgabe!).

1.2.3. Beträge und Ungleichungen. Eine Aussage wie $a < b$ hat nur Sinn, wenn a und b reelle Zahlen sind, denn der Bereich $\mathbf{C}$ ist nicht angeordnet. Man kann auf solche Ungleichungen jedoch auch beim Rechnen mit komplexen Zahlen stoßen, etwa dann, wenn man sich nur für die jeweiligen Beträge interessiert. Denn der Betrag $|z|$ einer komplexen Zahl $z = x + \mathrm{i}y$ ist nach Definition

(14) $$|z| = |x + \mathrm{i}y| = \sqrt{x^2 + y^2}$$

eine reelle (nichtnegative) Zahl. Durch (14) ist natürlich auch für reelle Zahlen ein Betrag definiert. Er lautet für $x \in \mathbf{R}$:

(15) $$|x| = \begin{cases} x & \text{falls} \quad x > 0 \quad \text{oder} \quad x = 0, \quad \text{kurz: } x \geq 0 \\ -x & \text{falls} \quad x < 0. \end{cases}$$

Mit Hilfe von Beträgen und Ungleichungen lassen sich wichtige Zahlenmengen einfach ausdrücken, die in der Mathematik häufig auftreten.

Beispiele: **a**) Für $z_0 \in \mathbf{C}$, $r > 0$ ist

(16) $$\{z \in \mathbf{C};\ |z - z_0| < r\}$$

die Menge aller Punkte in der Gaußschen Zahlenebene, die im Innern des Kreises um z_0 mit Radius r liegen. Für reelles x_0 ist

(17) $$\{x \in \mathbf{R};\ |x - x_0| \leq r\}$$

die Menge der Punkte auf der Zahlengeraden, die von x_0 höchstens den Abstand r haben, also die Menge aller Zahlen $x \in \mathbf{R}$ mit der Eigenschaft $x_0 - r \leq x \leq x_0 + r$. Mit solchen Zahlenmengen (Umgebungen von z_0 bzw. x_0) kann man u.a. die Genauigkeit von Rechenergebnissen formulieren. $|x - x_0| < 10^{-2}$ bedeutet dann etwa: der berechnete Näherungswert x weicht vom genauen Wert x_0 um weniger als 10^{-2} ab.

b) Für $a < b$ $(a, b \in \mathbf{R})$ werden folgende Intervalle (mit den rechts des Symbols $=:$ stehenden Bezeichnungen) eingeführt:

$\{x \in \mathbf{R};\ a < x < b\}$	$=: (a, b)$	offenes Intervall
$\{x \in \mathbf{R};\ a \leq x \leq b\}$	$=: \langle a, b\rangle$	abgeschlossenes Intervall
$\{x \in \mathbf{R};\ x > a\}$	$=: (a, \infty)$	unbeschränktes (offenes) Intervall

Diese Zahlenmengen (und als Mischformen auch halboffene Intervalle) treten vor allem als Definitionsbereiche von Funktionen auf.

Fürdas Rechnen mit Ungleichungen in $\mathbf{R}$ gelten folgende wichtigen Regeln, die sich alle aus den Anordnungseigenschaften (1) herleiten lassen:

(18) Aus $a < b$ folgt $a + c < b + c$ für alle $c \in \mathbf{R}$

(19) Aus $a < b$, $c < d$ folgt $a + c < b + d$

(20) Aus $a < b$, $c > 0$ folgt $ac < bc$

(21) Aus $a < b$, $c < 0$ folgt $ac > bc$

(22) Aus $0 < a < b$, $c < d$, $d > 0$ folgt $ac < bd$

(23) Aus $0 < a < b$ folgt $0 < b^{-1} < a^{-1}$

Wir beweisen nur die Regeln (20) und (23). Der Beweis für die übrigen sei als Übungsaufgabe gestellt.

Beweis von (20): $a < b$ bedeutet $b - a > 0$. Damit folgt aus (1) $(b - a)\, c > 0$, also $bc - ac > 0$ oder $ac < bc$.

Beweis von (23): Zunächst gilt für beliebiges $c > 0$ auch $c^{-1} > 0$, denn $c^{-1} = 0$ ist unmöglich und aus $-c^{-1} > 0$ ergäbe sich mittels (1) $(-c^{-1})c = -1 > 0$, also wieder etwas Falsches. Aus $0 < a < b$ folgt somit $b - a > 0$, $a^{-1} > 0$, $b^{-1} > 0$, $a^{-1}b^{-1} > 0$. Daraus erhält man wieder mit (1) $a^{-1} - b^{-1} = a^{-1}b^{-1}(b - a) > 0$, d.h., $b^{-1} < a^{-1}$.

Unentbehrlich für das Rechnen mit Beträgen in $\mathbf{R}$ und $\mathbf{C}$ ist die folgende Dreiecksungleichung:

(24) $$|z_1 \pm z_2| \leq |z_1| + |z_2| \quad (z_1, z_2 \in \mathbf{C})$$

die wir wegen ihrer anschaulichen Evidenz nicht beweisen wollen. (Man gebe an Hand von Fig. 3 eine Begründung für den Namen dieser Ungleichung.) Während (24) eine Abschätzung von $|z_1 \pm z_2|$ nach oben bedeutet, liefert die folgende Ungleichung eine Abschätzung nach unten:

(25) $$|z_1 \pm z_2| \geq \big||z_1| - |z_2|\big| \quad \text{für alle} \quad z_1, z_2 \in \mathbf{C}.$$

Auch hierfür sparen wir uns einen strengen Beweis unter Hinweis auf die Veranschaulichung in der Gaußschen Zahlenebene.

Die Dreiecksungleichung (24) läßt sich auf mehr als zwei Summanden ausdehnen. Diese wichtige Verallgemeinerung lautet für beliebige $z_1, \ldots, z_n \in \mathbf{C}$:

(26) $$|z_1 + z_2 + \cdots + z_n| \leq |z_1| + |z_2| + \cdots + |z_n| \quad (n \in \mathbf{N})$$

oder mit dem üblichen Summenzeichen kurz:

$$\left|\sum_{k=1}^{n} z_k\right| \leq \sum_{k=1}^{n} |z_k| \quad (n \in \mathbf{N}).$$

Den Beweis für (26) führen wir durch vollständige Induktion. Das ist ein bedeutsames Beweisverfahren, welches wir bei dieser Gelegenheit kennenlernen.

Die Behauptung (26) ist für alle $n = 1, 2, 3, \ldots$ zu beweisen. Für $n = 1$ ist (26) offenbar richtig. Nun nehmen wir an, daß (26) für irgendein $n \in \mathbf{N}$ bereits als richtig erkannt wurde (Induktionsannahme). Wenn wir aufgrund dieser Annahme dann beweisen können, daß (26) auch für $n + 1$ beliebige komplexe Summanden richtig ist, sind wir fertig. Denn auf diese Weise folgt die Behauptung von $n = 1$ ausgehend der Reihe nach für 2, 3, 4 usw. Summanden, d.h., für alle $n \in \mathbf{N}$.

Es bleibt also der Schluß von n auf $n + 1$ zu beweisen. Dies geschieht durch die Schlußkette

$$\left|\sum_{k=1}^{n+1} z_k\right| = \left|\sum_{k=1}^{n} z_k + z_{n+1}\right| \leq \left|\sum_{k=1}^{n} z_k\right| + |z_{n+1}| \leq \sum_{k=1}^{n} |z_k| + |z_{n+1}| = \sum_{k=1}^{n+1} |z_k|.$$

Die erste Ungleichung folgt dabei aus (24), die zweite aus (18) und der Induktionsannahme

$$\left|\sum_{k=1}^{n} z_k\right| \leq \sum_{k=1}^{n} |z_k|.$$

1.2.4. Tragweite der komplexen Zahlen. Es wurde bereits festgestellt, daß jede quadratische Gleichung (2) durch komplexe Zahlen lösbar ist. Durch den Übergang von $\mathbf{R}$ zu $\mathbf{C}$ gewinnt man jedoch erstaunlicherweise noch weit mehr. Es gilt nämlich der tiefliegende (und hier nicht zu beweisende) Fundamentalsatz der Algebra, der wie folgt ausgesprochen werden kann:

7) *Jedes Polynom n-ten Grades* ($n \in \mathbf{N}$)

$$P_n(x) := x^n + a_{n-1}x^{n-1} + a_{n-2}x^{n-2} + \cdots + a_1 x + a_0, \quad x \in \mathbf{C},$$

it beliebigen komplexen Zahlen („Koeffizienten") $a_0, a_1, \ldots, a_{n-1}$ läßt sich als Pro-ıkt von n Linearfaktoren schreiben, d.h., es gilt für alle $x \in \mathbf{C}$ eine Identität

$$P_n(x) = (x - x_1)(x - x_2)\ldots(x - x_n)$$

ıit geeigneten komplexen Zahlen $x_1, \ldots, x_n$.

ieraus folgt nun unmittelbar, daß *jede Gleichung n-ten Grades*

$$P_n(x) = 0$$

ırch komplexe Zahlen $x_1, \ldots, x_n$ (die nicht alle verschieden sein müssen) *lösbar ist.* nd dies gilt nicht nur für Gleichungen mit reellen Koeffizienten, auch beliebige omplexe Koeffizienten sind nach (27) zugelassen.

n stufenweisen Erweiterungsprozeß der Zahlenbereiche bildet **C** somit einen formal berauß befriedigenden Abschluß. Dennoch bleiben die reellen Zahlen der für den aturwissenschaftler wichtigste Zahlenbereich. Auch in diesem Buch werden die omplexen Zahlen nur dort herangezogen, wo sie eine wesentlich verständlichere, egantere oder kürzere Darstellung des Stoffes bewirken.

bungsaufgaben[1]. **1.*** Man bestimme Real- und Imaginärteil der komplexen Zahlen:

) $\dfrac{1+3\mathrm{i}}{2-\mathrm{i}}$ b) $\dfrac{1}{(4{,}3 + 7{,}1\,\mathrm{i})\left(\frac{1}{2} - \frac{1}{3}\mathrm{i}\right)}$ c) $\dfrac{2+3\mathrm{i}}{1-\mathrm{i}} + (\sqrt{2} - 3{,}1\,\mathrm{i})(1{,}5 + 0{,}5\,\mathrm{i})^3$

* Man berechne Betrag und Argument der komplexen Zahlen:

) $\dfrac{\mathrm{i}}{1+\mathrm{i}}$ b) i^n ($n \in \mathbf{Z}$) c) $\dfrac{1+\sqrt{3}\,\mathrm{i}}{\sqrt{3}+\mathrm{i}}$ d) $\dfrac{1+\mathrm{i}}{1-\mathrm{i}}$ e) $(a + \mathrm{i}b)(a - \mathrm{i}b)$ ($a, b \in \mathbf{R}$)

Mit $\bar{z}$ werde die zu z konjugiert komplexe Zahl bezeichnet; für $z = x + \mathrm{i}y$ ist so $\bar{z} = x - \mathrm{i}y$. Durch einfaches Nachrechnen zeige man die Richtigkeit der Aus-ıgen:

) $z\bar{z} = |z|^2$ b) $\overline{z_1 \pm z_2} = \bar{z}_1 \pm \bar{z}_2$ c) $\overline{z_1 z_2} = \bar{z}_1 \bar{z}_2$ d) $\overline{\left(\dfrac{z_1}{z_2}\right)} = \dfrac{\bar{z}_1}{\bar{z}_2}$.

/ie lassen sich diese Beziehungen in Worte fassen?

. In Verallgemeinerung der Aussagen b), c) von Übungsaufgabe 3 beweise man durch ollständige Induktion ($n \in \mathbf{N}$):

) $\overline{\left(\sum_{k=1}^{n} z_k\right)} = \sum_{k=1}^{n} \bar{z}_k$ b) $\overline{z_1 z_2 \ldots z_n} = \bar{z}_1 \bar{z}_2 \ldots \bar{z}_n$.

[1] Für die mit * versehenen Übungsaufgaben sind die Ergebnisse im Anhang kurz angegeben.

5. Es sei $P_n(x) := x^n + a_{n-1} x^{n-1} + \cdots + a_1 x + a_0$ ein Polynom mit reellen Koeffizienten $a_0, \ldots, a_{n-1}$. Man zeige: Falls $z \in \mathbf{C}$ eine Lösung der Gleichung $P_n(x) = 0$ ist, so löst auch die konjugiert komplexe Zahl $\bar{z}$ diese Gleichung.

Anleitung: Man berechne $\overline{P_n(z)}$ mit Hilfe von Übungsaufgabe 4.

6. Mit Hilfe von (12) beweise man durch vollständige Induktion:

$$(\cos \varphi + \mathrm{i} \sin \varphi)^n = \cos n \varphi + \mathrm{i} \sin n \varphi \qquad (n \in \mathbf{N}).$$

7.* Wie lauten die (sämtlichen) Lösungen der Gleichungen:

a) $x^2 = \mathrm{i}$ b) $x^2 = r(\cos \alpha + \mathrm{i} \sin \alpha)$ $(r > 0)$ c) $x^2 + 2\mathrm{i}x - 1 + \mathrm{i} = 0$.

Anleitung: Man benutze Übungsaufgabe 6 mit $n = 2$.

8.* Man bestimme alle Lösungen der Gleichungen:

a) $x^3 - 1 = 0$ b) $x^3 - \mathrm{i} = 0$ c) $x^4 + 4 = 0$
und zeichne sie als Punkte in die Gaußsche Zahlenebene ein.

Anleitung: Man benutze (10) und Übungsaufgabe 6.

9. Es sei a eine komplexe Zahl mit $|a| = 1$. Ordnet man jedem $z \in \mathbf{C}$ das Bild az zu, so erhält man eine Abbildung der Gaußschen Zahlenebene in sich. Man zeige: diese Abbildung ist eine Drehung um den Nullpunkt mit dem Drehwinkel $\arg a$.

10.* In Abhängigkeit von den festen reellen Zahlen a, b, c $(a > 0)$ bestimme man alle $x \in \mathbf{R}$, für welche $ax^2 + bx + c \leq 0$ ist.

11. Durch vollständige Induktion beweise man für beliebiges $a \in \mathbf{R}$, $a > -1$, die Bernoullische Ungleichung: $(1 + a)^n \geq 1 + na$, $n = 1, 2, 3, \ldots$

1.3. Funktionsbegriff; einfachste Klassen von Funktionen

1.3.1. Beispiele. Für die mathematische Behandlung naturwissenschaftlicher Fragen ist der Begriff der Funktion unentbehrlich. Fast alle quantitativen Aussagen werden hier in die Form eines funktionalen Zusammenhangs gebracht. Ehe wir diesen Funktionsbegriff präzisieren, wollen wir seine zentrale Stellung innerhalb der Naturwissenschaften durch einige Beispiele sichtbar machen.

a) Schallgeschwindigkeit in Luft. Zwischen der in cm/s gemessenen Schallgeschwindigkeit c und der in Grad Celsius gemessenen Lufttemperatur ϑ besteht der Zusammenhang

$$(28) \qquad c = 33150 \sqrt{1 + \frac{\vartheta}{273}},$$

wobei ϑ auf einen bestimmten Temperaturbereich zu beschränken ist. Läßt man diese physikalische Beschränkung außer acht, so kann man sagen: Durch die Beziehung (28) wird jeder reellen Zahl $\vartheta > -273$ (als Maßzahl der Temperatur) genau eine reelle

Zahl c als Maßzahl für die zugehörige Schallgeschwindigkeit zugeordnet. Für $\vartheta = 0$ bzw. $\vartheta = 20$ ergibt sich z.B. $c = 33150$ bzw. $c = 33150\sqrt{1 + \frac{20}{273}} \approx 34343$. Man nennt daher c eine Funktion von ϑ und schreibt zur Verdeutlichung dieser Abhängigkeit manchmal auch $c = c(\vartheta)$ („c von ϑ"). ϑ ist dabei beliebig aus dem Intervall $(-273, \infty)$ vorgebbar und heißt deshalb **unabhängige Veränderliche** (**Variable**), während c nach Wahl von ϑ durch die Vorschrift (28) eindeutig bestimmt ist und daher **abhängige Veränderliche** (**Variable**) genannt wird.

Die auf diese Weise zusammengehörigen Zahlen ϑ und c kann man zu Zahlenpaaren (ϑ, c) zusammenfassen und damit als Punkte in einer Ebene veranschaulichen (**Schaubild**). Dies geschieht durch ein (im allgemeinen rechtwinkliges) Achsenkreuz mit der Abszisse ϑ und der Ordinate c (Fig. 4). Null- und Einheitspunkt sind dabei für beide

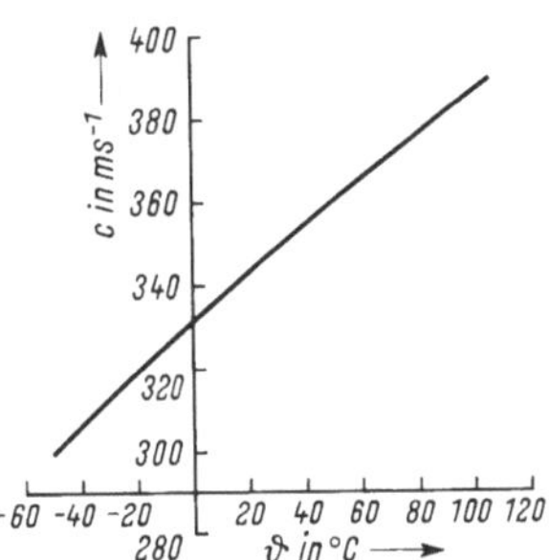

Fig. 4 Schallgeschwindigkeit in Luft

Achsen unabhängig wählbar und sollten so bestimmt werden, daß für den jeweils interessierenden Temperaturbereich, etwa für $-50 \leq \vartheta \leq 100$, der funktionale Zusammenhang zwischen ϑ und c möglichst deutlich sichtbar wird.

b) **Umlaufzeit und Energie eines Erdsatelliten.** Ein künstlicher Satellit von der Masse M (in g = Gramm) umkreise die Erde auf einer Ellipsenbahn mit der großen Halbachse a (in cm). Für einen Umlauf benötigt er die Zeit (in s)

$$\tau = 2\pi \sqrt{\frac{a^3}{3{,}97 \cdot 10^{20}}} \tag{29}$$

und seine Gesamtenergie E (in $\mathrm{gcm^2 s^{-2}}$ gemessen) beträgt bei der in der Physik üblichen Normierung

$$E = -3{,}97 \cdot 10^{20} \cdot \frac{M}{2a}. \tag{30}$$

Durch die Vorschrift (29) wird jeder reellen Zahl a aus einem physikalisch zulässigen Intervall, etwa $6{,}6 \cdot 10^8 \leq a \leq 60 \cdot 10^8$, eindeutig eine reelle Zahl τ zugeordnet; so gehört zu $a = 7{,}43 \cdot 10^8$ (Sputnik 3) der Wert $\tau = 6387$ und zu $a = 27{,}7 \cdot 10^8$ (Explorer 6) der Wert $\tau \approx 46000$. τ ist also eine Funktion von a, $\tau = \tau(a)$. (Man skizziere ein Schaubild). Im allgemeinen läßt sich aber die Umlaufzeit eines Satelliten leichter messen als die große Halbachse seiner elliptischen Bahn, so daß man die Beziehung (29) umgekehrt dazu benutzen möchte, mittels der bekannten Größe τ die unbekannte Größe a zu berechnen. Dies geschieht durch Auflösung der Gleichung (29) nach a:

$$(31) \qquad a = \sqrt[3]{\frac{3{,}97 \cdot 10^{20}}{4\pi^2}\,\tau^2}\,.$$

Beim Übergang von (29) zu (31) haben unabhängige und abhängige Veränderliche ihre Rollen vertauscht. Jetzt wird jedem τ aus einem physikalisch vernünftigen Intervall eindeutig eine reelle Zahl a zugeordnet. Diese Zuordnungsvorschrift (31) heißt Umkehrfunktion von (29). Aus (31) bestimmt man z.B. die Höhe, die ein Satellit haben muß, damit seine Umlaufzeit mit einem Sterntag = 23 h 56 min 4 s übereinstimmt (Nachrichtensatelliten): Für $\tau = 86164$ liefert (31) $a = 42{,}108 \cdot 10^8\,\text{cm} = 42108$ km.

In den bisher betrachteten Funktionen, die durch (28), (29) und (31) definiert sind, tritt jeweils nur eine unabhängige Variable auf; es sind Funktionen einer reellen Veränderlichen. Nicht so die Beziehung (30): Die Gesamtenergie eines Satelliten ist erst durch die Länge a der großen Halbachse seiner Ellipsenbahn und durch seine Masse M vollständig festgelegt. Hier gibt es also zwei unabhängige Variable. Jedem Paar von reellen Zahlen a und M (aus physikalisch sinnvollen Intervallen) wird durch die Vorschrift (30) eindeutig eine reelle Zahl $E = E(a, M)$ (kurz: „E von a und M“) als Maßzahl für die Gesamtenergie zugeordnet. Man nennt E eine Funktion von zwei reellen Veränderlichen. Wie läßt sich nun eine solche Funktion geometrisch veranschaulichen? Da insgesamt drei (zwei unabhängige, eine abhängige) Variable vorkommen, wird man eine Veranschaulichung im allgemeinen nicht mehr in der zweidimensionalen Ebene, sondern im dreidimensionalen Raum versuchen. In einem rechtwinkligen räumlichen Koordinatensystem mit a-Achse, M-Achse und E-Achse (auf denen Null- und Einheitspunkte wieder unabhängig wählbar sind) bestimmt die Menge der Punkte mit den Koordinaten a, M und $E(a, M)$ eine Fläche, die nun als anschauliches Bild der Funktion (30) gelten kann. Diese Fläche, die Fig. 5 im Schrägriß

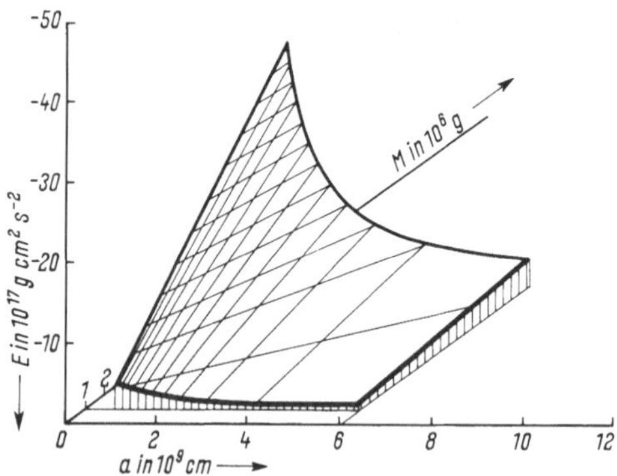

Fig. 5 Schaubild der Funktion (30)

zeigt, enthält als Besonderheit zwei Scharen von geraden Linien: die Niveaulinien (Höhenlinien), welche die E-Achse schneiden, und die Schnittlinien der Fläche mit zur (M, E)-Ebene parallelen Ebenen.

c) Gesetz von Hagen-Poiseuille. In einem Rohr vom Innenradius r (in cm) ströme eine Flüssigkeit mit der Zähigkeit η (gemessen in $\mathrm{g\,cm^{-1}\,s^{-1}}$) unter der Wirkung des Druckabfalls D (in $\mathrm{g\,cm^{-2}\,s^{-2}}$) längs des Rohres. Für das pro Sekunde durch einen Rohrquerschnitt strömende Flüssigkeitsvolumen Q (in $\mathrm{cm^3\,s^{-1}}$) gilt dann:

$$(32) \qquad Q = \frac{\pi D r^4}{8\eta}.$$

Q ist also eine Funktion von den drei reellen Veränderlichen r, D und η, die unabhängig voneinander in bestimmten Intervallen variieren dürfen. Jedem solchen Zahlentripel (r, D, η) ordnet die Vorschrift (32) eindeutig eine reelle Zahl Q zu. Für eine anschauliche Darstellung dieser Funktion ist die in a) und b) angewandte Methode unbrauchbar. Denn für die vier Variablen r, D, η, Q wäre ein vierdimensionaler Raum erforderlich, der bereits höchst unanschaulich ist. Ein zufriedenstellendes Bild von den Eigenschaften der Funktion (32) – und ganz allgemein von Funktionen mit mehr als einer unabhängigen Variablen – gewinnt man jedoch dadurch, daß man jeweils nur eine unabhängige Veränderliche variiert und die übrigen festhält. So kann man z. B. in (32) für r und D irgendwelche physikalisch zulässigen Zahlen einsetzen und erhält dann für den Zusammenhang zwischen η und Q als Schaubild einen Hyperbelast in einem (η, Q)-Koordinatensystem. Analog läßt sich die Abhängigkeit der Größe Q von r allein bzw. von D allein untersuchen (Übungsaufgabe!).

1.3.2. Präzisierung des Funktionsbegriffs. Welches abstrakte Schema ist nun den behandelten Beispielen gemeinsam? In allen Fällen sind zwei Mengen A, B gegeben und eine Vorschrift f, die jedem Element $x \in A$ eindeutig ein Element $f(x) \in B$ zuordnet. B war dabei stets die Menge $\mathbf{R}$ der reellen Zahlen, so daß in eine Kurzbezeichnung der geschilderten Situation nur A und f einzugehen brauchen. Wir wählen dafür folgende allgemein übliche, suggestive Symbolik

$$(33) \qquad x \mapsto f(x) \quad (x \in A)$$ [1].

f heißt eine Abbildung von A in $B = \mathbf{R}$ oder häufiger: *eine auf A definierte (reelle) Funktion.* $f(x)$ ist der Funktionswert von f an der Stelle x. A heißt der Definitionsbereich der Funktion f und wird oft mit $D(f)$ bezeichnet. Dieser Definitionsbereich besteht in den Beispielen (28), (29), (31) aus reellen Zahlen, im Beispiel (30) aus reellen Zahlenpaaren und im Beispiel (32) aus reellen Zahlentripeln. Die Bildmenge

$$(34) \qquad W(f) := \{f(x);\, x \in A\}$$

ist eine (im allgemeinen echte) Teilmenge von $B = \mathbf{R}$ und heißt auch der Wertebereich der Funktion f.

Die Bezeichnungsweise (33) sei noch an einem einfachen Beispiel erläutert. Sie lautet für die durch die Gleichung (28) definierte Funktion f:

$$(35) \qquad \vartheta \mapsto c = f(\vartheta) := 33150 \sqrt{1 + \frac{\vartheta}{273}} \quad (\vartheta \in (-273, \infty)).$$

[1]) Natürlich ist der Buchstabe x dabei unwesentlich. Er kann durch jeden anderen ersetzt werden: $y \mapsto f(y)$ $(y \in A)$ hat also genau dieselbe Bedeutung wie (33).

Funktionen wie diese, deren Definitionsbereich aus einem oder mehreren Intervallen besteht, heißen *Funktionen einer reellen Veränderlichen*. Nur solche Funktionen behandeln wir in diesem einleitenden Kapitel.

Es kann sein, daß durch eine gegebene Funktion f sogar eine umkehrbar eindeutige Zuordnung zwischen $D(f)$ und $W(f)$ hergestellt wird. Dies sei jetzt vorausgesetzt. Dann ist nicht nur $f(x)$ durch $x \in D(f)$ eindeutig bestimmt, sondern es gilt auch umgekehrt:

(36) *Zu jedem $y \in W(f)$ gibt es nur ein $x \in D(f)$ mit der Eigenschaft $f(x) = y$.*

Bezeichnen wir dieses durch y eindeutig festgelegte x mit $F(y)$, so ist durch

(37) $\qquad y \mapsto F(y) \qquad (y \in W(f))$

eine neue Funktion F definiert, für die folgende Aussagen evident sind:

(38) $\qquad D(F) = W(f), \qquad W(F) = D(f)$

(39) $\qquad F(f(x)) = x \qquad$ für alle $x \in D(f)$

(40) $\qquad f(F(y)) = y \qquad$ für alle $y \in W(f)$.

Aufgrund dieses Zusammenhangs zwischen f und F nennt man F die Umkehrfunktion von f und f die Umkehrfunktion von F. Etwas ungenau kann gesagt werden: Man erhält die Umkehrfunktion F von f durch „Auflösen der Gleichung $y = f(x)$ nach x". So erhielten wir durch Auflösung der Gleichung (29) nach a die Gleichung (31), welche die Umkehrfunktion zu (29) definiert.

Nicht jede Funktion ist in dem geschilderten Sinn umkehrbar, d.h., nicht jede Funktion f erfüllt die Bedingung (36). Notwendig und hinreichend für die Umkehrbarkeit einer Funktion f ist offenbar folgende Eigenschaft:

(41) *Für alle $x_1, x_2 \in D(f)$ mit $x_1 \neq x_2$ gilt $f(x_1) \neq f(x_2)$.*

Denn (41) besagt, daß die Funktion f nicht an zwei verschiedenen Stellen ihres Definitionsbereichs denselben Funktionswert annehmen kann, und dies ist gerade der Inhalt der Forderung (36).

Um eine bedeutsame Klasse von umkehrbaren Funktionen angeben zu können, führen wir den Begriff der Monotonie ein.

Eine auf einem Intervall I definierte reelle Funktion f heißt monoton wachsend bzw. fallend, wenn aus $x_1, x_2 \in I, x_1 \leq x_2$ stets $f(x_1) \leq f(x_2)$ bzw. $f(x_1) \geq f(x_2)$ folgt. f heißt streng monoton wachsend bzw. fallend, wenn aus $x_1, x_2 \in I, x_1 < x_2$ sogar $f(x_1) < f(x_2)$ bzw. $f(x_1) > f(x_2)$ folgt. Schließlich nennt man f (streng) monoton, wenn f (streng) monoton wachsend oder fallend ist. Nun zeigt man leicht:

(42) *Jede streng monotone Funktion ist umkehrbar.*

Wir führen den Beweis nur für streng monoton wachsende Funktionen f. Dazu ist die Eigenschaft (41) nachzuweisen. Aus $x_1, x_2 \in D(f) = I, x_1 \neq x_2$ folgt zunächst $x_1 < x_2$ oder $x_2 < x_1$, also gilt $f(x_1) < f(x_2)$ oder $f(x_2) < f(x_1)$ und daher sicher $f(x_1) \neq f(x_2)$.

Mit Hilfe von (42) sieht man nun, daß zum Beispiel die quadratische Funktion

(43) $\quad x \mapsto x^2 \quad (x \geq 0)$

umkehrbar ist. Denn aus $0 \leq x_1 < x_2$ folgt aufgrund von Formel (22) (mit $a = c = x_1$, $b = d = x_2$) auch $x_1^2 < x_2^2$, d.h., die Funktion (43) ist streng monoton wachsend und daher umkehrbar. Ihre Umkehrfunktion lautet

(44) $\quad x \mapsto \sqrt{x} \quad (x \geq 0)$.

Betrachten wir nun die Funktion

(45) $\quad x \mapsto x^2 \quad (x \in \mathbf{R})$,

die sich von (43) nur im Definitionsbereich unterscheidet. Diese Funktion ist nicht umkehrbar, da sie an den Stellen x, $-x$ jeweils den gleichen Funktionswert annimmt. Hier wird deutlich, daß es bei der Angabe einer Funktion nicht nur auf die Zuordnungsvorschrift – die für (43) und (45) übereinstimmt – ankommt, sondern auch auf den Definitionsbereich.

Ähnlich wie mit reellen Zahlen kann man auch mit reellen Funktionen rechnen, d.h., man kann Summe, Differenz, Produkt und mit Einschränkungen auch den Quotienten von zwei reellen Funktionen f und g bilden. Voraussetzung ist jedoch, daß f und g denselben Definitionsbereich D besitzen. Man definiert dann in naheliegender Weise

(46) $f \pm g$ durch $x \mapsto f(x) \pm g(x) \quad (x \in D)$

(47) fg durch $x \mapsto f(x)g(x) \quad (x \in D)$

und falls $g(x) \neq 0$ für alle $x \in D$,

(48) $\frac{f}{g}$ durch $x \mapsto \frac{f(x)}{g(x)} \quad (x \in D)$.

Da hierdurch das Rechnen mit reellen Funktionen auf das Rechnen mit reellen Zahlen zurückgeführt wird ($f(x)$ und $g(x)$ sind reelle Zahlen!), übertragen sich auch die in $\mathbf{R}$ bekannten Rechengesetze. So gilt z.B. für drei Funktionen f, g, h mit gemeinsamem Definitionsbereich das Distributivgesetz

(49) $\quad (f+g)h = fh + gh.$

Neben den in (46), (47), (48) definierten Verknüpfungen von reellen Funktionen ist noch eine weitere von Bedeutung, die jedoch bei den Zahlen kein Analogon hat. Es handelt sich um das sog. Verketten oder Ineinandereinsetzen von zwei Funktionen.

Es seien f und g reelle Funktionen, deren Definitionsbereich nun nicht notwendig übereinstimmen muß, für die aber die Bedingung

(50) $\quad W(g) \subseteq D(f)$

erfüllt ist. Dann kann man „g in f einsetzen" und erhält durch

(51) $\quad x \mapsto f(g(x)) \qquad x \in D(g)$

eine neue Funktion, die mit $f \circ g$ bezeichnet wird. Diese Verkettung ist ein wichtiges Hilfsmittel, um kompliziertere Funktionen auf einfachere zurückzuführen.

Wir wollen dies am Beispiel (35) erläutern. Dazu definieren wir die Funktionen g, h, k durch

(52) $g : x \mapsto 33150\,x \quad (x \in \mathbf{R})$

(53) $h : y \mapsto \sqrt{y} \quad (y \geq 0)$

(54) $k : \vartheta \mapsto 1 + \dfrac{\vartheta}{273} \quad (\vartheta > -273)$.

Offenbar ist $W(k) \subseteq D(h)$, so daß die Funktion

(55) $h \circ k : \vartheta \mapsto h(k(\vartheta)) = \sqrt{1 + \dfrac{\vartheta}{273}} \quad (\vartheta > -273)$

existiert. Weiter gilt natürlich $W(h \circ k) \subseteq D(g) = \mathbf{R}$. Damit kann auch $g \circ (h \circ k)$ gebildet werden, und diese Funktion stimmt nun mit (35) überein. Die Funktion (35) gewinnt man also durch Verkettung der sehr einfachen Funktionen (52), (53) und (54).

Bemerkung. Der Leser überlege sich, daß man zur Gewinnung der Funktion (35) auch $g \circ h$ mit k verketten kann, daß also

(56) $(g \circ h) \circ k = g \circ (h \circ k)$

gilt. Ohne Beweis sei erwähnt, daß dieses assoziative Gesetz für die Verkettung von drei Funktionen (sofern sie überhaupt möglich ist) allgemein gültig ist. Dagegen darf die Reihenfolge der bei einer Verkettung auftretenden Funktionen nicht vertauscht werden: das kommutative Gesetz gilt nicht.

1.3.3. Die einfachsten rationalen Funktionen. Nachdem wir einige wichtige Begriffsbildungen und Tatsachen aus dem Umkreis des Funktionsbegriffs kennengelernt haben, sollen jetzt die einfachsten Typen von Funktionen vorgestellt werden. Dabei können wir uns überall dort kurz fassen, wo es sich um elementaren Schulstoff handelt.

Die einfachsten Funktionen sind die linearen Funktionen

(57) $x \mapsto ax + b \quad (x \in \mathbf{R})$

mit festen Zahlen („Koeffizienten") $a, b \in \mathbf{R}$. In einem rechtwinkligen Koordinatensystem mit der Abszisse x und der Ordinate y ist das Schaubild einer solchen Funktion, d.h., die Menge der Punkte (= Zahlenpaare)

$$\{(x, ax + b); x \in \mathbf{R}\}$$

eine Gerade, und zwar die eindeutig bestimmte Gerade durch die Punkte $(0, b)$ und $(1, a + b)$. Für $a = 1$ heißt die Funktion (57) eine Schiebung oder Translation. Für $a = 0$ erhält man aus (57) den Sonderfall der „konstanten" Funktion

(58) $x \mapsto b \quad (x \in \mathbf{R})$,

die jedem $x \in \mathbf{R}$ ein und dieselbe reelle Zahl b zuordnet. Ihr Schaubild ist die durch den Punkt $(0, b)$ gehende Parallele zur x-Achse.

Als nächstes betrachten wir die quadratischen Funktionen

(59) $x \mapsto ax^2 + bx + c \quad (x \in \mathbf{R})$

mit festen Koeffizienten $a, b, c \in \mathbf{R}$, $a \neq 0$.
Der Sonderfall $(b = c = 0)$

(60) $x \mapsto ax^2 \quad (x \in \mathbf{R})$

besitzt als Schaubild eine nach oben $(a > 0)$ bzw. nach unten $(a < 0)$ geöffnete Parabel mit dem Scheitel im Punkt $(0, 0)$. (Skizze für einzelne Werte von a!) Der allgemeine Fall (59) kann mittels Verkettung aus der Funktion (60) und zwei Schiebungen aufgebaut werden. Denn aufgrund der Identität

$$ax^2 + bx + c = a\left(x + \frac{b}{2a}\right)^2 + c - \frac{b^2}{4a}$$

hat (59) die Gestalt $f \circ g \circ h$, wobei g die Funktion (60) ist und die Schiebungen f, h durch

$$f : t \mapsto t + c - \frac{b^2}{4a} \quad (t \in \mathbf{R})$$

$$h : x \mapsto x + \frac{b}{2a} \quad (x \in \mathbf{R})$$

definiert sind. Geometrisch bedeutet dies: Das Schaubild der Funktion (59) erhält man durch Verschieben der Parabel (60) um $-\frac{b}{2a}$ in x-Richtung, und um $c - \frac{b^2}{4a}$ in y-Richtung, so daß der Parabelscheitel nach der Verschiebung im Punkt $\left(-\frac{b}{2a}, c - \frac{b^2}{4a}\right)$ liegt.

Die bisher behandelten linearen und quadratischen Funktionen gehören zur wichtigen Klasse der ganzrationalen Funktionen oder Polynome, denen man in der Mathematik, und überall wo sie angewandt wird, fast auf Schritt und Tritt begegnet. Sie sind von der Form $(n = 0, 1, 2, \ldots)$

(61) $x \mapsto a_n x^n + a_{n-1} x^{n-1} + \cdots + a_1 x + a_0 \quad (x \in \mathbf{R})$

mit reellen Koeffizienten (= festen Zahlen) $a_0, \ldots, a_n$ und werden in späteren Abschnitten immer wieder Gegenstand der Untersuchung sein.

Neben den ganzrationalen Funktionen kommt auch den gebrochenrationalen oder einfach rationalen Funktionen, die als Quotienten von Polynomen definiert sind, große Bedeutung zu. An dieser Stelle sollen jedoch wieder nur die einfachsten Typen betrachtet werden.

Beginnen wir mit der Funktion

(62) $$x \mapsto \frac{a}{x-b} \quad (x \neq b)$$

worin a, b feste reelle Zahlen sind ($a \neq 0$). Das Schaubild dieser Funktion ist eine „gleichseitige" Hyperbel (vgl. Fig. 6 für $a > 0$), welche aus der Hyperbel $xy = a$

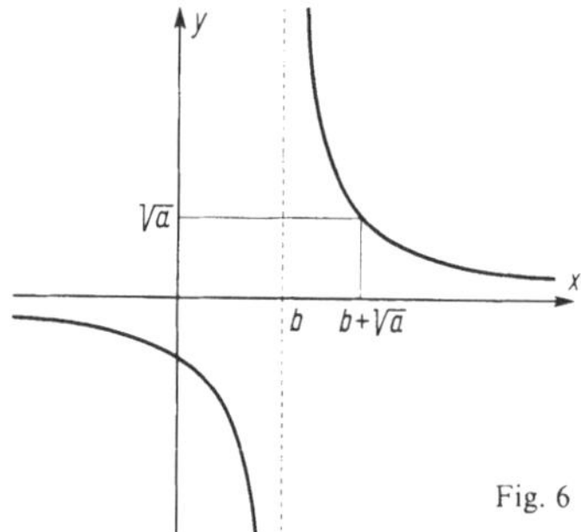

Fig. 6 Schaubild der Funktion (62) für $a > 0$ (gleiche Einheiten auf beiden Achsen)

durch Verschieben in x-Richtung um b hervorgeht. Bei Annäherung von x an die Stelle b wachsen die Beträge der Funktionswerte, also $\left|\frac{a}{x-b}\right|$, über alle Grenzen. Man sagt, die Funktion (62) ist in der Umgebung von b unbeschränkt. Genauer heißt b ein Pol erster Ordnung der Funktion (62). (Man beachte, daß b selbst nicht zum Definitionsbereich von (62) gehört.)

Als nächstes untersuchen wir die Funktion

(63) $$x \mapsto \frac{c}{x^2 + d}$$

wobei $c \neq 0$ und d feste reelle Zahlen sind und der Definitionsbereich alle $x \in \mathbf{R}$ umfaßt, für welche $x^2 + d \neq 0$ ist. Wir unterscheiden drei Fälle:

1. $d = 0$. Die Funktion (63) lautet jetzt

(64) $$x \mapsto \frac{c}{x^2} \quad (x \neq 0).$$

Das Schaubild dieser Funktion, das sich der Leser für mindestens einen c-Wert mittels einer Wertetabelle skizzieren sollte, besteht wiederum aus zwei, allerdings nicht mehr gleichseitigen, Hyperbelästen, die nun symmetrisch zur y-Achse liegen, und zwar oberhalb oder unterhalb der x-Achse, je nachdem, ob $c > 0$ oder $c < 0$ ist. Nähert sich x der Stelle 0, so streben die Funktionswerte c/x^2 nach $+\infty$ ($c > 0$) bzw. nach $-\infty$ ($c < 0$). Die Stelle 0 heißt ein Pol 2. Ordnung für die Funktion (64).

2. $d < 0$. Falls $\sqrt{-d} = b$ gesetzt wird, nimmt (63) jetzt die Gestalt an:

(65) $$x \mapsto \frac{c}{x^2 - b^2} \quad (x \neq \pm b).$$

Wegen

(66) $$\frac{c}{x^2 - b^2} = \frac{c}{2b} \frac{1}{x-b} - \frac{c}{2b} \frac{1}{x+b} \quad \text{für alle} \quad x \in \mathbf{R},\ x \neq \pm b$$

ist die Funktion (65) darstellbar als Differenz von zwei Funktionen des Typs (62) und ist damit im wesentlichen bekannt. Sie besitzt Pole 1. Ordnung in b und $-b$. Ihr Schaubild ist symmetrisch zur y-Achse. Man skizziere es für $b = 1$, $c = 1$.

3. $d > 0$. Mit $d = b^2$ lautet die Funktion (63) nun

(67) $$x \mapsto \frac{c}{x^2 + b^2} \quad (x \in \mathbf{R}).$$

Wir wollen zeigen, daß der Wertebereich dieser Funktion – im Gegensatz zu den Funktionen (62), (64) und (65) – in einem endlichen Intervall enthalten ist. Aus $0 < b^2 \leq x^2 + b^2$ folgt nämlich nach (23)

$$\frac{1}{x^2 + b^2} \leq \frac{1}{b^2}$$

und daher nach (13) und (20)

$$\left|\frac{c}{x^2 + b^2}\right| = \frac{|c|}{x^2 + b^2} \leq \frac{|c|}{b^2} \quad \text{für alle} \quad x \in \mathbf{R}$$

Somit liegen alle Funktionswerte von (67) in dem endlichen abgeschlossenen Intervall $\left\langle -\frac{|c|}{b^2}, \frac{|c|}{b^2} \right\rangle$. Funktionen mit einer solchen Eigenschaft nennt man beschränkt. Fig. 7 zeigt das Schaubild der Funktion (67) für $b = 1$, $c = 2$.

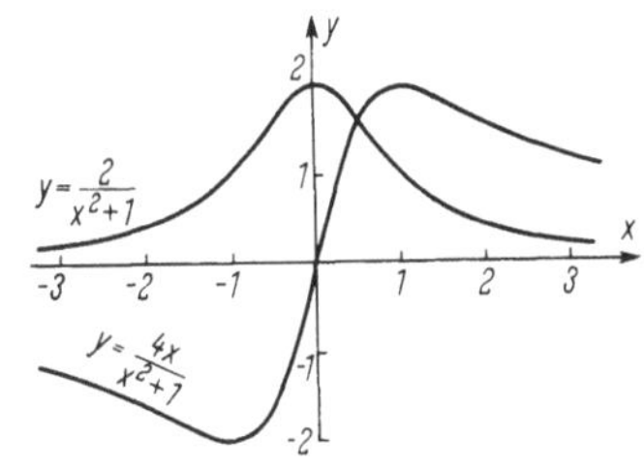

Fig. 7 Schaubilder $y = \frac{2}{x^2 + 1}$ und $y = \frac{4x}{x^2 + 1}$

Nachdem so alle Fallunterscheidungen für die Funktion (63) ausdiskutiert sind, behandeln wir abschließend noch die Funktionen des Typs

(68) $$x \mapsto \frac{cx}{x^2 + d},$$

deren Definitionsbereich aus den reellen Zahlen mit Ausnahme der Nullstellen des Nenners $x^2 + d$ besteht. Auch hier sind Fallunterscheidungen hinsichtlich der festen reellen Zahl („Konstanten") d nötig. Da (68) für $d = 0$ in die hinlänglich bekannte Funktion $x \mapsto c/x$ $(x \neq 0)$ übergeht, braucht nur $d < 0$ und $d > 0$ unterschieden zu werden.

1. $d = b^2 > 0$. Die Funktion (68) lautet jetzt

$$(69) \qquad x \mapsto f(x) := \frac{cx}{x^2 + b^2} \qquad (x \in \mathbf{R}).$$

f ist – wie der allgemeine Typ (68) – eine „ungerade" Funktion, d.h., es gilt $f(-x) = -f(x)$ für alle $x \in \mathbf{R}$. Ferner ist f wieder eine beschränkte Funktion. Dies geht aus folgender „Abschätzung" hervor, die mittels der in Abschnitt 1.2.3 aufgestellten Regeln gewonnen wird:

$$\left|\frac{cx}{x^2 + b^2}\right| = \frac{|c|\,|x|}{x^2 + b^2} \le \begin{cases} \dfrac{|c|}{x^2 + b^2} \le \dfrac{|c|}{b^2} & \text{für} \quad |x| \le 1 \\[2ex] \dfrac{|c|\,|x|}{x^2} = \dfrac{|c|}{|x|} \le |c| & \text{für} \quad |x| \ge 1 \end{cases}$$

Die Beträge der Funktionswerte von f sind also durch die größte der zwei Zahlen $|c|/b^2$ und $|c|$ nach oben hin beschränkt; man schreibt dafür kurz

$$|f(x)| \le \max\left\{\frac{|c|}{b^2}, |c|\right\} \qquad \text{für alle} \quad x \in \mathbf{R}.$$

Das Schaubild der Funktion (69) liegt symmetrisch zum Nullpunkt; es ist für $b = 1$, $c = 4$ in Fig. 7 dargestellt.

2. $d = -b^2 < 0$. Die jetzt aus (68) entstehende Funktion

$$(70) \qquad x \mapsto \frac{cx}{x^2 - b^2} \qquad (x \neq \pm b)$$

läßt sich wegen der Identität

$$\frac{cx}{x^2 - b^2} = \frac{c}{2}\,\frac{1}{x - b} + \frac{c}{2}\,\frac{1}{x + b}$$

in die Summe von zwei Funktionen des Typs (62) zerlegen. Wie (65) besitzt auch die Funktion (70) für $c \neq 0$ zwei Pole 1. Ordnung in b und $-b$. Der Leser stelle für spezielle Zahlenwerte von b und c eine Wertetabelle auf und skizziere das Schaubild.

1.3.4. Die Funktionen sin und cos. Diese Funktionen sind unentbehrliche Hilfsmittel zur Beschreibung von zeitlich periodischen Vorgängen (Schwingungen, Wellen) oder von Versuchsanordnungen und -ergebnissen, bei denen Kreise, Kreiszylinder oder Kugeln eine Rolle spielen. Wir stießen auf die Funktionen sin und cos bereits in Abschnitt 1.2.1 bei der Einführung der Polarkoordinaten in der Gaußschen Zahlenebene. Zu ihrer Definition knüpfen wir an das dortige geometrische Bild an. Durch

Wahl eines rechtwinkligen (x, y)-Koordinatensystems lassen sich die Punkte einer Ebene identifizieren mit den reellen Zahlenpaaren. In dieser (x, y)-Ebene betrachten wir den „Einheitskreis“ um O, d. h., alle Punkte (x, y) mit der Eigenschaft $x^2 + y^2 = 1$. Für die Definition von sin und cos benötigen wir nun folgende, erst mit Hilfe der Integralrechnung zu beweisende Tatsache: Zu jeder reellen Zahl t, $0 \leq t < 2\pi$, gibt es auf dem Einheitskreis genau einen Punkt $(x(t), y(t))$ mit den Polarkoordinaten (vgl. Abschnitt 1.2.1) $r = 1$ und $\varphi = t$. Die so definierten Funktionen $t \mapsto x(t)$, $t \mapsto y(t)$ heißen cosinus und sinus:

(71) $\cos t := x(t), \quad \sin t := y(t)$

Mit anderen Worten (vgl. Fig. 8):

$\cos t$ *ist die Abszisse und* $\sin t$ *die Ordinate desjenigen Punktes auf dem Einheitskreis, dessen Polarkoordinate* φ *(= Winkel im Bogenmaß) den Wert* t *hat.*

Soweit sind die Funktionen sin und cos nur im Intervall $\langle 0, 2\pi)$ definiert. Da jedoch zur Polarkoordinate $\varphi = t + 2n\pi$ $(n \in \mathbf{Z})$ derselbe Punkt auf dem Einheitskreis gehört wie zu $\varphi = t$, läßt sich obige Definition auf alle reellen Zahlen ausdehnen, indem man festsetzt $(t \in \langle 0, 2\pi))$:

$$\left.\begin{aligned} \cos(t + 2n\pi) &= \cos t \\ \sin(t + 2n\pi) &= \sin t \end{aligned}\right\} \quad \text{für alle} \quad n \in \mathbf{Z}.$$

Damit sind $\cos t$ und $\sin t$ für alle $t \in \mathbf{R}$ definiert mit der Periodizitätseigenschaft

(72) $$\left.\begin{aligned} \cos(t + 2\pi) &= \cos t \\ \sin(t + 2\pi) &= \sin t \end{aligned}\right\} \quad (t \in \mathbf{R}).$$

Um eine Vorstellung vom geometrischen Verlauf dieser Funktionen in einem Schaubild zu bekommen, bestimmt man für verschiedene Winkelwerte t die Funktionswerte $\sin t$, $\cos t$ näherungsweise durch Abmessen der aus Fig. 8 ersichtlichen Ordinate bzw. Abszisse (vgl. Fig. 9). Folgende exakte Wertetabelle ergibt sich jedoch schon mit Hilfe von bekannten Sätzen über rechtwinklige und gleichseitige Dreiecke:

(73)

t	0	$\frac{\pi}{6}$	$\frac{\pi}{4}$	$\frac{\pi}{3}$	$\frac{\pi}{2}$	$\frac{2\pi}{3}$	$\frac{3\pi}{4}$	$\frac{5\pi}{6}$	π
$\sin t$	0	$\frac{1}{2}$	$\frac{\sqrt{2}}{2}$	$\frac{\sqrt{3}}{2}$	1	$\frac{\sqrt{3}}{2}$	$\frac{\sqrt{2}}{2}$	$\frac{1}{2}$	0
$\cos t$	1	$\frac{\sqrt{3}}{2}$	$\frac{\sqrt{2}}{2}$	$\frac{1}{2}$	0	$-\frac{1}{2}$	$-\frac{\sqrt{2}}{2}$	$-\frac{\sqrt{3}}{2}$	-1

Eine unmittelbare Folgerung aus der Definition ist die wichtige Identität:

(74) $\sin^2 x + \cos^2 x = 1 \quad (x \in \mathbf{R})$,

aus der offenbar die Beschränktheit der Funktionen sin und cos folgt

(75) $|\sin x| \leq 1, \quad |\cos x| \leq 1 \quad (x \in \mathbf{R})$.

Aus der Definition ergeben sich ferner die oft benötigten Formeln ($x \in \mathbf{R}$)

(76) $\sin(-x) = -\sin x, \qquad \cos(-x) = \cos x$

(77) $\sin\left(x + \frac{\pi}{2}\right) = \cos x, \qquad \cos\left(x + \frac{\pi}{2}\right) = -\sin x$

(78) $\sin(x + \pi) = -\sin x, \qquad \cos(x + \pi) = -\cos x.$

In Worten drückt man die Formeln (76) so aus: sin ist eine ungerade und cos eine gerade Funktion. Die Formeln (77) und (78) gestatten, sich bei der Bestimmung der Funktionswerte auf das Intervall $\langle 0, \pi/2 \rangle$ zu beschränken. Denn kennt man $\sin x$ und $\cos x$ für $0 \leq x \leq \pi/2$, so ermöglicht (77) die Berechnung dieser Funktionswerte für das größere Intervall $\langle 0, \pi \rangle$, und aus (78) gewinnt man sie schließlich für das volle Periodenintervall $\langle 0, 2\pi \rangle$.

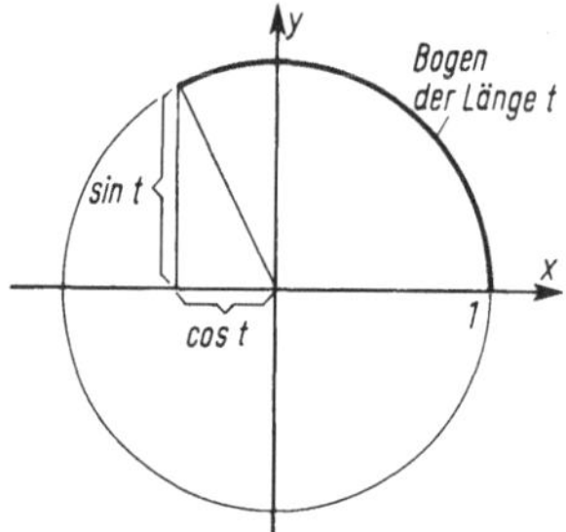

Fig. 8 Definition von sin und cos

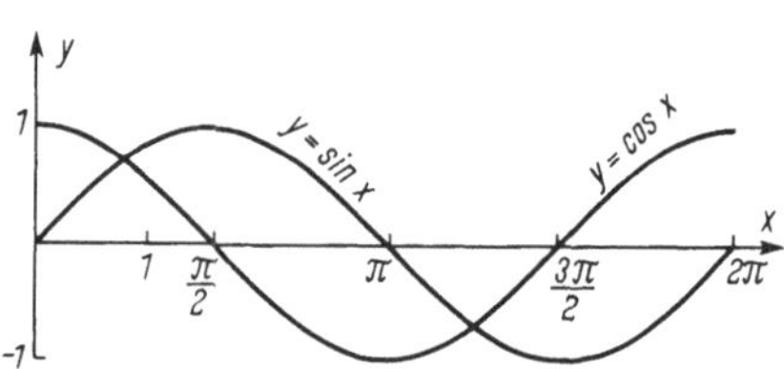

Fig. 9 Schaubilder der Funktionen sin und cos

Hinsichtlich der Berechnung der Funktionswerte $\sin x$ und $\cos x$ zeigt sich ein wesentlicher Unterschied zu den in Abschnitt 1.3.3 betrachteten (rationalen) Funktionen. Dort konnten die Funktionswerte an einer Stelle $x \in \mathbf{R}$ jeweils durch endlich viele Grundrechenoperationen bestimmt werden. Für die Funktionen sin und cos ist dies nach der hier gegebenen Definition offenbar nicht möglich, und eine später anzugebende Definition dieser Funktionen als Potenzreihen (vgl. Abschnitt 2.2.7) zeigt explizit, daß man zur genauen Berechnung ihrer Funktionswerte, etwa von sin 1 oder cos 1/2, unendlich viele Rechenoperationen ausführen müßte. Das bedeutet, daß sin und cos einen wesentlich komplizierteren Typ von Funktionen darstellen als die rationalen Funktionen.

Die mit einer bestimmten (begrenzten!) Genauigkeit berechneten Funktionswerte $\sin x$ und $\cos x$ an äquidistanten Stellen x aus $\langle 0, \pi/2 \rangle$ sind in vielen Funktionstafeln zusammengestellt. Zum Beispiel sind in [3], Seite 100ff., die Werte $\sin x$ und $\cos x$ mit der Schrittweite 0,02, also für $x = 0$; 0,02; 0,04; 0,06; ..., auf 4 Dezimalstellen genau angegeben.

Will man einen Funktionswert an einer Zwischenstelle, etwa für $x = 1{,}026$, bestimmen, so muß man linear interpolieren. Für sin bedeutet das: Die Funktion

$$x \mapsto \sin x \qquad (1{,}02 \leq x \leq 1{,}04)$$

wird durch die eindeutig bestimmte lineare Funktion ersetzt (angenähert), die in 1,02 und 1,04 die gleichen Funktionswerte wie sin hat. Dann errechnet sich leicht der Näherungswert

$$\sin 1{,}026 \approx \sin 1{,}02 + \frac{0{,}006}{0{,}02} \cdot (\sin 1{,}04 - \sin 1{,}02).$$

Zum Abschluß geben wir noch die wichtigen Additionstheoreme für sin und cos an, die bereits in Abschnitt 1.2.2 angewandt wurden und auch aus der Schule bekannt sein sollten. Da sich später ein eleganter Beweis ergeben wird, seien sie hier ohne Kommentar hingeschrieben:

(79) $\sin(x \pm y) = \sin x \cos y \pm \cos x \sin y$

(80) $\cos(x \pm y) = \cos x \cos y \mp \sin x \sin y$ $\qquad (x, y \in \mathbf{R})$.

Übungsaufgaben. 12. Die Funktion $x \mapsto f(x)\ (x \in D(f))$ besitze die Umkehrfunktion $x \mapsto F(x)\ (x \in W(f))$. Man zeige: In einem (x, y)-Koordinatensystem mit gleichen Einheiten auf beiden Achsen liegen die Schaubilder $y = f(x)$ und $y = F(x)$ spiegelbildlich zur Winkelhalbierenden $y = x$.

13. Man zeige (durch vollständige Induktion), daß die Funktionen

a) $x \mapsto x^n \quad (x \geq 0)$ b) $x \mapsto \frac{1}{x^n} \quad (x > 0)$

für alle $n \in \mathbf{N}$ streng monoton und daher umkehrbar sind. Man skizziere für $n = 2, 3, 4$ die Schaubilder der Funktionen a) und b) und deren Umkehrfunktionen.

14.* Für die Funktionen

a) $x \mapsto \frac{x^2+1}{x-1}\ (x \neq 1)$, b) $x \mapsto \frac{x^2-1}{x^2+1}\ (x \in \mathbf{R})$, c) $x \mapsto \frac{x^3 - x^2 - x}{x+1}\ (x \neq -1)$

zeichne man Schaubilder und untersuche ihren Verlauf für große $|x|$ mit Hilfe des bekannten Divisionsalgorithmus für Polynome.

15.* Durch Polynomdivision zerlege man die Funktion

$$x \mapsto \frac{x^3}{x^2 + 2Ax + B}$$

in die Summe einer linearen Funktion und einer gebrochenrationalen Funktion mit linearem Zählerpolynom.

16.* Man zeige: Die rationale Funktion

$$x \mapsto \frac{ax^2 + bx + c}{x^2 + 2Ax + B}$$

ist bis auf eine vorweg auszuführende Schiebung $x \mapsto x + A$ die Summe einer konstanten Funktion, einer Funktion des Typs (63) und einer Funktion des Typs (68).

17. Die van der Waalssche Zustandsgleichung für reale Gase lautet

$$(81) \qquad (P + \frac{3}{V^2}) \cdot (3V - 1) = 8T,$$

worin P, V und T die reduzierten Größen Druck, Volumen und Temperatur bezeichnen (vgl. [14], S. 467). Bei festgehaltener Temperatur T ergibt sich aus (81) durch Auflösen nach P die rationale Funktion

$$V \mapsto P(V) := \frac{8T}{3V - 1} - \frac{3}{V^2} \qquad (V > \frac{1}{3}).$$

Man zeichne für die Temperaturwerte $8T = 7$, 8 und 9 die Schaubilder dieser Funktion (Isothermen) im Intervall $1/3 < V < 4$ (Millimeterpapier!).

18. Mit Hilfe von (74), (79) und (80) leite man folgende Identitäten her:

a) $1 - \cos 2x = 2\sin^2 x$
b) $1 + \cos 2x = 2\cos^2 x$ $\Bigg\}\ x \in \mathbf{R}$

c) $2\sin x \cos y = \sin(x - y) + \sin(x + y)$
d) $2\cos x \cos y = \cos(x - y) + \cos(x + y)$ $\Bigg\}\ x, y \in \mathbf{R}$

19. In einem (x, y)-Koordinatensystem skizziere man die Kurven

a) $y = \cos(ax + b)$ für $(a, b) = (1, \pi/4)$, $(\pi, 0)$ und $(1/2, \pi/2)$ jeweils in einem Periodenintervall,

b) $y = 3 \cdot \dfrac{\sin x}{x}$ in $0 < x \leq 3\pi$ c) $y = x \sin x$ in $0 \leq x \leq 3\pi$

20. Die Gleichung

$$w = A \cos 2\pi\nu\,(t - \frac{x}{c})$$

beschreibt ebene, in x-Richtung fortschreitende harmonische Wellen (vgl. z. B. [9], I, S. 333). Dabei ist t die Zeitvariable in s, x die Längenvariable in cm; ν und c sind feste positive Zahlen von der Dimension s^{-1} bzw. $cm\,s^{-1}$, und A ist die Schwingungsamplitude.

Man skizziere in einem (x, w)-Koordinatensystem „Momentaufnahmen" der Wellenbewegung für $t = 0, 1, 2$, und in einem (t, w)-Koordinatensystem den zeitlichen Verlauf der Schwingungen an einer festen Stelle x, etwa $x = 0$. Mit Hilfe dieser Schaubilder zeige man:

a) c ist die Geschwindigkeit (Phasengeschwindigkeit), mit der die Schwingungsmaxima sich in positiver x-Richtung fortbewegen.

b) ν ist die Anzahl der Schwingungen pro Sekunde an einer festen Stelle x (Frequenz).

c) c/v ist die Wellenlänge (= Abstand zweier benachbarter Schwingungsmaxima in einem festen Zeitpunkt).

21. Mit den Bezeichnungen von Übungsaufgabe 20 beschreibt die Gleichung

$$w = A \cos 2\pi\nu \frac{x}{c} \sin 2\pi\nu t$$

stehende ebene Wellen. Man skizziere in einem (x, w)-Koordinatensystem Momentaufnahmen für $t = n \cdot 1/(8\nu)$, $n = 0, 1, \ldots, 8$. An welchen Stellen x (Schwingungsknoten) herrscht immer Ruhe?

2. Differential- und Integralrechnung

Das ganze Gebäude der Differential- und Integralrechnung ruht auf den grundlegenden Begriffen Konvergenz und Grenzwert, die selbst wiederum mit Hilfe der Zahlenfolgen formuliert werden. Im ersten Abschnitt dieses Kapitels sollen daher die für alles Weitere unentbehrlichen Begriffe und Aussagen bereitgestellt werden, welche mit Zahlenfolgen zusammenhängen.

2.1. Zahlenfolgen und unendliche Reihen

2.1.1. Definitionen und Beispiele, Rechnen mit Zahlenfolgen. Zahlenfolgen traten bereits flüchtig in Abschnitt 1.1.2 bei der Einführung der reellen Zahlen auf, die in gewisser Weise durch Folgen von rationalen Zahlen bestimmt werden konnten. Eine exakte Begründung der dort angestellten Überlegungen wird erst durch die Aussagen möglich, die wir nun herleiten wollen.

Der Begriff der Zahlenfolge ist nichts gänzlich Neues, sondern läßt sich auf den Funktionsbegriff zurückführen. Während jedoch bisher nur Intervalle (oder Vereinigungen von Intervallen) als Definitionsbereiche von Funktionen auftraten, wählen wir jetzt als Definitionsbereich speziell die Menge der natürlichen Zahlen und definieren:

(**82**) *Eine (reelle) Zahlenfolge ist eine auf* $\mathbf{N}$ *definierte reelle Funktion,*

d.h., eine Zuordnungsvorschrift f, die jedem $n \in \mathbf{N}$ eindeutig eine reelle Zahl $f(n)$ zuordnet. Statt $f(n)$ schreibt man für die Funktionswerte (= Glieder der Folge f) in der Regel f_n, und anstelle der Funktionsschreibweise $n \mapsto f_n$ $(n \in \mathbf{N})$ wird die Folge f üblicherweise durch Nebeneinanderschreiben ihrer Glieder angegeben

(83) $\qquad f_1, f_2, f_3, f_4, \ldots$

oder, wenn keine Verwechslung möglich ist, einfach durch

(84) $\qquad \{f_n\}_{n \in \mathbf{N}} \quad$ oder $\quad \{f_n\}$

Bemerkung: Daß bei der hier gegebenen Definition einer Folge der Definitionsbereich aus ganz $\mathbf{N}$ besteht, ist unwesentlich. Er kann allgemeiner irgendeine Menge $\{m \in \mathbf{Z};\ m \geq m_0\}$ sein. Wesentlich ist hingegen, daß der Definitionsbereich eine unendliche Menge ist.

Beispiele für reelle Zahlenfolgen sind:

a) $\{2n-1\}_{n \in \mathbf{N}}$ oder $1, 3, 5, 7, \ldots$

b) $\{2^n\}_{n=0,1,2,\ldots}$ oder $1, 2, 4, 8, \ldots$

c) $\left\{\frac{n-1}{n}\right\}_{n=2,3,4,\ldots}$ oder $\frac{1}{2}, \frac{2}{3}, \frac{3}{4}, \frac{4}{5}, \ldots$

d) $\left\{\frac{(-1)^n}{n}\right\}_{n \in \mathbf{N}}$ oder $-1, \frac{1}{2}, -\frac{1}{3}, \frac{1}{4}, -\frac{1}{5}, \ldots$

e) $\left\{\sin\frac{n\pi}{2}\right\}_{n \in \mathbf{N}}$ oder $1, 0, -1, 0, 1, 0, -1, 0, \ldots$

f) 0,1; 0,11; 0,111; 0,1111; ...

Das Verhalten der Glieder dieser Folgen für wachsendes n zeigt charakteristische Unterschiede: In den Beispielen a) und b) wachsen die Folgenglieder über alle Grenzen an; in c) und f) wachsen sie ebenfalls an, bleiben aber beschränkt und nähern sich den Zahlen 1 bzw. 1/9. In d) und e) schließlich schwanken (oszillieren) die Glieder um 0, wobei die Schwankungsbreite in e) konstant bleibt und in d) immer kleiner wird, so daß im letzten Fall die Folgenglieder sich mit wachsendem n der Zahl 0 nähern.

Besonders wichtig sind solche Zahlenfolgen, deren Glieder sich mit wachsendem n – wie in den Beispielen c), d), und f) – einer festen reellen Zahl „beliebig gut" annähern. Dies werden die konvergenten Zahlenfolgen sein. Die eben genannte Eigenschaft ist jedoch zu vage und muß in folgender Definition präzisiert werden:

(85) *Eine reelle Zahlenfolge $\{a_n\}$ heißt konvergent, wenn eine Zahl $a \in \mathbf{R}$ existiert mit folgender Eigenschaft: Zu jeder noch so kleinen reellen Zahl $\varepsilon > 0$ gibt es eine Zahl $n_0 \in \mathbf{N}$, so daß gilt:*

$$|a_n - a| \leq \varepsilon \quad \textit{für alle} \quad n \in \mathbf{N},\ n \geq n_0.$$

Man schreibt dann

$$a = \lim_{n \to \infty} a_n \quad \textit{oder} \quad a_n \to a \quad \textit{für} \quad n \to \infty$$

und liest: a ist der Grenzwert von a_n, oder a_n konvergiert (strebt) gegen a (für n gegen Unendlich).

In geometrischer Sprechweise drückt sich die Definition (85) so aus: Auf der Zahlengeraden konvergiert die Punktfolge $\{a_n\}$ gegen a, wenn in jeder noch so kleinen Umgebung von a alle a_n bis auf endlich viele Anfangsglieder liegen.

Zum besseren Verständnis dieser wichtigen Definition zeigen wir in aller Ausführlichkeit, daß die Folge c) gegen den Grenzwert 1 konvergiert. (Für die Folgen d) und f) weise der Leser die Konvergenz nach.) Dazu sind die Zahlen

$$\left|\frac{n-1}{n} - 1\right| = \left|\frac{-1}{n}\right| = \frac{1}{n} \qquad (n \in \mathbf{N})$$

zu untersuchen. Wenn irgendeine positive Zahl ε vorgegeben wird, die insbesondere beliebig klein sein darf, so ist $1/\varepsilon$ wieder positiv reell, und es gibt sicher eine natürliche Zahl n_0 mit $n_0 > 1/\varepsilon$, also $1/n_0 < \varepsilon$. Für alle $n \in \mathbf{N}$, $n \geq n_0$ folgt dann wunschgemäß $1/n \leq 1/n_0 < \varepsilon$. Damit ist $\lim\limits_{n\to\infty} \frac{n-1}{n} = 1$ nachgewiesen.

Damit man von d e m Grenzwert einer konvergenten Zahlenfolge sprechen kann, muß gezeigt werden:

(86) *Eine Zahlenfolge hat höchstens einen Grenzwert.*

Wir führen den B e w e i s indirekt und nehmen an, es gäbe eine Folge $\{a_n\}$ mit zwei verschiedenen Grenzwerten a und b. Zu $\varepsilon = |b-a|/3 > 0$ existiert dann definitionsgemäß ein $n_0 \in \mathbf{N}$ mit $|a_n - a| \leq \varepsilon$ und $|a_n - b| \leq \varepsilon$ für alle $n \geq n_0$. Mit Hilfe der Dreiecksungleichung (24) folgt hieraus der gewünschte Widerspruch ($n \geq n_0$):

$$3\varepsilon = |b-a| = |(a_n - a) - (a_n - b)| \leq |a_n - a| + |a_n - b| \leq 2\varepsilon.$$

(86) muß also richtig sein.

Nicht konvergente Zahlenfolgen heißen d i v e r g e n t. Dazu gehören offenbar die Beispiele a), b) und e). Betrachtet man aus der Folge e) jedoch nur das erste, fünfte, neunte, ... Glied, so erhält man die „Teilfolge" 1, 1, 1, ..., welche trivialerweise gegen 1 konvergiert. Eine divergente Folge $\{a_n\}_{n\in\mathbf{N}}$ kann also durchaus eine konvergente Teilfolge $\{a_{j_n}\}_{n\in\mathbf{N}}$ besitzen, wobei zu präzisieren ist:

(87) *Die Folge $\{a_{j_n}\}_{n\in\mathbf{N}}$ heißt Teilfolge von $\{a_n\}_{n\in\mathbf{N}}$, wenn $n \mapsto j_n$ eine streng monoton wachsende Abbildung von $\mathbf{N}$ in $\mathbf{N}$ ist, aus $n < m$ also $j_n < j_m$ folgt.*

Zur Übung im Umgang mit Teilfolgen beweise der Leser die anschaulich evidente Behauptung:

(88) *Jede Teilfolge einer konvergenten Folge mit Grenzwert a konvergiert wieder gegen a.*

Da die Zahlenfolgen durch (82) als reelle Funktionen definiert sind, kann man wie mit Funktionen auch mit Zahlenfolgen r e c h n e n. Nach (46) bis (48) bildet man so zu zwei Zahlenfolgen $\{a_n\}_{n\in\mathbf{N}}$ und $\{b_n\}_{n\in\mathbf{N}}$ die Summe (Differenz) $\{a_n \pm b_n\}_{n\in\mathbf{N}}$, das Produkt $\{a_n b_n\}_{n\in\mathbf{N}}$ und – falls $b_n \neq 0$ für alle $n \in \mathbf{N}$ – den Quotienten $\{a_n/b_n\}_{n\in\mathbf{N}}$. Wichtig ist, daß bei diesen Verknüpfungen aus konvergenten Folgen wieder konvergente Folgen entstehen, genauer:

(89) *Aus $a_n \to a$, $b_n \to b$ folgt $a_n \pm b_n \to a \pm b$, $a_n b_n \to ab$ und – falls $b_n \neq 0$ für alle n und $b \neq 0$ – $a_n/b_n \to a/b$.*

Wir beweisen hiervon nur die Aussage über das Produkt. Zu beliebigem $\varepsilon > 0$ müssen wir also ein passendes $n_0 \in \mathbf{N}$ finden, so daß gilt:

(90) $$|a_n b_n - ab| \le \varepsilon \quad \text{für alle} \quad n \in \mathbf{N}, \quad n \ge n_0.$$

Wegen $a_n \to a$ liegen alle a_n bis auf endlich viele in dem Intervall $\langle a-1, a+1\rangle$. Es gibt daher eine Zahl $M_1 > 0$ mit der Eigenschaft: $|a| \le M_1$ und $|a_n| \le M_1$ für alle $n \in \mathbf{N}$. Analog gilt für ein $M_2 > 0$ und alle n: $|b_n| \le M_2$.

Sei $M = \max\{M_1, M_2\}$. Wenn nun irgendein $\varepsilon > 0$ vorgegeben wird, ist auch $\delta = \varepsilon/(2M)$ positiv und es gibt aufgrund der Konvergenz von $\{a_n\}$ und $\{b_n\}$ natürliche Zahlen n_1, n_2 mit

$$|a_n - a| \le \delta \quad \text{für alle} \quad n \ge n_1$$
$$|b_n - b| \le \delta \quad \text{für alle} \quad n \ge n_2.$$

Nun setzen wir $n_0 = \max\{n_1, n_2\}$ und erhalten für $n \ge n_0$:

$$\begin{aligned}|a_n b_n - ab| &= |(a_n - a) b_n + a(b_n - b)|\\ &\le |b_n| \cdot |a_n - a| + |a| \cdot |b_n - b| \le 2M\delta = \varepsilon.\end{aligned}$$

Das ist die gewünschte Beziehung (90).

Aus (89) folgt insbesondere: Zwei konvergente Folgen $\{a_n\}$ und $\{b_n\}$ haben genau dann den gleichen Grenzwert a, wenn ihre Differenzfolge $\{a_n - b_n\}$ gegen 0 konvergiert oder, wie man sagt, eine Nullfolge ist. Setzt man speziell $\{b_n\}$ gleich der „konstanten Folge" $a, a, a, \ldots$, so wird ersichtlich:

$\{a_n\}$ konvergiert gegen a genau dann, wenn $\{a_n - a\}$ eine Nullfolge ist.

Mit Hilfe der Rechenregeln (89) für konvergente Folgen läßt sich die Grenzwertbestimmung bei komplizierten Folgen häufig auf einfachere Fälle zurückführen.

Beispiel.

$$\lim_{n\to\infty} \frac{2n(n-\pi) + \cos 3n}{n^2 + n\sqrt{5n} + 1} = \lim_{n\to\infty} \frac{2\left(1 - \dfrac{\pi}{n}\right) + \dfrac{\cos 3n}{n^2}}{1 + \sqrt{\dfrac{5}{n}} + \dfrac{1}{n^2}}$$

$$= \frac{2\lim\left(1 - \dfrac{\pi}{n}\right) + \lim \dfrac{\cos 3n}{n^2}}{1 + \lim\sqrt{\dfrac{5}{n}} + \lim\dfrac{1}{n^2}} = \frac{2}{1} = 2.$$

Die für reelle Funktionen eingeführten Begriffe der Monotonie und Beschränktheit behalten nach (82) auch für reelle Zahlenfolgen ihren Sinn. So heißt die Folge $\{a_n\}$ monoton wachsend bzw. fallend, wenn aus $n < m$ stets $a_n \le a_m$ bzw. $a_n \ge a_m$ folgt; und $\{a_n\}$ heißt beschränkt, wenn eine Zahl $M > 0$ existiert mit $|a_n| \le M$ für alle $n \in \mathbf{N}$. Im Verlauf des Beweises zu (89) ergab sich bereits:

(91) *Jede konvergente Folge ist beschränkt.*

Aber nicht jede beschränkte Folge ist konvergent, wie schon das Beispiel e) zeigt. Wir sahen jedoch, daß diese beschränkte, nicht konvergente Zahlenfolge e) wenigstens konvergente Teilfolgen besitzt. Dies ist nun kein glücklicher Zufall, sondern eine fundamentale Eigenschaft aller beschränkten Folgen. Sie sei hier ohne Beweis angegeben:

(92) (Satz von Bolzano und Weierstraß) *Jede beschränkte Zahlenfolge besitzt mindestens eine konvergente Teilfolge.*

2.1.2. Konvergenzkriterium von Cauchy, monotone Folgen. Die Definition (85) für konvergente Zahlenfolgen ist für Konvergenzuntersuchungen nur dann brauchbar, wenn man hinsichtlich des möglichen Grenzwertes bereits eine begründete Vermutung hat. Dies ist aber nicht der Regelfall. Im allgemeinen kann man vorweg den Grenzwert einer Folge schon deshalb nicht vernünftig „erraten", weil man noch gar nicht weiß, ob die Folge überhaupt konvergiert. Dies legt nahe, Konvergenz und Grenzwert einer Folge getrennt zu untersuchen. Wir fragen also: Wie kann man einer gegebenen Folge anmerken, daß sie konvergent ist, ohne ihren (unbekannten) Grenzwert ins Spiel bringen zu müssen? Eine Antwort geben die zwei folgenden „Konvergenzkriterien".

(93) (Konvergenzkriterium von Cauchy) *Die Zahlenfolge $\{a_n\}$ ist genau dann konvergent, wenn es zu jedem beliebigen, insbesondere beliebig kleinen, $\varepsilon > 0$ eine natürliche Zahl n_0 gibt mit der Eigenschaft:*

$$|a_n - a_m| \le \varepsilon \text{ für alle } n \ge n_0,\ m \ge n_0.$$

(94) (Hauptkriterium für monotone Zahlenfolgen) *Jede monotone und beschränkte Folge ist konvergent.*

Beide Kriterien (93) und (94) lassen sich unter wesentlicher Zuhilfenahme von (92) beweisen. Wir beschränken uns auf den Beweis der Aussage (94), die besonders leicht und oft anwendbar ist. Einen Beweis von (93) findet der interessierte Leser z. B. in [4], I, S. 75.

Beweis von (94) für monoton wachsende Folgen. Sei $\{a_n\}_{n\in\mathbf{N}}$ eine beschränkte und monoton wachsende Folge. Dann existiert nach (92) eine konvergente Teilfolge $\{a_{j_n}\}_{n\in\mathbf{N}}$ mit einem Grenzwert a. Es soll gezeigt werden, daß a auch Grenzwert der ganzen Folge $\{a_n\}$ ist. Zunächst gilt $a_n \le a$ für alle $n\in\mathbf{N}$. Denn wäre $a_m > a$ für ein $m\in\mathbf{N}$, so folgte daraus wegen $j_m \ge m$ (siehe Definition (87)) und der Monotonie von $\{a_n\}$: $a_{j_n} \ge a_{j_m} \ge a_m > a$ für alle $n \ge m$, und dies steht offenbar im Widerspruch zur Tatsache, daß a Grenzwert von $\{a_{j_n}\}$ ist. Wegen $a_{j_n} \to a$ existiert nun zu beliebigem $\varepsilon > 0$ ein $k\in\mathbf{N}$ mit $|a_{j_n} - a| \le \varepsilon$ für alle $n \ge k$. Wir setzen $n_0 = j_k$. Dann liefert die für alle $n \ge n_0$ gültige Ungleichung $a_{n_0} \le a_n \le a$ auch die Abschätzung $|a_n - a| \le |a_{n_0} - a| \le \varepsilon$ für alle $n \ge n_0$, welche den Beweis vollendet.

Wir untersuchen jetzt einige wichtige Beispiele monotoner Folgen:

(95) $$\{x^n\}_{n=0,1,2,\dots} = 1, x, x^2, x^3, \dots \quad (x \ge 0)$$

Für $x > 1$ bzw. $0 < x < 1$ ist offenbar $x^{n+1} > x^n > 1$ bzw. $0 < x^{n+1} < x^n < 1$ $(n\in\mathbf{N})$. Die Folge (95) ist also monoton wachsend für $x > 1$ und monoton fallend und beschränkt für $0 < x < 1$ (Die trivialen Fälle $x = 0$ und $x = 1$ lassen wir außer acht). Nach (94) konvergiert somit die Folge (95) für jedes feste x aus dem Intervall $(0,1)$ gegen einen möglicherweise von x abhängigen Grenzwert $g(x)$. Zur Bestimmung dieses Grenzwertes betrachten wir das Produkt der Folge $\{x^n\}_{n=0,1,2,\ldots}$ mit der konstanten Folge $\{x\}_{n=0,1,2,\ldots}$ also $\{x^{n+1}\}_{n=0,1,2,\ldots}$. Diese Produktfolge konvergiert nach (89) gegen $xg(x)$, aber als Teilfolge von $\{x^n\}_{n=0,1,2,\ldots}$ auch gegen $g(x)$. Somit ist $xg(x) = g(x)$ oder $(x-1)g(x) = 0$. Wegen $x \neq 1$ folgt $g(x) = 0$ für alle x im Intervall $(0,1)$, d.h.,

(96) $\qquad x^n \to 0 \quad$ für $\quad n \to \infty \quad (0 < x < 1).$

Für $x > 1$ liegt $1/x$ wieder in $(0,1)$, also gilt $(1/x)^n = 1/x^n \to 0$ für $n \to \infty$. Das bedeutet offenbar: x^n wächst (monoton) über alle Grenzen an für $n \to \infty$. Man sagt auch: x^n strebt (divergiert) nach unendlich, kurz:

(97) $\qquad x^n \to \infty \quad$ für $\quad n \to \infty \quad (x > 1).$

Als nächstes Beispiel betrachten wir die Folgen

(98) $\qquad \{\sqrt[n]{x}\}_{n\in\mathbf{N}} \quad (x > 0$, fest).

Der Leser prüfe nach, daß diese Folgen für $0 < x < 1$ monoton wachsen und für $x > 1$ monoton fallen. Da sie außerdem (für jeweils festes x!) beschränkt sind, sind sie nach (94) auch konvergent. Wir behaupten:

(99) $\qquad \sqrt[n]{x} \to 1 \quad$ für $\quad n \to \infty \quad (x > 0)$

und beweisen dies für den Fall $x \geq 1$ mit Hilfe der Bernoullischen Ungleichung (vgl. Übungsaufgabe 11): Für $x \geq 1$ ist auch $\sqrt[n]{x} \geq 1$ und aus $x = (1 + (\sqrt[n]{x} - 1))^n \geq \geq 1 + n(\sqrt[n]{x} - 1)$ folgt dann $|\sqrt[n]{x} - 1| = \sqrt[n]{x} - 1 \leq (x-1)/n$, also gilt (99) für $x \geq 1$. Für $0 < x < 1$ ist $1/x > 1$, also gilt $\sqrt[n]{1/x} = 1/\sqrt[n]{x} \to 1$, woraus mit (89) wieder $\sqrt[n]{x} \to 1$ folgt. Damit ist (99) vollständig bewiesen.

Ein besonders wichtiges Beispiel ist auch die Folge

(100) $$\left\{\sum_{k=0}^{n} \frac{1}{k!}\right\}_{n=0,1,2,\ldots}$$

Dabei gelten die Definitionen:

$0! = 1, \qquad k! = 1 \cdot 2 \cdot 3 \ldots k$

Die Folge (100) beginnt also mit

$$1,\ 1+1,\quad 1+1+\frac{1}{2},\quad 1+1+\frac{1}{2}+\frac{1}{6},\quad 1+1+\frac{1}{2}+\frac{1}{6}+\frac{1}{24},\ldots$$

und man sieht unmittelbar, daß sie monoton wächst. Ihre Beschränktheit ergibt sich mit Hilfe der geometrischen Summenformel (vgl. Übungsaufgabe 22) aus der Abschätzung ($n \geq 1$):

$$1+\frac{1}{1}+\frac{1}{1\cdot 2}+\frac{1}{1\cdot 2\cdot 3}+\cdots+\frac{1}{n!}\leq 1+1+\frac{1}{2}+\frac{1}{2\cdot 2}+\cdots+\frac{1}{2^{n-1}}$$

$$=1+\sum_{k=0}^{n-1}\left(\frac{1}{2}\right)^k=1+\frac{1-\left(\frac{1}{2}\right)^n}{1-\frac{1}{2}}<1+\frac{1}{{}^1/_2}=3.$$

Damit ist die Folge (100) konvergent. Ihr Grenzwert ist die wichtige Zahl e, die als Basiszahl der Exponentialfunktion auftritt. Man kann zeigen, daß e irrational ist; ihre Dezimalbruchentwicklung beginnt wie folgt:

(101) $\quad e=2{,}718281828459\ldots$

Als letztes Beispiel wählen wir die Folge

(102) $\quad \left\{\sum_{k=1}^{n}\frac{1}{k}\right\}_{n\in\mathbf{N}}$,

die sich mit Hilfe des Cauchyschen Konvergenzkriteriums als divergent herausstellen wird. Denn es gilt für alle $n\in\mathbf{N}$

$$\sum_{k=n+1}^{2n}\frac{1}{k}=\frac{1}{n+1}+\frac{1}{n+2}+\cdots+\frac{1}{2n}\geq\underbrace{\frac{1}{2n}+\frac{1}{2n}+\cdots+\frac{1}{2n}}_{n\text{ Glieder}}=\frac{1}{2}.$$

Das bedeutet, daß die für Konvergenz hinreichende und notwendige Bedingung in (93) verletzt ist. Wählt man nämlich $\varepsilon=1/4$, so gibt es kein $n_0\in\mathbf{N}$ mit den geforderten Eigenschaften: Mit

$$a_n:=\sum_{k=1}^{n}\frac{1}{k}\quad\text{ist}\quad |a_n-a_{2n}|=\sum_{k=n+1}^{2n}\frac{1}{k}\geq\frac{1}{2}>\varepsilon$$

für alle $n\in\mathbf{N}$.

2.1.3. Unendliche Reihen. Daß die Zahlenfolge (100) gegen e konvergiert, könnte man suggestiv auch durch

(103) $\quad \sum_{k=0}^{\infty}\frac{1}{k!}=e$

ausdrücken, und die Divergenz der Folge (102) wäre entsprechend durch die Formulierung

(104) $\quad \sum_{k=1}^{\infty}\frac{1}{k}$ ist sinnlos

zu charakterisieren. Es ist tatsächlich oft bequem, statt mit Zahlenfolgen mit solchen Symbolen

(105) $\quad \sum_{k=1}^{\infty}a_k \quad (a_k\in\mathbf{R}$ für alle $k\in\mathbf{N})$

zu arbeiten. Man nennt (105) eine unendliche Reihe mit den Gliedern a_k und schreibt dafür auch

(106) $a_1 + a_2 + a_3 + \cdots$

Da jedoch eine Addition mit unendlich vielen Summanden in keinem unserer Zahlenbereiche definiert ist, hat das Symbol (105) oder (106) vorerst keine mathematische Bedeutung. Erst durch die folgende Festsetzung geben wir ihm einen wohldefinierten Sinn:

(107) *Die unendliche Reihe* $\sum_{k=1}^{\infty} a_k$ *ist zunächst nur eine andere Bezeichnung für die Folge* $\{\sum_{k=1}^{n} a_k\}_{n\in\mathbf{N}}$. *Falls diese Folge gegen einen Grenzwert a konvergiert, heißt auch die (unendliche) Reihe* $\sum_{k=1}^{\infty} a_k$ *konvergent, und man schreibt dann*

$$\sum_{k=1}^{\infty} a_k = a\ ^{1)}.$$

Aufgrund dieser Definition lassen sich viele für Folgen gewonnene Ergebnisse auf unendliche Reihen übertragen. Zuvor betrachten wir jedoch als Beispiel die geometrische Reihe

(108) $$\sum_{k=0}^{\infty} x^k = 1 + x + x^2 + \cdots \qquad (x \in \mathbf{R}).$$

Sie konvergiert nach Definition, wenn die „Folge der Teilsummen"

(109) $$\{\sum_{k=0}^{n} x^k\}_{n=0,1,2,\ldots}$$

konvergiert, für deren Glieder gemäß Übungsaufgabe 22 gilt:

(110) $$\sum_{k=0}^{n} x^k = \frac{1-x^{n+1}}{1-x} \qquad (x \neq 1).$$

Da $\lim_{n\to\infty} x^{n+1} = 0$ nicht nur – wie in (96) gezeigt – für $0 \leq x < 1$, sondern offenbar auch für $-1 < x < 0$ richtig ist, erhalten wir aus (110):

(111) $$\sum_{k=0}^{\infty} x^k = \frac{1}{1-x} \qquad \text{für} \quad -1 < x < 1.$$

Für alle anderen Werte von x, also für $|x| \geq 1$, ist die Folge (109) und damit die Reihe (108) divergent (Übungsaufgabe!).

Wir übertragen nun die nützlichen Konvergenzkriterien (93) und (94) in die Sprechweise der unendlichen Reihen.

Das notwendige und hinreichende Kriterium (93) lautet nach Definition (107) offenbar:

---

[1]) Das Symbol (105) kann somit zweierlei bedeuten: eine Folge oder den Grenzwert einer Folge, also eine Zahl.

(112) *Die Reihe* $\sum_{k=1}^{\infty} c_k$ *ist genau dann konvergent, wenn es zu jedem beliebigen* $\varepsilon > 0$ *ein* $n_0 \in \mathbf{N}$ *gibt mit der Eigenschaft:*

$$\left|\sum_{k=n+1}^{n+p} c_k\right| \leq \varepsilon \quad \textit{für alle} \quad n \geq n_0 \quad \textit{und alle } p \in \mathbf{N}.$$

Da monotone Folgen gerade denjenigen Reihen entsprechen, deren Glieder alle ≥ 0 oder alle ≤ 0 sind, gewinnt man aus (94) das folgende hinreichende Konvergenzkriterium:

(113) *Die Reihe* $\sum_{k=1}^{\infty} c_k$ *ist konvergent, wenn alle* $c_k \geq 0$ *sind, und eine Zahl* $M > 0$ *existiert mit der Eigenschaft:*

$$\sum_{k=1}^{n} c_k \leq M \quad \textit{für alle} \quad n \in \mathbf{N}.$$

Wir wollen diese Kriterien an Beispielen erläutern und erproben. Die harmonische Reihe

(114) $$\sum_{k=1}^{\infty} \frac{1}{k}$$

wurde bereits am Ende von Abschnitt 2.1.2 als divergent nachgewiesen. Dieses Beispiel zeigt, daß eine Reihe nicht bereits dann konvergieren muß, wenn ihre Glieder eine Nullfolge bilden. Ferner ist die Forderung „für alle $p \in \mathbf{N}$" im Konvergenzkriterium (112) wesentlich, denn für jedes feste p erfüllt auch die Reihe (114) die in (112) angegebene Bedingung.

Im Gegensatz zur harmonischen Reihe (114) sind die Reihen

(115) $$\sum_{k=1}^{\infty} \frac{1}{k^a} \qquad (a > 1,\ a \in \mathbf{Q})$$

konvergent.

Zum Beweis ziehen wir (113) heran. Da alle Reihenglieder positiv sind, ist nur noch die Beschränktheit der Teilsummen zu zeigen. Zu $n \in \mathbf{N}$ wählen wir $m \in \mathbf{N}$ so groß, daß $2^m > n$ wird. Dann ergibt sich die Beschränktheit der Teilsummen aus folgender Rechnung:

$$\begin{aligned}\sum_{k=1}^{n} \frac{1}{k^a} \leq \sum_{k=1}^{2^m-1} \frac{1}{k^a} &= 1 + \left(\frac{1}{2^a} + \frac{1}{3^a}\right) + \left(\frac{1}{4^a} + \frac{1}{5^a} + \frac{1}{6^a} + \frac{1}{7^a}\right) + \\ &+ \left(\frac{1}{8^a} + \frac{1}{9^a} + \cdots + \frac{1}{15^a}\right) + \cdots \\ &+ \left(\frac{1}{(2^{m-1})^a} + \frac{1}{(2^{m-1}+1)^a} + \cdots + \frac{1}{(2^m-1)^a}\right) \\ &\leq 1 + \frac{2}{2^a} + \frac{4}{4^a} + \frac{8}{8^a} + \cdots + \frac{2^{m-1}}{(2^{m-1})^a} \\ &= \sum_{l=0}^{m-1} \left(\frac{1}{2^{a-1}}\right)^l = \frac{1 - \left(\frac{1}{2^{a-1}}\right)^m}{1 - \frac{1}{2^{a-1}}} < \frac{1}{1 - 2^{1-a}}.\end{aligned}$$

Die letzte Ungleichung gilt wegen $2^{a-1} > 1$.

Entscheidend für die Brauchbarkeit konvergenter Reihen ist, ob man mit ihnen nach vernünftigen Regeln rechnen darf. Kurz gefragt: Darf man mit diesen „unendlichen Summen" genauso rechnen wie mit endlichen Summen? In dieser Allgemeinheit lautet die Antwort: Nein. Aus der Definition (107) und aus (89) gewinnt man zwar sofort folgende einfachen Regeln:

(116) Aus $\sum_{k=1}^{\infty} a_k = a$, $\sum_{k=1}^{\infty} b_k = b$ und $c \in \mathbf{R}$ folgt $\sum_{k=1}^{\infty} (a_k \pm b_k) = a \pm b$, $\quad \sum_{k=1}^{\infty} c a_k = ca$

Problematisch kann es jedoch bei der Multiplikation von zwei Reihen werden. Man möchte nämlich – ohne Rückgriff auf die Definition (107) – zwei konvergente Reihen $\sum_{k=1}^{\infty} a_k$ und $\sum_{l=1}^{\infty} b_l$ wie endliche Summen gliedweise ausmultiplizieren und die Glieder $a_k b_l (k = 1, 2, 3, \ldots, l = 1, 2, 3, \ldots)$ irgendwie zu einer neuen Reihe zusammenfassen. Hier stellt sich jedoch heraus, daß es sehr wohl auf die Reihenfolge ankommen kann, in welcher diese Zusammenfassung erfolgt. Die für die Anwendungen weitaus wichtigste Klasse von Reihen, nämlich die absolut konvergenten Reihen, zeigen dieses pathologische Verhalten allerdings nicht. Ihre Definition lautet:

(117) *Die Reihe* $\sum_{k=1}^{\infty} a_k$ *heißt absolut konvergent, wenn die Reihe* $\sum_{k=1}^{\infty} |a_k|$ *konvergiert*[1]).

Die bisher betrachteten Beispiele konvergenter Reihen sind offenbar alle absolut konvergent und auch im weiteren Verlauf dieses Buches werden nur absolut konvergente Reihen eine Rolle spielen. Sie besitzen folgende angenehme Eigenschaft:

(118) *Bei der Multiplikation der absolut konvergenten Reihen*

$$\sum_{k=0} a_k = a \quad \text{und} \quad \sum_{l=0}^{\infty} b_l = b$$

darf wie bei endlichen Summen gliedweise ausmultipliziert werden. Die Glieder $a_k b_l$ $(k = 0, 1, 2, \ldots; l = 0, 1, 2, \ldots)$ *dürfen ganz beliebig zu einer neuen Reihe zusammengefaßt werden. Die entstehende Produktreihe ist wieder absolut konvergent und besitzt den Grenzwert* $a \cdot b$. *Die zweckmäßigste Zusammenfassung zur Produktreihe lautet* (Cauchysches Produkt):

$$\begin{aligned}\sum_{k=0}^{\infty} a_k \cdot \sum_{l=0}^{\infty} b_l &= a_0 b_0 + (a_0 b_1 + a_1 b_0) + (a_0 b_2 + a_1 b_1 + a_2 b_0) + \\ &\quad + (a_0 b_3 + a_1 b_2 + a_2 b_1 + a_3 b_0) + \cdots \\ &= \sum_{n=0}^{\infty} \left(\sum_{k=0}^{n} a_k b_{n-k} \right) = ab.\end{aligned}$$

2.1.4. Hinreichende Kriterien für absolute Konvergenz (Vergleichskriterien). Wir sahen, daß für absolut konvergente Reihen sehr befriedigende Rechenregeln gelten. Es ist

---

[1]) Die Reihe $\sum_{k=1}^{\infty} a_k$ konvergiert dann auch im Sinne von Definition (107). Daß umgekehrt nicht jede konvergente Reihe absolut konvergiert, zeigt die Übungsaufgabe 28.

daher wichtig, einfache Kriterien zu haben, welche die absolute Konvergenz einer vorgelegten Reihe garantieren. Solche Kriterien erhält man durch Vergleich der Reihenglieder mit den (nichtnegativen) Gliedern einer bereits bekannten Reihe.

(**119**) *Die konvergente Reihe* $\sum_{k=1}^{\infty} c_k$, *deren sämtliche Glieder nichtnegativ sind, heißt eine Majorante für die Reihe* $\sum_{k=1}^{\infty} a_k$, *wenn für alle* $k \in \mathbf{N}$ $|a_k| \leq c_k$ *gilt.*

Mit dieser Definition ergibt sich folgendes Vergleichskriterium:

(**120**) *Die Reihe* $\sum_{k=1}^{\infty} a_k$ *ist absolut konvergent, wenn für sie eine Majorante* $\sum_{k=1}^{\infty} c_k$ *existiert.*

Beweis. Nach (91) gilt $\sum_{k=1}^{n} c_k \leq M$ für alle $n \in \mathbf{N}$. Die Behauptung folgt nun aus (113) und der Abschätzung

$$\sum_{k=1}^{n} |a_k| \leq \sum_{k=1}^{n} c_k \leq M \quad \text{für alle} \quad n \in \mathbf{N}.$$

Wählt man als Majorante speziell die geometrische Reihe

$$(121) \qquad \sum_{k=1}^{\infty} \vartheta^k \quad (0 < \vartheta < 1),$$

so folgt aus (120) das häufig anwendbare Wurzelkriterium:

(**122**) *Die Reihe* $\sum_{k=1}^{\infty} a_k$ *ist absolut konvergent, wenn eine positive Zahl* $\vartheta < 1$ *existiert, so daß* $|a_k| \leq \vartheta^k$ *oder* $\sqrt[k]{|a_k|} \leq \vartheta$ *für alle* $k \in \mathbf{N}$ *gilt.*

Ebenfalls auf der Majorante (121) basiert das sog. Quotientenkriterium:

(**123**) *Die Reihe* $\sum_{k=1}^{\infty} a_k$ *mit* $a_k \neq 0$ *für alle* $k \in \mathbf{N}$ *ist absolut konvergent, wenn eine positive Zahl* $\vartheta < 1$ *existiert mit der Eigenschaft:*

$$\left|\frac{a_{k+1}}{a_k}\right| \leq \vartheta \quad \textit{für alle} \quad k \in \mathbf{N}.$$

Beweis. Aus der Voraussetzung folgt

$$|a_2| \leq |a_1|\vartheta,\ |a_3| \leq |a_2|\vartheta \leq |a_1|\vartheta^2, \ldots, |a_n| \leq |a_1|\vartheta^{n-1} = \frac{|a_1|}{\vartheta}\vartheta^n$$

für alle $n \in \mathbf{N}$. Majorante ist also jetzt die Reihe

$$\frac{|a_1|}{\vartheta}\sum_{k=1}^{\infty} \vartheta^k$$

Bemerkung: In der Definition einer Majorante und daher auch in den Kriterien (122), (123) kann die Bedingung „für alle $k \in \mathbf{N}$" durch die schwächere Forderung „für alle k von einer geeigneten Zahl $n_0 \in \mathbf{N}$ an" ersetzt werden (Übungsaufgabe!). Gerade in dieser gering verallgemeinerten Form sind die Vergleichskriterien vielfach anwendbar.

Ein wichtiges Anwendungsbeispiel ist die Reihe

(**124**) $$\sum_{k=0}^{\infty} \frac{x^k}{k!} \quad (x \in \mathbf{R}),$$

die wegen

$$\left| \frac{x^{k+1}}{(k+1)!} \Big/ \frac{x^k}{k!} \right| = \left| \frac{x}{k+1} \right| \leq \frac{1}{2} \quad \text{für alle} \quad k > 2|x| - 1$$

nach dem Quotientenkriterium für jedes feste $x \in \mathbf{R}$ absolut konvergiert. Der Grenzwert der Reihe (124) wird mit $\exp x$ bezeichnet und die Funktion

(**125**) $$x \mapsto \exp x := \sum_{k=0}^{\infty} \frac{x^k}{k!} \quad (x \in \mathbf{R})$$

ist die überaus wichtige Exponentialfunktion, die wir später noch eingehend behandeln werden.

Als weiteres Beispiel betrachten wir die Reihen vom Typ

(126) $$\sum_{k=0}^{\infty} k^m x^k \quad (|x| < 1,\ m \in \mathbf{N}),$$

auf die wir das Wurzelkriterium anwenden wollen. Mit Hilfe von Übungsaufgabe 25 und (89) ergibt sich

$$\sqrt[k]{|k^m x^k|} = |x| \sqrt[k]{k^m} = |x| (\sqrt[k]{k})^m \to |x| \cdot 1^m = |x|$$

für $k \to \infty$. Hieraus folgt aber, daß wegen $|x| < 1$ ein $n_0 \in \mathbf{N}$ existiert mit der Eigenschaft

$$\sqrt[k]{|k^m x^k|} \leq |x| + \frac{1 - |x|}{2} =: \vartheta < 1 \quad \text{für alle} \quad k \geq n_0.$$

Somit ist jede Reihe (126) *für festes* x, $|x| < 1$ *und festes* $m \in \mathbf{N}$ *absolut konvergent.*

Als letztes Beispiel soll die Reihe

(127) $$\sum_{k=1}^{\infty} \frac{1}{k^2}$$

zeigen, daß das Wurzel- und das Quotientenkriterium zwar hinreichend, aber nicht notwendig für absolute Konvergenz sind. Wegen

$$\sqrt[k]{\frac{1}{k^2}} = \frac{1}{(\sqrt[k]{k})^2} \to 1 \quad \text{für} \quad k \to \infty$$

und $$\frac{k^2}{(k+1)^2} = \left(\frac{1}{1 + \frac{1}{k}} \right)^2 \to 1 \quad \text{für} \quad k \to \infty$$

existiert nämlich keine Zahl $\vartheta < 1$ mit der in (122) oder in (123) geforderten Eigenschaft. Andererseits ist bereits bekannt, daß die Reihe (127) absolut konvergiert.

Übungsaufgaben. 22. Man beweise die geometrische Summenformel

$$\sum_{k=0}^{n} x^k = \begin{cases} \dfrac{x^{n+1}-1}{x-1} & \text{für} \quad x \neq 1 \\ n+1 & \text{für} \quad x = 1 \end{cases}$$

23.* Mit Hilfe der geometrischen Reihe zeige man, daß der periodische Dezimalbruch $0{,}\overline{23}\ldots$ mit 23/99 übereinstimmt.

24. Durch vollständige Induktion beweise man für alle $n = 1, 2, 3, \ldots$ die binomische Formel

(128) $\qquad (a+b)^n = \sum_{k=0}^{n} \binom{n}{k} a^{n-k} b^k \qquad (a, b \in \mathbf{R})$

worin die Binomialkoeffizienten $\binom{n}{k}$ durch $\binom{n}{k} = \dfrac{n!}{k!(n-k)!} = \binom{n}{n-k}$ definiert sind.

25. Man zeige: $\sqrt[n]{n} \to 1$ für $n \to \infty$.

Anleitung: Man benutze die aus der binomischen Formel folgende Abschätzung

$$n = (1 + (\sqrt[n]{n} - 1))^n > \binom{n}{2} (\sqrt[n]{n} - 1)^2 .$$

26. Die Folge $\{a_n\}$ mit $a_n > 0$ für alle n konvergiere gegen $a > 0$. Man zeige, daß dann für jedes feste $m \in \mathbf{N}$ die Folge $\{\sqrt[m]{a_n}\}$ gegen $\sqrt[m]{a}$ konvergiert.

Anleitung: Für $x = \sqrt[m]{a_n}$, $y = \sqrt[m]{a}$ benutze man die Formel

(129) $\qquad x^m - y^m = (x-y)(x^{m-1} + x^{m-2} y + \cdots + x y^{m-2} + y^{m-1}).$

27.* Welche der nachstehenden Folgen konvergiert und gegebenenfalls gegen welchen Grenzwert

a) $\left\{\dfrac{1}{n} \sqrt{1+n^2}\right\}$ b) $\{\sqrt[n]{n!}\}$ c) $\left\{\sqrt[3]{\dfrac{2n^2+1}{3n^2+n}}\right\}$ d) $\left\{\dfrac{n!}{n^n}\right\}$

e) $\left\{\binom{n}{m}\right\}_{n=m,\,m+1,\,\ldots}$ f) $\{\sqrt[n]{n^3+2n^2+5}\}$ g) $\{\sqrt{n+1} - \sqrt{n}\}$.

28. Man zeige, daß die alternierende harmonische Reihe

$$\sum_{k=1}^{\infty} \frac{(-1)^{k+1}}{k} \doteq 1 - \frac{1}{2} + \frac{1}{3} - \frac{1}{4} + \cdots$$

konvergiert, aber nicht absolut konvergent ist.

Anleitung: Man benutze die Abschätzung

$$\left| \sum_{k=n+1}^{n+p} \frac{(-1)^{k+1}}{k} \right| \leq \frac{1}{n+1} \qquad \text{für alle} \quad p \in \mathbf{N}.$$

29. Durch Bilden des Cauchy-Produktes (vgl. (118)) zeige man mit Hilfe der binomischen Formel (128)

$$\sum_{k=0}^{\infty} \frac{x^k}{k!} \cdot \sum_{l=0}^{\infty} \frac{y^l}{l!} = \sum_{n=0}^{\infty} \frac{(x+y)^n}{n!}$$

30.* Man zeige die (absolute) Konvergenz der Reihe

$$\sum_{k=1}^{\infty} \frac{1}{k^2 - k + 1}$$

31.* Man zeige, daß die Reihe $\sum_{k=1}^{\infty} a_k$ divergiert, falls $\sqrt[k]{|a_k|} \to \vartheta > 1$ für $k \to \infty$.

2.2. Differenzierbarkeit und Stetigkeit von Funktionen

2.2.1. Grenzwerte von Funktionen. Bis jetzt war von Grenzwerten nur im Zusammenhang mit Folgen und Reihen die Rede. Nun übertragen wir diesen wichtigen Begriff auch auf die üblichen Funktionen, die nicht wie die Folgen nur auf $\mathbf{N}$ definiert sind, sondern auf einem oder mehreren Intervallen. Zur Vereinfachung der Definitionen führen wir zuvor noch folgende Sprechweise ein:

(130) *Wir sagen, die Folge $\{a_n\}$ strebt oder konvergiert (uneigentlich) nach ∞ für $n \to \infty$, kurz: $a_n \to \infty$ für $n \to \infty$, wenn zu jeder noch so großen Zahl $K > 0$ ein $n_0 \in \mathbf{N}$ existiert, so daß $x_n \geq K$ ist für alle $n \geq n_0$* [1]).

Beispiele. Die Folgen $\{n\}$, $\{n^2\}$, $\{n!\}$, $\{\sqrt{n}\}$ streben nach ∞, die Folgen $\{-n\}$, $\{n - n^2\}$ nach $-\infty$ für $n \to \infty$.

Nun sei I ein beliebiges Intervall und ξ ein innerer Punkt oder ein Randpunkt von I (ξ kann also auch $\pm\infty$ sein). Auf $D := \{x \in I; x \neq \xi\}$ sei eine reelle Funktion f definiert.

(131) *Wenn für jede gegen ξ strebende Folge $\{x_n\}$, $x_n \in D$, die Folge der Funktionswerte $\{f(x_n)\}$ gegen einen festen Wert A (der auch $\pm\infty$ sein kann) konvergiert, so heißt A der Grenzwert von $f(x)$ für x gegen ξ und man schreibt kurz: $f(x) \to A$ für $x \to \xi$ oder $\lim_{x \to \xi} f(x) = A$.*

Zur Erläuterung dieser Definition betrachten wir einige einfache Beispiele für $I = D = (0, \infty)$ und $\xi = 0$ bzw. ∞ ($m \in \mathbf{N}$):

a) $\lim_{x \to 0} x^m = 0$ b) $\lim_{x \to 0} \frac{1}{x^m} = \infty$ c) $\lim_{x \to \infty} \frac{1 - x^2}{1 + x^2} = -1$

d) $\lim_{x \to 0} x \sqrt{1 + \frac{1}{x^2}} = 1$ e) $\lim_{x \to 0} \sqrt[m]{x} = 0$ f) $\lim_{x \to \infty} \sqrt[m]{x} = \infty$

g) $\lim_{x \to 0} \sin \frac{1}{x}$ existiert nicht h) $\lim_{x \to 0} x \sin \frac{1}{x} = 0$.

---

[1]) Der Leser formuliere analog die Bedeutung des Symbols $a_n \to -\infty$ für $n \to \infty$.

Wir beweisen die Aussagen a), f) und g). Die übrigen betrachte der Leser als Übungsaufgaben.

Beweis von a). Sei $\{x_n\}$ eine beliebige Nullfolge mit $x_n > 0$. Zu zeigen ist: auch $x_n^m \to 0$ für $n \to \infty$. Sei $\varepsilon > 0$ beliebig vorgegeben. Dann ist auch $\sqrt[m]{\varepsilon} > 0$ und wegen $x_n \to 0$ existiert ein $n_0 \in \mathbf{N}$, so daß $x_n \leq \sqrt[m]{\varepsilon}$ für alle $n \geq n_0$. Somit ist $x_n^m \leq \varepsilon$ für $n \geq n_0$.

Beweis von f). Für eine beliebige Folge $x_n \to \infty$, $x_n > 0$, ist auch $\sqrt[m]{x_n} \to \infty$ nachzuweisen. Zu beliebig großem $K > 0$ ist auch $K^m > 0$, und wegen $x_n \to \infty$ existiert ein $n_0 \in \mathbf{N}$, so daß $x_n \geq K^m$ für alle $n \geq n_0$. Also ist $\sqrt[m]{x_n} \geq K$ für alle $n \geq n_0$.

Beweis von g). Wegen $\sin n\pi = 0$ und $\sin(4n+1)(\pi/2) = 1$ für alle $n \in \mathbf{N}$ konvergieren die Funktionswerte $\sin(1/x)$ auf den zwei Nullfolgen

$$\left\{\frac{1}{n\pi}\right\} \quad \text{und} \quad \left\{\frac{2}{\pi(4n+1)}\right\}$$

gegen die verschiedenen Grenzwerte 0 und 1.

Bemerkung. Die Grenzwertaussagen bei Funktionen hängen wesentlich von deren Definitionsbereich ab. Um dies einzusehen, betrachten wir die Beispiele b) und d) jetzt für $I = \mathbf{R}$, $\xi = 0$, also mit dem Definitionsbereich $D = \{x \in \mathbf{R};\ x \neq 0\}$. Dann dürfen die nach Definition (131) heranzuziehenden Nullfolgen sich auch von links her der Null nähern. Im Falle m ungerade gilt aber für $x_n \to 0$, $x_n < 0$ jeweils $1/x_n^m \to -\infty$ und ebenso $x_n\sqrt{1 + (1/x_n^2)} \to -1$. Somit existieren jetzt die Grenzwerte b) im Falle m ungerade und d) nicht mehr. Kurz: Der einseitige Grenzwert existiert, der beidseitige jedoch nicht.

Am häufigsten benötigt man die Grenzwertdefinition (131) für den Fall, daß sowohl ξ als auch A endlich, also reelle Zahlen sind. Für diesen Fall geben wir noch eine zweite Definition des Grenzwertes einer Funktion an, die mit (131) gleichwertig ist und für Anwendungen gelegentlich handlicher ist als (131). Da die Gleichwertigkeit (Äquivalenz) bewiesen werden muß, formulieren wir diese zweite Definition als Behauptung:

(132) *Sei I ein beliebiges Intervall, $\xi \in \mathbf{R}$ ein innerer Punkt oder Randpunkt von I, und f eine auf $D = \{x \in I;\ x \neq \xi\}$ definierte reelle Funktion. Genau dann besitzt f den endlichen Grenzwert $A \in \mathbf{R}$ für $x \to \xi$, wenn zu jedem (noch so kleinen) $\varepsilon > 0$ ein $\delta > 0$ existiert mit der Eigenschaft:*

(*E*) *Für alle $x \in D$, $|x - \xi| \leq \delta$ ist $|f(x) - A| \leq \varepsilon$*[1]).

Zum Beweis ist offenbar zweierlei zu zeigen: 1. Wenn es zu jedem $\varepsilon > 0$ ein $\delta > 0$ mit der Eigenschaft (*E*) gibt, dann gilt $\lim_{x \to \xi} f(x) = A$ im Sinne der Definition (131). 2. Wenn $\lim_{x \to \xi} f(x) = A$ im Sinne der Definition (131) zutrifft, so existiert zu jedem $\varepsilon > 0$ ein $\delta > 0$ mit der Eigenschaft (*E*).

Beweis von 1. Sei $x_n \to \xi$, $x_n \in D$, und $\varepsilon > 0$ beliebig vorgegeben. Dann existiert ein $\delta > 0$, so daß $|f(x) - A| \leq \varepsilon$ gilt für alle $x \in D$, $|x - \xi| \leq \delta$. Wegen $x_n \to \xi$ existiert nun ein $n_0 \in \mathbf{N}$ mit $|x_n - \xi| \leq \delta$ für alle $n \geq n_0$. Also ist für alle $n \geq n_0$ $|f(x_n) - A| \leq \varepsilon$, d.h., $f(x_n) \to A$ für $n \to \infty$.

---

[1]) Ungenau, aber anschaulich läßt sich diese Eigenschaft so ausdrücken: $f(x)$ ist beliebig nahe bei A, wenn nur x nahe genug bei ξ liegt.

Beweis von 2. Hier gehen wir indirekt vor, nehmen also an, die Behauptung 2 sei falsch. Dann muß es ein $\varepsilon > 0$ geben – wir nennen es $\tilde{\varepsilon}$ – für welches kein $\delta > 0$ mit der Eigenschaft (E) existiert. Wenn wir also δ der Reihe nach die Zahlen $1/n$, $n = 1, 2, 3, \ldots$, durchlaufen lassen, gibt es sicher jeweils ein $x_n \in D$, $|x_n - \xi| \leq 1/n$ mit $|f(x_n) - A| > \tilde{\varepsilon}$. Dies widerspricht aber der Voraussetzung $\lim\limits_{x \to \xi} f(x) = A$, die wegen $x_n \to \xi$ $f(x_n) \to A$ zur Folge hat. Somit ist die Aussage 2 richtig.

2.2.2. Die Ableitung einer Funktion. Wir kommen nun zum Begriff der Ableitung, der im Zentrum der Differentialrechnung steht. Wie wir noch an vielen Beispielen sehen werden, treten Ableitungen überall dort auf, wo bei einem funktionalen Zusammenhang das Änderungsverhalten (die „Tendenz", der „Trend") der abhängigen Variablen relativ zur unabhängigen Variablen quantitativ erfaßt werden soll. Um dies zu verdeutlichen und gleichzeitig zur Motivation der nachfolgenden Definition untersuchen wir als Beispiel die Bewegung eines Massenpunktes auf einer (Zahlen-)Geraden.

Die Bewegung wird durch eine reelle Funktion

(133) $\quad f: t \mapsto f(t) \quad (t \in \mathbf{R})$

beschrieben, wobei $f(t) \in \mathbf{R}$ die Stelle auf der Zahlengeraden ist, an der sich der Massenpunkt im Zeitpunkt $t \in \mathbf{R}$ befindet. Man begnügt sich im allgemeinen aber nicht damit, in jedem Augenblick t zu wissen, wo der Massenpunkt sich gerade befindet. Man möchte zum Beispiel auch wissen, ob er sich zu einem bestimmten Zeitpunkt τ überhaupt bewegt, ob schnell oder langsam, ob in positiver oder negativer Richtung. Kurz: man hätte gern ein Maß für seine momentane Ortsveränderung relativ zur Zeit. Ein solches Maß ist die „momentane Geschwindigkeit" des Massenpunktes im Zeitpunkt τ. Wie kann aber dieser durchaus anschauliche Begriff mit Hilfe der Funktion f eindeutig definiert werden? Bei „gleichförmiger" Bewegung bestehen keine Zweifel: Der Quotient

(134) $$\frac{f(t_2) - f(t_1)}{t_2 - t_1}$$

ist dann für alle $t_1, t_2 \in \mathbf{R}$, $t_1 \neq t_2$ gleich und definiert die konstante Geschwindigkeit des Massenpunktes. Bei nichtgleichförmiger Bewegung jedoch ändert sich der Quotient (134) mit t_1 und t_2. Für die Definition der Momentangeschwindigkeit $v(\tau)$ im festen Zeitpunkt τ liegt zwar die Wahl $t_1 = \tau$ nahe, aber der Quotient

(135) $$\frac{f(t) - f(\tau)}{t - \tau}$$

hängt dann immer noch von t ab, so daß er $v(\tau)$ nicht eindeutig definieren kann. Anschaulich ist andererseits klar, daß der Quotient (135) dem Wert $v(\tau)$ umso besser entspricht, je näher t an τ heranrückt. Eine vernünftige Definition der Momentangeschwindigkeit $v(\tau)$ im Zeitpunkt τ ist demnach

(136) $$v(\tau) := \lim_{t \to \tau} \frac{f(t) - f(\tau)}{t - \tau} \quad (t \neq \tau)$$

falls dieser Grenzwert als reelle Zahl existiert. In der Sprache der Analysis ist $v(\tau)$ dann die Ableitung der Funktion f an der Stelle τ.

Nach diesem motivierenden Beispiel definieren wir nun allgemein:

(137) *Sei I ein beliebiges Intervall und f eine auf I definierte reelle Funktion. f heißt an einer festen Stelle $\xi \in I$ differenzierbar, wenn die auf $D = \{x \in I;\, x \neq \xi\} =: I \setminus \{\xi\}$ definierte Funktion (der Differenzenquotient)*

$$x \mapsto \frac{f(x) - f(\xi)}{x - \xi} \qquad (x \in D)$$

für $x \to \xi$ einen (endlichen!) Grenzwert $A \in \mathbf{R}$ besitzt. Man schreibt dann

$$A = \lim_{x \to \xi} \frac{f(x) - f(\xi)}{x - \xi} =: f'(\xi)$$

und nennt diese Zahl die Ableitung von f an der Stelle ξ. Falls $\xi \in I$ ein Randpunkt von I ist, heißt $f'(\xi)$ auch die einseitige Ableitung von f an der Stelle ξ. Schließlich heißt f in I differenzierbar, wenn f in jedem $\xi \in I$ differenzierbar ist, und man nennt dann die Funktion

$$f' : \xi \mapsto f'(\xi) \qquad (\xi \in I)$$

die Ableitung(sfunktion) von f (in I) [1].

Die große Bedeutung des Ableitungsbegriffs vor allem in den Naturwissenschaften belegen wir noch durch einige Beispiele. Dabei wird stillschweigend vorausgesetzt, daß die auftretenden Funktionen differenzierbar sind.

Beispiele. a) Sei $p(t)$ die Größe einer Population im Zeitpunkt t. Dann ist $p'(t)$ die Wachstumsgeschwindigkeit dieser Population zur Zeit t.

b) Bei einer chemischen Reaktion sei $m(t)$ die bis zum Zeitpunkt t umgesetzte Stoffmenge. Die Ableitung $m'(t)$ ist dann die Reaktionsgeschwindigkeit im Zeitpunkt t.

c) $v(t)$ sei die Geschwindigkeit eines auf einer Geraden sich bewegenden Massenpunktes im Zeitpunkt t. Dann ist $v'(t)$ seine Beschleunigung im Zeitpunkt t.

d) In einem rechtwinkligen (x, y, z)-Koordinatensystem sei $U(x)$ das Potential eines räumlichen Kraftfeldes (vgl. Abschnitt 5.2.3). Dann ist in jedem Punkt (ξ, y, z) die nur in x-Richtung wirkende Kraft durch die negative Ableitung $-U'(\xi)$ gegeben.

e) In einem rechtwinkligen (x, y)-Koordinatensystem beschreibt die Gleichung $y = f(x)$ eine Kurve (die auch als Schaubild der Funktion $x \mapsto f(x)$ aufgefaßt werden kann). Die Ableitung $f'(\xi)$ definiert dann die Steigung der Tangente an diese Kurve im Punkt $(\xi, f(\xi))$.

---

[1]) In vielen Büchern findet man auch die von Leibniz stammende Schreibweise $f'(x) = \mathrm{d}f(x)/\mathrm{d}x$, die wir hier vorerst nicht verwenden werden. Für Leibniz war $\mathrm{d}x$ eine „unendlich kleine Größe" und die Ableitung $f'(x)$ der „Quotient" von $\mathrm{d}f(x) := f(x + \mathrm{d}x) - f(x)$ und $\mathrm{d}x$.

Nun berechnen wir die Ableitungen der allereinfachsten Funktionen:

(138) *Die lineare Funktion*

$$f: x \mapsto ax + b \qquad (x \in \mathbf{R})$$

ist überall differenzierbar und es ist

$$f'(\xi) = a \quad \textit{für alle} \quad \xi \in \mathbf{R}.$$

Insbesondere haben die konstanten Funktionen $(a = 0)$ *überall die Ableitung* 0.

Beweis. Es ist

$$\frac{f(x) - f(\xi)}{x - \xi} = \frac{ax + b - (a\xi + b)}{x - \xi} = a \quad \text{für alle} \quad x \neq \xi.$$

Dann ist aber auch der Grenzwert dieses Differenzenquotienten für $x \to \xi$ gleich a.

2.2.3. Stetigkeit als Folge der Differenzierbarkeit; Eigenschaften stetiger Funktionen. Ehe wir weitere Funktionen ableiten, soll eine wichtige Eigenschaft differenzierbarer Funktionen herausgestellt werden. Dazu sei f eine auf dem Intervall I definierte und in $\xi \in I$ differenzierbare Funktion. Für eine beliebige Folge $\{x_n\}$, $x_n \to \xi$, $x_n \in I \setminus \{\xi\}$, gilt dann nach (89)

$$|f(x_n) - f(\xi)| = \left|\frac{f(x_n) - f(\xi)}{x_n - \xi}\right| \cdot |x_n - \xi| \to |f'(\xi)| \cdot 0 = 0.$$

Nach Definition (131) ist also $f(\xi)$ der Grenzwert von $f(x)$ für $x \to \xi$:

(139) $$\lim_{x \to \xi} f(x) = f(\xi).$$

Diese Eigenschaft (139) ist wichtig genug, um eine neue Bezeichnung zu rechtfertigen:

(140) *Eine auf dem Intervall I definierte (nicht notwendig differenzierbare!) Funktion f heißt* stetig *im Punkt* $\xi \in I$, *wenn sie der Bedingung* (139) *genügt, und sie heißt stetig in I, wenn* (139) *für alle* $\xi \in I$ *erfüllt ist.*

Anschaulich, aber weniger exakt, kann man auch sagen (vgl. Fußnote S. 51): Für eine in ξ stetige Funktion f liegt $f(x)$ beliebig nahe bei $f(\xi)$, wenn nur x nahe genug bei ξ liegt.

Für den Wissenschaftler, der zur experimentellen Bestimmung eines funktionalen Zusammenhangs $x \mapsto f(x)$ sowohl x als auch $f(x)$ von Meßinstrumenten ablesen muß, ist die Stetigkeit von f im allgemeinen eine unentbehrliche Hypothese. Dies sieht man leicht so ein: Wegen der begrenzten Meßgenauigkeit liest der Experimentator statt des exakten Wertes x einen ungenauen Wert ξ von der Skala ab. Sodann bestimmt er (bis auf Meßfehler) den zugehörigen Funktionswert und nennt ihn $f(\xi)$, obwohl es in Wirklichkeit der Funktionswert an der Stelle x, also der Wert $f(x)$ ist. Dieses Meßverfahren wäre sinnlos, wenn man nicht schließen könnte: Weil x sehr nahe bei ξ liegt, ist auch $f(x)$ eine gute Näherung für $f(\xi)$. Dieser Schluß ist aber nur unter der Annahme erlaubt, daß f eine stetige Funktion ist.

Für die Anwendungen sind daher vor allem die stetigen Funktionen wichtig. Gelegentlich kommen jedoch auch einfache Typen von nicht stetigen (unstetigen) Funktionen vor, die eine oder mehrere Sprungstellen aufweisen. Dabei heißt $\xi \in (a,b)$ eine Sprungstelle der in $(a,b)\setminus\{\xi\}$ definierten Funktion f, wenn die zwei einseitigen Grenzwerte (vgl. Abschnitt 2.2.1)

$$f(\xi - 0) := \lim_{\substack{x \to \xi \\ x \in (a,\xi)}} f(x) \quad \text{und} \quad f(\xi + 0) := \lim_{\substack{x \to \xi \\ x \in (\xi,b)}} f(x)$$

zwar als reelle Zahlen existieren, aber verschieden sind[1]). Zum Beispiel ist 0 eine Sprungstelle der Funktion

$$(141) \qquad x \mapsto x\sqrt{1 + \frac{1}{x^2}} \qquad (x \in \mathbf{R},\ x \neq 0)$$

(vgl. Abschnitt 2.2.1, Beispiel d) und Bemerkung). Ein weiteres Beispiel sei aus der Physik angeführt: $\varrho(T)$ sei die Dichte von Wasser bzw. Eis (in gcm^{-3}) bei der Temperatur T (in °C). Dann besitzt die Funktion $T \mapsto \varrho(T)$, $(-273 < T < 100,\ T \neq 0)$, wiederum die Sprungstelle 0 (vgl. Fig. 10).

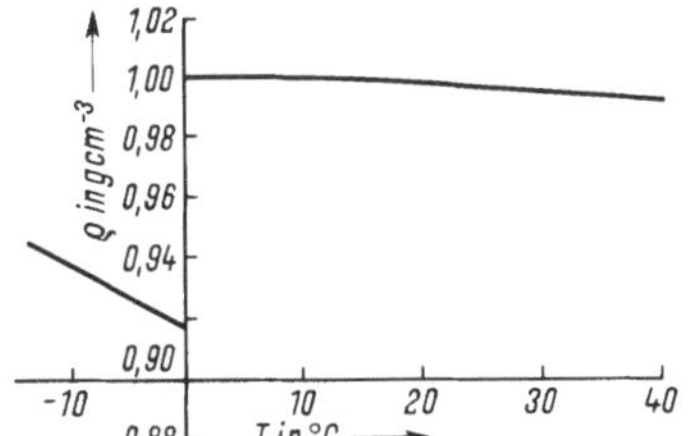

Fig. 10 Dichte ϱ von H_2O in Abhängigkeit von der Temperatur T. Sprungstelle bei $T = 0$

Die in einem abgeschlossenen Intervall stetigen Funktionen haben einige wichtige Eigenschaften, auf die wir an verschiedenen Stellen zurückgreifen müssen. Wir geben sie hier ohne Beweis an:

(142) *Die reelle Funktion f sei in dem abgeschlossenen Intervall $\langle a,b\rangle$ stetig. Dann existieren Zahlen $\xi,\eta \in \langle a,b\rangle$ mit der Eigenschaft*

$$(S_1) \qquad f(\eta) \leq f(x) \leq f(\xi) \quad \textit{für alle} \quad x \in \langle a,b\rangle$$

und für den Wertebereich $W(f)$ von f gilt

$$(S_2) \qquad W(f) = \langle f(\eta), f(\xi)\rangle.$$

Die Eigenschaft (S_1), aus der insbesondere die Beschränktheit von f in $\langle a,b\rangle$ folgt, drückt man häufig auch so aus: f nimmt ihr Maximum $f(\xi)$ und ihr Minimum $f(\eta)$ an. In einem offenen Intervall stetige Funktionen besitzen diese Eigenschaft im allgemeinen nicht. Zum Beispiel ist die Funktion $x \mapsto 1/x$, $(0 < x < 1)$, im offenen Intervall $(0,1)$ stetig, denn sie ist dort sogar differenzierbar (vgl. Abschnitt 2.2.4), aber es

[1]) Der Fall, daß diese einseitigen Grenzwerte gleich sind, wird in Übungsaufgabe 34 behandelt.

existieren offenbar keine Zahlen $\xi, \eta \in (0,1)$ mit der Eigenschaft (S_1). Ferner ist diese Funktion in $(0,1)$ unbeschränkt.

Die Eigenschaft (S_2) nennt man auch den Zwischenwertsatz, weil die Funktion f jeden Wert zwischen $f(\eta)$ und $f(\xi)$ und damit sicher auch jeden Wert zwischen $f(a)$ und $f(b)$ annimmt. Der Leser überlege sich, daß z.B. die Funktion (141) im Intervall $-1 \le x \le 1$ diese Eigenschaft nicht besitzt, wie auch immer der Funktionswert für $x = 0$ gewählt werden mag.

Im weiteren Verlauf dieses Buches werden im wesentlichen nur differenzierbare Funktionen eine Rolle spielen. Da diese natürlich stetig sind, werden sich die Aussagen (142) an vielen Stellen anwenden lassen. Daß umgekehrt nicht jede stetige Funktion auch differenzierbar ist, zeigt die Übungsaufgabe 35.

2.2.4. Ableitungsregeln; Ableitung der Polynome und der rationalen Funktionen. Bis jetzt wurde nur für die linearen Funktionen die Ableitung berechnet. Wir wollen nun wichtige Regeln kennenlernen, die für das Ableiten (= Differenzieren) weiterer Funktionen äußerst nützlich sind. Sie lauten: Wenn f und g in einem gemeinsamen Intervall I differenzierbar sind, so sind auch deren Summe, Differenz, Produkt und Quotient (vgl. (46) bis (48)) in I differenzierbar, und die Ableitungen berechnen sich wie folgt aus den bekannten Ableitungen f' und g':

(143) $\quad (f \pm g)' = f' \pm g'$

(144) $\quad (fg)' = f'g + fg'$

(145) $\quad \left(\frac{f}{g}\right)' = \frac{f'g - fg'}{g^2}, \quad$ falls $g(x) \neq 0$ für alle $x \in I$.

Der Beweis der einfachen Formel (143) sei dem Leser überlassen. Wir beweisen (144) und (145):

Beweis von (144): Sei $\xi \in I$ und $\{x_n\}$ eine beliebige, gegen ξ konvergierende Folge mit $x_n \in I \setminus \{\xi\}$. Mit Hilfe von (89) und (139) erhält man

$$\frac{f(x_n)g(x_n) - f(\xi)g(\xi)}{x_n - \xi} = f(x_n)\frac{g(x_n) - g(\xi)}{x_n - \xi} + \frac{f(x_n) - f(\xi)}{x_n - \xi}g(\xi)$$
$$\to f(\xi)g'(\xi) + f'(\xi)g(\xi) \quad \text{für} \quad n \to \infty.$$

Nach Definition (137) und (131) beweist dies die Formel (144).

Beweis von (145): Es genügt zu zeigen

(146) $\quad \left(\frac{1}{g}\right)' = -\frac{g'}{g^2}$

Denn dann erhält man (145) wegen $f/g = f \cdot (1/g)$ offenbar aus der Formel (144). Für ein beliebiges, aber festes $\xi \in I$ sei $\{x_n\}$ wieder irgend eine gegen ξ konvergierende Folge mit $x_n \in I \setminus \{\xi\}$. Aufgrund von (89) und (139) ergibt sich dann

$$\frac{\frac{1}{g(x_n)} - \frac{1}{g(\xi)}}{x_n - \xi} = -\frac{1}{g(x_n)g(\xi)} \cdot \frac{g(x_n) - g(\xi)}{x_n - \xi} \to -\frac{1}{g^2(\xi)} \cdot g'(\xi) \quad \text{für } n \to \infty$$

Damit ist (146) bewiesen.

Als erste Anwendung von (144) bestimmen wir die Ableitungen der „Potenzen“ $x \mapsto x^n$ für $n = 0, 1, 2, \ldots$ $(x^0 := 1)$:

(147) $\qquad (x^n)' = nx^{n-1} \qquad (x \in \mathbf{R}) \qquad n = 0, 1, 2, \ldots$

Wir führen den Beweis durch vollständige Induktion nach n. Für $n = 0$ und $n = 1$ steht die Behauptung (147) bereits in (138). Aus der Annahme, daß (147) für $n = k$ richtig ist, folgt nun mit Hilfe von (144)

$$(x^{k+1})' = (x^k \cdot x)' = kx^{k-1} \cdot x + x^k \cdot 1 = (k+1)x^k$$

womit (147) auch für $n = k + 1$ nachgewiesen ist und daher für alle $n = 0, 1, 2, \ldots$ gilt. Weiter erhält man aus (146) und (147) für $m \in \mathbf{N}$

$$(x^{-m})' = \left(\frac{1}{x^m}\right)' = -\frac{mx^{m-1}}{x^{2m}} = -mx^{-m-1} \qquad (x \neq 0),$$

das heißt, (147) gilt sogar für alle $n \in \mathbf{Z}$:

(148) $\qquad (x^n)' = nx^{n-1} \qquad$ für $\qquad n = 0, \pm 1, \pm 2, \ldots$

Für ein Polynom P_n $(n = 0, 1, 2, \ldots)$

(149) $\qquad x \mapsto P_n(x) := a_n x^n + a_{n-1} x^{n-1} + \cdots + a_1 x + a_0 \qquad (x \in \mathbf{R})$

lautet die Ableitung

(150) $\qquad x \mapsto P_n'(x) := n a_n x^{n-1} + (n-1) a_{n-1} x^{n-2} + \cdots + 2a_2 x + a_1 \qquad (x \in \mathbf{R})$

Dies ergibt sich, wenn man zunächst die Regel (143) auf die endlich vielen Summanden von $P_n(x)$ anwendet – was durch vollständige Induktion sehr leicht zu rechtfertigen ist –, und dann noch die aus (144) folgende Regel (g = konstante Funktion) heranzieht:

(151) $\qquad (cf)' = cf' \qquad$ für $\qquad c \in \mathbf{R}$

Schließlich seien P_n und Q_m Polynome n-ten bzw. m-ten Grades. Die Ableitung der rationalen Funktion

(152) $\qquad R = \dfrac{P_n}{Q_m}$

lautet dann nach (145)

(153) $\qquad R' = \dfrac{P_n' Q_m - P_n Q_m'}{Q_m^2}$

und existiert überall, wo Q_m nicht Null ist, also im ganzen Definitionsbereich von R.

Als Ergebnis halten wir fest:

Die Polynome und die rationalen Funktionen sind in ihrem gesamten Definitionsbereich differenzierbar.

Ein Blick auf (150) zeigt überdies: Die Ableitung P_n' eines Polynoms P_n vom Grade

$n \in \mathbf{N}$ ist ein Polynom vom Grade $n-1$ und kann deshalb selbst wieder abgeleitet werden. Man schreibt

$$(P_n')' =: P_n''$$

und nennt P_n'' die **zweite Ableitung** von P_n. P_n'' ist ein Polynom $(n-2)$-ten Grades, daher existiert auch die **dritte Ableitung** von P_n

$$P_n''' := (P_n'')'$$

usw.; die **n-te Ableitung** $P_n^{(n)}$ von P_n ist ein Polynom 0-ten Grades, also eine konstante Funktion. Die $(n+1)$-te und alle weiteren Ableitungen eines Polynoms P_n vom Grade n sind daher identisch Null:

(154) $\qquad P_n^{(k)}(x) = 0 \quad$ für alle $\quad x \in \mathbf{R} \quad$ und $\quad k \geq n+1$.

Von (153) liest man entsprechend ab, daß die Ableitung einer rationalen Funktion R selbst wieder eine rationale Funktion mit dem gleichen Definitionsbereich wie R und somit erneut differenzierbar ist. Wir sehen also:

Polynome und rationale Funktionen sind in ihrem Definitionsbereich beliebig oft differenzierbar.

Als Beispiel berechnen wir die k-te Ableitung der ganzzahligen Potenz $x \mapsto x^m$, $m \in \mathbf{Z}$. Aus (148) folgt für $k \in \mathbf{N}$ leicht

(155) $\qquad (x^m)^{(k)} = m(m-1)(m-2)\ldots(m-k+1)x^{m-k}$.

In Übereinstimmung mit (154) verschwindet die rechte Seite von (155) für $k > m \geq 0$, da dann einer der Faktoren 0 ist. Für $k = m \in \mathbf{N}$ liefert (155)

(156) $\qquad (x^k)^{(k)} = k! \qquad (x \in \mathbf{R})$.

Weitere Beispiele zum Differenzieren befinden sich unter den Übungsaufgaben 37ff.

2.2.5. Die Kettenregel und die Ableitung der Umkehrfunktion. Zu den unentbehrlichen Ableitungsregeln gehört neben (143) bis (145) auch die sog. **Kettenregel**. Sie gibt die Ableitung einer verketteten Funktion $f \circ g$ an (vgl. (50), (51)), wenn f und g differenzierbar sind:

(157) *Die in einem Intervall I definierte Funktion g sei an der Stelle $\xi \in I$ differenzierbar. Die Funktion f, deren Definitionsbereich den Wertebereich von g umfaßt, sei im Punkt $\eta = g(\xi)$ differenzierbar. Dann ist die verkettete Funktion*

$$f \circ g : x \mapsto f(g(x)) \qquad (x \in I)$$

im Punkt ξ differenzierbar und ihre Ableitung an dieser Stelle lautet

$(K) \qquad (f \circ g)'(\xi) = f'(\eta)\, g'(\xi)$.

Wir **beweisen** diese Kettenregel nur für den Fall, daß die Funktion g in I streng monoton ist (vgl. Abschnitt 1.3.2). Dazu sei $\{x_n\}$ eine beliebige gegen ξ konvergente Folge mit $x_n \in I \setminus \{\xi\}$. Da g in ξ stetig ist (vgl. (139)), gilt auch

$$y_n := g(x_n) \to g(\xi) = \eta \qquad \text{für } n \to \infty,$$

und wegen der strengen Monotonie von g folgt aus $x_n \neq \xi$ auch $y_n \neq \eta$ für alle n. Somit erhalten wir nach (89)

$$\frac{f(g(x_n)) - f(g(\xi))}{x_n - \xi} = \frac{f(y_n) - f(\eta)}{y_n - \eta} \cdot \frac{g(x_n) - g(\xi)}{x_n - \xi} \to f'(\eta)\, g'(\xi) \qquad \text{für } n \to \infty,$$

das heißt, die Kettenregel (K) ist bewiesen.

Durch wiederholte Anwendung der Regel (K) gewinnt man auch die Ableitung einer Funktion, welche durch Verkettung von mehr als zwei differenzierbaren Funktionen entsteht. Wir formulieren das Ergebnis für drei Funktionen: Die Funktionen f, g und h seien zur Funktion $f \circ g \circ h$ verkettbar (vgl. Abschnitt 1.3.2, Bemerkung), ferner sei h in ξ, g in $h(\xi) = \eta$ und f in $g(\eta) = \zeta$ differenzierbar. Dann besitzt $f \circ g \circ h$ an der Stelle ξ die Ableitung

(158) $\quad (f \circ g \circ h)'(\xi) = f'(\zeta)\, g'(\eta)\, h'(\xi)$.

Um die Anwendung der Kettenregel zu üben, betrachten wir einige

Beispiele. a) Die Funktion $G\colon x \mapsto G(x) = (1 - x^3)^4, (x \in \mathbf{R})$, hat die Form $G = f \circ g$ mit den Funktionen

$$g : x \mapsto g(x) = 1 - x^3 \quad (x \in \mathbf{R})$$
$$f : y \mapsto f(y) = y^4 \quad (y \in \mathbf{R})$$

Für die Ableitung von G an einer beliebigen Stelle ξ gilt also nach (K), (147) und (149):

$$G'(\xi) = f'(g(\xi)) \cdot g'(\xi) = 4(g(\xi))^3 \cdot (-3\xi^2) = -12\xi^2(1 - \xi^3)^3.$$

b) Die Funktion $G : x \mapsto G(x) = (ax + b)^n, (x \in \mathbf{R})$ mit $n \in \mathbf{N}$ schreibt sich in der Form $f \circ g$, wenn $g(x) = ax + b\ (x \in \mathbf{R})$ und $f(y) = y^n\ (y \in \mathbf{R})$ gesetzt wird. Man erhält daher für beliebiges $\xi \in \mathbf{R}$:

$$G'(\xi) = f'(g(\xi)) \cdot g'(\xi) = n(g(\xi))^{n-1} \cdot a = an(a\xi + b)^{n-1}.$$

c) Für die Funktion

$$x \mapsto G(x) = \frac{x}{(1 + 5x^2)^3}, \qquad (x \in \mathbf{R})$$

erhält man die Darstellung

$$G(x) = \frac{x}{(f \circ g)(x)},$$

wenn $g(x) = 1 + 5x^2$ und $f(y) = y^3$ gesetzt wird. Die Ableitung von G an der Stelle x lautet daher nach (145) und (K)

$$G'(x) = \frac{1 \cdot (f \circ g)(x) - x \cdot (f \circ g)'(x)}{(f \circ g)^2(x)} = \frac{(1 + 5x^2)^3 - x \cdot f'(g(x)) \cdot g'(x)}{(1 + 5x^2)^6}$$
$$= \frac{(1 + 5x^2)^3 - x \cdot 3(1 + 5x^2)^2 \cdot 10x}{(1 + 5x^2)^6} = \frac{1 - 25x^2}{(1 + 5x^2)^4}.$$

d) Die Funktion $x \mapsto G(x) = ((x + 1/x)^5 - 1)^3$, $x \neq 0$ läßt sich mit $h(x) = x + 1/x$, $g(y) = y^5 - 1, f(z) = z^3$ in der Form

$$G(x) = f\big(g(h(x))\big)$$

schreiben. Nach (158) lautet somit die Ableitung an der Stelle $x \neq 0$:

$$\begin{aligned} G'(x) &= f'\big(g(h(x))\big) \cdot g'(h(x)) \cdot h'(x) \\ &= 3\left(\left(x + \frac{1}{x}\right)^5 - 1\right)^2 \cdot 5\left(x + \frac{1}{x}\right)^4 \cdot \left(1 - \frac{1}{x^2}\right) \end{aligned}$$

Mit Hilfe der Kettenregel beschaffen wir uns nun auch eine Ableitungsformel für die Umkehrfunktion (vgl. Abschnitt 1.3.2) einer differenzierbaren Funktion. Die genaue Aussage lautet:

(159) *Sei f eine im Intervall I differenzierbare und umkehrbare Funktion mit der Umkehrfunktion F. Ist $\xi \in I$ irgendeine Stelle mit $f'(\xi) \neq 0$, so ist F an der Stelle $\eta = f(\xi)$ differenzierbar mit der Ableitung*

$$(U) \qquad F'(\eta) = \frac{1}{f'(\xi)} = \frac{1}{f'(F(\eta))}$$

Wir beweisen nur die Formel (U) und nehmen dazu die Differenzierbarkeit von F in η als bereits erwiesen an. Nach (39) ist

$$F(f(x)) = x \qquad \text{für alle} \qquad x \in I,$$

so daß die Ableitung von $F \circ f$ überall gleich 1 ist. An der Stelle ξ läßt sich diese Ableitung andererseits nach der Kettenregel (K) berechnen. Man erhält also

$$F'(\eta) \cdot f'(\xi) = 1$$

und daraus folgt (U).

Mit Hilfe der Formel (U) ermitteln wir jetzt die Ableitungen der Wurzelfunktionen $(n \in \mathbf{N})$

$$(160) \qquad y \mapsto \sqrt[n]{y} \qquad (y > 0),$$

die als Umkehrfunktionen der Potenzen

$$(161) \qquad x \mapsto x^n \qquad (x > 0)$$

definiert sind (vgl. Übungsaufgabe 13). Mit $y = x^n$, $x = \sqrt[n]{y}$ folgt aus (U)

$$\textbf{(162)} \qquad (\sqrt[n]{y})' = \frac{1}{n x^{n-1}} = \frac{1}{n(\sqrt[n]{y})^{n-1}} = \frac{\sqrt[n]{y}}{n y} \qquad (y > 0),$$

und speziell für $n = 2$:

$$\textbf{(163)} \qquad (\sqrt{y})' = \frac{1}{2\sqrt{y}} \qquad (y > 0).$$

Als Anwendung der Formel (162) und der Kettenregel berechnet man nun auch die Ableitung von Funktionen der Gestalt

$$x \mapsto \sqrt[n]{f(x)} \qquad (x \in I)$$

wobei f eine in I differenzierbare Funktion ist mit $f(x) > 0$ für alle $x \in I$. Es ergibt sich

(164) $$\left(\sqrt[n]{f(x)}\right)' = \frac{\sqrt[n]{f(x)} \cdot f'(x)}{n f(x)} \quad (x \in I)$$

Beispiel:

$$\left(\sqrt{1+x^2}\right)' = \frac{x}{\sqrt{1+x^2}} \quad (x \in \mathbf{R})$$

2.2.6. Die Ableitung der Exponentialfunktion und des natürlichen Logarithmus. Die Exponentialfunktion wurde bereits in (125) durch

(165) $$x \mapsto \exp x = \sum_{k=0}^{\infty} \frac{x^k}{k!} \quad (x \in \mathbf{R})$$

eingeführt und ist wohldefiniert, da die rechtsstehende „Potenzreihe" für alle $x \in \mathbf{R}$ (absolut) konvergiert. Wie in Übungsaufgabe 29 gezeigt wurde, erfüllt exp die überaus wichtige Identität

(166) $$\exp x \cdot \exp y = \exp(x+y) \quad \text{für alle} \quad x, y \in \mathbf{R}.$$

Hieraus ziehen wir aufgrund der speziellen Funktionswerte (vgl. (100), (101))

(167) $$\exp 0 = 1, \quad \exp 1 = e$$

einige Folgerungen: Es ist

(168) $$\exp(-x) = \frac{1}{\exp x} \quad \text{für alle} \quad x \in \mathbf{R}$$

(169) $$\exp x > 0 \quad \text{für alle} \quad x \in \mathbf{R}$$

(170) $$\exp x > \exp y \quad \text{für} \quad x > y$$

Denn mit $y = -x$ in (166) erhält man

$$\exp x \cdot \exp(-x) = \exp 0 = 1,$$

woraus $\exp x \neq 0$ und die Richtigkeit von (168) folgt. (169) ergibt sich dann aus

$$\exp x = \left(\exp \frac{x}{2}\right)^2 > 0.$$

Zum Nachweis von (170) entnimmt man zunächst der Definition (165)

$$\exp z > 1 \quad \text{für} \quad z > 0,$$

und für $x > y$, $z = x - y > 0$, ergibt sich dann

$$\exp x = \exp y \cdot \exp z > \exp y.$$

Aus (166), (167) und (168) folgt ferner:

$$\exp 2 = (\exp 1)^2 = e^2, \exp 3 = (\exp 1)^3 = e^3, \ldots$$

$$\exp n = (\exp 1)^n = e^n, \exp(-n) = \frac{1}{\exp n} = e^{-n}, (n \in \mathbf{N})$$

und für rationale Zahlen $p/q \quad (p \in \mathbf{Z}, q \in \mathbf{N})$:

$$\left(\exp \frac{p}{q}\right)^q = \exp \underbrace{\left(\frac{p}{q} + \frac{p}{q} + \cdots + \frac{p}{q}\right)}_{q \text{ Summanden}} = \exp p = e^p$$

also

(171) $\qquad \exp \frac{p}{q} = e^{p/q} \qquad$ für alle $\quad \frac{p}{q} \in \mathbf{Q}$.

Diese Beziehung (171) ist der Grund dafür, daß die Exponentialfunktion auch für beliebiges reelles x üblicherweise in der Form

(172) $\qquad \exp x =: e^x \qquad (x \in \mathbf{R})$

geschrieben wird.
Um nun die Differenzierbarkeit der Exponentialfunktion zu prüfen, betrachten wir den Differenzenquotienten

(173) $$\frac{e^x - e^\xi}{x - \xi} = \frac{e^\xi e^{x-\xi} - e^\xi}{x - \xi} = e^\xi \frac{e^{x-\xi} - 1}{x - \xi}.$$

Da nach (165)

$$\frac{e^{x-\xi} - 1}{x - \xi} = 1 + \sum_{k=2}^{\infty} \frac{(x-\xi)^{k-1}}{k!}$$

ist, erhält man weiter[1])

$$\left|\frac{e^{x-\xi} - 1}{x - \xi} - 1\right| = \left|\sum_{k=2}^{\infty} \frac{(x-\xi)^{k-1}}{k!}\right| \le |x - \xi| \cdot \sum_{k=2}^{\infty} \frac{|x-\xi|^{k-2}}{k!}$$

$$\le |x - \xi| \cdot \sum_{k=2}^{\infty} \frac{|x-\xi|^{k-2}}{(k-2)!} = |x - \xi| \cdot e^{|x-\xi|}$$

und der rechts stehende Ausdruck hat für $x \to \xi$ den Grenzwert 0, da $e^{|x-\xi|}$ wegen (170) sicher beschränkt bleibt. Also gilt

(174) $$\lim_{x \to \xi} \frac{e^{x-\xi} - 1}{x - \xi} = 1,$$

und damit folgt aus (173), daß die Exponentialfunktion an jeder Stelle $\xi \in \mathbf{R}$ differenzierbar ist und dort wieder die Ableitung e^ξ hat, oder

(175) $\qquad (e^x)' = e^x \qquad$ für alle $\quad x \in \mathbf{R}$.

Nach der Kettenregel ergibt sich hieraus weiter

(176) $\qquad (e^{ax})' = a \cdot e^{ax} \qquad (x \in \mathbf{R})$

und dieses Ergebnis ist der eigentliche Grund dafür, daß die Exponentialfunktionen

(177) $\qquad x \mapsto A\,e^{ax} \qquad (x \in \mathbf{R})$

---

[1]) Hier wird die für absolut konvergente Reihen gültige Abschätzung $\left|\sum_{k=1}^{\infty} a_k\right| \le \sum_{k=1}^{\infty} |a_k|$ benutzt, die der Leser nachprüfen möge.

(mit festen Zahlen A und $a \in \mathbf{R}$) vor allem in der Biologie eine so entscheidende Rolle spielen. Denn bedeutet x die Zeitvariable und $f(x)$ die Größe einer Population (oder eines Organismus) zur Zeit x, so ist die Wachstumsgeschwindigkeit $f'(x)$ zur Zeit x sehr häufig proportional zu der im Zeitpunkt x gerade vorhandenen Populationsgröße $f(x)$, es gilt also eine Beziehung der Gestalt

(178) $\quad f'(x) = af(x)$

mit einer festen Zahl $a \in \mathbf{R}$ ($a < 0$ bedeutet negatives Wachstum, d. h. Abnahme). Nun zeigt (176), daß gerade die Funktionen (177), also $f(x) = Ae^{ax}$, die „Differentialgleichung" (178) erfüllen[1]) und damit das Wachstum einer solchen Population beschreiben.

Konkrete Anwendungen der Exponentialfunktion vor allem in Biologie und Chemie behandeln wir später.

Wir fragen jetzt nach der Umkehrfunktion der Exponentialfunktion. Sie existiert sicher, da exp nach (170) streng monoton wachsend ist (vgl. (24)). Wegen $e^x > 1 + x$ für $x > 0$ gilt ferner

(179) $\quad e^x \to +\infty \quad$ für $\quad x \to +\infty$

und folglich auch

(180) $\quad e^{-x} = \frac{1}{e^x} \to 0 \quad$ für $\quad x \to +\infty$.

Da exp als differenzierbare Funktion auch stetig ist, zeigt die Eigenschaft (S_2) von (142) zusammen mit (179) und (180), daß der Wertebereich von exp und somit der Definitionsbereich der Umkehrfunktion aus dem offenen Intervall $(0, \infty)$ besteht. Die so gewonnene Umkehrfunktion von

(181) $\quad x \mapsto e^x = y \quad (x \in \mathbf{R})$

heißt der natürliche Logarithmus, kurz ln (oder in manchen Büchern auch log):

(182) $\quad y \mapsto \ln y = x \quad (y > 0)$.

Aufgrund der Definition von ln bestehen nach (39) und (40) die wichtigen Identitäten:

(183) $\quad \ln e^x = x \quad$ für alle $\quad x \in \mathbf{R}$

(184) $\quad e^{\ln y} = y \quad$ für alle $\quad y > 0$.

Für beliebige $y_1, y_2 > 0$ sei nun $x_1 = \ln y_1$, $x_2 = \ln y_2$, also $y_1 = e^{x_1}$, $y_2 = e^{x_2}$. Mit Hilfe von (166) folgt dann $y_1 y_2 = e^{x_1} e^{x_2} = e^{x_1 + x_2}$ oder $x_1 + x_2 = \ln(y_1 y_2)$. Damit haben wir die wichtigste Eigenschaft von ln gewonnen:

(185) $\quad \ln(y_1 y_2) = \ln y_1 + \ln y_2 \quad$ für alle $\quad y_1, y_2 > 0$.

Ganz analog erhält man auch

(186) $\quad \ln \frac{y_1}{y_2} = \ln y_1 - \ln y_2 \quad$ für alle $\quad y_1, y_2 > 0$.

---

[1]) Daß keine anderen Funktionen f in Frage kommen, wird hier nicht bewiesen.

Die Ableitung von ln lautet nach (159) aufgrund der Definition (181), (182):

(187) $(\ln y)' = \frac{1}{e^x} = \frac{1}{y}$ für alle $y > 0$.

ln gehört ebenso wie exp zu den wichtigsten Funktionen in den Naturwissenschaften. Anwendungsbeispiele kommen im weiteren Verlauf des Buches immer wieder vor.

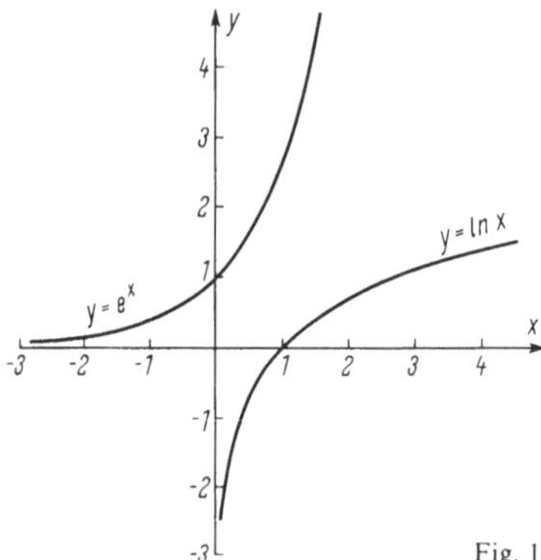

Fig. 11 Schaubilder $y = e^x$ und $y = \ln x$

Die **Berechnung** einzelner Funktionswerte $y = e^x$ ist **näherungsweise** nach (165) und für $x \in \mathbf{Z}$ noch besser nach (171) möglich. Im allgemeinen zieht man jedoch Funktionentafeln heran. Zum Beispiel sind in [3], S. 101 ff., die Funktionswerte e^x, e^{-x} für $0 \leq x \leq 10$ mit der Schrittweite 0,02 vertafelt. Durch lineare Interpolation (vgl. Abschnitt 1.3.4) und mit Hilfe von (166) läßt sich daraus für jedes $x \in \mathbf{R}$ der Wert e^x mit im allgemeinen hinreichender Genauigkeit berechnen. So ist z. B.

$$e^{23,083} = e^{20+3,083} = (e^{10})^2 \cdot e^{3,083}$$
$$\approx (e^{10})^2 \cdot \left(e^{3,08} + \frac{0,003}{0,02}(e^{3,1} - e^{3,08})\right) = 1,0588 \cdot 10^{10}.$$

Auch zur Berechnung des natürlichen Logarithmus benutzt man Funktionentafeln. In [3], S. 114/115, ist $\ln x$ mit wechselnder Schrittweite für $1 \leq x \leq 10$ angegeben. Daraus gewinnt man $\ln x$ im Falle $x > 10$ mit Hilfe der Formel (185) und im Falle $0 < x < 1$ mit Hilfe der aus (186) folgenden Beziehung ($y_1 = 1$)

(188) $\ln x = -\ln \frac{1}{x}$

Wie wir später (vgl. (419)) sehen werden, läßt sich auch jede gewöhnliche Logarithmentafel zur Berechnung von $\ln x$ heranziehen.

2.2.7. Ableitung der Funktionen sin und cos. Eulersche Formel. In Abschnitt 1.3.4 wurde eine rein **geometrische** Definition der Funktionen sin und cos angegeben, und entsprechend könnte man nun auch ihre Ableitung auf geometrisch-anschauliche Weise gewinnen. Wir schlagen hier einen anderen Weg ein und benutzen dazu eine wichtige Darstellung dieser Funktionen als unendliche Reihen (sog. Potenzreihen). Diese Darstellung, für die wir den Beweis schuldig bleiben[1]), lautet:

(189) $$\sin x = \sum_{k=0}^{\infty} (-1)^k \frac{x^{2k+1}}{(2k+1)!} = x - \frac{x^3}{3!} + \frac{x^5}{5!} - \frac{x^7}{7!} + - \cdots \qquad (x \in \mathbf{R})$$

(190) $$\cos x = \sum_{k=0}^{\infty} (-1)^k \frac{x^{2k}}{(2k)!} = 1 - \frac{x^2}{2!} + \frac{x^4}{4!} - \frac{x^6}{6!} + - \cdots \qquad (x \in \mathbf{R})$$

Diese Potenzreihen haben große Ähnlichkeit mit der „Exponentialreihe" (124), und ihre absolute Konvergenz für jedes feste $x \in \mathbf{R}$ zeigt man ebenso, wie dies für (124) geschah, mit Hilfe des Quotientenkriteriums (123). Wie berechnet sich nun die Ableitung der Reihen (189) und (190)? Die naheliegende Vermutung, daß man genau so wie endliche Summen auch unendliche Reihen (von Funktionen) gliedweise ableiten darf, bestätigt sich zwar nicht ganz allgemein, sie ist jedoch für alle Potenzreihen richtig, zu denen insbesondere die Reihen (124), (189) und (190) gehören. Wir erhalten demnach:

$$(\sin x)' = \sum_{k=0}^{\infty} (-1)^k \frac{(x^{2k+1})'}{(2k+1)!} = \sum_{k=0}^{\infty} (-1)^k \frac{x^{2k}}{(2k)!} = \cos x$$

$$(\cos x)' = -x + \frac{x^3}{3!} - \frac{x^5}{5!} + \frac{x^7}{7!} - + \cdots = -\sin x .$$

Ergebnis. Die Funktionen sin und cos sind überall differenzierbar und ihre Ableitungen haben die einfache und einprägsame Form

(191) $$(\sin x)' = \cos x, \quad (\cos x)' = -\sin x \qquad (x \in \mathbf{R}).$$

Die bereits festgestellte Ähnlichkeit der Reihen (189), (190) mit der Reihe (124) führt zu einem überaus wichtigen Zusammenhang zwischen den Funktionen sin, cos einerseits und der Exponentialfunktion andererseits. Um diese Beziehung herzuleiten, brauchen wir eine naheliegende Erweiterung des Konvergenzbegriffs (85) auch auf komplexe Zahlenfolgen. Sie lautet:

(192) *Eine komplexe Zahlenfolge* $\{a_n + ib_n\}$, $a_n \in \mathbf{R}$, $b_n \in \mathbf{R}$, *heißt konvergent gegen* $A = a + ib \in \mathbf{C}$, *wenn* $a_n \to a$ *und* $b_n \to b$ *für* $n \to \infty$ *im Sinne der Definition* (85) *gilt.*

Mit dieser Definition kann man leicht feststellen – auf den Beweis gehen wir jedoch nicht ein –, daß die Reihen (124), (189), (190) auch für jede komplexe Zahl x absolut konvergieren und somit die Funktionen exp, sin, cos sich auf ganz $\mathbf{C}$ definieren lassen. Die angekündigte Beziehung, die Eulersche Formel, lautet nun:

(193) $$e^{ix} = \cos x + i \sin x \qquad (x \in \mathbf{R})$$

---

[1]) Vergleiche jedoch Übungsaufgabe 56.

Zum Beweis betrachten wir die Teilsummen der Reihe für e^{ix}:

$$\sum_{k=0}^{2n+1} \frac{(ix)^k}{k!} = \sum_{k=0}^{2n+1} \frac{i^k x^k}{k!} = 1 + i\frac{x}{1!} - \frac{x^2}{2!} - i\frac{x^3}{3!} + \frac{x^4}{4!} + i\frac{x^5}{5!} - - + + \cdots$$

$$+ (-1)^n \frac{x^{2n}}{(2n)!} + i(-1)^n \frac{x^{2n+1}}{(2n+1)!}$$

$$= \sum_{k=0}^{n} (-1)^k \frac{x^{2k}}{(2k)!} + i \sum_{k=0}^{n} (-1)^k \frac{x^{2k+1}}{(2k+1)!}.$$

Nach (189), (190) und der Definition (192) konvergiert die Folge dieser Teilsummen für $n \to \infty$ offenbar gegen $\cos x + i \sin x$, womit (193) nachgewiesen ist.

Um einen ersten Eindruck von der Nützlichkeit der Eulerschen Formel (193) zu bekommen, beweisen wir die bereits in (79), (80) angegebenen Additionstheoreme für sin und cos. Wir benutzen dabei, daß die Formel (166) auch für komplexe Zahlen x, y gültig bleibt. Für $\alpha, \beta \in \mathbf{R}$ ergibt sich

$$\cos(\alpha + \beta) + i \sin(a + \beta) = e^{i(\alpha+\beta)} = e^{i\alpha} e^{i\beta} = (\cos\alpha + i \sin\alpha)(\cos\beta + i \sin\beta)$$

$$= \cos\alpha \cos\beta - \sin\alpha \sin\beta + i(\sin\alpha \cos\beta + \cos\alpha \sin\beta)$$

Da in dieser Gleichung sowohl die Realteile als auch die Imaginärteile auf der rechten und linken Seite übereinstimmen müssen, folgt

(194) $\cos(\alpha + \beta) = \cos\alpha \cos\beta - \sin\alpha \sin\beta$

(195) $\sin(\alpha + \beta) = \sin\alpha \cos\beta + \cos\alpha \sin\beta$

Dies sind die Formeln (80), (79) für das obere Vorzeichen. Das Übrige folgt hieraus, wenn man β durch $-\beta$ ersetzt und (76) benutzt.

Übungsaufgaben. 32.* Man berechne folgende Grenzwerte:

a) $\lim\limits_{x \to 1} \frac{x^2 + ax - 1}{x + 2}$ b) $\lim\limits_{x \to 0} \frac{1 + e^{ax}}{\sqrt{1 + x^2}}$ c) $\lim\limits_{x \to 0} \ln x \quad (x > 0)$

d) $\lim\limits_{x \to \infty} \exp \frac{x}{1 + x^2}$ e) $\lim\limits_{x \to 2} \cos(x^2 - 3)$.

33.* Welcher der folgenden Grenzwerte existiert und wie lautet er gegebenenfalls?

a) $\lim\limits_{x \to -1} \frac{x^3 + 2x^2 - x - 2}{x + 1}$ b) $\lim\limits_{x \to 0} \frac{|x|}{x} \quad (x \in \mathbf{R}\setminus\{0\})$ c) $\lim\limits_{x \to 0} \frac{1}{x} \sqrt{\frac{x^2}{1 + x^4}} \quad (x \in \mathbf{R}\setminus\{0\})$

d) $\lim\limits_{x \to 0} \frac{\sin x}{x}$ e) $\lim\limits_{x \to 0} \frac{1 - \cos x}{x^2}$ f) $\lim\limits_{x \to 0} \frac{x}{e^x - 1}$

34. Es sei $\xi \in (a,b)$ und für die in $(a,b)\setminus\{\xi\}$ definierte Funktion f mögen die einseitigen Grenzwerte $\lim\limits_{\substack{x\to\xi \\ x\in(a,\xi)}} f(x)$ und $\lim\limits_{\substack{x\to\xi \\ x\in(\xi,b)}} f(x)$ existieren und beide gleich der reellen Zahl A sein.

Man zeige: Durch die Festsetzung $f(\xi) := A$ wird f eine auf ganz (a,b) definierte Funktion, die an der Stelle ξ stetig ist.

35. Man zeige, daß die Funktion $x \mapsto |x|$ $(x \in \mathbf{R})$ überall stetig, aber an der Stelle 0 nicht differenzierbar ist.

36. Man vergleiche die Schaubilder $y = \sin x$ und $y = \cos x$ mit den Schaubildern der „Näherungsfunktionen", die sich ergeben, wenn die Reihen (189) bzw. (190) nach dem zweiten Glied abgebrochen werden. In der Umgebung welcher Stelle x ist die Annäherung am besten?

37.* Man präzisiere (Definitionsbereich!) und differenziere folgende Funktionen:

a) $x\sqrt{1-x^2}$ b) $\dfrac{x^2}{x+\sqrt{x}}$ c) $x^3 e^{-x^2}$ d) $\dfrac{\sin x}{\cos x}$

e) $(\sin x)^n$, $n \in \mathbf{N}$ f) $(\cos\sqrt{x})^n$ g) $e^{\sin(x^2)}$

h) $\ln\dfrac{1+x}{1-x}$ i) $x\ln x - x$ j) $\ln(\sin x)$

38.* In der Gleichung $x(t) = -981/2\, t^2 + at + b$ beschreibt $x(t)$ (in cm) den Ort auf der vertikalen x-Achse, an dem sich ein Stein im Zeitpunkt t (in s) befindet, der im Zeitpunkt 0 von $x = b$ aus mit der Anfangsgeschwindigkeit a (in cm s^{-1}) senkrecht nach oben geworfen wurde. Man berechne Geschwindigkeit und Beschleunigung des Steines zu einem beliebigen Zeitpunkt t während seines Fluges. Welche Höhe erreicht er und wann?

39.* Die Anzahl $p(t)$ der Individuen einer Insektenpopulation zur Zeit t (in Tagen) hänge nach einem Gesetz der Gestalt

$$p(t) = Ae^{at},\ A > 0,\ a \in \mathbf{R}$$

von der Zeit ab. Zwei Zählungen zur Zeit $t = 0$ und $t = 3$ ergeben die Werte $p(0) = 2370$ und $p(3) = 4711$. Wann erreicht $p(t)$ die Werte 10000, 100000, 1000000? Wie groß ist $p(30)$?

Anleitung: Man berechne a und A.

40. Die Funktionen $f_1, f_2, \dots, f_n$ seien in ihrem gemeinsamen Definitionsbereich I differenzierbar.

a) Man zeige durch vollständige Induktion nach n:

$$(f_1 f_2 \cdots f_n)' = \sum_{k=1}^{n} f_1 f_2 \cdots f_{k-1} f_k' f_{k+1} \cdots f_n$$

b) falls $f_k(x) > 0$ für alle $x \in I$ und alle $k = 1, \dots, n$ gilt, zeige man ferner

$$(\ln(f_1 f_2 \cdots f_n))' = \sum_{k=1}^{n} \frac{f_k'}{f_k}$$

41. Man zeige: a) Alle Funktionen $f: t \mapsto a(1 - e^{-kt}) + A e^{-kt}$ ($t \in \mathbf{R}$) mit beliebigem A erfüllen die „Differentialgleichung“ $f'(t) = k(a - f(t))$ ($t \in \mathbf{R}$). (Diese Funktionen beschreiben chemische Reaktionen erster Ordnung, vgl. [8], S. 236).

b) Alle Funktionen $f: x \mapsto A \sin ax + B \cos ax$ ($x \in \mathbf{R}$) mit beliebigen Zahlen A, B erfüllen die Differentialgleichung $f''(x) + a^2 f(x) = 0$.

c) Alle Funktionen $f: x \mapsto Ax + Bx \ln x$, ($x > 0$) mit beliebigen Zahlen A, B erfüllen die Differentialgleichung $x^2 f''(x) - x f'(x) + f(x) = 0$ für $x > 0$.

42. Die Funktionen f und g seien n-mal differenzierbar. Man beweise durch vollständige Induktion (vgl. Übungsaufgabe 24)

$$(fg)^{(n)} = \sum_{k=0}^{n} \binom{n}{k} f^{(n-k)} g^{(k)}$$

Dabei ist $f^{(0)} := f$ und $f^{(k)}$ die k-te Ableitung von f ($k \in \mathbf{N}$).

2.3. Integralrechnung für Funktionen einer Variablen

2.3.1. Hinführung zum Begriff des bestimmten Integrals. Der Ableitungsbegriff war durch Bedürfnisse der Physik (Geschwindigkeit) und der Geometrie (Tangente einer Kurve) motiviert. Dasselbe gilt für den nicht minder wichtigen Integralbegriff.

Wir beginnen mit der geometrischen Fragestellung, die ganz einfach so lautet: Hat jedes ebene Flächenstück einen Flächeninhalt? Hat z. B. die Fläche, die aus dem Innern einer Ellipse mit den Halbachsen a und b besteht, einen Flächeninhalt? Dies müßte eine reelle Zahl sein, die durch a und b eindeutig festgelegt ist und den Flächeninhalt in cm^2 angibt, wenn a und b in cm gemessen werden.

Flächenstücke, deren Rand aus endlich vielen geraden Linien besteht, lassen sich in Dreiecke zerlegen, deren Flächeninhalt wiederum mit Hilfe der wohlbekannten Formel für den Inhalt von Rechtecken bestimmt wird. Für Flächen mit gekrümmtem Rand ist eine solche (endliche) Zerlegung offenbar nicht möglich. Doch liegt es in diesem Falle nahe, den Rand durch einen Streckenzug anzunähern und für die so gewonnene Ersatzfläche nach dem Zerlegungsverfahren den Inhalt zu berechnen. Das Ergebnis betrachtet man dann als Näherungswert für den unbekannten Inhalt der ursprünglichen Fläche. Dieses Vorgehen veranschaulichen wir an einem sehr einfachen Beispiel, das uns gleichzeitig zur Definition des bestimmten Integrals hinführen wird.

Beispiel. In einem rechtwinkligen (x,y)-Koordinatensystem sei F die Fläche, die von der Parabel $y = x^2$ nach oben, der Geraden $x = b > 0$ nach rechts und der x-Achse nach unten begrenzt wird. Es erweist sich nun als vorteilhaft, F nicht erst durch Dreiecke, sondern gleich durch eine Anzahl achsenparalleler Rechtecke zu approximieren. Wir unterteilen das Intervall $\langle 0, b \rangle$ auf der x-Achse in n gleiche Teile. Die Teilpunkte seien $x_0 = 0$, $x_1 = b/n$, $x_2 = 2 \cdot b/n, \ldots, x_{n-1} = (n-1)\, b/n$, $x_n = b$. Hierzu wählen wir n Rechtecke $R_1, \ldots, R_n$ so, daß R_k die unteren Eckpunkte $(x_{k-1}, 0), (x_k, 0)$

und die Höhe x_k^2 hat, $k = 1, 2, \ldots, n$ (vgl. Fig. 12). Diese Rechtecke überdecken die Fläche F und besitzen zusammen den Flächeninhalt

$$\mathcal{O}_n = \sum_{k=1}^{n} \frac{b}{n} x_k^2 = \frac{b}{n} \sum_{k=1}^{n} \left(k \cdot \frac{b}{n}\right)^2 = \left(\frac{b}{n}\right)^3 \sum_{k=1}^{n} k^2. \tag{196}$$

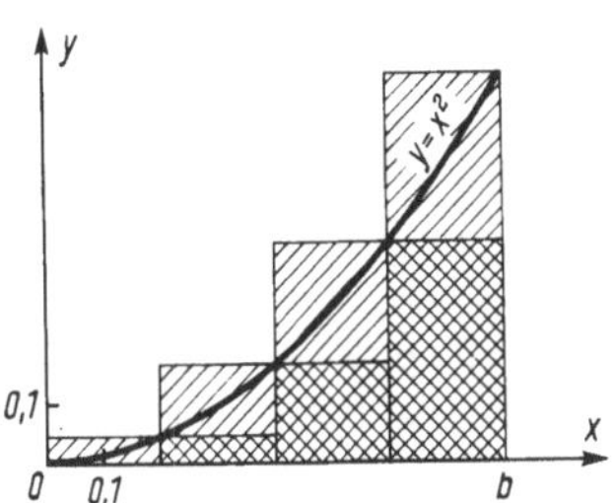

Fig. 12 Zur Inhaltsbestimmung krummlinig berandeter Flächen

Wir ersetzen nun die Rechtecke R_k durch Rechtecke $\bar{R}_k$ mit denselben unteren Eckpunkten, aber mit den Höhen x_{k-1}^2 $(k = 1, 2, \ldots, n)$, so daß sie alle in F enthalten sind. Der Inhalt aller $\bar{R}_k$ zusammen ist dann

$$\mathcal{U}_n = \sum_{k=1}^{n} \frac{b}{n} x_{k-1}^2 = \left(\frac{b}{n}\right)^3 \sum_{k=1}^{n} (k-1)^2. \tag{197}$$

Als möglicher Flächeninhalt für F kommt nach unserer anschaulichen Vorstellung sicher nur eine Zahl I in Betracht, die für beliebiges $n \in \mathbf{N}$ der Beziehung

$$\mathcal{U}_n \leq I \leq \mathcal{O}_n \tag{198}$$

genügt. $\mathcal{O}_n$ und $\mathcal{U}_n$ sind aber leicht zu berechnen, wenn man die Formel

$$\sum_{k=1}^{m} k^2 = \frac{1}{6} m (m+1)(2m+1) \qquad (m \in \mathbf{N}) \tag{199}$$

heranzieht. (Übungsaufgabe: Man beweise (199) durch vollständige Induktion nach m.) Aus (196), (197) und (199) folgt nämlich

$$\mathcal{O}_n = \frac{b^3}{6} \cdot \frac{n(n+1)(2n+1)}{n^3} \to \frac{b^3}{3} \text{ für } n \to \infty$$

$$\mathcal{U}_n = \frac{b^3}{6} \cdot \frac{(n-1)n(2n-1)}{n^3} \to \frac{b^3}{3} \text{ für } n \to \infty$$

Dies bedeutet nun, daß es überhaupt nur eine Zahl I gibt,

$$I = \frac{b^3}{3},$$

welche die Bedingung (198) erfüllt. Wir werden also nicht zögern, der Fläche F den Inhalt $b^3/3$ zuzusprechen.

Dieses Beispiel zur Inhaltsbestimmung krummlinig begrenzter Flächen führt uns aber auch schon zu einer vorläufigen Definition des bestimmten Integrals. Vergessen wir für den Augenblick, daß die Teilpunkte x_k

(200) $$0 = x_0 < x_1 < x_2 < \ldots < x_{n-1} < x_n = b$$

das Intervall $\langle 0, b\rangle$ in lauter gleichlange Teile zerlegen und benutzen wir für die Funktion $x \mapsto x^2$ $(0 \leq x \leq b)$ nur das allgemeine Symbol f, so ergibt sich für die Obersumme $\mathcal{O}_n$ und die Untersumme $\mathcal{U}_n$:

(201) $$\mathcal{O}_n = \sum_{k=1}^{n} (x_k - x_{k-1}) f(x_k)$$

(202) $$\mathcal{U}_n = \sum_{k=1}^{n} (x_k - x_{k-1}) f(x_{k-1})$$

Diese Summen können nun für jede auf einem Intervall $\langle a,b\rangle$ definierte Funktion f und jede beliebige Zerlegung von $\langle a, b\rangle$ der Gestalt

(203) $$a = x_0 < x_1 < x_2 < \ldots < x_n = b$$

gebildet werden. Ihre bisherige Deutung als Näherungen für den Inhalt einer Fläche geht jedoch verloren, wenn f auch negative Werte annimmt (Skizze!). Für monoton wachsende Funktionen f gilt aber nach wie vor die Ungleichung

$$\mathcal{U}_n \leq \mathcal{O}_n,$$

so daß wir wieder von Obersummen und Untersummen sprechen können. Gesucht ist nun wie im obigen Beispiel eine feste Zahl, die bei wachsendem n, das heißt bei Vorgabe immer feinerer Zerlegungen (203), stets zwischen $\mathcal{U}_n$ und $\mathcal{O}_n$ liegt. Diese Zahl – falls sie existiert und eindeutig bestimmt ist – heißt das bestimmte Integral von f auf $\langle a,b\rangle$. Bevor wir diese Definition präzisieren, soll noch ein Beispiel zeigen, daß Summen vom Typ (201) und (202) auch bei naturwissenschaftlichen Fragestellungen auftreten.

Beispiel. Sei $v(t)$ die (bekannte) Geschwindigkeit eines Massenpunktes zur Zeit t, der sich auf der x-Achse bewegt und sich im Zeitpunkt $t = 0$ an der Stelle $x = 0$ befindet. Wo ist er im Zeitpunkt $t = T$ ($T > 0$, fest) anzutreffen? Falls die Geschwindigkeit konstant ist, $v(t)$ also für alle t einen festen Wert v_0 hat, ist der gesuchte Ort x_T offenbar $x_T = v_0 T$. Bei variabler Geschwindigkeit $v(t)$ wird man das Zeitintervall $\langle 0, T\rangle$ in soviele hinreichend kleine nicht notwendig gleich große Teilintervalle zerlegen:

$$0 = t_0 < t_1 < t_2 < \ldots < t_n = T,$$

daß $v(t)$ in jedem Teilintervall annähernd konstant ist:

$$v(t) \approx v(t_k) \quad \text{für} \quad t \in \langle t_k, t_{k+1}\rangle, \quad k = 0, 1, \ldots, n-1.$$

Dann läßt sich der Ort x_{t_k} des Massenpunktes im Zeitpunkt $t = t_k$, $k = 1, 2, \ldots, n$, näherungsweise berechnen:

$$x_{t_1} \approx (t_1 - t_0)\, v(t_0)$$

$$x_{t_2} \approx x_{t_1} + (t_2 - t_1)\, v(t_1)$$

$$x_{t_3} \approx x_{t_2} + (t_3 - t_2)\, v(t_2) = \sum_{k=0}^{2} (t_{k+1} - t_k)\, v(t_k)$$

$$x_{t_n} = x_T \approx \sum_{k=0}^{n-1} (t_{k+1} - t_k)\, v(t_k)$$

Der erhaltene Näherungswert für x_T ist somit wieder eine Summe vom Typ (201) oder (202). Der exakte Wert x_T wird das bestimmte Integral von $v(t)$ über dem Intervall $\langle 0, T \rangle$ sein.

2.3.2. Das bestimmte Integral monotoner und stetiger Funktionen. Nach diesen Vorbereitungen können wir nun unsere Sprechweise präzisieren. Sei f eine auf dem abgeschlossenen Intervall $\langle a, b \rangle$ definierte und monoton wachsende Funktion. Zu einer beliebigen Zerlegung $\mathfrak{Z}$ von $\langle a, b \rangle$:

(204) $$\mathfrak{Z}: a = x_0 < x_1 < x_2 < \ldots < x_n = b$$

bilden wir die Untersumme

(205) $$\mathscr{U}(\mathfrak{Z}) := \sum_{k=1}^{n} (x_k - x_{k-1}) f(x_{k-1})$$

und die Obersumme

(206) $$\mathscr{O}(\mathfrak{Z}) := \sum_{k=1}^{n} (x_k - x_{k-1}) f(x_k).$$

Es ist nun wichtig zu untersuchen, wie sich diese Unter- und Obersummen verändern, wenn die Teilintervalle von $\mathfrak{Z}$ weiter verkleinert werden, wenn man also von $\mathfrak{Z} = \mathfrak{Z}_0$ zu einer Zerlegung $\mathfrak{Z}_1$ übergeht, die außer den Teilpunkten von $\mathfrak{Z}_0$ noch weitere Teilpunkte

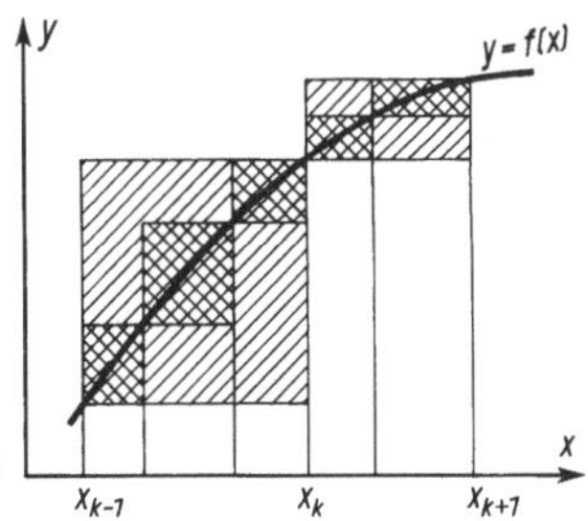

Fig. 13 Veranschaulichung der Ungleichungen (207). Zwischen den Teilpunkten x_{k-1}, x_k und x_{k+1} von $\mathfrak{Z}_0$ liegen weitere Teilpunkte von $\mathfrak{Z}_1$

enthält. $\mathfrak{Z}_1$ heißt dann eine Verfeinerung von $\mathfrak{Z}_0$. Aus Fig. 13 liest man folgende Ungleichungen ab (die allerdings genau bewiesen werden müßten):

(207) $$\mathscr{U}(\mathfrak{Z}_0) \leq \mathscr{U}(\mathfrak{Z}_1) \leq \mathscr{O}(\mathfrak{Z}_1) \leq \mathscr{O}(\mathfrak{Z}_0).$$

Von $\mathfrak{Z}_1$ können wir wieder zu einer Verfeinerung $\mathfrak{Z}_2$ übergehen, von $\mathfrak{Z}_2$ zu einer Verfeinerung $\mathfrak{Z}_3$ usw. So entsteht eine Folge $\{\mathfrak{Z}_k\}_{k=0,1,2,\ldots}$ von Zerlegungen $\mathfrak{Z}_k$, wobei alle Teilpunkte von $\mathfrak{Z}_k$ auch Teilpunkte von $\mathfrak{Z}_{k+1}$ sind. Schließlich setzen wir noch voraus: Die maximale Länge δ_k der Teilintervalle von $\mathfrak{Z}_k$ geht mit wachsendem k gegen 0:

(208) $$\delta_k \to 0 \quad \text{für} \quad k \to \infty.$$

Dann gilt der Satz:

(209) *Die Untersummen* $\mathscr{U}(\mathfrak{Z}_k)$ *bilden eine monoton wachsende Folge* $(k = 0, 1, 2, \ldots)$, *die Obersummen $\mathcal{O}(\mathfrak{Z}_k)$ eine monoton fallende Folge. Beide Folgen konvergieren und besitzen denselben Grenzwert.*

Beweis: Durch wiederholte Anwendung der Beziehung (207) erhält man

$$\mathcal{U}(\mathfrak{Z}_0) \leq \mathcal{U}(\mathfrak{Z}_1) \leq \mathcal{U}(\mathfrak{Z}_2) \leq \ldots$$

und

$$\mathcal{U}(\mathfrak{Z}_k) \leq \mathcal{O}(\mathfrak{Z}_k) \leq \mathcal{O}(\mathfrak{Z}_0) \quad \text{für alle} \quad k = 0, 1, 2, \ldots$$

Somit ist die Zahlenfolge $\mathcal{U}(\mathfrak{Z}_k)$ monoton wachsend und beschränkt, nach (94) also konvergent:

$$\mathcal{U}(\mathfrak{Z}_k) \to \mathcal{U} \quad \text{für} \quad k \to \infty .$$

Ganz analog ergibt sich die Monotonie und die Konvergenz der Obersummen:

$$\mathcal{O}(\mathfrak{Z}_k) \to \mathcal{O} \quad \text{für} \quad k \to \infty .$$

Nun schätzen wir ab ($a = x_0, x_1, \ldots, x_m = b$ seien die Teilpunkte von $\mathfrak{Z}_k$):

$$\begin{aligned} \mathcal{O}(\mathfrak{Z}_k) - \mathcal{U}(\mathfrak{Z}_k) &= \sum_{j=1}^{m} (x_j - x_{j-1})(f(x_j) - f(x_{j-1})) \\ &\leq \delta_k \sum_{j=1}^{m} (f(x_j) - f(x_{j-1})) = \delta_k (f(b) - f(a)) . \end{aligned}$$

Die linke Seite hat für $k \to \infty$ den Grenzwert $\mathcal{O} - \mathcal{U} \geq 0$, die rechte Seite ist nach (208) eine Nullfolge. Demnach muß $\mathcal{O} = \mathcal{U}$ sein.

Die Aussage (209) gilt für eine beliebig vorgegebene Zerlegungsfolge $\{\mathfrak{Z}_k\}$ mit den oben angegebenen Eigenschaften. Welchen Grenzwert der Unter- und Obersummen erhält man nun, wenn statt $\{\mathfrak{Z}_k\}$ eine andere Zerlegungsfolge $\{\tilde{\mathfrak{Z}}_k\}$ zugrundegelegt wird? Antwort: Denselben wie für die Folge $\{\mathfrak{Z}_k\}$ [1]. Das heißt, dieser Grenzwert besitzt eine von der Wahl der Zerlegungsfolge gänzlich unabhängige Bedeutung und eignet sich somit zur Definition des bestimmten Integrals.

(210) *Der gemeinsame Grenzwert der Untersummen $\mathcal{U}(\mathfrak{Z}_k)$ und der Obersummen $\mathcal{O}(\mathfrak{Z}_k)$ heißt* das bestimmte Integral von f auf dem Intervall $\langle a, b\rangle$. *Man schreibt dafür das Symbol*[2]

$$\int_a^b f(x)\,\mathrm{d}x,$$

wobei die „Integrationsvariable" x auch mit einem beliebigen anderen Buchstaben – außer natürlich mit a, b und f – bezeichnet werden darf:

$$\int_a^b f(x)\,\mathrm{d}x = \int_a^b f(y)\,\mathrm{d}y = \int_a^b f(t)\,\mathrm{d}t.$$

Man beachte, daß wir dem Symbol $\mathrm{d}x$ *(und entsprechend* $\mathrm{d}y, \mathrm{d}t$*) nur im Zusammenhang mit dem Integralzeichen $\int$ einen Sinn geben; isoliert hat* $\mathrm{d}x$ *also keine Bedeutung.*

Die für monoton wachsende Funktionen vorgeführte Konstruktion des bestimmten Integrals läßt sich auf gleiche Weise auch für monoton fallende Funktionen durch-

---

[1]) Zum Beweis vgl. [4], II.

[2]) Diese Bezeichnung stammt von Leibniz, der das Integral als eine Summe (mit $\int$ bezeichnet) von unendlich vielen Rechtecken der Höhe $f(x)$ und der „unendlich kleinen" Breite $\mathrm{d}x$ auffaßte.

führen. Aber besonders wichtig ist, daß man das bestimmte Integral auch für beliebige, in $\langle a,b\rangle$ stetige Funktionen als gemeinsamen Grenzwert von Unter- und Obersummen definieren kann (vgl. Fig. 14). Auf Einzelheiten können wir hier schon deshalb verzichten, weil die Berechnung der bestimmten Integrale fast nie mittels der komplizierten Unter- und Obersummen geschieht, die man zu ihrer Definition benutzt. Wir werden im Gegenteil sehen, daß das Integral vieler Funktionen auf sehr einfache Weise berechnet werden kann.

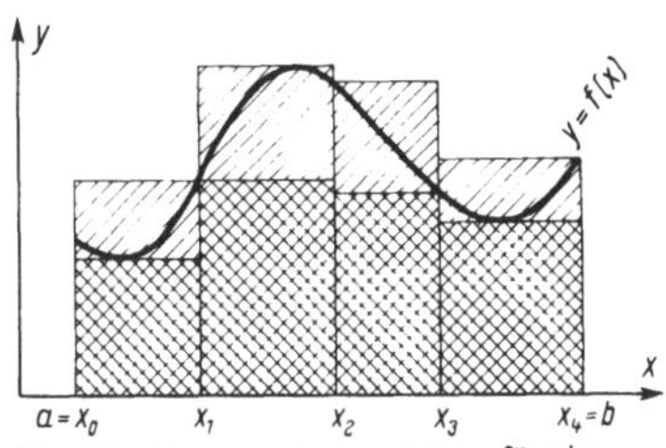

Fig. 14 Unter- und Obersumme für eine stetige Funktion

Wir fassen zusammen:

(211) *Für jede Funktion f, die in einem abgeschlossenen Intervall $\langle a,b\rangle$ stetig oder monoton ist, existiert das bestimmte Integral*

$$\int_a^b f(x)\,\mathrm{d}x$$

als eine durch Unter- und Obersummen definierte reelle Zahl. Falls f in $\langle a,b\rangle$ nur nichtnegative Werte annimmt, definiert diese Zahl auch den Inhalt derjenigen Fläche, die in einem rechtwinkligen (x,y)-Koordinatensystem (mit gleichen Einheiten auf beiden Achsen!) von der x-Achse, der Kurve $y=f(x)$ und den Geraden $y=a$, $y=b$ begrenzt wird.

2.3.3. Wichtige Eigenschaften des bestimmten Integrals. Um mit bestimmten Integralen erfolgreich rechnen zu können, muß man einige allgemeine Eigenschaften kennen, die wir nun ohne Beweis zusammenstellen. Die auftretenden Funktionen werden als stetig vorausgesetzt:

(212) $$\int_a^b (f(x)+g(x))\,\mathrm{d}x=\int_a^b f(x)\,\mathrm{d}x+\int_a^b g(x)\,\mathrm{d}x$$

(213) $$\int_a^b rf(x)\,\mathrm{d}x=r\int_a^b f(x)\,\mathrm{d}x \quad \text{für} \quad r\in\mathbf{R}.$$

Ist c eine Zahl zwischen a und b, so gilt ferner:

(214) $$\int_a^b f(x)\,\mathrm{d}x=\int_a^c f(x)\,\mathrm{d}x+\int_c^b f(x)\,\mathrm{d}x.$$

Bisher war stets $a<b$. Die Formel (214) bleibt aber gültig für beliebige Zahlen a,b,c aus dem Definitionsintervall von f, wenn man noch folgende Definitionen hinzunimmt:

(215) $$\int_a^a f(x)\,\mathrm{d}x=0$$

(216) $$\int_a^b f(x)\,\mathrm{d}x=-\int_b^a f(x)\,\mathrm{d}x \quad \text{für} \quad a>b.$$

Sehr häufig braucht man folgende Abschätzungsformeln:

(217) $$\left|\int_a^b f(x)\,\mathrm{d}x\right|\le\int_a^b |f(x)|\,\mathrm{d}x \quad (a<b)$$

(218) $\int_a^b f(x)\,\mathrm{d}x \le \int_a^b g(x)\,\mathrm{d}x$, falls $f(x) \le g(x)$ in $\langle a,b\rangle$,

die ebenso wie die Formeln (212), (213) und (214) durch Rückgriff auf die Unter- und Obersummen zu beweisen wären.

Mit den bisher gewonnenen Eigenschaften des bestimmten Integrals leiten wir nun noch den wichtigen Mittelwertsatz der Integralrechnung her:

(219) (Mittelwertsatz) *Sei f im Intervall $\langle a,b\rangle$ stetig. Dann gibt es (mindestens) eine Zahl ζ in $\langle a,b\rangle$ mit der Eigenschaft*

$$(M) \qquad \int_a^b f(x)\,\mathrm{d}x = (b-a)f(\zeta).$$

Die Zahl $f(\zeta)$ heißt der Mittelwert von f in $\langle a,b\rangle$ [1]).

Beweis. Zunächst berechnet man durch eine triviale Anwendung der Definition das bestimmte Integral der konstanten Funktion $f(x) = 1$ für alle $x \in \langle a,b\rangle$:

$$(220) \qquad \int_a^b 1\,\mathrm{d}x = b - a.$$

Nach (142) existieren nun Zahlen $\xi, \eta \in \langle a,b\rangle$ mit der Eigenschaft

$$f(\xi) \le f(x) \le f(\eta) \quad \text{für alle} \quad x \in \langle a,b\rangle.$$

Da $f(\xi), f(\eta)$ feste reelle Zahlen sind, erhalten wir nach (213), (220), (218):

$$f(\xi)(b-a) = \int_a^b f(\xi)\,\mathrm{d}x \le \int_a^b f(x)\,\mathrm{d}x \le \int_a^b f(\eta)\,\mathrm{d}x = f(\eta)(b-a)$$

oder

$$f(\xi) \le \frac{1}{b-a}\int_a^b f(x)\,\mathrm{d}x \le f(\eta).$$

Nach Formel (S_2) von (142) folgt jetzt: Es gibt ein $\zeta \in \langle a,b\rangle$ mit

$$f(\zeta) = \frac{1}{b-a}\int_a^b f(x)\,\mathrm{d}x,$$

und dies ist die behauptete Formel (M).

Bemerkung. Man überlege sich, daß die Formel (M) wegen (216) auch für $a > b$ gültig bleibt.

2.3.4. Der Hauptsatz der Differential- und Integralrechnung; Stammfunktionen. So kompliziert die Definition des bestimmten Integrals auch aussieht: es wird sich herausstellen, daß seine Berechnung in vielen wichtigen Fällen fast zu einer Trivialität wird. Diese Tatsache verdankt man einem überraschenden Zusammenhang des bestimmten Integrals mit dem Ableitungsbegriff, den wir nun herleiten wollen.

Sei f stetig in $\langle a,b\rangle$. Zu jedem $x \in \langle a,b\rangle$ existiert dann offenbar das bestimmte Integral von f auf $\langle a,x\rangle$. Durch die Zuordnung

---

[1]) Falls f nur nichtnegative Werte annimmt, deute man die Formel (M) als Gleichheitsaussage für den Inhalt zweier geeigneter Flächen.

(221) $\quad x \mapsto \int_a^x f(t)\,\mathrm{d}t =: F(x) \qquad (a \leq x \leq b)$

wird somit eine (reelle) Funktion F auf $\langle a,b\rangle$ definiert. Der erwähnte Zusammenhang lautet nun:

Die Funktion F ist überall in $\langle a,b\rangle$ differenzierbar, und es gilt

(**222**) $\quad F'(x) = f(x) \quad$ *für alle* $\; x \in \langle a,b\rangle$.

Beweis: Für x und ξ aus $\langle a,b\rangle$, $x \neq \xi$, bilden wir den Differenzenquotienten und wenden Formel (214) und den Mittelwertsatz (219) an:

$$\frac{F(x)-F(\xi)}{x-\xi} = \frac{1}{x-\xi}\left(\int_a^x f(t)\,\mathrm{d}t - \int_a^\xi f(t)\,\mathrm{d}t\right)$$

$$= \frac{1}{x-\xi}\left(\int_a^\xi f(t)\,\mathrm{d}t + \int_\xi^x f(t)\,\mathrm{d}t - \int_a^\xi f(t)\,\mathrm{d}t\right)$$

$$= \frac{1}{x-\xi}\int_\xi^x f(t)\,\mathrm{d}t = f(\zeta) \qquad \text{für ein } \zeta \text{ zwischen } \xi \text{ und } x\,.$$

Beim Grenzübergang $x \to \xi$ strebt nun notwendig auch das zugehörige ζ gegen ξ, so daß auf der linken Seite $F'(\xi)$ entsteht, während sich rechts der Grenzwert

$$\lim_{\zeta \to \xi} f(\zeta)$$

ergibt, der wegen der Stetigkeit von f nach (139) mit $f(\xi)$ übereinstimmt. Damit ist (222) bewiesen.

Durch die Aussage (222) wird ganz nebenbei die Umkehraufgabe zur Differentiation gelöst. Betrachtet man nämlich in der „Gleichung"

(223) $\quad F' = f$

die Funktion F als gegeben und f als gesucht, so hat man eine Differentiation auszuführen. Bei der umgekehrten Fragestellung – f gegeben, F gesucht – kommt man nach (221), (222) durch eine Integration (= Berechnung eines bestimmten Integrals) zum Ziel. Man nennt eine Funktion F mit der Eigenschaft (223) eine Stammfunktion (oder auch unbestimmtes Integral)[1]) von f; die Umkehrung der Differentiation ist somit das Aufsuchen einer Stammfunktion, und das Ergebnis (222) läßt sich jetzt so formulieren:

(**224**) *Jede in einem Intervall $\langle a,b\rangle$ stetige Funktion f besitzt mindestens eine Stammfunktion F, nämlich*

$$F(x) := \int_a^x f(t)\,\mathrm{d}t \qquad (a \leq x \leq b).$$

Während jedoch die Ableitung einer Funktion eindeutig bestimmt ist, gibt es zu einer stetigen Funktion f unendlich viele Stammfunktionen:

---

[1]) In diesem Buch benutzen wir nur die Bezeichnung Stammfunktion.

(225) *Wenn F Stammfunktion von f ist, so ist offenbar auch jede Funktion G der Gestalt*

$$G(x) := F(x) + c \quad (c \in \mathbf{R})$$

eine Stammfunktion von f. Weitere Stammfunktionen besitzt f nicht (ohne Beweis).

Man kennt also bereits alle Stammfunktionen von f, wenn man eine kennt. In der folgenden Tabelle geben wir für einige der bisher aufgetretenen Funktionen f je eine Stammfunktion F an. Die Eigenschaft $F' = f$ ist in jedem Fall durch die Ableitungsformeln aus Abschnitt 2.2.4 bis Abschnitt 2.2.7 leicht nachzuprüfen.

(226)

$f(x)$	x^m	x^{-1}	$\sqrt[n]{x}$	e^x	$\sin x$	$\cos x$
$F(x)$	$\frac{x^{m+1}}{m+1}$	$\ln x$	$\frac{nx\sqrt[n]{x}}{n+1}$	e^x	$-\cos x$	$\sin x$

Hierin ist m eine ganze Zahl $\neq -1$ und n eine natürliche Zahl.

Diese kurze Tabelle läßt bereits vermuten, daß es im allgemeinen leicht sein wird, Stammfunktionen zu finden. Aber Stammfunktionen sind weder geometrisch noch physikalisch so bedeutsam wie die bestimmten Integrale, von denen bisher wegen der Schwierigkeit der Definition jedoch nur ein einziges Beispiel, nämlich

(227) $$\int_0^b x^2 \, dx = \frac{b^3}{3}$$

wirklich berechnet wurde (vgl. Abschnitt 2.3.1). Durch den folgenden Hauptsatz der Differential- und Integralrechnung wird nun die schwierige, aber wichtige Berechnung bestimmter Integrale auf die häufig viel leichtere Aufgabe des Aufsuchens von Stammfunktionen zurückgeführt:

(228) *Sei f eine im Intervall $\langle a, b\rangle$ stetige Funktion und G eine beliebige Stammfunktion von f. Dann gilt*

$$\int_a^b f(t)\, dt = G(b) - G(a)\,[1].$$

Beweis: Nach (224) und (225) ist

(229) $$G(x) = \int_a^x f(t)\, dt + c$$

mit einer geeigneten reellen Zahl c. Setzt man hierin $x = a$, so folgt wegen (215)

$$c = G(a).$$

Die Behauptung ergibt sich nun aus (229) mit $x = b$.

Die Nützlichkeit des Satzes (228) erproben wir zunächst durch die Berechnung einiger bestimmter Integrale.

---

[1]) Für Differenzen der Art $G(b) - G(a)$ werden wir häufig die in der Integralrechnung übliche Abkürzung $G(t)\big|_a^b = G(x)\big|_a^b$ verwenden.

2.3.5. Beispiele zur Berechnung bestimmter Integrale. Uneigentliche Integrale

a) Berechnung von $\int_a^b x^3\,\mathrm{d}x$

Eine Stammfunktion von x^3 [1]) ist nach (226) $x^4/4$, so daß aus (228) folgt:

$$\int_a^b x^3\,\mathrm{d}x = \frac{1}{4}(b^4 - a^4).$$

Falls $0 \le a \le b$ gilt, ist $(b^4 - a^4)/4$ gleichzeitig der Inhalt derjenigen Fläche im rechtwinkligen (x, y)-Koordinatensystem, die von der x-Achse, der Kurve $y = x^3$ und den Geraden $x = a$, $x = b$ begrenzt wird.
Im Falle $a < 0 < b$ läßt sich $(b^4 - a^4)/4$ als Differenz der Inhalte von zwei Flächenstücken deuten. Welche sind dies? (Skizze!)

b) Berechnung von $\int_0^1 (\sqrt[n]{x} - x^k)\,\mathrm{d}x$, $n \in \mathbf{N}$, $k \in \mathbf{N}$.

Eine Stammfunktion des „Integranden" $\sqrt[n]{x} - x^k$ ist

$$\frac{nx\sqrt[n]{x}}{n+1} - \frac{x^{k+1}}{k+1} \qquad \text{(vgl. (226))}.$$

Damit erhält man aus (228) unmittelbar

$$\int_0^1 (\sqrt[n]{x} - x^k)\,\mathrm{d}x = \frac{n}{n+1} - \frac{1}{k+1} = 1 - \frac{1}{n+1} - \frac{1}{k+1} \ge 0.$$

Dieses Integral läßt sich auch auffassen als Inhalt des von den Kurven $y = \sqrt[n]{x}$ und $y = x^k$ $(0 \le x \le 1)$ begrenzten Flächenstücks. Warum?

c) Berechnung von $\int_0^\pi \sin(x + y)\cos(x + y)\,\mathrm{d}x$.

Zunächst beachte man: Der Integrand $\sin(x + y)\cos(x + y)$ ist nicht als Funktion der zwei Variablen x, y aufzufassen, sondern (wegen $\mathrm{d}x$!) als Funktion von x allein. Gesucht ist also das bestimmte Integral der Funktion

(230) $\qquad x \mapsto \sin(x + y)\cos(x + y)$

auf dem Intervall $\langle 0, \pi \rangle$, wobei y eine beliebige feste Zahl ist. Man stellt durch Ableiten sofort fest, daß

$$x \mapsto \frac{1}{2}\sin^2(x + y)$$

eine Stammfunktion von (230) ist. (228) liefert also

$$\int_0^\pi \sin(x + y)\cos(x + y)\,\mathrm{d}x = \frac{1}{2}(\sin^2(\pi + y) - \sin^2 y) = 0.$$

Dabei ergibt sich das letzte Gleichheitszeichen aus (78).

---

[1]) Natürlich ist damit die Funktion $x \mapsto x^3 (x \in \mathbf{R})$ gemeint. Zur Vermeidung allzu schwerfälliger Formulierungen werden wir solche Ungenauigkeiten weiterhin in Kauf nehmen, wenn keine Mißverständnisse zu befürchten sind.

d) Die Ausdehnungsarbeit eines Gases. In einem Zylinder der Grundfläche F (in cm^2) befinde sich ein durch einen beweglichen Kolben komprimiertes Gas. Wenn der Kolben den Abstand x (in cm) vom Zylinderboden hat, sei der Gasdruck im Zylinder gerade $p(x)$ (gemessen in g cm^{-1} s^{-2}). Bei einer kleinen Verschiebung des Kolbens von der Ausgangslage $a = x_0$ nach x_1 leistet das Gas näherungsweise die Arbeit (in g cm^2 s^{-2})

$$A_1 \approx F \cdot p(x_0) \cdot (x_1 - x_0).$$

Eine größere Verschiebung des Kolbens von a nach b läßt sich aus kleinen Verschiebungen von $a = x_0$ nach x_1, von x_1 nach x_2, von x_2 nach $x_3, \dots$, und schließlich von x_{n-1} nach $x_n = b$ zusammensetzen ($x_0 < x_1 < \dots < x_n$). Die bei der Verschiebung von x_{k-1} nach x_k geleistete Arbeit A_k beträgt wieder näherungsweise

$$A_k \approx F \cdot p(x_{k-1}) \cdot (x_k - x_{k-1}), \qquad k = 1, 2, \dots, n$$

so daß die bei der Verschiebung des Kolbens von $a = x_0$ nach $b = x_n$ vom Gas insgesamt geleistete Arbeit A näherungsweise den Wert

$$A \approx \sum_{k=1}^{n} A_k = F \cdot \sum_{k=1}^{n} (x_k - x_{k-1}) p(x_{k-1})$$

annimmt. Hieraus schließen wir (vgl. Abschnitt 2.3.1), daß der genaue Wert von A bis auf den Faktor F das bestimmte Integral von p auf dem Intervall $\langle a, b \rangle$ ist:

$$(231) \qquad A = F \int_a^b p(x)\, \mathrm{d}x.$$

Als einfachen Sonderfall betrachten wir die isotherme Ausdehnung eines idealen Gases mit der Zustandsgleichung (Boyle-Mariottesches Gesetz)

$$(232) \qquad p(x) \cdot V(x) = p(a)\, V(a) = \text{const}.$$

wo

$$(233) \qquad V(x) = F \cdot x,$$

das jeweilige Gasvolumen (in cm^3) ist. Aus (231) bis (233) folgt damit

$$A = F \int_a^b \frac{p(a)\, V(a)}{F \cdot x}\, \mathrm{d}x = p(a)\, V(a) \int_a^b \frac{1}{x}\, \mathrm{d}x.$$

Nach (226) und (228) gilt nun (vgl. auch (186))

$$(234) \qquad \int_a^b \frac{1}{x}\, \mathrm{d}x = \ln b - \ln a = \ln \frac{b}{a},$$

so daß in dem angegebenen Sonderfall die vom Gas geleistete Arbeit den Wert

$$A = p(a)\, V(a) \ln \frac{b}{a}$$

hat.

B e m e r k u n g. Setzt man in (234) $a = 1$, $b = y > 0$, so folgt

(235) $$\ln y = \int_1^y \frac{1}{x}\,\mathrm{d}x \quad (y > 0).$$

Diese Beziehung wird gelegentlich zur D e f i n i t i o n des natürlichen Logarithmus benutzt (während wir ihn als Umkehrfunktion der Exponentialfunktion erklärten). Es gibt viele wichtige Funktionen, die ähnlich wie hier der Logarithmus durch bestimmte Integrale von einfacheren Funktionen definiert werden (vgl. (273) und Übungsaufgabe 52).

e) Berechnung von $\int_0^b e^{-\alpha t}\,\mathrm{d}t \quad (b > 0, \alpha \neq 0)$.

Eine Stammfunktion des Integranden $e^{-\alpha t}$ ist offenbar $-1/\alpha\, e^{-\alpha t}$, also erhalten wir

(236) $$\int_0^b e^{-\alpha t}\,\mathrm{d}t = -\frac{1}{\alpha}(e^{-\alpha b} - 1).$$

Bei verschiedenen Anwendungen (z. B. bei der Behandlung des radioaktiven Zerfalls) ist nicht dieses Integral selbst von Interesse, sondern sein Grenzwert für $b \to \infty$, sofern er existiert. Im Falle $\alpha < 0$ divergiert die rechte Seite von (236) für $b \to \infty$ ebenfalls nach $+\infty$, so daß kein Grenzwert existiert. Für $\alpha > 0$ strebt die rechte Seite jedoch nach $1/\alpha$, und für diesen Sachverhalt führen wir die Schreibweise ein:

(237) $$\int_0^\infty e^{-\alpha t}\,\mathrm{d}t = \frac{1}{\alpha} \quad \text{für } \alpha > 0.$$

Die linke Seite von (237) heißt ein u n e i g e n t l i c h e s I n t e g r a l, denn es ist kein bestimmtes Integral im bisher definierten Sinn. Für ein solches Integral

$$\int_a^b f(x)\,\mathrm{d}x$$

waren nämlich die Integrationsgrenzen a und b stets e n d l i c h, und f mußte eine b e s c h r ä n k t e[1]) Funktion sein. Da bei vielen wichtigen Anwendungen eine dieser zwei Bedingungen verletzt ist, scheint eine Erweiterung des Integralbegriffs erwünscht. Diese u n e i g e n t l i c h e n I n t e g r a l e sollen nun genauer definiert werden.

f) U n e i g e n t l i c h e I n t e g r a l e m i t n i c h t e n d l i c h e n I n t e g r a t i o n s g r e n z e n. Sei f in $\langle a, \infty)$ stetig. Dann existiert für j e d e s $b > a$ das bestimmte Integral

$$F(b) := \int_a^b f(x)\,\mathrm{d}x.$$

Falls nun der Grenzwert

$$\lim_{b \to \infty} F(b)$$

als reelle Zahl existiert, nennen wir ihn das uneigentliche Integral von f über $\langle a, \infty)$ und schreiben

(238) $$\int_a^\infty f(x)\,\mathrm{d}x := \lim_{b \to \infty} \int_a^b f(x)\,\mathrm{d}x.$$

---

[1]) Denn Funktionen, die in einem abgeschlossenen Intervall $\langle a, b\rangle$ monoton oder stetig sind, sind dort sicher beschränkt.

g) Uneigentliche Integrale von nicht beschränkten Funktionen. Sei f im halboffenen Intervall $\langle a, b)$ stetig, aber nicht beschränkt. Für jedes c mit der Eigenschaft $a < c < b$ existiert dann wieder das bestimmte Integral

$$F(c) := \int_a^c f(x)\,\mathrm{d}x,$$

und falls auch der Grenzwert

$$\lim_{c \to b} F(c)$$

existiert, heißt er das uneigentliche Integral der (unbeschränkten) Funktion f auf $\langle a, b\rangle$. Die Bezeichnung ist dieselbe wie für bestimmte Integrale [1]):

(239) $$\int_a^b f(x)\,\mathrm{d}x := \lim_{c \to b} \int_a^c f(x)\,\mathrm{d}x.$$

Wir betrachten zwei Beispiele uneigentlicher Integrale, die besonders häufig vorkommen.

h) Das uneigentliche Integral $\displaystyle\int_0^1 \frac{1}{\sqrt[n]{x}}\,\mathrm{d}x, \quad n \geq 2$

Dieses Integral ist vom Typ g), denn $1/\sqrt[n]{x}$ wächst für $x \to 0$ über alle Grenzen an. Eine Stammfunktion von $1/\sqrt[n]{x}$ ist $nx/\left((n-1)\sqrt[n]{x}\right)$, so daß für $\varepsilon > 0$ folgt

$$\int_\varepsilon^1 \frac{1}{\sqrt[n]{x}}\,\mathrm{d}x = \frac{n}{n-1} - \frac{n\varepsilon}{(n-1)\sqrt[n]{\varepsilon}}$$

Für $\varepsilon \to 0$ gilt nach Abschnitt 2.2.1, e)

$$\frac{n\varepsilon}{(n-1)\sqrt[n]{\varepsilon}} = \frac{n}{n-1}(\sqrt[n]{\varepsilon})^{n-1} \to 0,$$

und wir erhalten

(240) $$\int_0^1 \frac{1}{\sqrt[n]{x}}\,\mathrm{d}x = \frac{n}{n-1} \quad \text{für} \quad n = 2, 3, \ldots$$

Man deute dieses Integral auch als Inhalt einer Fläche.

i) Das uneigentliche Integral $\displaystyle\int_r^\infty \frac{1}{x^n}\,\mathrm{d}x \quad (r > 0,\ n = 2, 3, \ldots).$

Aus (226) und (228) folgt für beliebiges $R > 0$:

$$\int_r^R \frac{1}{x^n}\,\mathrm{d}x = \frac{R^{1-n}}{1-n} - \frac{r^{1-n}}{1-n} \to -\frac{r^{1-n}}{1-n} \quad \text{für} \quad R \to \infty.$$

---

[1]) Im weiteren wird häufig nur von Integralen gesprochen. Aus dem Zusammenhang wird klar, ob es sich dabei um bestimmte oder uneigentliche Integrale handelt.

Somit gilt:

$$(241)\qquad \int_r^\infty \frac{1}{x^n}\,\mathrm{d}x = \frac{r^{1-n}}{n-1} \quad \text{für} \quad r > 0,\ n = 2, 3, \ldots$$

Zur richtigen Einordnung der Ergebnisse (240) und (241) bemerken wir folgendes: Der Grenzübergang $a \to 0$ bzw. $b \to \infty$ in (234) zeigt, daß die uneigentlichen Integrale

$$\int_0^1 \frac{1}{x}\,\mathrm{d}x \quad \text{und} \quad \int_r^\infty \frac{1}{x}\,\mathrm{d}x$$

nicht existieren. Denn wegen (179), (180) gilt

$$(242)\qquad \lim_{y\to\infty} \ln y = \infty, \qquad \lim_{y\to 0} \ln y = -\infty.$$

Geometrisch bedeutet dieses Ergebnis insbesondere: Die zwischen x-Achse, y-Achse und dem Hyperbelast $xy = 1$ im ersten Quadranten liegende Fläche besitzt keinen endlichen Inhalt.

Das Integral (241) tritt für $n = 2$ in der Elektrizitätslehre auf: Bis auf einen konstanten Faktor ist das Integral

$$\int_r^\infty \frac{1}{x^2}\,\mathrm{d}x = \frac{1}{r}$$

das elektrische Potential, das sich im Abstand r von einer im Raume befindlichen Punktladung einstellt. Vgl. (886).

2.3.6. Partielle Integration, Substitutionsregel und Beispiele dazu. Durch die Beispiele in Abschnitt 2.3.5 ist wohl deutlich geworden, daß man umso mehr bestimmte Integrale berechnen kann, je mehr Stammfunktionen man kennt. Eine große Anzahl solcher Stammfunktionen gewinnt man einfach dadurch, daß man die bekannten Funktionen der Reihe nach ableitet und die Ableitungen sodann als Ausgangsfunktionen betrachtet. Auf diese Weise kam die Tabelle (226) zustande. Ein weiteres Beispiel zu diesem Vorgehen ist das folgende:

Für $|x| < 1$ gilt

$$(\ln(1+x) - \ln(1-x))' = \frac{1}{1+x} + \frac{1}{1-x} = \frac{2}{1-x^2}.$$

Damit ist

$$\frac{1}{2}\big(\ln(1+x) - \ln(1-x)\big) = \frac{1}{2}\ln\frac{1+x}{1-x}$$

eine Stammfunktion von $1/(1-x^2)$ für $|x| < 1$.

In der Regel besteht aber die Aufgabe darin, ein vorgegebenes Integral zu berechnen, und dies erfordert die Bestimmung einer Stammfunktion zu einer vorgegebenen Funktion, die in den verfügbaren Integraltafeln möglicherweise nicht zu finden ist.

In dieser Situation hilft oft eine von zwei wichtigen Integrationsregeln weiter, die wir nun kennenlernen wollen.

(243) (Partielle Integration) *Die Funktionen f und g mögen in einem Intervall I stetige Ableitungen f' und g' besitzen. Dann gilt für beliebige Zahlen a und x aus I:*

$$(P)\qquad \int_a^x f(t)\,g'(t)\,\mathrm{d}t = f(t)\,g(t)\Big|_a^x - \int_a^x f'(t)\,g(t)\,\mathrm{d}t\,.$$

Beweis. Aufgrund der Produktregel (144) ist fg eine Stammfunktion der in I stetigen Funktion $f'g+fg'$. Somit folgt aus dem Hauptsatz (228)

$$\int_a^x \big(f'(t)\,g(t) + f(t)\,g'(t)\big)\,\mathrm{d}t = f(t)\,g(t)\Big|_a^x$$

und dies ist nach (212) die Behauptung.

(244) (Substitutionsregel) *Sei f stetig im Intervall I, und die im Intervall J definierte Funktion g besitze eine stetige Ableitung g'. Ferner sei die Wertemenge von g in I enthalten. Dann gilt für beliebige Zahlen a und x aus J:*

$$(S)\qquad \int_{g(a)}^{g(x)} f(t)\,\mathrm{d}t = \int_a^x f(g(s))\,g'(s)\,\mathrm{d}s.$$

Beweis. Sei F eine Stammfunktion von f, deren Existenz nach (224) gesichert ist. Auf die nach Voraussetzung definierte Verkettungsfunktion $F\circ g$ wenden wir die Kettenregel (K) aus Abschnitt 2.2.5 an:

$$(F\circ g)'(s) = F'(g(s))\;\cdot g'(s) = f(g(s))\,g'(s)\,.$$

$F\circ g$ ist also eine Stammfunktion von $(f\circ g)\cdot g'$, und da F selbst eine Stammfunktion von f ist, folgt aus (228) insgesamt:

$$\int_a^x f(g(s))\,g'(s)\,\mathrm{d}s = (F\circ g)(x) - (F\circ g)(a) = F(g(x)) - F(g(a)) = \int_{g(a)}^{g(x)} f(t)\,\mathrm{d}t.$$

Dies war zu zeigen.

An einfachen, aber typischen Beispielen soll nun gezeigt werden, wie man die Formeln (P) und (S) erfolgreich anwendet.

1. Beispiele zur partiellen Integration.

a) $$\int_0^x \underset{f}{t}\,\underset{g'}{e^t}\,\mathrm{d}t = \underset{f}{t}\,\underset{g}{e^t}\Big|_0^x - \int_0^x \underset{f'}{1}\cdot \underset{g}{e^t}\,\mathrm{d}t = x\,e^x - e^x + 1.$$

Eine Stammfunktion von xe^x ist also $xe^x - e^x$.

Bemerkung: Es ist in den zahlreichen Integraltafeln üblich, Stammfunktionen durch ein Integralzeichen ohne Integrationsgrenzen zu bezeichnen. Das eben gewonnene Ergebnis lautet in dieser Schreibweise

$$(245)\qquad \int x\,e^x\,\mathrm{d}x = (x-1)\,e^x,$$

oder, um die Gesamtheit der Stammfunktionen von xe^x anzudeuten

$$(246)\qquad \int x\,e^x\,\mathrm{d}x = (x-1)\,e^x + c \qquad (c = \text{const}).$$

In diesem Buch benutzen wir die bequemere Bezeichnung (245), sofern dadurch eine übersichtlichere oder kürzere Darstellung erreicht wird als durch bestimmte Integrale. Die Formel

(247) $\int f(x)\,dx = F(x) \qquad (x \in D)$

bedeutet dann also nichts weiter als

$$F'(x) = f(x) \qquad (x \in D)$$

(D = Definitionsbereich). Daher kann aus zwei solchen „Gleichungen" $\int f(x)\,dx = F(x)$ und $\int f(x)\,dx = G(x)$ nicht $F(x) = G(x)$, sondern nach (225) nur $F(x) - G(x) = c =$ $=$ const gefolgert werden. Dies ist bei Benutzung der Schreibweise (247) stets zu beachten, wenn keine Widersprüche auftreten sollen.

b) $$\int_0^x \underset{f}{t}\,\underset{g'}{\cos t}\,dt = \underset{f}{t}\,\underset{g}{\sin t}\Big|_0^x - \int_0^x \underset{f'}{1}\cdot\underset{g}{\sin t}\,dt = x\sin x + \cos x - 1,$$

also

(248) $\int x\cos x\,dx = x\sin x + \cos x \qquad (x \in \mathbf{R}).$

c) $$\int_1^x \ln t\,dt = \int_1^x \underset{g'}{1}\cdot\underset{f}{\ln t}\,dt = \underset{g}{t}\,\underset{f}{\ln t}\Big|_1^x - \int_1^x \underset{g}{t}\cdot\underset{f'}{\frac{1}{t}}\,dt = x\ln x - x + 1,$$

also

(249) $\int \ln x\,dx = x\ln x - x \qquad (x > 0).$

d) $$\int_0^x \sin^2 t\,dt = \int_0^x \underset{f}{\sin t}\,\underset{g'}{\sin t}\,dt = \underset{g}{(-\cos t)}\,\underset{f}{\sin t}\Big|_0^x - \int_0^x \underset{f'}{\cos t}\,\underset{g}{(-\cos t)}\,dt$$

$$= -\sin x\cos x + \int_0^x (1 - \sin^2 t)\,dt.$$

Hier tritt das zu berechnende Integral auf der rechten Seite noch einmal auf. Das bedeutet aber nicht, daß partielle Integration in diesem Falle versagt. Man kann darin im Gegenteil sogar einen Trick sehen, denn Auflösen nach dem gesuchten Integral liefert sofort

$$2\int_0^x \sin^2 t\,dt = -\sin x\cos x + x,$$

und somit

(250) $\int \sin^2 x\,dx = \frac{1}{2}(x - \sin x\cos x) \qquad (x \in \mathbf{R}).$

Der hier gezeigte Trick ist vielfach anwendbar, wenn auch gelegentlich erst nach einiger Rechnung. Dafür noch ein Beispiel:

e) $$\int_0^x \underset{f}{e^t} \underset{g'}{\cos t}\, dt = \underset{f}{e^t} \underset{g}{\sin t}\Big|_0^x - \int_0^x \underset{f'}{e^t} \underset{g}{\sin t}\, dt$$

$$= e^x \sin x - \int_0^x \underset{u}{e^t} \underset{v'}{\sin t}\, dt$$

$$= e^x \sin x - \left(\underset{u}{e^t} \underset{v}{(-\cos t)}\Big|_0^x - \int_0^x \underset{u'}{e^t} \underset{v}{(-\cos t)}\, dt \right).$$

Auflösung nach dem zu berechnenden Integral liefert wieder

$$2\int_0^x e^t \cos t\, dt = e^x \sin x + e^x \cos x - 1$$

und damit

(251) $$\int e^x \cos x\, dx = \frac{1}{2} e^x (\sin x + \cos x) \qquad (x \in \mathbf{R}).$$

Die behandelten Beispiele – weitere sind unter den Übungsaufgaben zu finden – zeigen folgendes: Um partielle Integration mit Erfolg auf ein Integral

(252) $$\int_a^x h(t)\, dt$$

anwenden zu können, muß man h so in ein Produkt fg' zerlegen (wobei einer der Faktoren auch 1 sein darf!), daß das Integral

$$\int_a^x f'(t) g(t)\, dt$$

entweder direkt berechenbar ist oder durch Umformung (die wieder partielle Integration erfordern kann, vgl. e)) in einen Ausdruck übergeht, der außer bereits bekannten Integralen nur das Ausgangsintegral (252) enthält. Nach Wahl einer Zerlegung $h = h_1 h_2$ hängt der Erfolg noch entscheidend davon ab, ob man die „richtige" Zuordnung von f und g' zu den Funktionen h_1, h_2 trifft. Der Leser mag sich hiervon überzeugen, indem er versuchsweise in einem der Beispiele a), b) die Rollen von f und g' vertauscht.

2. Beispiele zur Anwendung der Substitutionsregel (S). Bevor wir ganz konkrete Beispiele durchrechnen, leiten wir aus der Formel (S) zwei überaus nützliche Spezialfälle her. Setzt man nämlich in (244) für f die Funktionen

$$f(t) = t^n, \qquad t \in I = (-\infty, \infty), \qquad n \in \mathbf{N}$$

und $$f(t) = \frac{1}{t}, \qquad t \in I = (0, \infty)$$

ein, so entstehen nach (226) aus (S) die Formeln

$$\int_a^x (g(s))^n g'(s)\, ds = \frac{(g(x))^{n+1}}{n+1} - \frac{(g(a))^{n+1}}{n+1}$$

und $\qquad \displaystyle\int_a^x \frac{g'(s)}{g(s)}\,\mathrm{d}s = \ln g(x) - \ln g(a)$

oder

(253) $\qquad \displaystyle\int (g(x))^n g'(x)\,\mathrm{d}x = \frac{(g(x))^{n+1}}{n+1} \qquad (n \in \mathbb{N}),$

(254) $\qquad \displaystyle\int \frac{g'(x)}{g(x)}\,\mathrm{d}x = \ln g(x) \quad \text{für} \quad g(x) > 0.$

Mit (253) gewinnt man nun sofort folgende Stammfunktionen:

a) $\displaystyle\int (x+y)^n\,\mathrm{d}x = \frac{(x+y)^{n+1}}{n+1} \qquad (y = \text{const!}) \qquad \big(g(x) = x + y,\ g'(x) = 1\big).$

b) $\displaystyle\int \sin^n x \cos x\,\mathrm{d}x = \frac{\sin^{n+1} x}{n+1} \qquad (n \in \mathbb{N}) \qquad \big(g(x) = \sin x\big).$

c) $\displaystyle\int \underset{g'}{\frac{1}{x}}\, \underset{g}{\ln x}\,\mathrm{d}x = \frac{1}{2}(\ln x)^2$ $\qquad$ **d)** $\displaystyle\int \underset{g'/2}{x}\,\underset{g}{(x^2 + a)^n}\,\mathrm{d}x = \frac{1}{2} \cdot \frac{(x^2+a)^{n+1}}{n+1}.$

Entsprechend folgt aus (254):

e) $\displaystyle\int \frac{a}{ax+b}\,\mathrm{d}x = \ln(ax+b) \qquad (ax + b > 0).$

f) $\displaystyle\int \frac{x}{x^2+a}\,\mathrm{d}x = \frac{1}{2}\ln(x^2 + a) \qquad (x^2 + a > 0).$

g) $\displaystyle\int \frac{\cos x}{\sin x}\,\mathrm{d}x = \ln(\sin x) \qquad (0 < x < \pi).$

h) $\displaystyle\int \frac{1}{\sqrt{x}(1+\sqrt{x})}\,\mathrm{d}x = 2 \cdot \ln(1 + \sqrt{x}) \qquad \left(g(x) = 1 + \sqrt{x},\ g'(x) = \frac{1}{2\sqrt{x}}\right).$

Setzt man in (S) $f(t) = \sqrt[n]{t}$ bzw. $f(t) = 1/t^m$, $m = 2, 3, \ldots$ ein, so ergeben sich die ebenfalls nützlichen Formeln

(255) $\qquad \displaystyle\int \sqrt[n]{g(x)}\, g'(x)\,\mathrm{d}x = \frac{n}{n+1}\, g(x) \sqrt[n]{g(x)} \qquad \big(g(x) > 0\big).$

(256) $\qquad \displaystyle\int \frac{g'(x)}{(g(x))^m}\,\mathrm{d}x = -\frac{(g(x))^{1-m}}{m-1} \qquad (m \geq 2).$

Folgende Beispiele sind Anwendungen hiervon:

i) $\displaystyle\int \underset{g'/2}{x}\,\underset{\sqrt{g}}{\sqrt{x^2 + a^2}}\,\mathrm{d}x = \frac{1}{3}(x^2 + a^2)\sqrt{x^2 + a^2}.$

j) $\displaystyle\int \frac{2x+a}{(x^2+ax+b)^4}\,\mathrm{d}x = -\frac{1}{3(x^2+ax+b)^3}$.

Bei den bisherigen Beispielen wurde die Formel (S) sozusagen von rechts nach links gelesen: Man suchte das rechtsstehende Integral auszuwerten. Nun betrachten wir die linke Seite von (S) als gesucht. Dann lautet die

Aufgabe. Finde eine Funktion g, $t=g(s)$, so daß $f(g(s))\,g'(s)$ die Ableitung einer bekannten Funktion $F(s)$ ist. Damit hätte man nämlich nach (S):

(257) $$\int_{g(a)}^{g(x)} f(t)\,\mathrm{d}t = F(x) - F(a).$$

Ist zusätzlich $g(x)$ noch umkehrbar mit der Umkehrfunktion

$$x = h(y),$$

so lautet (257) wegen $g(h(y)) = y$:

$$\int_{g(a)}^{y} f(t)\,\mathrm{d}t = F(h(y)) - F(a),$$

so daß nach (224) $F\circ h$ eine Stammfunktion von f ist:

(258) $$\int f(y)\,\mathrm{d}y = F(h(y)).$$

Nach diesem Schema behandeln wir nun die folgenden drei Beispiele:

k) $\int \sqrt{1-y^2}\,\mathrm{d}y = ?\quad (|y|<1)$.

Die Gleichung $z = f(y) := \sqrt{1-y^2}$ bestimmt offenbar eine Kreislinie in der (y,z)-Ebene (welchen Teil?), deren Beschreibung besonders einfach wird, wenn man Polarkoordinaten (vgl. Abschnitt 1.2.1) benutzt. Deshalb liegt es nahe, für die Funktion g versuchsweise sin oder cos zu setzen. Der Ansatz

$$y = g(x) := \cos x \qquad (0 < x < \pi)$$

liefert nach (74)

$$f(g(x))\,g'(x) = \sqrt{1-\cos^2 x}\,(-\sin x) = -\sin^2 x.$$

Hiervon kennen wir in der Tat bereits eine Stammfunktion F, nämlich (vgl. (250))

$$F(x) = \frac{1}{2}(\sin x\cos x - x).$$

Im Intervall $0<x<\pi$ ist die Funktion $x\mapsto\cos x = y$ auch umkehrbar (dazu sei auf den späteren Abschnitt 3.3.2 verwiesen) mit der Umkehrfunktion h:

$$x = h(y) := \arccos y \qquad (-1 < y < 1).$$

Wegen $$F(x) = \frac{1}{2}\left(\cos x\sqrt{1-\cos^2 x} - x\right)$$

lautet die gesuchte Stammfunktion nach (258) somit:

(259) $$\int\sqrt{1-y^2}\,\mathrm{d}y = F(h(y)) = \frac{1}{2}\left(y\sqrt{1-y^2} - \arccos y\right) \qquad (|y|<1).$$

l) Zur Berechnung der Stammfunktion

$$\int \frac{e^y - 1}{e^y + 1}\,\mathrm{d}y \qquad (y \in \mathbf{R}) \tag{260}$$

möchte man die Funktion g so wählen, daß die im Integranden f von (260) zweimal auftretende Exponentialfunktion verschwindet. Dazu setzen wir[1])

$$y = g(x) := \ln x \qquad (x > 0)$$

und erhalten

$$f(g(x))\,g'(x) = \frac{x-1}{x+1}\cdot\frac{1}{x} = \frac{2}{x+1} - \frac{1}{x}.$$

Eine Stammfunktion hiervon ist (zufällig!) bekannt:

$$F(x) := 2\ln(1+x) - \ln x$$

so daß sich nach (258) mit $x = h(y) := e^y$ ergibt:

$$\int \frac{e^y - 1}{e^y + 1}\,\mathrm{d}y = F(e^y) = 2\ln(1+e^y) - y. \tag{261}$$

m) Als letztes Beispiel soll die oft benötigte Stammfunktion

$$\int \sqrt{1+y^2}\,\mathrm{d}y \qquad (y \in \mathbf{R})$$

berechnet werden. Die Wahl der Funktion g liegt hier keineswegs auf der Hand, selbst dann nicht, wenn wir uns das Ziel setzen, $y = g(x)$ so zu bestimmen, daß $1 + g(x)^2$ das Quadrat einer nicht zu komplizierten Funktion wird. Unter Hinweis auf den späteren Abschnitt 3.3.3 wählen wir

$$y = g(x) := \frac{1}{2}(e^x - e^{-x}). \tag{262}$$

Wegen

$$1 + g(x)^2 = \frac{1}{4}(e^x + e^{-x})^2$$

ergibt sich dann mit $f(y) = \sqrt{1+y^2}$:

$$f(g(x))g'(x) = \frac{1}{2}(e^x + e^{-x})\cdot\frac{1}{2}(e^x + e^{-x}) = \frac{1}{4}(e^{2x} + 2 + e^{-2x}).$$

Eine Stammfunktion F hiervon läßt sich aufgrund von

$$\int e^{ax}\,\mathrm{d}x = \frac{1}{a}e^{ax} \qquad (a \neq 0)$$

direkt hinschreiben:

$$F(x) = \frac{x}{2} + \frac{1}{8}(e^{2x} - e^{-2x}).$$

[1]) Die dafür übliche Redeweise lautet: „Man führt die Substitution $x = e^y$ aus." Dies erklärt den Namen der Formel (S).

Nun brauchen wir noch die Umkehrfunktion von g. Mit $z = e^x$ folgt aus (262) die quadratische Gleichung $z^2 - 2yz - 1 = 0$ für z, also

$$e^x = z = y \pm \sqrt{y^2 + 1}.$$

Wegen $e^x > 0$ ist hier nur das Pluszeichen möglich, so daß die Umkehrfunktion h von g lautet:

$$(263) \qquad x = h(y) = \ln(y + \sqrt{1 + y^2}).$$

Eine kurze Rechnung liefert nun die gewünschte Stammfunktion:

$$(264) \qquad \int \sqrt{1 + y^2}\,\mathrm{d}y = F(h(y)) = \frac{1}{2}(\ln(y + \sqrt{1 + y^2}) + y\sqrt{1 + y^2}).$$

Die vorangehenden Beispiele zeigen, daß das Aufsuchen von Stammfunktionen sich im Gegensatz zum Differenzieren nicht vollständig schematisieren läßt. Oft erreicht man das Ziel nur durch Anwendung besonderer Tricks. Deshalb wurden umfangreiche Integraltafeln zusammengestellt (z.B. [10], [17]), mit deren Hilfe man eine gesuchte Stammfunktion im allgemeinen sehr schnell findet. Jedoch ist auch hierzu eine gewisse Routine im Umgang mit Integralen erforderlich, die sich der Leser durch Lösen der Übungsaufgaben und bei der weiteren Lektüre des Buches noch aneignen kann.

2.3.7. Näherungsverfahren zur Berechnung bestimmter Integrale. Aufgrund des Hauptsatzes (228) der Differential- und Integralrechnung wurden bestimmte Integrale bisher immer durch Aufsuchen von Stammfunktionen berechnet. Nun gibt es aber schon relativ einfache Funktionen, bei denen kein noch so raffinierter Trick zu einer Stammfunktion verhilft. Man kann nämlich sogar beweisen, daß zum Beispiel für die Funktionen

$$(265) \qquad \frac{1}{\sqrt{1 + x^4}}, \quad \frac{\sin x}{x}, \quad \frac{e^x}{x}, \quad \frac{1}{\ln x}, \quad e^{-x^2}$$

die (nach (224) sicher existierenden!) Stammfunktionen sich nicht mehr in geschlossener Form durch elementare Funktionen ausdrücken lassen. Das soll heißen, daß diese Stammfunktionen nicht durch (endlich viele) Additionen, Multiplikationen, Divisionen und Verkettungen aus rationalen Funktionen, sin, cos, exp und entsprechenden Umkehrfunktionen gewonnen werden können.

Der Hauptsatz (228) ist also zur Berechnung etwa des Integrals

$$\int_0^2 \frac{1}{\sqrt{1 + x^4}}\,\mathrm{d}x$$

untauglich, und man ist in diesem Falle gezwungen, auf die eigentliche Definition des bestimmten Integrals zurückzugreifen[1]). Für die Gewinnung von Näherungsausdrücken werden dabei keine Unter- oder Obersummen benutzt (warum?), sondern

[1]) Das gleiche gilt für die Integration sog. empirischer Funktionen, deren Funktionswerte nur an endlich vielen Stellen durch Messungen bekannt sind.

einfach zu berechnende Summen, die dazwischen liegen. Die zwei wichtigsten Näherungsmethoden zur Berechnung eines Integrals

(266) $$\int_a^b f(x)\,\mathrm{d}x,$$

nämlich die Sehnentrapezregel und die Simpsonregel, wollen wir nun herleiten.

a) Die Sehnentrapezregel. Nach Wahl einer „passenden" Zahl $n \in \mathbf{N}$ wird das Intervall $\langle a, b\rangle$ durch die äquidistanten Teilpunkte

$$a = x_0 < x_1 < \ldots < x_n = b$$

mit $x_k = a + kh$ und $h = (b-a)/n$ $(k = 0, 1, \ldots, n)$

in n Teilintervalle der Länge h zerlegt. Wir ersetzen nun f durch die Funktion $\tilde{f}$, deren Schaubild in den Teilintervallen $\langle x_{k-1}, x_k\rangle$, $k = 1, \ldots, n$, eine Strecke („Sehne") mit den Endpunkten $(x_{k-1}, f(x_{k-1}))$ und $(x_k, f(x_k))$ ist (vgl. Fig. 15). Die Zahl n ist dann „passend" gewählt, wenn sie gerade so groß ist, daß $\tilde{f}$ eine hinreichend gute Näherung für f wird. Die Sehnentrapezregel ersetzt nun das gesuchte Integral (266) durch das leicht zu berechnende Integral

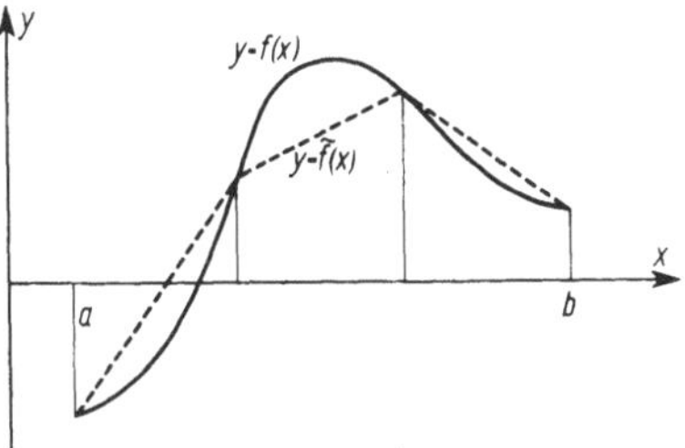

Fig. 15 Zur Sehnentrapezregel ($n = 3$)

$$\int_a^b \tilde{f}(x)\,\mathrm{d}x,$$

das offenbar den Wert hat

$$\int_a^b \tilde{f}(x)\,\mathrm{d}x = \sum_{k=1}^{n} \int_{x_{k-1}}^{x_k} \tilde{f}(x)\,\mathrm{d}x = \sum_{k=1}^{n} \frac{f(x_{k-1}) + f(x_k)}{2} \cdot h.$$

Damit lautet die Sehnentrapezregel:

(267) $$\int_a^b f(x)\,\mathrm{d}x \approx \frac{b-a}{2n}\big(f(a) + 2f(x_1) + 2f(x_2) + \cdots + 2f(x_{n-1}) + f(b)\big).$$

b) Die Simpsonregel. Die Formel (267) gibt offenbar den exakten Wert des Integrals (266) an, wenn f eine lineare Funktion ist, $f(x) = \alpha x + \beta$. Die jetzt aufzustellende Simpsonregel soll auch quadratische Funktionen

(268) $$f(x) = \alpha x^2 + \beta x + \gamma$$

exakt integrieren. Dies leistet bereits die überaus einfache Keplersche Faßregel

(269) $$\int_a^b f(x)\,\mathrm{d}x \approx \frac{b-a}{6}\left(f(a) + 4f\left(\frac{a+b}{2}\right) + f(b)\right),$$

wie man mühelos durch Einsetzen von (268) in (269) feststellt, da ja die linke Seite mit Hilfe der Stammfunktion

$$F(x) = \frac{\alpha}{3}x^3 + \frac{\beta}{2}x^2 + \gamma x$$

von f direkt ausgerechnet werden kann. (Nachprüfung als Übungsaufgabe). Überraschenderweise ist die Formel (269) sogar dann noch exakt richtig (es gilt also $=$ statt $\approx$), wenn f ein Polynom dritten Grades ist.

Denn zunächst stellt der Leser leicht fest, daß sich für das spezielle Polynom

$$f(x) = A\left(x - \frac{a+b}{2}\right)^3$$

auf beiden Seiten von (269) der Wert 0 ergibt, die Formel in diesem Fall also exakt ist. Ferner überzeugt man sich: Wenn (269) für $f = f_1$ und $f = f_2$ exakt ist, so auch für $f_1 \pm f_2$. Da nun $A\left(x - \frac{a+b}{2}\right)^3$ und Ax^3 sich nur um ein quadratisches Polynom unterscheiden, folgt aus der letzten Bemerkung:

Die Formel (269) *ist auch exakt für $f(x) = Ax^3$ und damit für beliebige Polynome dritten Grades.*

Die Keplersche Faßregel (269) ist die einfachste Form der Simpsonregel. Die allgemeine Form ergibt sich, wenn zur Erhöhung der Genauigkeit das Intervall $\langle a,b\rangle$ wieder in eine passende Anzahl m gleichlanger Teilintervalle zerlegt und auf jedes Teilintervall die Keplersche Faßregel angewandt wird. Da der Formel (269) bereits eine Halbierung des Intervalls zugrundeliegt – $(a+b)/2$ ist der Mittelpunkt des Intervalls $\langle a,b\rangle$ –, erfordert das angegebene Verfahren eine Teilung von $\langle a,b\rangle$ in insgesamt $2m$ Teilintervalle der Länge $(b-a)/2m$. Bezeichnen wir die äquidistanten Teilpunkte wieder mit $a = x_0, x_1, x_2, \ldots, x_{2m} = b$, also $x_k = a + k(b-a)/2m$, $0 \le k \le 2m$, so liefert die Formel (269), angewandt auf die Intervalle $\langle x_{2(k-1)}, x_{2k}\rangle$, $k = 1, 2, \ldots, m$:

$$\int_a^b f(x)\,\mathrm{d}x = \sum_{k=1}^{m} \int_{x_{2(k-1)}}^{x_{2k}} f(x)\,\mathrm{d}x \approx \sum_{k=1}^{m} \frac{b-a}{6m}\left(f(x_{2k-2}) + 4f(x_{2k-1}) + f(x_{2k})\right)$$

Dies ist die Simpsonregel, die wir noch etwas umschreiben:

$$\text{(270)}\quad \int_a^b f(x)\,\mathrm{d}x \approx \frac{b-a}{6m}\big(f(a) + 4f(x_1) + 2f(x_2) + 4f(x_3) + \cdots + 2f(x_{2m-2}) + 4f(x_{2m-1}) + f(b)\big).$$

Aufgrund ihrer Konstruktion ist auch diese Formel zur angenäherten Integration exakt, wenn f ein Polynom höchstens dritten Grades ist. Diese Tatsache läßt vermuten, daß die Simpsonregel genauer ist als die Sehnentrapezregel, sofern man jeweils ungefähr die gleiche Anzahl von Teilpunkten ($n \approx 2m$) zugrundelegt.

Zur Illustration wenden wir beide Verfahren auf die (näherungsweise) Berechnung des bestimmten Integrals

$$\text{(271)}\quad \int_0^2 e^{-x^2}\,\mathrm{d}x =: I$$

an. Zunächst werde das Intervall $\langle 0,2 \rangle$ in 4 gleichlange Teilintervalle zerlegt. Aus Funktionentafeln, z. B. [12] entnimmt man folgende Wertetabelle

(272)

x	0	0,5	1	1,5	2
e^{-x^2}	1	0,77880	0,36788	0,10540	0,01832

Benutzen wir als erstes nur den Teilpunkt $x = 1$, so folgt

$$\text{aus (267):} \quad I \approx \frac{1}{2}(1 + 2 \cdot 0{,}36788 + 0{,}01832) = 0{,}87704;$$

$$\text{und aus (270):} \quad I \approx \frac{1}{3}(1 + 4 \cdot 0{,}36788 + 0{,}01832) = 0{,}82995.$$

Bei Heranziehung aller angegebenen Teilpunkte ergibt sich aus (267):

$$I \approx \frac{1}{4}(1 + 2 \cdot 0{,}77880 + 2 \cdot 0{,}36788 + 2 \cdot 0{,}10540 + 0{,}01832) = 0{,}88062$$

und aus (270):

$$I \approx \frac{1}{6}(1 + 4 \cdot 0{,}77880 + 2 \cdot 0{,}36788 + 4 \cdot 0{,}10540 + 0{,}01832) = 0{,}88181 .$$

Der genaue Wert von I kann andererseits einer Funktionentafel für die in der Statistik wichtige Fehlerfunktion erf (error function)

$$\textbf{(273)} \qquad \operatorname{erf}(z) = \frac{2}{\sqrt{\pi}} \int_0^z e^{-x^2} \, dx \qquad (z \in \mathbf{R})$$

entnommen werden. Aus [19], S. 52, liest man ab:

$$I = \frac{\sqrt{\pi}}{2} \operatorname{erf}(2) = 0{,}886227 \cdot 0{,}995322 = 0{,}88208$$

Ein Vergleich mit den gewonnenen Näherungswerten zeigt: Bei der feineren Unterteilung des Intervalls ist die Simpsonregel erheblich genauer als die Sehnentrapezregel, während bei der groben Unterteilung in nur zwei Teilintervalle die Sehnentrapezregel (zufällig) den genaueren Wert liefert.

Abschließend sei erwähnt, daß beide Näherungsformeln (267) und (270) sich sehr gut für den Computereinsatz eignen und dort auch in großem Umfang benutzt werden. Da der durch Verfeinerung der Unterteilung wachsende Rechenaufwand dabei nicht wesentlich stört, läßt sich vor allem mit der Simpsonregel eine hohe Rechengenauigkeit erzielen.

Übungsaufgaben. 43.* Man berechne den Inhalt derjenigen Fläche im rechtwinkligen (x, y)-Koordinatensystem, die nach unten von der Parabel $y = x^2$ und nach oben von der Parabel $y = 1 + x^2/2$ begrenzt wird.

44.* Man berechne den Flächeninhalt einer Ellipse mit den Halbachsen a und b.

Anleitung. Die Ellipse kann in der Normalform $x^2/a^2 + y^2/b^2 = 1$ angenommen werden. Man versuche, (259) zu benutzen.

45.* Man berechne folgende Integrale und deute sie, wenn möglich, als Flächeninhalte:

a) $\int_0^1 (\sqrt{x} + \sqrt{1-x} - 1)\,dx$ b) $\int_0^{\pi} (1 - \cos 2x)\,dx$ c) $\int_0^{2\pi} \sin x \cos x\,dx$

d) $\int_0^1 \frac{x}{\sqrt{1-x^2}}\,dx$ e) $\int_0^{x} x e^{-x}\,dx$ f) $\int_{-x}^{-2} \frac{1}{x^2-1}\,dx.$

46.* Man bestimme durch partielle Integration Stammfunktionen von

a) $x^2 \sin x$ b) $x^3 \cos x$ c) $\sin^3 x$ d) $x \ln x$ e) $\frac{\ln x}{x}$

f) $(\ln x)^2$ g) $\sin ax \cos bx$ h) $\sin ax \sin bx$ i) $\cos ax \cos bx$ j) $\sqrt{x} \ln x$.

Man kontrolliere das Ergebnis jeweils durch Differenzieren.

47.* Mit Hilfe der Substitutionsregel bestimme man folgende Stammfunktionen (Probe!)

a) $\int x \cdot \sqrt[3]{1+x^2}\,dx$ b) $\int x e^{-x^2}\,dx$ c) $\int \frac{\cos x}{1+\sin x}\,dx$

d) $\int e^y \cdot \sqrt{1+e^y}\,dy$ e) $\int y\sqrt{1-y^4}\,dy$ f) $\int e^{\sqrt{y}}\,dy$.

48.* Die Leibnizsche Schreibweise für die Ableitung (vgl. Fußnote, S. 53) und unbekümmertes Rechnen mit den „Differentialen" dx, dy ermöglichen eine weitgehende Schematisierung bei der Anwendung der Substitutionsregel: Mit $y = g(x), g'(x) = dy/dx$ und $dy = g'(x)\,dx$ erhält man f o r m a l (kein Beweis!):

$$f(y)\,dy = f(g(x))\,g'(x)\,dx,$$

und damit die Substitutionsregel in der Form

$$\int f(y)\,dy = \int f(g(x))\,g'(x)\,dx, \quad y = g(x).$$

Nach diesem Schema berechne man:

a) $\int \frac{1}{1+\sqrt{1+y}}\,dy$ b) $\int \frac{1+\sqrt{y}}{1-\sqrt{y}}\,dy.$

49.* Man differenziere folgende Funktionen nach x:

a) $\int_a^x \frac{1}{\sqrt{1+t^4}}\,dt$ b) $\int_0^1 \frac{\sqrt{x}}{\sqrt{y}}\,dy$ c) $\int_1^{x^2} \frac{\sin t}{t}\,dt$

d) $\ln\left(\int_0^x e^{-t^2}\,dt\right)$ e) $\int_{-x}^{x} \frac{e^t-1}{t}\,dt$ f) $\int_x^{x+\pi} \sqrt{1+\sin^2 t}\,dt.$

50.* Man gebe Zahlen c_1, c_2 an, für welche die Abschätzungen

$$\int_1^y \frac{1}{\sqrt{1+x^4}}\,dx \le c_1, \quad \int_1^y e^{-x^2}\,dx \le c_2$$

gelten.

A n l e i t u n g: Man benutze (218) und $1/\sqrt{1+x^4} \le 1/x^2$, $e^{-x^2} \le x e^{-x^2}$ für $1 \le x < \infty$.

51.* Man drücke die Funktion

$$F(y) := \int_m^y e^{-\frac{(x-m)^2}{2\sigma^2}}\,\mathrm{d}x \qquad (m \text{ und } \sigma \text{ sind feste reelle Zahlen})$$

durch die Fehlerfunktion (273) aus (Substitution!). Mit Hilfe einer Funktionentafel für erf (z. B. [19]) berechne man sodann im Falle $m = 0$, $\sigma = 1$ die Funktionswerte $F(1)$, $F(2)$, $F(4)$, und den Wert y mit $F(y) = \sqrt{2\pi}/4$.

52.* Durch geeignete Substitution und partielle Integration führe man die Funktion

$$F(x) := \int_0^\infty \frac{e^{-t}}{(x+t)^2}\,\mathrm{d}t \qquad (x > 0)$$

in die Form

$$F(x) = \frac{1}{x} + e^x \cdot \mathrm{Ei}(-x)$$

über, wobei das Exponentialintegral Ei $(-x)$ definiert ist durch

$$\mathrm{Ei}(-x) := \int_{-\infty}^{-x} \frac{e^u}{u}\,\mathrm{d}u \qquad (x > 0).$$

Mit Hilfe einer Funktionentafel für $\mathrm{Ei}(-x)$ (z. B. [19], Tafel 2) stelle man eine Wertetabelle für die Funktion F auf und skizziere ihren Verlauf.

53.* Mit Hilfe einer Integraltafel (z. B. [10] oder [17]) berechne man

a) $\displaystyle\int \frac{1}{x^2(1-x)^5}\,\mathrm{d}x$ b) $\int x^2\sqrt{x^2-x+1}\,\mathrm{d}x$ c) $\displaystyle\int \frac{1}{\cos^3 x}\,\mathrm{d}x$

d) $\displaystyle\int_0^x \frac{1}{(x^2+1)^3}\,\mathrm{d}x$ e) $\int_0^x e^{-t}\, t^n\,\mathrm{d}t \quad (n \in \mathbf{N})$ f) $\int_0^\pi x^4 \sin nx\,\mathrm{d}x \quad (n \in \mathbf{N})$.

54.* Durch Messungen seien für eine Funktion f folgende Werte bekannt:

x	0	0,25	0,50	0,75	1,00	1,25	1,50	1,75	2,00
$f(x)$	1,92	2,13	2,68	3,71	4,07	3,75	2,26	0,93	0,35

Man berechne $\int_0^2 f(x)\,\mathrm{d}x$ näherungsweise nach a) der Sehnentrapezregel und b) der Simpsonregel.

55.* Man berechne

$$\pi = 4\int_0^1 \sqrt{1-x^2}\,\mathrm{d}x$$

näherungsweise mit Hilfe der Simpsonregel (Zerlegung in 4 Teilintervalle).

2.4. Taylorentwicklung von Funktionen; Anwendungen

2.4.1. Die Formel von Taylor. Einige der elementaren Funktionen, die wir bisher kennenlernten, z. B. sin, exp, ln sind in einer Hinsicht durchaus nicht elementar: Ihre Funktionswerte wie sin 1, e^2 oder ln 3 sind nicht durch endlich viele Rechenschritte exakt berechenbar (vgl. Abschnitt 1.3.4). So wäre zur Bestimmung von sin 1 nach (189) der Grenzwert der unendlichen Reihe

$$\sum_{k=0}^{\infty} \frac{(-1)^k}{(2k+1)!}$$

auszurechnen, wozu man mit endlich vielen Rechenoperationen nicht auskommt. Ein Ausweg ist die Benutzung von Funktionentafeln. Eine zweite Möglichkeit, die theoretisch und praktisch viel wichtiger ist, besteht darin, die vorliegende Funktion näherungsweise durch eine andere Funktion zu ersetzen, bei der die Funktionswerte sehr leicht zu berechnen sind. Solche Funktionen sind die Polynome P_n $(n = 0, 1, 2, \dots)$:

(274) $$P_n(x) = a_0 + a_1 x + a_2 x^2 + \cdots + a_n x^n.$$

Zur Berechnung eines Funktionswertes $P_n(\xi)$ benötigt man sogar nur Additionen und Multiplikationen, aber keine Division.

Unser Ziel wird also sein, kompliziertere Funktionen durch Polynome zu approximieren. Dies gelingt mit Hilfe der bisherigen Ergebnisse aus der Differential- und Integralrechnung.

Sei f irgendeine Funktion, die in einem offenen Intervall (a,b) $(n+1)$-mal stetig differenzierbar ist. Das soll heißen: Die Ableitung f' von f ist selbst wieder differenzierbar mit der Ableitung $(f')' =: f''$. f'' hat weiter die Ableitung $(f'')' =: f'''$ usw. So gewinnt man der Reihe nach die zweite, dritte, vierte ... bis zur $(n+1)$-ten Ableitung $f^{(n+1)}$, die nach Voraussetzung in (a,b) noch stetig sein soll.

Für beliebige Zahlen $x, \xi \in (a,b)$ formen wir nun die Differenz

(275) $$f(x) - f(\xi) = \int_\xi^x f'(t)\,dt$$

durch partielle Integration um:

$$\int_\xi^x \underset{u'}{1} \cdot \underset{v}{f'(t)}\,dt = \underset{u}{(t-x)}\underset{v}{f'(t)}\Big|_\xi^x - \int_\xi^x \underset{u}{(t-x)}\underset{v'}{f''(t)}\,dt$$

$$= (x-\xi) f'(\xi) + \int_\xi^x (x-t) f''(t)\,dt.$$

Weiter folgt durch partielle Integration:

$$\int_\xi^x (x-t) f''(t)\,dt = -\frac{(x-t)^2}{2} f''(t)\Big|_\xi^x + \int_\xi^x \frac{(x-t)^2}{2} f'''(t)\,dt$$

$$= \frac{(x-\xi)^2}{2} f''(\xi) + \frac{1}{2}\int_\xi^x (x-t)^2 f'''(t)\,dt,$$

$$\int_{\xi}^{x}(x-t)^2 f'''(t)\,dt = -\frac{(x-t)^3}{3}f'''(t)\Big|_{\xi}^{x} + \int_{\xi}^{x}\frac{(x-t)^3}{3}f^{(4)}(t)\,dt$$

$$= \frac{(x-\xi)^3}{3}f'''(\xi) + \frac{1}{3}\int_{\xi}^{x}(x-t)^3 f^{(4)}(t)\,dt$$

. . . .

$$\int_{\xi}^{x}(x-t)^{n-1} f^{(n)}(t)\,dt = \frac{(x-\xi)^n}{n}f^{(n)}(\xi) + \frac{1}{n}\int_{\xi}^{x}(x-t)^n f^{(n+1)}(t)\,dt.$$

Insgesamt ergibt sich hieraus die überaus wichtige Taylorformel (oder Taylorentwicklung für f an der Stelle ξ):

(276)
$$f(x) = f(\xi) + (x-\xi)f'(\xi) + \frac{(x-\xi)^2}{2}f''(\xi) + \frac{(x-\xi)^3}{2\cdot 3}f'''(\xi) + \cdots + \frac{(x-\xi)^n}{n!}f^{(n)}(\xi) + \frac{1}{n!}\int_{\xi}^{x}(x-t)^n f^{(n+1)}(t)\,dt.$$

Hierin wird ξ in der Regel als fest und x als variabel in (a,b) aufgefaßt. Wir ziehen zunächst einige unmittelbare Folgerungen aus (276).

Setzt man in (276) für f ein Polynom P_n der Gestalt (274) ein, so ergibt sich aus (154) sofort

(277)
$$P_n(x) = \sum_{k=0}^{n}\frac{P_n^{(k)}(\xi)}{k!}(x-\xi)^k,$$

das heißt, in diesem Falle verschwindet das sog. Restglied R_n der Taylorformel (276):

(278)
$$R_n(x) := \frac{1}{n!}\int_{\xi}^{x}(x-t)^n f^{(n+1)}(t)\,dt \qquad (\xi \text{ fest}).$$

Da dieses Restglied der unangenehmste Bestandteil der Taylorformel ist, möchte man es am liebsten ganz weglassen, also die Funktion f durch das Taylorpolynom vom Grad n an der Stelle ξ

(279)
$$P_{n,\xi}(x) := \sum_{k=0}^{n}\frac{f^{(k)}(\xi)}{k!}(x-\xi)^k$$

ersetzen[1]). Nach (277) ist dies sicher (und sogar ohne Fehler) möglich, wenn f ein Polynom höchstens n-ten Grades ist. Wann ist es auch für andere Funktionen f erlaubt? Offenbar dann, wenn das Restglied $R_n(x)$ für alle interessierenden Werte x kleiner ist als die gewünschte Rechengenauigkeit. Wir brauchen also eine Abschätzung für $|R_n(x)|$.

[1]) Mit der binomischen Formel (128) erkennt man, daß $P_{n,\xi}(x)$ tatsächlich ein Polynom in x von höchstens n-tem Grade ist (ξ = const!).

Nach Voraussetzung ist $f^{(n+1)}$ im abgeschlossenen Intervall $\langle \xi, x \rangle$ [1]) noch stetig, nach (142) also auch beschränkt:

(280) $\quad \left| f^{(n+1)}(t) \right| \leq M \quad$ für alle $\quad t \in \langle \xi, x \rangle$.

Wegen

$$\left| (x-t)^n f^{(n+1)}(t) \right| \leq (x-\xi)^n M \quad \text{in} \quad \langle \xi, x \rangle$$

ergibt sich nun aus (217), (213):

$$\left| \int_\xi^x (x-t)^n f^{(n+1)}(t)\,\mathrm{d}t \right| \leq \int_\xi^x (x-\xi)^n M\,\mathrm{d}t = (x-\xi)^n M \int_\xi^x 1\,\mathrm{d}t = (x-\xi)^{n+1} M$$

Somit erhalten wir folgende Abschätzung für das Restglied $R_n(x)$

(281) $\quad \left| R_n(x) \right| \leq \frac{1}{n!} \left| x - \xi \right|^{n+1} M.$

Danach kann man vermuten, daß $R_n(x)$ klein wird, falls x nahe bei ξ liegt oder n hinreichend groß ist. Bevor wir dies an Beispielen bestätigen, sei noch eine oft nützliche, integralfreie Darstellung des Restgliedes $R_n(x)$ angegeben.

Im einfachsten Fall $n=0$ folgt aus (275) und dem Mittelwertsatz der Integralrechnung (219)

(282) $\quad R_0(x) := \int_\xi^x f'(t)\,\mathrm{d}t = (x-\xi) f'(\vartheta)$

für eine geeignete Zahl ϑ zwischen ξ und x. Ein entsprechend komplizierterer Ausdruck ergibt sich für beliebiges $n \in \mathbf{N}$ (ohne Beweis):

(283) $\quad R_n(x) = \frac{(x-\xi)^{n+1}}{(n+1)!} f^{(n+1)}(\vartheta).$

Dabei ist ϑ wieder eine geeignete Zahl zwischen ξ und x.

Die Formel (282) läßt sich noch in eine andere Form bringen, die als Mittelwertsatz der Differentialrechnung bekannt ist:

(284) $\quad f(x) - f(\xi) = (x-\xi) f'(\vartheta)$

für eine geeignete Zahl ϑ zwischen x und ξ [2]).

Beispiele zur Taylorformel

a) Wie sieht das Taylorpolynom (279) und das Restglied (278) für $f = \exp$ und $\xi = 0$ aus?

Da alle Ableitungen von e^x mit e^x selbst übereinstimmen, ergibt sich aus (276)

---

[1]) Es kann $\xi < x$ angenommen werden. Warum?

[2]) „Zwischen" bedeutet hier immer $\xi \leq \vartheta \leq x$ oder $x \leq \vartheta \leq \xi$. Man kann aber (284) auch in der schärferen Form $\xi < \vartheta < x$ oder $x < \vartheta < \xi$ beweisen.

(285) $$e^x = P_{n,0}(x) + R_n(x) = \sum_{k=0}^{n} \frac{x^k}{k!} + \frac{1}{n!}\int_0^x (x-t)^n e^t \, dt$$

Das Taylorpolynom $P_{n,0}(x)$ ist also gerade die bei $k = n$ abgebrochene Potenzreihe (124), durch welche e^x definiert wurde. Da somit gilt

(286) $$\lim_{n\to\infty} P_{n,0}(x) = e^x \quad \text{für alle} \quad x \in \mathbf{R},$$

folgt notwendig

(287) $$\lim_{n\to\infty} R_n(x) = 0 \quad \text{für alle} \quad x \in \mathbf{R},$$

was aufgrund von (281) mit $M = e^{|x|}$ auch direkt zu sehen wäre. e^x kann also durch seine Taylorpolynome approximiert werden, und zwar wegen (286) umso besser, je größer der Grad n des Taylorpolynoms ist. Andererseits stellt man an Hand einer Skizze leicht fest, daß z.B. das Taylorpolynom zu $n = 2$:

$$P_{2,0}(x) = 1 + x + \frac{x^2}{2}$$

nicht für alle $x \in \mathbf{R}$ eine gute Näherung für e^x ist [1]). Sie ist aber umso besser, je näher x am „Entwicklungspunkt" $\xi = 0$ liegt.

Dasselbe gilt allgemein: Das Taylorpolynom (279) eignet sich als Näherung für $f(x)$ in der Regel nur, wenn x hinreichend nahe bei ξ liegt. Da ξ beliebig wählbar ist, läßt sich aber aus dieser Not eine Tugend machen: Man wählt einfach den Entwicklungspunkt ξ für die Taylorformel (276) so, daß er inmitten desjenigen x-Bereiches liegt, in welchem der Verlauf von $f(x)$ gerade untersucht werden soll. Dazu noch ein Beispiel:

b) Interessiert man sich für Polynom-Näherungen von e^x im Intervall $\pi/2 \le x \le 3\pi/4$, so empfiehlt es sich, für den Entwicklungspunkt ξ, der eine möglichst glatte Zahl sein soll, den Wert $\xi = 2$ zu wählen. Das zugehörige Taylorpolynom dritten Grades lautet dann

(288) $$\begin{aligned} P_{3,2}(x) &= e^2 + e^2(x-2) + \frac{e^2}{2}(x-2)^2 + \frac{e^2}{6}(x-2)^3 \\ &= \frac{e^2}{6}(x^3 - 3x^2 + 6x - 2) \end{aligned}$$

Um wieviel weicht dieses Polynom im Intervall $\pi/2 \le x \le 3\pi/4$ von e^x höchstens ab? Dazu muß der „Fehler" (= Restglied (283))

$$R_3(x) = e^x - P_{3,2}(x) = \frac{(x-2)^4}{4!} e^{\vartheta}$$

abgeschätzt werden. Über die Zahl ϑ weiß man nur: ϑ liegt zwischen 2 und x. Da die gewünschte Fehlerabschätzung für alle $x \in \langle \pi/2, 3\pi/4 \rangle$ gelten soll, kann also für e^{ϑ} die

[1]) Dazu skizziere man die Schaubilder $y = e^x$ und $y = 1 + x + x^2/2$ in ein und demselben (x, y)-Koordinatensystem.

obere Schranke $e^{3\pi/4}$ eingesetzt werden (Monotonie der Exponentialfunktion!). Wegen $|x-2|<0{,}43$ für $x\in\langle\pi/2,\,3\pi/4\rangle$ folgt somit für alle diese x:

$$|R_3(x)| < \frac{(0{,}43)^4}{24}e^{3\pi/4} < \frac{0{,}0342}{24}\cdot 10{,}551 \approx 0{,}01504$$

Ergebnis: Bei Verwendung des Taylorpolynoms (288) zur angenäherten Berechnung der Funktionswerte e^x im Intervall $\langle\pi/2,\,3\pi/4\rangle$ ist der Fehler sicher kleiner als 0,0151.

c) Die Taylorformel für $\ln x$. Als Entwicklungspunkt kann hier nicht $\xi=0$ gewählt werden, da ln dort gar nicht definiert ist. Es ist üblich (und genügt auch, wie wir sehen werden), die Taylorentwicklung von $\ln x$ in $\xi=1$ anzugeben. Wegen

$$(\ln x)'=\frac{1}{x},\qquad (\ln x)''=-\frac{1}{x^2},\qquad (\ln x)'''=\frac{2}{x^3},\ldots,(\ln x)^{(k)}=\frac{(-1)^{k-1}(k-1)!}{x^k}$$

erhält man aus (276)

(289) $$\ln x=\sum_{k=1}^{n}(-1)^{k-1}\frac{(x-1)^k}{k}+R_n(x)$$

mit

(290) $$R_n(x)=(-1)^n\int_1^x\frac{(x-t)^n}{t^{n-1}}\,\mathrm{d}t$$

Man kann zeigen (vgl. Übungsaufgabe 59), daß dieses Restglied $R_n(x)$ für $n\to\infty$ gegen Null strebt, falls x im Intervall (0,2) liegt. Daraus folgt

$$\ln x=\sum_{k=1}^{\infty}(-1)^{k-1}\frac{(x-1)^k}{k}\qquad(|x-1|<1)$$

oder mit $x=1+y$:

(291) $$\ln(1+y)=y-\frac{y^2}{2}+\frac{y^3}{3}-\frac{y^4}{4}+-\cdots\qquad(|y|<1)$$

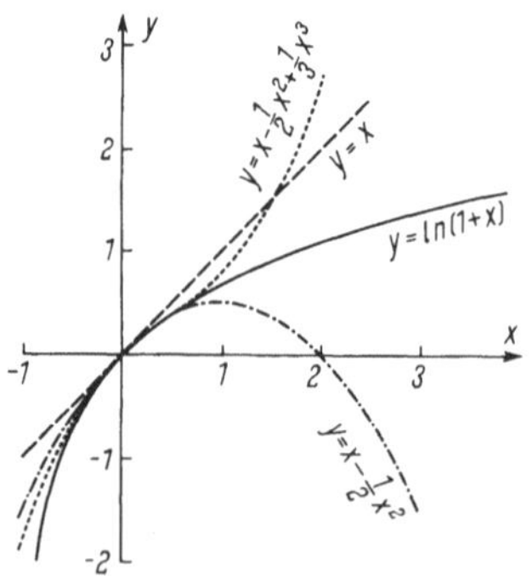

Fig. 16 Approximation von $y=\ln(1+x)$ für kleine $|x|$ durch Taylorpolynome

Dies ist die wichtige Potenzreihenentwicklung für die Funktion $y\mapsto\ln(1+y)$; mit ihrer Hilfe läßt sich $\ln(1+y)$ in der Umgebung von $y=0$ wieder durch Polynome approximieren. Die gröbsten Näherungen für kleine $|y|$ lauten z. B. (vgl. Fig. 16):

(292) $\quad \ln(1+y) \approx y \quad$ (lineare Approximation)

(293) $\quad \ln(1+y) \approx y - \dfrac{y^2}{2} \quad$ (quadratische Approximation)

Wie gewinnt man nun Polynom-Näherungen für $\ln x$ in der Umgebung eines beliebig vorgegebenen Punktes $\xi > 0$? Aus (186) folgt

$$\ln x = \ln((x-\xi)+\xi) = \ln \xi + \ln\left(1 + \frac{x-\xi}{\xi}\right)$$

und $y := (x-\xi)/\xi$ ist nahe bei 0, wenn x nahe bei ξ liegt. Somit ist auch in diesem Fall (291) anwendbar. Wir erhalten

(294) $\quad \ln x = \ln \xi + \sum_{k=1}^{\infty} (-1)^{k-1} \cdot \dfrac{(x-\xi)^k}{k\,\xi^k} \quad$ für $\quad |x-\xi| < \xi$.

d) Taylorentwicklung von $f(x) = 1/(1+x)$. Für die Ableitungen erhält man

$$f^{(k)}(x) = (-1)^k \frac{k!}{(1+x)^{k+1}}, \quad k = 0, 1, 2, \ldots$$

Als Entwicklungspunkt ist jeder Punkt $\xi \neq -1$ wählbar. Für $\xi = 0$ gilt

$$f^{(k)}(0) = (-1)^k k!$$

so daß sich aus (276) die Taylorformel ergibt:

(295) $\quad \dfrac{1}{1+x} = \sum_{k=0}^{n} (-1)^k x^k + R_n(x) \quad (x > -1)$

Im Intervall $|x| < 1$ strebt auch hier das Restglied

$$R_n(x) = (-1)^{n+1}(n+1) \int_0^x \frac{(x-t)^n}{(1+t)^{n+2}}\,dt$$

für $n \to \infty$ gegen 0[1]). Wir erhalten also

(296) $\quad \dfrac{1}{1+x} = 1 - x + x^2 - x^3 + - \cdots \quad$ für $\quad -1 < x < 1$

Diese Potenzreihe für $1/(1+x)$ folgt auch, und zwar viel leichter, aus der geometrischen Reihe (111), in der lediglich x durch $-x$ zu ersetzen ist. Auch gliedweise Ableitung von (291) liefert (296). Dies ist ein erster Hinweis darauf, daß man bei der Taylorentwicklung die oft mühsame Berechnung der sukzessiven Ableitungen manchmal durch Ausnutzen bereits bekannter Reihenentwicklungen umgehen kann.

---

[1]) Der Beweis kann durch eine Substitution $s = (x-t)/(1+t)$ geführt werden (vgl. die analoge Übungsaufgabe 59).

2.4.2. Taylorreihen und Potenzreihen. Die für die Anwendungen wichtigsten Funktionen f sind beliebig oft differenzierbar und gestatten daher die Aufstellung der Taylorformel (276) für beliebiges $n = 0, 1, 2, \dots$. Wenn bei wachsendem n – wie in den vorangehenden Beispielen – das Restglied gegen Null strebt, genauer: wenn für x aus einem geeigneten Intervall $|x - \xi| < r$ gilt:

$$\textbf{(297)} \qquad R_n(x) = \frac{1}{n!}\int_{\xi}^{x}(x - t)^n f^{(n+1)}(t)\,\mathrm{d}t \to 0 \quad \text{für} \quad n \to \infty,$$

so folgt aus der Taylorformel offenbar die folgende Taylorreihe für f an der Stelle ξ:

$$\textbf{(298)} \qquad f(x) = \sum_{k=0}^{\infty} \frac{f^{(k)}(\xi)}{k!}(x - \xi)^k, \qquad \xi - r < x < \xi + r.$$

Wir haben somit das wichtige Ergebnis:

Unter der Voraussetzung (297), *die in der Praxis fast immer erfüllt ist, läßt sich* $f(x)$ *als Potenzreihe*

$$\textbf{(299)} \qquad \sum_{k=0}^{\infty} a_k (x - \xi)^k \qquad (|x - \xi| < r)$$

mit

$$\textbf{(300)} \qquad a_k = \frac{f^{(k)}(\xi)}{k!}$$

schreiben.

Für einige elementare Funktionen kennen wir bereits solche Darstellungen als Potenzreihen. So stellen die zu $\xi = 0$ gebildeten Reihen (124), (189), (190), (291) die Funktionen e^x, $\sin x$, $\cos x$ bzw. $\ln(1 + y)$ dar.

Hat man für eine Funktion f eine Potenzreihendarstellung (299), so läßt sich f wieder durch ein Polynom approximieren, indem man die Potenzreihe an geeigneter Stelle abbricht. Die Approximation von $f(x)$ wird dann umso besser sein, je näher x an der Stelle ξ liegt (vgl. Abschnitt 2.4.1 a)). Diese Feststellungen zeigen die große Nützlichkeit der Potenzreihenentwicklung für das praktische Rechnen. Aber auch für analytische Untersuchungen sind Potenzreihen sehr gut geeignet. Der Grund dafür liegt in den angenehmen Eigenschaften von Potenzreihen, die wir im folgenden zusammenstellen:

Die Potenzreihe

$$\textbf{(301)} \qquad \sum_{k=0}^{\infty} a_k (x - \xi)^k$$

sei konvergent für einen festen Wert $x = c$. *Dann konvergiert sie sogar absolut für alle* x *aus dem offenen Intervall*

$$(302) \qquad I : |x - \xi| < |c - \xi| =: R$$

und definiert somit eine Funktion f *in* I *durch*

$$\textbf{(303)} \qquad f(x) := \sum_{k=0}^{\infty} a_k (x - \xi)^k \qquad (x \in I)$$

Diese Funktion f ist in I beliebig oft differenzierbar; die Ableitungen dürfen „gliedweise" berechnet werden, d.h. für $n = 0, 1, 2, \ldots$ gilt

(304) $$f^{(n)}(x) = \sum_{k=n}^{\infty} k(k-1)(k-2)\ldots(k-n+1)\,a_k(x-\xi)^{k-n} \qquad (x \in I)$$

Ebenso leicht erhält man eine Stammfunktion F von f durch „gliedweise Integration"

(305) $$F(x) = \sum_{k=0}^{\infty} \frac{a_k}{k+1}(x-\xi)^{k+1} \qquad (x \in I).$$

Wir beweisen nur das überraschendste Resultat, nämlich die Aussage, daß die Reihe (301) bereits im ganzen Intervall I (absolut) konvergiert, sofern nur in einem der Randpunkte $x = \xi \pm R$ von I Konvergenz vorliegt. Dazu kann $\xi = 0$ vorausgesetzt werden.

Beweis. Da die Reihe $\sum_{k=0}^{\infty} a_k c^k$ nach Voraussetzung konvergiert, bilden die Zahlen $|a_k c^k|$ nach (112) eine Nullfolge und sind daher sicher beschränkt:

$$|a_k c^k| \leq C \qquad \text{für alle } k$$

Für beliebiges $x \in I$, d.h. für $|x| < |c|$ ist

$$\left|\frac{x}{c}\right| = \vartheta < 1$$

und daher

$$|a_k x^k| = \left|a_k c^k \cdot \left(\frac{x}{c}\right)^k\right| = |a_k c^k|\,\vartheta^k \leq C\vartheta^k$$

Die geometrische Reihe $\sum_{k=0}^{\infty} C\vartheta^k$ ist also eine Majorante für $\sum_{k=0}^{\infty} a_k x^k$, woraus wegen (120) die Behauptung folgt.

Eine sehr naheliegende Frage wurde bisher noch nicht gestellt: Kann es zu einer Funktion f und zu einem festen Entwicklungspunkt ξ mehrere verschiedene Potenzreihenentwicklungen der Gestalt (299) geben? Ist es zum Beispiel möglich, daß die Taylorreihe für $\sin x$ an der Stelle $\xi = 0$ sich von der Potenzreihe (189) unterscheidet? Die Antwort lautet: Nein, die Potenzreihendarstellung an einer Stelle ξ ist eindeutig bestimmt. Dies ergibt sich aus folgender Aussage:

(306) *Die Funktion f sei im Intervall $I: |x - \xi| < R$ durch die konvergente Potenzreihe*

$$f(x) := \sum_{k=0}^{\infty} a_k(x-\xi)^k$$

dargestellt. Dann gilt

$$a_k = \frac{f^{(k)}(\xi)}{k!} \qquad \text{für} \quad k = 0, 1, 2, \ldots$$

Das heißt, die Entwicklungskoeffizienten a_k sind durch f eindeutig bestimmt. Insbesondere stimmt die gegebene Potenzreihe mit der Taylorreihe von f an der Stelle ξ überein.

Beweis. Nach (304) ist für beliebiges $n = 0, 1, 2, \ldots,\ x \in I$:

$$f^{(n)}(x) = n!\, a_n + (x - \xi) \sum_{k=n+1}^{\infty} k(k-1) \cdots (k-n+1)\, a_k (x-\xi)^{k-n-1}$$

Für $x = \xi$ folgt hieraus die Behauptung $f^{(n)}(\xi) = n!\, a_n$.

Mit Hilfe der Aussagen (304), (305), (306) läßt sich die Taylorreihe einer Funktion oft sehr einfach ermitteln, ohne vorher sämtliche Ableitungen berechnen zu müssen. Dazu einige Beispiele.

Beispiele. a) Taylorreihe für $f(x) = (e^x + e^{-x})/2$. Nach (165) ist für alle $x \in \mathbf{R}$:

$$f(x) = \frac{1}{2}\left(\sum_{k=0}^{\infty} \frac{x^k}{k!} + \sum_{k=0}^{\infty} (-1)^k \frac{x^k}{k!}\right) = 1 + \frac{x^2}{2!} + \frac{x^4}{4!} + \frac{x^6}{6!} + \cdots$$

(307)
$$= \sum_{n=0}^{\infty} \frac{x^{2n}}{(2n)!}$$

Nach (306) ist dies die Taylorreihe von f an der Stelle 0. Diese Funktion werden wir in Abschnitt 3.3.3 mit cosh (cosinus hyperbolicus) bezeichnen.

b) Taylorreihe für $f(x) = x/(x^2 - x - 2)$. Es ist (vgl. Abschnitt 1.3.3)

(308)
$$\frac{x}{x^2 - x - 2} = \frac{2/3}{x-2} + \frac{1/3}{x+1} \qquad (x \neq 2, \neq -1)$$

und diese Zerlegung läßt hoffen, daß man mit Hilfe der geometrischen Reihe (111) zum Ziel kommt. Wir bestimmen zuerst die Taylorreihe von f an der Stelle 0. Es gilt

$$\frac{1/3}{1+x} = \frac{1}{3} \frac{1}{1-(-x)} = \frac{1}{3} \sum_{k=0}^{\infty} (-1)^k x^k \qquad (|x| < 1)$$

$$\frac{2/3}{x-2} = -\frac{1}{3} \cdot \frac{1}{1 - \frac{x}{2}} = -\frac{1}{3} \sum_{k=0}^{\infty} \frac{x^k}{2^k} \qquad (|x| < 2)$$

und daraus folgt die gesuchte Taylorreihe ($\xi = 0$):

$$\frac{x}{x^2 - x - 2} = \frac{1}{3} \sum_{k=0}^{\infty} ((-1)^k - 2^{-k})\, x^k$$

(309)
$$= \frac{1}{3}\left(-\frac{3}{2}x + \frac{3}{4}x^2 - \frac{9}{8}x^3 + - \cdots\right) \qquad (|x| < 1)$$

Nun soll für die gleiche Funktion f die Taylorreihe noch an einer anderen Stelle $\xi \neq 0$ berechnet werden. Wir wählen etwa $\xi = -5$. Durch passende Umformung der rechten

Seite von (308) läßt sich auch diese Aufgabe auf die geometrische Reihe zurückführen. Wir erhalten

$$\frac{1}{x-2} = \frac{1}{(x+5)-7} = -\frac{1}{7}\frac{1}{1-\dfrac{x+5}{7}} = -\frac{1}{7}\sum_{k=0}^{\infty}\frac{(x+5)^k}{7^k}$$

für $|x+5| < 7$,

und analog:

$$\frac{1}{x+1} = -\frac{1}{4}\frac{1}{1-\dfrac{x+5}{4}} = -\frac{1}{4}\sum_{k=0}^{\infty}\frac{(x+5)^k}{4^k} \qquad \text{für} \quad |x+5| < 4$$

Damit lautet die Taylorreihe (vgl. (306)!) für f an der Stelle -5 aufgrund von (308):

$$(310) \qquad \frac{x}{x^2-x-2} = -\frac{1}{3}\sum_{k=0}^{\infty}\left(\frac{2}{7^{k+1}}+\frac{1}{4^{k+1}}\right)(x+5)^k, \qquad |x+5| < 4.$$

Um eine Vorstellung zu bekommen, welcher Rechenaufwand nötig wäre, um diese Taylorreihe direkt mit Hilfe der Ableitungen $f^{(k)}(-5)$, $k = 0, 1, 2, \ldots$, zu ermitteln, berechne der Leser etwa die ersten drei Ableitungen von $x/(x^2-x-2)$.

c) Taylorreihe für $f(x) = 1/(1-x)^2$. f ist offenbar die Ableitung von

$$\frac{1}{1-x} = \sum_{k=0}^{\infty} x^k \qquad \text{für} \quad |x| < 1$$

Nach (304) erhalten wir hieraus durch gliedweise Ableitung die Taylorreihe für f an der Stelle 0:

$$\textbf{(311)} \qquad \frac{1}{(1-x)^2} = \sum_{k=0}^{\infty}(k+1)x^k \qquad |x| < 1.$$

d) Taylorreihe für die Fehlerfunktion (vgl. (273))

Wegen
$$\operatorname{erf}(x) = \frac{2}{\sqrt{\pi}}\int_0^x e^{-t^2}\,\mathrm{d}t$$

$$e^{-t^2} = \sum_{k=0}^{\infty}(-1)^k\frac{t^{2k}}{k!} \qquad (t\in\mathbf{R})$$

ergibt sich nach (305) als Stammfunktion von e^{-t^2} die Reihe

$$\sum_{k=0}^{\infty}(-1)^k\frac{t^{2k+1}}{(2k+1)k!} \qquad (t\in\mathbf{R})$$

und hieraus folgt die Taylorreihe für erf an der Stelle 0:

$$\operatorname{erf}(x) = \frac{2}{\sqrt{\pi}}\sum_{k=0}^{\infty}(-1)^k\frac{x^{2k+1}}{(2k+1)k!}$$

$$\textbf{(312)} \qquad = \frac{2}{\sqrt{\pi}}\left(x-\frac{x^3}{3}+\frac{x^5}{10}-\frac{x^7}{42}+-\cdots\right) \qquad (x\in\mathbf{R})$$

Für die hier als Beispiele gewonnenen Potenzreihen erhielten wir recht unterschiedliche Konvergenzbereiche[1]). Sie ergaben sich der Herleitung entsprechend aus den bereits bekannten Konvergenzbereichen der Exponentialreihe (124) und der geometrischen Reihe (111). Wie bestimmt man nun aber den Konvergenzbereich einer Potenzreihe

(313) $$\sum_{k=0}^{\infty} a_k(x-\xi)^k$$

wenn man nichts über die durch (313) dargestellte Funktion weiß? Nach der auf S. 101 bereits bewiesenen Konvergenzaussage wird man folgendes vermuten: Es gibt eine Zahl $r: 0 \leq r \leq \infty$, so daß die Reihe (313) für alle x mit $|x-\xi| < r$ konvergiert und für alle x mit $|x-\xi| > r$ divergiert. Dies ist tatsächlich richtig, und man kann r allein aus der Koeffizientenfolge $\{a_k\}$ bestimmen. Ein einfacher Sonderfall dieses Satzes lautet[2]):

(314) *Für die Koeffizientenfolge* $\{a_k\}$ *der Potenzreihe* (313) *gelte*

$$\sqrt[k]{|a_k|} \to a \quad \textit{für} \quad k \to \infty$$

Setze $r = \frac{1}{a}$ $(r = 0$ *für* $a = \infty$ *und* $r = \infty$ *für* $a = 0)$.

Dann konvergiert die Reihe (313) ***absolut für alle*** x ***mit*** $|x-\xi| < r$ ***und sie divergiert für alle*** x ***mit*** $|x-\xi| > r$. ***In den Randpunkten*** $x = \xi \pm r$ ***des Konvergenzintervalls*** $(\xi - r, \xi + r)$ ***kann Konvergenz oder Divergenz vorliegen.*** r ***heißt der*** Konvergenzradius ***der Potenzreihe*** (313).

Beweis. Es genügt, die Behauptung für $\xi = 0$ zu beweisen (warum?).

1. Sei $|x| < r$. Wegen

$$\sqrt[k]{|a_k x^k|} = |x|\sqrt[k]{|a_k|} \to a|x| = \frac{|x|}{r} < 1 \quad \text{für} \quad k \to \infty$$

kann zu einer Zahl $\vartheta: \frac{|x|}{r} < \vartheta < 1$ ein $n \in \mathbf{N}$ gefunden werden, so daß gilt

$$\sqrt[k]{|a_k x^k|} \leq \vartheta \quad \text{für alle} \quad k \geq n.$$

Nach dem Wurzelkriterium (122) folgt hieraus die absolute Konvergenz der Reihe (313) mit $\xi = 0$.

2. Sei $|x| > r$. Dann gilt

$$\lim_{k\to\infty} \sqrt[k]{|a_k x^k|} = \frac{|x|}{r} > 1.$$

Damit gibt es ein $n \in \mathbf{N}$ mit der Eigenschaft

$$\sqrt[k]{|a_k x^k|} \geq 1 \quad \text{für alle} \quad k \geq n$$

oder $$|a_k x^k| \geq 1 \quad \text{für alle} \quad k \geq n.$$

Aus (112) folgt nun die Divergenz der Reihe (313) mit $\xi = 0$.

---

[1]) Ohne Beweis sei bemerkt, daß in keinem Fall das angegebene Konvergenzintervall vergrößert werden kann.

[2]) Eine weitergehende Aussage findet man z. B. in [4], I, S. 171.

Als Beispiel betrachten wir eine ganze Klasse von Potenzreihen (vgl. (126))

$$(315)\qquad \sum_{k=1}^{\infty} k^m x^k, \quad m \text{ eine ganze Zahl}$$

Genau wie in Abschnitt 2.1.4 für $m \in \mathbf{N}$ folgt auch für $m \in \mathbf{Z}$:

$$\sqrt[k]{k^m} \to 1 \quad \text{für} \quad k \to \infty .$$

Damit haben alle Potenzreihen (315) den Konvergenzradius $r = 1$. Konvergenz in beiden Randpunkten $x = \pm 1$ liegt vor für $m \leq -2$ (vgl. (115)), Divergenz in $x = \pm 1$ für $m \geq 0$. Im Falle $m = -1$ konvergiert die Reihe in $x = -1$ und divergiert in $x = 1$ (vgl. (114) und Übungsaufgabe 28).

2.4.3. Rechnen mit Potenzreihen. Grenzwertbestimmung durch Potenzreihenentwicklung. Aufgrund der bisherigen Kenntnisse können wir Potenzreihen leicht addieren, subtrahieren, differenzieren und integrieren. Auch das Multiplizieren macht keine größeren Schwierigkeiten, denn der Satz (118) liefert sofort folgende Formel für das Produkt von zwei Potenzreihen

$$\textbf{(316)}\qquad \sum_{k=0}^{\infty} a_k x^k \cdot \sum_{l=0}^{\infty} b_l x^l = \sum_{n=0}^{\infty} \Big(\sum_{k=0}^{n} a_k b_{n-k}\Big) x^n$$

wobei die rechts stehende Potenzreihe sicher überall dort konvergiert, wo die zwei links stehenden Reihen absolut konvergieren. Dazu ein

Beispiel.

$$(317)\qquad \begin{aligned} e^x \sin x &= \left(1 + x + \frac{x^2}{2} + \frac{x^3}{3!} + \cdots\right)\left(x - \frac{x^3}{3!} + \frac{x^5}{5!} - + \cdots\right) \\ &= x + x^2 + \frac{x^3}{3} - \frac{x^5}{30} - \frac{x^6}{90} - \frac{x^7}{630} + \frac{x^9}{22680} + \cdots, \qquad x \in \mathbf{R} \end{aligned}$$

Ähnlich wie hier für ein Produkt soll nun auch für verkettete Funktionen ein Verfahren angegeben werden, nach welchem man die Taylorreihe berechnen kann, ohne die Ableitungen zu benutzen. Das Ziel läßt sich an einem Beispiel klarmachen: Die Taylorreihe von

$$F(x) = e^{\sin x}$$

möchte man dadurch erhalten, daß die Reihe für $y = g(x) := \sin x$ in die Reihe für $f(y) := e^y$ „eingesetzt" und dann alles nach Potenzen von x geordnet wird. Dies ergäbe

$$(318)\qquad \begin{aligned} &\sum_{k=0}^{\infty} \frac{1}{k!}\left(\sum_{l=0}^{\infty} (-1)^l \frac{x^{2l+1}}{(2l+1)!}\right)^k = 1 + \left(x - \frac{x^3}{3!} + \frac{x^5}{5!} - + \cdots\right) + \\ &+ \frac{1}{2}\left(x - \frac{x^3}{3!} + - \cdots\right)^2 + \frac{1}{3!}\left(x - \frac{x^3}{3!} + - \cdots\right)^3 + \cdots \\ &= 1 + x + \frac{1}{2}x^2 - \frac{1}{8}x^4 + \cdots \qquad (x \in \mathbf{R}) \end{aligned}$$

Man kann zeigen, daß dieses Vorgehen zulässig ist und somit (318) die Taylorreihe von F an der Stelle 0 ist.

Mit der an diesem Beispiel erläuterten Bedeutung des Einsetzens lautet die Aussage allgemeiner:

(319) *Sei*

$$g(x)=\sum_{k=1}^{\infty} a_k x^k \quad \textit{für} \quad |x|<r \quad (g(0)=0)$$

und

$$f(y)=\sum_{l=0}^{\infty} b_l y^l \quad \textit{für} \quad |y|<R.$$

Dann erhält man die Taylorreihe für $f(g(x))$ an der Stelle 0 durch Einsetzen der Reihe für $g(x)=y$ in die Reihe für $f(y)$. Der Konvergenzradius der so erhaltenen Reihe kann kleiner sein als r.

Als weiteres Beispiel hierzu berechnen wir die ersten Glieder der Taylorreihe für

(320) $$F(x)=\ln\cos x \quad \left(|x|<\frac{\pi}{2}\right)$$

an der Stelle 0. Mit $g(x)=\cos x-1$, $f(y)=\ln(1+y)$ wird $F(x)=f(g(x))$. Aus (319), (291) und (190) folgt nun

(321) $$\begin{aligned}\ln\cos x &= \left(-\frac{x^2}{2}+\frac{x^4}{4!}-\frac{x^6}{6!}+-\cdots\right)-\frac{1}{2}\left(-\frac{x^2}{2}+\frac{x^4}{4!}-+\cdots\right)^2+\\ &\quad+\frac{1}{3}\left(-\frac{x^2}{2}+\frac{x^4}{4!}-+\cdots\right)^3-+\cdots\\ &= -\frac{x^2}{2}-\frac{x^4}{12}-\frac{x^6}{45}-\frac{17}{2520}x^8+\cdots \quad \left(|x|<\frac{\pi}{2}\right)\end{aligned}$$

Mit Hilfe des Satzes (319) läßt sich auch die Taylorreihe von $1/h$ berechnen, wenn diejenige der Funktion h bekannt ist. Genauer: Sei

(322) $$h(x)=\sum_{k=0}^{\infty} c_k x^k \quad \text{für} \quad |x|<r$$

und $h(0)=c_0\neq 0$. Mit

(323) $$g(x):=\frac{1}{c_0}\sum_{k=1}^{\infty} c_k x^k \quad (|x|<r)$$

und

(324) $$f(y):=\frac{1}{1+y}=\sum_{l=0}^{\infty}(-1)^l y^l \quad (|y|<1)$$

ist dann offenbar

(325) $$\frac{1}{h(x)}=\frac{1}{c_0}f(g(x))$$

und nach (319) kann somit aus (323) und (324) die Taylorreihe für $1/h$ an der Stelle 0 berechnet werden[1]). (Wie steht es im Falle $c_0 = 0$?)

Beispiel. Wie lautet die Taylorreihe für $1/h(x) = 1/(x + x^3)$ an der Stelle 1? Wir bilden nach (277) zunächst die Taylorreihe für h an der Stelle 1:

$$h(x) = x + x^3 = 2 + 4(x-1) + 3(x-1)^2 + (x-1)^3.$$

Mit

$$g(x) = \frac{1}{2}\big(h(x) - 2\big) = 2(x-1) + \frac{3}{2}(x-1)^2 + \frac{1}{2}(x-1)^3$$

folgt

$$\text{(326)}\quad \begin{aligned} \frac{1}{x+x^3} &= \frac{1}{2}\,\frac{1}{1+g(x)} = \frac{1}{2}\big(1 - g(x) + g^2(x) - g^3(x) + - \cdots\big) \\ &= \frac{1}{2} - (x-1) + \frac{5}{4}(x-1)^2 - \frac{5}{4}(x-1)^3 + \\ &\quad + \frac{9}{8}(x-1)^4 + \cdots \end{aligned}$$

Diese Reihe ist konvergent für $|x - 1| < 1$ (ohne Beweis).

Mit den Ergebnissen (325), (319) und (316) lassen sich Potenzreihen nun auch dividieren. Denn die Reihe für einen Quotienten

$$\frac{f(x)}{g(x)} = f(x) \cdot \frac{1}{g(x)}$$

erhält man durch Multiplikation der Reihen von $f(x)$ und $1/g(x)$.

Ein wichtiges Anwendungsbeispiel wäre die Reihenentwicklung für den tangens:

$$\textbf{(327)}\qquad \tan x := \frac{\sin x}{\cos x} = \frac{x - \dfrac{x^3}{3!} + \dfrac{x^5}{5!} - + \cdots}{1 - \dfrac{x^2}{2} + \dfrac{x^4}{4!} - + \cdots}$$

Einfacher und schneller führt aber hier – und allgemein bei Reihenentwicklungen eines Quotienten – der Ansatz mit unbestimmten Koeffizienten zum Ziel: Man setzt

$$\tan x = c_0 + c_1 x + c_2 x^2 + c_3 x^3 + \cdots$$

und erhält aus (327)

$$x - \frac{x^3}{3!} + \frac{x^5}{5!} - \frac{x^7}{7!} + - \cdots = \left(1 - \frac{x^2}{2} + \frac{x^4}{4!} - + \cdots\right)(c_0 + c_1 x + c_2 x^2 + \cdots)$$

$$= c_0 + c_1 x + \left(c_2 - \frac{c_0}{2}\right)x^2 + \left(c_3 - \frac{c_1}{2}\right)x^3 + \left(c_4 - \frac{c_2}{2} + \frac{c_0}{4!}\right)x^4 + \cdots$$

[1]) Diese Reihe muß keineswegs für alle x mit $|x| < r$ konvergieren. Sie konvergiert aber in einem hinreichend kleinen, symmetrisch um 0 gelegenen Intervall.

Da die Reihenentwicklung nach (306) eindeutig bestimmt ist, müssen die entsprechenden Koeffizienten auf der rechten und linken Seite übereinstimmen. Dieser Koeffizientenvergleich liefert folgende Bedingungen für die unbekannten c_k:

$$c_0 = 0, \quad c_1 = 1, \quad c_2 - \frac{c_0}{2} = 0, \quad c_3 - \frac{c_1}{2} = -\frac{1}{6}, \ldots$$

woraus die c_k, $k = 0, 1, 2, \ldots$ der Reihe nach berechnet werden können. Man erhält so:

(328) $$\tan x = x + \frac{x^3}{3} + \frac{2}{15}x^5 + \frac{17}{315}x^7 + \cdots \quad \left(|x| < \frac{\pi}{2}\right)$$

Der Leser kontrolliere dieses Ergebnis durch Ableitung der Reihe (321).

Bei der Reihenentwicklung einer Funktion stand bisher die Absicht im Vordergrund, diese Funktion in der Nähe eines festen Punktes durch ein Polynom zu approximieren (z.B. $\sin x \approx x - x^3/6$ für kleine $|x|$.) Wir zeigen nun an einigen Beispielen, daß Reihenentwicklungen sich auch bei der Grenzwertbestimmung von Funktionen (vgl. Abschnitt 2.2.1 und Übungsaufgabe 33) als sehr nützlich erweisen.

Beispiele. a) Zur Bestimmung des Grenzwertes

$$A = \lim_{x \to 0} \frac{\ln(1+x)}{x} \quad (x \neq 0)$$

wird der Zähler in eine Potenzreihe entwickelt. Man erhält

$$A = \lim_{x \to 0} \frac{1}{x}\left(x - \frac{x^2}{2} + \frac{x^3}{3} - + \cdots\right) = \lim_{x \to 0}\left(1 - \frac{x}{2} + \frac{x^2}{3} - + \cdots\right) = 1$$

b) Man bestimme

$$A = \lim_{x \to 0}\left(\frac{1}{\sin x} - \frac{1}{x}\right), \quad (x \neq 0)$$

Wegen $$\frac{1}{\sin x} = \frac{1}{x\left(1 - \frac{x^2}{3!} + \frac{x^4}{5!} - + \cdots\right)} = \frac{1}{x} \cdot \left(1 + \frac{1}{6}x^2 + \frac{7}{360}x^4 + \cdots\right)$$

folgt $$A = \lim_{x \to 0}\left(\frac{1}{6}x + \frac{7}{360}x^3 + \cdots\right) = 0$$

c) Existiert der Grenzwert $\lim\limits_{x \to 0} \dfrac{x}{\tan x - \sin x}$?

Aus (328) und (189) folgt

$$\tan x - \sin x = \frac{1}{2}x^3 + \frac{1}{8}x^5 + \cdots$$

und damit

$$\frac{x}{\tan x - \sin x} = \frac{1}{x^2\left(\frac{1}{2} + \frac{1}{8}x^2 + \cdots\right)} \to \infty \quad \text{für} \quad x \to 0.$$

d) Man untersuche bei festem $n \in \mathbf{N}$ das Verhalten von e^x/x^n für $x \to \infty$. Es gilt:

$$\frac{e^x}{x^n} = \frac{1}{x^n} + \frac{1}{x^{n-1}} + \frac{1}{2x^{n-2}} + \cdots + \frac{1}{(n-1)!x} + \frac{1}{n!} + \frac{x}{(n+1)!} + \frac{x^2}{(n+2)!} + \cdots$$

$$> \frac{x}{(n+1)!} \to \infty \quad \text{für} \quad x \to \infty .$$

Also gilt auch für jedes $n \in \mathbf{N}$

(329) $$\left.\begin{array}{l} \dfrac{e^x}{x^n} \to \infty \\ x^n e^{-x} \to 0 \end{array}\right\} \text{für } x \to \infty$$

In Worten läßt sich dies folgendermaßen ausdrücken:

e^x wächst für $x \to \infty$ schneller als jede Potenz x^n.

Aus (329) folgt für $x = ay$ $(a > 0)$ weiter

(330) $$\frac{y^n}{e^{ay}} \to 0 \quad \text{für} \quad y \to \infty, \quad n \in \mathbf{N}, \quad a > 0.$$

Hierin setzen wir $n = 1$, $a = 1/m$ für ein $m \in \mathbf{N}$, und $y = \ln x$. Aus (166) ergibt sich

(331) $$\sqrt[m]{x} = x^{\frac{1}{m}} = e^{\frac{1}{m}\ln x}$$

so daß die Grenzwertaussage (330) jetzt lautet:

(332) $$\frac{\ln x}{\sqrt[m]{x}} \to 0 \quad \text{für} \quad x \to \infty \quad (m \in \mathbf{N})$$

Oder wenn x durch $1/x$ ersetzt wird:

(333) $$\sqrt[m]{x}\,\ln x \to 0 \quad \text{für} \quad x \to 0, x > 0 \quad (m \in \mathbf{N})$$

Die Aussage (332) läßt sich so ausdrücken:

$\ln x$ wächst für $x \to \infty$ langsamer als jede noch so kleine (positive gebrochene) Potenz $x^{\frac{1}{m}}$

2.4.4. Monotonie, Maxima und Minima von Funktionen. Schon bei der Definition der Ableitung in Abschnitt 2.2.2 war deutlich gemacht worden, daß der Ableitungsbegriff ein unentbehrliches Instrument für eine sorgfältige Untersuchung von funktionalen Zusammenhängen ist. Die „Handhabung" dieses Instruments wollen wir nun näher kennenlernen. Da dieser Gegenstand ein beliebtes Anwendungsgebiet der Differentialrechnung in der Schule ist (Kurvendiskussion, horizontale und Wendetangenten), können wir uns dabei relativ kurz fassen.

Eine erste Frage bei der Untersuchung eines Funktionsverlaufs lautet: In welchen Bereichen wachsen die Funktionswerte, wo nehmen sie ab? Der folgende Satz gibt eine einfache Antwort:

(334) *Eine in einem Intervall I differenzierbare Funktion f ist genau dann monoton wachsend (bzw. fallend), wenn gilt*

$$f'(x) \geq 0 \ (\text{bzw. } \leq 0) \quad \textit{für alle} \quad x \in I.$$

Beweis. a) Sei f monoton wachsend. Für beliebige Zahlen $x, y \in I$, $x \neq y$, hat dann die Differenz $f(y) - f(x)$, falls $\neq 0$, das gleiche Vorzeichen wie $y - x$. Somit gilt

$$\frac{f(y) - f(x)}{y - x} \geq 0 \quad \text{für alle} \quad x \neq y$$

und hieraus folgt auch

$$f'(x) = \lim_{y \to x} \frac{f(y) - f(x)}{y - x} \geq 0 \quad \text{für alle} \quad x \in I.$$

b) Sei $f'(x) \geq 0$ für alle $x \in I$. Unter der Annahme, f sei nicht monoton wachsend, gibt es zwei Zahlen $x, \xi \in I$, $x > \xi$ mit $f(x) < f(\xi)$. Der Mittelwertsatz (284) liefert nun den gewünschten Widerspruch:

$$\underbrace{f(x) - f(\xi)}_{<0} = \underbrace{(x - \xi)}_{>0}\underbrace{f'(\vartheta)}_{\geq 0} \quad (\xi \leq \vartheta \leq x)$$

c) Die Aussage für monoton fallende Funktionen f erhält man aus dem vorangehenden Beweis, indem man statt f die Funktion $-f$ betrachtet.

Die nächste, für die Anwendungen überaus wichtige Frage lautet: Wie stellt man fest, ob eine gegebene Funktion ein Maximum (Minimum) annimmt, und falls ja, wo es liegt und wie groß es ist? Dabei definieren wir:

(335) *Eine im Intervall I definierte Funktion f nimmt dort ihr (absolutes) Maximum an, wenn ein $x_0 \in I$ existiert mit der Eigenschaft*

$$f(x_0) \geq f(x) \quad \textit{für alle} \quad x \in I.$$

Die entsprechende Definition für die Annahme eines Minimums sei dem Leser überlassen. Wir beschränken uns weiterhin auf die Erörterung der Maxima.

Im Anschluß an Satz (142) wurde bereits festgestellt, daß jede in einem abgeschlossenen Intervall stetige Funktion ihr Maximum annimmt, daß dies aber nicht gelten muß für stetige Funktionen mit einem offenen Definitionsintervall. Wir wählen jetzt die Voraussetzungen so, daß das Maximum sicher angenommen wird, nämlich: Sei f im abgeschlossenen Intervall $\langle a, b\rangle$ differenzierbar, und zwar so oft, wie die jeweils auftretenden Ableitungen erfordern.

Die Frage, wo die Funktion f ihr Maximum annimmt, läßt sich nun, unter gewissen Einschränkungen, wieder mit Hilfe der Differentialrechnung beantworten. Wir definieren dazu den Begriff des lokalen (oder relativen) Maximums:

(336) *f nimmt in einem Punkt x_0 des offenen Intervalls (a, b) ein lokales Maximum an, wenn für ein hinreichend kleines Intervall*

$$I := \langle x_0 - \delta, x_0 + \delta\rangle \subset (a, b), \qquad \delta > 0$$

gilt: $\qquad f(x_0) \geq f(x) \quad$ *für alle* $\quad x \in I$.

Der folgende Satz gibt an, wo lokale Maxima von f liegen können.

(337) Notwendig *(aber nicht hinreichend) dafür, daß f in $x_0 \in (a, b)$ ein lokales Maximum (oder Minimum) annimmt, ist*

$$f'(x_0) = 0.$$

Beweis. f nehme in x_0 ein lokales Maximum an, d.h., es gelte

$$f(x_0) \geq f(x) \text{ für } x \in \langle x_0 - \delta, x_0 + \delta \rangle =: I$$

Dann folgt

$$\frac{f(x) - f(x_0)}{x - x_0} \begin{cases} \leq 0 \text{ für } x > x_0 \\ \geq 0 \text{ für } x < x_0 \end{cases} \qquad (x \in I)$$

also $$0 \leq \lim_{\substack{x \to x_0 \\ x < x_0}} \frac{f(x) - f(x_0)}{x - x_0} = f'(x_0) = \lim_{\substack{x \to x_0 \\ x > x_0}} \frac{f(x) - f(x_0)}{x - x_0} \leq 0 .$$

Das heißt, $f'(x_0)$ muß $= 0$ sein.

Das einfachste Beispiel dafür, daß die Bedingung $f'(x_0) = 0$ für das Vorliegen eines Maximums oder Minimums von f in x_0 nicht hinreichend ist, wird durch $f(x) = x^3$ geliefert: Es ist $f'(0) = 0$, aber f besitzt weder in 0 noch sonstwo ein lokales Maximum oder Minimum.

Ein hinreichendes Kriterium für ein lokales Maximum erhält man aber sofort aus (334)

(338) *Sei $f'(x_0) = 0$ und für ein hinreichend kleines $\delta > 0$ gelte*

$$f'(x) \begin{cases} \geq 0 & \text{in} \quad \langle x_0 - \delta, x_0 \rangle \\ \leq 0 & \text{in} \quad \langle x_0, x_0 + \delta \rangle \end{cases}$$

Dann nimmt f in x_0 ein lokales Maximum an.

Andere hinreichende Kriterien benutzen auch höhere Ableitungen von f, sind daher nur dann leicht anwendbar, wenn die Berechnung dieser Ableitungen nicht zu mühsam ist. Der wichtigste Sonderfall dieser Art von Kriterien lautet:

(339) *Sei $f'(x_0) = 0$ und $f''(x_0) < 0$ (bzw. > 0). Dann nimmt f in x_0 ein lokales Maximum (bzw. Minimum) an.*

Wir beweisen nur die Aussage über das Maximum und zwar unter der zusätzlichen Voraussetzung, daß f'' noch stetig ist. Wegen $f''(x_0) < 0$ existiert dann ein Intervall $I := \langle x_0 - \delta, x_0 + \delta \rangle$, in dem f'' stets negativ ist. Aus der Taylorformel (276) mit dem Restglied in der Form (283) folgt nun ($n = 1$, $\xi = x_0$):

$$f(x) - f(x_0) = \underbrace{\frac{(x - x_0)^2}{2}}_{\geq 0} \cdot \underbrace{f''(\vartheta)}_{< 0} \leq 0 \qquad \text{für} \quad x \in I$$

und dies ist die Behauptung.

Wir kommen nun zurück zur Bestimmung des echten (= absoluten) Maximums bzw. Minimums von f in $\langle a, b \rangle$. Wie man vorzugehen hat, zeigt folgendes Ergebnis, das eine unmittelbare Folge von (337) ist (Beweis als leichte Übungsaufgabe):

(340) *Sei $M = \{x \in (a,b); f'(x) = 0\}$. Dann ist das Maximum (bzw. Minimum) von f in $\langle a,b \rangle$ die größte (bzw. kleinste) unter den Zahlen $f(a), f(b)$ und $f(x)$ mit $x \in M$.*

Oft interessiert man sich nicht nur für die Extremwerte (= Maximum und Minimum) von f selbst, sondern auch für diejenigen von f'. Das heißt, es werden die Punkte gesucht („Wendepunkte"), in denen f am stärksten zu- bzw. abnimmt, und dort die Werte der Ableitung f' berechnet. Diese Aufgabe wird gelöst, indem man die vorangehenden Ergebnisse, vor allem (340), auf die Funktion f' statt auf f anwendet.

Wir betrachten nun einige

Beispiele. a) Ausgleichen von Meßfehlern. Eine bestimmte Größe werde unter gleichen Bedingungen n-mal gemessen. Es ergeben sich Maßzahlen

$$a_1, a_2, \ldots, a_n$$

die wegen der unvermeidlichen Meßfehler voneinander abweichen werden. Wie bestimmt man nun hieraus den „richtigen" Wert a der gemessenen Größe? Von Gauß stammt folgender Vorschlag:

Man wähle a so, daß die Summe der Abweichungsquadrate

$$f(x) := \sum_{k=1}^{n} (x - a_k)^2 \quad (x \in \mathbf{R}) \tag{341}$$

für $x = a$ ein Minimum annimmt.

Demnach haben wir a unter den Werten x zu suchen, für welche $f'(x) = 0$ gilt. Als einzige Lösung von $f'(x) = 0$ ergibt sich offenbar

$$x = a = \frac{1}{n}(a_1 + a_2 + \cdots + a_n)$$

und da $f''(x) = 2n > 0$ für alle $x \in \mathbf{R}$ gilt, liegt nach (339) in a das absolute Minimum von f vor. Die vorgeschlagene Methode läuft also auf Gewohntes hinaus: Man betrachtet das arithmetische Mittel der gemessenen Werte als das zuverlässigste Ergebnis der Messung.

b) Bei einer chemischen Reaktion n-ter Ordnung ($n \geq 2$), die im Zeitpunkt $t = 0$ beginnt, wird die bis zum Zeitpunkt $t \geq 0$ umgesetzte Stoffmenge $f(t)$ bis auf einen konstanten Faktor gegeben durch (vgl. [8], S. 236)

$$f(t) = 1 - \frac{1}{\sqrt[n-1]{1 + (n-1)kt}} \quad (k = \text{positive Konstante}) \tag{342}$$

Es ist der Zeitpunkt zu bestimmen, in dem die Reaktionsgeschwindigkeit $f'(t)$ am größten ist. Dazu bilden wir die zweite Ableitung

$$f''(t) = -\frac{nk^2}{(1 + (n-1)kt)^2 \sqrt[n-1]{1 + (n-1)kt}}$$

Sie ist für $t \geq 0$ immer negativ, also nimmt $f'(t)$ dort monoton ab. Die Reaktionsgeschwindigkeit ist daher in $t = 0$ am größten. Man berechnet dafür $f'(0) = k$.

c) Das Emissionsvermögen eines schwarzen Körpers ist gegeben durch (Plancksches Strahlungsgesetz, vgl. [9], III, S. 239)

$$E(\lambda) = \frac{c^2 h}{\lambda^5} \frac{1}{\exp \frac{ch}{k\lambda T} - 1} \tag{343}$$

Dabei bedeuten λ die Wellenlänge der Strahlung, T die absolute Temperatur des Körpers, c die Lichtgeschwindigkeit, h das Plancksche Wirkungsquantum und k die Boltzmannsche Konstante. Alle diese Größen sind positiv.

Es soll der Verlauf der Funktion $\lambda \mapsto E(\lambda)$ im Intervall $\lambda > 0$ für verschiedene Werte von T untersucht werden.

Zunächst ergibt sich unabhängig von T aus (329)

(344) $$\lim_{\lambda \to 0} E(\lambda) = 0$$

und durch Reihenentwicklung des Nenners

(345) $$\lim_{\lambda \to \infty} E(\lambda) = 0$$

Um die Lage von Extremwerten zu finden, bilden wir die Ableitung

(346) $$E'(\lambda) = \frac{c^2 h}{\lambda^6 \left(\exp \frac{ch}{k\lambda T} - 1\right)} \left(\frac{ch}{k\lambda T} \, \frac{\exp \frac{ch}{k\lambda T}}{\exp \frac{ch}{k\lambda T} - 1} - 5 \right)$$

Diese kann offenbar nur dort Null werden, wo die rechts stehende Klammer verschwindet. Setzen wir zur Vereinfachung

$$x = \frac{ch}{k\lambda T} \qquad (x > 0)$$

so lautet diese Klammer

$$g(x) := \frac{x e^x}{e^x - 1} - 5$$

Wegen $\dfrac{x e^x}{e^x - 1} \to 1$ für $x \to 0 \quad (\lambda \to \infty)$

und $\dfrac{x e^x}{e^x - 1} \to \infty$ für $x \to \infty \quad (\lambda \to 0)$

besitzt $g(x)$ sicher eine positive Nullstelle. Für die Ableitung $g'(x)$ ergibt sich ferner

$$g'(x) = \frac{e^x (e^x - 1 - x)}{(e^x - 1)^2} > 0 \quad \text{für} \quad x > 0 .$$

Somit nimmt $g(x)$ streng monoton zu (vgl. Übungsaufgabe 64) und besitzt deshalb genau eine Nullstelle $\bar{x} > 0$. Mit

(347) $$\bar{\lambda} := \frac{ch}{k\bar{x}T}$$

ist nun $E'(\lambda) < 0$ für $\lambda > \bar{\lambda}$ und $E'(\lambda) > 0$ für $0 < \lambda < \bar{\lambda}$. Nach (338) nimmt $E(\lambda)$ in $\bar{\lambda}$ also ein lokales Maximum an, das wegen (344) und (345) zugleich das absolute Maximum ist.

Aus (347) ergibt sich noch ein einfacher Zusammenhang zwischen dieser Wellenlänge $\bar{\lambda}$ und der Temperatur T, nämlich das Wiensche Verschiebungsgesetz:

(348) $\bar{\lambda} T = \dfrac{c\,h}{k\,\bar{x}} = \text{const}$

Schließlich zeigt (346) noch

$$\lim_{\lambda \to 0} E'(\lambda) = 0$$

(dasselbe gilt für alle weiteren Ableitungen!), so daß man sich nun ein qualitatives Bild vom Verlauf der Funktionen $\lambda \mapsto E(\lambda)$ für verschiedene T-Werte herstellen kann (vgl. Fig. 17). Für quantitative Aussagen braucht man den Zahlenwert von $\bar{x}$, also die positive Lösung der Gleichung $g(x) = 0$ oder

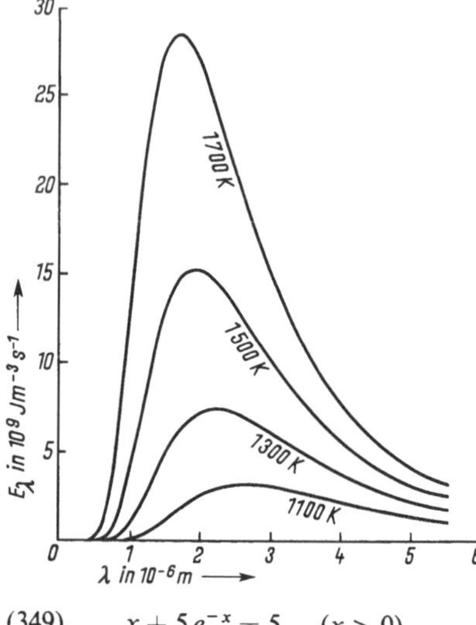

Fig. 17 Energieverteilung im Spektrum des schwarzen Körpers

(349) $x + 5e^{-x} = 5 \quad (x > 0)$

Im Abschnitt 2.4.5 werden wir ein Verfahren zur approximativen Lösung solcher Gleichungen kennenlernen. Durch eine graphische Bestimmung des Schnittpunktes der Kurven $y = 5 - x$ und $y = 5e^{-x}$ erhält man vorerst als groben Näherungswert $\bar{x} \approx 5$.

2.4.5. Das Newtonsche Näherungsverfahren zur Auflösung von Gleichungen. Für lineare und quadratische Gleichungen gibt es die wohlbekannten Auflösungsformeln. Auch für Gleichungen 3. und 4. Grades gibt es noch solche Formeln; sie sind aber bereits so kompliziert, daß sie für die praktische Auflösung derartiger Gleichungen, etwa der Gleichung

(350) $x^3 - 4x + 2 = 0$

nicht mehr in Frage kommen. Für Polynom-Gleichungen von mindestens 5. Grad läßt sich schließlich beweisen, daß Auflösungsformeln überhaupt nicht existieren können. Andererseits wissen wir aber nach (27), daß diese Gleichungen sicher komplexe Lösungen („Wurzeln") haben. Ganz leicht zeigt man sogar[1]):

(351) *Ein Polynom ungeraden Grades mit lauter* reellen *Koeffizienten hat mindestens eine* reelle *Nullstelle.*

Damit besitzt die Gleichung (350) mindestens eine reelle Wurzel, aber wir sind zunächst ratlos, wie sie berechnet werden könnte. Dasselbe gilt für die „transzendente" Gleichung (349): Sie besitzt genau eine positive Wurzel; für deren Berechnung haben wir jedoch kein Rezept. Nur ein graphisches Verfahren, theoretisch unbefriedigend und notwendigerweise ungenau, ist bis jetzt anwendbar: Zur Gewinnung der reellen Lösungen einer Gleichung ($f=$ reelle Funktion!)

(352) $\quad f(x)=0$

zeichnet man mittels einer Wertetabelle das Schaubild $y=f(x)$ in einem (x,y)-Koordinatensystem und sieht zu, wo diese Kurve die x-Achse schneidet.

Ausgehend von dieser einfachen geometrischen Idee werden wir nun ein auch theoretisch einwandfreies Verfahren, das Newtonsche Näherungsverfahren, herleiten. Es ist anwendbar auf jede Gleichung (352), sofern nur überhaupt eine reelle Lösung $\bar{x}$ existiert, f zweimal differenzierbar ist und $f'(x)$ in einer Umgebung von $\bar{x}$ nicht Null ist.

Wir nehmen an, durch die angegebene graphische Methode oder auf andere Weise hätten wir einen Näherungswert x_0 für die Lösung $\bar{x}$ von $f(x)=0$ gewonnen. Dann ersetzen wir die Kurve $y=f(x)$ in der Umgebung des Punktes $(x_0, f(x_0))$ durch ihre Tangente in diesem Punkt und berechnen den Tangentenschnittpunkt x_1 mit der x-Achse. Man hofft, x_1 werde eine bessere Näherung für $\bar{x}$ sein als x_0 (vgl. Fig. 18).

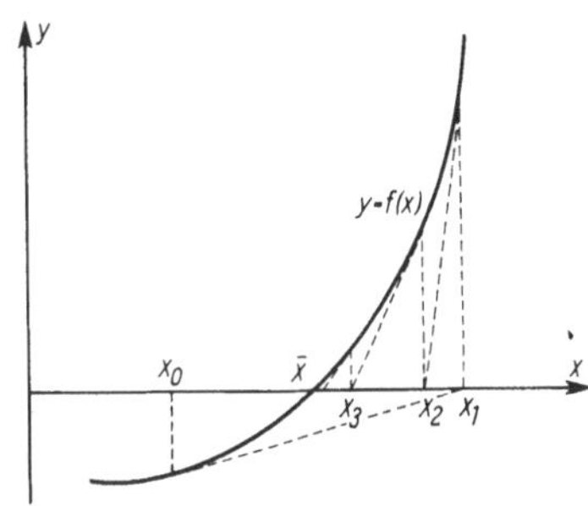

Fig. 18 Zum Newton-Verfahren

Die Tangentengleichung $y=T(x)$ erhält man durch Abbrechen der Taylorentwicklung von f in x_0 nach der ersten Potenz:

$$y=T(x):=f(x_0)+(x-x_0)f'(x_0)$$

[1]) Der Leser beweise dies mit Hilfe von Übungsaufgabe 5 oder mit dem „Zwischenwertsatz" (142), (S_2).

Die Bedingung $T(x_1) = 0$ ergibt somit

$$x_1 = x_0 - \frac{f(x_0)}{f'(x_0)}$$

Was eben mit dem Näherungswert x_0 gemacht wurde, kann nun mit x_1 wiederholt werden. Es folgt als nächste Näherung

$$x_2 = x_1 - \frac{f(x_1)}{f'(x_1)}$$

und nach $n+1$ solchen Schritten:

(353) $$x_{n+1} = x_n - \frac{f(x_n)}{f'(x_n)} \qquad n = 0, 1, 2, \dots$$

Das ist die Rechenvorschrift für das Newtonsche Verfahren.

Damit die Zahlenfolge $\{x_n\}$ überhaupt gebildet werden kann, muß x_n für alle n im Definitionsbereich von f liegen und $f'(x_n) \neq 0$ sein. Das Verfahren (353) wird aber nur dann für die Berechnung von $\bar{x}$ brauchbar sein, wenn die Folge $\{x_n\}$ gegen $\bar{x}$ konvergiert. In diesem Fall läßt sich $\bar{x}$ durch (353) mit jeder gewünschten Genauigkeit berechnen. Es gilt folgender Satz

(354) *Sei f im offenen Intervall I zweimal stetig differenzierbar, $f'(x) \neq 0$ für alle $x \in I$ und $\bar{x}$ eine Nullstelle von f in I. Ist dann x_0 eine nicht zu grobe*[1]) *Näherung für $\bar{x}$, so läßt sich die Zahlenfolge $\{x_n\}_{n=0,1,2,\dots}$ gemäß* (353) *bilden und sie konvergiert gegen $\bar{x}$.*

Beweis. Wir setzen

$$F(x) := x - \frac{f(x)}{f'(x)} \qquad (x \in I)$$

und berechnen

$$F'(x) = \frac{f(x)f''(x)}{f'^2(x)},$$

also gilt $F'(\bar{x}) = 0$. Da aufgrund der Voraussetzungen F' noch stetig ist, läßt sich nach Vorgabe irgendeiner positiven Zahl $L < 1$ ein symmetrisches Intervall J um $\bar{x}$ angeben

$$J := \langle \bar{x} - \delta, \bar{x} + \delta \rangle \subset I, \qquad \delta > 0$$

so daß $|F'(x)| \leq L$ für alle $x \in J$ gilt.

Wegen $f(\bar{x}) = 0$ ist ferner $F(\bar{x}) = \bar{x}$. Für $x_0 \in J$ folgt nun aus dem Mittelwertsatz (284)

$$x_1 - \bar{x} = F(x_0) - F(\bar{x}) = (x_0 - \bar{x})\,F'(\vartheta), \qquad \vartheta \in J$$

und hieraus die Abschätzung

$$|x_1 - \bar{x}| \leq L \cdot |x_0 - \bar{x}|.$$

Weil $L < 1$ ist, liegt daher auch x_1 wieder in J, und wir können das Argument wiederholen:

$$|x_2 - \bar{x}| \leq L \cdot |x_1 - \bar{x}| \leq L^2 \cdot |x_0 - \bar{x}|, \dots$$

$$|x_n - \bar{x}| \leq L^n \cdot |x_0 - \bar{x}| \to 0 \qquad \text{für} \qquad n \to \infty$$

Damit ist der Beweis beendet.

---

[1]) Wie nahe x_0 bei $\bar{x}$ liegen muß, hängt vom Verlauf der Funktion f ab und ist aus dem Beweis zu ersehen.

Mit dem Satz (354) ist noch nicht erwiesen, daß das Newton-Verfahren (353) sich auch für das praktische Rechnen gut eignet. Es wäre ja möglich, daß die Konvergenz nur sehr langsam erfolgt und somit zur Erzielung einer bestimmten Genauigkeit sehr viele x_k berechnet werden müßten. In Wirklichkeit ist jedoch gerade die überaus schnelle Konvergenz der größte Vorzug des Newton-Verfahrens und der Hauptgrund für dessen weitverbreitete Verwendung. Liegt nämlich die Anfangsnäherung x_0 einigermaßen günstig, so stellt meistens schon x_1 oder x_2 die gesuchte Lösung $\bar{x}$ mit der gewünschten Genauigkeit dar.

Wir bringen nun einige

Beispiele. a) $\sqrt[5]{3}$ ist die reelle Lösung $\bar{x}$ der Gleichung

$$f(x) := x^5 - 3 = 0.$$

Aus einem Schaubild von f entnimmt man die Näherung $x_0 = 1,2$. Das Newton-Verfahren lautet in diesem Fall

$$x_{n+1} = x_n - \frac{x_n^5 - 3}{5x_n^4}, \qquad n = 0, 1, 2, \ldots$$

Man errechnet $x_1 = 1{,}24935$ und $x_2 = 1{,}24575$. Der genaue Wert von $\bar{x}$ ist $\bar{x} = \sqrt[5]{3} = 1{,}2457309\ldots$. Durch eine etwas genauere Zeichnung auf Millimeterpapier hätte man mit der besseren Anfangsnäherung $x_0 = 1{,}25$ starten können und dann bereits nach einem Schritt $x_1 = 1{,}24576$ erhalten.

b) Zur Lösung der Gleichung

$$(355) \qquad x^3 - 4x + 2 = 0$$

bringen wir zunächst zeichnerisch die Gerade $y = 4x - 2$ zum Schnitt mit der kubischen Parabel $y = x^3$ und stellen fest, daß drei Schnittpunkte, also drei reelle Wurzeln der Gleichung (355) existieren. Die kleinste Wurzel $\bar{x}$ hat den Näherungswert $x_0 = -2{,}2$. Anwendung des Newton-Verfahrens

$$x_{n+1} = x_n - \frac{x_n^3 - 4x_n + 2}{3x_n^2 - 4}, \qquad n = 0, 1, 2, \ldots$$

liefert $x_1 = -2{,}21445$; $x_2 = -2{,}21432$.

x_3 unterscheidet sich in den angegebenen Stellen nicht mehr von x_2. Also kann $\bar{x} \approx x_2$ gesetzt werden. Die zwei übrigen Wurzeln sind die Nullstellen des quadratischen Polynoms, welches sich aus $x^3 - 4x + 2$ nach Division mit $x - \bar{x}$ ergibt (vgl. Übungsaufgabe 14), d. h., die Nullstellen des Polynoms

$$(x^3 - 4x + 2) : (x - \bar{x}) = x^2 + \bar{x}x + \bar{x}^2 - 4 = x^2 - 2{,}21432\,x + 0{,}90321$$

Sie sind also direkt mit Hilfe der Auflösungsformel für quadratische Gleichungen zu berechnen.

c) Wir berechnen jetzt die positive Lösung der für das Plancksche Strahlungsgesetz wichtigen Gleichung (349):

$$5e^{-x} + x - 5 = 0$$

für die in Abschnitt 2.4.4 nur der Näherungswert $x_0 = 5$ angegeben wurde. Nach dem Newton-Verfahren

$$x_{n+1} = x_n - \frac{5e^{-x_n} + x_n - 5}{1 - 5e^{-x_n}}, \qquad n = 0, 1, 2, \ldots$$

errechnet man mittels einer Funktionentafel (z. B. [12]) auf 4 Dezimalstellen:

$$x_1 = x_2 = \bar{x} = 4{,}9651\,.$$

Übungsaufgaben. 56. Unter alleiniger Verwendung der Ableitungsregeln $(\sin x)' = \cos x$, $(\cos x)' = -\sin x$ beweise man die Potenzreihendarstellungen (189) und (190) für $\sin x$ bzw. $\cos x$.

57.* Man bestimme die Taylorpolynome (vom angegebenen Grad und an der angegebenen Stelle) für folgende Funktionen:

a) $\sin x$, vom 5. Grad, an der Stelle $\frac{\pi}{2}$

b) $\frac{\ln x}{x}$, vom 4. Grad, an der Stelle 1

c) $\frac{1}{(1-x)^3}$, vom n-ten Grad, an der Stelle 0

d) $\frac{1}{\cos^2 x}$, vom 7. Grad, an der Stelle 0

e) $\ln \frac{1+x}{1-x}$, vom n-ten Grad, an der Stelle 0

f) $x^7 - x^3 + x^2 - x + 2$, vom 5. Grad, an der Stelle 0

g) $x^5 - 4x^3 - x + 1$, vom 3. Grad, an der Stelle 2

h) $e^{(x-1)^2}$, vom 3. Grad, an der Stelle 0

i) $x e^{-x}$, vom 3. Grad, an der Stelle -1

j) $\frac{x \cos x}{\sin x}$, vom 4. Grad, an der Stelle 0.

58.* Man ermittle die Taylorreihe für

$$f(x) = \frac{1}{1 - x^2}$$

an den Stellen -2, 0 und 3, und gebe jedesmal das Konvergenzintervall an.

Anleitung: Man zerlege $f(x)$ in eine Summe von zwei rationalen Funktionen mit linearem Nenner.

59. Man zeige, daß das im Restglied (290) auftretende Integral

$$\int_1^x \frac{(x-t)^n}{t^{n-1}}\,dt, \qquad 0 < x < 2$$

für $n \to \infty$ gegen 0 strebt.

Anleitung: Für $1 \leq x < 2$ führt eine Abschätzung gemäß (218) zum Ziel. Der Fall $0 < x < 1$ läßt sich nach der Substitution $s = x/t$ analog behandeln.

60.* Man kann zeigen: Wenn die Potenzreihe $\sum_{k=0}^{\infty} a_k x^k$ den Konvergenzradius $r > 0$ hat, so konvergiert auch die komplexe Reihe $\sum_{k=0}^{\infty} a_k z^k$ für jede komplexe Zahl z mit $|z| < r$. Wie läßt sich damit das folgende, zunächst überraschende Resultat erklären: Obwohl die Funktion $f(x) = 1/(1 + x^2)$ auf der ganzen reellen Achse beschränkt ist (vgl. Fig. 7), besitzt ihre Taylorreihe $\sum_{k=0}^{\infty} (-1)^k x^{2k}$ nur den Konvergenzradius 1.

61.* Folgende Funktionen sind in der Umgebung der angegebenen Stelle zu linearisieren, d.h., durch ihr Taylorpolynom 1. Grades an der betreffenden Stelle zu ersetzen. (Geometrische Deutung: Eine Kurve wird in der Umgebung eines Punktes durch ihre Tangente in diesem Punkt ersetzt.)

a) $e^{-x^2/2}$ an der Stelle 1, b) $\sqrt{x}$ an der Stelle 1,

c) $\dfrac{1}{\sqrt{1+x}}$ an der Stelle 0, d) $\dfrac{1}{\sqrt{\cos x - \sin x}}$ an der Stelle 0,

e) $\tan x - \sin x$ an der Stelle 0, f) $(e^x - e^{-x})/2$ an der Stelle 0,

g) $\dfrac{e^{2x} - 1}{e^{2x} + 1}$ an der Stelle 0, h) $\ln(x + \sqrt{x^2 - 1})$ an der Stelle 2.

62.* Welchen Konvergenzradius haben die Reihen

a) $\sum_{k=0}^{\infty} \dfrac{k^3}{3^k} x^k$ b) $\sum_{k=0}^{\infty} \dfrac{x^k}{k^k}$ c) $\sum_{k=0}^{\infty} k!\, x^k$ d) $\sum_{k=2}^{\infty} \dfrac{(-1)^k x^{2k}}{2^k \ln k}$

63.* Man bestimme die Grenzwerte

a) $\lim\limits_{x \to 0} \dfrac{\cos^2 x - 1 + x^2}{x^4}$ b) $\lim\limits_{x \to 0} \dfrac{\ln(1 + \sin x) - x}{x^2}$ c) $\lim\limits_{x \to 0} \dfrac{e^{-\frac{1}{x^2}}}{x^k}$ $(k \in \mathbf{N})$

64. Man zeige: Gilt $f'(x) > 0$ für alle x aus einem Intervall I, so ist f in I streng monoton wachsend. (Daß die Umkehrung nicht richtig ist, zeigt die streng monoton wachsende Funktion $f(x) = x^3$, für die $f'(0) = 0$ ist.)

65.* Die Funktion $f(x) = \sqrt{x}$ werde im Intervall $\langle 1, 1 + h\rangle$, $h > 0$, durch eine lineare Funktion ersetzt, die in den Endpunkten 1 und $1 + h$ mit f übereinstimmt (Lineare Interpolation). Man berechne die maximale Abweichung $\varphi(h)$ dieser beiden Funktionen im Intervall $\langle 1, 1 + h\rangle$. Für kleine Schrittweiten h bestimme man als Näherungsformel für $\varphi(h)$ das Taylorpolynom 2. Grades an der Stelle 0.

66. In der (x, y)-Ebene sei für jede reelle Zahl p eine Kurve

$$y = \frac{x^2 + px + p^2}{x^2 + p^2}$$

gegeben. Man diskutiere die Eigenschaften dieser Kurvenschar (Symmetrie, Asymptoten, Lage und Größe der Maxima und Minima, Skizze der Kurven für einige Werte von p).

67.* Aus der van der Waalsschen Zustandsgleichung (vgl. Übungsaufgabe 17) ergibt sich für jeden festen Temperaturwert $T > 0$ eine Funktion

$$V \mapsto P(V) := \frac{8T}{3V-1} - \frac{3}{V^2} \quad \left(V > \frac{1}{3}\right) \tag{356}$$

Man ermittle die „kritische" Temperatur $T = T_k$, für die das Schaubild von (356) eine horizontale Wendetangente besitzt. Welches ist der Berührungspunkt dieser Wendetangente?

68.* Wirkt auf einen schwingungsfähigen Körper mit der Eigenfrequenz Ω und der Dämpfungskonstante β eine periodische Kraft mit der Frequenz ω, so schwingt der Körper mit der Amplitude (bis auf einen konstanten Faktor)

$$A = A(\omega) = \frac{1}{\sqrt{(\Omega^2 - \omega^2)^2 + 4\beta^2\omega^2}}, \quad \Omega > \beta > 0$$

Man untersuche den Verlauf der „Resonanzkurve" $\omega \mapsto A(\omega)$ im Intervall $\omega > 0$ für verschieden starke Dämpfung, d. h. für verschiedene β-Werte. Für welche β nimmt die Resonanzkurve insbesondere ein Maximum an, wo liegt es und wie groß ist es? Für $\Omega = 4$ skizziere man die zu $\beta = 1$, 2 und 3 gehörigen Kurven. (Geeignete Wahl der Ordinateneinheit!).

69.* Bei einer zur Zeit $t = 0$ beginnenden chemischen Reaktion sei die zur Zeit t bereits umgesetzte Stoffmenge $f(t)$ gegeben durch

$$f(t) = 1 - \frac{k_1 k_2}{k_2 - k_1} \cdot \left(\frac{e^{-k_1 t}}{k_1} - \frac{e^{-k_2 t}}{k_2}\right)$$

mit positiven Konstanten k_1 und k_2 (vgl. [8], S. 237). In welchem Zeitpunkt ist die Reaktionsgeschwindigkeit am größten? Skizziere den Verlauf von $f(t)$ für $k_1 = 1$, $k_2 = 2$.

70.* Man berechne mit Hilfe des Newton-Verfahrens die Lage des absoluten Maximums der Funktion $x \mapsto \sin x/\sqrt{x}$ $(x > 0)$.

3. Die elementaren Funktionen. Fourierreihen

Wir haben bisher in einzelnen Abschnitten und Beispielen schon eine ganze Anzahl von Funktionen und zum Teil auch deren Eigenschaften kennengelernt. In diesem Kapitel gehen wir systematischer vor und stellen diejenigen Funktionstypen einer reellen Veränderlichen zusammen, die in den Anwendungen am häufigsten gebraucht werden.

3.1. Polynome und rationale Funktionen

3.1.1. Eigenschaften der Polynome. Polynome sind aus zwei Gründen besonders wichtig: Sie eignen sich erstens gut zur Approximation komplizierter Funktionen (vgl. Abschnitt 2.4.1) und zeichnen sich zweitens durch einige recht angenehme Eigenschaften aus. Diese Eigenschaften wollen wir nun in Erinnerung rufen bzw. neu kennenlernen.

Ein Polynom n-ten Grades ($n = 0, 1, 2, \ldots$)

(357) $$P_n(x) = a_0 + a_1 x + a_2 x^2 + \cdots + a_n x^n$$

mit reellen Koeffizienten $a_0, \ldots, a_n$ ($a_n \neq 0$) definiert durch $x \mapsto P_n(x)$ eine auf der ganzen reellen Achse beliebig oft differenzierbare (reelle) Funktion. Die einfach zu bildende Ableitung

(358) $$P_n'(x) = a_1 + 2a_2 x + 3a_3 x^2 + \cdots + n a_n x^{n-1}$$

ist wieder ein Polynom, und zwar vom Grad $n-1$. Ebenso leicht gewinnt man eine Stammfunktion

(359) $$\int P_n(x)\,\mathrm{d}x = a_0 x + \frac{a_1}{2} x^2 + \frac{a_2}{3} x^3 + \cdots + \frac{a_n}{n+1} x^{n+1}$$

die ein Polynom vom Grade $n+1$ ist.

Weiter kennen wir bereits aus (27) eine einfache Produktdarstellung (oder auch Zerlegung in Linearfaktoren) für $P_n(x)$: Es gibt komplexe Zahlen $x_1, \ldots, x_n$ [1]), so daß für alle $x \in \mathbf{C}$ gilt:

(360) $$P_n(x) = a_n (x - x_1)(x - x_2) \cdots (x - x_n) \qquad (x \in \mathbf{C})$$

Hieraus folgt sofort: Die Polynomgleichung

(361) $$P_n(x) = 0$$

hat genau die Lösungen $x = x_k$, $1 \leq k \leq n$. Dabei können diese Nullstellen von $P_n(x)$ ganz oder teilweise zusammenfallen, und es ist auch möglich, daß keine davon reell ist.

Beispiele: $x^2 - 2x + 1 = 0$ bzw. $x^4 + 1 = 0$.

Wir wissen ferner (vgl. Übungsaufgabe 5): Wenn eine der Nullstellen x_k komplex ist, etwa $x_1 = b + ic$ mit $c \neq 0$, so kommt auch die konjugiert komplexe Zahl $b - ic$ unter den Nullstellen x_2 bis x_n vor. Für ungerades n muß somit wenigstens eine Nullstelle reell sein (vgl. Satz (351)). Man kann in diesem Fall auch sicher entscheiden, ob eine positive Nullstelle vorhanden ist:

(362) *Für ungerades n hat die Gleichung* (361) *sicher eine positive (bzw. negative) Lösung, wenn $a_0/a_n < 0$ (bzw. $a_0/a_n > 0$) ist.*

Beweis. Sei $a_0/a_n < 0$. Dann gilt $1/a_n\, P_n(0) = a_0/a_n < 0$ und

$$\frac{1}{a_n} P_n(x) = x^n \left(1 + \frac{a_{n-1}}{a_n x} + \frac{a_{n-2}}{a_n x^2} + \cdots + \frac{a_0}{a_n x^n}\right) \to +\infty \quad \text{für} \quad x \to +\infty$$

[1]) Diese Zahlen tatsächlich anzugeben, ist im allgemeinen schwierig.

Nach dem Zwischenwertsatz (142) muß also die Kurve $y = (1/a_n)\, P_n(x)$ die positive x-Achse in mindestens einem Punkt $x = \xi > 0$ schneiden. ξ ist dann auch eine Lösung von (361). Die Aussage über negative Nullstellen ist analog zu beweisen.

Bei der Suche nach den Nullstellen eines Polynoms ist es schon recht nützlich zu wissen, in welchen Bereichen der Gaußschen Zahlenebene sicher keine Nullstelle liegen kann. Eine Aussage in dieser Richtung ist der folgende Einschließungssatz:

(363) *Jede Wurzel $\xi \in \mathbf{C}$ der Gleichung* $(a_n = 1)$

$$x^n + a_{n-1}x^{n-1} + a_{n-2}x^{n-2} + \cdots + a_1 x + a_0 = 0$$

liegt im Innern oder auf dem Rand des Kreises um den Nullpunkt der Gaußschen Zahlenebene, dessen Radius die größte der zwei Zahlen 1 und $\sum_{k=0}^{n-1} |a_k|$ *ist.*

Beweis. Behauptet wird offenbar nur für diejenigen Wurzeln ξ etwas, deren Betrag $|\xi|$ größer als 1 ist (vgl. (14)). Nun gilt

$$\xi = -a_{n-1} - \frac{a_{n-2}}{\xi} - \frac{a_{n-3}}{\xi^2} - \cdots - \frac{a_0}{\xi^{n-1}}$$

und wegen $|\xi| > 1$ folgt aus (26) das gewünschte Ergebnis

$$|\xi| \leq \sum_{k=0}^{n-1} \left| \frac{a_k}{\xi^{n-1-k}} \right| \leq \sum_{k=0}^{n-1} |a_k|.$$

Diese Einschließung der Wurzeln einer Polynomgleichung ist meistens ziemlich grob, manchmal aber auch optimal. So ergibt sich für die Gleichung $2x^3 - x - 1 = 0$ mit den Wurzeln 1, $-(1+\mathrm{i})/2$ und $-(1-\mathrm{i})/2$ der kleinstmögliche Radius, nämlich 1, für den Einschließungskreis.

Die Produktdarstellung (360) hat über den theoretischen Wert hinaus auch praktische Bedeutung für die sukzessive Berechnung der Wurzeln von $P_n(x) = 0$. Dies sieht man so: Angenommen, wir hätten auf irgendeine Weise bereits eine Wurzel x_1 gefunden (z.B. durch das Newtonverfahren, wenn x_1 reell ist). Dann ist nach (360)

(364) $$\frac{P_n(x)}{x - x_1} = a_n(x - x_2)(x - x_3)\cdots(x - x_n) =: P_{n-1}(x)$$

wieder ein Polynom, dessen Nullstellen gerade mit den restlichen Nullstellen $x_2, x_3, \ldots, x_n$ von P_n übereinstimmen. Wir brauchen also nur noch die Gleichung $P_{n-1}(x) = 0$ zu lösen, und dies wird insofern eine Erleichterung sein, als nun der Grad der Gleichung um 1 niedriger ist. Zur praktischen Berechnung von P_{n-1} aus P_n („Abspaltung eines Linearfaktors“) hat man nur zwei Polynome zu dividieren (vgl. Abschnitt 2.4.5, Beispiel b)).

Wir erläutern dieses Vorgehen an dem Beispiel

$$P_3(x) := 3x^3 - 2x^2 - 4x + 1$$

Durch Raten oder mittels einer Skizze gewinnt man zunächst die Nullstelle $x_1 = -1$.

Für die Berechnung von $P_2(x) := P_3(x)/(x+1)$ lautet das Divisionsschema

$$\begin{array}{l} 3x^3 - 2x^2 - 4x + 1 : x + 1 = 3x^2 - 5x + 1 \\ \underline{3x^3 + 3x^2} \\ \quad - 5x^2 - 4x + 1 \\ \quad \underline{- 5x^2 - 5x} \\ \qquad\qquad x + 1 \\ \qquad\qquad \underline{x + 1} \\ \qquad\qquad\quad 0 \end{array}$$

Die Nullstellen von $P_2(x) = 3x^2 - 5x + 1$ sind nun

$$x_2 = \frac{1}{6}(5 + \sqrt{13}), \qquad x_3 = \frac{1}{6}(5 - \sqrt{13})$$

und sie bilden mit $x_1 = -1$ zusammen sämtliche Wurzeln von $P_3(x) = 0$.

3.1.2. Das Hornerschema. Die Berechnung von Funktionswerten eines Polynoms

(365) $\qquad P_n(x) = a_0 + a_1 x + \cdots + a_n x^n$

ist im Prinzip sehr einfach, da neben Additionen nur Multiplikationen erforderlich sind. Oft hat man jedoch – z. B. für eine Wertetabelle – eine größere Anzahl solcher Funktionswerte zu berechnen, wobei sowohl die Koeffizienten als auch die x-Werte in der Regel recht unrunde Zahlen sind. Für solche Fälle lohnt es sich, nach einem möglichst rationellen Berechnungsverfahren Ausschau zu halten. Am günstigsten ist das Verfahren nach Horner, dessen Grundgedanke darin besteht, bei der Berechnung von $P_n(x)$ nicht mit dem ersten Glied a_0, sondern mit dem letzten Glied $a_n x^n$ zu beginnen. Genauer: Man schreibt $P_n(x)$ nicht in der Form (365), sondern wie folgt:

(366) $\qquad P_n(x) = \Big(\cdots \big(((a_n x + a_{n-1}) x + a_{n-2}) x + a_{n-3}\big) x + \cdots + a_1\Big) x + a_0$

Bei a_n beginnend hat man demnach abwechselnd mit x zu multiplizieren und einen Koeffizienten des Polynoms zu addieren. Das sind insgesamt nur n Multiplikationen mit dem festen[1]) Faktor x, während bei der normalen Darstellung (365) $2n - 1$ Multiplikationen nötig wären. Neben dieser beachtlichen Rechenersparnis liefert die Rechenvorschrift (366) auch genauere Ergebnisse, da die unvermeidlichen Rundungsfehler mit der Anzahl der Multiplikationen stark anwachsen.

Um die Berechnung von $P_n(x)$ nach (366) möglichst übersichtlich zu gestalten, bedient man sich des folgenden Hornerschemas:

(367)

a_n	a_{n-1}	a_{n-2}	....	a_1	a_0
$x\cdot$	$a_n x$	$A_{n-1} x$	....	$A_2 x$	$A_1 x$
$a_n =: A_n$	$a_n x + a_{n-1} =: A_{n-1}$	$A_{n-1} x + a_{n-2} =: A_{n-2} \ldots$		$A_2 x + a_1 =: A_1$	$A_1 x + a_0 = P_n(x)$

[1]) Dieser Umstand erweist das Verfahren auch für das Rechnen mit Rechenschieber und Tischrechenmaschine als bestens geeignet.

Zur Illustration berechnen wir nach diesem Schema einige Funktionswerte des Polynoms

(368) $$P_4(x) := 2x^4 - x^3 + 5x + 1 = \big(((2x-1)x+0)x+5\big)x+1$$

	2	-1	0	5	1
$-1\cdot$		-2	3	-3	-2
	2	-3	3	2	$-1 = P_4(-1)$
$-1{,}2\cdot$		$-2{,}4$	4,08	$-4{,}896$	$-0{,}1248$
	2	$-3{,}4$	4,08	0,104	$0{,}8752 = P_4(-1{,}2)$
$-0{,}5\cdot$		-1	1	$-0{,}5$	$-2{,}25$
	2	-2	1	4,5	$-1{,}25 = P_4(-0{,}5)$

Wegen $P_4(0) = 1$ schließt man aus den berechneten Funktionswerten, daß P_4 mindestens zwei reelle Nullstellen besitzt: eine zwischen $-1{,}2$ und -1, die andere zwischen $-0{,}5$ und 0. Ihr genauer Wert ließe sich wieder mit dem Newtonverfahren ermitteln. Dazu müssen nicht nur wiederholt Funktionswerte $P_4(x)$, sondern auch die entsprechenden Ableitungen $P_4'(x)$ berechnet werden. Wir werden sehen, daß auch diese Ableitungen mit dem Hornerschema erstaunlich einfach zu gewinnen sind, so daß das Hornerschema gerade bei der Anwendung des Newtonverfahrens auf die Lösung von Polynomgleichungen sich als sehr nützlich erweist. Die Grundlage dafür liefert die folgende Aussage, deren Richtigkeit man durch direktes Ausrechnen feststellt:

(369) *$A_n, A_{n-1}, \ldots, A_1$ seien die Zahlen, die sich bei der Berechnung des Funktionswertes $P_n(x)$ in der letzten Zeile des Hornerschemas* (367) *ergeben (x fest!). Dann gilt für $y \in \mathbb{R}$*

$$P_n(y) = P_n(x) + (y-x)(A_n y^{n-1} + A_{n-1} y^{n-2} + \cdots + A_2 y + A_1)$$

und hieraus folgt für die Ableitung der Funktion $y \mapsto P_n(y)$ an der Stelle $y = x$:

$$P_n'(x) = A_n x^{n-1} + A_{n-1} x^{n-2} + \cdots + A_2 x + A_1$$

Zur Berechnung der Ableitung $P_n'(x)$ hat man also nur das zur Bestimmung von $P_n(x)$ bereits aufgestellte Hornerschema (367) mit den neuen Koeffizienten $A_n, \ldots, A_1$ fortzusetzen. Als Beispiel berechnen wir mit dem so fortgesetzten Hornerschema die zwischen $-1{,}2$ und -1 gelegene Nullstelle des Polynoms (368), indem wir, ausgehend von der Näherung $x_0 = -1{,}1$, einen Schritt des Newtonverfahrens durchführen, also die Zahl

$$x_1 = x_0 - \frac{P_4(x_0)}{P_4'(x_0)}$$

ermitteln:

	2	-1	0	5	1
$-1{,}1\cdot$		$-2{,}2$	3,52	$-3{,}872$	$-1{,}2408$
	2	$-3{,}2$	3,52	1,128	$-0{,}2408 = P_4(-1{,}1)$
$-1{,}1\cdot$		$-2{,}2$	5,94	$-10{,}406$	
	2	$-5{,}4$	9,46	$-9{,}278 = P_4'(-1{,}1)$	

Wir erhalten somit $x_1 = -1{,}1 - \dfrac{0{,}2408}{9{,}278} \approx -1{,}126$.

3.1.3. Interpolation durch Polynome. Das zu einer Funktion f gebildete Taylorpolynom $P_{n,\xi}$ n-ten Grades an der Stelle ξ (vgl. (279))

$$(370) \qquad P_{n,\xi}(x) = \sum_{k=0}^{n} \frac{f^{(k)}(\xi)}{k!}(x-\xi)^k$$

eignet sich als Ersatz für f nur für x-Werte, die nahe bei ξ liegen, und die Näherung ist dann im allgemeinen umso besser, je größer n ist. Der Grund dafür ist leicht zu erkennen: Außer den Funktionswerten von $P_{n,\xi}$ und f stimmen auch ihre sämtlichen Ableitungen bis zur Ordnung n an der Stelle ξ überein, während in Punkten $x \neq \xi$ nicht einmal die Funktionswerte gleich zu sein brauchen. Diese Bevorzugung einer einzelnen Stelle ist ein Nachteil der Taylorpolynome, wenn es darum geht, eine Funktion in allen Punkten eines Intervalls ungefähr gleich gut anzunähern. Für diesen Zweck sind die sog. Interpolationspolynome besser geeignet. Das sind Polynome, die an mehreren verschiedenen Stellen mit der Funktion f übereinstimmen. Es gilt darüber folgender Satz:

(371) *Sei f eine beliebige im Intervall I definierte Funktion und die $n+1$ Punkte („Stützstellen") $x_0, x_1, \ldots, x_n$ aus I seien alle verschieden. Dann gibt es genau ein Polynom $P_n(x)$ von höchstens n-tem Grad mit der Eigenschaft*

$$P_n(x_k) = f(x_k) \quad \textit{für} \quad 0 \le k \le n.$$

Dieses Interpolationspolynom *lautet in der Lagrangeschen Form wie folgt:*

$$(L) \qquad P_n(x) := \sum_{k=0}^{n} f(x_k)\, p_k(x)$$

mit den Hilfspolynomen $(0 \le k \le n)$

$$p_k(x) := \frac{(x-x_0)(x-x_1)\cdots(x-x_{k-1})(x-x_{k+1})\cdots(x-x_n)}{(x_k-x_0)(x_k-x_1)\cdots(x_k-x_{k-1})(x_k-x_{k+1})\cdots(x_k-x_n)}$$

Die Darstellung (L) heißt Lagrangesche Interpolationsformel.

Beweis. Die Funktionen p_k sind offenbar Polynome n-ten Grades mit der Eigenschaft

$$p_k(x_l) = \begin{cases} 1 & \text{für} \quad l = k \\ 0 & \text{für} \quad l \neq k \end{cases}$$

Hieraus folgt sofort, daß auch das durch (L) definierte Polynom P_n höchstens den Grad n hat und der Bedingung $P_n(x_l) = f(x_l)$ für $0 \le l \le n$ genügt. Ist nun Q_n ein zweites Polynom mit dieser Eigenschaft, so ist die Differenz $P_n - Q_n = R_n$ ein Polynom höchstens n-ten Grades, das wegen $R_n(x_l) = 0$ für $0 \le l \le n$ mindestens $n+1$ Nullstellen besitzt. Das ist nach Abschnitt 3.1.1 aber nur möglich, wenn R_n identisch verschwindet, also die Polynome Q_n und P_n gleich sind. Damit ist gezeigt, daß nur ein Interpolationspolynom mit den angegebenen Eigenschaften existiert.

Ein besonders einfacher, aber wichtiger Sonderfall ist die lineare Interpolation $(n = 1)$, von der schon früher im Zusammenhang mit der Vertafelung von Funktionen die Rede war (vgl. Abschnitt 1.3.4 und Übungsaufgabe 65). Das lineare Interpolationspolynom, das in x_0 und x_1 mit f übereinstimmt, lautet nach (L)

$$(372) \qquad P_1(x) = \frac{f(x_0)}{x_0 - x_1}(x - x_1) + \frac{f(x_1)}{x_1 - x_0}(x - x_0)$$

Manchmal ist bei vertafelten Funktionen die Schrittweite so groß, daß lineare Interpolation einen beachtlichen Genauigkeitsverlust zur Folge hätte. In diesem Fall muß man auf quadratische Interpolation zurückgreifen ($n = 2$). Dies sei an einem Beispiel erläutert.

In der Funktionentafel [13], S. 24, ist die durch (273) definierte Fehlerfunktion erf mit der Schrittweite 0,1 vertafelt. Gesucht sei der Funktionswert erf(0,67). Die nächstgelegenen Tafelwerte lauten auf 4 Dezimalen:

(373)

x	0,6	0,7	0,8
erf(x)	0,6039	0,6778	0,7421

Bei linearer Interpolation wird man $x_0 = 0{,}6$ und $x_1 = 0{,}7$ wählen. Dann liefert (372):

$$P_1(0{,}67) = 0{,}6039 \cdot 0{,}3 + 0{,}6778 \cdot 0{,}7 = 0{,}6556$$

Der auf 4 Dezimalen genaue Wert erf(0,67) lautet jedoch 0,6566 (vgl. [19], S. 49), so daß bei linearer Interpolation ein Genauigkeitsverlust von 2 Dezimalen auftritt. Um nun quadratisch zu interpolieren, nehmen wir noch $x_2 = 0{,}8$ hinzu. Aus (373) und (L) ergibt sich jetzt ($n = 2$):

$$\begin{aligned} P_2(0{,}67) = {} & \frac{0{,}6039}{0{,}02} \cdot 0{,}03 \cdot 0{,}13 + \frac{0{,}6778}{0{,}01} \cdot 0{,}07 \cdot 0{,}13 - \\ & - \frac{0{,}7421}{0{,}02} \cdot 0{,}07 \cdot 0{,}03 = 0{,}6566 \end{aligned}$$

Bei quadratischer Interpolation erhält man also den gesuchten Funktionswert erf(0,67) mit einer Genauigkeit von 4 Dezimalen, d.h., ebenso genau wie die benutzten Tafelwerte.

3.1.4. Rationale Funktionen und ihre Teilbruchzerlegung.

Die einfachsten Funktionen nach den Polynomen sind die rationalen Funktionen. Sie sind definiert als Quotienten von Polynomen. Eine rationale Funktion hat also die Form

$$(374) \qquad R(x) = \frac{P_n(x)}{Q_m(x)} = \frac{a_0 + a_1 x + \cdots + a_n x^n}{b_0 + b_1 x + \cdots + b_m x^m}$$

mit $n, m \geq 0$, $a_n \neq 0$, $b_m \neq 0$. Die Polynome ($m = 0$) bilden somit eine Teilmenge der rationalen Funktionen. Die Funktion (374) ist überall dort definiert und auch beliebig oft differenzierbar (warum?), wo das Nennerpolynom Q_m von Null verschieden ist. In den restlichen Punkten der reellen Achse, d.h., in den höchstens m reellen Nullstellen von Q_m, kann die Funktion R Pole haben, wie bereits in Abschnitt 1.3.3 an Beispielen gezeigt wurde. Dabei heißt $\xi \in \mathbf{R}$ ein Pol der rationalen Funktion R, wenn gilt

(375) $\lim_{x \to \xi} |R(x)| = \infty$

In einem (x, y)-Koordinatensystem ist dann die Gerade $x = \xi$ eine vertikale Asymptote der Kurve $y = R(x)$ (vgl. Fig. 6).

Falls in (374) der Grad m des Nennerpolynoms höchstens so groß ist wie der Grad n des Zählerpolynoms, erhält man durch Division mit Rest eine Darstellung

(376) $$R(x) = \frac{P_n(x)}{Q_m(x)} = P_{n-m}(x) + \frac{P_k(x)}{Q_m(x)}$$

in welcher P_{n-m} ein Polynom $(n-m)$-ten Grades und P_k ein Polynom k-ten Grades mit $k < m$ ist. Auf diese Weise erhält man z. B.

$$\frac{3x^3}{x^2 + x - 2} = 3x - 3 + \frac{9x - 6}{x^2 + x - 2}$$

Der letzte Summand läßt sich hier in noch einfachere Bestandteile zerlegen, nämlich

$$\frac{9x - 6}{x^2 + x - 2} = \frac{1}{x - 1} + \frac{8}{x + 2}$$

Dies ist kein Zufall. Wir werden vielmehr sehen, daß eine ähnliche Zerlegung in Teilbrüche, deren Zählerpolynom konstant ist, für alle rationalen Funktionen P_n/Q_m mit $n < m$ durchgeführt werden kann, sofern wir auch ins Komplexe zu gehen bereit sind. Eine entscheidende Rolle spielen bei dieser Teilbruchzerlegung die Nullstellen des Nennerpolynoms Q_m, die man als bekannt voraussetzen muß. Am einfachsten wird die Zerlegung, wenn Q_m m verschiedene Nullstellen hat. Die allgemeine Aussage lautet:

(377) *Das Nennerpolynom Q_m der rationalen Funktion*

$$R(x) = \frac{P_n(x)}{Q_m(x)} = \frac{a_0 + a_1 x + \cdots + a_n x^n}{b_0 + b_1 x + \cdots + b_m x^m}$$

mit $n < m$, $b_m \neq 0$, besitze die Produktdarstellung

$$Q_m(x) = b_m (x - x_1)^{r_1} (x - x_2)^{r_2} \cdots (x - x_l)^{r_l},$$

in der die Nullstellen $x_1, \ldots, x_l \in \mathbf{C}$ alle verschieden sind. (Man sagt: x_k ist eine r_k-fache Nullstelle von Q_m, $1 \leq k \leq l$.) Dann läßt sich $R(x)$ wie folgt in Teilbrüche zerlegen:

$$\begin{aligned} R(x) = {} & \frac{A_{11}}{x - x_1} + \frac{A_{12}}{(x - x_1)^2} + \cdots + \frac{A_{1r_1}}{(x - x_1)^{r_1}} + \\ & + \frac{A_{21}}{x - x_2} + \frac{A_{22}}{(x - x_2)^2} + \cdots + \frac{A_{2r_2}}{(x - x_2)^{r_2}} + \cdots \\ & + \frac{A_{l1}}{x - x_l} + \frac{A_{l2}}{(x - x_l)^2} + \cdots + \frac{A_{l\,r_l}}{(x - x_l)^{r_l}} \end{aligned}$$

Diese Zerlegung gilt für alle $x \in \mathbf{C}$, $x \neq x_k$ $(1 \leq k \leq l)$, und die auftretenden Zähler sind eindeutig bestimmte komplexe Zahlen.

Statt diesen Satz allgemein zu beweisen, zeigen wir an Beispielen, wie man solche Teilbruchzerlegungen konkret herstellt.

a) Beispiel mit lauter einfachen Nullstellen des Nennerpolynoms.

Es sei die rationale Funktion

(378) $$\frac{x^4+x^2+2x-2}{x^3-x^2+x-1}$$

in Teilbrüche zu zerlegen. Durch Division mit Rest verringern wir zunächst den Grad des Zählerpolynoms:

(379) $$\frac{x^4+x^2+2x-2}{x^3-x^2+x-1}=x+1+\frac{x^2+2x-1}{x^3-x^2+x-1}$$

In einem zweiten Schritt sind die Nullstellen des Nenners zu ermitteln. Während dies im allgemeinen sehr schwierig und nur näherungsweise möglich ist, ergibt sich hier sofort

(380) $$x^3-x^2+x-1=(x-1)(x-\mathrm{i})(x+\mathrm{i})$$

In (377) ist somit $l=3$, $r_1=r_2=r_3=1$ zu setzen (lauter einfache Nullstellen). Der vorangehende Satz garantiert nun die Existenz einer Zerlegung

(381) $$\frac{x^2+2x-1}{(x-1)(x-\mathrm{i})(x+\mathrm{i})}=\frac{A}{x-1}+\frac{B}{x-\mathrm{i}}+\frac{C}{x+\mathrm{i}} \qquad (x\in\mathbf{C})$$

mit komplexen Zahlen A, B, C, die im dritten und letzten Schritt zu berechnen sind. Zur Bestimmung von A multipliziert man die Gleichung (381) mit $x-1$ und setzt darin anschließend $x=1$. Man erhält unmittelbar $A=1$. Wenn wir entsprechend (381) mit $x-\mathrm{i}$ bzw. $x+\mathrm{i}$ multiplizieren und dann $x=\mathrm{i}$ bzw. $x=-\mathrm{i}$ einsetzen, ergibt sich

$$B=\frac{\mathrm{i}^2+2\mathrm{i}-1}{(\mathrm{i}-1)2\mathrm{i}}=-\mathrm{i}$$

bzw.

$$C=\frac{\mathrm{i}^2-2\mathrm{i}-1}{(-\mathrm{i}-1)(-2\mathrm{i})}=\mathrm{i}$$

Die vollständige Teilbruchzerlegung von (378) lautet nun nach (379) und (381)

(382) $$\frac{x^4+x^2+2x-2}{x^3-x^2+x-1}=x+1+\frac{1}{x-1}-\frac{\mathrm{i}}{x-\mathrm{i}}+\frac{\mathrm{i}}{x+\mathrm{i}}$$

Nach Zusammenfassung der zwei komplexen Glieder erhält die rechte Seite wieder folgende reelle Form:

(383) $$x+1+\frac{1}{x-1}+\frac{2}{x^2+1}$$

Damit ist die Funktion (378) als Summe von sehr einfachen rationalen Funktionen dargestellt, deren Eigenschaften wir bereits in 1.3.3 untersuchten. Das Schaubild von (378) kann also additiv aus den bekannten Kurven $y=x+1$, $y=1/(x-1)$ und

$y = 2/(x^2+1)$ zusammengesetzt werden. Der Leser diskutiere auf diese Weise die Eigenschaften (reelle Nullstellen, Extremwerte, Asymptoten) der Funktion (378).

b) Beispiel mit einer mehrfachen Nullstelle des Nennerpolynoms.

Die Funktion

$$(384)\qquad R(x) := \frac{x^3 - 11x^2 + 5x - 1}{(x-2)^2(x^2-1)}$$

gestattet nach (377) die Teilbruchzerlegung

$$(385)\qquad \frac{x^3 - 11x^2 + 5x - 1}{(x-2)^2(x^2-1)} = \frac{A}{x-2} + \frac{B}{(x-2)^2} + \frac{C}{x-1} + \frac{D}{x+1}$$

Die zu den einfachen Nullstellen 1 und -1 gehörigen Konstanten C und D sind wieder wie im Beispiel a) zu berechnen: Man multipliziert (385) mit $x-1$ bzw. $x+1$ und setzt dann $x = 1$ bzw. $x = -1$ ein. Es folgt

$$C = -3, \qquad D = 1.$$

Die noch fehlenden Konstanten A und B gehören zur zweifachen Nullstelle 2. Bei ihrer Berechnung hat man auf die Reihenfolge zu achten: man bestimmt zuerst die zur höchsten Potenz von $x-2$ gehörige Konstante, also B, indem man (385) mit $(x-2)^2$ multipliziert und anschließend $x = 2$ einsetzt. Dies liefert $B = -9$. Um noch A zu berechnen, bringen wir in (385) das Glied $B/(x-2)^2$ auf die linke Seite und kürzen mit $x-2$:

$$\frac{x^3 - 11x^2 + 5x - 1}{(x-2)^2(x^2-1)} + \frac{9}{(x-2)^2} = \frac{x^2+5}{(x-2)(x^2-1)}$$

Da nun $x = 2$ nur noch eine einfache Nullstelle von $(x-2)(x^2-1)$ ist, erhält man aus

$$\frac{x^2+5}{(x-2)(x^2-1)} = \frac{A}{x-2} + \frac{C}{x-1} + \frac{D}{x+1}$$

die Konstante A wie im Beispiel a): $A = 3$. Damit lautet die gesuchte Teilbruchzerlegung von $R(x)$:

$$(386)\qquad \frac{x^3 - 11x^2 + 5x - 1}{(x-2)^2(x^2-1)} = \frac{3}{x-2} - \frac{9}{(x-2)^2} - \frac{3}{x-1} + \frac{1}{x+1}$$

Die Teilbruchzerlegung ist auch für die Integration rationaler Funktionen überaus nützlich, denn für die einfacheren Teilbrüche sind Stammfunktionen im allgemeinen leicht zu finden; z. B. liefert (386) sofort folgende Stammfunktion von $R(x)$:

$$\int R(x)\,\mathrm{d}x = 3\ln(x-2) + \frac{9}{x-2} - 3\ln(x-1) + \ln(x+1) \qquad (x > 2)$$

Auf die Integration rationaler Funktionen werden wir in Abschnitt 3.3.5 zurückkommen.

Übungsaufgaben. 71.* Man zerlege folgende Polynome in Linearfaktoren (vgl. auch Übungsaufgabe 8):

a) $x^2 - 2x + 3$ b) $x^3 - 1$ c) $x^3 + x^2 + 2x + 2$ d) $x^4 + 5$ e) $x^6 - 1$

72. Die Zahl $\xi \in \mathbf{C}$ heißt *k*-fache Nullstelle des Polynoms *n*-ten Grades P_n (vgl. (377)), wenn $P_n(x) = (x - \xi)^k P_{n-k}(x)$ gilt, wobei P_{n-k} ein Polynom mit $P_{n-k}(\xi) \neq 0$ ist. Man zeige: ξ ist genau dann *k*-fache Nullstelle von P_n, wenn $P_n(\xi) = P_n'(\xi) = \cdots = P_n^{(k-1)}(\xi) = 0$ und $P_n^{(k)}(\xi) \neq 0$ ist.

Anleitung: Für eine der beiden Beweisrichtungen benutze man die Taylorentwicklung (277) von P_n an der Stelle ξ.

73.* Für jedes der folgenden Polynome *f* gebe man zwei aufeinanderfolgende ganze Zahlen an, zwischen denen sicher eine Nullstelle von *f* liegt:

a) $f(x) = x^5 - 2x^4 + 3x - 3$ b) $f(x) = x^5 - x^3 - x + 3$
c) $f(x) = x^{17} + 51x + 4711$ d) $f(x) = x^4 - 7x^3 + 11x^2 - 3x + 6$

74.* Unter Benutzung des fortgesetzten Hornerschemas berechne man nach dem Newton-Verfahren eine reelle Wurzel der Gleichung $x^5 + x^3 + x + 1 = 0$ auf 4 Dezimalen. Die Genauigkeit des berechneten Näherungswertes prüfe man durch nochmaliges Einsetzen in die Gleichung. Gibt es mehr als eine reelle Wurzel? In welchen Kreis der komplexen Zahlenebene lassen sich alle Wurzeln dieser Gleichung einschließen?

75.* Man ermittle das Polynom höchstens 3. Grades, das an den Stellen 0; 1; 1,5; 2 die Werte 2; 2,4; 3; 2,5 annimmt.

76. Man stelle das Polynom *P* höchstens 3. Grades auf, das an den Stellen $x = 0, \pm 1, 2$ mit e^x übereinstimmt, und vergleiche den Verlauf der Kurven $y = e^x$, $y = P(x)$ und $y = 1 + x + x^2/2 + x^3/6$ in einem (x, y)-Koordinatensystem.

77.* Für die Einwohnerzahl einer Stadt wurde folgende Tabelle aufgestellt:

Jahr (Stichtag 31.12.)	1950	1955	1960	1965	1970
Einwohner (in Millionen)	0,827	0,873	0,981	1,068	1,093

Man bestimme das Polynom höchstens 4. Grades, das diese Tabelle interpoliert. In welchem Jahr wuchs danach die Einwohnerzahl am schnellsten? In welchem überschritt sie die Millionengrenze?

78.* Wie lautet die Teilbruchzerlegung folgender rationaler Funktionen:

a) $\dfrac{x-1}{x^3 - 3x^2 + 2x - 6}$ b) $\dfrac{x^2}{(x+1)^3}$ c) $\dfrac{x^3}{(x^2+1)^2}$

79.* Für die rationale Funktion

$$R(x) = \frac{x^3 + x^2 - 7x - 1}{x^3 - 3x + 2}$$

bestimme man die Teilbruchzerlegung. Mit deren Hilfe gebe man eine Stammfunktion von $R(x)$ an und diskutiere den Verlauf der Kurve $y = R(x)$ (Asymptoten!).

80.* Zwei Funktionen *f* und *g*, die für $|x| \geq c$ ($c \geq 0$ beliebig) definiert sind, heißen asymptotisch gleich, wenn $\lim\limits_{|x| \to \infty} (f(x) - g(x)) = 0$ gilt. Man bestimme zu folgenden Funktionen f jeweils ein Polynom g, so daß f und g asymptotisch gleich sind:

a) $f(x) = \dfrac{x^3}{x+1}$ b) $f(x) = \dfrac{3x^2+2x+7}{x^2-5x+1}$

c) $f(x) = \dfrac{x^3 + x\sin x}{x^2 - x - 1}$ d) $f(x) = \dfrac{x^7 e^{1-x^2}}{x-2}$

3.2. Allgemeine Potenz- und Exponentialfunktion

3.2.1. Die allgemeine Potenzfunktion. Die speziellen Polynome

(387) $\quad x \mapsto x^n \quad (x \in \mathbf{R}), \quad n = 0, 1, 2, \cdots$

werden Potenzen genannt und gaben auch den Potenzreihen ihren Namen. Das Wesentliche dabei ist, daß nur nichtnegative ganze Exponenten n zugelassen sind. Entsprechend sind die negativen Potenzen

(388) $\quad x \mapsto \dfrac{1}{x^n} =: x^{-n} \quad (x \neq 0), \quad n \in \mathbf{N}$

wichtige Sonderfälle der rationalen Funktionen. Bei Beschränkung des Definitionsbereiches auf $x > 0$ besitzen die positiven ($n \in \mathbf{N}$) Potenzen (387) auch Umkehrfunktionen, nämlich die in (160) bereits eingeführten Wurzelfunktionen oder gebrochenen Potenzen

(389) $\quad x \mapsto \sqrt[n]{x} =: x^{1/n} \quad (x > 0), \quad n \in \mathbf{N}.$

Mit Hilfe von (387), (388) und (389) ist es nun möglich, auch Potenzen mit beliebigen rationalen Zahlen als Exponenten zu definieren: Jede rationale Zahl r läßt sich nämlich in der Form schreiben

$$r = \frac{m}{n}, \quad m \in \mathbf{Z}, \quad n \in \mathbf{N}$$

und wir setzen dann für $x > 0$:

(390) $\quad x^r = x^{m/n} := (x^{1/n})^m = (x^m)^{1/n}$ [1])

So ist zum Beispiel

$$2^{-3/4} = \frac{1}{(\sqrt[4]{2})^3} = \sqrt[4]{\frac{1}{8}} = \frac{1}{\sqrt[4]{8}},$$

$$\pi^{1,2} = \pi^{6/5} = (\sqrt[5]{\pi})^6 = \sqrt[5]{\pi^6}.$$

Die Frage liegt nun nahe, ob man Potenzen auch für beliebige reelle Exponenten vernünftig definieren kann, ob z. B. auch die Ausdrücke 2^π, $3^{\sqrt{5}}$, $\pi^{\sqrt{2}}$ als reelle Zahlen

---

[1]) Der Leser überzeuge sich, daß hier das letzte Gleichheitszeichen zu Recht besteht. Ebenso wäre zu zeigen, daß diese Definition unabhängig davon ist, wie r als Bruch dargestellt wird, daß also z. B.
$x^{2/3} = x^{4/6} = x^{12/18}$ ist.

erklärt werden können. Vom praktischen Standpunkt aus mag eine solche Erweiterung überflüssig erscheinen, da im Grunde doch nur mit rationalen Zahlen gerechnet wird. Sie ist jedoch deshalb erwünscht, weil grundlegende Sätze der Analysis (z. B. der Zwischenwertsatz, vgl. (142)) bei Beschränkung auf die rationalen Zahlen ihre Gültigkeit verlören.

Zur Definition der Potenzen mit reellen Exponenten benutzen wir die Eigenschaft (185) des Logarithmus. Für $n \in \mathbf{N}$, $m = 0, 1, 2, \ldots$ und $x > 0$ folgt daraus

(391) $\quad n \ln x^{m/n} = \ln (x^{m/n})^n = \ln x^m = m \ln x$

Da diese Bezeichnung sich fast ebenso leicht auch für $m = -1, -2, -3, \ldots$ herleiten läßt, ergibt sich insgesamt für jede rationale Zahl r

(392) $\quad \ln x^r = r \ln x$

und somit wegen $e^{\ln x^r} = x^r$:

(393) $\quad x^r = e^{r \ln x} \quad x > 0,\ r \in \mathbf{Q}$

Hierin ist der rechts stehende Ausdruck nicht nur für rationale, sondern auch für beliebige reelle Zahlen r definiert. Die Gleichung (393) ist also der Schlüssel für die folgende

Definition von x^a für beliebiges $a \in \mathbf{R}$:

(394) $\quad x^a := e^{a \ln x} \quad x > 0, \quad a \in \mathbf{R}$

Beispiele:

$$2^\pi = e^{\pi \ln 2} \approx e^{2{,}1776} \approx 8{,}8250$$
$$3^{\sqrt{5}} = e^{\sqrt{5} \ln 3} \approx e^{2{,}4566} \approx 11{,}6648$$

Aus (394) gewinnt man sofort die für ganzzahlige Exponenten bekannten Potenzgesetze:

(395) $\quad x^a x^b = x^{a+b}$

(396) $\quad (x^a)^b = x^{ab} \qquad x, y > 0; \quad a, b \in \mathbf{R}$

(397) $\quad x^a y^a = (x y)^a$

Die Aussagen (395) und (397) beweise der Leser mit Hilfe von (166) bzw. (185). (396) folgt aus

$$(x^a)^b = (e^{a \ln x})^b = e^{b \ln [\exp (a \ln x)]} = e^{ba \ln x} = x^{ab}.$$

Zu einer beliebigen reellen Zahl a definieren wir jetzt die allgemeine Potenzfunktion als Erweiterung von (387), (388) und (389) durch

(398) $\quad x \mapsto x^a \quad (x > 0)$.

Diese Funktionen werden also nur für $x > 0$ erklärt und haben nach (394) nur positive Funktionswerte. Wegen $\ln 1 = 0$ ist $1^a = 1$ für alle $a \in \mathbf{R}$.

Um weitere Eigenschaften der Funktionen $x \mapsto x^a$ zu gewinnen, betrachten wir ihre Ableitung: Wegen

$$(e^{a \ln x})' = \frac{a}{x} e^{a \ln x} = a x^{-1} x^a = a x^{a-1}$$

erhalten wir

(**399**) $\quad (x^a)' = a x^{a-1},$

also die gleiche Ableitungsregel wie für ganzzahlige Exponenten (vgl.(148)). Damit ergeben sich auch die Stammfunktionen:

(**400**) $$\int x^a \mathrm{d}x = \begin{cases} \dfrac{x^{a+1}}{a+1} & \text{für} \quad a \neq -1 \\ \ln x & \text{für} \quad a = -1 \end{cases}$$

Nach (399) ist die Ableitung von x^a stets positiv bzw. negativ, je nachdem, ob $a > 0$ oder $a < 0$ gilt. Also ist die Funktion $x \mapsto x^a$ streng monoton wachsend für $a > 0$ und streng monoton fallend für $a < 0$. Aus (394) folgen schließlich noch die Grenzwertaussagen:

(**401**) $$\lim_{x \to 0} x^a = \begin{cases} 0 & \text{für} \quad a > 0 \\ \infty & \text{für} \quad a < 0 \end{cases}$$

(**402**) $$\lim_{x \to \infty} x^a = \begin{cases} \infty & \text{für} \quad a > 0 \\ 0 & \text{für} \quad a < 0 \end{cases}$$

Mit Hilfe dieser Eigenschaften kann man sich bereits ein qualitatives Bild vom Verlauf der allgemeinen Potenzfunktionen machen (vgl. Fig. 19). Zur genauen Berechnung von

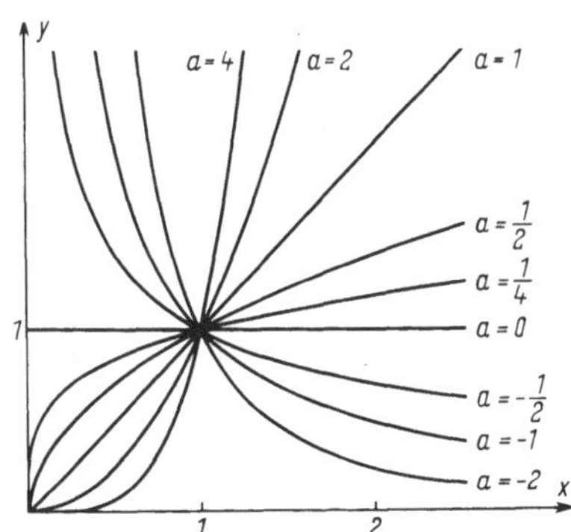

Fig. 19 Die Kurven $y = x^a$ für verschiedene Exponenten a

Funktionswerten x^a benötigt man nach (394) Funktionentafeln für die Exponentialfunktion und den natürlichen Logarithmus, z. B. [3] oder [12].

Als Beispiel für das Auftreten von allgemeinen Potenzfunktionen in den Naturwissenschaften sei vorerst nur der Zusammenhang zwischen dem Druck p und dem Volumen V eines idealen Gases bei adiabatischen Zustandsänderungen erwähnt. Es gilt

$$p V^{\varkappa} = C = \text{const} \qquad \text{oder} \qquad p = p(V) = C V^{-\varkappa}$$

wobei $\varkappa = c_p/c_v$ das Verhältnis der spezifischen Wärmen des Gases ist. Den Wert von $\varkappa$ für einige Gase gibt folgende Tabelle an:

Gas	Luft	Wasserstoff	Helium	Kohlendioxid
$\varkappa$	1,40	1,41	1,66	1,30

3.2.2. Die Binomialreihe. Wie die Ableitungsregel (399) zeigt, sind die Potenzfunktionen an jeder Stelle $\xi > 0$ beliebig oft differenzierbar. Man kann also in jedem solchen Punkt ihre Taylorreihe bilden. Wegen

$$x^a = \xi^a \left(1 + \frac{x - \xi}{\xi}\right)^a$$

läßt sich die Taylorentwicklung von x^a an der Stelle ξ zurückführen auf die Taylorentwicklung der Funktion

(403) $\qquad f(x) := (1 + x)^a \quad (x > -1)$

an der Stelle 0. Diese soll nun bestimmt werden.

Es ist für $k = 0, 1, 2, \ldots$

$$f^{(k)}(x) = a(a-1)\cdots(a-k+1)\,(1+x)^{a-k}$$

und folglich lautet die gesuchte Taylorreihe (Binomialreihe) nach (298)

(404) $\qquad \sum_{k=0}^{\infty} \binom{a}{k} x^k$

mit der üblichen Abkürzung (vgl. Übungsaufgabe 24):

(405) $\qquad \binom{a}{k} = \frac{a(a-1)\cdots(a-k+1)}{k!}, \quad \binom{a}{0} = 1$

Noch ist allerdings nicht sicher, ob die Reihe (404) in einem geeigneten Intervall konvergiert und, falls ja, ob ihr Grenzwert mit $(1 + x)^a$ übereinstimmt (vgl. Abschnitt 2.4.1). Wir behaupten folgenden allgemeinen binomischen Lehrsatz:

(406) $\qquad (1 + x)^a = \sum_{k=0}^{\infty} \binom{a}{k} x^k \quad$ für $|x| < 1, \quad a \in \mathbf{R}$.

Beweis. Die Konvergenz der Binomialreihe (404) für $|x| < 1$ folgt aus dem Quotientenkriterium (123) aufgrund der Beziehung [1])

$$\left| \frac{\binom{a}{k+1} x^{k+1}}{\binom{a}{k} x^k} \right| = \left| \frac{(a-k)\,x}{k+1} \right| \to |x| \quad \text{für} \quad k \to \infty.$$

Damit stellt (404) für $|x| < 1$ eine Funktion

$$g(x) := \sum_{k=0}^{\infty} \binom{a}{k} x^k$$

dar. Um $g(x) = (1 + x)^a$ zu zeigen, bilden wir nun die Ableitung des Quotienten

$$h(x) := \frac{g(x)}{(1 + x)^a}.$$

[1]) Es kann $a \neq 0, 1, 2, \ldots$ angenommen werden (warum?), daher ist $\binom{a}{k} \neq 0$ für alle k.

Eine kurze Rechnung, die der Leser zur Übung ausführen sollte, ergibt $h'(x) = 0$ für alle x, also nach (225) $h(x) = c = \text{const}$. Wegen $h(0) = 1$ ist $c = 1$, also $g(x) = (1 + x)^a$.

Die Aussage (406), die eine Erweiterung der binomischen Formel (128) ist, umfaßt viele wichtige Reihenentwicklungen als Spezialfälle; so die bereits bekannten Reihen (296), (311) und die Taylorreihen von $\sqrt{1 \pm x} = (1 \pm x)^{1/2}$ und $1/\sqrt{1 \pm x} = (1 \pm x)^{-1/2}$. Man erhält z. B.

(407)
$$\begin{aligned}\sqrt{1+x} &= \sum_{k=0}^{\infty} \binom{\frac{1}{2}}{k} x^k \\ &= 1 + \frac{1}{2}x - \frac{1}{8}x^2 + \frac{1}{16}x^3 - \frac{5}{128}x^4 + - \cdots, \quad |x| < 1\end{aligned}$$

(408)
$$\begin{aligned}\frac{1}{\sqrt{1+x}} &= \sum_{k=0}^{\infty} \binom{-\frac{1}{2}}{k} x^k \\ &= 1 - \frac{1}{2}x + \frac{1\cdot 3}{2\cdot 4}x^2 - \frac{1\cdot 3\cdot 5}{2\cdot 4\cdot 6}x^3 + \frac{1\cdot 3\cdot 5\cdot 7}{2\cdot 4\cdot 6\cdot 8}x^4 - + \cdots, \quad |x| < 1\end{aligned}$$

Bricht man die Binomialreihe nach dem linearen Glied ab, so ergibt sich folgende häufig benutzte Näherungsformel für kleine $|x|$:

(409) $(1 + x)^a \approx 1 + ax \quad (|x| \text{ klein})$

Beispiele:

$$\sqrt{4{,}2} = 2\sqrt{1{,}05} = 2(1 + 0{,}05)^{1/2} \approx 2(1 + 0{,}025) = 2{,}05$$

$$\frac{1}{\sqrt{90}} = \frac{1}{10} \cdot \frac{1}{\sqrt{0{,}9}} = \frac{1}{10}(1 - 0{,}1)^{-1/2} \approx \frac{1}{10}(1 + 0{,}05) = 0{,}105$$

Als eine etwas kompliziertere Anwendung von (406) bestimmen wir die Taylorentwicklung der Funktion

$$f(x) := \sqrt[3]{5 + 3\cos x}$$

an der Stelle 0. Dazu muß f erst umgeformt werden:

$$f(x) = \sqrt[3]{8 + 3(\cos x - 1)} = 2\sqrt[3]{1 + \frac{3}{8}(\cos x - 1)}$$

Mit $\quad y = \frac{3}{8}(\cos x - 1) = \frac{3}{8}\left(-\frac{x^2}{2} + \frac{x^4}{4!} - \frac{x^6}{6!} + - \cdots\right)$

folgt nun

$$\begin{aligned}f(x) &= 2(1 + y)^{1/3} = 2 \cdot \left(1 + \frac{1}{3}y - \frac{1}{9}y^2 + \frac{5}{81}y^3 - + \cdots\right) \\ &= 2 - \frac{1}{8}x^2 + \frac{1}{384}x^4 + \frac{173}{92160}x^6 + \cdots\end{aligned}$$

für alle x aus einem hier nicht näher bestimmten symmetrischen Intervall um 0.

Falls a eine nichtnegative ganze Zahl ist, ist $\binom{a}{k} = 0$ für $k > a$. Die Binomialreihe

(404) ist dann das Polynom vom Grad a, das man auch mittels der binomischen Formel (128) aus $(1+x)^a$ erhält. Die Darstellung (406) gilt in diesem Fall natürlich für alle $x \in \mathbf{R}$.

3.2.3. Allgemeine Exponential- und Logarithmusfunktion; Zehnerlogarithmus. Wir knüpfen nun wieder an die Definition (394) der allgemeinen Potenz x^a an, betrachten aber jetzt $x > 0$ als fest und $a \in \mathbf{R}$ als variabel. Die so definierte Funktion

(410) $\quad x \mapsto a^x \quad (x \in \mathbf{R}), \quad a > 0$ fest

heißt allgemeine Exponentialfunktion. Aufgrund der Definition $a^x = e^{x \ln a}$ unterscheiden sich diese Funktionen von der Funktion $x \mapsto e^x$ nur um den konstanten Faktor $\ln a$ im Exponenten. Ihre Eigenschaften gewinnt man somit unmittelbar aus der gewöhnlichen Exponentialfunktion; z. B.:

(411) $\quad (a^x)' = a^x \ln a$

(412) $$\int a^x \, dx = \begin{cases} \dfrac{a^x}{\ln a} & \text{für} \quad a \neq 1 \\ x & \text{für} \quad a = 1 \end{cases}$$

Für $a \neq 1$ sind die Funktionen $x \mapsto a^x$ wegen (411) streng monoton wachsend ($a > 1$) bzw. fallend ($a < 1$). Also existieren die Umkehrfunktionen. Die Umkehrfunktion der Exponentialfunktion

(413) $\quad x \mapsto y := a^x \quad (x \in \mathbf{R}), \quad a \neq 1$

heißt der Logarithmus zur Basis a mit der Bezeichnung

(414) $\quad y \mapsto x =: {}^a\log y \quad (y > 0)$

Insbesondere ist damit

(415) $\quad {}^e\log y = \ln y$.

Neben der Basis $a = e$ spielt noch die Basis $a = 10$, auf der auch unser Dezimalsystem aufbaut, eine praktische Rolle. Der entsprechende Logarithmus ist der Zehnerlogarithmus

(416) $\quad {}^{10}\log y =: \lg y$,

der aus der Schule hinlänglich bekannt ist.

Für die oft erforderliche Umrechnung von Zehnerlogarithmen in natürliche Logarithmen und umgekehrt leiten wir nun einen einfachen, aber wichtigen *Zusammenhang zwischen Logarithmen zu verschiedenen Basiszahlen* her.

Für beliebige positive Basiszahlen $a, b \neq 1$ gilt folgende Identität in y:

$$y = a^{{}^a\log y} = b^{{}^b\log y}$$

also nach (394)

$$e^{{}^a\log y \cdot \ln a} = e^{{}^b\log y \cdot \ln b}$$

und folglich

$$^a\log y \cdot \ln a = {}^b\log y \cdot \ln b$$

oder

(417) $$^a\log y = \frac{\ln b}{\ln a} \cdot {}^b\log y \qquad (y > 0)$$

Dies ist der gewünschte Zusammenhang,der besagt, daß $^a\log y$ und $^b\log y$ sich nur um einen konstanten Faktor unterscheiden. Für $b = e$ folgt daraus speziell

(418) $$^a\log y = \frac{1}{\ln a} \ln y \qquad (y > 0)$$

Damit ist der Logarithmus zu einer beliebigen Basis a auf den natürlichen Logarithmus zurückgeführt, dessen Eigenschaften uns schon recht vertraut sind (vgl. Fig. 20). Für $a = 10$ ergibt sich aus (418) schließlich die Umrechnungsformel zwischen $\lg y$ und $\ln y$:

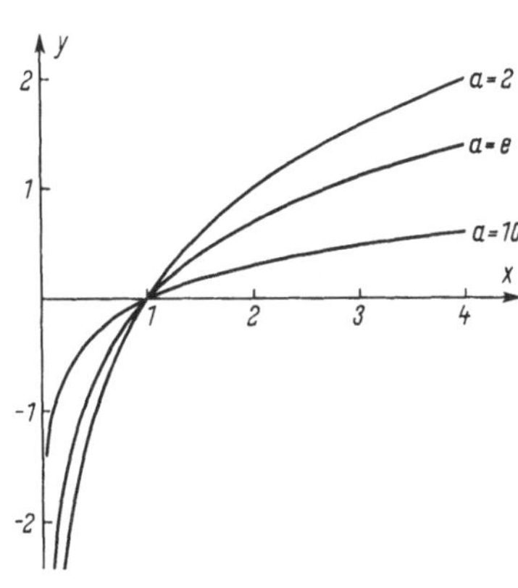

Fig. 20 Kurven $y = {}^a\log x$

(419) $$\lg y = M \ln y \qquad (y > 0)$$

mit

$$M = \frac{1}{\ln 10} = \lg e \approx 0{,}43429 = \frac{1}{2{,}30259}$$

Durch (418) übertragen sich die wichtigen Eigenschaften (185), (186) von ln auch auf $^a\log$ und speziell auf lg:

(420) $$\lg xy = \lg x + \lg y$$

(421) $$\lg \frac{x}{y} = \lg x - \lg y$$

$$\left.\right\} \quad x, y > 0$$

Diese Beziehungen bilden die Grundlage für das Rechnen mit Logarithmentafel und Rechenschieber. Dabei wird die Multiplikation bzw. Division von zwei positiven Zahlen x und y auf die Addition bzw. Subtraktion von $\lg x$ und $\lg y$ zurückgeführt. Schematisch sieht dies für die Multiplikation so aus:

$$\begin{array}{ccc} x & y & x \cdot y \\ \Downarrow & \Downarrow & \Uparrow \\ \lg x & \lg y \Longrightarrow & \lg x + \lg y = \lg xy \end{array}$$

Die Einzelheiten des Gebrauchs von Logarithmentafel und Rechenschieber müssen als bekannt vorausgesetzt werden.

3.2.4. Darstellung der Potenz- und Exponentialfunktionen auf logarithmischen Papieren; Anwendungsbeispiele. Durch Funktionen der Gestalt

(422) $x \mapsto y := bx^a \quad (x > 0), \quad b > 0, \quad a \in \mathbf{R}$

oder

(423) $x \mapsto y := be^{ax} \quad (x \in \mathbf{R}), \quad b > 0, \quad a \in \mathbf{R}$

lassen sich viele als Meßreihen vorliegende Zusammenhänge zwischen zwei Größen x und y ausdrücken. Man hätte deshalb gern ein praktisches Verfahren, mit dem einfach und zuverlässig entschieden werden kann, ob eine gegebene Meßreihe

(424) $(x_1, y_1), \ (x_2, y_2), \ldots, (x_n, y_n)$

überhaupt einem Potenzgesetz vom Typ (422) bzw. einem Exponentialgesetz vom Typ (423) genügt, und falls ja, wie die zugehörigen Konstanten a, b zu wählen sind. Wir betrachten zunächst die Potenzfunktionen (422). Mit Hilfe von (419) folgt daraus durch Logarithmieren:

$$\lg y = \lg b + a \lg x$$

und nach Einführung der neuen Variablen

(425) $\xi := \lg x, \quad \eta := \lg y$

die l i n e a r e Funktion

(426) $\eta = a\xi + \beta, \quad \beta = \lg b$

Das bedeutet: Wenn man die Funktion (422) statt im (x, y)-Koordinatensystem im (ξ, η)-Koordinatensystem darstellt, erhält man eine G e r a d e. Dabei entspricht der Übergang von (x, y) zu (ξ, η) der Einführung einer logarithmischen Skala auf beiden Koordinatenachsen: Die Strecke von einer Zehnerpotenz 10^m zur nächsten 10^{m+1} hat

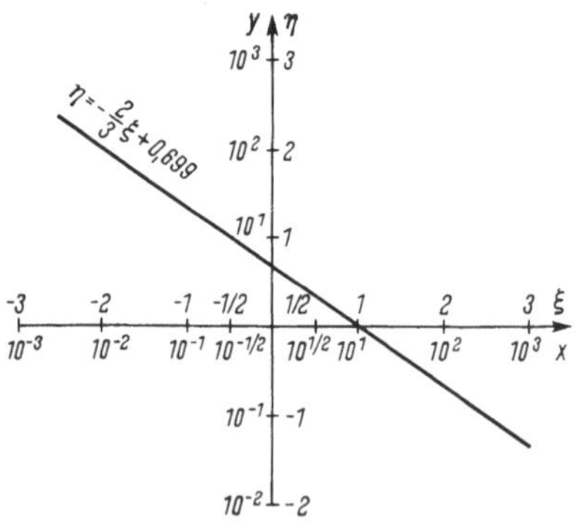

Fig. 21 Schaubild der Funktion $x \mapsto y := 5x^{-2/3}$ bei logarithmischer Teilung beider Koordinatenachsen

für beliebiges (ganzzahliges) m jeweils die gleiche Länge (= Einheitsstrecke). Denn $\lg 10^{m+1} - \lg 10^m = m + 1 - m = 1$. (Vgl. die Skala auf dem Rechenschieber und Fig. 21.)

Ähnlich können wir mit den Exponentialfunktionen (423) verfahren. Durch Logarithmieren ergibt sich

$$\lg y = \lg b + a x \lg e$$

und mit

(427) $\eta := \lg y, \quad \alpha := a \lg e, \quad \beta := \lg b$

folgt wieder eine lineare Beziehung zwischen x und η:

(428) $\eta = \alpha x + \beta .$

Die Exponentialfunktionen (423) werden also Geraden, wenn man sie im (x, η)-Koordinatensystem darstellt, d.h., wenn die Abszisse unverändert bleibt und die Ordinate mit einer logarithmischen Skala versehen wird.

Im Fachhandel sind Koordinatenpapiere erhältlich, die entweder nur auf einer Achse oder auf beiden Achsen eine logarithmische Teilung aufweisen (einfach bzw. doppelt logarithmische Papiere). Mit ihrer Hilfe läßt sich nun leicht entscheiden, ob eine vorliegende Meßreihe (424) durch eine Funktion vom Typ (422) oder (423) formelmäßig beschrieben werden kann: Vermutet man zum Beispiel ein Potenzgesetz (422), so trägt man die Punkte (x_k, y_k), $1 \leq k \leq n$, gemäß (425), (426) in das doppelt logarithmische Papier ein und prüft, ob diese Punkte (näherungsweise) auf einer Geraden liegen. Wenn ja, ist damit die Vermutung bestätigt. Man bestimmt nun die Gleichung dieser Geraden, etwa $\eta = a\xi + \beta$ mit bekannten Zahlen a und β. Der gesuchte funktionale Zusammenhang zwischen x und y lautet dann nach (425), (426):

(429) $y = 10^{\beta} x^{a}.$

Analog wird das Bestehen einer exponentiellen Abhängigkeit (423) zwischen x und y durch Eintragen der Meßpunkte (x_k, y_k) in einfach logarithmisches Papier geprüft. Liegen diese Punkte auf der Geraden $\eta = \alpha x + \beta$ (α, β bekannt), so lautet der Zusammenhang zwischen x und y nach (428), (427):

(430) $y = 10^{\beta} e^{(\alpha/\lg e)x} = 10^{\beta} \cdot e^{2,30259\,\alpha x}.$

Um die Wichtigkeit der Exponential- und Potenzfunktionen in den Naturwissenschaften zu belegen, stellen wir jetzt einige Anwendungsbeispiele zusammen. Der qualitative Verlauf der darin auftretenden Funktionen sollte dem Leser nach den bisher gewonnenen Ergebnissen klar sein. Bei Zweifeln wird dringend empfohlen, Skizzen anzufertigen.

Beispiele. a) Die barometrische Höhenformel. Sei x die Höhe über dem Meeresspiegel (in m). Dann gilt für den Luftdruck $p(x)$, der in der Höhe x bei der absoluten Temperatur T (in Kelvin) herrscht, die Formel

(431) $p(x) = p(0)\, e^{-273x/(8000\,T)}$

b) Temperaturabhängigkeit des Dampdruckes. Sei $p(T)$ der Dampfdruck einer Flüssigkeit bei der absoluten Temperatur T (vgl. [14], S. 500). Dann gilt näherungsweise (für nicht zu große Temperaturintervalle) folgende Dampfdruckgleichung

(432) $p(T) = A e^{-B/T}$ (A, B positive Konstanten)

Bei Auftragen von $\lg p$ gegen $1/T$ (einfach logarithmisches Papier) wird das zugehörige Schaubild eine Gerade.

c) Radioaktiver Zerfall und chemische Reaktionen erster Ordnung (vgl. Übungsaufgabe 41). Sei $Q(t)$ die zur Zeit t noch nicht zerfallene (bzw. umgesetzte) Stoffmenge. Dann gilt

(433) $Q(t) = A e^{-\lambda t}$ ($\lambda > 0$, konstant)

und die Halbwertszeit τ beträgt

(434) $\tau = \dfrac{\ln 2}{\lambda} \approx \dfrac{0{,}6931}{\lambda}$

Um zu prüfen, ob eine bestimmte Reaktion von erster Ordnung[1]) ist, also die Gleichung (433) erfüllt, zeichnet man die vorliegenden Meßpunkte $(t_k, Q(t_k))$, $1 \leq k \leq n$, in einfach logarithmisches Papier ein (logarithmische Teilung auf der Q-Achse). Diese Punkte müssen auf einer Geraden liegen. Der Leser überlege sich den Zusammenhang zwischen der Steigung dieser Geraden und der Halbwertszeit τ.

d) Grenzschichtdicke der Strömung längs einer ebenen Platte (vgl. [18]). Eine ebene Platte der Länge L (in cm) werde in Längsrichtung von einer Flüssigkeit der Dichte ϱ (in gcm^{-3}) und der Zähigkeit η (gcm^{-1} s^{-1}) angeströmt, deren Geschwindigkeit in größerer Entfernung von der Platte den Wert U (cm s^{-1}) hat. Dann bildet sich an der Platte eine „Grenzschicht“ aus, deren Dicke δ durch ein Potenzgesetz mit der „Reynoldszahl“

(435) $R := \dfrac{U L \varrho}{\eta}$

verknüpft ist. Und zwar gilt

1. bei laminarer Strömung: $\delta = 5 L \cdot R^{-1/2}$
2. bei turbulenter Strömung: $\delta = 0{,}37\, L \cdot R^{-1/5}$

e) Turbulente Rohrströmung (vgl. [18], S. 554). In einem Rohr vom Radius r herrsche eine turbulente Strömung. Für die Geschwindigkeit $u(x)$ im radialen Abstand x von der Rohrwand gilt dann ein Potenzgesetz der folgenden Art:

(436) $u(x) = U \cdot \left(\dfrac{x}{r}\right)^a$ $(0 \leq x \leq r)$, $U = \text{const.}$

Dabei ist der Exponent a eine Konstante, die aber in Abhängigkeit von der Reynoldszahl zwischen $1/10$ und $1/6$ variieren kann. Der Leser zeichne die Schaubilder von (436) (= „Geschwindigkeitsprofile“) für $r = 1$ und $a = 1/6, 1/8, 1/10$.

f) Die Strömungsgeschwindigkeit v von Blut in dünnen Rohren (als Modellen von Blutbahnen) hängt vom Druckgradienten P näherungsweise nach folgendem Potenzgesetz ab (vgl. [7], S. 368):

---

[1]) Für Reaktionen höherer Ordnung vgl. Abschnitt 2.4.4, Beispiel b).

(437) $\quad v = v(P) = A\,P^a, \qquad A = \text{const}, \qquad a \approx 1{,}3.$

Die in den Beispielen d), e) und f) auftretenden Potenzgesetze lassen sich auf doppelt logarithmischem Papier als Geraden darstellen.

Übungsaufgaben. 81.* Allein mit Hilfe der Logarithmentafel (= Funktionentafel für die Funktion $x \mapsto \lg x$) berechne man die Zahlen

$$3^e, \quad 2^{\sqrt{2}}, \quad e^{6,37}, \quad 1{,}732^{-0,86}, \quad (\pi^e)^e, \quad \pi^{(e^e)}.$$

82. Für folgende Funktionen sind die Taylorreihen an der Stelle 0 zu bestimmen:

a) $\dfrac{1}{(1-x)^3}$ b) $\dfrac{1}{\sqrt{1+x^4}}$ c) $\sqrt[3]{2+3x}$ d) $\dfrac{1+2x}{1-3x}$

83.* Man bestimme das Taylorpolynom 4. Grades an der Stelle 0 für folgende Funktionen:

a) $\sqrt{1+\dfrac{\sin^2 x}{2}}$ b) $(\cos x)^{0,8}$ c) $\dfrac{1}{\sqrt{x^3+x+1}}$

d) $2^{\sqrt{1+x^4}}$ e) $\sqrt{\dfrac{\sin x}{x}}$ f) $\dfrac{1}{(\sin^3 x + \cos x)^3}$

84.* Man linearisiere (vgl. Übungsaufgabe 61) folgende Funktionen:

a) ${}^a\!\log x$ an der Stelle 1
b) $a^{x/(1-x)}$ an der Stelle 0 $\Big\}$ $(a > 0$ fest)

c) $(x^2 + ax + b)^c$ an der Stelle 0 $\quad (a, b, c$ fest, $b > 0)$

d) $\sqrt{\dfrac{1+ax}{1+bx}}$ an der Stelle 0 $(a, b$ fest)

e) $(1-x)^a\,(1+x)^b$ an der Stelle 0 $(a, b$ fest)

85. Man diskutiere den Verlauf der Funktion

$$x \mapsto x^{1/x} \qquad (x > 0)$$

(Extremwerte, Verhalten für $x \to 0$, $x \to \infty$).

86.* Für die Anzahl x der Lebewesen in einer Population zur Zeit t (in Tagen) wurde folgende Meßreihe ermittelt:

t	0	5	10	15	20	25	30
x	1000	1140	1300	1480	1690	1920	2190

Man prüfe auf graphischem Wege (logarithmisches Papier!) nach, ob zwischen x und t ein Zusammenhang der Gestalt $x = x(t) = Ae^{at}$ besteht und bestimme, falls ja, näherungsweise die Konstante a.

87.* Man bestätige graphisch, daß folgende Meßreihe durch ein Potenzgesetz $y = A\,x^a$ beschrieben werden kann:

x	1,5	2,0	2,5	3,0	3,5	4,0
y	3,98	3,23	2,75	2,40	2,15	1,95

Wie lauten A und a näherungsweise?

88.* Folgende Tabelle beschreibt den Ablauf einer chemischen Reaktion (t = Zeit in Minuten, y = Konzentration des bei der Reaktion umzusetzenden Stoffes):

t	0	5	10	20	35	60	90	120	180
y	0,0350	0,0212	0,0153	0,0098	0,0063	0,0040	0,0027	0,0020	0,0014

Man bestätige graphisch die Vermutung, daß die Reaktion durch eine Gleichung der Form

$$y = y(t) = \frac{a}{1 + kt}$$

beschrieben wird (Reaktion zweiter Ordnung, vgl. Abschnitt 2.4.4, Beispiel b)) und bestimme k und a.

Anleitung: Man trage $1/y$ gegen t auf und stelle fest, daß die gegebenen Meßpunkte auf einer Geraden liegen.

3.3. Trigonometrische Funktionen und Arcusfunktionen; Hyperbelfunktionen und Areafunktionen

3.3.1. tangens und cotangens. Zu den trigonometrischen Funktionen gehören neben sin und cos (vgl. Abschnitt 1.3.4 und 2.2.7) noch der tangens (tan oder auch tg) und der cotangens (cot oder ctg):

(438) $$x \mapsto \tan x := \frac{\sin x}{\cos x}, \qquad x \neq \pm\frac{\pi}{2}, \quad \pm\frac{3\pi}{2}, \quad \pm\frac{5\pi}{2}, \ldots$$

(439) $$x \mapsto \cot x := \frac{\cos x}{\sin x} = \frac{1}{\tan x}, \qquad x \neq 0, \quad \pm\pi, \quad \pm 2\pi, \ldots$$

Ihr Definitionsbereich ist nicht wie bei sin und cos die ganze reelle Achse: Der tan ist nur dort definiert, wo der cos nicht 0 ist, also für alle $x \in \mathbf{R}$, $x \neq (2n+1)(\pi/2)$, $n \in \mathbf{Z}$ (vgl. Abschnitt 1.3.4). Entsprechend ist der cot in den Nullstellen des sin nicht erklärt, nämlich für $x = n\pi$, $n \in \mathbf{Z}$.

Aus den Formeln (78) folgt unmittelbar, daß tan und cot periodisch mit der Periode π sind:

(440) $$\tan(x + \pi) = \tan x, \qquad \cot(x + \pi) = \cot x.$$

Man braucht also diese Funktionen nur in einem Intervall der Länge π zu untersuchen. Die Additionstheoreme (79), (80) ergeben ferner

(441) $$\sin\left(x - \frac{\pi}{2}\right) = -\cos x$$

(442) $$\cos\left(x - \frac{\pi}{2}\right) = \sin x$$

woraus die nützlichen Formeln

(443) $$\cot x = -\tan\left(x - \frac{\pi}{2}\right), \qquad \tan x = -\cot\left(x + \frac{\pi}{2}\right) = -\cot\left(x - \frac{\pi}{2}\right)$$

folgen. Mittels dieser Beziehung gewinnt man Eigenschaften des cot aus denen des tan und auch umgekehrt.

Wie die Symmetrieeigenschaften (76) von sin und cos zeigen, sind tan und cot u n g e r a d e F u n k t i o n e n, d.h.

(444) $\tan(-x) = -\tan x, \quad \cot(-x) = -\cot x$

Bei der Vertafelung dieser Funktionen beschränkt man sich daher und wegen (440) auf das Intervall $(0, \pi/2)$, vgl. z.B. die üblichen Logarithmentafeln.

Die Additionstheoreme für sin und cos führen zu entsprechenden Formeln für tan und cot: Es gilt

$$\frac{\sin(x+y)}{\cos(x+y)} = \frac{\sin x \cos y + \cos x \sin y}{\cos x \cos y - \sin x \sin y} = \frac{\dfrac{\sin x}{\cos x} + \dfrac{\sin y}{\cos y}}{1 - \dfrac{\sin x}{\cos x} \cdot \dfrac{\sin y}{\cos y}}$$

also

(445) $$\tan(x+y) = \frac{\tan x + \tan y}{1 - \tan x \tan y}$$

und analog folgt

(446) $$\cot(x+y) = \frac{\cot x \cot y - 1}{\cot x + \cot y}$$

Die Ableitung von tan und cot ergibt sich aus (191) und (74):

(447) $$(\tan x)' = \frac{1}{\cos^2 x} = 1 + \tan^2 x$$

(448) $$(\cot x)' = -\frac{1}{\sin^2 x} = -1 - \cot^2 x$$

Stammfunktionen liefert die Regel (254):

(449) $$\int \tan x \, \mathrm{d}x = -\ln \cos x \qquad \left(-\frac{\pi}{2} < x < \frac{\pi}{2}\right)$$

(450) $$\int \cot x \, \mathrm{d}x = \ln \sin x \qquad (0 < x < \pi)$$

Die Taylorentwicklung des tan an der Stelle 0 wurde bereits in (327) untersucht. Die ersten Glieder lauten:

(451) $$\tan x = x + \frac{x^3}{3} + \frac{2}{15}x^5 + \frac{17}{315}x^7 + \cdots \qquad \left(|x| < \frac{\pi}{2}\right).$$

Wegen $$x \cot x = \frac{x}{\tan x} = \frac{1}{1 + \dfrac{x^2}{3} + \dfrac{2}{15}x^4 + \dfrac{17}{315}x^6 + \cdots}$$

läßt sich nach S. 106 auch $x \cot x$ an der Stelle 0 in eine Potenzreihe entwickeln. Man erhält für die ersten Glieder (vgl. Übungsaufgabe 57, j):

(452) $$x \cot x = 1 - \frac{1}{3}x^2 - \frac{1}{45}x^4 - \frac{2}{945}x^6 - \cdots \qquad (|x| < \pi)$$

Hieraus folgt

(453) $$\lim_{x \to 0} x \cot x = 1, \quad \lim_{x \to 0}\left(\cot x - \frac{1}{x}\right) = 0$$

und dies besagt, daß der cot sich in der Umgebung von $x = 0$ wie die Hyperbel $x \mapsto 1/x$ verhält, die in 0 einen Pol 1. Ordnung hat (vgl. Fig. 6). Für den tan erhält man aus (453) und (443) entsprechend

(454) $$\lim_{x \to \frac{\pi}{2}}\left(x - \frac{\pi}{2}\right)\tan x = -1, \quad \lim_{x \to \frac{\pi}{2}}\left(\tan x + \frac{1}{x - \frac{\pi}{2}}\right) = 0$$

Also verhält sich $y = \tan x$ in der Umgebung von $x = \pi/2$ wie die um $\pi/2$ nach rechts verschobene Hyperbel $y = -1/x$. Wegen der Periodizität (440) hat der tan somit Pole in $\pm\pi/2$, $\pm 3\pi/2$, $\pm 5\pi/2, \ldots$, während der cot Pole in $0, \pm\pi, \pm 2\pi, \ldots$ besitzt. Die Pole des cot sind Nullstellen des tan und umgekehrt. Nach (447), (448) ist die Steigung der Kurve $y = \tan x$ überall mindestens 1 und die Steigung von $y = \cot x$ höchstens -1. Insgesamt kennt man damit den qualitativen Verlauf dieser Schaubilder in einem Periodenintervall der Länge π schon recht gut (vgl. Fig. 22). Quantitative Anhaltspunkte sind noch folgende speziellen Funktionswerte (vgl. (73)):

$$\tan 0 = \cot\frac{\pi}{2} = 0$$

$$\tan\frac{\pi}{4} = \cot\frac{\pi}{4} = 1$$

$$\tan\frac{\pi}{6} = \cot\frac{\pi}{3} = \frac{1}{\sqrt{3}} \approx 0{,}57735$$

$$\tan\frac{\pi}{3} = \cot\frac{\pi}{6} = \sqrt{3} \approx 1{,}73205$$

$$(\tan x)' = 1 \quad \text{für} \quad x = 0$$

$$(\cot x)' = -1 \quad \text{für} \quad x = \frac{\pi}{2}.$$

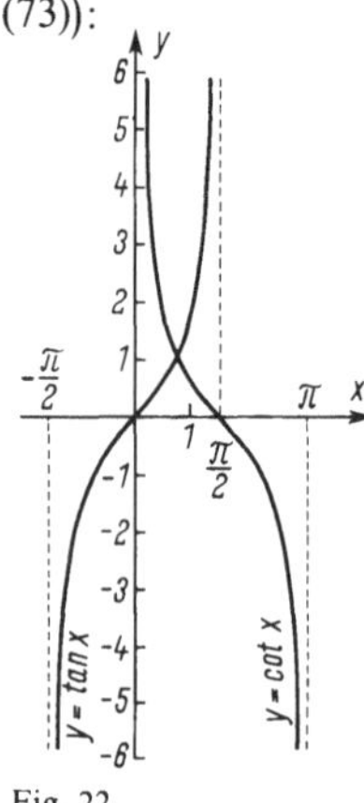

Fig. 22
Die Kurven $y = \tan x$ und $y = \cot x$ in einem Periodenintervall

3.3.2. Die Arcusfunktionen. Die Funktionen sin und tan sind streng monoton im Intervall $(-\pi/2, \pi/2)$; dasselbe gilt für cos und cot im Intervall $(0, \pi)$. Bei Einschränkung auf diese Intervalle sind die trigonometrischen Funktionen also umkehrbar. Ihre Umkehrfunktionen heißen Arcusfunktionen. Im Einzelnen definiert man die Funktionen arcus sinus (arcsin), arcus cosinus (arccos), arcus tangens (arctan) und arcus cotangens (arccot) wie folgt:

(455) $y = \sin x \quad \left(-\frac{\pi}{2} \leq x \leq \frac{\pi}{2}\right) \Leftrightarrow x = \arcsin y \quad (-1 \leq y \leq 1)$

(456) $y = \cos x \quad (0 \leq x \leq \pi) \Leftrightarrow x = \arccos y \quad (-1 \leq y \leq 1)$

(457) $y = \tan x \quad \left(-\frac{\pi}{2} < x < \frac{\pi}{2}\right) \Leftrightarrow x = \arctan y \quad (-\infty < y < \infty)$

(458) $y = \cot x \quad (0 < x < \pi) \Leftrightarrow x = \operatorname{arccot} y \quad (-\infty < y < \infty)$

Die Schaubilder der Arcusfunktionen (vgl. Fig. 23 und 24) erhält man damit durch Spiegelung der (auf die angegebenen Intervalle eingeschränkten) Schaubilder der trigono-

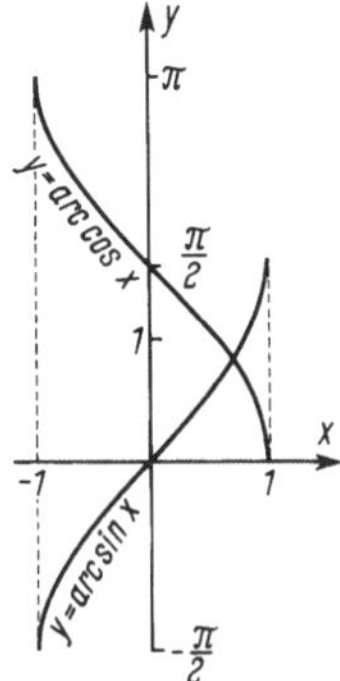

Fig. 23

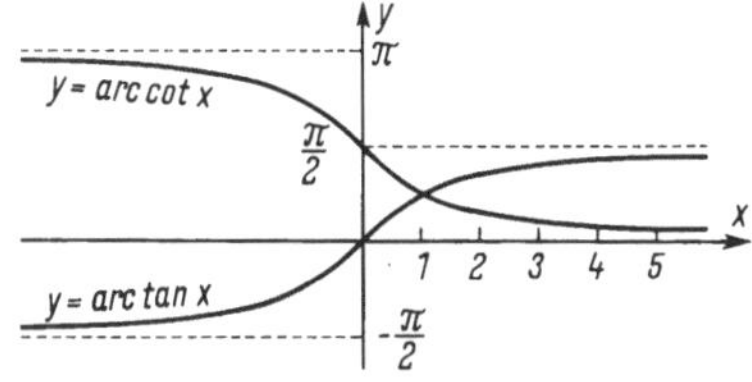

Fig. 24

metrischen Funktionen an der ersten Winkelhalbierenden im (x, y)-Koordinatensystem.

Zur Berechnung der Ableitungen benutzen wir die Formel (159), (U) und die Ableitungen der trigonometrischen Funktionen. Es folgt aus (455)

$$(\arcsin y)' = \frac{1}{(\sin x)'} = \frac{1}{\cos x} = \frac{1}{\sqrt{1 - \sin^2 x}} = \frac{1}{\sqrt{1 - y^2}} \qquad (-1 < y < 1)$$

also gilt

(459) $(\arcsin x)' = \dfrac{1}{\sqrt{1 - x^2}} \qquad (-1 < x < 1)$

und ebenso einfach ergibt sich

(460) $(\arccos x)' = -\dfrac{1}{\sqrt{1 - x^2}} \qquad (-1 < x < 1)$

(461) $(\arctan x)' = \dfrac{1}{1 + x^2} \qquad (x \in \mathbf{R})$

(462) $(\operatorname{arccot} x)' = -\dfrac{1}{1 + x^2} \qquad (x \in \mathbf{R}).$

Diese Ableitungsformeln stellen einen interessanten Zusammenhang zwischen den

Arcusfunktionen und den Wurzelfunktionen bzw. rationalen Funktionen her, der sehr nützliche Konsequenzen hat. Mit seiner Hilfe leiten wir jetzt die Taylorentwicklungen für die Arcusfunktionen her. (Eine Anwendung auf die Integration folgt in Abschnitt 3.3.5).

Zunächst sind die Taylorreihen der Funktionen (459) – (462) an der Stelle 0 unmittelbar von der Binomialreihe (406) ablesbar. Gliedweise Integration und Vergleich der jeweiligen Funktionswerte für $x = 0$ liefert dann die Taylorreihen der Arcusfunktionen. (Der Leser führe die Einzelheiten aus.)

(463) $$\arcsin x = x + \frac{1}{2} \cdot \frac{x^3}{3} + \frac{1 \cdot 3}{2 \cdot 4} \cdot \frac{x^5}{5} + \frac{1 \cdot 3 \cdot 5}{2 \cdot 4 \cdot 6} \cdot \frac{x^7}{7} + \cdots \qquad (|x| < 1)$$

(464) $$\arccos x = \frac{\pi}{2} - x - \frac{1}{2} \cdot \frac{x^3}{3} - \frac{1 \cdot 3}{2 \cdot 4} \cdot \frac{x^5}{5} - \frac{1 \cdot 3 \cdot 5}{2 \cdot 4 \cdot 6} \cdot \frac{x^7}{7} - \cdots \qquad (|x| < 1)$$

(465) $$\arctan x = x - \frac{x^3}{3} + \frac{x^5}{5} - \frac{x^7}{7} + - \cdots \qquad (|x| < 1)$$

(466) $$\operatorname{arccot} x = \frac{\pi}{2} - x + \frac{x^3}{3} - \frac{x^5}{5} + \frac{x^7}{7} - + \cdots \qquad (|x| < 1)$$

3.3.3. Die Hyperbelfunktionen. Gewisse Kombinationen der Exponentialfunktionen e^x und e^{-x} kommen in den Anwendungen besonders häufig vor und werden unter dem Namen Hyperbelfunktionen zusammengefaßt. Ihre Definition lautet[1]:

(467) $$\sinh x := \frac{1}{2}(e^x - e^{-x}) \qquad (x \in \mathbf{R}) \qquad \text{sinus hyperbolicus}$$

(468) $$\cosh x := \frac{1}{2}(e^x + e^{-x}) \qquad (x \in \mathbf{R}) \qquad \text{cosinus hyperbolicus}$$

(469) $$\tanh x := \frac{\sinh x}{\cosh x} = \frac{e^x - e^{-x}}{e^x + e^{-x}} \qquad (x \in \mathbf{R}) \qquad \text{tangens hyperbolicus}$$

(470) $$\coth x := \frac{1}{\tanh x} = \frac{e^{2x} + 1}{e^{2x} - 1} \qquad (x \neq 0) \qquad \text{cotangens hyperbolicus}$$

Zunächst fragt man sich, warum diese an die trigonometrischen Funktionen erinnernden Bezeichnungen gewählt wurden. Der Grund dafür ist in der Eulerschen Formel (193) zu suchen

(471) $$e^{ix} = \cos x + i \sin x \qquad (x \in \mathbf{R})$$

die einen engen Zusammenhang zwischen der Exponentialfunktion und den trigonometrischen Funktionen offenbart. Aus (471) ergibt sich, wenn x durch $-x$ ersetzt und (76) benutzt wird:

(472) $$e^{-ix} = \cos x - i \sin x \qquad (x \in \mathbf{R})$$

[1]) In älteren Büchern findet man statt sinh die Abkürzung 𝔖𝔦𝔫; Entsprechendes gilt für cosh, tanh, coth.

Addition bzw. Subtraktion der Gleichungen (471) und (472) liefert nun

$$\left.\begin{aligned} &(\mathbf{473}) \qquad \cos x = \frac{1}{2}(e^{ix} + e^{-ix}) \\ &(\mathbf{474}) \qquad \sin x = \frac{1}{2i}(e^{ix} - e^{-ix}) \end{aligned}\right\} \quad x \in \mathbf{R}$$

Ein Vergleich dieser Ausdrücke mit (468), (467) zeigt die nahe Verwandtschaft der trigonometrischen Funktionen (Kreisfunktionen) mit den Hyperbelfunktionen. Daß diese Analogie erst durch die Verwendung der komplexen Zahlen sichtbar wird, ist kein wesentlicher Nachteil[1]).

Die folgenden Formeln lassen sich durch einfachste Rechnung direkt aus den Definitionen (467)–(470) herleiten. Der Leser prüfe die eine oder andere davon nach und suche die analogen Formeln für die trigonometrischen Funktionen aus vorangehenden Abschnitten:

(475) $\sinh(-x) = -\sinh x, \quad \cosh(-x) = \cosh x$

(476) $\tanh(-x) = -\tanh x, \quad \coth(-x) = -\coth x$

$$\left.\begin{aligned} &(477) \qquad \sinh(x+y) = \sinh x \cosh y + \cosh x \sinh y \\ &(478) \qquad \cosh(x+y) = \cosh x \cosh y + \sinh x \sinh y \end{aligned}\right\} \quad x, y \in \mathbf{R}$$

Aus (478) folgt speziell für $y = -x$:

(479) $\cosh^2 x - \sinh^2 x = 1 \quad (x \in \mathbf{R})$

Weiter gilt:

(480) $(\sinh x)' = \cosh x, \quad (\cosh x)' = \sinh x$

(481) $(\tanh x)' = \dfrac{1}{\cosh^2 x} = 1 - \tanh^2 x$

(482) $(\coth x)' = -\dfrac{1}{\sinh^2 x} = 1 - \coth^2 x$

(483) $\sinh x = x + \dfrac{x^3}{3!} + \dfrac{x^5}{5!} + \dfrac{x^7}{7!} + \cdots \quad (x \in \mathbf{R})$

(484) $\cosh x = 1 + \dfrac{x^2}{2!} + \dfrac{x^4}{4!} + \dfrac{x^6}{6!} + \cdots \quad (x \in \mathbf{R}).$

Durch einen Ansatz mit unbestimmten Koeffizienten (vgl. Abschnitt 2.4.3) erhält man auch Reihenentwicklungen für tanh und coth:

---

[1]) Es sei betont, daß zwar die einzelnen Glieder auf der rechten Seite von (473) bzw. (474) je für sich komplex sein können, nach ihrer Zusammenfassung aber wieder eine reelle Zahl ergeben, sofern auch x reell ist.

$$\text{(485)} \qquad \tanh x = \frac{x + \dfrac{x^3}{3!} + \dfrac{x^5}{5!} + \cdots}{1 + \dfrac{x^2}{2!} + \dfrac{x^4}{4!} + \cdots} = x - \frac{1}{3}x^3 + \frac{2}{15}x^5 + \cdots$$

$$\text{(486)} \qquad x \coth x = \frac{1 + \dfrac{x^2}{2!} + \dfrac{x^4}{4!} + \cdots}{1 + \dfrac{x^2}{3!} + \dfrac{x^4}{5!} + \cdots} = 1 + \frac{1}{3}x^2 - \frac{1}{45}x^4 + \frac{2}{945}x^6 + \cdots$$

Die Reihe (485) konvergiert für $|x| < \pi/2$, die Reihe (486) für $|x| < \pi$ (ohne Beweis). Die ersten 2 Glieder der Reihendarstellungen (483)–(486) bestimmen das Verhalten der Hyperbelfunktionen in der Nähe des Nullpunktes:

$$\left.\begin{array}{lll} \text{(487)} & \sinh x \approx x + \dfrac{x^3}{6}, & \cosh x \approx 1 + \dfrac{x^2}{2} \\ \text{(488)} & \tanh x \approx x - \dfrac{x^3}{3}, & \coth x \approx \dfrac{1}{x} + \dfrac{x}{3} \end{array}\right\} \quad \text{für} \quad |x| \text{ klein}$$

Das Verhalten für große $|x|$ liest man wieder direkt von den Definitionen ab:

$$\text{(489)} \qquad \lim_{x \to \infty} \left(\sinh x - \frac{1}{2} e^x\right) = \lim_{x \to \infty} \left(\cosh x - \frac{1}{2} e^x\right) = 0$$

$$\text{(490)} \qquad \lim_{x \to \infty} \tanh x = \lim_{x \to \infty} \coth x = 1$$

Damit verhalten sich $\sinh x$ und $\cosh x$ für große positive x wie die Exponentialfunktion $e^x/2$, deren Verlauf nunmehr als bekannt gelten kann (vgl. (329)).

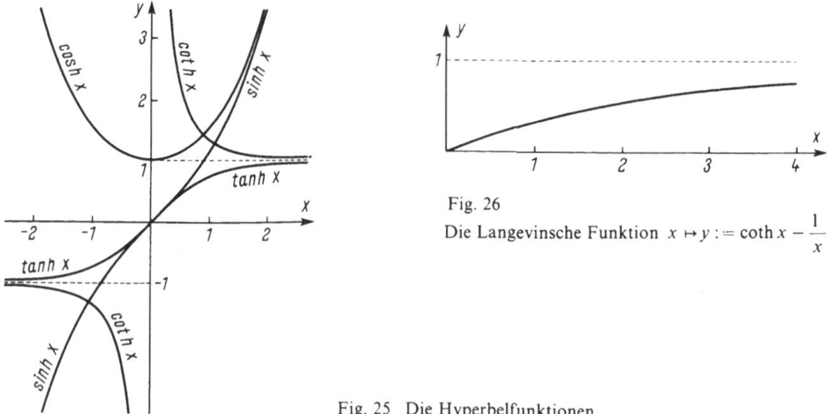

Fig. 26
Die Langevinsche Funktion $x \mapsto y := \coth x - \frac{1}{x}$

Fig. 25 Die Hyperbelfunktionen

Aufgrund der bisherigen Ergebnisse gewinnt man jetzt ein ziemlich vollständiges Bild vom Verlauf der Hyperbelfunktionen in ihrem ganzen Definitionsbereich, vgl. Fig. 25. Vertafelt sind die Funktionen sinh, cosh und tanh zum Beispiel in [12] und [3].

Als wichtiges Anwendungsbeispiel betrachten wir die Langevinsche Funktion

(491) $$L(x) := \coth x - \frac{1}{x}$$

die bei der Bestimmung des magnetischen Momentes eines paramagnetischen Stoffes im Magnetfeld auftritt (vgl. [14], S. 426). Wegen (486) gilt in $|x| < \pi$

(492) $$L(x) = \frac{1}{3}x - \frac{1}{45}x^3 + \frac{2}{945}x^5 + \cdots$$

und speziell

$$\lim_{x\to 0} L(x) = 0$$

Die Funktion L ist damit für alle $x \in \mathbf{R}$ (auch für $x = 0$) definiert und offenbar ungerade: $L(-x) = -L(x)$. Für große x gilt nach (490) [1])

(493) $$L(x) \approx 1 - \frac{1}{x} \quad (x \text{ groß})$$

Ein Schaubild von L zeigt Fig. 26, eine Vertafelung ist in [3], S. 123 zu finden.

3.3.4. Die Areafunktionen. Die Ableitungen von sinh und tanh sind nach (480), (481) überall positiv, so daß sinh und tanh streng monoton wachsen und daher umkehrbar sind. Ähnlich folgt die Umkehrbarkeit von coth, während zur Umkehrung von cosh der Definitionsbereich etwa auf $x \geq 0$ eingeschränkt werden muß. Die so resultierenden Umkehrfunktionen der Hyperbelfunktionen heißen Areafunktionen: arsinh = area sinus hyperbolicus, usw. Im Einzelnen lautet ihre Definition:

(494) $$y = \sinh x \quad (x \in \mathbf{R}) \Leftrightarrow x = \operatorname{arsinh} y \quad (y \in \mathbf{R})$$

(495) $$y = \cosh x \quad (x \geq 0) \Leftrightarrow x = \operatorname{arcosh} y \quad (y \geq 1)$$

(496) $$y = \tanh x \quad (x \in \mathbf{R}) \Leftrightarrow x = \operatorname{artanh} y \quad (|y| < 1)$$

(497) $$y = \coth x \quad (x \neq 0) \Leftrightarrow x = \operatorname{arcoth} y \quad (|y| > 1)$$

Die Schaubilder der Areafunktionen ergeben sich aus denjenigen der Hyperbelfunktionen (Fig. 25) durch Spiegelung an der ersten Winkelhalbierenden.

Zur Berechnung der Ableitungen ziehen wir die Formel (159), (U) heran. Aus (481) folgt zum Beispiel:

(498) $$(\operatorname{artanh} y)' = \frac{1}{(\tanh x)'} = \frac{1}{1 - \tanh^2 x} = \frac{1}{1 - y^2} \quad (|y| < 1)$$

und ähnlich erhält man

(499) $$(\operatorname{arcoth} y)' = \frac{1}{1 - y^2} \quad (|y| > 1)$$

---

[1]) Hierzu braucht man noch, daß $\coth x - 1$ schneller nach 0 strebt als jede negative Potenz (vgl. (329) und (470)).

(500) $(\operatorname{arsinh} y)' = \dfrac{1}{\sqrt{1+y^2}} \qquad (y \in \mathbf{R})$

(501) $(\operatorname{arcosh} y)' = \dfrac{1}{\sqrt{y^2-1}} \qquad (y > 1)$

Dieser Zusammenhang der Areafunktionen mit rationalen und Wurzelfunktionen ist analog zu den Formeln (459) – (462) und wird ebenso für die Auswertung von Integralen in Abschnitt 3.3.5 herangezogen.

Die Areafunktionen lassen sich auch durch den natürlichen Logarithmus ausdrücken. Diese Darstellung erhält man durch Auflösung der Definitionsgleichungen (467) – (470) nach e^x. Dazu ist jeweils eine quadratische Gleichung zu lösen. Zum Beispiel ergibt sich aus

$$y = \cosh x = \frac{e^x + e^{-x}}{2} \qquad (x \geq 0)$$

mit $e^x = u : 2yu = u^2 + 1$, also $u = y \pm \sqrt{y^2-1}$. Hier ist das Minuszeichen unzulässig, denn $y - \sqrt{y^2-1}$ ist z. B. für $y = 2$ kleiner als 1, im Widerspruch zu $u = e^x \geq 1$ für $x \geq 0$. Somit ist

$$u = e^x = y + \sqrt{y^2-1}$$

oder

(502) $x = \operatorname{arcosh} y = \ln(y + \sqrt{y^2-1}) \qquad (y \geq 1)$

Auf gleiche Weise folgt (vgl. auch S. 88)

(503) $\operatorname{arsinh} y = \ln(y + \sqrt{y^2+1}) \qquad (y \in \mathbf{R})$

(504) $\operatorname{artanh} y = \dfrac{1}{2} \ln \dfrac{1+y}{1-y} \qquad (|y| < 1)$

(505) $\operatorname{arcoth} y = \dfrac{1}{2} \ln \dfrac{y+1}{y-1} \qquad (|y| > 1)$

Eine Vertafelung der Areafunktionen findet man in [3] und [12].

3.3.5. Auswertung von Integralen mit Hilfe der trigonometrischen Funktionen, der Hyperbelfunktionen und deren Umkehrfunktionen. Aus den Formeln (459) – (462) und (498) bis (501) ergeben sich folgende wichtigen „Grundintegrale“:

(506) $\displaystyle\int \frac{1}{1+x^2}\,\mathrm{d}x = \arctan x \qquad (x \in \mathbf{R})$

(507) $\displaystyle\int \frac{1}{1-x^2}\,\mathrm{d}x = \begin{cases} \operatorname{artanh} x = \dfrac{1}{2} \ln \dfrac{1+x}{1-x} & \text{für} \quad |x| < 1 \\ \operatorname{arcoth} x = \dfrac{1}{2} \ln \dfrac{x+1}{x-1} & \text{für} \quad |x| > 1 \end{cases}$

(508) $\displaystyle\int \frac{1}{\sqrt{1-x^2}}\,\mathrm{d}x = \arcsin x \qquad (|x| < 1)$

(509) $$\int \frac{1}{\sqrt{1+x^2}}\,\mathrm{d}x = \operatorname{arsinh} x \quad = \ln(x+\sqrt{1+x^2}) \qquad (x \in \mathbf{R})$$

(510) $$\int \frac{1}{\sqrt{x^2-1}}\,\mathrm{d}x = \operatorname{arcosh} x \quad = \ln(x+\sqrt{x^2-1}) \qquad (x > 1)$$

Auch die bereits in (259) und (264) gewonnenen Stammfunktionen

(511) $$\int \sqrt{1-x^2}\,\mathrm{d}x \quad \text{und} \quad \int \sqrt{1+x^2}\,\mathrm{d}x$$

gehören in diesen Zusammenhang. Als weiteres Beispiel berechnen wir die Stammfunktion

$$\int \sqrt{x^2-1}\,\mathrm{d}x \quad (x > 1)$$

Die Substitutionsregel (244) mit $f(x) = \sqrt{x^2-1}$ und $x = g(y) = \cosh y$ $(y > 1)$ liefert

$$f(g(y))g'(y) = \sqrt{\cosh^2 y - 1}\cdot \sinh y = \sinh^2 y = \frac{1}{2}(\cosh 2y - 1)$$ [1]

Eine Stammfunktion hiervon lautet

$$F(y) := \frac{1}{2}\left(\frac{1}{2}\sinh 2y - y\right) = \frac{1}{2}(\sinh y \cosh y - y)$$
$$= \frac{1}{2}(\cosh y \sqrt{\cosh^2 y - 1} - y)$$

und damit erhält man die gesuchte Stammfunktion

(512) $$\begin{aligned}\int \sqrt{x^2-1}\,\mathrm{d}x &= F(\operatorname{arcosh} x)\\ &= \frac{x}{2}\sqrt{x^2-1} - \frac{1}{2}\operatorname{arcosh} x \qquad (x > 1)\end{aligned}$$

Durch einfache Substitutionen läßt sich nun jedes Integral

(513) $$\int \sqrt{ax^2+bx+c}\,\mathrm{d}x$$

auf eines vom Typ (511) oder (512) zurückführen, in Ausartungsfällen sogar auf noch elementarere. Entsprechend können die Integrale

(514) $$\int \frac{1}{\sqrt{ax^2+bx+c}}\,\mathrm{d}x$$

schlimmstenfalls auf Integrale des Typs (508), (509) oder (510) reduziert werden. Wir wollen dies hier nicht allgemein beweisen (vgl. hierzu [10], I, S. 37), sondern die Vorgehensweise an zwei Beispielen erläutern:

Beispiele. a) Man berechne $\int \sqrt{-x^2+4x-1}\,\mathrm{d}x$. Wegen $-x^2+4x-1 = 3-(x-2)^2$ muß x auf das Intervall $|x-2| < \sqrt{3}$ eingeschränkt werden. Wir setzen (vgl. Übungsaufgabe 48)

[1]) Vgl. Übungsaufgabe 93 a).

$$y = \frac{x-2}{\sqrt{3}}, \qquad \mathrm{d}y = \frac{1}{\sqrt{3}}\mathrm{d}x$$

und erhalten nach (259) für $|x-2| < \sqrt{3}$

$$\int \sqrt{-x^2+4x-1}\,\mathrm{d}x = \sqrt{3}\int \sqrt{1-\left(\frac{x-2}{\sqrt{3}}\right)^2}\,\mathrm{d}x = 3\cdot\int\sqrt{1-y^2}\,\mathrm{d}y$$

$$= \frac{3}{2}\left(\frac{x-2}{\sqrt{3}}\sqrt{1-\left(\frac{x-2}{\sqrt{3}}\right)^2} - \operatorname{arccos}\frac{x-2}{\sqrt{3}}\right)$$

$$= \frac{x-2}{2}\sqrt{-x^2+4x-1} - \frac{3}{2}\operatorname{arccos}\frac{x-2}{\sqrt{3}},$$

b) Man berechne

$$\int \frac{1}{\sqrt{x^2+2x+3}}\,\mathrm{d}x.$$

Durch „quadratische Ergänzung“ $x^2+2x+3 = (x+1)^2+2$ erkennt man, daß der Radikand für alle $x \in \mathbf{R}$ positiv ist. Mit $y = \frac{x+1}{\sqrt{2}}$, $\mathrm{d}y = \frac{1}{\sqrt{2}}\mathrm{d}x$ erhalten wir jetzt nach (509)

$$\int \frac{1}{\sqrt{x^2+2x+3}}\,\mathrm{d}x = \frac{1}{\sqrt{2}}\int \frac{1}{\sqrt{1+\left(\frac{x+1}{\sqrt{2}}\right)^2}}\,\mathrm{d}x = \int \frac{1}{\sqrt{1+y^2}}\,\mathrm{d}y$$

$$= \operatorname{arsinh}\frac{x+1}{\sqrt{2}} \qquad (x \in \mathbf{R})$$

Nun zu den Grundintegralen (506) und (507). Mit ihrer Hilfe lassen sich alle Integrale der Form

(515) $$\int \frac{Ax+B}{ax^2+bx+c}\,\mathrm{d}x$$

berechnen. Dazu formen wir den Integranden um: Für $a \neq 0$ gilt

(516) $$\frac{Ax+B}{ax^2+bx+c} = \frac{A}{2a}\,\frac{2ax+b}{ax^2+bx+c} + \frac{B-\frac{Ab}{2a}}{a\left(x+\frac{b}{2a}\right)^2+c-\frac{b^2}{4a}}$$

Das Integral des ersten Summanden ergibt sich nach Formel (254) [1]). Für die Integration des zweiten Summanden sind die drei Fälle

$$D := b^2 - 4ac \begin{cases} < 0 \\ = 0 \\ > 0 \end{cases}$$

[1]) Man kann den Nenner des Integranden von (515) als positiv annehmen. Warum?

zu unterscheiden. Der Fall $D < 0$ führt durch die Substitution $y = \frac{2|a|}{\sqrt{-D}} \cdot \left(x + \frac{b}{2a}\right)$ auf das Grundintegral (506), und der Fall $D > 0$ durch die Substitution $y = \frac{2|a|}{\sqrt{D}} \left(x + \frac{b}{2a}\right)$ auf das Grundintegral (507). Der Fall $D = 0$ ist trivial. Statt einer ausführlichen Herleitung der Ergebnisse für beliebige Konstanten A, B, a, b, c – man findet sie in jeder Integraltafel, z. B. [10], I, S. 1 – betrachten wir wieder ein

Beispiel. Zu berechnen sei die Stammfunktion

$$\int \frac{2x - 3}{3x^2 - 2x + 1} \,dx.$$

Die Zerlegung (516) lautet hier

$$\frac{2x - 3}{3x^2 - 2x + 1} = \frac{1}{3} \cdot \frac{6x - 2}{3x^2 - 2x + 1} + \frac{-7/2}{\frac{9}{2}\left(x - \frac{1}{3}\right)^2 + 1}$$

Die Substitution $y = \frac{3}{\sqrt{2}}\left(x - \frac{1}{3}\right)$, $dy = \frac{3}{\sqrt{2}}\,dx$ liefert

$$\int \frac{-7/2}{\frac{9}{2}\left(x - \frac{1}{3}\right)^2 + 1} \,dx = -\frac{7\sqrt{2}}{6} \int \frac{1}{y^2 + 1} \,dy$$

Aus (254) und (506) erhalten wir somit

(517) $$\int \frac{2x - 3}{3x^2 - 2x + 1} \,dx = \frac{1}{3} \ln(3x^2 - 2x + 1) - \frac{7\sqrt{2}}{6} \arctan \frac{3x - 1}{\sqrt{2}} \qquad (x \in \mathbf{R}).$$

Nach der beschriebenen Methode kann jede rationale Funktion R mit quadratischem Nenner integriert werden, denn R ist dann als Summe eines Polynoms und einer Funktion vom Typ (516) darstellbar (vgl. Abschnitt 3.1.4). Mit Hilfe der in Abschnitt 3.1.4 behandelten Teilbruchzerlegung ließe sich zeigen, daß auch die Stammfunktion einer beliebigen rationalen Funktion sich durch die bereits bekannten elementaren Funktionen ausdrücken läßt (vgl. hierzu Integraltafeln). Man ist deshalb oft bestrebt, Integrationsprobleme auf solche für rationale Funktionen zurückzuführen. Ein besonders interessantes und wichtiges Beispiel hierfür wollen wir noch kennenlernen. Die Aussage lautet:

(518) *Sei f eine Funktion, die durch rationale Operationen (d.h. Addition, Subtraktion, Multiplikation, Division) aus* sin, cos *und den konstanten Funktionen erzeugt wird. Dann läßt sich die Integration von f auf die Integration einer rationalen Funktion zurückführen.*

Als „Beweis“ gelte das folgende Beispiel:

Gesucht sei eine Stammfunktion von

(519) $$f(x) := \frac{\cos x}{3 + 5\sin x}$$

Die alles entscheidende Idee ist die Substitution

(520) $$y = \tan\frac{x}{2}, \qquad x = 2\arctan y$$

Dann gilt $\mathrm{d}x = \frac{2}{1+y^2}\,\mathrm{d}y$ und gemäß Übungsaufgabe 89

(521) $$\sin x = \frac{2y}{1+y^2}, \qquad \cos x = \frac{1-y^2}{1+y^2}$$

Daraus folgt nun nach kurzer Rechnung

$$\int \frac{\cos x}{3 + 5\sin x}\,\mathrm{d}x = \int \frac{2(1-y^2)}{(1+y^2)(3y+1)(y+3)}\,\mathrm{d}y$$

Nach dem in Abschnitt 3.1.4 dargelegten Verfahren gewinnen wir die (reelle!) Teilbruchzerlegung

$$\frac{2(1-y^2)}{(1+y^2)(3y+1)(y+3)} = -\frac{2}{5}\,\frac{y}{1+y^2} + \frac{3}{5}\,\frac{1}{3y+1} + \frac{1}{5}\,\frac{1}{y+3}$$

und da man die Stammfunktionen der rechts stehenden Summanden direkt angeben kann, ergibt sich schließlich:

(522) $$\begin{aligned}\int \frac{\cos x}{3 + 5\sin x}\,\mathrm{d}x &= \frac{1}{5}\left(-\ln\left(1 + \tan^2\frac{x}{2}\right) + \ln\left(3\tan\frac{x}{2} + 1\right) + \right.\\ &\qquad \left. + \ln\left(3 + \tan\frac{x}{2}\right)\right)\\ &= \frac{1}{5}\ln\frac{\left(3\tan\frac{x}{2}+1\right)\left(3+\tan\frac{x}{2}\right)}{1+\tan^2\frac{x}{2}} \qquad \left(x > -2\arctan\frac{1}{3}\right)\end{aligned}$$

Übungsaufgaben. 89. Man beweise die Formeln ($x \in \mathbf{R}$)

$$\sin x = \frac{2\tan\frac{x}{2}}{1+\tan^2\frac{x}{2}}, \qquad \cos x = \frac{1-\tan^2\frac{x}{2}}{1+\tan^2\frac{x}{2}}$$

90.* Die Gleichungen

a) $y = x\tan\frac{\sqrt{x^2+y^2}}{A}$ b) $y = x\tan(A\ln(x^2+y^2))$ c) $(x^2+y^2)^2 = A^2(x^2-y^2)$

stellen für festes $A \neq 0$ je eine Kurve im rechtwinkligen (x, y)-Koordinatensystem dar. Man beschreibe diese Kurven in Polarkoordinaten $r, \varphi : x = r\cos\varphi,\ y = r\sin\varphi$ (vgl.

(3)) und skizziere deren Verlauf für $A = \pm 1$ mit Hilfe einiger genau ermittelter Kurvenpunkte.

91. Die Gleichung

$$r = \frac{p}{1 + \varepsilon \cos \varphi} \qquad (r > 0)$$

beschreibt für festes $p > 0$, $\varepsilon > 0$ eine Kurve im rechtwinkligen (x, y)-Koordinatensystem ($x = r \cos \varphi$, $y = r \sin \varphi$). Man drücke diese Gleichung durch (x, y) aus und zeige so, daß die Kurven für $\varepsilon < 1$ Ellipsen, für $\varepsilon = 1$ Parabeln und für $\varepsilon > 1$ Hyperbeln sind. Zeichnungen für $p = 3$, $\varepsilon = 1/2$, 1 und 2.

92. Man zeige: a) Die in der (x, y)-Ebene durch

$$x = \cosh t,\ y = \sinh t \qquad (t \in \mathbf{R})$$

gegebenen Punkte (x, y) beschreiben den rechten Ast der Hyperbel $x^2 - y^2 = 1$.

b) Das Flächenstück, das begrenzt wird von der Strecke zwischen (0,0) und (1,0), von der Strecke zwischen (0,0) und ($\cosh t$, $\sinh t$), und schließlich vom Hyperbelbogen zwischen (1,0) und ($\cosh t$, $\sinh t$), hat den Flächeninhalt $t/2$. Dieser Zusammenhang war maßgeblich für die Wahl der Bezeichnung Areafunktionen (area = Fläche), denn $t = \operatorname{arcosh} x = \operatorname{arsinh} y$. Suche eine analoge Begründung für den Namen Arcusfunktionen (arcus = Bogen).

Anleitung: Man lese die Definition von sin, cos in Abschnitt 1.3.4 nach.

93. Man leite die Formeln her:

$$\left.\begin{array}{l} \text{a) } 2\sinh^2 x = \cosh 2x - 1 \\ \text{b) } 2\cosh^2 x = \cosh 2x + 1 \end{array}\right\} x \in \mathbf{R}$$

c) $\operatorname{arcoth} x = \operatorname{artanh} \dfrac{1}{x} \qquad (|x| > 1)$

d) $\arcsin x + \arccos x = \dfrac{\pi}{2} \qquad (|x| \le 1)$

Anleitung zu d): Man benutze die zweite Formel von (77) für $|x| \le \pi/2$.

94. Die Form eines vollkommen biegsamen, nicht dehnbaren Seiles, das in der (x, y)-Ebene (y-Achse vertikal) an seinen Endpunkten aufgehängt ist, wird durch ein Stück der „Kettenlinie"

$$y = a \cosh \frac{x}{a} \qquad a = \text{const} > 0$$

beschrieben. Man zeichne Schaubilder für $a = 1/4$, $1/2$ und 2.

95.* Durch partielle Integration ermittle man die Stammfunktionen

a) $\int \arcsin x \, dx$ b) $\int \arctan x \, dx$ c) $\int \operatorname{arcosh} x \, dx$ d) $\int \operatorname{arcoth} x \, dx$

96.* Man bestimme folgende Stammfunktionen (notfalls durch Nachschlagen in einer Integraltafel):

a) $\int \sqrt{x^2 + 2x}\, dx$ b) $\displaystyle\int \frac{x}{\sqrt{2 - x - x^2}}\, dx$ c) $\displaystyle\int \frac{x^3 - 1}{1 - x - 2x^2}\, dx$ d) $\displaystyle\int \frac{1}{1 - \sin x}\, dx$

3.4. Periodische Funktionen und Fourierreihen

3.4.1. Periodische Funktionen. Unter allen bisher behandelten Funktionen zeichnen sich die trigonometrischen Funktionen durch ihre Periodizität aus: sin und cos sind periodisch mit der Periode 2π (vgl. (72)), tan und cot haben nach (440) die noch kleinere Periode π. Davon abgeleitet sind zum Beispiel die Funktionen

$$(523)\qquad f(x) := \begin{cases} \sin(ax+b) \\ \cos(ax+b) \end{cases} \qquad a, b \text{ Konstanten, } a \neq 0$$

die ebenfalls periodisch sind, und zwar mit der Periode $2\pi/a$, denn es gilt offenbar

$$(524)\qquad f\left(x + \frac{2\pi}{a}\right) = f(x) \qquad \text{für alle} \qquad x \in \mathbf{R}$$

Allgemein betrachten wir im folgenden Funktionen f, die für alle $x \in \mathbf{R}$ definiert sind und eine feste Periode $p > 0$ haben:

$$(525)\qquad f(x+p) = f(x) \qquad \text{für alle} \qquad x \in \mathbf{R}$$

Für solche Funktionen, die wir auch kurz p-periodisch nennen, folgt dann aus (525)

$$f(x+2p) = f(x+p+p) = f(x+p) = f(x)$$
$$f(x+3p) = f(x+2p+p) = f(x+2p) = f(x)$$
$$\dots\dots\dots\dots\dots\dots$$

$$(526)\qquad f(x+np) = f(x) \qquad \text{für alle} \qquad n \in \mathbf{N},\ x \in \mathbf{R}$$

Ebenso gilt nach (526)

$$(527)\qquad f(x-np) = f(x-np+np) = f(x) \qquad \text{für alle} \qquad n \in \mathbf{N},\ x \in \mathbf{R}.$$

Falls p eine Periode von f ist, sind somit auch alle ganzzahligen Vielfachen mp ($m \in \mathbf{Z}$) Perioden von f. Interessant ist jedoch nur die kleinste positive Periode einer Funktion[1]).

Periodische Funktionen treten vor allem bei der theoretischen Behandlung von Schwingungsproblemen auf (schwingende Saiten und Membranen, Pendel, elektromagnetische Schwingungen, Wechselstrom, Schall- und Wellenausbreitung). Weitere Anwendungsgebiete sind die Erforschung zeitlich veränderlicher Vorgänge, die von den periodischen Bewegungen der Erde und des Mondes verursacht oder wesentlich bestimmt werden (Gezeiten, periodische Temperaturschwankungen, periodische Wachstumsschwankungen bei Pflanzen). Schließlich spielen periodische Funktionen auch bei der Untersuchung der Herztätigkeit (Messung der Herzaktionsströme durch das Elektrokardiogramm) und der pulsierenden Blutzirkulation eine Rolle.

Als einfaches Beispiel betrachten wir die Ausbreitung periodischer Störungen auf einer unendlich langen Saite. Wir nehmen dazu an, daß die Saite längs der positiven x-Achse der (x, y)-Ebene aufgespannt ist. Im Zeitpunkt $t = 0$ beginnend werde nun das

---

[1]) Nicht jede periodische Funktion besitzt eine kleinste positive Periode. Beispiel: Für die konstanten Funktionen ist jede Zahl Periode.

Ende der Saite (in $x = 0$) periodisch in y-Richtung hin- und herbewegt. Die Auslenkung $y(0)$ in $x = 0$ sei dabei in Abhängigkeit von der Zeit t gegeben durch

(528) $\quad y(0) = f(t) \quad (t \geq 0)$

wo f periodisch ist mit einer Periode T:

(529) $\quad f(t+T) = f(t) \quad \text{für alle} \quad t \geq 0.$

Falls keine Dämpfung vorliegt, pflanzt sich die „Störung“ (528) in der Saite periodisch fort. Man erhält für die Auslenkung $y(x)$ der Saite an der Stelle x zur Zeit t:

(530) $$y(x) = \begin{cases} f\left(t - \dfrac{x}{c}\right) & \text{für} \quad x \leq ct \\ 0 & \text{für} \quad x > ct \end{cases} \qquad t \geq 0, \quad c > 0 \text{ const}$$

Dies entspricht einer in positiver x-Richtung mit der Geschwindigkeit c fortschreitenden Wellenbewegung. Denn der Bewegungszustand im Punkt x zur Zeit t ist nach einer Zeiteinheit, also im Zeitpunkt $t + 1$, an die Stelle $x + c$ weitergewandert. Oder anders ausgedrückt: Durch eine beliebige Gerade

(531) $\quad ct - x = b = \text{const.}$

im Weg-Zeit-Diagramm wird eine gleichförmige Bewegung in x-Richtung mit der Geschwindigkeit c beschrieben, und längs dieser Bewegung, das heißt für den mitbewegten Beobachter, ist nach (530) die Auslenkung konstant, nämlich $f(b/c)$ oder 0, je nachdem ob $b \geq 0$ oder $b < 0$ gilt. Fig. 27 zeigt zwei „Momentaufnahmen“ einer

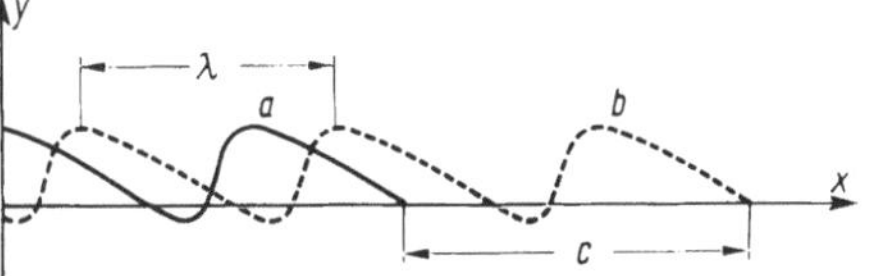

Fig. 27
„Momentaufnahmen“ einer Wellenbewegung in den Zeitpunkten t (a) und $t + 1$ (b)

solchen fortschreitenden Welle, die im Abstand von 1 Zeiteinheit aufgenommen wurden. Für die Wellenlänge λ, die Frequenz $\nu = 1/T$ und die Phasengeschwindigkeit c (vgl. auch Übungsaufgabe 20) gilt der Zusammenhang

(532) $\quad c = \nu\lambda \quad \text{oder} \quad \lambda = cT.$

Periodische Abläufe können beliebig stark vom bekannten Prototyp, der Sinuslinie bzw. Cosinuslinie (vgl. Fig. 9), abweichen. Umso erstaunlicher ist es, daß sich praktisch jeder periodische Vorgang aus Sinus- und Cosinuslinien additiv zusammensetzen läßt. Diese Tatsache wird im folgenden untersucht.

3.4.2. Approximation periodischer Funktionen durch trigonometrische Polynome. Periodische Funktionen lassen sich leicht auf solche mit der Periode 2π zurückführen. Denn wenn F eine Funktion mit der Periode p ist, so ist

(533) $f: x \mapsto f(x) := F\left(\frac{p}{2\pi} x\right)$

2π-periodisch:

$$f(x+2\pi) = F\left(\frac{p}{2\pi}(x+2\pi)\right) = F\left(\frac{p}{2\pi}x + p\right) = F\left(\frac{p}{2\pi}x\right) = f(x).$$

Ebenso folgt umgekehrt: Ist f 2π-periodisch, so ist

(534) $F: x \mapsto F(x) := f\left(\frac{2\pi}{p} x\right)$

eine p-periodische Funktion. Beispiele sind etwa die Funktionen

(535) $$F(x) := \begin{cases} \sin \dfrac{2\pi x}{p} \\ \cos \dfrac{2\pi x}{p} \end{cases}$$

Wegen dieses einfachen Zusammenhanges kann man sich bei der Erörterung periodischer Funktionen auf 2π-periodische beschränken. Dazu gehören speziell die Funktionen

(536) $1, \sin x, \cos x, \sin 2x, \cos 2x, \sin 3x, \cos 3x, \ldots, \sin nx, \cos nx, \ldots$

Da man diese Funktionen theoretisch und numerisch sehr gut beherrscht, liegt die Frage nahe: Inwieweit läßt sich eine beliebige 2π-periodische Funktion f durch eine Summe von Funktionen aus der Klasse (536) annähern? Genauer möchte man f durch sog. trigonometrische Polynome T_n vom Grade $n (n \in \mathbf{N})$ approximieren, die definiert sind durch

(537) $T_n(x) := a_0 + \sum_{k=1}^{n} (a_k \cos kx + b_k \sin kx)$

mit beliebigen reellen Zahlen (Koeffizienten) $a_0, a_1, b_1, \ldots, a_n, b_n$[1]).

Diese Fragestellung ist analog zu der in Abschnitt 2.4.1 erörterten Approximation von nicht notwendig periodischen Funktionen durch Polynome. Als Maß für die Güte der Approximation von f durch T_n wählen wir aber jetzt nicht den maximalen Betrag der Differenzen

(538) $|f(x) - T_n(x)| \quad (0 \leq x \leq 2\pi)$

sondern das bestimmte Integral des Quadrates dieser Differenz auf einem Periodenintervall, also die Zahl[2])

(539) $\varepsilon := \int_{-\pi}^{\pi} (f(x) - T_n(x))^2 \, dx \geq 0$

Die Approximation von f durch T_n heißt gut, wenn ε klein ist, und sie heißt optimal, wenn die Zahlen $a_0, a_1, b_1, \ldots, a_n, b_n$ – von denen ja ε abhängt – so gewählt sind, daß ε

[1]) T_n ist offensichtlich wieder 2π-periodisch.

[2]) Wir betrachten natürlich nur Funktionen f, für welche dieses Integral existiert, vgl. Abschnitt 3.4.3.

den kleinstmöglichen Wert annimmt (vgl. auch Abschnitt 2.4.4, Beispiel a)). Die Bestimmung derjenigen Zahlen $a_0, a_1, b_1, \ldots, a_n, b_n$, die zu einer minimalen Zahl ε führen, ist unser nächstes Ziel. Dazu brauchen wir einige Integralformeln, die sog. Orthogonalitätsrelationen für $\sin kx$, $\cos kx$:

(540) $$\int_{-\pi}^{\pi} \cos kx \, dx = \begin{cases} 2\pi & \text{für} \quad k=0 \\ 0 & \text{für} \quad k \in \mathbf{N} \end{cases}$$

(541) $$\int_{-\pi}^{\pi} \sin kx \, dx = 0 \qquad (k \in \mathbf{N})$$

(542) $$\int_{-\pi}^{\pi} \cos kx \cos lx \, dx = \begin{cases} 0 & \text{für} \quad k \neq l \\ \pi & \text{für} \quad k = l \end{cases} \qquad (k, l \in \mathbf{N})$$

(543) $$\int_{-\pi}^{\pi} \sin kx \sin lx \, dx = \begin{cases} 0 & \text{für} \quad k \neq l \\ \pi & \text{für} \quad k = l \end{cases} \qquad (k, l \in \mathbf{N})$$

(544) $$\int_{-\pi}^{\pi} \cos kx \sin lx \, dx = 0 \qquad \text{für alle} \quad k, l \in \mathbf{N}.$$

Die Formeln (540), (541) sind trivial; die Formeln (542) bis (544) folgen aus dem Ergebnis der Übungsaufgaben 46, g), h) und i).

Mit Hilfe dieser Orthogonalitätsrelationen berechnen wir nun das Integral (539):

(545) $$\begin{aligned} \varepsilon = \int_{-\pi}^{\pi} \{ & f^2(x) - 2\sum_{k=0}^{n} a_k f(x) \cos kx - 2\sum_{k=1}^{n} b_k f(x) \sin kx + 2\sum_{k=1}^{n} a_0 b_k \sin kx + \\ & + 2\sum_{k,l=1}^{n} a_k b_l \cos kx \sin lx + \sum_{k,l=0}^{n} a_k a_l \cos kx \cos lx + \\ & + \sum_{k,l=1}^{n} b_k b_l \sin kx \sin lx \} \, dx \end{aligned}$$

Wir ziehen das Integralzeichen unter die einzelnen Summen (vgl. (212)) und benutzen (540) bis (544). Nach geeigneter Umformung ergibt sich

(546) $$\begin{aligned} \varepsilon = & \int_{-\pi}^{\pi} f^2(x) \, dx - (2\pi)^{-1} \Big(\int_{-\pi}^{\pi} f(x) \, dx\Big)^2 - \pi^{-1} \sum_{k=1}^{n} \Big(\int_{-\pi}^{\pi} f(x) \cos kx \, dx\Big)^2 - \\ & - \pi^{-1} \sum_{k=1}^{n} \Big(\int_{-\pi}^{\pi} f(x) \sin kx \, dx\Big)^2 + (2\pi)^{-1} \Big(\int_{-\pi}^{\pi} f(x) \, dx - 2\pi a_0\Big)^2 + \\ & + \pi^{-1} \sum_{k=1}^{n} \Big(\int_{-\pi}^{\pi} f(x) \cos kx \, dx - \pi a_k\Big)^2 + \pi^{-1} \sum_{k=1}^{n} \Big(\int_{-\pi}^{\pi} f(x) \sin kx \, dx - \pi b_k\Big)^2 \end{aligned}$$

Die ersten vier Glieder auf der rechten Seite sind hierin völlig unabhängig von a_0, $a_1, b_1, \ldots, a_n, b_n$. Da die letzten drei Glieder nicht negativ sind, wird ε genau dann am kleinsten, wenn diese drei Glieder gleich Null sind, d. h., wenn wir setzen

(547) $$a_0 = \frac{1}{2\pi} \int_{-\pi}^{\pi} f(x) \, dx$$

$$\left.\begin{array}{ll}(548) & a_k = \dfrac{1}{\pi}\displaystyle\int_{-\pi}^{\pi} f(x)\cos kx\,\mathrm{d}x \\ (549) & b_k = \dfrac{1}{\pi}\displaystyle\int_{-\pi}^{\pi} f(x)\sin kx\,\mathrm{d}x\end{array}\right\} \quad k = 1, 2, \ldots, n$$

Wir haben somit das Ergebnis:

(550) *Unter allen trigonometrischen Polynomen* (537) *vom Grade n approximiert dasjenige die periodische Funktion f am besten (im Sinne unserer Definition), dessen Koeffizienten durch* (547), (548) *und* (549) *festgelegt sind. Diese Koeffizienten heißen* Fourierkoeffizienten von f.

Die Fourierkoeffizienten (548), (549) sind natürlich für jedes $k \in \mathbf{N}$ definiert. Man kann daher n unbegrenzt wachsen lassen und so vom trigonometrischen Polynom T_n übergehen zu der unendlichen Reihe

$$(551) \qquad a_0 + \sum_{k=1}^{\infty} (a_k \cos kx + b_k \sin kx)$$

wobei die Koeffizienten wieder durch (547) bis (549) festgelegt sind. Diese Reihe heißt Fourierreihe der Funktion f. Durch das Ergebnis (550) ermutigt, hofft man nun, daß die Fourierreihe von f nicht nur eine gute Näherung für f ist, sondern sogar an jeder Stelle x gegen $f(x)$ konvergiert. Hier muß jedoch gleich deutlich gewarnt werden: Diese Hoffnung trügt! Es gibt sogar stetige, 2π-periodische Funktionen, deren Fourierreihe an unendlich vielen Stellen eines Periodenintervalls divergiert.

3.4.3. Eine hinreichende Bedingung für die Konvergenz der Fourierreihen; weitere Eigenschaften von Fourierreihen. Um sicherzustellen, daß die Fourierreihe einer 2π-periodischen Funktion f überall konvergiert, und daß der Grenzwert der Fourierreihe dann auch in den „meisten" Punkten x mit $f(x)$ übereinstimmt, hat man bestimmte Voraussetzungen über die Funktion f zu machen. Wir streben hier nicht danach, die allerschwächsten derartigen Voraussetzungen über f zu formulieren. Vielmehr geben wir solche hinreichenden Bedingungen an, die leicht nachprüfbar und bei den praktisch vorkommenden periodischen Funktionen auch so gut wie immer erfüllt sind.

Wir betrachten 2π-periodische Funktionen f mit folgenden Eigenschaften:

a) Das Periodenintervall $\langle 0, 2\pi \rangle$ [1]) läßt sich durch endlich viele Teilpunkte

$$0 = x_1 < x_2 < \cdots < x_m = 2\pi$$

so zerlegen, daß in den offenen Teilintervallen (x_k, x_{k+1}), $1 \leq k \leq m-1$ die Funktion f differenzierbar und f' beschränkt ist.

b) In den Teilpunkten x_k, $1 \leq k \leq m$, existieren der linksseitige und der rechtsseitige Grenzwert $f(x_k - 0)$ bzw. $f(x_k + 0)$, die wie folgt definiert sind (vgl. Abschnitt 2.2.1 und 2.2.3)

$$(552) \qquad f(x_k - 0) := \lim_{\substack{x \to x_k \\ x < x_k}} f(x), \qquad f(x_k + 0) := \lim_{\substack{x \to x_k \\ x > x_k}} f(x)$$

---

[1]) Man kann stattdessen natürlich auch irgendein anderes Intervall der Länge 2π wählen.

Funktionen mit den angegebenen Eigenschaften nennen wir kurz stückweise glatt. Das Schaubild einer solchen Funktion zeigt die Fig. 28. Stückweise glatte Funktionen

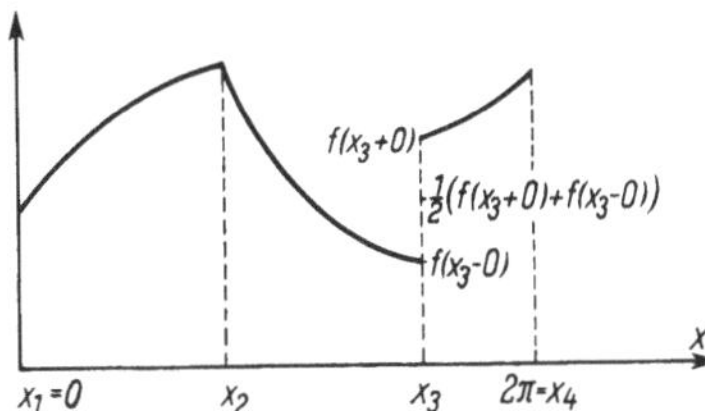

Fig. 28 Schaubild einer stückweise glatten, 2π-periodischen Funktion f

können also endlich viele „Ecken" und Sprungstellen aufweisen. Sie spielen insbesondere in der Elektrotechnik und der Regelungstechnik eine Rolle.

Für stückweise glatte 2π-periodische Funktionen f existieren nun, wie leicht zu zeigen wäre, die Integrale (547) bis (549), so daß also die Fourierkoeffizienten und damit die Fourierreihe (551) von f gebildet werden können. Bezüglich der Konvergenz der Fourierreihe lautet jetzt das Hauptergebnis (ohne Beweis):

(553) *Die Fourierreihe einer 2π-periodischen, stückweise glatten Funktion f ist überall konvergent. Ihr Grenzwert an der Stelle $x \in \mathbb{R}$ ist*

$$\frac{1}{2}(f(x+0)+f(x-0))$$

Das bedeutet: In den Stetigkeitspunkten x von f[1]) konvergiert die Fourierreihe gegen den Funktionswert $f(x)$, und in den Sprungstellen x konvergiert sie gegen das arithmetische Mittel der beiden einseitigen Grenzwerte $f(x+0)$ und $f(x-0)$.

Ehe wir einzelne Beispiele behandeln, sollen noch einige allgemeine Feststellungen über Fourierkoeffizienten und Fourierreihen gemacht werden, die bei konkreten Aufgaben oft von Nutzen sind.

(554) *Ist die 2π-periodische Funktion f* gerade, *d.h., gilt $f(-x)=f(x)$ für alle x, so sind alle durch* (549) *definierten Fourierkoeffizienten b_k $(k \in \mathbb{N})$ gleich Null. Die Fourierreihe von f ist somit eine reine* Cosinusreihe.

(555) *Ist die 2π-periodische Funktion f* ungerade, *d.h., gilt $f(-x)=-f(x)$ für alle x, so sind alle durch* (547) *und* (548) *definierten Fourierkoeffizienten a_k $(k=0,1,2,..)$ gleich Null. Die Fourierreihe von f ist also eine reine* Sinusreihe.

Wir beweisen etwa die Aussage (555): Da die Funktionen $x \mapsto \cos kx$ für $k=0,1,\ldots$ gerade sind, stellen sich die Funktionen $x \mapsto f(x)\cos kx$ als ungerade heraus. Die Behauptung

$$\int_{-\pi}^{\pi} f(x)\cos kx\,\mathrm{d}x = \int_{-\pi}^{0} f(x)\cos kx\,\mathrm{d}x + \int_{0}^{\pi} f(x)\cos kx\,\mathrm{d}x = 0$$

[1]) Dort ist $f(x+0)=f(x-0)=f(x)$, vgl. Abschnitt 2.2.3.

folgt nun einfach mittels Substitution $y = -x$, $\mathrm{d}y = -\mathrm{d}x$ im ersten Integral auf der rechten Seite:

$$\int_{-\pi}^{0} f(x)\cos kx\,\mathrm{d}x = \int_{\pi}^{0} f(y)\cos ky\,\mathrm{d}y = -\int_{0}^{\pi} f(y)\cos ky\,\mathrm{d}y.$$

Während man Potenzreihen gliedweise differenzieren und integrieren darf (vgl. (304), (305)), ist die Situation bei Fourierreihen komplizierter. Wir erwähnen folgendes nützliche Ergebnis ohne Beweis:

(556) *Für die 2π-periodische, stückweise glatte Funktion f laute die (überall konvergente) Fourierreihe*

(*a*) $$a_0 + \sum_{k=1}^{\infty} (a_k \cos kx + b_k \sin kx).$$

Dann konvergiert auch die gliedweise integrierte Reihe

(*b*) $$a_0 x + \sum_{k=1}^{\infty} \left(-\frac{b_k}{k}\cos kx + \frac{a_k}{k}\sin kx\right)$$

für alle $x \in \mathbf{R}$ gegen einen Grenzwert $F(x)$. Die so definierte Funktion F ist überall stetig, und an den Stetigkeitsstellen x von f ist F differenzierbar mit $F'(x) = f(x)$. Falls $a_0 = 0$ ist, ist F 2π-periodisch und (b) ist ihre Fourierreihe (mit $a_0 = 0$).

Falls f zweimal differenzierbar und f'' noch stückweise glatt ist, gewinnt man durch gliedweises Ableiten der Fourierreihe (a) von f die Fourierreihe von f', die für alle x gegen $f'(x)$ konvergiert[1]*):*

(*c*) $$f'(x) = \sum_{k=1}^{\infty} (k b_k \cos kx - k a_k \sin kx).$$

3.4.4. Beispiele von Fourierentwicklungen. Wir bestimmen nun für mehrere 2π-periodische Funktionen f die Fourierreihen. Dazu sind jeweils die Fourierkoeffizienten von f zu berechnen, also die bestimmten Integrale (547) bis (549) auszuwerten. Um dies mit möglichst geringem Aufwand zu erreichen, machen wir so oft es geht von den in Abschnitt 3.4.3 zusammengestellten Ergebnissen Gebrauch.

a) Die 2π-periodische Funktion

(557) $$f(x) := \sin^2 x$$

ist gerade, also treten in ihrer Fourierreihe keine Sinusglieder auf. Aber auch die Berechnung der übrigen Fourierkoeffizienten läßt sich durch Verwendung der Formel (vgl. Übungsaufgabe 18)

(558) $$\sin^2 x = \frac{1}{2} - \frac{1}{2}\cos 2x$$

umgehen. Denn die rechte Seite dieser Formel ist bereits die gewünschte Fourierreihe, die somit in diesem Falle ein trigonometrisches Polynom zweiten Grades ist. Der Leser skizziere den Verlauf der drei in (558) auftretenden Funktionen.

[1]) f' ist wieder 2π-periodisch, vgl. Übungsaufgabe 97b).

b) Auch die Fourierentwicklung der ungeraden Funktion

(559) $\quad f(x) := \sin x \cos^2 x$

ist ohne Integrationen zu gewinnen, wenn wir die Formeln aus Übungsaufgabe 18 b) und c) heranziehen. Es folgt

$$\begin{aligned} \sin x \cos^2 x &= \frac{1}{2} \sin x (1 + \cos 2x) \\ &= \frac{1}{2} \sin x + \frac{1}{2} \sin x \cos 2x \\ &= \frac{1}{2} \sin x + \frac{1}{4} (-\sin x + \sin 3x) \\ &= \frac{1}{4} \sin x + \frac{1}{4} \sin 3x \end{aligned} \tag{560}$$

Die letzte Summe ist bereits die Fourierreihe von $\sin x \cos^2 x$. Sie ist wieder ein trigonometrisches Polynom und enthält im Einklang mit (555) nur Sinusglieder.

Bemerkung. Ähnlich läßt sich zeigen, daß auch die Fourierreihe einer beliebigen Funktion vom Typ

(561) $\quad f(x) = \sin^n x \cos^m x \qquad (n, m \in \mathbf{N})$

abbricht, also ein trigonometrisches Polynom ist.

c) Als erstes Beispiel einer unstetigen, 2π-periodischen Funktion betrachten wir nun die Sprungfunktion

$$f(x) = \begin{cases} +1 & \text{für} \quad 0 \leq x < \pi \\ -1 & \text{für} \quad -\pi \leq x < 0 \end{cases} \tag{562}$$

die durch die Forderung der 2π-Periodizität dann für alle $x \in \mathbf{R}$ definiert ist. f ist offenbar eine ungerade Funktion, es sind also nur die Koeffizienten (549) zu berechnen:

$$\begin{aligned} b_k &= \frac{1}{\pi} \int_{-\pi}^{\pi} f(x) \sin kx \, dx = -\frac{1}{\pi} \int_{-\pi}^{0} \sin kx \, dx + \frac{1}{\pi} \int_{0}^{\pi} \sin kx \, dx \\ &= \frac{2}{\pi} \left(\frac{1}{k} - \frac{(-1)^k}{k} \right) = \begin{cases} \dfrac{4}{\pi k} & \text{für ungerades } k \\ 0 & \text{für gerades } k \end{cases} \end{aligned}$$

Damit lautet die Fourierreihe von f (vgl. Fig. 29)

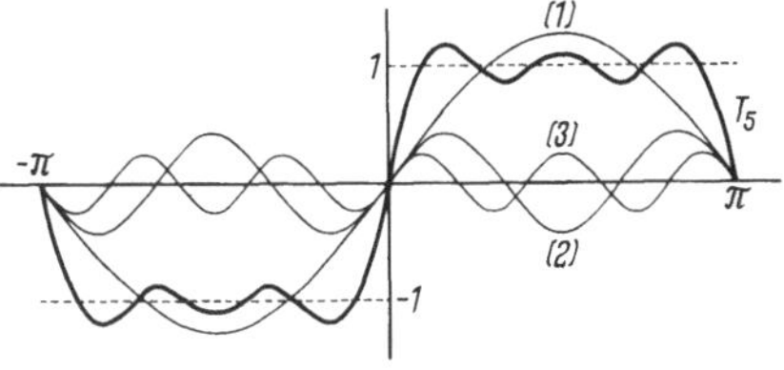

Fig. 29 Die ersten drei Glieder (1), (2), (3) der Fourierreihe für die Funktion (562) und das zugehörige trigonometrische Näherungspolynom 5. Grades T_5

(563) $$\frac{4}{\pi}\left(\sin x+\frac{\sin 3x}{3}+\frac{\sin 5x}{5}+\cdots\right)$$

Da f stückweise glatt ist, konvergiert diese Reihe nach (553) für alle $x \in \mathbf{R}$, und zwar gegen $f(x)$ für $x \neq m\pi$ $(m \in \mathbf{Z})$ und (trivial!) gegen 0 für $x = m\pi$. Es gilt also

(564) $$\sin x+\frac{\sin 3x}{3}+\frac{\sin 5x}{5}+\frac{\sin 7x}{7}+\cdots=\begin{cases}\dfrac{\pi}{4} & \text{für} \quad 0<x<\pi \\[2ex] -\dfrac{\pi}{4} & \text{für} -\pi<x<0.\end{cases}$$

d) Durch gliedweise Integration von (563) ergibt sich die Reihe

(565) $$F(x) := -\frac{4}{\pi}\left(\cos x+\frac{\cos 3x}{3^2}+\frac{\cos 5x}{5^2}+\cdots\right)$$

F ist nach (556) überall stetig und für $x \neq m\pi$ $(m \in \mathbf{Z})$ eine Stammfunktion von (562). Da ferner $F(\pi/2) = 0$ ist, muß daher F wie folgt lauten (vgl. Fig. 30)

(566) $$F(x)=\begin{cases}-\dfrac{\pi}{2}+x & \text{für} \quad 0 \leq x \leq \pi \\[2ex] -\dfrac{\pi}{2}-x & \text{für} \quad -\pi \leq x \leq 0\end{cases} \qquad \text{Periode } 2\pi$$

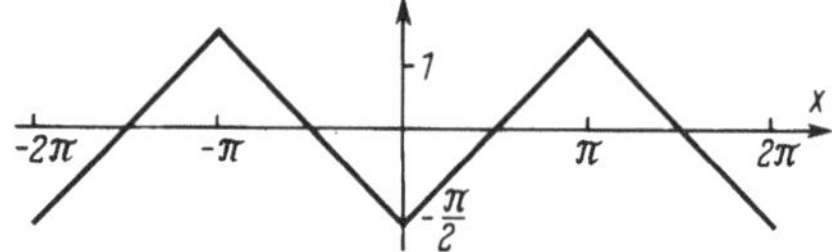

Fig. 30 Schaubild der Funktion (565)

Als interessantes Nebenprodukt der Fourierentwicklung (565) notieren wir für $x = 0$:

(567) $$1+\frac{1}{3^2}+\frac{1}{5^2}+\frac{1}{7^2}+\cdots=\frac{\pi^2}{8}.$$

Hieraus ergibt sich auch leicht der Grenzwert s der Reihe (vgl. (115))

(568) $$s := \sum_{k=1}^{\infty}\frac{1}{k^2}=1+\frac{1}{2^2}+\frac{1}{3^2}+\cdots$$

Denn aus der offenbar gültigen Gleichung

$$s=\frac{\pi^2}{8}+\frac{1}{2^2}s$$

folgt sofort $s = \dfrac{\pi^2}{6}$.

e) Die Sägezahnfunktion

(569) $$f(x) := x \text{ für } -\pi < x \leq \pi, \qquad \text{Periode } 2\pi$$

ist wieder ungerade, ihre Fourierreihe ist daher eine reine Sinusreihe. Für die Koeffizienten erhält man durch partielle Integration (vgl. (248))

$$b_k = \frac{1}{\pi} \int_{-\pi}^{\pi} x \sin k x \, \mathrm{d}x = (-1)^{k+1} \cdot \frac{2}{k} \qquad (k \in \mathbf{N})$$

Die nach (556) überall konvergente Fourierreihe von f lautet also

(570) $$2\left(\sin x - \frac{\sin 2x}{2} + \frac{\sin 3x}{3} - \frac{\sin 4x}{4} + - \cdots\right)$$

und ihr Grenzwert ist gleich x für $|x| < \pi$. Speziell folgt daraus für $x = \pi/2$:

(571) $$1 - \frac{1}{3} + \frac{1}{5} - \frac{1}{7} + \frac{1}{9} - + \cdots = \frac{\pi}{4}$$

f) Gliedweise Integration liefert aus (570) die Reihe

(572) $$F(x) := -2\left(\cos x - \frac{\cos 2x}{2^2} + \frac{\cos 3x}{3^2} - \frac{\cos 4x}{4^2} + - \cdots\right)$$

die nach (556) eine überall stetige 2π-periodische Funktion F darstellt mit der Eigenschaft $F'(x) = x$ für $|x| < \pi$. Somit ist

(573) $$F(x) = \frac{x^2}{2} + c \qquad (|x| < \pi)$$

und die Konstante c ergibt sich aus der Bedingung, daß das Absolutglied a_0 der Fourierentwicklung von F gemäß (572) verschwinden muß:

$$0 = \int_{-\pi}^{\pi} F(x) \, \mathrm{d}x = \left.\frac{x^3}{6} + c x\right|_{-\pi}^{\pi} = \frac{\pi^3}{3} + 2 c \pi$$

also $c = -\pi^2/6$. Aus (572) folgt nun

(574) $$\frac{\pi^2}{12} - \cos x + \frac{\cos 2x}{2^2} - \frac{\cos 3x}{3^2} + \frac{\cos 4x}{4^2} - + \cdots = \frac{x^2}{4} \quad \text{für} \quad |x| \leq \pi$$

Die linke Seite ist somit die Fourierreihe der aus dem Parabelbogen

$$g(x) := \frac{x^2}{4} \qquad (|x| \leq \pi)$$

durch periodische Fortsetzung entstehenden Funktion mit der Periode 2π. Der Leser skizziere diese Funktion. Für $x = 0$ liefert (574)

(575) $$1 - \frac{1}{2^2} + \frac{1}{3^2} - \frac{1}{4^2} + \frac{1}{5^2} - + \cdots = \frac{\pi^2}{12}.$$

g) Der kommutierte Sinusstrom hat die Form (vgl. Fig. 31):

Fig. 31 Die Kurve $y = |\sin x|$

(576) $\qquad f(x) = |\sin x| \quad (x \in \mathbf{R})$

f ist eine gerade Funktion und hat sogar die Periode π. Während die Fourierkoeffizienten b_k, $k \in \mathbf{N}$, alle verschwinden, ergibt sich für die a_k, $k = 0, 1, 2, \ldots$:

(577) $$a_0 = \frac{1}{2\pi} \int_{-\pi}^{\pi} |\sin x| \, \mathrm{d}x = \frac{1}{\pi} \int_{0}^{\pi} \sin x \, \mathrm{d}x = \frac{2}{\pi}$$

(578) $$a_k = -\frac{1}{\pi} \int_{-\pi}^{0} \sin x \cos kx \, \mathrm{d}x + \frac{1}{\pi} \int_{0}^{\pi} \sin x \cos kx \, \mathrm{d}x \qquad (k \in \mathbf{N})$$

Durch die Umformung (vgl. Übungsaufgabe 18c))

$$\sin x \cos kx = \frac{1}{2} (\sin (k+1)x - \sin (k-1)x)$$

lassen sich die Integrale (578) leicht auswerten. Das Ergebnis lautet:

(579) $$a_k = \begin{cases} 0 & \text{für ungerades } k \\ -\dfrac{4}{\pi} \dfrac{1}{(k-1)(k+1)} & \text{für gerades } k \end{cases} \qquad k \in \mathbf{N}.$$

Als Fourierreihe von f erhält man damit

(580) $$|\sin x| = \frac{2}{\pi} - \frac{4}{\pi} \left(\frac{\cos 2x}{1 \cdot 3} + \frac{\cos 4x}{3 \cdot 5} + \frac{\cos 6x}{5 \cdot 7} + \cdots \right), \qquad x \in \mathbf{R}$$

An die Beispiele c) – g) sei noch eine Bemerkung über die Größe der Fourierkoeffizienten a_k, b_k einer Funktion f in Abhängigkeit von k angeschlossen. Man stellt zunächst für alle behandelten Beispiele fest:

(581) $$\left. \begin{matrix} a_k \\ b_k \end{matrix} \right\} \to 0 \quad \text{für} \quad k \to \infty$$

Bei genauerem Hinsehen entdeckt man noch mehr, nämlich für alle k:

(582) $$\left. \begin{matrix} |a_k| \\ |b_k| \end{matrix} \right\} \le \frac{\text{const}}{k}, \quad \text{falls } f \text{ Sprungstellen hat}$$

(583) $$\left. \begin{matrix} |a_k| \\ |b_k| \end{matrix} \right\} \le \frac{\text{const}}{k^2}, \quad \text{falls } f \text{ keine Sprungstellen hat.}$$

Diese Feststellungen gelten nun ganz allgemein. Ungenau, aber anschaulich kann man sagen: Die Fourierreihe einer 2π-periodischen Funktion f konvergiert umso rascher, je „glatter" das Schaubild von f ist. Das genaue Ergebnis zitieren wir ohne Beweis (vgl. jedoch Übungsaufgabe 100):

(584) *Die 2π-periodische Funktion f sei für alle $x \in \mathbf{R}$ n-mal differenzierbar. Die n-te Ableitung $f^{(n)}$ sei stetig und besitze noch überall bis auf endlich viele Ausnahmepunkte* *eine stückweise glatte Ableitung $f^{(n+1)}$. Dann gilt für die Fourierkoeffizienten a_k, b_k von f eine Abschätzung*[1])

$$\left.\begin{matrix}|a_k|\\ |b_k|\end{matrix}\right\} \leq \frac{C}{k^{n+2}} \qquad (k \in \mathbf{N})$$

wobei C eine von k unabhängige Konstante ist. Beispiele für $n = 0$ sind die Reihen (565), (572) *und* (580).

In den Anwendungen haben periodische Funktionen meistens nicht gerade die Periode 2π. Wir geben daher auch noch die Fourierreihe einer p-periodischen Funktion $x \mapsto F(x)$ an ($p > 0$ beliebig). Sie lautet:

(585) $$a_0 + \sum_{k=1}^{\infty} \left(a_k \cos\frac{2\pi k x}{p} + b_k \sin\frac{2\pi k x}{p}\right)$$

mit den Fourierkoeffizienten ($k \in \mathbf{N}$)

(586) $$a_0 = \frac{1}{p}\int_0^p F(x)\,dx, \qquad a_k = \frac{2}{p}\int_0^p F(x)\cos\frac{2\pi k x}{p}\,dx$$
$$b_k = \frac{2}{p}\int_0^p F(x)\sin\frac{2\pi k x}{p}\,dx.$$

Zum Nachweis wird die p-periodische Funktion F nach (533) in eine 2π-periodische Funktion f umgeschrieben:

(587) $$f: y \mapsto f(y) := F\left(\frac{p}{2\pi}y\right)$$

Nun sei

(588) $$a_0 + \sum_{k=1}^{\infty} (a_k \cos k y + b_k \sin k y)$$

die Fourierentwicklung von $f(y)$ mit den Fourierkoeffizienten

(589) $$a_0 = \frac{1}{2\pi}\int_0^{2\pi} f(y)\,dy, \qquad a_k = \frac{1}{\pi}\int_0^{2\pi} f(y)\cos k y\,dy, \qquad b_k = \frac{1}{\pi}\int_0^{2\pi} f(y)\sin k y\,dy$$

Durch die Substitution $y = (2\pi/p)\cdot x$ ergeben sich aus (589) die Koeffizienten (586) (Übung für den Leser!) und die Reihe (588) wird somit bei Einsetzen von $y = (2\pi/p)\cdot x$ zur Fourierreihe (585) von $F(x)$.

In der Praxis ist eine p-periodische Funktion F häufig nicht „in analytischer Form" gegeben. Sie liegt etwa als Oszillogramm vor oder wurde aus einer Anzahl von Meßpunkten zeichnerisch ermittelt. Man interessiert sich nun dafür, wie eine solche Funktion F sich aus harmonischen Bestandteilen $\cos(2\pi k x/p)$, $\sin(2\pi k x/p)$ $(k = 0, 1, 2, \ldots)$ zusammensetzt (Harmonische Analyse), d.h., man sucht die Fourierreihe (585) von F oder wenigstens die ersten paar Glieder dieser Reihe. Sie sind in diesem Falle

[1]) Wenn f nur stückweise glatt ist, gilt die Abschätzung mit $n = -1$.

sehr bequem und genau mit Hilfe sog. harmonischer Analysatoren zu bestimmen. Das sind im Handel erhältliche mechanische Geräte, die allein aus dem Schaubild von F die gesuchten Fourierkoeffizienten (586) liefern (vgl. [21]).

Übungsaufgaben. 97. Man zeige: a) Falls f und g p-periodisch sind, gilt dies auch für die Funktionen fg und (sofern g nirgends verschwindet) f/g.

b) Ist f differenzierbar und p-periodisch, so ist auch f' p-periodisch.

c) Falls f p-periodisch ist, ist auch die verkettete Funktion $g \circ f$, sofern sie existiert, p-periodisch.

98. Für eine auf der ganzen reellen Achse definierte und stetige Funktion f zeige man: f ist genau dann p-periodisch, wenn das Integral

$$\int_y^{y+p} f(x)\,\mathrm{d}x$$

für alle $y \in \mathbf{R}$ einen festen Wert hat.

Anleitung: Man differenziere das Integral nach y, vgl. Übungsaufgabe 49.

99.* Man bestimme die Fourierreihen folgender Funktionen

a) $f(x) = \cos(x+a)$ b) $f(x) = \cos^2(x+1)$

c) $f(x) = \sin^3 x$ d) $f(x) = \sin^2 x \cos^2 x$

100. Die 2π-periodische Funktion f sei für alle $x \in \mathbf{R}$ definiert und differenzierbar; f' sei noch überall stetig. Man zeige: Die Fourierkoeffizienten a_k, b_k von f genügen der Abschätzung

$$\left.\begin{array}{l}|a_k| \\ |b_k|\end{array}\right\} \leq \frac{C}{k} \qquad (k \in \mathbf{N})$$

mit einer geeigneten Konstanten C.

Anleitung: Man wende partielle Integration auf die Integrale (548), (549) an.

101.* Man ermittle die Fourierreihen folgender Funktionen

a) $f(x) = x$ für $0 \leq x < 1$, Periode 1 b) $f(x) = |\cos x|$ $(x \in \mathbf{R})$

c) $$f(x) = \begin{cases} 1 - \dfrac{2x}{\pi} & \text{für } 0 \leq x \leq \dfrac{\pi}{2} \\ 0 & \text{für } \dfrac{\pi}{2} \leq x < 2\pi \end{cases} \quad \text{Periode } 2\pi$$

102.* Unter Verwendung von (574) bestimme man die Fourierreihe der Funktion (Skizze!)

$$f(x) = x(\pi^2 - x^2) \quad \text{für} \quad |x| \leq \pi, \quad \text{Periode } 2\pi$$

Anleitung: Man integriere die Reihe für $g(x) := -3x^2 + \pi^2$, $|x| \leq \pi$.

103.* Die Ausströmungsgeschwindigkeit $f(t)$ des Blutes aus dem Herzen in die Aorta zur Zeit t kann in grober Näherung durch folgende periodische Zeitfunktion beschrieben werden (Skizze!)

$$f(t) = \begin{cases} A \sin Bt & \text{für} \quad 0 \leq t \leq \dfrac{\pi}{B} \\ 0 & \text{für} \quad \dfrac{\pi}{B} \leq t \leq \dfrac{2\pi}{B} \end{cases} \qquad \text{Periode } \frac{2\pi}{B}$$

(A, B Konstanten, $2\pi/B =$ Dauer eines Pulsschlages.) Man bestimme die Fourierreihe von f.

104.* Man bestimme das trigonometrische Polynom 1. Grades, welches die Funktion

$$f(x) = \frac{1}{2 + \sin x} \qquad (x \in \mathbf{R})$$

im Sinne von (550) am besten approximiert.

Anleitung: Man benutze die Substitution (520).

105.* Man finde für jede der folgenden Reihen Punkte, in denen sie konvergiert, und solche, in denen sie divergiert

a) $\displaystyle\sum_{k=1}^{\infty} \frac{\cos kx}{k}$ b) $\displaystyle\sum_{k=1}^{\infty} \frac{\sin(4k+1)x}{k}$

106.* Welche der folgenden Funktionen ist periodisch und wie lautet gegebenenfalls die kleinste positive Periode?

a) $f(x) = \sin x \cos x$ b) $f(x) = \sqrt{1 + \sin^2 x}$

c) $f(x) = \cos(x^2)$ d) $f(x) = e^{\sin \pi x}$

e) $f(x) = \sin 6x + \cos 15x$ f) $f(x) = \cos \pi x - \sin x$

g) $f(x) = e^{-x} \cos ax$ h) $f(x) = a \cos nx + b \cos mx \quad (n, m \in \mathbf{N})$

107. Man zeige, daß die komplexe Funktion

$$x \mapsto e^{iax} \qquad (x \in \mathbf{R})$$

die Periode $2\pi/a$ hat ($a \neq 0$, $a \in \mathbf{R}$).

Bleibt die Aussage auch für $a \in \mathbf{C}$ richtig?

108. Man zeige: Ein beliebiges trigonometrisches Polynom n-ten Grades

$$T_n(x) = a_0 + \sum_{k=1}^{n} (a_k \cos kx + b_k \sin kx)$$

läßt sich auf die Form bringen:

$$T_n(x) = \sum_{k=-n}^{+n} c_k e^{ikx}$$

mit $c_0 = a_0$, $c_k = (a_k - i b_k)/2$, $c_{-k} = (a_k + i b_k)/2$, $k = 1, 2, \ldots, n$.

4. Analytische Geometrie und lineare Algebra

Die analytische Geometrie beschreibt den Anschauungsraum durch reelle Zahlen und daraus abgeleitete Begriffe. Das Ziel ist, auf diese Weise geometrische Fragestellungen durch Rechnung zu lösen. Der wichtigste darin neu auftauchende Begriff ist der des Vektors. Mit Vektoren lassen sich nicht nur geometrische Beziehungen einfach formulieren, sie spielen auch in der Physik eine überragende Rolle. Kraft, Geschwindigkeit, Impuls, Drall sind zum Beispiel als Vektoren auffaßbar. Weitere neue Begriffe sind die Matrizen und Determinanten, die in vielen Anwendungsgebieten zunehmend an Bedeutung gewinnen. Mit ihrer Hilfe behandeln wir lineare Abbildungen und Gleichungssysteme. Schließlich führen wir den Gruppenbegriff ein und untersuchen einige Bewegungsgruppen, die als Symmetriegruppen von Molekülen bzw. als Raumgruppen von Kristallen in der Spektroskopie und in der Kristallographie auftreten.

Schulkenntnisse aus der Elementargeometrie werden in diesem Kapitel stillschweigend vorausgesetzt.

4.1. Vektorrechnung

4.1.1. Darstellung von Punkten der Ebene und des Raumes durch Zahlenpaare bzw. Zahlentripel. Die Punkte auf einer Geraden können umkehrbar eindeutig der Menge aller reellen Zahlen zugeordnet werden. Man hat dazu auf der Geraden nur zwei Punkte, einen Nullpunkt und einen Einheitspunkt, auszuzeichnen. Das Ergebnis dieser Gleichsetzung von Punkten mit reellen Zahlen ist die Zahlengerade (vgl. Fig. 1). Die Punkte einer Ebene hatten wir in Abschnitt 1.2.1 zur Veranschaulichung der komplexen Zahlen herangezogen (Gaußsche Zahlenebene) und später fortlaufend zur bildlichen Darstellung einer reellen Funktion $x \mapsto f(x)$ benutzt: Nach Wahl eines (rechtwinkligen) (x, y)-Koordinatensystems können die Punkte dieser „(x, y)-Ebene" mit den reellen Zahlenpaaren (x, y) identifiziert werden. Die Menge der Zahlenpaare $(x, f(x))$ beschreibt dann eine gewisse Punktmenge in dieser Ebene, nämlich die „Kurve" $y = f(x)$, die wir auch das Schaubild der Funktion f nennen.

Zur anschaulichen Darstellung einer Funktion von zwei reellen Veränderlichen (vgl. (30) und Fig. 5) wurden auch schon Punkte des (dreidimensionalen) Raumes herangezogen. Eine solche Funktion von zwei unabhängigen Variablen x und y ist gegeben durch eine Zuordnung

$$(x, y) \mapsto f(x, y) \in \mathbf{R}$$

Durch Festlegung eines (x, y, z)-Koordinatensystems im Raum entspricht nun jedem reellen Zahlentripel[1]) (x, y, z) umkehrbar eindeutig ein Raumpunkt. Speziell beschrei-

[1]) Ein Zahlentripel ist eine geordnete Menge von 3 Zahlen. Die Reihenfolge ist wesentlich, z. B. sind die Tripel (1, 1, 2), (1, 2, 1) und (2, 1, 1) als verschieden anzusehen.

ben die Tripel $(x, y, f(x, y))$ eine „Fläche“ im Raum, die man auch durch die Gleichung

$$z = f(x, y)$$

ausdrückt.

Wir fassen das Wesentliche zusammen: Die Punkte einer Geraden entsprechen umkehrbar eindeutig den reellen Zahlen, die Punkte einer Ebene den reellen Zahlenpaaren und die Punkte des Anschauungsraumes den reellen Zahlentripeln. Diese Zuordnung ist jedoch erst dann festgelegt, wenn jeweils ein festes Koordinatensystem ausgewählt wurde, d.h. wenn der Nullpunkt und die Einheitspunkte auf den Achsen vorher feststehen. Verschiedene Koordinatensysteme führen auch zu verschiedenen Zuordnungen.

Bisher wurde diese wichtige Korrespondenz zwischen Punkten und Zahlen (bzw. Paaren oder Tripeln von Zahlen) nur in der einen Richtung Zahl $\to$ Punkt ausgenutzt, und zwar hauptsächlich zur geometrischen Veranschaulichung von Funktionen. Die analytische Geometrie stellt nun die umgekehrte Richtung Punkt $\to$ Zahl (bzw. Zahlenpaar bzw. Zahlentripel) in den Vordergrund. Sie beschreibt geometrische Figuren, wie Geraden, Ebenen, Kreise, Kugeln, Dreiecke durch die Koordinaten ihrer Punkte – also durch Zahlen – und führt damit geometrische Aufgaben in solche der Arithmetik oder Analysis über. Für dieses Programm wird es von Nutzen sein, zunächst das Rechnen mit Zahlenpaaren und Zahlentripeln in einem möglichst einfachen Kalkül zu erfassen, den man mit Hilfe der Vektorrechnung gewinnt. Dazu definieren wir jetzt den wichtigen Begriff des Vektors. Es ist zu unterscheiden zwischen Vektoren in der Ebene und Vektoren im Raum. Wir geben die Definition für (dreidimensionale) Vektoren im Raum und kommen auf den einfacheren zweidimensionalen Fall in Beispielen zurück (vgl. Übungsaufgabe 117 und 118).

4.1.2. Vektoren im Raum. Im dreidimensionalen Anschauungsraum wird ein Punkt O als Nullpunkt markiert. Dann kann jedem Raumpunkt P eindeutig die gerichtete Strecke $\overrightarrow{OP}$ mit Anfangspunkt O und Endpunkt P – kurz: der Pfeil $\overrightarrow{OP}$ – zugeordnet werden. Diese Abbildung $P \mapsto \overrightarrow{OP}$ stellt eine umkehrbar eindeutige Beziehung zwischen den Pfeilen mit Anfangspunkt O und den Punkten im Raum her. Für die Umkehrung hat man nämlich nur jedem solchen Pfeil seinen Endpunkt zuzuordnen. Wir definieren nun:

Definition 1. *Ein Vektor ist eine gerichtete Strecke (ein Pfeil) mit Anfangspunkt O. Zwei Vektoren sind genau dann gleich, wenn sie den gleichen Endpunkt haben.*

Es ist häufig vorteilhaft, auch eine Definition der Vektoren zur Verfügung zu haben, die ohne Festlegung eines Nullpunktes auskommt. Sie lautet:

Definition 2. *Ein Vektor ist eine gerichtete Strecke. Zwei gerichtete Strecken $\overrightarrow{AB}$ und $\overrightarrow{CD}$ stellen genau dann* denselben *Vektor dar, wenn sie gleichgerichtet und gleichlang sind.*

Beide Definitionen sind äquivalent. Im weiteren wird mal die eine, mal die andere Vorstellung im Vordergrund stehen.

Vektoren sind ein unentbehrliches Hilfsmittel in der Physik, wo viele Größen sich nicht durch Angabe einer einzigen Zahl beschreiben lassen. Während z.B. die Temperatur eines gleichmäßig temperierten Körpers oder die Dichte eines homogenen Mediums durch eine reelle Zahl vollständig festgelegt ist, wollen wir jetzt physikalische Größen angeben, bei denen dies nicht möglich ist:

Beispiele. **a**) Die Geschwindigkeit eines gleichförmig bewegten Massenpunktes im Raum (oder in der Ebene). Sie wird beschrieben durch die Größe der Geschwindigkeit – das ist eine Zahl – und durch die Richtung, in der sich der Massenpunkt bewegt. Offenbar läßt sich seine Geschwindigkeit also eindeutig durch einen Vektor festlegen, durch denjenigen Vektor nämlich, dessen Länge die Größe der Geschwindigkeit angibt, und dessen Richtung mit der Bewegungsrichtung des Massenpunktes übereinstimmt.

b) Die an einem Massenpunkt angreifende Kraft wird durch einen Vektor beschrieben, dessen Länge ein Maß für die Größe der Kraft (in irgendeiner Einheit) ist und dessen Richtung mit der Richtung der wirkenden Kraft zusammenfällt.

c) Die gleichförmige Rotation eines Körpers um eine feste Achse läßt sich wie folgt durch einen Vektor[1]) $\boldsymbol{v}$ ausdrücken: Die Länge von $\boldsymbol{v}$ ist gleich der Winkelgeschwindigkeit $\omega = 2\pi\nu$ des Körpers (ν = Drehzahl = Anzahl der Umdrehungen pro Zeiteinheit). $\boldsymbol{v}$ ist parallel zur Drehachse und so gerichtet, daß in der Blickrichtung von $\boldsymbol{v}$ die vorgegebene Rotation eine Drehung im Uhrzeigersinn ergibt. Der Vektor $\boldsymbol{v}$ ist so eindeutig durch die Rotation bestimmt. Umgekehrt definiert jeder Vektor $\boldsymbol{v}$ eine wohlbestimmte Rotation um eine zu $\boldsymbol{v}$ parallele Achse, deren Lage im Raum jedoch darüber hinaus nicht festgelegt ist.

Außer in der Physik spielen die Vektoren u.a. auch in der Geometrie selbst eine große Rolle. Sie ermöglichen in vielen Fällen eine erhebliche Vereinfachung der Darstellung geometrischer Sachverhalte. Dazu noch ein Beispiel

d) Eine Schiebung oder Translation ist eine Abbildung der Punkte des Raumes (oder auch der Ebene), bei der, anschaulich gesprochen, jeder Punkt um ein angegebenes Stück in einer angegebenen Richtung verschoben wird. Jede solche Schiebung läßt sich nun sehr einfach durch einen einzigen Vektor kennzeichnen: Es ist der Vektor,

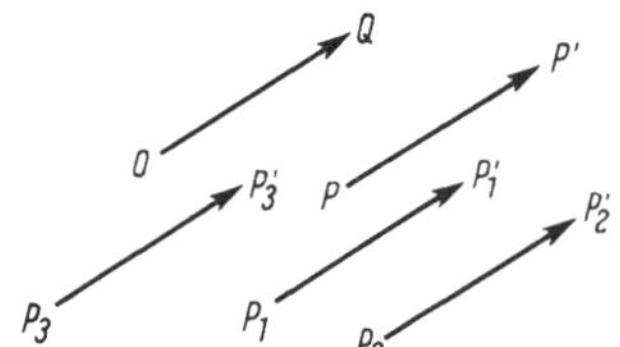

Fig. 32 Durch den Vektor $\overrightarrow{OQ}$ definierte Schiebung (räumlich zu betrachten)

dessen Richtung gleich der Verschiebungsrichtung ist und dessen Länge angibt, um welches Stück die Punkte zu verschieben sind. Lautet dieser Vektor $\overrightarrow{OQ}$, so besteht die Schiebung in folgender Vorschrift: Jedem Punkt P wird als Bild derjenige Punkt P' zu-

[1]) Vektoren werden als kleine halbfette lateinische Buchstaben geschrieben.

geordnet, für den gilt: Die gerichtete Strecke $\overrightarrow{PP'}$ geht aus $\overrightarrow{OQ}$ durch Parallelverschiebung hervor (vgl. Fig. 32).

Die Vektoren sind soweit rein geometrische Gebilde. Jetzt wollen wir sie auch mit Zahlen in Verbindung bringen und wählen dazu ein räumliches, rechtwinkliges (x, y, z)-Koordinatensystem, dessen Ursprung mit dem bereits zur Definition 1 der Vektoren markierten Nullpunkt O zusammenfällt. Damit werden jedem Punkt P umkehrbar eindeutig seine drei Koordinaten, also ein reelles Zahlentripel (a, b, c) zugeordnet. Andererseits besteht auch eine umkehrbar eindeutige Zuordnung zwischen den Punkten P und den Vektoren $\overrightarrow{OP}$. Gemäß dem leicht verständlichen Diagramm (vgl. auch Fig. 33)

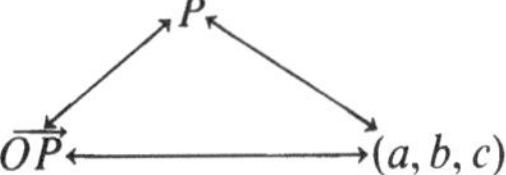

erhalten wir somit auch eine umkehrbare Zuordnung zwischen den Vektoren und den reellen Zahlentripeln: Jeder Vektor bestimmt genau ein Zahlentripel, jedes Zahlentripel bestimmt genau einen Vektor. Als wesentliches Ergebnis halten wir also fest:

Nach Auswahl eines festen Koordinatensystems können die Vektoren im Raum mit den reellen Zahlentripeln gleichgesetzt werden.

Ein Vektor läßt sich dann entweder durch seine Länge und Richtung oder durch drei reelle Zahlen festlegen (Fig. 33).

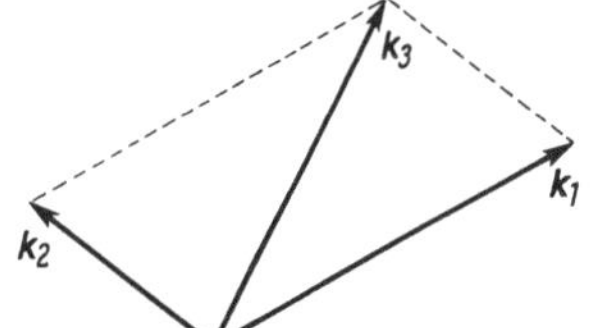

Fig. 34 Die Resultierende $\boldsymbol{k}_3$ von zwei an einem Massenpunkt angreifenden Kräften $\boldsymbol{k}_1$ und $\boldsymbol{k}_2$

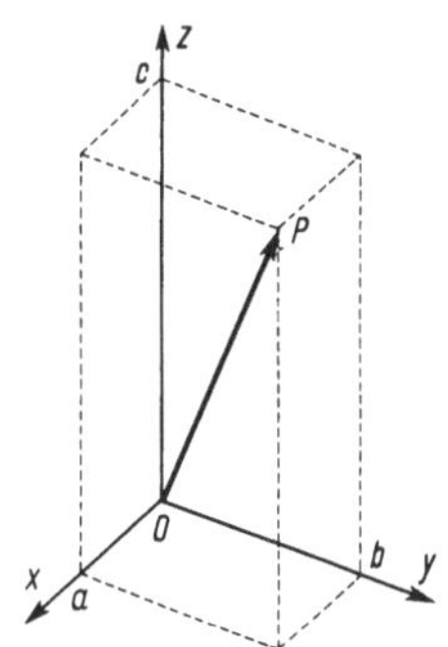

Fig. 33 Darstellung von Vektoren durch Zahlentripel: $\overrightarrow{OP} \leftrightarrow (a, b, c)$

4.1.3. Addition und Subtraktion von Vektoren; Multiplikation eines Vektors mit einer reellen Zahl. Wir sahen bereits, daß wichtige physikalische Größen durch Vektoren darstellbar sind. Dies wäre kaum von Bedeutung, wenn nicht mit den dargestellten Größen auch gerechnet werden könnte. Kurz gesagt: Man muß mit Vektoren auch rechnen können. Zur Definition der einfachsten Verknüpfung von Vektoren, nämlich der Addition, gehen wir wieder von der Physik aus.

Auf einen Massenpunkt mögen zwei Kräfte $\boldsymbol{k}_1$ und $\boldsymbol{k}_2$ wirken, die wir als Vektoren auffassen. Ist es möglich, $\boldsymbol{k}_1$ und $\boldsymbol{k}_2$ durch eine gleichwertige Einzelkraft $\boldsymbol{k}_3$ zu ersetzen?

Die Antwort ist ja, und aus Erfahrung weiß man, daß die „resultierende" Kraft $\boldsymbol{k}_3$ durch die sog. Parallelogrammkonstruktion aus $\boldsymbol{k}_1$ und $\boldsymbol{k}_2$ hervorgeht (vgl. Fig. 34). Dasselbe gilt für die Überlagerung von Geschwindigkeiten: In einem Fluß mit der Strömungsgeschwindigkeit $\boldsymbol{v}_1$ (= Vektor) schwimme ein Mann mit der Relativgeschwindigkeit $\boldsymbol{v}_2$ zum Wasser. Die wahre Geschwindigkeit $\boldsymbol{v}_3$ des Schwimmers ergibt sich wieder nach der Parallelogrammkonstruktion aus $\boldsymbol{v}_1$ und $\boldsymbol{v}_2$. Diese Beispiele motivieren folgende Definition der Summe von zwei Vektoren $\boldsymbol{u}$ und $\boldsymbol{v}$:

(590) *Die Summe $\boldsymbol{u} + \boldsymbol{v}$ soll der Vektor sein, der sich durch die Parallelogrammkonstruktion aus $\boldsymbol{u}$ und $\boldsymbol{v}$ ergibt. Genauer: Sei $\boldsymbol{u} = \overrightarrow{OP}$, $\boldsymbol{v} = \overrightarrow{OQ}$. Dann ergibt sich der Endpunkt R des Vektors $\boldsymbol{u} + \boldsymbol{v} = \overrightarrow{OR}$ durch eine der folgenden gleichwertigen Konstruktionen:*

a) R ist der Bildpunkt von P bei der durch $\boldsymbol{v}$ definierten Translation (Schiebung).

b) R ist der Bildpunkt von Q bei der durch $\boldsymbol{u}$ definierten Translation.

Nach dieser Definition gilt also in den vorangehenden Beispielen $\boldsymbol{k}_3 = \boldsymbol{k}_1 + \boldsymbol{k}_2$ und $\boldsymbol{v}_3 = \boldsymbol{v}_1 + \boldsymbol{v}_2$.

Weiter folgen aus der Definition (590) gleich zwei wichtige allgemeine Eigenschaften der Addition von Vektoren, nämlich das kommutative Gesetz

(591) $\boldsymbol{u} + \boldsymbol{v} = \boldsymbol{v} + \boldsymbol{u}$

und das assoziative Gesetz

(592) $(\boldsymbol{u} + \boldsymbol{v}) + \boldsymbol{w} = \boldsymbol{u} + (\boldsymbol{v} + \boldsymbol{w})$

dessen Gültigkeit sich aus elementargeometrischen Schlüssen ergibt (vgl. Fig. 35).

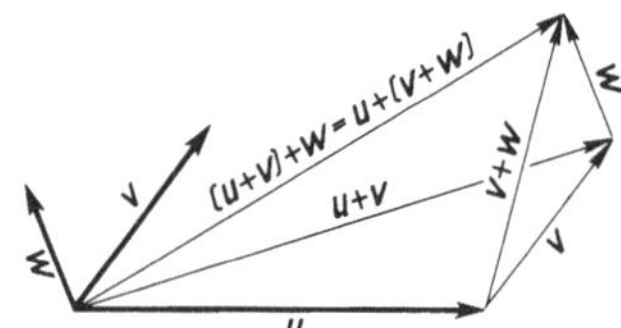

Fig. 35 Zur Assoziativität der Addition von Vektoren

Für die Addition von Vektoren gelten somit dieselben Regeln, wie für die Addition von Zahlen, und wir machen weiterhin stillschweigend davon Gebrauch.

Wie beim Zahlenrechnen führen wir nun auch für Vektoren die Subtraktion als Umkehrung der Addition ein: Zu zwei Vektoren $\boldsymbol{u}$, $\boldsymbol{v}$ wird ein Vektor $\boldsymbol{x}$ mit der Eigenschaft

(593) $\boldsymbol{u} = \boldsymbol{v} + \boldsymbol{x}$

gesucht. Daß ein solcher Vektor $\boldsymbol{x}$ existiert und durch $\boldsymbol{u}$, $\boldsymbol{v}$ eindeutig bestimmt ist, zeigen wieder einfache geometrische Überlegungen (Fig. 36). Eine äquivalente Schreibweise für (593) – und nichts weiter! – ist die übliche Bezeichnung

(594) $\boldsymbol{x} = \boldsymbol{u} - \boldsymbol{v}$

Ist in (593) $\boldsymbol{u}$ der Nullvektor, dessen Länge 0 und dessen Richtung nicht definiert ist, so ist $\boldsymbol{x}$ der zu $\boldsymbol{v}$ entgegengesetzte (inverse) Vektor, der mit $-\boldsymbol{v}$ bezeichnet wird:

$\boldsymbol{v}+(-\boldsymbol{v})=\boldsymbol{O}=$ Nullvektor

$-\boldsymbol{v}$ hat dieselbe Länge wie $\boldsymbol{v}$, aber entgegengesetze Richtung. Mit Hilfe des inversen Vektors wird die Subtraktion von Vektoren auf die Addition zurückgeführt. Denn aus (593) erhält man durch Addition von $-\boldsymbol{v}$:

(595) $$\boldsymbol{u}+(-\boldsymbol{v})=\boldsymbol{x}+\boldsymbol{v}+(-\boldsymbol{v})=\boldsymbol{x}+\boldsymbol{O}=\boldsymbol{x}=\boldsymbol{u}-\boldsymbol{v}$$

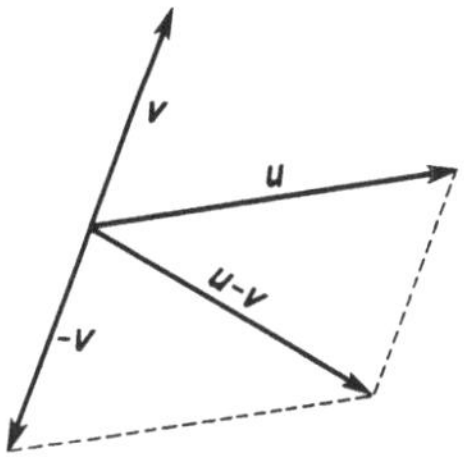

Neben der Addition bzw. Subtraktion von Vektoren hat auch die jetzt zu definierende Multiplikation eines Vektors mit einer reellen Zahl einen geometrisch-physikalischen Hintergrund.

Fig. 36
Subtraktion von Vektoren

Sei $\boldsymbol{v}$ ein beliebiger Vektor, dessen Länge v wir mit

(596) $$|\boldsymbol{v}|:=v\geq 0$$

bezeichnen wollen. Für eine nichtnegative reelle Zahl $a\geq 0$ ist nun $a\boldsymbol{v}$ definitionsgemäß der Vektor mit der Länge $a|\boldsymbol{v}|=av$ und derselben Richtung wie $\boldsymbol{v}$. Für negative Zahlen $b=-a\in\mathbf{R}$ $(a>0)$ soll $b\boldsymbol{v}$ der inverse Vektor zu $a\boldsymbol{v}$ sein, also

(597) $$(-a)\boldsymbol{v}:=-(a\boldsymbol{v})\quad(a>0)$$

Für beliebiges reelles a hat somit der Vektor $a\boldsymbol{v}$ die $|a|$-fache Länge von $\boldsymbol{v}$ und weist in die gleiche oder entgegengesetzte Richtung wie $\boldsymbol{v}$, je nachdem, ob $a>0$ oder $a<0$ gilt. Manchmal ist es bequemer, den Zahlfaktor a rechts statt links zu schreiben. Wir setzen deshalb fest

(598) $$a\boldsymbol{v}=\boldsymbol{v}a$$

Die Multiplikation eines Vektors mit einer reellen Zahl genügt einigen Rechenregeln, die sich leicht elementargeometrisch nachweisen ließen. Wir stellen sie ohne Beweis zusammen:

(599) $$a(\boldsymbol{u}+\boldsymbol{v})=a\boldsymbol{u}+a\boldsymbol{v}$$
(600) $$(a+b)\boldsymbol{u}=a\boldsymbol{u}+b\boldsymbol{u}\qquad a,b\in\mathbf{R}$$
(601) $$a(b\boldsymbol{u})=(ab)\boldsymbol{u}$$
(602) $$1\boldsymbol{u}=\boldsymbol{u}$$
(603) $$|a\boldsymbol{u}|=|a|\cdot|\boldsymbol{u}|\quad(a\in\mathbf{R},\ |\boldsymbol{u}|=\text{Länge von }\boldsymbol{u})$$

Als einfache Anwendung der bisher eingeführten Rechenoperationen bestimmen wir die Gleichung der Geraden durch zwei Punkte P,Q $(P\neq Q)$ in vektorieller Darstellung. Nach Wahl eines Nullpunktes O setzen wir $\boldsymbol{u}=\overrightarrow{OP}, \boldsymbol{v}=\overrightarrow{OQ}$. Die Vektoren $t(\boldsymbol{u}-\boldsymbol{v})$ für $t\in\mathbf{R}$ liegen dann auf der Parallelen zu PQ durch O (vgl. Fig. 36). Daher liegen die Endpunkte der Vektoren

(604) $$\boldsymbol{x}=\boldsymbol{v}+t(\boldsymbol{u}-\boldsymbol{v})\quad(t\in\mathbf{R})$$

auf der Geraden PQ. Der Leser überlegt sich leicht, daß dies alle Punkte der Geraden

PQ sind. (604) ist also die gesuchte vektorielle Geradengleichung in Parameterdarstellung. Speziell liefern die Werte (vgl. Fig. 37)

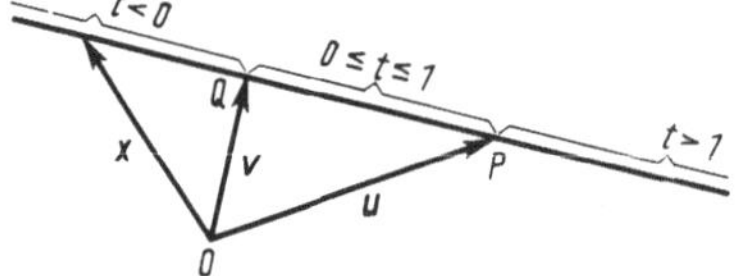

Fig. 37 Parameterdarstellung $\boldsymbol{x} = \boldsymbol{v} + t(\boldsymbol{u} - \boldsymbol{v})$ der Geraden durch P und Q

$t = 0$:	den Punkt Q
$t = 1$:	den Punkt P
$t = 1/2$:	den Mittelpunkt der Strecke $\overline{PQ}$
$0 \leq t \leq 1$:	die Punkte der Strecke $\overline{PQ}$
$1 < t < \infty$:	die Punkte auf der von P ausgehenden Halbgeraden, die Q nicht enthält
$-\infty < t < 0$:	die Punkte auf der von Q ausgehenden Halbgeraden, die P nicht enthält.

4.1.4. Das Skalarprodukt (innere Produkt) zweier Vektoren. Bisher kennen wir nur das Produkt eines Vektors mit einer Zahl. Darüber hinaus gibt es auch zwei verschiedene Produkte zwischen Vektoren, das Skalarprodukt und das Vektorprodukt. Eine Motivation für die Definition von zwei verschiedenen Produkten kann man darin sehen, daß zwei fundamentale Begriffe der Mechanik – Arbeit und Drehmoment einer Kraft – durch solche Produkte ausgedrückt werden sollen: Das Skalarprodukt ist dabei dem Begriff der Arbeit zuzuordnen, das Vektorprodukt dem Drehmoment einer Kraft.

Wir definieren zuerst das Skalarprodukt und gehen dazu vom physikalischen Begriff der Arbeit aus.

Ein Massenpunkt, auf den eine konstante Kraft $\boldsymbol{k}$ einwirkt, werde von einem Punkt O auf irgendeinem Weg nach einem Punkt P verschoben. Es sei $\boldsymbol{x} = \overrightarrow{OP}$ und φ der[1]) Winkel (im Bogenmaß) zwischen den beiden Vektoren $\boldsymbol{k}$ und $\boldsymbol{x}$ im Punkt O. $|\boldsymbol{k}|$ und $|\boldsymbol{x}|$ seien die Längen der Vektoren $\boldsymbol{k}$ und $\boldsymbol{x}$. Die bei dieser Verschiebung von der Kraft $\boldsymbol{k}$ geleistete Arbeit A lautet dann definitionsgemäß

(605) $$A = |\boldsymbol{x}| \cdot |\boldsymbol{k}| \cdot \cos\varphi \qquad (0 \leq \varphi \leq \pi)$$

Hieraus folgt, daß die Arbeit nicht nur dann gleich Null ist, wenn einer der Vektoren $\boldsymbol{x}$ und $\boldsymbol{k}$ der Nullvektor ist, sondern auch dann, wenn $\boldsymbol{x}$ und $\boldsymbol{k}$ senkrecht aufeinander stehen ($\cos\pi/2 = 0$). Ferner gilt offenbar

$A \geq 0$, wenn $\boldsymbol{k}$ und $\boldsymbol{x}$ einen spitzen Winkel bilden ($0 \leq \varphi \leq \pi/2$)

$A \leq 0$, wenn $\boldsymbol{k}$ und $\boldsymbol{x}$ einen stumpfen Winkel bilden ($\pi/2 < \varphi \leq \pi$).

[1]) Dieser Winkel ist nicht eindeutig bestimmt: Statt φ könnte auch der Winkel $-\varphi$ oder $2\pi - \varphi$ gewählt werden. Da im folgenden aber nur der Cosinus dieses Winkels vorkommt, ist es gleichgültig, welcher von den genannten Winkeln ausgewählt wird (warum?). Wir können etwa φ immer so wählen, daß $0 \leq \varphi \leq \pi$ gilt.

Dieser Begriff der Arbeit ist nun das Modell für die Definition des Skalarproduktes zweier beliebiger Vektoren $\boldsymbol{u}$ und $\boldsymbol{v}$, die einen Winkel φ einschließen mögen ($0 \leq \varphi \leq \pi$). Ihr Skalarprodukt $\boldsymbol{u}\boldsymbol{v}$ soll – wie die Arbeit – kein Vektor, sondern eine reelle Zahl (ein Skalar) sein, nämlich

(606) $\quad \boldsymbol{u}\boldsymbol{v} := |\boldsymbol{u}| \cdot |\boldsymbol{v}| \cos\varphi$

Eine geometrische Ausdeutung dieser Definition zeigt Fig. 38:

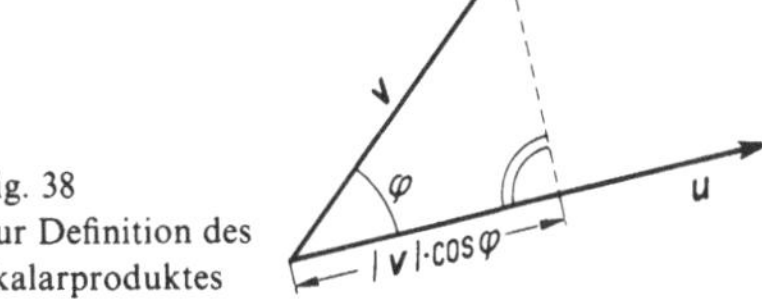

Fig. 38
Zur Definition des Skalarproduktes

$\boldsymbol{u}\boldsymbol{v}$ ist das Produkt der Länge von $\boldsymbol{u}$ mit der Länge der (senkrechten) Projektion von $\boldsymbol{v}$ auf $\boldsymbol{u}$.

Hieraus folgt wieder:
Ist keiner der Vektoren $\boldsymbol{u}, \boldsymbol{v}$ der Nullvektor, so verschwindet $\boldsymbol{u}\boldsymbol{v}$ genau dann, wenn die beiden Vektoren aufeinander senkrecht stehen.

Diese Eigenschaft unterscheidet das Skalarprodukt bei Vektoren wesentlich von der Produktbildung bei Zahlen, wo ein Produkt nur dann gleich Null ist, wenn einer der Faktoren verschwindet.

Aus der Definition (606) ergeben sich weiter folgende wichtigen Eigenschaften des Skalarproduktes:

(607) $\quad \boldsymbol{u}\boldsymbol{v} = \boldsymbol{v}\boldsymbol{u} \quad$ (Kommutativität)

(608) $\quad (a\boldsymbol{u})\boldsymbol{v} = a(\boldsymbol{u}\boldsymbol{v}) \quad$ ($a \in \mathbf{R}$)

(609) $\quad \boldsymbol{u}(\boldsymbol{v} + \boldsymbol{w}) = \boldsymbol{u}\boldsymbol{v} + \boldsymbol{u}\boldsymbol{w} \quad$ (Distributivität)

(610) $\quad \boldsymbol{u}^2 := \boldsymbol{u}\boldsymbol{u} = |\boldsymbol{u}|^2 \quad$ oder $\quad |\boldsymbol{u}| = \sqrt{\boldsymbol{u}^2}$

(611) $\quad |\boldsymbol{u}\boldsymbol{v}| \leq |\boldsymbol{u}| \cdot |\boldsymbol{v}|$

Hier ist nur die Formel (608) für $a < 0$ und das Distributivgesetz (609) nicht ganz evident. Wir verzichten jedoch auf den Beweis.

Bemerkung: Da das Skalarprodukt zweier Vektoren eine Zahl ist, läßt es sich für mehr als zwei Faktoren nicht definieren. Daher hat zwar $\boldsymbol{u}^2 = \boldsymbol{u}\boldsymbol{u}$ einen Sinn, nicht jedoch $\boldsymbol{u}^3$, $\boldsymbol{u}^4$ usw.

Es folgen einige Anwendungen des Skalarprodukts in der Geometrie.

Beispiele. **a)** Gleichung der Ebene E, die durch den Punkt P geht und auf dem Vektor $\boldsymbol{a}$ senkrecht steht. Nach Wahl eines Nullpunktes O sei $\boldsymbol{b} := \overrightarrow{OP}$. Der Endpunkt eines Vektors $\boldsymbol{x} = \overrightarrow{OX}$ liegt genau dann auf der Ebene E, wenn gilt

(612) $\quad \boldsymbol{a}(\boldsymbol{x} - \boldsymbol{b}) = 0$

Dies ist die gewünschte Ebenengleichung.

b) Gleichung der Kugel K mit Mittelpunkt P und Radius r. Nach Festlegung des Nullpunktes O wird $\boldsymbol{a} := \overrightarrow{OP}$ gesetzt. Der Endpunkt des Vektors $\boldsymbol{x} = \overrightarrow{OX}$ liegt genau dann auf der Kugel K, wenn gilt (vgl. (610))

(613) $\qquad (\boldsymbol{x} - \boldsymbol{a})^2 = r^2$

c) Der Cosinussatz der ebenen Trigonometrie.

Es sei ein Dreieck mit den Ecken O, A, B gegeben. Wir setzen (vgl. Fig. 39)

$$\boldsymbol{a} := \overrightarrow{OA}, \quad \boldsymbol{b} := \overrightarrow{AB}, \quad \boldsymbol{c} := \overrightarrow{OB}$$
$$|\boldsymbol{a}| = a, \quad |\boldsymbol{b}| = b, \quad |\boldsymbol{c}| = c$$

Ist φ der Winkel zwischen $\boldsymbol{a}$ und $\boldsymbol{b}$ $(0 \leq \varphi \leq \pi)$, so ergibt sich für den Innenwinkel γ im Punkt A

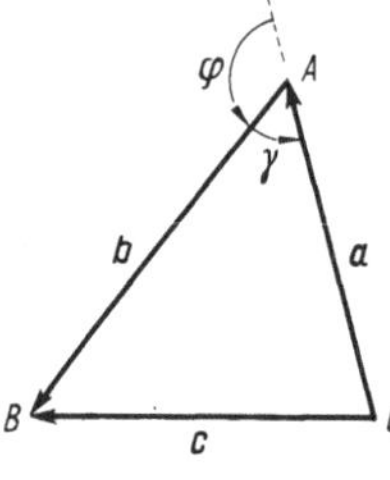

Fig. 39
Zur Herleitung des Cosinussatzes

$$\gamma = \pi - \varphi$$

Offenbar gilt nun

$$\boldsymbol{c} = \boldsymbol{a} + \boldsymbol{b}$$

und nach (609), (607) berechnet man

$$c^2 = (\boldsymbol{a} + \boldsymbol{b})(\boldsymbol{a} + \boldsymbol{b}) = (\boldsymbol{a} + \boldsymbol{b})\boldsymbol{a} + (\boldsymbol{a} + \boldsymbol{b})\boldsymbol{b}$$
$$= \boldsymbol{a}^2 + \boldsymbol{b}\boldsymbol{a} + \boldsymbol{a}\boldsymbol{b} + \boldsymbol{b}^2 = \boldsymbol{a}^2 + 2\boldsymbol{a}\boldsymbol{b} + \boldsymbol{b}^2$$

oder $\qquad c^2 = a^2 + b^2 + 2ab\cos\varphi$

Wegen $\cos\varphi = \cos(\pi - \gamma) = -\cos(-\gamma) = -\cos\gamma$ (vgl. (78)) folgt daraus der sog. Cosinussatz:

(614) $\qquad c^2 = a^2 + b^2 - 2ab\cos\gamma$

der es gestattet, die dritte Seite eines Dreiecks zu berechnen, wenn die zwei anderen Seiten und der von ihnen eingeschlossene Winkel bekannt sind. Ein Spezialfall von (614) ist für $\gamma = \pi/2$ der Satz von Pythagoras ($\cos\pi/2 = 0$). Ferner ergibt sich aus (614)

$$c \leq \sqrt{a^2 + b^2 + 2ab} = a + b$$

Das ist die wichtige Dreiecksungleichung für beliebige Vektoren $\boldsymbol{a}$, $\boldsymbol{b}$:

(615) $\qquad |\boldsymbol{a} + \boldsymbol{b}| \leq |\boldsymbol{a}| + |\boldsymbol{b}|$

4.1.5. Das Vektorprodukt (äußere Produkt). Wie bereits in Abschnitt 4.1.4 erwähnt, kann das Drehmoment einer Kraft als Motivation für die Definition des Vektorprodukts dienen.

Ein Körper sei um einen festen Punkt O drehbar, und im Punkt P dieses Körpers greife eine Kraft $\boldsymbol{k}$ an. Wir setzen $\boldsymbol{r} := \overrightarrow{OP}$ und bezeichnen den Winkel zwischen $\boldsymbol{k}$ und $\boldsymbol{r}$ mit φ $(0 \leq \varphi \leq \pi)$. Dann lautet die Größe m des Drehmoments von $\boldsymbol{k}$ bezüglich O (m = Kraft mal Hebelarm)

(616) $m = |\boldsymbol{r}| \cdot |\boldsymbol{k}| \cdot \sin \varphi$

Damit ist aber das Drehmoment selbst noch nicht vollständig beschrieben: Weder der durch die Kraft bewirkte Drehsinn noch die Drehachse werden durch (616) zum Ausdruck gebracht, da m lediglich eine nichtnegative reelle Zahl ist. Das naheliegende Ziel, das Drehmoment durch einen Vektor darzustellen, erreicht man durch die Definition des Vektorprodukts, die wir jetzt angeben.

Seien $\boldsymbol{a}$ und $\boldsymbol{b}$ beliebige Vektoren. Der von ihnen eingeschlossene Winkel φ sei so festgelegt, daß $0 \le \varphi \le \pi$ gilt. Das Vektorprodukt $\boldsymbol{a} \times \boldsymbol{b}$ soll ein Vektor sein mit folgenden Eigenschaften:

(617) $\boldsymbol{a} \times \boldsymbol{b}$ *steht senkrecht auf* $\boldsymbol{a}$ *und* $\boldsymbol{b}$

(618) $|\boldsymbol{a} \times \boldsymbol{b}| = |\boldsymbol{a}| \cdot |\boldsymbol{b}| \cdot \sin \varphi$

(619) *Die Vektoren $\boldsymbol{a}, \boldsymbol{b}$ und $\boldsymbol{a} \times \boldsymbol{b}$ bilden in dieser Reihenfolge ein Rechtssystem.*

(619) bedeutet: $\boldsymbol{a} \times \boldsymbol{b}$ weist in die Richtung, in der sich ein auf $\boldsymbol{a}$ und $\boldsymbol{b}$ senkrecht stehender Korkenzieher bei einer Drehung bewegen würde, die $\boldsymbol{a}$ auf dem kürzesten Weg in $\boldsymbol{b}$ überführt (vgl. Fig. 40).

Die Eigenschaft (618) ist leicht auch geometrisch zu interpretieren: $|\boldsymbol{a} \times \boldsymbol{b}|$ ist gerade der Flächeninhalt des von $\boldsymbol{a}$ und $\boldsymbol{b}$ aufgespannten Parallelogramms mit der Grundseite $|\boldsymbol{a}|$ und der Höhe $|\boldsymbol{b}| \cdot \sin \varphi$.

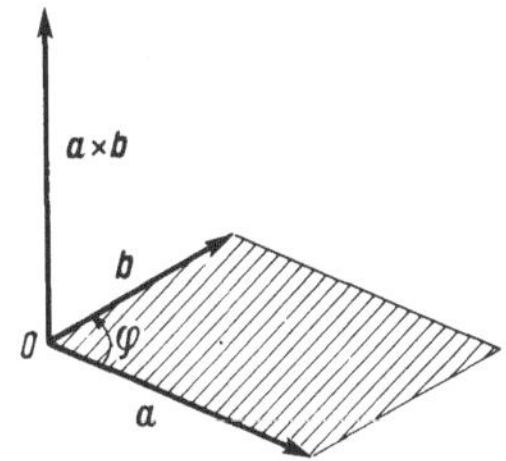

Fig. 40
Zur Definition des Vektorprodukts

Mit dieser Definition läßt sich das oben diskutierte Drehmoment $\boldsymbol{m}$ jetzt vollständig charakterisieren durch die Festsetzung

(620) $\boldsymbol{m} = \boldsymbol{r} \times \boldsymbol{k}$,

denn durch die Eigenschaften (617) und (619) des Vektorprodukts ist damit auch die Drehachse und der Drehsinn eindeutig bestimmt.

Wir geben nun die wesentlichen Rechenregeln für das Vektorprodukt an:

(621) $\boldsymbol{b} \times \boldsymbol{a} = -\boldsymbol{a} \times \boldsymbol{b}$

(622) $(c\boldsymbol{a}) \times \boldsymbol{b} = \boldsymbol{a} \times (c\boldsymbol{b}) = c(\boldsymbol{a} \times \boldsymbol{b}) \quad (c \in \mathbf{R})$

(623) $\left.\begin{aligned} (\boldsymbol{a}+\boldsymbol{b}) \times \boldsymbol{c} &= \boldsymbol{a} \times \boldsymbol{c} + \boldsymbol{b} \times \boldsymbol{c} \\ \boldsymbol{c} \times (\boldsymbol{a}+\boldsymbol{b}) &= \boldsymbol{c} \times \boldsymbol{a} + \boldsymbol{c} \times \boldsymbol{b} \end{aligned}\right\}$ (Distributivität)

(624) *$\boldsymbol{a} \times \boldsymbol{b}$ ist genau dann der Nullvektor $\boldsymbol{O}$, wenn $\boldsymbol{a}$ oder $\boldsymbol{b}$ gleich $\boldsymbol{O}$ ist, oder wenn $\boldsymbol{a}$ und $\boldsymbol{b}$ parallel sind (d.h. gleich oder entgegengesetzt gerichtet sind: $\varphi = 0$ oder π).*

Speziell gilt für alle Vektoren $\boldsymbol{a}$

(625) $\boldsymbol{a} \times \boldsymbol{a} = \boldsymbol{O}$

Die Aussagen (624), (625) sind unmittelbare Folgerungen von (618). Ebenso leicht folgt (621) aus der Eigenschaft (619). Der Beweis von (622) sei dem Leser als einfache Übung überlassen. Bezüglich des Distributivgesetzes (623) verweisen wir auf ein Buch über analytische Geometrie, etwa [11], S. 22.

Wir betrachten nun noch einige physikalische Größen, die – wie das Drehmoment einer Kraft – durch ein Vektorprodukt definiert sind:

Beispiele. a) Der Drehimpuls (Drall) eines Massenpunktes. Sei O ein fester Bezugspunkt. Ein Massenpunkt mit der Masse m befinde sich in einem bestimmten Augenblick im Punkt P und besitze die Geschwindigkeit $\boldsymbol{v}$. Wir setzen $\boldsymbol{r} := \overrightarrow{OP}$. Dann lautet der momentane Drehimpuls $\boldsymbol{d}$ des Massenpunktes bzgl. O:

(626) $$\boldsymbol{d} = m(\boldsymbol{r} \times \boldsymbol{v})$$

b) Geschwindigkeit der Massenpunkte eines rotierenden Körpers. Ein starrer Körper rotiere um eine Achse mit konstanter Winkelgeschwindigkeit, die wir nach Abschnitt 4.1.2, Beispiel c) als einen Vektor $\boldsymbol{w}$ auffassen können. O sei ein fester Punkt auf der Drehachse. Für die Geschwindigkeit $\boldsymbol{v}$ im Punkt P des Körpers gilt dann

(627) $$\boldsymbol{v} = \boldsymbol{w} \times \boldsymbol{r} \quad \text{mit} \quad \boldsymbol{r} := \overrightarrow{OP}$$

Daß $\boldsymbol{v}$ nicht von der Wahl des Bezugspunktes O abhängt, zeigt folgende Überlegung: Sei O' ein anderer Punkt auf der Achse. Mit $\boldsymbol{a} = \overrightarrow{O'O}$, $\boldsymbol{s} = \overrightarrow{O'P}$ folgt dann $\boldsymbol{s} = \boldsymbol{a} + \boldsymbol{r}$ und nach (623), (624):

$$\boldsymbol{w} \times \boldsymbol{s} = \boldsymbol{w} \times (\boldsymbol{a} + \boldsymbol{r}) = \underbrace{\boldsymbol{w} \times \boldsymbol{a}}_{=\boldsymbol{o}} + \boldsymbol{w} \times \boldsymbol{r} = \boldsymbol{w} \times \boldsymbol{r}$$

c) Zentrifugalkraft und Corioliskraft. In einem mit der Winkelgeschwindigkeit $\boldsymbol{w}$ gleichförmig rotierenden Bezugssystem (Beispiel: Erde) befinde sich ein Massenpunkt M mit der Masse m im Punkt P. Für einen festen Punkt O auf der Rotationsachse setzen wir $\boldsymbol{r} := \overrightarrow{OP}$. Falls M relativ zum rotierenden System in Ruhe ist, wirkt auf ihn nur die Zentrifugalkraft

(628) $$\boldsymbol{k}_1 = m\,\boldsymbol{w} \times (\boldsymbol{r} \times \boldsymbol{w})$$

Bewegt sich der Massenpunkt M relativ zum rotierenden System mit einer konstanten Geschwindigkeit $\boldsymbol{v}$, so wirkt auf M außer der Zentrifugalkraft $\boldsymbol{k}_1$ noch die sog. Corioliskraft

(629) $$\boldsymbol{k}_2 = 2m(\boldsymbol{v} \times \boldsymbol{w})$$

Beide Kräfte $\boldsymbol{k}_1$ und $\boldsymbol{k}_2$ greifen z. B. an den auf der rotierenden Erde befindlichen Massen an ($1/(2\pi)|\boldsymbol{w}| = 1/(2\pi) \cdot 0{,}7292 \cdot 10^{-4}$ Umdrehungen pro Sekunde), und ihre Wirkungen spielen in der Meteorologie und Geologie eine große Rolle. So ist z. B. die Corioliskraft verantwortlich für die Entstehung von Zyklonen und für gewisse Erosionserscheinungen an Flußufern.

Bemerkung. Der Leser prüfe nach, daß $\boldsymbol{k}_1$ nicht von der Wahl des Punktes O auf der Achse abhängt, und stelle die Richtungen der Kräfte $\boldsymbol{k}_1$ und $\boldsymbol{k}_2$ fest.

Während das Skalarprodukt nur für zwei Faktoren definiert ist, können beim Vektorprodukt, wie in (628), durchaus mehr als zwei Faktoren auftreten. Dabei ist zu beachten, daß das Assoziativgesetz nicht gilt: Im allgemeinen ist

(630) $\boldsymbol{a}\times(\boldsymbol{b}\times\boldsymbol{c}) \neq (\boldsymbol{a}\times\boldsymbol{b})\times\boldsymbol{c}$

Denn der linke Vektor liegt in der von $\boldsymbol{b}$ und $\boldsymbol{c}$ aufgespannten Ebene (oder ist $\boldsymbol{O}$, falls $\boldsymbol{b}\times\boldsymbol{c} = \boldsymbol{O}$ ist), und der rechte Vektor liegt in der von $\boldsymbol{a}$ und $\boldsymbol{b}$ aufgespannten Ebene (oder ist $\boldsymbol{O}$, falls $\boldsymbol{a}\times\boldsymbol{b} = \boldsymbol{O}$ ist).

Neben diesem dreifachen Vektorprodukt braucht man verschiedentlich auch das gemischte Produkt oder Spatprodukt

(631) $\boldsymbol{a}(\boldsymbol{b}\times\boldsymbol{c})$

d.h., das Skalarprodukt von $\boldsymbol{a}$ und $\boldsymbol{b}\times\boldsymbol{c}$. Für Einzelheiten sei auf [11], S.22f., verwiesen.

4.1.6. Vektorrechnung in einem kartesischen Koordinatensystem. Bereits in Abschnitt 4.1.2 wurde festgestellt, daß nach Festlegung eines Koordinatensystems die Vektoren mit den Punkten und diese mit den reellen Zahlentripeln gleichgesetzt werden können. Nun stellen wir uns die Aufgabe, die für Vektoren eingeführten Rechenoperationen und die dafür gültigen Rechenregeln auf das Rechnen mit den als Vektoren aufgefaßten Zahlentripeln zu übertragen.

Wir wählen ein kartesisches (rechtwinkliges) Koordinatensystem mit x_1-Achse, x_2-Achse und x_3-Achse, die in dieser Reihenfolge ein Rechtssystem (vgl. (619)) bilden sollen. Die Einheitspunkte auf den Achsen seien E_1, E_2, E_3 (vgl. Fig. 41). Dann sind die Vektoren

(632) $\boldsymbol{e}_1 := \overrightarrow{OE_1}, \quad \boldsymbol{e}_2 := \overrightarrow{OE_2}, \quad \boldsymbol{e}_3 := \overrightarrow{OE_3}$

sog. Einheitsvektoren, d.h., sie haben die Länge 1:

(633) $\boldsymbol{e}_1^2 = \boldsymbol{e}_2^2 = \boldsymbol{e}_3^2 = 1$

Außerdem stehen sie paarweise aufeinander senkrecht:

(634) $\boldsymbol{e}_1\boldsymbol{e}_2 = \boldsymbol{e}_1\boldsymbol{e}_3 = \boldsymbol{e}_2\boldsymbol{e}_3 = 0$

Da die Vektoren $\boldsymbol{e}_1, \boldsymbol{e}_2, \boldsymbol{e}_3$ ein Rechtssystem bilden, ergibt sich aus der Definition des Vektorprodukts ferner

(635) $\boldsymbol{e}_1\times\boldsymbol{e}_2 = \boldsymbol{e}_3, \quad \boldsymbol{e}_2\times\boldsymbol{e}_3 = \boldsymbol{e}_1, \quad \boldsymbol{e}_3\times\boldsymbol{e}_1 = \boldsymbol{e}_2$

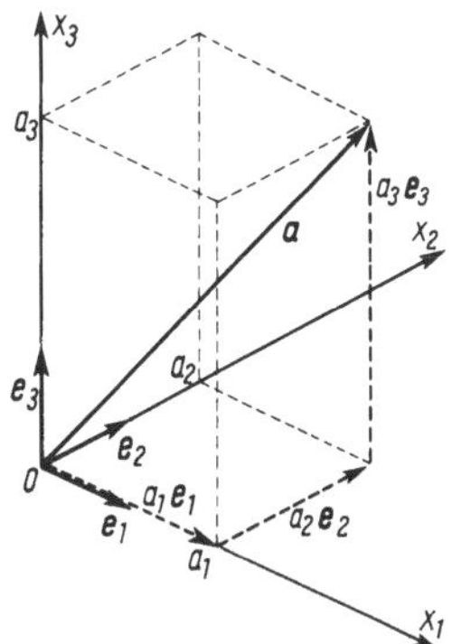

Fig. 41
Die Koordinatendarstellung eines Vektors

$$\boldsymbol{a} = a_1\boldsymbol{e}_1 + a_2\boldsymbol{e}_2 + a_3\boldsymbol{e}_3 = \begin{bmatrix} a_1 \\ a_2 \\ a_3 \end{bmatrix}$$

In dem festgelegten Koordinatensystem wird nun jeder Vektor durch genau ein Zahlentripel beschrieben. Aus Fig. 41 ist sogar folgende weitergehende Aussage abzulesen:

(636) *Zu einem beliebigen Vektor* $\boldsymbol{a}$ *gibt es eindeutig bestimmte Zahlen* $a_1, a_2, a_3 \in \mathbf{R}$ *mit der Eigenschaft*

(a) $\boldsymbol{a} = a_1\boldsymbol{e}_1 + a_2\boldsymbol{e}_2 + a_3\boldsymbol{e}_3$

Wir nennen a_1, a_2, a_3 *die Koordinaten des Vektors* $\boldsymbol{a}$ *und schreiben als Abkürzung für die Darstellung* (a)

(b) $\boldsymbol{a} = \begin{bmatrix} a_1 \\ a_2 \\ a_3 \end{bmatrix}$

Zum Beispiel haben die Vektoren $\boldsymbol{e}_1, \boldsymbol{e}_2, \boldsymbol{e}_3$ die Koordinatendarstellungen

$$\boldsymbol{e}_1 = \begin{bmatrix} 1 \\ 0 \\ 0 \end{bmatrix}, \quad \boldsymbol{e}_2 = \begin{bmatrix} 0 \\ 1 \\ 0 \end{bmatrix}, \quad \boldsymbol{e}_3 = \begin{bmatrix} 0 \\ 0 \\ 1 \end{bmatrix}$$

Auf die als Spalten geschriebenen reellen Zahlentripel (b) übertragen wir jetzt die Vektorrechnung:

Sei $\boldsymbol{a} = \begin{bmatrix} a_1 \\ a_2 \\ a_3 \end{bmatrix}, \quad \boldsymbol{b} = \begin{bmatrix} b_1 \\ b_2 \\ b_3 \end{bmatrix}$ und $c \in \mathbf{R}$

Dann gilt:

(637) (638) $\boldsymbol{a} \pm \boldsymbol{b} = \begin{bmatrix} a_1 \pm b_1 \\ a_2 \pm b_2 \\ a_3 \pm b_3 \end{bmatrix} \qquad c\,\boldsymbol{a} = \begin{bmatrix} c\,a_1 \\ c\,a_2 \\ c\,a_3 \end{bmatrix}$

(639) (640) $\boldsymbol{a}\,\boldsymbol{b} = a_1 b_1 + a_2 b_2 + a_3 b_3 \qquad \boldsymbol{a} \times \boldsymbol{b} = \begin{bmatrix} a_2 b_3 - a_3 b_2 \\ a_3 b_1 - a_1 b_3 \\ a_1 b_2 - a_2 b_1 \end{bmatrix}$

Beweis: Die Voraussetzung bedeutet

$$\boldsymbol{a} = a_1 \boldsymbol{e}_1 + a_2 \boldsymbol{e}_2 + a_3 \boldsymbol{e}_3, \quad \boldsymbol{b} = b_1 \boldsymbol{e}_1 + b_2 \boldsymbol{e}_2 + b_3 \boldsymbol{e}_3$$

Daraus folgt sofort

$$\boldsymbol{a} \pm \boldsymbol{b} = (a_1 \pm b_1)\boldsymbol{e}_1 + (a_2 \pm b_2)\boldsymbol{e}_2 + (a_3 \pm b_3)\boldsymbol{e}_3$$
$$c\,\boldsymbol{a} = (c\,a_1)\boldsymbol{e}_1 + (c\,a_2)\boldsymbol{e}_2 + (c\,a_3)\boldsymbol{e}_3$$

Nach (636), (a) und (b) sind dies gerade die Behauptungen (637), (638). Um (639) nachzuweisen, braucht man nur das folgende Produkt gliedweise auszumultiplizieren – was nach (608), (609) erlaubt ist – und die Orthogonalitätsbeziehungen (633) und (634) zu benutzen. Es folgt

$$\begin{aligned} \boldsymbol{a}\,\boldsymbol{b} &= (a_1 \boldsymbol{e}_1 + a_2 \boldsymbol{e}_2 + a_3 \boldsymbol{e}_3)(b_1 \boldsymbol{e}_1 + b_2 \boldsymbol{e}_2 + b_3 \boldsymbol{e}_3) \\ &= a_1 b_1 \boldsymbol{e}_1^2 + a_1 b_2 \boldsymbol{e}_1 \boldsymbol{e}_2 + a_1 b_3 \boldsymbol{e}_1 \boldsymbol{e}_3 + a_2 b_1 \boldsymbol{e}_2 \boldsymbol{e}_1 + a_2 b_2 \boldsymbol{e}_2^2 + \\ &\quad + a_2 b_3 \boldsymbol{e}_2 \boldsymbol{e}_3 + a_3 b_1 \boldsymbol{e}_3 \boldsymbol{e}_1 + a_3 b_2 \boldsymbol{e}_3 \boldsymbol{e}_2 + a_3 b_3 \boldsymbol{e}_3^2 \\ &= a_1 b_1 + a_2 b_2 + a_3 b_3 \end{aligned}$$

Zum Beweis von (640) beachten wir (625) und (635). Da nach (622), (623) auch beim Vektorprodukt gliedweise ausmultipliziert werden darf, ergibt sich unter Einhaltung der Reihenfolge der Vektoren in den Produkten (keine Kommutativität!) und anschließender Verwendung von (621):

$$\begin{aligned} \boldsymbol{a} \times \boldsymbol{b} &= (a_1 \boldsymbol{e}_1 + a_2 \boldsymbol{e}_2 + a_3 \boldsymbol{e}_3) \times (b_1 \boldsymbol{e}_1 + b_2 \boldsymbol{e}_2 + b_3 \boldsymbol{e}_3) \\ &= a_1 b_1 \boldsymbol{e}_1 \times \boldsymbol{e}_1 + a_1 b_2 \boldsymbol{e}_1 \times \boldsymbol{e}_2 + a_1 b_3 \boldsymbol{e}_1 \times \boldsymbol{e}_3 + a_2 b_1 \boldsymbol{e}_2 \times \boldsymbol{e}_1 + a_2 b_2 \boldsymbol{e}_2 \times \boldsymbol{e}_2 \\ &\quad + a_2 b_3 \boldsymbol{e}_2 \times \boldsymbol{e}_3 + a_3 b_1 \boldsymbol{e}_3 \times \boldsymbol{e}_1 + a_3 b_2 \boldsymbol{e}_3 \times \boldsymbol{e}_2 + a_3 b_3 \boldsymbol{e}_3 \times \boldsymbol{e}_3 \\ &= (a_2 b_3 - a_3 b_2)\boldsymbol{e}_1 + (a_3 b_1 - a_1 b_3)\,\boldsymbol{e}_2 + (a_1 b_2 - a_2 b_1)\boldsymbol{e}_3 \end{aligned}$$

Das ist die Behauptung (640).

Aus (639) folgt für $\boldsymbol{b} = \boldsymbol{a}$ speziell

$$\boldsymbol{a}^2 = a_1^2 + a_2^2 + a_3^2$$

und aus (610) somit folgender Koordinatenausdruck für die Länge eines Vektors[1]):

(641) *Für* $\boldsymbol{a} = \begin{bmatrix} a_1 \\ a_2 \\ a_3 \end{bmatrix}$ *ist* $|\boldsymbol{a}| = \sqrt{a_1^2 + a_2^2 + a_3^2}$

Nun läßt sich auch leicht der Winkel zwischen zwei gegebenen Vektoren bestimmen:

Seien $\boldsymbol{a} = \begin{bmatrix} a_1 \\ a_2 \\ a_3 \end{bmatrix}$, $\boldsymbol{b} = \begin{bmatrix} b_1 \\ b_2 \\ b_3 \end{bmatrix}$ von $\boldsymbol{O}$ verschiedene Vektoren, und φ der Winkel zwischen $\boldsymbol{a}$ und $\boldsymbol{b}$, der durch die Forderung $0 \leq \varphi \leq \pi$ eindeutig definiert ist. Dann gilt

(642) $$\cos\varphi = \frac{a_1 b_1 + a_2 b_2 + a_3 b_3}{\sqrt{a_1^2 + a_2^2 + a_3^2} \cdot \sqrt{b_1^2 + b_2^2 + b_3^2}},$$

woraus φ aufgrund von (456) berechnet werden kann. Die Formel (642) folgt mit (639) und (641) direkt aus der Definition (606) des Skalarproduktes.

Wir behandeln nun einige Anwendungsbeispiele für das Rechnen mit Koordinatentripeln von Vektoren.

Beispiele. a) Es ist der Abstand d zweier Punkte A und B mit den kartesischen Koordinaten (a_1, a_2, a_3) bzw. (b_1, b_2, b_3) zu bestimmen.

Setzt man $\boldsymbol{a} := \overrightarrow{OA} = \begin{bmatrix} a_1 \\ a_2 \\ a_3 \end{bmatrix}$ und $\boldsymbol{b} := \overrightarrow{OB} = \begin{bmatrix} b_1 \\ b_2 \\ b_3 \end{bmatrix}$

so gilt offenbar

$$d = |\boldsymbol{b} - \boldsymbol{a}|$$

also nach (637) und (641)

(643) $$d = \sqrt{(b_1 - a_1)^2 + (b_2 - a_2)^2 + (b_3 - a_3)^2}$$

b) Welchen Winkel schließen die Vektoren

$$\begin{bmatrix} 5 \\ 4 \\ 2 \end{bmatrix} \quad \text{und} \quad \begin{bmatrix} -3 \\ -2 \\ 1 \end{bmatrix}$$

ein? Für den gesuchten Winkel φ $(0 \leq \varphi \leq \pi)$ erhält man nach (642)

$$\cos\varphi = \frac{-15 - 8 + 2}{\sqrt{45} \cdot \sqrt{14}} = -\frac{7}{\sqrt{70}} = -0{,}83666$$

also $$\varphi = \arccos(-0{,}83666) = 2{,}5620 \qquad (\hat{=}\ 146{,}789^\circ)$$

---

[1]) Dieses Ergebnis erhält man auch direkt mit Hilfe des Satzes von Pythagoras.

c) Gleichung der Ebene E, die durch den Punkt $P=(p_1, p_2, p_3)$ geht und von den Vektoren

$$\boldsymbol{a}=\begin{bmatrix}a_1\\a_2\\a_3\end{bmatrix} \quad \text{und} \quad \boldsymbol{b}=\begin{bmatrix}b_1\\b_2\\b_3\end{bmatrix} \quad \text{mit} \quad \boldsymbol{a}\times\boldsymbol{b}\neq\boldsymbol{O}$$

aufgespannt wird.

Wir setzen $\boldsymbol{p}:=\overrightarrow{OP}=\begin{bmatrix}p_1\\p_2\\p_3\end{bmatrix}$. Da $\boldsymbol{a}\times\boldsymbol{b}$ auf E senkrecht steht, gilt für die Vektoren $\boldsymbol{x}=\begin{bmatrix}x_1\\x_2\\x_3\end{bmatrix}$, deren Endpunkte auf E liegen, nach (612):

(644) $\quad (\boldsymbol{a}\times\boldsymbol{b})\,(\boldsymbol{x}-\boldsymbol{p})=0.$

Das bedeutet nach (637), (639), (640) folgende Gleichung für die Koordinaten x_1, x_2, x_3 von $\boldsymbol{x}$:

(645) $$\begin{aligned}&(a_2 b_3 - a_3 b_2)(x_1 - p_1) + (a_3 b_1 - a_1 b_3)(x_2 - p_2) + \\ &\quad + (a_1 b_2 - a_2 b_1)(x_3 - p_3) = 0\end{aligned}$$

Zahlenbeispiel: Für

$$\boldsymbol{p}=\begin{bmatrix}0\\0\\1\end{bmatrix}, \quad \boldsymbol{a}=\begin{bmatrix}-1\\0\\2\end{bmatrix}, \quad \boldsymbol{b}=\begin{bmatrix}1\\1\\0\end{bmatrix}$$

lautet die Gleichung (645)

$$-2x_1+2x_2-x_3+1=0$$

Sie wird von genau den Punkten (x_1, x_2, x_3) erfüllt, die auf E liegen.

d) Der Flächeninhalt F des Dreiecks mit den Eckpunkten $A=(a_1, a_2, a_3)$, $B=(b_1, b_2, b_3)$ und $C=(c_1, c_2, c_3)$.

Sei $$\boldsymbol{a}:=\overrightarrow{OA}=\begin{bmatrix}a_1\\a_2\\a_3\end{bmatrix}, \quad \boldsymbol{b}:=\overrightarrow{OB}=\begin{bmatrix}b_1\\b_2\\b_3\end{bmatrix}, \quad \boldsymbol{c}:=\overrightarrow{OC}=\begin{bmatrix}c_1\\c_2\\c_3\end{bmatrix}$$

Dann ist F der halbe Inhalt des von $\boldsymbol{b}-\boldsymbol{a}$ und $\boldsymbol{c}-\boldsymbol{a}$ aufgespannten Parallelogramms (Skizze!). Somit gilt nach S. 179

(646) $$F=\frac{1}{2}\,|(\boldsymbol{b}-\boldsymbol{a})\times(\boldsymbol{c}-\boldsymbol{a})|$$

Dazu wieder ein Zahlenbeispiel:

$$\boldsymbol{a}=\begin{bmatrix}0\\0\\0\end{bmatrix}, \quad \boldsymbol{b}=\begin{bmatrix}1\\2\\3\end{bmatrix}, \quad \boldsymbol{c}=\begin{bmatrix}-1\\1\\4\end{bmatrix}$$

Es folgt

$$b \times c = \begin{bmatrix} 5 \\ -7 \\ 3 \end{bmatrix}, \quad F = \frac{1}{2}|b \times c| = \frac{1}{2}\sqrt{25+49+9} = \frac{\sqrt{83}}{2}$$

e) Die Koordinaten der Einheitsvektoren. Sei $e = \begin{bmatrix} e_1 \\ e_2 \\ e_3 \end{bmatrix}$ ein Einheitsvektor, d.h., $|e| = 1$ und φ_k sei der Winkel zwischen dem Basisvektor e_k (vgl. (632)) und e $(k = 1, 2, 3)$. Dann gilt

(647) $\quad e_k = \cos\varphi_k \quad (k = 1, 2, 3)$

Denn z. B. für $e_1 = \begin{bmatrix} 1 \\ 0 \\ 0 \end{bmatrix}$ folgt aus (606) und (639)

$e_1 = e_1 e = |e_1| \cdot |e| \cos\varphi_1 = \cos\varphi_1$

Eine Folgerung aus (647) ist wegen $e^2 = 1$:

(648) $\quad \cos^2\varphi_1 + \cos^2\varphi_2 + \cos^2\varphi_3 = 1$

Übungsaufgaben. 109. In einer Ebene mit rechtwinkligem (x, y)-Koordinatensystem bewege sich ein Massenpunkt, dessen Koordinaten $(x(t), y(t))$ zur Zeit t wie folgt lauten:

a) $(1, t+1)$ b) $(t, -2t)$ c) $(t^2, -t)$ d) (t^2, t^3) e) $(\cos t, \sin t)$
f) $(2\cos t, \sin t)$ g) $(e^{-t}\cos t, e^{-t}\sin t)$ h) $(a\cosh t, b\sinh t)$

Man skizziere in jedem einzelnen Fall die Kurve in der (x, y)-Ebene, welche der Massenpunkt für $0 \leq t < \infty$ einmal oder wiederholt durchläuft.

110. Ein Massenpunkt, der sich in einem rechtwinkligen (x, y, z)-Koordinatensystem bewegt, befinde sich zur Zeit t $(t \in \mathbf{R})$ in dem Punkt mit den Koordinaten $(a = \text{const})$:

a) $(t, at, 3t)$ b) $(a\sin t, \sqrt{1-a^2}\sin t, \cos t)$, $|a| < 1$ c) $(\cos t, \sin t, at)$

Man zeige, daß sich der Massenpunkt im Falle a) auf einer Geraden und im Falle b) auf einem Kreis bewegt. Die im Falle c) entstehende Bewegungsfigur heißt Schreibenlinie. Skizzen für $a = \pm 1$ in den Fällen a) und c) und für $a = 0, \sqrt{2}/2$ im Fall b)!

111.* Man bestimme den Abstand der Punktepaare, deren Koordinaten in einem kartesischen Koordinatensystem wie folgt lauten:

a) $(1, 0, 3)$ und $(-3, 2, 4)$ b) $(0, 0, 1)$ und $(1/2\cos\varphi, 1/2\sin\varphi, \sqrt{3}/2)$, $\varphi = \text{const}$
c) $(t, -t, 3+2t)$ und $(1, t, -t)$

Für welches $t \in \mathbf{R}$ ist im Falle c) der Abstand am kleinsten?

112.* Für die in 111 angegebenen Punktepaare (A, B) bestimme man

a) den Mittelpunkt der Strecke $\overline{AB}$

b) den Punkt, der die Strecke $\overline{AB}$ im Verhältnis 1 : 2 teilt.

113.* Welche der folgenden Vektorpaare bestehen aus zueinander senkrechten Vektoren?

a) $\begin{bmatrix} 1 \\ 2 \\ 3 \end{bmatrix}$ und $\begin{bmatrix} -1 \\ 5 \\ -3 \end{bmatrix}$ b) $\begin{bmatrix} 1 \\ \sin\varphi \\ \cos\varphi \end{bmatrix}$ und $\begin{bmatrix} 0 \\ \cos\varphi \\ -\sin\varphi \end{bmatrix}$ c) $\begin{bmatrix} 2 \\ 0 \\ 3 \end{bmatrix}$ und $\begin{bmatrix} 4 \\ 6 \\ -3 \end{bmatrix}$

d) $\begin{bmatrix} \cos\alpha\cos\beta \\ -\sin\alpha\cos\beta \\ \sin\beta \end{bmatrix}$ und $\begin{bmatrix} \cos\alpha\sin\beta \\ -\sin\alpha\sin\beta \\ -\cos\beta \end{bmatrix}$

114.* Durch die Punkte $A=(1,1,1)$, $B=(0,3,2)$, $C=(6,5,8)$, $D=(4,1,6)$ werden die Geraden AB, AC, AD, BC, BD, CD festgelegt. Gibt es darunter zwei parallele Geraden?

115.* Welche geometrische Figur beschreiben die Endpunkte X der Vektoren $\boldsymbol{x}=\overrightarrow{OX}$, die der Gleichung $\boldsymbol{a}\boldsymbol{x}=c\cdot|\boldsymbol{x}|$ genügen ($\boldsymbol{a}$ = fester Vektor, c = feste reelle Zahl)?

116. Durch die Gleichung

$$ax+by+cz=d \qquad (a,b,c,d \text{ Konstanten, } c\neq 0)$$

werden die Punkte (x,y,z) einer Ebene E im kartesischen (x,y,z)-Koordinatensystem beschrieben. Man zeige, daß der Vektor $\begin{bmatrix} a \\ b \\ c \end{bmatrix}$ auf E senkrecht steht.

117. Man zeige: Das Dreieck ABC, dessen Eckpunkte in einem rechtwinkligen (x_1, x_2)-Koordinatensystem durch $A=(a_1,a_2)$, $B=(b_1,b_2)$, $C=(c_1,c_2)$ gegeben sind, hat den Flächeninhalt

$$F=\frac{1}{2}\cdot|(b_1-a_1)(c_2-a_2)-(b_2-a_2)(c_1-a_1)|$$

A n l e i t u n g: Man formuliere die Aufgabe als dreidimensionales Problem und benutze (646).

118. Die Vektoren $\boldsymbol{a}$, deren dritte Koordinate in einem kartesischen (x_1, x_2, x_3)-Koordinatensystem verschwindet:

$$\boldsymbol{a}=\begin{bmatrix} a_1 \\ a_2 \\ 0 \end{bmatrix}$$

liegen in der (x_1, x_2)-Ebene und können als zweidimensionale Vektoren durch die Zuordnung

$$\begin{bmatrix} a_1 \\ a_2 \\ 0 \end{bmatrix} \leftrightarrow \begin{bmatrix} a_1 \\ a_2 \end{bmatrix} \tag{649}$$

mit den reellen Zahlenpaaren identifiziert werden. Mittels (649) übertrage man alle Vektoroperationen mit Ausnahme des Vektorprodukts auf zweidimensionale Vektoren. Man bestimme ferner die Gleichung der Geraden in der (x_1, x_2)-Ebene, die durch den Punkt $P=(p_1,p_2)$ geht und auf dem Vektor $\boldsymbol{b}=\begin{bmatrix} b_1 \\ b_2 \end{bmatrix}$ senkrecht steht.

119.* Ein Massenpunkt M der Masse m (in g) rotiere um eine durch O gehende Achse mit der Winkelgeschwindigkeit $\boldsymbol{w} = \begin{bmatrix} 1 \\ 1 \\ 1 \end{bmatrix}$ (gemessen in s^{-1}). Seine Bahnkurve enthalte den Punkt $(1,0,0)$. Man bestimme den Betrag $|\boldsymbol{k}|$ der auf M wirkenden Zentrifugalkraft $\boldsymbol{k}$ und den Betrag $|\boldsymbol{v}|$ der Umfangsgeschwindigkeit $\boldsymbol{v}$ von M.

120. Man beweise den Sinussatz der ebenen Trigonometrie: Für ein Dreieck mit den Seiten a, b, c und den entsprechenden Gegenwinkeln α, β, γ gilt

$$\frac{a}{b} = \frac{\sin\alpha}{\sin\beta}, \quad \frac{a}{c} = \frac{\sin\alpha}{\sin\gamma}, \quad \frac{b}{c} = \frac{\sin\beta}{\sin\gamma}$$

Anleitung: Man multipliziere die bei der Herleitung des Cosinussatzes, S. 178, erhaltene Gleichung $\boldsymbol{c} = \boldsymbol{a} + \boldsymbol{b}$ der Reihe nach vektoriell mit $\boldsymbol{c}, \boldsymbol{b}, \boldsymbol{a}$.

121.* Gegeben sei ein fester Vektor $\boldsymbol{a} \neq \boldsymbol{O}$. Man zerlege den beliebigen Vektor $\boldsymbol{x}$ in eine Summe $\boldsymbol{x} = \boldsymbol{y} + \boldsymbol{z}$, so daß $\boldsymbol{y}$ parallel zu $\boldsymbol{a}$ und $\boldsymbol{z}$ senkrecht zu $\boldsymbol{a}$ ist.

Anleitung: Man benutze die geometrische Bedeutung des Skalarprodukts.

4.2. Lineare Abbildungen und Matrizen

4.2.1. Abbildungen von Punktmengen. Wir betrachten eine Teilmenge M der Punkte des Anschauungsraumes, der mit U bezeichnet werde. M kann zum Beispiel aus den Punkten einer Geraden oder einer Ebene bestehen, ebenso aus dem Innern eines Würfels oder einer Kugel. Eine Abbildung f von M in U ist eine Vorschrift, die jedem Punkt $P \in M$ auf eindeutige Weise einen Punkt $f(P) \in U$ zuordnet:

(650) $\qquad f: P \mapsto f(P) \in U \quad (P \in M)$

Diese Definition ist offensichtlich eine Verallgemeinerung des Begriffs der Funktion einer reellen Veränderlichen, wo Definitionsbereich M und Bildbereich U aus Zahlen statt aus Punkten bestehen.

Einfachste Beispiele sind:

a) die konstante Abbildung:

$$P \mapsto C = \text{fester Punkt aus } U \; (P \in M)$$

b) die Translation (vgl. Fig. 32), bei welcher der Bildpunkt $P' = f(P)$ eines beliebigen Punktes $P \in M$ durch die Forderung

(651) $\qquad \overrightarrow{PP'} = \boldsymbol{a} = \text{fest vorgegebener Vektor}$

eindeutig bestimmt ist.

Weniger trivial sind folgende Beispiele:

c) Drehspiegelung: In einem rechtwinkligen (x_1, x_2, x_3)-Koordinatensystem definieren wir die Abbildung f von $M = U$ in U durch Hintereinanderschalten einer festen Drehung um die x_3-Achse und der Spiegelung an der (x_1, x_2)-Ebene.

d) Ein Behälter sei mit Wasser gefüllt, das irgendwie in Bewegung ist. M sei die Menge der Raumpunkte, die das Wasser im Zeitpunkt $t = 0$ einnimmt. Dann läßt sich zu jedem Zeitpunkt $t \geq 0$ wie folgt eine Abbildung f_t von M in U definieren: $f_t(P)$ ist der Raumpunkt, in dem sich dasjenige Flüssigkeitsteilchen im Zeitpunkt t befindet, welches zur Zeit $t = 0$ an der Stelle P war. Durch diese Abbildungen f_t wird die Bewegung des Wassers für $t \geq 0$ vollständig beschrieben.

Eine Abbildung f der Gestalt (650) läßt sich auch als Abbildung $\tilde{f}$ von Vektoren statt von Punkten interpretieren. Dazu wird ein beliebiger Punkt als Nullpunkt O gewählt. Dann definieren wir die Abbildung $\tilde{f}$ durch

(652) $\quad \tilde{f}: \overrightarrow{OP} \mapsto \overrightarrow{OP'} \quad$ mit $\quad P' = f(P), \quad P \in M$

Der Definitionsbereich von $\tilde{f}$ ist also die Menge der Vektoren

(653) $\quad \tilde{M} := \{\overrightarrow{OP};\ P \in M\}$

$\tilde{M}$ hängt offenbar von der Wahl von O ab. (Ein anderer Nullpunkt führt im allgemeinen auch zu einer anderen Abbildung $\tilde{f}$). Ist $M = U$ der ganze dreidimensionale Raum, so ist $\tilde{M}$ die Menge aller Vektoren im Raum. Diesen dreidimensionalen Vektorraum bezeichnen wir mit V.

Nun betrachten wir umgekehrt eine Teilmenge N von V und eine Abbildung g von N in V:

(654) $\quad g: \boldsymbol{x} \mapsto g(\boldsymbol{x}) \in V \quad (\boldsymbol{x} \in N)$

Nach Wahl eines Nullpunktes O kann aus dieser Abbildung von Vektoren jetzt eine Abbildung $\hat{g}$ von Punkten gewonnen werden. Sei

(655) $\quad \hat{N} := \{P \in U;\ \overrightarrow{OP} \in N\} \subseteq U$

Dann definieren wir die Abbildung

(656) $\quad \hat{g}: P \mapsto P' \quad (P \in \hat{N})$

wobei der Bildpunkt P' von P durch die Forderung

(657) $\quad g(\overrightarrow{OP}) = \overrightarrow{OP'}$

bestimmt ist. Auch die Abbildung $\hat{g}$ hängt wieder davon ab, welcher Punkt als Nullpunkt O ausgewählt wurde.

Wird nicht nur ein Nullpunkt festgelegt, sondern ein kartesisches (x_1, x_2, x_3)-Koordinatensystem, so können die Vektoren aus V (und ebenso die Punkte aus U) umkehrbar eindeutig den reellen Zahlentripeln gleichgesetzt werden (vgl. (636)) und die Abbildung (654) läßt sich in der Form schreiben:

(658) $$g: \begin{bmatrix} x_1 \\ x_2 \\ x_3 \end{bmatrix} \mapsto \begin{bmatrix} g_1(x_1, x_2, x_3) \\ g_2(x_1, x_2, x_3) \\ g_3(x_1, x_2, x_3) \end{bmatrix}$$

Dabei sind g_1, g_2, g_3 reelle Funktionen, die in einem durch N festgelegten Bereich der drei unabhängigen Variablen x_1, x_2, x_3 definiert sind. Entsprechendes gilt für die Abbildung (650), die durch Funktionen f_1, f_2, f_3 der drei Veränderlichen x_1, x_2, x_3 beschrieben wird.

Als Beispiele bestimmen wir die Koordinatendarstellung der oben angegebenen Abbildungen a), b), c). Die in Spaltenform geschriebenen Zahlentripel können dabei als Punkte oder Vektoren aufgefaßt werden:

Wird im Beispiel a) $\dot{C}$ als Koordinatenursprung gewählt, so lautet die Abbildung

$$(659) \qquad \begin{bmatrix} x_1 \\ x_2 \\ x_3 \end{bmatrix} \mapsto \begin{bmatrix} 0 \\ 0 \\ 0 \end{bmatrix}$$

Die Translation b) schreibt sich nach Einführung eines Koordinatensystems:

$$(660) \qquad \begin{bmatrix} x_1 \\ x_2 \\ x_3 \end{bmatrix} \mapsto \begin{bmatrix} x_1 + a_1 \\ x_2 + a_2 \\ x_3 + a_3 \end{bmatrix} \quad \text{mit} \quad \boldsymbol{a} = \begin{bmatrix} a_1 \\ a_2 \\ a_3 \end{bmatrix}$$

Als Koordinatendarstellung der Drehspiegelung c) erhält man mit Hilfe von Übungsaufgabe 123:

$$(\mathbf{661}) \qquad \begin{bmatrix} x_1 \\ x_2 \\ x_3 \end{bmatrix} \mapsto \begin{bmatrix} f_1(x_1, x_2, x_3) \\ f_2(x_1, x_2, x_3) \\ f_3(x_1, x_2, x_3) \end{bmatrix} := \begin{bmatrix} x_1 \cos\varphi - x_2 \sin\varphi \\ x_1 \sin\varphi + x_2 \cos\varphi \\ -x_3 \end{bmatrix}$$

Dabei ist φ der Drehwinkel, etwa $0 \leq \varphi < 2\pi$. Und falls das Koordinatensystem ein Rechtssystem ist (vgl. (619)), erfolgt die Drehung im Uhrzeigersinn, wenn man in Richtung der x_3-Achse blickt.

Ein weiteres Beispiel ist die Abbildung

$$(662) \qquad (x_1, x_2, x_3) \mapsto \left(\frac{x_1}{\sqrt{x_1^2 + x_2^2 + x_3^2}}, \frac{x_2}{\sqrt{x_1^2 + x_2^2 + x_3^2}}, \frac{x_3}{\sqrt{x_1^2 + x_2^2 + x_3^2}} \right)$$

die für $x_1^2 + x_2^2 + x_3^2 > 0$ definiert ist. Der Leser interpretiere sie als Abbildung von Punkten oder Vektoren und drücke ihre Wirkung geometrisch aus.

4.2.2. Lineare Abbildungen. Unter den durch ein festes kartesisches Koordinatensystem ausgedrückten Abbildungen

$$(663) \qquad f: \begin{bmatrix} x_1 \\ x_2 \\ x_3 \end{bmatrix} \mapsto \begin{bmatrix} f_1(x_1, x_2, x_3) \\ f_2(x_1, x_2, x_3) \\ f_3(x_1, x_2, x_3) \end{bmatrix}$$

sind diejenigen am wichtigsten, bei denen f_1, f_2 und f_3 lineare Funktionen der drei Variablen x_1, x_2, x_3 sind, also die Form haben

$$(\mathbf{664}) \qquad f_i(x_1, x_2, x_3) = a_{i1} x_1 + a_{i2} x_2 + a_{i3} x_3 + a_i, \qquad i = 1, 2, 3.$$

a_{ik} und a_i $(i, k = 1, 2, 3)$ sollen dabei feste reelle Zahlen sein. Man kann zeigen, daß eine solche Abbildung dann auch in jedem anderen kartesischen Koordinatensystem die Gestalt (664) hat, wenn auch mit anderen Zahlen a_{ik}, a_i. Abbildungen f mit der

Eigenschaft (664) nennen wir linear. Sie sind für alle reellen Zahlentripel (x_1, x_2, x_3) definiert und ergeben damit eine Abbildung des ganzen Vektorraumes bzw. Punktraumes in sich. Zu den linearen Abbildungen gehören die Beispiele (659), (660) und (661), nicht dagegen (662). Die wichtigste Eigenschaft linearer Abbildungen gibt auch eine Erklärung für die Bezeichnung „linear". Sie lautet:

(665) *Bei einer linearen Abbildung liegen die Bildpunkte einer beliebigen Geraden wieder auf einer Geraden.*

Beweis. Nach (604), (637) und (638) gilt für die Punkte (x_1, x_2, x_3) einer Geraden

$$(666) \qquad \begin{bmatrix} x_1 \\ x_2 \\ x_3 \end{bmatrix} = \begin{bmatrix} b_1 + c_1 t \\ b_2 + c_2 t \\ b_3 + c_3 t \end{bmatrix} \qquad (t \in \mathbf{R})$$

wo b_i, c_i $(i = 1, 2, 3)$ Konstante sind und nicht alle c_i verschwinden. Einsetzen von (666) in (664) liefert $(i = 1, 2, 3)$

$$\begin{aligned} f_i(x_1, x_2, x_3) &= a_{i1}(b_1 + c_1 t) + a_{i2}(b_2 + c_2 t) + a_{i3}(b_3 + c_3 t) \\ &= \underbrace{a_{i1} b_1 + a_{i2} b_2 + a_{i3} b_3}_{=: B_i} + \underbrace{(a_{i1} c_1 + a_{i2} c_2 + a_{i3} c_3)}_{=: C_i} t \\ &= B_i + C_i t \end{aligned}$$

Falls nicht alle C_i $(i = 1, 2, 3)$ verschwinden, durchlaufen also die Bildpunkte der Geraden (666) wieder eine Gerade, denn t durchläuft alle reellen Zahlen. Andernfalls (alle $C_i = 0$) wird die ganze Gerade (666) auf den einen Punkt (B_1, B_2, B_3) abgebildet, und die Behauptung ist dann auch richtig.

Lineare Abbildungen der Gestalt

$$\textbf{(667)} \qquad \begin{bmatrix} x_1 \\ x_2 \\ x_3 \end{bmatrix} \mapsto \begin{bmatrix} a_{11} x_1 + a_{12} x_2 + a_{13} x_3 \\ a_{21} x_1 + a_{22} x_2 + a_{23} x_3 \\ a_{31} x_1 + a_{32} x_2 + a_{33} x_3 \end{bmatrix}$$

nennt man auch linear homogen. Die allgemeine lineare Abbildung erhält man nach (663), (664) durch Hintereinanderschalten (= Verketten) einer linearen homogenen Abbildung (667) und einer Translation (660). Da die Translationen recht trivial sind, beschränken wir uns im folgenden auf lineare homogene Abbildungen (667). Jede solche Abbildung führt den Nullpunkt des Koordinatensystems in sich über. Man sagt: der Nullpunkt ist ein Fixpunkt der Abbildung (667). Ob noch weitere Fixpunkte existieren, hängt von den Zahlen a_{ik} $(i, k = 1, 2, 3)$ in (667) ab. Zum Beispiel besitzt die Drehspiegelung (661) außer dem Nullpunkt keinen weiteren Fixpunkt, sofern $\varphi \neq 0$ ist $(0 < \varphi < 2\pi)$. Für $\varphi = 0$ (reine Spiegelung) sind alle Punkte mit verschwindender dritter Koordinate, also alle Punkte der (x_1, x_2)-Ebene, Fixpunkte.

Wir stellen noch einige sehr einfache lineare homogene Abbildungen zusammen, die besonders häufig vorkommen.

a) Spiegelung an der (x_1, x_3)-Ebene:

$$(668) \qquad \begin{bmatrix} x_1 \\ x_2 \\ x_3 \end{bmatrix} \mapsto \begin{bmatrix} x_1 \\ -x_2 \\ x_3 \end{bmatrix}$$

Fixpunkte: alle Punkte der (x_1, x_3)-Ebene.

b) Spiegelung am Nullpunkt:

$$\begin{bmatrix} x_1 \\ x_2 \\ x_3 \end{bmatrix} \mapsto \begin{bmatrix} -x_1 \\ -x_2 \\ -x_3 \end{bmatrix} \tag{669}$$

Der Nullpunkt ist einziger Fixpunkt.

c) Drehung um die x_2-Achse mit dem Drehwinkel φ:

$$\begin{bmatrix} x_1 \\ x_2 \\ x_3 \end{bmatrix} \mapsto \begin{bmatrix} x_1 \cos\varphi + x_3 \sin\varphi \\ x_2 \\ -x_1 \sin\varphi + x_3 \cos\varphi \end{bmatrix} \tag{670}$$

Fixpunkte sind alle Punkte auf der x_2-Achse.

d) Projektion auf die (x_1, x_2)-Ebene:

$$\begin{bmatrix} x_1 \\ x_2 \\ x_3 \end{bmatrix} \mapsto \begin{bmatrix} x_1 \\ x_2 \\ 0 \end{bmatrix} \tag{671}$$

Fixpunkte sind genau die Punkte der (x_1, x_2)-Ebene.

e) Projektion auf die Ebene E, die durch O geht und senkrecht ist zum Einheitsvektor

$$\boldsymbol{e} = \begin{bmatrix} e_1 \\ e_2 \\ e_3 \end{bmatrix} \quad \text{mit} \quad e_1^2 + e_2^2 + e_3^2 = 1 \tag{672}$$

Wird die gesuchte Projektion als Abbildung des Vektorraums V aufgefaßt, so lautet sie

$$\boldsymbol{x} \mapsto \boldsymbol{x} - (\boldsymbol{e}\boldsymbol{x})\boldsymbol{e} \qquad (\boldsymbol{x} \in V) \tag{673}$$

Denn erstens liegt der Vektor $\boldsymbol{y} := \boldsymbol{x} - (\boldsymbol{e}\boldsymbol{x})\boldsymbol{e}$ für alle $\boldsymbol{x} \in V$ in der Ebene E, da $\boldsymbol{y}\boldsymbol{e} = 0$ ist. Zweitens ist der Vektor $\boldsymbol{x} - \boldsymbol{y} = (\boldsymbol{e}\boldsymbol{x})\boldsymbol{e}$ parallel zu $\boldsymbol{e}$.

In Koordinaten hat die Projektion (673) die Form (vgl. (638), (639)):

$$\boldsymbol{x} = \begin{bmatrix} x_1 \\ x_2 \\ x_3 \end{bmatrix} \mapsto \begin{bmatrix} x_1 - e_1 (e_1 x_1 + e_2 x_2 + e_3 x_3) \\ x_2 - e_2 (e_1 x_1 + e_2 x_2 + e_3 x_3) \\ x_3 - e_3 (e_1 x_1 + e_2 x_2 + e_3 x_3) \end{bmatrix} \tag{674}$$

4.2.3. Beschreibung linearer homogener Abbildungen durch Matrizen. Eine lineare homogene Abbildung (667) ist offenbar durch Angabe der neun Zahlen a_{ik} $(i, k = 1, 2, 3)$ eindeutig festgelegt. Es ist zweckmäßig, diese Zahlen in einem quadratischen Schema anzuordnen, welches durch die rechte Seite von (667) nahegelegt wird:

$$\begin{bmatrix} a_{11} & a_{12} & a_{13} \\ a_{21} & a_{22} & a_{23} \\ a_{31} & a_{32} & a_{33} \end{bmatrix} \tag{675}$$

Ein solches Zahlenschema heißt eine dreireihige quadratische Matrix. Sie besteht aus drei horizontalen Reihen (= Zeilen) und drei vertikalen Reihen (= Spalten). Die Zahlen a_{ik} $(i, k = 1, 2, 3)$ heißen die Elemente der Matrix (675). Das Element a_{ik} steht in der i-ten Zeile und in der k-ten Spalte der Matrix. Um Raum und Schreibarbeit zu sparen, schreibt man die Matrix (675) auch in der Form

$$(675) \qquad (a_{ik})_{\substack{i=1,2,3\\k=1,2,3}} \qquad \text{oder} \qquad (a_{ik})$$

Zwei Matrizen (a_{ik}) und (b_{ik}) heißen gleich, wenn $a_{ik} = b_{ik}$ für $i, k = 1,2,3$ gilt. Jede Matrix (675) definiert gemäß (667) eine lineare homogene Abbildung. Einfachste Beispiele sind die aus lauter Nullen bestehende Nullmatrix, die der Abbildung (659) entspricht, und die sogenannte Einheitsmatrix

$$(676) \qquad \begin{bmatrix} 1 & 0 & 0 \\ 0 & 1 & 0 \\ 0 & 0 & 1 \end{bmatrix}$$

Diese definiert nach (667) offenbar die identische Abbildung, die alle Punkte fest läßt. Die Matrizen

$$(677) \qquad \begin{bmatrix} 1 & 0 & 0 \\ 0 & -1 & 0 \\ 0 & 0 & 1 \end{bmatrix} \quad \begin{bmatrix} -1 & 0 & 0 \\ 0 & -1 & 0 \\ 0 & 0 & -1 \end{bmatrix} \quad \begin{bmatrix} \cos\varphi & -\sin\varphi & 0 \\ \sin\varphi & \cos\varphi & 0 \\ 0 & 0 & -1 \end{bmatrix}$$

beschreiben der Reihe nach die Abbildungen (668),(669) und (661). Schließlich beschreibt die Matrix

$$(678) \qquad \begin{bmatrix} 1-e_1^2 & -e_1e_2 & -e_1e_3 \\ -e_2e_1 & 1-e_2^2 & -e_2e_3 \\ -e_3e_1 & -e_3e_2 & 1-e_3^2 \end{bmatrix} \qquad \text{mit} \qquad e_1^2+e_2^2+e_3^2=1$$

die Projektion (674). Diese Matrix ist symmetrisch. So nennt man Matrizen (a_{ik}), für die $a_{ik} = a_{ki}$ $(i, k = 1,2,3)$ gilt.

Bisher wurden nur quadratische Matrizen mit 3 Zeilen und 3 Spalten definiert. Man betrachtet aber auch Matrizen, bei denen Zeilenzahl m und Spaltenzahl n nicht übereinstimmen. Eine $(m \times n)$-Matrix ist definitionsgemäß ein rechteckiges Zahlenschema mit m Zeilen und n Spalten, kurz mit

$$(679) \qquad (a_{ik})_{\substack{1 \le i \le m\\1 \le k \le n}} \qquad m, n \in \mathbf{N}$$

bezeichnet. Vorerst behandeln wir jedoch nur $(m \times n)$-Matrizen mit $m \le 3$, $n \le 3$. Während die bisher betrachteten (3×3)-Matrizen jeweils einer Abbildung (667) des dreidimensionalen Raumes in sich entsprechen, kann man jeder $(m \times n)$-Matrix eine Abbildung eines n-dimensionalen Raumes in einen m-dimensionalen Raum zuordnen. Dazu muß nur in jedem dieser „Räume" ein Koordinatensystem festgelegt werden, wobei unter einem k-dimensionalen Raum für $k = 1$ eine Gerade und für $k = 2$ eine Ebene zu verstehen ist. Wir geben ein Beispiel an:

Außer dem (x_1, x_2, x_3)-Koordinatensystem im Raum wird in einer bestimmten Ebene E noch ein rechtwinkliges (y_1, y_2)-Koordinatensystem gewählt. Durch eine (2×3)-Matrix

(680) $$\begin{bmatrix} a_{11} & a_{12} & a_{13} \\ a_{21} & a_{22} & a_{23} \end{bmatrix}$$

wird dann folgende Abbildung des Raumes in die Ebene E definiert:

(681) $$\begin{bmatrix} x_1 \\ x_2 \\ x_3 \end{bmatrix} \mapsto \begin{bmatrix} y_1 \\ y_2 \end{bmatrix} := \begin{bmatrix} a_{11}\,x_1 + a_{12}\,x_2 + a_{13}\,x_3 \\ a_{21}\,x_1 + a_{22}\,x_2 + a_{23}\,x_3 \end{bmatrix}$$

Ein ganz einfaches Zahlenbeispiel hierzu ist die Projektion (671) des Raumes auf die (x_1, x_2)-Ebene, in welcher y_1- und y_2-Achse mit x_1- bzw. x_2-Achse übereinstimmen sollen. Die zugehörige Matrix lautet offenbar

(682) $$\begin{bmatrix} 1 & 0 & 0 \\ 0 & 1 & 0 \end{bmatrix}$$

4.2.4. Rechnen mit Matrizen. Matrizen dienten soweit nur als Symbole zur Darstellung von Abbildungen. Der große Vorteil der Verwendung von Matrizen liegt aber darin, daß mit ihnen auch gerechnet werden kann. Insbesondere kann man Matrizen addieren und multiplizieren. Wie diese Rechenoperationen zu definieren sind, muß sich aus der Interpretation der Matrizen als Abbildungen ergeben. Dazu gehen wir aus von zwei (3 x 3)-Matrizen

(683) $$F := (a_{ik}), \qquad G := (b_{ik}) \qquad i, k = 1, 2, 3$$

Diese definieren lineare homogene Abbildungen f bzw. g des dreidimensionalen Vektorraumes in sich:

(684) $$f : \boldsymbol{x} = \begin{bmatrix} x_1 \\ x_2 \\ x_3 \end{bmatrix} \mapsto f(\boldsymbol{x}) := \begin{bmatrix} a_{11}\,x_1 + a_{12}\,x_2 + a_{13}\,x_3 \\ a_{21}\,x_1 + a_{22}\,x_2 + a_{23}\,x_3 \\ a_{31}\,x_1 + a_{32}\,x_2 + a_{33}\,x_3 \end{bmatrix}$$

(685) $$g : \boldsymbol{x} = \begin{bmatrix} x_1 \\ x_2 \\ x_3 \end{bmatrix} \mapsto g(\boldsymbol{x}) := \begin{bmatrix} b_{11}\,x_1 + b_{12}\,x_2 + b_{13}\,x_3 \\ b_{21}\,x_1 + b_{22}\,x_2 + b_{23}\,x_3 \\ b_{31}\,x_1 + b_{32}\,x_2 + b_{33}\,x_3 \end{bmatrix}$$

Da man Vektoren addieren, subtrahieren und mit einer reellen Zahl multiplizieren kann, wobei das Ergebnis jeweils wieder ein Vektor ist, lassen sich aus f und g wie folgt auch die Abbildungen $f \pm g$, cf ($c \in \mathbf{R}$) definieren (vgl. (46)):

(686) $$f \pm g : \boldsymbol{x} \mapsto f(\boldsymbol{x}) \pm g(\boldsymbol{x})$$

(687) $$cf : \boldsymbol{x} \mapsto cf(\boldsymbol{x})$$

Diese Abbildungen sind nach (637), (638) wieder lineare homogene Abbildungen des dreidimensionalen Vektorraumes in sich. Die zu (686) gehörige Matrix nennen wir die Summe $F + G$ bzw. Differenz $F - G$ der Matrizen F und G. Man errechnet sofort:

(688) $$F \pm G = (a_{ik} \pm b_{ik})_{\substack{1 \le i \le 3 \\ 1 \le k \le 3}}$$

In Worten heißt dies etwa für die Summe: Die Elemente der Matrix $F + G$ sind die Summen der entsprechenden Elemente von F und G.

Die zur Abbildung cf in (687) gehörige Matrix bezeichnet man mit cF. Für sie ergibt sich nach (638) und (684)

(689) $$cF = (c\,a_{ik})_{\substack{1 \le i \le 3 \\ 1 \le k \le 3}}$$

d. h., jedes Element von F wird mit $c \in \mathbf{R}$ multipliziert.

Die Verknüpfungen (688) und (689) von (3×3)-Matrizen lassen sich ohne weiteres auf nicht-quadratische $(m \times n)$-Matrizen übertragen $(m \neq n)$. Lediglich bei der Bildung der Matrizen $A + B$ und $A - B$ ist zu beachten, daß die Matrizen A und B in Zeilenzahl und Spaltenzahl übereinstimmen müssen.

Nun soll noch das Produkt FG der (3×3)-Matrizen F und G in (683) definiert werden. Dazu kann man nicht in Analogie zu (686) von einer der Abbildungen $\boldsymbol{x} \mapsto f(\boldsymbol{x})\,g(\boldsymbol{x})$ (Skalarprodukt) oder $\boldsymbol{x} \mapsto f(\boldsymbol{x}) \times g(\boldsymbol{x})$ (Vektorprodukt!) ausgehen, denn keine davon ist linear, so daß sie schon aus diesem Grund nicht durch eine Matrix zu beschreiben sind. Stattdessen betrachten wir die Verkettung (= Hintereinanderschaltung) $f \circ g$ der in (684), (685) definierten Abbildungen f und g:

(690) $$f \circ g : \boldsymbol{x} \mapsto f(g(\boldsymbol{x}))$$

Eine leichte Rechnung zeigt, daß dies wieder eine lineare homogene Abbildung des dreidimensionalen Vektorraumes in sich ist. $f \circ g$ wird daher von einer (3×3)-Matrix beschrieben, und diese Matrix heißt das Produkt FG der Matrizen F und G. Setzen wir

(691) $$F = (a_{ik}), \qquad G = (b_{ik}), \qquad FG = (c_{ik})$$

so folgt für $i, k = 1, 2, 3$:

(692) $$c_{ik} = a_{i1}\,b_{1k} + a_{i2}\,b_{2k} + a_{i3}\,b_{3k} = \sum_{j=1}^{3} a_{ij}\,b_{jk}$$

In Worten kann diese wichtige Definition für das Produkt zweier (3×3)-Matrizen so ausgedrückt werden:

Das Element in der i-ten Zeile und k-ten Spalte der Matrix FG ist das Skalarprodukt des i-ten „Zeilenvektors" (a_{i1}, a_{i2}, a_{i3}) der Matrix F mit dem k-ten „Spaltenvektor" $\begin{bmatrix} b_{1k} \\ b_{2k} \\ b_{3k} \end{bmatrix}$ *der Matrix G.*

Dazu Beispiele:

$$\begin{bmatrix} 1 & 2 & -1 \\ 0 & 1 & 3 \\ -2 & 4 & 3 \end{bmatrix} \cdot \begin{bmatrix} 2 & 0 & 4 \\ 1 & 6 & 3 \\ 0 & 1 & 1 \end{bmatrix} = \begin{bmatrix} 4 & 11 & 9 \\ 1 & 9 & 6 \\ 0 & 27 & 7 \end{bmatrix}$$

$$\begin{bmatrix} 2 & 0 & 4 \\ 1 & 6 & 3 \\ 0 & 1 & 1 \end{bmatrix} \cdot \begin{bmatrix} 1 & 2 & -1 \\ 0 & 1 & 3 \\ -2 & 4 & 3 \end{bmatrix} = \begin{bmatrix} -6 & 20 & 10 \\ -5 & 20 & 26 \\ -2 & 5 & 6 \end{bmatrix}$$

Nebenbei zeigt hier ein Vergleich der beiden Ergebnisse, daß die Matrizenmultiplikation nicht kommutativ ist, d. h., im allgemeinen gilt

(693) $FG \neq GF.$

Als weiteres Beispiel berechnen wir mit Hilfe der Additionstheoreme (79), (80) für sin und cos:

(694)
$$\begin{bmatrix} \cos\alpha & -\sin\alpha & 0 \\ \sin\alpha & \cos\alpha & 0 \\ 0 & 0 & 1 \end{bmatrix} \cdot \begin{bmatrix} \cos\beta & -\sin\beta & 0 \\ \sin\beta & \cos\beta & 0 \\ 0 & 0 & 1 \end{bmatrix} = \begin{bmatrix} \cos(\alpha+\beta) & -\sin(\alpha+\beta) & 0 \\ \sin(\alpha+\beta) & \cos(\alpha+\beta) & 0 \\ 0 & 0 & 1 \end{bmatrix}$$

Gemäß der Definition des Matrizenproduktes drückt dieses Ergebnis folgendes aus: Die Hintereinanderausführung zweier Drehungen um die x_3-Achse mit den Drehwinkeln β und α ergibt eine Drehung um die gleiche Achse mit dem Drehwinkel $\alpha+\beta$. Die Reihenfolge der beiden Drehungen ist hier beliebig! Was ergibt sich für $\alpha = -\beta$?

Die Definition (691), (692) für das Produkt von (3 x 3)-Matrizen läßt sich unter gewissen Bedingungen auch auf nichtquadratische Matrizen übertragen, nämlich dann, wenn die Spaltenzahl des linken Faktors mit der Zeilenzahl des rechten Faktors übereinstimmt. Genauer: Seien eine $(m \times n)$-Matrix A und eine $(n \times p)$-Matrix B gegeben:

(695) $$A := (a_{ik})_{\substack{1\le i\le m \\ 1\le k\le n}} \qquad B := (b_{ik})_{\substack{1\le i\le n \\ 1\le k\le p}}$$

Das Produkt

(696) $$AB = (c_{ik})_{\substack{1\le i\le m \\ 1\le k\le p}}$$

wird dann als $(m \times p)$-Matrix durch die Festsetzung definiert:

(697) $$c_{ik} := \sum_{j=1}^{n} a_{ij} b_{jk} \qquad 1 \le i \le m,\ 1 \le k \le p$$

Diese Definition gilt für beliebige natürliche Zahlen m, n, p; aber wir stellen uns hier nur Zahlen darunter vor, die nicht größer als 3 sind. Die Matrix AB beschreibt wieder eine lineare homogene Abbildung des p-dimensionalen Raumes in den m-dimensionalen Raum, und zwar die verkettete Abbildung $f \circ g$, wobei f durch A und g durch B bestimmt sind (vgl. S. 192).

Wir geben auch dazu einige

Beispiele. a) Mit

$$A = \begin{bmatrix} 1 & -1 \\ 2 & 3 \\ 0 & 2 \end{bmatrix} \qquad B = \begin{bmatrix} 4 & 1 & 0 \\ -3 & 5 & 2 \end{bmatrix}$$

ist das Produkt AB definiert (Ist auch BA definiert?) und nach (697) errechnet man

$$AB = \begin{bmatrix} 7 & -4 & -2 \\ -1 & 17 & 6 \\ -6 & 10 & 4 \end{bmatrix}$$

b) Die Matrix

$$B := \begin{bmatrix} 1 & 0 & 0 \\ 0 & 1 & 0 \end{bmatrix}$$

beschreibt die Projektion (671) des (x_1, x_2, x_3)-Raumes auf die (x_1, x_2)-Ebene (vgl. (682)) und die Matrix

$$(698) \qquad A := \begin{bmatrix} \cos\varphi & -\sin\varphi \\ \sin\varphi & \cos\varphi \end{bmatrix}$$

beschreibt eine Drehung in der (x_1, x_2)-Ebene um den Nullpunkt mit dem Drehwinkel φ. Das Matrizenprodukt

$$AB = \begin{bmatrix} \cos\varphi & -\sin\varphi & 0 \\ \sin\varphi & \cos\varphi & 0 \end{bmatrix}$$

beschreibt die Abbildung, die durch Projektion und anschließende Drehung entsteht. Kann man auch das Produkt BA bilden?

c) Zahlentripel können offenbar als (3 x 1)- oder (1 x 3)-Matrizen (Spalten oder Zeilen) aufgefaßt werden. Damit lassen sich also die Punkte und die Vektoren des Raumes – nach Festlegung eines Koordinatensystems – mit speziellen Matrizen identifizieren. Es ist üblich, dafür (3 x 1)-Matrizen zu benutzen. Nun sei durch die (3 x 3)-Matrix

$$(699) \qquad A = (a_{ik})_{\substack{1 \leq i \leq 3 \\ 1 \leq k \leq 3}}$$

eine lineare homogene Abbildung des Raumes in sich gegeben und

$$(700) \qquad X = \begin{bmatrix} x_1 \\ x_2 \\ x_3 \end{bmatrix}$$

sei die Spalten m a t r i x, die einen Punkt oder Vektor darstellt. Der Bildpunkt (Bildvektor) von X ist dann die rechte Seite von (667), und dies ist nichts anderes als das Produkt AX der Matrizen A und X:

$$(701) \qquad X \mapsto AX = \begin{bmatrix} a_{11}\,x_1 + a_{12}\,x_2 + a_{13}\,x_3 \\ a_{21}\,x_1 + a_{22}\,x_2 + a_{23}\,x_3 \\ a_{31}\,x_1 + a_{32}\,x_2 + a_{33}\,x_3 \end{bmatrix}$$

Lineare homogene Abbildungen werden durch (701) also auf die Matrizenmultiplikation zurückgeführt.

d) Auch das in Abschnitt 4.1.4 eingeführte Skalarprodukt $\boldsymbol{a}\boldsymbol{b}$ von Vektoren $\boldsymbol{a}$ und $\boldsymbol{b}$ läßt sich als Produkt von geeigneten Matrizen auffassen. Dazu betrachten wir in der Darstellung (639) den linken Faktor als (1 x 3)-Matrix (Zeilenmatrix!) und den rechten Faktor wie oben als (3 x 1)-Matrix:

$$(702) \qquad \boldsymbol{a} \leftrightarrow A = [a_1, a_2, a_3], \qquad \boldsymbol{b} \leftrightarrow B = \begin{bmatrix} b_1 \\ b_2 \\ b_3 \end{bmatrix}$$

Dann ist das Matrizenprodukt AB[1]) gerade das Skalarprodukt $\boldsymbol{ab}$:

(703) $\quad \boldsymbol{ab} = AB = a_1 b_1 + a_2 b_2 + a_3 b_3 .$

Übungsaufgaben. 122.* Man bestimme die zu folgenden Abbildungen gehörigen Matrizen:

a) $\begin{bmatrix} x_1 \\ x_2 \\ x_3 \end{bmatrix} \mapsto \begin{bmatrix} 3x_3 - x_1 \\ x_1 - x_2 \\ x_2 \end{bmatrix}$ b) $\begin{bmatrix} x_1 \\ x_2 \end{bmatrix} \mapsto \begin{bmatrix} x_2 \\ x_1 + x_2 \\ x_1 - x_2 \end{bmatrix}$

c) $\begin{bmatrix} x_1 \\ x_2 \\ x_3 \end{bmatrix} \mapsto \begin{bmatrix} x_3 - x_2 \\ x_1 - x_3 \end{bmatrix}$ d) $x \mapsto \begin{bmatrix} a_1 x \\ a_2 x \\ a_3 x \end{bmatrix}$

123. Durch Einführung von Polarkoordinaten r, φ in der (x_1, x_2)-Ebene ($x_1 = r\cos\varphi$, $x_2 = r\sin\varphi$) zeige man, daß die Abbildung

$$\begin{bmatrix} x_1 \\ x_2 \\ x_3 \end{bmatrix} \mapsto \begin{bmatrix} x_1\cos\alpha - x_2\sin\alpha \\ x_1\sin\alpha + x_2\cos\alpha \\ x_3 \end{bmatrix}$$

eine Drehung um die x_3-Achse ist. Man gebe den Drehsinn für positives α an.

124.* Man gebe eine geometrische Beschreibung der Abbildungen, die durch folgende Matrizen definiert sind:

a) $\begin{bmatrix} 1 & 0 & 0 \\ 0 & -1 & 0 \\ 0 & 0 & -1 \end{bmatrix}$ b) $\begin{bmatrix} 0 & 0 & 1 \\ 1 & 0 & 0 \\ 0 & 1 & 0 \end{bmatrix}$

c) $\begin{bmatrix} \frac{\sqrt{3}}{2} & -\frac{1}{2} & 0 \\ \frac{1}{2} & \frac{\sqrt{3}}{2} & 0 \\ 0 & 0 & 1 \end{bmatrix}$ d) $\begin{bmatrix} \frac{2}{3} & -\frac{1}{3} & -\frac{1}{3} \\ -\frac{1}{3} & \frac{2}{3} & -\frac{1}{3} \\ -\frac{1}{3} & -\frac{1}{3} & \frac{2}{3} \end{bmatrix}$

Anleitung zu c): Man benutze Aufgabe 123; Anleitung zu d): Man benutze (678).

125. Die Matrizen

a) $\begin{bmatrix} \cos t & -\sin t \\ \sin t & \cos t \end{bmatrix}$ b) $\begin{bmatrix} \cosh t & \sinh t \\ \sinh t & \cosh t \end{bmatrix}$

beschreiben für jedes feste $t \in \mathbf{R}$ Abbildungen der (x_1, x_2)-Ebene in sich. Man zeige, daß im Falle a) jeder Kreis $x_1^2 + x_2^2 = \text{const}$ und im Falle b) jede Hyperbel $x_1^2 - x_2^2 = \text{const}$ in sich abgebildet wird.

126.* Man bestimme die Matrix einer linearen homogenen Abbildung des Raumes in

[1]) AB ist als (1×1)-Matrix nichts anderes als eine reelle Zahl.

sich, welche die Punkte (1, 0, 0), (0, 1, 0) und (0, 0, 1) in die Punkte (a_1, a_2, a_3), (b_1, b_2, b_3) bzw. (c_1, c_2, c_3) überführt.

127. Zu den Matrizen

$$A_1 = \begin{bmatrix} 1 & 2 & 3 \\ 2 & 3 & 4 \\ 3 & 4 & 5 \end{bmatrix} \quad A_2 = \begin{bmatrix} 0 & 2 & 4 \\ 3 & 1 & -1 \end{bmatrix} \quad A_3 = [7, 5, 3]$$

bilde man alle Produkte $A_i A_j$ $(i, j = 1, 2, 3)$, die aufgrund von (695) bis (697) definiert sind.

128.* Sei M die Menge der Matrizen

$$\begin{bmatrix} 1 & a & b \\ 0 & 1 & c \\ 0 & 0 & 1 \end{bmatrix} \quad \text{mit} \quad a, b, c \in \mathbf{R}.$$

a) Man zeige: Aus $A, B \in M$ folgt $AB \in M$.

b) Wann ist $AB = BA$ $(A, B \in M)$?

c) Welche Matrizen $A \in M$ genügen der Bedingung

$$AB = BA \text{ für alle } B \in M$$

d) Man suche zu jeder Matrix $A \in M$ eine Matrix $\tilde{A} \in M$ mit der Eigenschaft

$$A\tilde{A} = \tilde{A}A = \begin{bmatrix} 1 & 0 & 0 \\ 0 & 1 & 0 \\ 0 & 0 & 1 \end{bmatrix}$$

($\tilde{A}$ heißt die zu A inverse Matrix)

129. Sei F folgende Abbildung der Vektoren in die Matrizen:

$$F: \boldsymbol{a} = \begin{bmatrix} a_1 \\ a_2 \\ a_3 \end{bmatrix} \mapsto F(\boldsymbol{a}) = \begin{bmatrix} 0 & -a_3 & a_2 \\ a_3 & 0 & -a_1 \\ -a_2 & a_1 & 0 \end{bmatrix}$$

Man zeige: Für das Vektorprodukt $\boldsymbol{a} \times \boldsymbol{b}$ gilt die Beziehung

$$F(\boldsymbol{a} \times \boldsymbol{b}) = F(\boldsymbol{a})\, F(\boldsymbol{b}) - F(\boldsymbol{b})\, F(\boldsymbol{a})$$

wobei auf der rechten Seite Matrizenprodukte stehen.

130. Man zeige: Falls für die Matrix

$$A = \begin{bmatrix} a_{11} & a_{12} \\ a_{21} & a_{22} \end{bmatrix}$$

die Bedingung $d := a_{11} a_{22} - a_{12} a_{21} \neq 0$ erfüllt ist, ist die Matrix

$$\tilde{A} = \begin{bmatrix} \dfrac{a_{22}}{d} & -\dfrac{a_{12}}{d} \\[2ex] -\dfrac{a_{21}}{d} & \dfrac{a_{11}}{d} \end{bmatrix}$$

invers zu A, d.h., es gilt

$$A\tilde{A} = \tilde{A}A = \begin{bmatrix} 1 & 0 \\ 0 & 1 \end{bmatrix}$$

131.* Für die Matrix

$$A = \begin{bmatrix} 0 & a & b \\ 0 & 0 & c \\ 0 & 0 & 0 \end{bmatrix}$$

berechne man $A^2 = AA$, $A^3 = A^2 A$, $A^4, \ldots$

4.3. Lineare Gleichungssysteme und Determinanten

4.3.1. Zwei Gleichungen mit zwei Unbekannten; zweireihige Determinanten. Die einfachsten Gleichungssysteme haben die Gestalt

$$\begin{aligned} a_{11}x_1 + a_{12}x_2 &= b_1 \\ a_{21}x_1 + a_{22}x_2 &= b_2 \end{aligned} \tag{704}$$

Hier sind a_{ik}, b_i $(i, k = 1, 2)$ gegebene reelle Zahlen und $x_1, x_2 \in \mathbf{R}$ sind so zu bestimmen, daß (704) erfüllt wird. Bekannt ist folgende geometrische Interpretation: Die zwei Gleichungen in (704) stellen je eine Gerade in der (x_1, x_2)-Ebene dar[1]). Gesucht sind diejenigen Punkte $\begin{bmatrix} x_1 \\ x_2 \end{bmatrix}$, die auf beiden Geraden liegen. Jeder solche Punkt heißt eine Lösung des Systems (704).

Eine weitere Interpretation des Systems (704) liefert die Abbildung der (x_1, x_2)-Ebene in sich, welche durch die Matrix

$$A := \begin{bmatrix} a_{11} & a_{12} \\ a_{21} & a_{22} \end{bmatrix}$$

festgelegt ist:

$$X = \begin{bmatrix} x_1 \\ x_2 \end{bmatrix} \mapsto \begin{bmatrix} a_{11}x_1 + a_{12}x_2 \\ a_{21}x_1 + a_{22}x_2 \end{bmatrix} = AX \qquad \text{(vgl. (701))} \tag{705}$$

Ein Punkt $X = \begin{bmatrix} x_1 \\ x_2 \end{bmatrix}$ ist offenbar Lösung des Systems (704), wenn sein Bildpunkt bei dieser Abbildung gerade gleich $B := \begin{bmatrix} b_1 \\ b_2 \end{bmatrix}$ ist, wenn also in Matrizenschreibweise gilt:

$$AX = B. \tag{706}$$

Man sieht leicht, daß ein System (704) nicht in jedem Fall eine Lösung haben muß. Denn zwei Geraden in der Ebene brauchen sich nicht zu schneiden. Wir wollen nun die Bedingungen herausfinden, unter denen (704) lösbar ist. Dazu multiplizieren wir die

[1]) Genau genommen ist dazu vorauszusetzen: In jeder Zeile von (704) ist mindestens einer der Koeffizienten a_{ik} von Null verschieden.

erste Gleichung von (704) mit a_{22}, die zweite mit a_{12} und subtrahieren die entstehenden Gleichungen (Elimination von x_2). Es folgt

(707) $$(a_{11} a_{22} - a_{12} a_{21}) x_1 = a_{22} b_1 - a_{12} b_2$$

Auf analoge Weise ergibt sich durch Elimination von x_1:

(708) $$(a_{11} a_{22} - a_{12} a_{21}) x_2 = a_{11} b_2 - a_{21} b_1$$

Es ist vorteilhaft, an dieser Stelle den Begriff der Determinante einer (2 x 2)-Matrix einzuführen.

Die zweireihige Determinante der Matrix

$$A = \begin{bmatrix} a_{11} & a_{12} \\ a_{21} & a_{22} \end{bmatrix}$$

ist die Zahl $a_{11} a_{22} - a_{12} a_{21}$.

Man schreibt dafür $\det A$ oder noch häufiger

(709) $$\begin{vmatrix} a_{11} & a_{12} \\ a_{21} & a_{22} \end{vmatrix} := a_{11} a_{22} - a_{12} a_{21}$$

Falls nun $\det A \neq 0$ ist, folgt aus (707), (708)

(710) $$x_1 = \frac{\begin{vmatrix} b_1 & a_{12} \\ b_2 & a_{22} \end{vmatrix}}{\begin{vmatrix} a_{11} & a_{12} \\ a_{21} & a_{22} \end{vmatrix}} \qquad x_2 = \frac{\begin{vmatrix} a_{11} & b_1 \\ a_{21} & b_2 \end{vmatrix}}{\begin{vmatrix} a_{11} & a_{12} \\ a_{21} & a_{22} \end{vmatrix}}$$

und durch Einsetzen stellt man fest, daß diese Zahlen tatsächlich eine Lösung des Systems (704) sind. Da ferner jede Lösung von (704) auch die Gleichungen (707), (708) erfüllen muß, ist im Falle $\det A \neq 0$ das Zahlenpaar (710) die einzige Lösung des Gleichungssystem (704).

Jetzt sei $\det A = 0$. In diesem Falle sind die Gleichungen (707) und (708) – und damit auch die Gleichungen (704) – höchstens dann lösbar, wenn zusätzlich gilt

(711) $$\begin{vmatrix} b_1 & a_{12} \\ b_2 & a_{22} \end{vmatrix} = 0, \qquad \begin{vmatrix} a_{11} & b_1 \\ a_{21} & b_2 \end{vmatrix} = 0$$

Wir beweisen folgende Aussage:

(712) *Sei* $\det A = 0$ *und* (711) *erfüllt. Ferner sei mindestens ein Element der Matrix* A *von Null verschieden. Es kann angenommen werden, daß die erste Zeile von* A *ein solches nichtverschwindendes Element enthält. Dann ist jede Lösung der ersten Gleichung von* (704) *auch Lösung der zweiten Gleichung und damit Lösung des gesamten Systems* (704). *Die zweite Gleichung liefert also keine zusätzlichen Bedingungen mehr und ist daher überflüssig. Das System* (704) *besitzt in diesem Fall unendlich viele Lösungen.*

Beweis. Es genügt, den Fall $a_{11} \neq 0$ zu betrachten. Die Voraussetzungen $\det A = 0$ und (711) bedeuten: $a_{11} a_{22} = a_{12} a_{21}$, $a_{11} b_2 = a_{21} b_1$, $a_{22} b_1 = a_{12} b_2$. Hieraus folgt

$$a_{21} x_1 + a_{22} x_2 - b_2 = \frac{1}{a_{11}} (a_{21} a_{11} x_1 + a_{11} a_{22} x_2 - a_{11} b_2)$$

$$= \frac{1}{a_{11}} (a_{21} a_{11} x_1 + a_{21} a_{12} x_2 - a_{21} b_1)$$

$$= \frac{a_{21}}{a_{11}} (a_{11} x_1 + a_{12} x_2 - b_1)$$

Dieser Ausdruck verschwindet, wenn $\begin{bmatrix} x_1 \\ x_2 \end{bmatrix}$ eine Lösung der ersten Gleichung von (704) ist. Damit ist alles bewiesen, denn die erste Gleichung besitzt unendlich viele Lösungen.

Beispiele. a) Wir betrachten das System

$$\begin{aligned} x_1 + 2\,x_2 &= -3 \\ 3\,x_1 + 5\,x_2 &= 7 \end{aligned}$$

Die „Koeffizientenmatrix" $A = \begin{bmatrix} 1 & 2 \\ 3 & 5 \end{bmatrix}$ hat die Determinante -1, so daß die Lösung eindeutig bestimmt und durch (710) gegeben ist:

$$x_1 = \frac{\begin{vmatrix} -3 & 2 \\ 7 & 5 \end{vmatrix}}{\begin{vmatrix} 1 & 2 \\ 3 & 5 \end{vmatrix}} = 29, \qquad x_2 = \frac{\begin{vmatrix} 1 & -3 \\ 3 & 7 \end{vmatrix}}{\begin{vmatrix} 1 & 2 \\ 3 & 5 \end{vmatrix}} = -16$$

Bemerkung: Benutzt man Matrizenrechnung, so erhält man die Lösung wie folgt: Das gegebene Gleichungssystem ist äquivalent zur Matrizengleichung

$$\begin{bmatrix} 1 & 2 \\ 3 & 5 \end{bmatrix} \begin{bmatrix} x_1 \\ x_2 \end{bmatrix} = \begin{bmatrix} -3 \\ 7 \end{bmatrix}$$

Diese Gleichung wird von links mit der zu A inversen Matrix (vgl. Übungsaufgabe 130)

$$\tilde{A} = \begin{bmatrix} -5 & 2 \\ 3 & -1 \end{bmatrix}$$

multipliziert. Dabei ergibt sich [1])

$$\begin{bmatrix} -5 & 2 \\ 3 & -1 \end{bmatrix} \begin{bmatrix} 1 & 2 \\ 3 & 5 \end{bmatrix} \begin{bmatrix} x_1 \\ x_2 \end{bmatrix} = \begin{bmatrix} 1 & 0 \\ 0 & 1 \end{bmatrix} \begin{bmatrix} x_1 \\ x_2 \end{bmatrix} = \begin{bmatrix} x_1 \\ x_2 \end{bmatrix} = \begin{bmatrix} -5 & 2 \\ 3 & -1 \end{bmatrix} \begin{bmatrix} -3 \\ 7 \end{bmatrix} = \begin{bmatrix} 29 \\ -16 \end{bmatrix}$$

b) Das Gleichungssystem

$$\begin{aligned} 3\,x_1 - 6\,x_2 &= 1 \\ -2\,x_1 + 4\,x_2 &= 5 \end{aligned}$$

besitzt keine Lösung, da zwar $\begin{vmatrix} 3 & -6 \\ -2 & 4 \end{vmatrix} = 0$, aber z.B. $\begin{vmatrix} 1 & -6 \\ 5 & 4 \end{vmatrix} = 34 \neq 0$ ist (vgl. (711)).

c) Für das System

$$\begin{aligned} 3\,x_1 - 6\,x_2 &= -9 \\ -2\,x_1 + 4\,x_2 &= 6 \end{aligned}$$

[1]) Hier wird ohne Beweis benutzt, daß das Assoziativgesetz auch für die Multiplikation von Matrizen gültig ist.

sind die Voraussetzungen des Satzes (712) erfüllt. Somit löst jede Lösung der Gleichung

$$3\,x_1 - 6\,x_2 = -9$$

bereits das ganze System. Lösungen sind also die unendlich vielen Zahlenpaare

$$\begin{bmatrix} x_1 \\ x_2 \end{bmatrix} = \begin{bmatrix} t \\ \dfrac{t+3}{2} \end{bmatrix}, \qquad t \in \mathbf{R} \text{ beliebig}$$

4.3.2. Drei Gleichungen mit drei Unbekannten; dreireihige Determinanten. Wesentlich komplizierter als die bisher behandelten Systeme mit zwei Unbekannten sind die Gleichungssysteme mit drei Unbekannten. Wir behandeln jetzt Systeme der folgenden Art

(713) $$\begin{aligned} a_{11}\,x_1 + a_{12}\,x_2 + a_{13}\,x_3 &= b_1 \\ a_{21}\,x_1 + a_{22}\,x_2 + a_{23}\,x_3 &= b_2 \\ a_{31}\,x_1 + a_{32}\,x_2 + a_{33}\,x_3 &= b_3 \end{aligned}$$

Gegeben sind dabei die Matrizen

(714) $$A = \begin{bmatrix} a_{11} & a_{12} & a_{13} \\ a_{21} & a_{22} & a_{23} \\ a_{31} & a_{32} & a_{33} \end{bmatrix} \quad \text{und} \quad B = \begin{bmatrix} b_1 \\ b_2 \\ b_3 \end{bmatrix}$$

Gesucht sind als „Lösungen" solche Matrizen

$$X = \begin{bmatrix} x_1 \\ x_2 \\ x_3 \end{bmatrix}$$

die dem System (713) genügen oder, was dasselbe bedeutet, die Matrizengleichung

(715) $$A\,X = B$$

erfüllen. Geometrisch bedeutet dies: Wir suchen diejenigen Punkte des (x_1, x_2, x_3)-Raumes, die zugleich auf allen drei Ebenen liegen, die von den drei Gleichungen in (713) bestimmt werden (vgl. (612))[1]).

Bei der Suche nach den Lösungen von (713) wenden wir wieder die aus der Schule bekannte Eliminationsmethode an. Um dabei eine möglichst übersichtliche Darstellung zu erreichen, bilden wir zunächst aus den Elementen der Matrix A gewisse zweireihige Determinanten:

(716) $$A_{11} := \begin{vmatrix} a_{22} & a_{23} \\ a_{32} & a_{33} \end{vmatrix}, \quad A_{21} := \begin{vmatrix} a_{12} & a_{13} \\ a_{32} & a_{33} \end{vmatrix}, \quad A_{31} := \begin{vmatrix} a_{12} & a_{13} \\ a_{22} & a_{23} \end{vmatrix}$$

Allgemein soll folgende Bezeichnung gelten:

(717) *A_{ij} ist die Determinante derjenigen* (2 x 2)*-Matrix, die rein formal übrigbleibt, wenn aus der Matrix A die i-te Zeile und die j-te Spalte herausgestrichen werden.*

---

[1]) Vgl. Fußnote S. 199

Durch eine einfache Rechnung stellt man nun folgende Beziehungen fest:

$$\text{(718)}\qquad \begin{aligned} a_{12} A_{11} - a_{22} A_{21} + a_{32} A_{31} &= 0 \\ a_{13} A_{11} - a_{23} A_{21} + a_{33} A_{31} &= 0 \end{aligned}$$

Hieraus folgt: Multipliziert man in (713) die erste Gleichung mit A_{11}, die zweite mit $-A_{21}$, die dritte mit A_{31} und addiert sodann alle drei Gleichungen, so fallen die Glieder mit x_2 und x_3 heraus. Das Ergebnis lautet:

$$\text{(719)}\qquad (a_{11} A_{11} - a_{21} A_{21} + a_{31} A_{31}) x_1 = b_1 A_{11} - b_2 A_{21} + b_3 A_{31}$$

Entsprechend kann man x_1 und x_3 bzw. x_1 und x_2 aus (713) eliminieren. Die völlig analoge Rechnung liefert:

$$\text{(720)}\qquad (-a_{12} A_{12} + a_{22} A_{22} - a_{32} A_{32}) x_2 = -b_1 A_{12} + b_2 A_{22} - b_3 A_{32}$$

$$\text{(721)}\qquad (a_{13} A_{13} - a_{23} A_{23} + a_{33} A_{33}) x_3 = b_1 A_{13} - b_2 A_{23} + b_3 A_{33}$$

Die Gleichungen (719)–(721) können eindeutig nach x_1, x_2, x_3 aufgelöst werden und liefern eine Lösung von (713), sofern die Faktoren von x_1, x_2 und x_3 in diesen Gleichungen nicht verschwinden. Wiederum durch direktes Nachrechnen läßt sich zeigen, daß alle drei Faktoren den **gleichen** Wert haben. Er hängt nur von der Matrix A ab und wird wegen seiner Bedeutung im Zusammenhang mit linearen Gleichungssystemen als **Determinante** der (beliebigen) (3 x 3)-Matrix A bezeichnet, kurz det A oder

$$\text{(722)}\qquad \det A = \begin{vmatrix} a_{11} & a_{12} & a_{13} \\ a_{21} & a_{22} & a_{23} \\ a_{31} & a_{32} & a_{33} \end{vmatrix}$$

Nach dem eben Gesagten lautet die Definition von det A also:

$$\textbf{(723)}\qquad \det A := \sum_{k=1}^{3} (-1)^{i+k} a_{ki} A_{ki}$$

wobei für i eine der Zahlen 1, 2, 3 gewählt werden darf, z.B. ($i = 1$):

$$\text{(724)}\qquad \det A = a_{11} A_{11} - a_{21} A_{21} + a_{31} A_{31}.$$

Aus den Gleichungen (719)–(721) ergibt sich jetzt unmittelbar folgende wichtige Regel für die Auflösung des Gleichungssystems (713) (vgl. (710)):

(725) *(Cramersche Regel) Sei* det $A \neq 0$. *Ferner sei* D_k ($k = 1, 2, 3$) *die Determinante derjenigen* (3 x 3)-*Matrix, die aus A hervorgeht, wenn die k-te Spalte von A durch die Spalte* $\begin{bmatrix} b_1 \\ b_2 \\ b_3 \end{bmatrix}$ *ersetzt wird. Dann ist das Gleichungssystem* (713) *eindeutig lösbar, und die Lösung lautet:*

$$x_1 = \frac{D_1}{\det A}, \qquad x_2 = \frac{D_2}{\det A}, \qquad x_3 = \frac{D_3}{\det A}$$

Beispiel. Für das System

$$\text{(726)}\qquad \begin{aligned} x_1 - x_2 + x_3 &= 2 \\ 3x_1 - 4x_2 + 5x_3 &= 0 \\ 5x_1 - 2x_2 - 6x_3 &= -3 \end{aligned}$$

berechnet man

$$\det A = \begin{vmatrix} 1 & -1 & 1 \\ 3 & -4 & 5 \\ 5 & -2 & -6 \end{vmatrix} = 1 \cdot \begin{vmatrix} -4 & 5 \\ -2 & -6 \end{vmatrix} - 3 \cdot \begin{vmatrix} -1 & 1 \\ -2 & -6 \end{vmatrix} + 5 \cdot \begin{vmatrix} -1 & 1 \\ -4 & 5 \end{vmatrix}$$

$$= 1 \cdot 34 - 3 \cdot 8 + 5 \cdot (-1) = 5 \neq 0$$

$$D_1 = \begin{vmatrix} 2 & -1 & 1 \\ 0 & -4 & 5 \\ -3 & -2 & -6 \end{vmatrix} = 2 \cdot \begin{vmatrix} -4 & 5 \\ -2 & -6 \end{vmatrix} - 3 \cdot \begin{vmatrix} -1 & 1 \\ -4 & 5 \end{vmatrix} = 71$$

$$D_2 = \begin{vmatrix} 1 & 2 & 1 \\ 3 & 0 & 5 \\ 5 & -3 & -6 \end{vmatrix} = -2 \cdot \begin{vmatrix} 3 & 5 \\ 5 & -6 \end{vmatrix} + 3 \cdot \begin{vmatrix} 1 & 1 \\ 3 & 5 \end{vmatrix} = 92$$

$$D_3 = \begin{vmatrix} 1 & -1 & 2 \\ 3 & -4 & 0 \\ 5 & -2 & -3 \end{vmatrix} = 2 \cdot \begin{vmatrix} 3 & -4 \\ 5 & -2 \end{vmatrix} - 3 \cdot \begin{vmatrix} 1 & -1 \\ 3 & -4 \end{vmatrix} = 31$$

(Bei der Berechnung von D_1, D_2, D_3 wurde die definierende Formel (723) mit $i = 1, 2$ bzw. 3 herangezogen. Welcher Vorteil wurde dabei ausgenutzt?) Nach (725) lautet nun die Lösung des Systems (726)

$$(x_1, x_2, x_3) = \left(\frac{71}{5}, \frac{92}{5}, \frac{31}{5}\right).$$

Der in (725) erledigte Fall $\det A \neq 0$ stellt den Normalfall eines Systems von drei linearen Gleichungen mit drei Unbekannten dar. Wir haben uns nun noch mit dem Ausnahmefall $\det A = 0$ zu befassen. Wenn in diesem Fall überhaupt eine Lösung existieren soll, muß nach (719)–(721) sicher $D_1 = D_2 = D_3 = 0$ gelten. Diese Bedingungen genügen jedoch noch nicht. Ohne auf alle Sonderfälle einzugehen, begnügen wir uns mit folgendem Ergebnis (vgl. (712)):

(727) *Mit den bisher eingeführten Bezeichnungen sei* $\det A = 0$ *und* $D_1 = D_2 = D_3 = 0$. *Ferner sei mindestens eine der zweireihigen Determinanten* A_{31}, A_{32}, A_{33} *von Null verschieden*[1]). *Dann ist jedes Zahlentripel* (x_1, x_2, x_3), *welches eine Lösung der ersten zwei Gleichungen von* (713) *darstellt, auch eine Lösung der dritten Gleichung und damit des ganzen Systems* (713). *Es gibt in diesem Fall unendlich viele Lösungen von* (713).

Beweis für den Fall $A_{33} \neq 0$: Die erste Behauptung ist eine Konsequenz der folgenden, direkt nachzurechnenden Identität:

$$a_{31} x_1 + a_{32} x_2 + a_{33} x_3 - b_3$$
$$= -\frac{A_{13}}{A_{33}}(a_{11} x_1 + a_{12} x_2 + a_{13} x_3 - b_1) + \frac{A_{23}}{A_{33}}(a_{21} x_1 + a_{22} x_2 + a_{23} x_3 - b_2).$$

[1]) Sofern überhaupt eine der Determinanten A_{ij} $(i, j = 1, 2, 3)$ von Null verschieden ist, läßt sich diese Situation leicht herstellen, indem man eventuell die Reihenfolge der Gleichungen in (713) ändert.

Zu einem beliebigen Wert $x_3 = t \in \mathbf{R}$ betrachten wir jetzt die ersten zwei Gleichungen von (713) als Gleichungssystem für x_1, x_2:

$$a_{11} x_1 + a_{12} x_2 = b_1 - a_{13} t$$
$$a_{21} x_1 + a_{22} x_2 = b_2 - a_{23} t$$

Wegen $A_{33} = \begin{vmatrix} a_{11} & a_{12} \\ a_{21} & a_{22} \end{vmatrix} \neq 0$ ist dieses System nach (710) lösbar. Da $x_3 = t$ beliebig vorgebbar ist, gibt es somit unendlich viele Lösungen für (713).

Zahlenbeispiel. Für das System

$$\begin{aligned} 7x_1 + x_2 + 2x_3 &= 3 \\ 5x_1 + x_2 + 3x_3 &= 4 \\ 2x_1 - x_3 &= -1 \end{aligned} \tag{728}$$

ergibt sich

$$\det A = \begin{vmatrix} 7 & 1 & 2 \\ 5 & 1 & 3 \\ 2 & 0 & -1 \end{vmatrix} = 0, \qquad D_1 = \begin{vmatrix} 3 & 1 & 2 \\ 4 & 1 & 3 \\ -1 & 0 & -1 \end{vmatrix} = 0,$$

$$D_2 = \begin{vmatrix} 7 & 3 & 2 \\ 5 & 4 & 3 \\ 2 & -1 & -1 \end{vmatrix} = 0, \qquad D_3 = \begin{vmatrix} 7 & 1 & 3 \\ 5 & 1 & 4 \\ 2 & 0 & -1 \end{vmatrix} = 0$$

Da außerdem etwa $A_{31} = \begin{vmatrix} 1 & 2 \\ 1 & 3 \end{vmatrix} = 1 \neq 0$ ist, kann der Satz (727) angewandt werden. Das System

$$x_2 + 2x_3 = 3 - 7x_1$$
$$x_2 + 3x_3 = 4 - 5x_1$$

besitzt für jedes $x_1 \in \mathbf{R}$ genau eine Lösung $\begin{bmatrix} x_2 \\ x_3 \end{bmatrix}$, nämlich nach (710)

$$\begin{bmatrix} x_2 \\ x_3 \end{bmatrix} = \begin{bmatrix} 1 - 11x_1 \\ 1 + 2x_1 \end{bmatrix}$$

Nach (727) lauten damit die unendlich vielen Lösungen des Systems (728)

$$\begin{bmatrix} x_1 \\ x_2 \\ x_3 \end{bmatrix} = \begin{bmatrix} t \\ 1 - 11t \\ 1 + 2t \end{bmatrix}, \qquad t \in \mathbf{R} \text{ beliebig}$$

Wie ist diese Lösungsmenge geometrisch zu deuten?

4.3.3. *n*-reihige Determinanten. In der Praxis kommt man mit den bisher behandelten linearen Gleichungssystemen nicht aus. Oft treten Systeme mit 4 und mehr Unbekannten auf, und die Anzahl der Gleichungen braucht nicht mit der Anzahl der Unbekannten übereinzustimmen. Mathematisch sind diese Probleme vollständig gelöst, aber im Rahmen dieses Buches sollen nur Systeme von n Gleichungen mit n Unbekannten behandelt werden, wobei n irgendeine natürliche Zahl (> 1) ist. Bei der Untersuchung solcher Gleichungssysteme kommt den Determinanten von $(n \times n)$-Matrizen große Bedeutung zu. Für $n = 2$ und $n = 3$ kennen wir die Determinanten bereits; für beliebiges $n > 1$ sollen sie jetzt rekursiv definiert werden.

Sei A eine beliebige $(n \times n)$-Matrix

(729) $$A = (a_{ik})_{\substack{1 \le i \le n \\ 1 \le k \le n}} = \begin{bmatrix} a_{11} & a_{12} & \dots & a_{1n} \\ a_{21} & a_{22} & \dots & a_{2n} \\ \dots & \dots & \dots & \dots \\ a_{n1} & a_{n2} & \dots & a_{nn} \end{bmatrix}$$

Dazu bilden wir die $(n-1) \times (n-1)$-Matrizen A^{ik} $(i, k = 1, \dots, n)$ wie folgt: A^{ik} entsteht aus A durch Streichung der i-ten Zeile und der k-ten Spalte; z. B. ist

$$A^{nn} = (a_{jl})_{\substack{1 \le j \le n-1 \\ 1 \le l \le n-1}} \qquad A^{n1} = (a_{jl})_{\substack{1 \le j \le n-1 \\ 2 \le l \le n}}$$

Für $n = 3$ gilt nach (723):

(730) $$\det A = \sum_{k=1}^{3} (-1)^{i+k} \, a_{ki} \det A^{ki}$$

und hierin durfte i irgendeine der Zahlen 1, 2 oder 3 sein. Dreireihige Determinanten wurden so also mit Hilfe zweireihiger Determinanten eingeführt. Analog gehen wir nun vor, um sukzessive vierreihige, fünfreihige, ..., und allgemein n-reihige Determinanten zu definieren. Unter der Annahme, daß für beliebige $(n-1) \times (n-1)$-Matrizen B die Determinante $\det B$ bereits definiert ist, können wir die Formel (730) nachahmen und für die $(n \times n)$-Matrix A in (729) festsetzen:

(731) $$\det A := \sum_{k=1}^{n} (-1)^{i+k} a_{ki} \det A^{ki} \qquad (1 \le i \le n)$$

Damit dies eine zulässige Definition ist, müßte man sich eigentlich für einen festen Wert von i entscheiden. Doch wie schon für $n = 3$ festgestellt wurde und wie sich sukzessive für alle n zeigen ließe[1]), liefert die rechte Seite von (731) für jedes i, $1 \le i \le n$, denselben Zahlenwert. Somit ist die Definition (731) einwandfrei, und es ist klar, daß durch (731) n-reihige Determinanten schrittweise für alle $n = 3, 4, 5, \dots$ erklärt sind.

Wir wollen jetzt die wichtigsten Eigenschaften der Determinanten kennenlernen. Sie werden das mühsame Berechnen von Determinanten stark vereinfachen.

(732) *Sei $B = (b_{ik})_{\substack{1 \le i \le n \\ 1 \le k \le n}}$ die Matrix, die aus A durch Vertauschen von Zeilen und Spalten hervorgeht, genauer: die k-te Zeile von A wird zur k-ten Spalte von B, oder $b_{ik} = a_{ki}$ für $i, k = 1, \dots, n$. (B heißt auch die transponierte Matrix von A). Dann gilt* $\det B = \det A$.

Beweis durch vollständige Induktion nach n: Für $n = 2$ ist die Behauptung richtig, denn

$$\begin{vmatrix} a_{11} & a_{12} \\ a_{21} & a_{22} \end{vmatrix} = a_{11} a_{22} - a_{12} a_{21} = \begin{vmatrix} a_{11} & a_{21} \\ a_{12} & a_{22} \end{vmatrix}$$

Nun sei die Behauptung bereits für alle $(n-1) \times (n-1)$-Matrizen bewiesen. Da B^{ik} die trans-

[1]) Auf den Beweis muß hier verzichtet werden.

ponierte Matrix von A^{ki} ist, gilt somit $\det A^{ki} = \det B^{ik}$. Die Behauptung für $(n \times n)$-Matrizen folgt nun aus (731) und der Gleichungskette:

$$n \cdot \det A = \sum_{i=1}^{n} \sum_{k=1}^{n} (-1)^{i+k} a_{ki} \det A^{ki} = \sum_{k=1}^{n} \underbrace{\sum_{i=1}^{n} (-1)^{i+k} b_{ik} \det B^{ik}}_{=\det B} = n \cdot \det B$$

Eine wichtige Folgerung von (732) ist, daß man statt (731) ebenso gut folgende Definition von $\det A$ wählen kann:

(733) $$\det A = \sum_{k=1}^{n} (-1)^{i+k} a_{ik} \det A^{ik} \qquad (1 \leq i \leq n)$$

Man nennt diese Darstellung die Entwicklung von $\det A$ nach der i-ten Zeile, während (731) als Entwicklung von $\det A$ nach der i-ten Spalte bezeichnet wird.

Aus (731) bzw. (733) folgt sofort:

(734) *Besteht eine Spalte oder eine Zeile der Matrix A aus lauter Nullen, so ist* $\det A = 0$.

Folgende zwei Regeln beweist der Leser leicht mit Hilfe von (733)[1]):

(735) $$\begin{vmatrix} a_{11} & a_{12} & \dots & a_{1n} \\ \cdot & \cdot & \cdot & \cdot \\ \lambda a_{i1} & \lambda a_{i2} & \dots & \lambda a_{in} \\ \cdot & \cdot & \cdot & \cdot \\ a_{n1} & a_{n2} & \dots & a_{nn} \end{vmatrix} = \lambda \cdot \begin{vmatrix} a_{11} & a_{12} & \dots & a_{1n} \\ \cdot & \cdot & \cdot & \cdot \\ a_{i1} & a_{i2} & \dots & a_{in} \\ \cdot & \cdot & \cdot & \cdot \\ a_{n1} & a_{n2} & \dots & a_{nn} \end{vmatrix}$$

für beliebiges $\lambda \in \mathbf{R}$. Einen gemeinsamen Faktor aller Elemente einer Zeile kann man also „herausziehen". Dasselbe gilt für Spalten. Weiter erhält man[1]):

(736) $$\begin{vmatrix} a_{11} & a_{12} & \dots & a_{1n} \\ \cdot & \cdot & \cdot & \cdot \\ a_{i1}+b_{i1} & a_{i2}+b_{i2} & \dots & a_{in}+b_{in} \\ \cdot & \cdot & \cdot & \cdot \\ a_{n1} & a_{n2} & \dots & a_{nn} \end{vmatrix} = \begin{vmatrix} a_{11} & a_{12} & \dots & a_{1n} \\ \cdot & \cdot & \cdot & \cdot \\ a_{i1} & a_{i2} & \dots & a_{in} \\ \cdot & \cdot & \cdot & \cdot \\ a_{n1} & a_{n2} & \dots & a_{nn} \end{vmatrix} + \begin{vmatrix} a_{11} & a_{12} & \dots & a_{1n} \\ \cdot & \cdot & \cdot & \cdot \\ b_{i1} & b_{i2} & \dots & b_{in} \\ \cdot & \cdot & \cdot & \cdot \\ a_{n1} & a_{n2} & \dots & a_{nn} \end{vmatrix}$$

Besonders häufig ist folgende Regel anwendbar:

(737) *Die Matrix C gehe aus A durch Vertauschen zweier Zeilen oder Spalten hervor. Dann ist* $\det C = -\det A$.

Den Beweis führen wir nur für den Sonderfall, daß die erste Zeile mit der zweiten Zeile vertauscht wird. Sei $C = (c_{ik})$. Dann gilt $c_{2k} = a_{1k}$ und $C^{2k} = A^{1k}$, $k = 1, 2, \ldots, n$.

---

[1]) Die jeweils durch Punkte angedeuteten Zeilen stimmen mit den entsprechenden der Matrix A in (729) überein.

Also

$$\det C = \sum_{k=1}^{n} (-1)^{2+k} c_{2k} \det C^{2k} = -\sum_{k=1}^{n} (-1)^{1+k} a_{1k} \det A^{1k} = -\det A$$

Aus (737) ergeben sich wichtige Folgerungen.

(738) *Sind in der Matrix A zwei Zeilen oder zwei Spalten gleich, so gilt* $\det A = 0$.

Beweis. Bei Vertauschung der zwei gleichen Zeilen (Spalten) geht A in sich über, nach (737) gilt also $\det A = -\det A$, woraus $\det A = 0$ folgt.

Mit Hilfe von (735) beweist man ganz ähnlich (Übung für den Leser):

(739) *Enthält die Matrix A zwei proportionale*[1]) *Zeilen oder Spalten, so ist* $\det A = 0$.

Ein überaus wirksames Hilfsmittel bei der Berechnung von Determinanten folgt nun aus (739) und (736) (Wie?):

(740) *Der Wert einer Determinante ändert sich nicht, wenn man zu irgend einer Zeile ein Vielfaches einer anderen Zeile addiert, wenn man also z.B. die i-te Zeile* $(a_{i1}, \ldots, a_{in})$ *durch die Zeile* $(a_{i1} + ca_{j1}, \ldots, a_{in} + ca_{jn})$ *mit* $c \in \mathbf{R}$, $i \neq j$ *ersetzt (und alle anderen Zeilen unverändert läßt!). Eine entsprechende Aussage gilt für Spalten statt Zeilen.*

Schließlich folgern wir aus (738) noch einen Satz über die Existenz von inversen Matrizen. Er wird bei der Auflösung von linearen Gleichungssystemen benötigt (vgl. Abschnitt 4.3.4).

(741) *Für die* $(n \times n)$*-Matrix A sei* $\det A \neq 0$. *In Analogie zu* (717) *setzen wir*

$$A_{ij} := \det A^{ij} \qquad (i,j = 1,2,\ldots,n)$$

Dann ist die Matrix

$$\tilde{A} := \left(\frac{(-1)^{i+k} A_{ki}}{\det A}\right)_{\substack{1 \le i \le n \\ 1 \le k \le n}} \quad ^{2)}$$

invers *zu A, d.h., es gilt*

$$A\tilde{A} = \tilde{A}A = E_n,$$

wo E_n *die n-reihige Einheitsmatrix ist:*

$$E_n := \begin{bmatrix} 1 & 0 & 0 & \ldots & 0 \\ 0 & 1 & 0 & \ldots & 0 \\ 0 & 0 & 1 & \ldots & 0 \\ \cdot & \cdot & \cdot & \cdots & \cdot \\ 0 & 0 & 0 & \ldots & 1 \end{bmatrix}$$

Beweis. Wir zeigen nur $A\tilde{A} = E_n$. Nach (697) bedeutet dies

(742) $$\sum_{j=1}^{n} a_{ij}(-1)^{j+k} A_{kj} = \begin{cases} \det A & \text{für } i = k \\ 0 & \text{für } i \neq k \end{cases}$$

[1]) Die Zeile $(b_1, \ldots, b_n)$ heißt proportional zur Zeile $(a_1, \ldots, a_n)$, wenn für ein $c \in \mathbf{R}$ gilt: $b_i = ca_i$ für $1 \le i \le n$.

[2]) Das Element in der i-ten Zeile und k-ten Spalte von $\tilde{A}$ lautet also $(-1)^{i+k} \cdot A_{ki}/\det A$.

Die Behauptung für $i = k$ folgt aus (733). Für $i \neq k$ läßt sich die linke Seite von (742) auffassen als (nach der k-ten Zeile entwickelte) Determinante derjenigen Matrix, die aus A hervorgeht, wenn die k-te Zeile durch die i-te Zeile ersetzt wird. Diese Determinante ist Null, da ja i-te und k-te Zeile übereinstimmen.

Der Nutzen der gewonnenen Aussagen soll nun an Beispielen geprüft werden.

Beispiele. **a**) Ohne Rechnung stellt man fest, daß folgende Determinanten Null sind:

$$\begin{vmatrix} a & b & c \\ d & e & f \\ 0 & 0 & 0 \end{vmatrix} \qquad \begin{vmatrix} 4 & 7 & 1 \\ 17 & 11 & 3 \\ 4 & 7 & 1 \end{vmatrix} \qquad \begin{vmatrix} 2 & 3 & 1 & 2 \\ -5 & 6 & 0 & 4 \\ 11 & -9 & 7 & -6 \\ -1 & 12 & 0 & 8 \end{vmatrix}$$

(eine Nullzeile, zwei gleiche Zeilen, zwei proportionale Spalten)

b) Zur Berechnung der Determinante

$$D = \begin{vmatrix} 1 & 5 & 7 & 0 \\ 2 & 0 & 8 & 10 \\ 3 & 6 & 0 & 11 \\ 4 & 0 & 9 & 12 \end{vmatrix}$$

empfiehlt es sich, nach der zweiten Spalte zu entwickeln (warum?). Es folgt

$$D = -5 \cdot \begin{vmatrix} 2 & 8 & 10 \\ 3 & 0 & 11 \\ 4 & 9 & 12 \end{vmatrix} - 6 \cdot \begin{vmatrix} 1 & 7 & 0 \\ 2 & 8 & 10 \\ 4 & 9 & 12 \end{vmatrix}$$

$$= -5\left(-3 \cdot \begin{vmatrix} 8 & 10 \\ 9 & 12 \end{vmatrix} - 11 \cdot \begin{vmatrix} 2 & 8 \\ 4 & 9 \end{vmatrix}\right) - 6\left(\begin{vmatrix} 8 & 10 \\ 9 & 12 \end{vmatrix} - 7 \cdot \begin{vmatrix} 2 & 10 \\ 4 & 12 \end{vmatrix}\right)$$

$$= -5(-3 \cdot 6 - 11 \cdot (-14)) - 6(6 - 7 \cdot (-16)) = -1328$$

c) Zur Berechnung der Determinante

$$D = \begin{vmatrix} 1 & 3 & -2 & 5 \\ 6 & -3 & 1 & 4 \\ 2 & 7 & 5 & 2 \\ -2 & 1 & 6 & 8 \end{vmatrix}$$

wenden wir wiederholt die Regel (740) an, um etwa in der ersten Spalte möglichst viele Nullen zu erzeugen und die Determinante dann nach dieser Spalte zu entwickeln. Wir addieren das (-6)-fache bzw. (-2)-fache bzw. 2-fache der ersten Zeile zur 2. bzw. 3. bzw. 4. Zeile. Es folgt

$$D = \begin{vmatrix} 1 & 3 & -2 & 5 \\ 0 & -21 & 13 & -26 \\ 2 & 7 & 5 & 2 \\ -2 & 1 & 6 & 8 \end{vmatrix} = \begin{vmatrix} 1 & 3 & -2 & 5 \\ 0 & -21 & 13 & -26 \\ 0 & 1 & 9 & -8 \\ -2 & 1 & 6 & 8 \end{vmatrix}$$

$$= \begin{vmatrix} 1 & 3 & -2 & 5 \\ 0 & -21 & 13 & -26 \\ 0 & 1 & 9 & -8 \\ 0 & 7 & 2 & 18 \end{vmatrix} = \begin{vmatrix} -21 & 13 & -26 \\ 1 & 9 & -8 \\ 7 & 2 & 18 \end{vmatrix} = 2 \cdot \begin{vmatrix} -21 & 13 & -13 \\ 1 & 9 & -4 \\ 7 & 2 & 9 \end{vmatrix}$$

Auf die letzte 3-reihige Determinante wenden wir erneut (740) an: Wir addieren das (-9)-fache bzw. 4-fache der ersten Spalte zur 2. bzw. 3. Spalte und erhalten

$$\begin{vmatrix} -21 & 13 & -13 \\ 1 & 9 & -4 \\ 7 & 2 & 9 \end{vmatrix} = \begin{vmatrix} -21 & 202 & -13 \\ 1 & 0 & -4 \\ 7 & -61 & 9 \end{vmatrix} = \begin{vmatrix} -21 & 202 & -97 \\ 1 & 0 & 0 \\ 7 & -61 & 37 \end{vmatrix}$$

Entwicklung nach der 2. Zeile liefert weiter

$$-1 \cdot \begin{vmatrix} 202 & -97 \\ -61 & 37 \end{vmatrix} = -1557, \qquad \text{also} \qquad D = -3114$$

d) Für die Matrix

$$A = \begin{bmatrix} 3 & 0 & 2 \\ 7 & -1 & 5 \\ 0 & 4 & -2 \end{bmatrix}$$

soll die inverse Matrix $\tilde{A}$ berechnet werden. Nach (741) sind dazu folgende Größen zu bilden:

$$\det A = 3 \cdot \begin{vmatrix} -1 & 5 \\ 4 & -2 \end{vmatrix} + 2 \cdot \begin{vmatrix} 7 & -1 \\ 0 & 4 \end{vmatrix} = 2 \qquad (\neq 0)$$

$$\begin{bmatrix} A_{11} & -A_{21} & A_{31} \\ -A_{12} & A_{22} & -A_{32} \\ A_{13} & -A_{23} & A_{33} \end{bmatrix} = \begin{bmatrix} -18 & 8 & 2 \\ 14 & -6 & -1 \\ 28 & -12 & -3 \end{bmatrix}$$

Man erhält damit (Probe!)

$$\tilde{A} = \begin{bmatrix} -9 & 4 & 1 \\ 7 & -3 & -\frac{1}{2} \\ 14 & -6 & -\frac{3}{2} \end{bmatrix}$$

4.3.4. *n* lineare Gleichungen mit *n* Unbekannten.

Wir kehren zurück zur Lösung linearer Gleichungssysteme und betrachten das System ($n \in \mathbf{N}$)

$$\begin{array}{l} a_{11} x_1 + a_{12} x_2 + \cdots + a_{1n} x_n = b_1 \\ a_{21} x_1 + a_{22} x_2 + \cdots + a_{2n} x_n = b_2 \\ \cdots\cdots\cdots\cdots\cdots\cdots \\ a_{n1} x_1 + a_{n2} x_2 + \cdots + a_{nn} x_n = b_n \end{array} \tag{743}$$

oder in Matrizenschreibweise (vgl. (696), (697))

$$AX = B \tag{744}$$

mit

$$A = \begin{bmatrix} a_{11} & a_{12} & \cdots & a_{1n} \\ a_{21} & a_{22} & \cdots & a_{2n} \\ \cdots & \cdots & \cdots & \cdots \\ a_{n1} & a_{n2} & \cdots & a_{nn} \end{bmatrix}, \qquad B = \begin{bmatrix} b_1 \\ b_2 \\ \vdots \\ b_n \end{bmatrix}, \qquad X = \begin{bmatrix} x_1 \\ x_2 \\ \vdots \\ x_n \end{bmatrix}$$

Im Folgenden beschränken wir uns auf den in der Regel vorliegenden Fall, nämlich

(745) $\det A \neq 0.$

Dann gilt folgender Satz:

(746) *Sei* $\det A \neq 0$, *und* $\tilde{A}$ *die nach* (741) *gebildete inverse Matrix zu* A. *Dann ist* $X = \tilde{A}B$ *die einzige Lösung des Systems* (744). *Für die Komponenten* $x_1, \ldots, x_n$ *von* X *ergibt sich dabei die sog. Cramersche Regel* (*vgl.* (710) *und* (725)):

$$x_i = \frac{D_i}{\det A} \qquad (1 \leq i \leq n)$$

wobei D_i *die Determinante derjenigen Matrix ist, die aus* A *hervorgeht, wenn die* i-*te Spalte von* A *durch die Spalte* B *ersetzt wird.*

Beweis. Sei $\hat{X}$ irgendeine Lösung der Gleichung (744), es gelte also $A\hat{X} = B$. Wir multiplizieren diese Gleichung von links mit $\tilde{A}$ und erhalten (vgl. Fußnote S. 201):

$$\tilde{A}(A\hat{X}) = (\tilde{A}A)\hat{X} = E_n\hat{X} = \hat{X} = \tilde{A}B$$

Damit ist gezeigt: Wenn es überhaupt eine Lösung X von (744) gibt, so lautet sie $X = \tilde{A}B$ und ist somit eindeutig bestimmt. Daß $X = \tilde{A}B$ wirklich Lösung ist, sieht man durch Einsetzen:

$$A(\tilde{A}B) = (A\tilde{A})B = E_nB = B$$

Schließlich folgt für die i-te Komponente x_i der Spaltenmatrix $\tilde{A}B$ nach (697) und (741):

$$x_i = \sum_{j=1}^{n} \frac{(-1)^{i+j}A_{ji}}{\det A} b_j = \frac{1}{\det A} \sum_{j=1}^{n} (-1)^{i+j} b_j A_{ji}$$

und der letzte Summenausdruck ist gerade die nach der i-ten Spalte entwickelte Determinante D_i (vgl. (731)). Damit ist alles bewiesen.

In vielen Anwendungen treten sog. homogene (lineare) Gleichungssysteme auf. Das sind solche Systeme (743), bei denen die Zahlen $b_1, \ldots, b_n$ auf der rechten Seite sämtlich Null sind:

$$(747) \qquad \begin{array}{l} a_{11}x_1 + a_{12}x_2 + \cdots + a_{1n}x_n = 0 \\ a_{21}x_1 + a_{22}x_2 + \cdots + a_{2n}x_n = 0 \\ \dots\dots\dots\dots\dots\dots\dots \\ a_{n1}x_1 + a_{n2}x_2 + \cdots + a_{nn}x_n = 0 \end{array}$$

Offensichtlich haben homogene Systeme immer die „triviale" Lösung $x_i = 0$ $(1 \leq i \leq n)$. Darüber hinaus gilt folgende Alternativaussage:

(748) a) *Für* $\det A \neq 0$ *besitzt das homogene System* (747) *nur die triviale Lösung* $x_1 = \ldots = x_n = 0$.

b) *Für* $\det A = 0$ *besitzt das homogene System* (747) *unendlich viele Lösungen, insbesondere also auch solche „nichttriviale" Lösungen* $(x_1, \ldots, x_n)$, *bei denen mindestens eine Komponente von Null verschieden ist.*

Beweis. Die Behauptung a) folgt aus der Tatsache (vgl. (746)), daß es in diesem Fall nur eine Lösung gibt. Die Behauptung b) beweisen wir nur für den (häufigsten) Fall, daß nicht alle

„Unterdeterminanten" $A_{ki} = \det A^{ki}$ von A verschwinden[1]). Dann gibt es eine Zahl k ($1 \leq k \leq n$), so daß die Spalte

$$Y = \begin{bmatrix} y_1 \\ y_2 \\ y_3 \\ \vdots \\ y_n \end{bmatrix} := \begin{bmatrix} +A_{k1} \\ -A_{k2} \\ +A_{k3} \\ \vdots \\ (-1)^n A_{kn} \end{bmatrix}$$

nicht aus lauter Nullen besteht. Aus der Formel (742), die auch für $\det A = 0$ gilt, folgt nun, daß AY die Nullspalte ist. Damit ist Y eine nichttriviale Lösung von (747), und offenbar gilt dies auch für jede Spalte

$$X = tY := \begin{bmatrix} ty_1 \\ ty_2 \\ \vdots \\ ty_n \end{bmatrix}$$

mit beliebigem $t \in \mathbf{R}$. Also ist b) bewiesen.

Das einzige Verfahren, das wir bisher zur Auflösung eines Gleichungssystems (743) mit $\det A \neq 0$ kennenlernten, ist die in (746) angegebene Cramersche Regel. Sie erfordert die Berechnung von $n+1$ n-reihigen Determinanten, und dies wird überaus mühsam, wenn die Anzahl n der Gleichungen und Unbekannten groß ist. Deshalb wird für konkrete Berechnungen – auch bei Benutzung von mechanischen oder elektronischen Rechenmaschinen – meistens ein anderes Verfahren angewandt, das mit weniger Rechenaufwand verbunden ist: die Gaußsche Elimination (der Gaußsche Algorithmus).

Bei dieser Methode werden folgende Rechenschritte am Gleichungssystem (743) ausgeführt:

1. Schritt: Elimination von x_1 aus der 2. bis n-ten Gleichung

2. Schritt: Elimination von x_2 aus der 3. bis n-ten Gleichung, usw.

$(n-1)$-ter Schritt: Elimination von x_{n-1} aus der n-ten Gleichung.

Aus dem System (743) entsteht dabei ein (äquivalentes) Gleichungssystem der folgenden „Dreiecksgestalt":

$$\begin{aligned} c_{11}x_1 + c_{12}x_2 + c_{13}x_3 + \cdots + c_{1n}x_n &= d_1 \\ c_{22}x_2 + c_{23}x_3 + \cdots + c_{2n}x_n &= d_2 \\ c_{33}x_3 + \cdots + c_{3n}x_n &= d_3 \\ \cdots\cdots\cdots\cdots & \\ c_{nn}x_n &= d_n \end{aligned} \tag{749}$$

Hierin sind alle $c_{ii} \neq 0$ ($1 \leq i \leq n$)[2]), so daß sich diese Gleichungen sukzessive von

[1]) In diesem Fall folgt die Behauptung für $n = 2$ und $n = 3$ auch leicht aus (712) bzw. (727). Wie?

[2]) Dies folgt aus $\det A \neq 0$, wenn man eventuell die Reihenfolge der Gleichungen in (743) ändert.

unten nach oben auflösen lassen: Die letzte Gleichung liefert x_n, die vorletzte dann x_{n-1} usw., bis schließlich aus der 1. Gleichung x_1 ermittelt wird.

Wir wollen die allgemeine Beschreibung des Gaußschen Algorithmus hier abschließen und die genaueren Einzelheiten an einem konkreten Gleichungssystem darstellen. Es laute

$$\begin{aligned} x_1 + 2x_2 - 3x_3 - x_4 &= 1 \\ -3x_1 - 7x_2 + 2x_3 + x_4 &= 6 \\ 4x_1 + 9x_2 - 5x_3 + 3x_4 &= -2 \\ 2x_1 - x_2 + 6x_3 - 2x_4 &= 3 \end{aligned}$$

Zur Elimination von x_1 aus den 3 letzten Gleichungen addieren wir das 3-fache, (-4)-fache, (-2)-fache der 1. Gleichung zur 2. bzw. 3. bzw. 4. Gleichung und erhalten

$$\begin{aligned} x_1 + 2x_2 - 3x_3 - x_4 &= 1 \\ -x_2 - 7x_3 - 2x_4 &= 9 \\ x_2 + 7x_3 + 7x_4 &= -6 \\ -5x_2 + 12x_3 &= 1 \end{aligned}$$

Zur Elimination von x_2 aus den 2 letzten Gleichungen addieren wir nun das 1-fache, (-5)-fache der 2. Gleichung zur 3. bzw. 4. Gleichung. Es folgt:

$$\begin{aligned} x_1 + 2x_2 - 3x_3 - x_4 &= 1 \\ -x_2 - 7x_3 - 2x_4 &= 9 \\ 5x_4 &= 3 \\ 47x_3 + 10x_4 &= -44 \end{aligned}$$

Da hier in der 3. Gleichung mit x_2 gleichzeitig auch x_3 (zufällig!) herausfiel, ist dies nach Vertauschen der 2 letzten Gleichungen bereits die gewünschte Dreiecksgestalt (749). Man erhält daraus nacheinander:

$$x_4 = \frac{3}{5}, \quad x_3 = -\frac{1}{47}(10x_4 + 44) = -\frac{50}{47},$$

$$x_2 = -7x_3 - 2x_4 - 9 = -\frac{647}{235},$$

$$x_1 = -2x_2 + 3x_3 + x_4 + 1 = \frac{184}{47}$$

Übungsaufgaben. 132.* Man untersuche die Lösbarkeit folgender Systeme und berechne gegebenenfalls alle ihre Lösungen:

a) $\begin{aligned} 2x_1 - 4x_2 &= 1 \\ 3x_1 + 5x_2 &= 3 \end{aligned}$ b) $\begin{aligned} 4x_1 - 3x_2 &= 0 \\ 7x_1 - 5x_2 &= 0 \end{aligned}$

c) $\begin{aligned} 6x_1 - 2x_2 &= 1 \\ -9x_1 + 3x_2 &= 2 \end{aligned}$ d) $\begin{aligned} 12x_1 + 16x_2 &= 24 \\ 15x_1 + 20x_2 &= 30 \end{aligned}$

Man skizziere die jeweils dargestellten Geradenpaare in der (x_1, x_2)-Ebene.

133. Zu drei Vektoren

$$\boldsymbol{a} = \begin{bmatrix} a_1 \\ a_2 \\ a_3 \end{bmatrix} \quad \boldsymbol{b} = \begin{bmatrix} b_1 \\ b_2 \\ b_3 \end{bmatrix} \quad \boldsymbol{c} = \begin{bmatrix} c_1 \\ c_2 \\ c_3 \end{bmatrix}$$

kann man das sog. Spatprodukt $(\boldsymbol{a} \times \boldsymbol{b})\boldsymbol{c}$ (= Skalarprodukt von $\boldsymbol{a} \times \boldsymbol{b}$ mit $\boldsymbol{c}$) bilden. Man zeige:

a) $$(\boldsymbol{a} \times \boldsymbol{b})\boldsymbol{c} = \begin{vmatrix} a_1 & b_1 & c_1 \\ a_2 & b_2 & c_2 \\ a_3 & b_3 & c_3 \end{vmatrix}$$

b) $(\boldsymbol{a} \times \boldsymbol{b})\boldsymbol{c}$ ist bis auf das Vorzeichen der Rauminhalt des von $\boldsymbol{a}, \boldsymbol{b}, \boldsymbol{c}$ aufgespannten Parallelflachs (Fig. 42).

c) Eine Determinante

$$\begin{vmatrix} a_{11} & a_{12} & a_{13} \\ a_{21} & a_{22} & a_{23} \\ a_{31} & a_{32} & a_{33} \end{vmatrix}$$

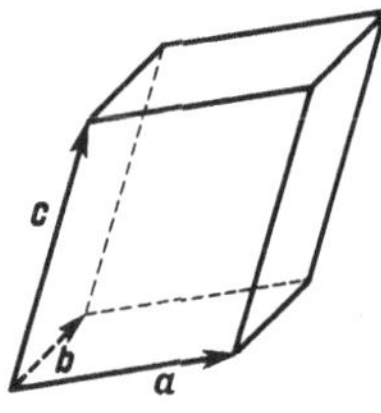

Fig. 42
Von $\boldsymbol{a}$, $\boldsymbol{b}$, $\boldsymbol{c}$ aufgespanntes Parallelflach

ist genau dann Null, wenn ihre drei Zeilenvektoren oder ihre drei Spaltenvektoren in einer Ebene liegen.

Anleitung: Man benutze die Aussage b) und (732).

134.* Man bestimme mit möglichst wenig Rechnung den Wert folgender Determinanten:

a) $\begin{vmatrix} 2 & 5 & 7 \\ 3 & 0 & 0 \\ 4 & 6 & 8 \end{vmatrix}$ b) $\begin{vmatrix} 0 & 0 & a \\ 0 & 0 & b \\ c & d & e \end{vmatrix}$ c) $\begin{vmatrix} a & 0 & 0 \\ 0 & b & 0 \\ 0 & 0 & c \end{vmatrix}$

d) $\begin{vmatrix} 4 & 2 & 5 & 1 \\ 6 & 4 & -2 & 8 \\ 7 & -5 & 1 & 3 \\ -9 & -6 & 3 & -12 \end{vmatrix}$ e) $\begin{vmatrix} 2 & a & 1 & 0 \\ 0 & 4 & 0 & 0 \\ b & c & d & 3 \\ 7 & e & 5 & 0 \end{vmatrix}$

135.* Man berechne die Determinante der Matrix

$$A = (a_{ik})_{\substack{1 \le i \le n \\ 1 \le k \le n}}$$

a) falls $a_{ik} = 0$ für $i \neq k$ („Diagonalmatrix“),

b) falls $a_{ik} = 0$ für $i > k$ („Dreiecksmatrix“).

136.* Man drücke die Determinante der Matrix $B=(c\,a_{ik})_{\substack{1\le i\le n\\1\le k\le n}}$ mittels $c\in\mathbf{R}$ und der Determinante von $A=(a_{ik})_{\substack{1\le i\le n\\1\le k\le n}}$ aus.
Anleitung: Man benutze (735).

137. Man zeige

$$\begin{vmatrix} 1 & 1 & 1 \\ a_1 & a_2 & a_3 \\ a_1^2 & a_2^2 & a_3^2 \end{vmatrix} = (a_3-a_1)(a_3-a_2)(a_2-a_1)$$

138.* Man löse folgende Gleichungssysteme sowohl nach der Cramerschen Regel als auch durch Gaußsche Elimination:

$$\text{a)}\ \begin{aligned} 2x_1 - x_2 + 3x_3 &= 4 \\ 5x_1 - 4x_2 - x_3 &= 2 \\ x_2 + 6x_3 &= -8 \end{aligned} \qquad \text{b)}\ \begin{aligned} x_1 + 2x_2 + 4x_3 - 3x_4 &= 5 \\ 3x_1 + 5x_2 + 10x_3 &= 11 \\ -2x_2 - x_3 + 4x_4 &= -6 \\ -x_1 - 2x_2 - 7x_4 &= 8 \end{aligned}$$

139.* Man berechne alle Lösungen der folgenden homogenen Systeme:

$$\text{a)}\ \begin{aligned} x_1 + x_2 + x_3 &= 0 \\ -x_1 - 2x_2 + 3x_3 &= 0 \\ x_1 + 4x_2 + 9x_3 &= 0 \end{aligned} \qquad \text{b)}\ \begin{aligned} x_1 + 6x_2 - 4x_3 &= 0 \\ -x_1 + 21x_2 - 14x_3 &= 0 \\ x_1 - 15x_2 + 10x_3 &= 0 \end{aligned}$$

$$\text{c)}\ \begin{aligned} x_1 - 3x_2 + 2x_3 &= 0 \\ -x_1 + 3x_2 - 2x_3 &= 0 \\ 3x_1 - 9x_2 + 6x_3 &= 0 \end{aligned}$$

140.* Man berechne die inverse Matrix – sofern sie existiert – zu

$$\text{a)}\ \begin{bmatrix} a & 0 & 0 & 0 \\ 0 & b & 0 & 0 \\ 0 & 0 & c & 0 \\ 0 & 0 & 0 & d \end{bmatrix} \quad \text{b)}\ \begin{bmatrix} 0 & 0 & 0 & a \\ 0 & 0 & a & 0 \\ 0 & 1 & 0 & 0 \\ 1 & 0 & 0 & 0 \end{bmatrix} \quad \text{c)}\ \begin{bmatrix} 1 & a & 0 \\ 0 & 1 & b \\ 0 & 0 & 1 \end{bmatrix} \quad \text{d)}\ \begin{bmatrix} 0 & 0 & 1 \\ 1 & 0 & 0 \\ 0 & 1 & 0 \end{bmatrix}$$

4.4. Symmetriegruppen von Molekülen

4.4.1. Einfache Beispiele zum Gruppenbegriff. Die meisten Leser werden mit dem Gruppenbegriff bereits von der Schule her vertraut sein. Eines der naheliegendsten Beispiele einer Gruppe ist die Menge $\mathbf{Q}\setminus\{0\}$ der rationalen Zahlen ohne die Null. Als Verknüpfung ist dabei die Multiplikation und als Einheit die Zahl 1 zu wählen. Dieses Beispiel mögen sich diejenigen Leser, denen der Gruppenbegriff ganz neu ist, bei der folgenden allgemeinen Definition vor Augen halten.

(750) *(Definition einer Gruppe) Sei G eine endliche oder unendliche Menge, deren Elemente mit a, b, c, ... bezeichnet werden. G heißt eine Gruppe, wenn folgende Bedingungen* a) – d) *erfüllt sind:*

a) *In G ist eine Verknüpfung erklärt, d.h., jedem geordneten Paar (a, b) von Elementen*

$a, b \in G$ ist genau ein Element aus G zugeordnet, welches das „Produkt" von a und b heißt und mit ab bezeichnet wird[1]).

b) *Für die Verknüpfung gilt das* ***assoziative Gesetz***

$$a(bc) = (ab)c \quad \text{für alle} \quad a, b, c \in G$$

D.h., bei der Verknüpfung von a mit bc ergibt sich dasselbe Gruppenelement wie bei der Verknüpfung von ab mit c.

c) *Es gibt eine* ***Einheit*** *in G, d.h., ein Element $e \in G$ mit der Eigenschaft*

$$ea = ae = a \quad \text{für alle} \quad a \in G$$

d) *Zu jedem $a \in G$ existiert ein Element $a^{-1} \in G$ mit der Eigenschaft*

$$a^{-1}a = aa^{-1} = e$$

a^{-1} heißt ***invers*** *zu a oder das* ***Inverse*** *von a.*

Eine Gruppe G heißt ***kommutativ*** *oder* ***abelsch***[2]), *wenn außer* a) – d) *noch gilt*:

e) $\qquad ab = ba \quad \text{für alle} \quad a, b \in G.$

Wir ziehen eine einfache Folgerung aus der Gruppendefinition:

(751) *In jeder Gruppe G gibt es nur eine Einheit e und zu jedem Element $a \in G$ existiert nur ein inverses Element a^{-1}.*

Beweis. Seien e und $\hat{e}$ Einheiten in G, also $ea = ae = a$ und $\hat{e}a = a\hat{e} = a$ für alle $a \in G$. Hierin setzen wir speziell $a = \hat{e}$ und erhalten: $\hat{e} = \hat{e}e = e$. Nun nehmen wir an, zu einem Element $a \in G$ existieren zwei inverse Elemente $\hat{a}$ und $\tilde{a}$, so daß die Gleichungen gelten: $\hat{a}a = a\hat{a} = e$ und $\tilde{a}a = a\tilde{a} = e$. Dann folgt $\hat{a} = \hat{a}e = \hat{a}(a\tilde{a}) = (\hat{a}a)\tilde{a} = e\tilde{a} = \tilde{a}$.

Nun betrachten wir einige Beispiele von Gruppen.

Beispiele. 1. Sei G eine der Mengen $\mathbb{Q}\backslash\{0\}$, $\mathbb{R}\backslash\{0\}$, $\mathbb{Q}^+$ oder $\mathbb{R}^+$. $\mathbb{Q}^+$ und $\mathbb{R}^+$ bedeuten dabei die Menge der positiven rationalen bzw. reellen Zahlen. Jede dieser Mengen wird zu einer Gruppe, wenn als Verknüpfung die Multiplikation gewählt wird. Einheit ist in allen Fällen die Zahl 1, und das Inverse einer Zahl a ist die Zahl $1/a$. Alle diese Gruppen sind abelsch. Der Leser prüfe etwa für $G = \mathbb{Q}^+$ das Erfülltsein der Bedingungen a) – e) nach.

2. Die Mengen $\mathbb{N}$ und $\mathbb{Z}$ der natürlichen bzw. ganzen Zahlen bilden **keine** Gruppe, wenn man als Verknüpfung wieder die **Multiplikation** wählt. Die Bedingungen a), b), c) sind zwar erfüllt, nicht jedoch d), da z.B. die Zahl 2 kein Inverses besitzt: $1/2 \notin \mathbb{Z}$!

3. Die Mengen $\mathbb{Z}$, $\mathbb{Q}$, $\mathbb{R}$ sind **keine** Gruppen, wenn man die **Multiplikation** als Verknüpfung einführt, denn die Null besitzt kein Inverses. Alle drei Mengen bilden

---

[1]) Die Bezeichnung „Produkt" und ab erinnert daran, daß die Multiplikation von Zahlen häufig als Verknüpfung in einer Gruppe auftritt. Andererseits sei betont, daß die Elemente von G etwas ganz anderes als Zahlen sein können, und daß dementsprechend dann auch ihre Verknüpfung etwas anderes als die übliche Multiplikation (oder auch Addition) bedeuten wird.

[2]) Nach dem Mathematiker N. Abel, 1802 – 1829.

jedoch eine Gruppe mit der Addition als Verknüpfung. Einheit ist jetzt die Zahl 0, da $a+0=0+a=a$ für alle a gilt. Das Inverse zu a ist $-a$, denn $a+(-a)=$ $=-a+a=0$. Die Gruppen **Z**, **Q**, **R** sind offenbar abelsch.

4. **N** ist keine Gruppe mit der Addition als Verknüpfung. Warum?

5. Sei $a=\begin{bmatrix}1 & 0\\ 0 & 1\end{bmatrix}$ und $b=\begin{bmatrix}1 & 0\\ 0 & -1\end{bmatrix}$. Mit der Matrizenmultiplikation als Verknüpfung bildet die Menge $G=\{a, b\}$ eine abelsche Gruppe. Welches Element ist die Einheit, wie lauten die inversen Elemente von a und b?

6. Sei G die Menge der Permutationen der Ziffern 1, 2, 3, d.h., die Menge der umkehrbar eindeutigen Abbildungen f dieser Ziffern auf sich. Solche Permutationen schreiben wir in der Form

$$f=:\begin{bmatrix}1 & 2 & 3\\ f(1) & f(2) & f(3)\end{bmatrix} \tag{752}$$

so daß z.B. $\begin{bmatrix}1 & 2 & 3\\ 3 & 1 & 2\end{bmatrix}$ diejenige Permutation bezeichnet, die 1 in 3, 2 in 1 und 3 in 2 überführt. Wendet man nach einer Permutation f noch eine Permutation g an, so ist die Gesamtwirkung wieder eine Permutation $g\circ f$:

$$g\circ f=\begin{bmatrix}1 & 2 & 3\\ g(f(1)) & g(f(2)) & g(f(3))\end{bmatrix} \tag{753}$$

Beispiel: $f=\begin{bmatrix}1 & 2 & 3\\ 3 & 2 & 1\end{bmatrix}$ und $g=\begin{bmatrix}1 & 2 & 3\\ 1 & 3 & 2\end{bmatrix}$ ergibt $g\circ f=\begin{bmatrix}1 & 2 & 3\\ 2 & 3 & 1\end{bmatrix}$,

$$f\circ g=\begin{bmatrix}1 & 2 & 3\\ 3 & 1 & 2\end{bmatrix}\neq g\circ f.$$

Mit dieser Verkettung der Permutationen als Verknüpfung bildet G eine nichtkommutative (nichtabelsche) Gruppe mit $3!=6$ Elementen. Einheit ist die identische Abbildung $\begin{bmatrix}1 & 2 & 3\\ 1 & 2 & 3\end{bmatrix}$, inverses Element einer Permutation ist ihre Umkehrabbildung.

7. Die Symmetriegruppe eines Quadrates Q mit den Ecken 1, 2, 3, 4 und Mittelpunkt O besteht aus allen Kongruenzabbildungen[1]) der Q enthaltenden Ebene, welche das Quadrat mit sich zur Deckung bringen („Decktransformationen" von Q). Bei

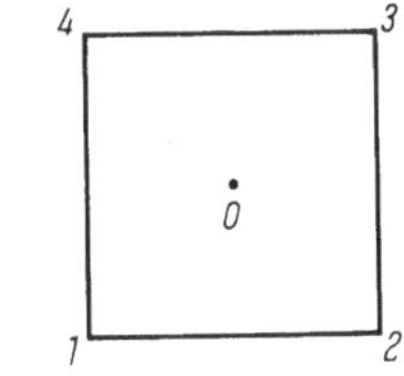

Fig. 43

[1]) Kongruenzabbildungen sind lineare Abbildungen, welche den Abstand zwischen beliebigen zwei Punkten unverändert lassen.

einer solchen Abbildung geht jeder Eckpunkt wieder in einen Eckpunkt über, und man kann zeigen, daß die Abbildung allein durch diese Eckenzuordnung bereits vollständig bestimmt ist. Daher lassen sich alle Decktransformationen von Q durch die zugehörige Permutation der Ecken 1, 2, 3, 4 eindeutig beschreiben. Zum Beispiel bedeutet die Permutation (vgl. (752))

(754) $$a = \begin{bmatrix} 1 & 2 & 3 & 4 \\ 2 & 3 & 4 & 1 \end{bmatrix}$$

eine Drehung um O mit dem Drehwinkel 90°, und die Spiegelung an der durch die Ecken 1 und 3 bestimmten Geraden wird durch die Permutation

(755) $$b = \begin{bmatrix} 1 & 2 & 3 & 4 \\ 1 & 4 & 3 & 2 \end{bmatrix}$$

festgelegt.

Die Verknüpfung in der Symmetriegruppe ist wieder die Hintereinanderausführung zweier Kongruenzabbildungen, so daß ab[1]) durch folgende Permutation der Eckpunkte gegeben ist:

$$ab = \begin{bmatrix} 1 & 2 & 3 & 4 \\ 2 & 1 & 4 & 3 \end{bmatrix}$$

Dies ist die Spiegelung an der durch O gehenden vertikalen Achse. Die Spiegelung an der horizontalen Achse durch O lautet dagegen

$$ba = \begin{bmatrix} 1 & 2 & 3 & 4 \\ 4 & 3 & 2 & 1 \end{bmatrix}$$

Durch wiederholtes Anwenden der Drehung a erhält man

$$a^2 := aa = \begin{bmatrix} 1 & 2 & 3 & 4 \\ 3 & 4 & 1 & 2 \end{bmatrix}, \qquad a^3 := a^2 a = a a^2 = \begin{bmatrix} 1 & 2 & 3 & 4 \\ 4 & 1 & 2 & 3 \end{bmatrix}$$

$$a^4 := a^3 a = a a^3 = a^2 a^2 = \begin{bmatrix} 1 & 2 & 3 & 4 \\ 1 & 2 & 3 & 4 \end{bmatrix} = e = \text{Einheit}$$

Dies sind Drehungen um O mit den Drehwinkeln 180°, 270° bzw. 360° = 0°. Aus $a^4 = e$ folgt nun, daß alle höheren Potenzen von a mit e, a, a^2 oder a^3 übereinstimmen müssen, z. B.:

$$a^5 = a^4 a = ea = a, \qquad a^6 = a^4 a^2 = a^2, \qquad a^7 = a^4 a^3 = a^3, \qquad a^8 = a^4 a^4 = ee = e,$$
$$a^9 = a^8 a = a, \quad a^{10} = a^2, \quad a^{11} = a^3, \ldots$$

Aus $b^2 = e$ folgt entsprechend, daß alle geraden Potenzen von b mit e und alle ungeraden Potenzen mit b übereinstimmen. Da ferner die Beziehung gilt:

(756) $$ba = a^3 b,$$

kann jede durch wiederholte Anwendung von a und b erzeugte Kongruenzabbildung auf die Form

(757) $$a^i b^j \quad (0 \leq i \leq 3,\ 0 \leq j \leq 1)$$

---

[1]) Zuerst ist die Abbildung b anzuwenden, dann a.

gebracht werden, wo unter a^0 und b^0 definitionsgemäß die Einheit e verstanden wird. Zum Beispiel[1]):

$$baba^2 = (ba)ba^2 = (a^3 b)ba^2 = a^3 b^2 a^2 = a^5 = a = a^1 b^0$$

$$aba^2 ba^3 b = a(ba)aba^3 b = aa^3 (ba)ba^3 b = a^3 bba^3 b = a^6 b = a^2 b^1 .$$

Die durch (757) dargestellten insgesamt 8 Decktransformationen des Quadrates Q bestehen aus den 4 Drehungen e, a, a^2, a^3 und den 4 Spiegelungen $b, ab, a^2 b, a^3 b = ba$. (Der Leser beschreibe die Wirkung von $a^2 b$.) Da das Quadrat keine weiteren „Symmetrien" besitzt, lautet die gesuchte Symmetriegruppe

(758) $\quad G = \{a^i b^j;\ i = 0, 1, 2, 3;\ j = 0, 1\}$

wo a und b durch (754) bzw. (755) gegeben sind. G ist eine nichtabelsche (vgl. (756)) Gruppe mit 8 Elementen. Wie lauten die inversen Elemente von a, a^2, a^3, b, ab? Gibt es Permutationen der Ecken 1, 2, 3, 4, die zu keiner Kongruenzabbildung des Quadrates gehören?

4.4.2. Untergruppen; zyklische Gruppen. Im obigen Beispiel 1 sahen wir, daß nicht nur die Menge $G = \mathbb{Q}\setminus\{0\}$ sondern auch die Teilmenge $H = \mathbb{Q}^+$ von G eine Gruppe mit der Multiplikation als Verknüpfung bildet. Der Grund liegt darin, daß ein Produkt oder Quotient von positiven rationalen Zahlen wieder positiv rational ist. Man nennt H in naheliegender Weise eine Untergruppe von G.

Allgemein definieren wir:

(759) *Eine (nichtleere) Teilmenge H einer Gruppe G heißt Untergruppe von G, wenn sie für sich allein schon eine Gruppe bildet mit derselben Verknüpfung wie in G.*

Jede Gruppe G besitzt die „trivialen" Untergruppen $H = \{e\}$ (e = Einheit in G) und $H = G$. Von Interesse sind nur die übrigen, „nichttrivialen" Untergruppen.

Beispiele für Untergruppen. **a)** Die geraden Zahlen $\{0, \pm 2, \pm 4, \dots\}$ bilden eine Untergruppe von $\mathbb{Z}$ mit der Addition als Verknüpfung. Denn die Einheit 0 ist gerade, die Summe von geraden Zahlen ist wieder gerade und mit a ist auch das Inverse $-a$ gerade. Bilden auch die ungeraden Zahlen eine Untergruppe von $\mathbb{Z}$? Bilden die Zahlen $\{5n;\ n\in\mathbb{Z}\} = \{0, \pm 5, \pm 10, \dots\}$ eine Untergruppe?

b) In der Gruppe aller Permutationen der Ziffern 1, 2, 3 (vgl. Beispiel 6 weiter oben) bilden diejenigen Permutationen, die die Ziffer 1 festlassen, eine abelsche Untergruppe. Sie besteht aus den zwei Elementen $e = \begin{bmatrix} 1 & 2 & 3 \\ 1 & 2 & 3 \end{bmatrix}$ und $a = \begin{bmatrix} 1 & 2 & 3 \\ 1 & 3 & 2 \end{bmatrix}$. Offenbar ist $a^{-1} = a$.

c) In der Symmetriegruppe des Quadrates – früheres Beispiel 7 – bilden die Drehungen

(760) $\quad H := \{e, a, a^2, a^3\} \quad \text{mit} \quad a = \begin{bmatrix} 1 & 2 & 3 & 4 \\ 2 & 3 & 4 & 1 \end{bmatrix}$

---

[1]) Wegen des Assoziativgesetzes können Klammern beliebig gesetzt und weggelassen werden.

eine Untergruppe. Die inversen Elemente ergeben sich sofort aus der Beziehung $a^4 = e$. Dagegen bilden die Spiegelungen zusammen mit e:

$$\widetilde{H} := \{e, b, ab, a^2 b, a^3 b\} \qquad \text{mit} \qquad b = \begin{bmatrix} 1 & 2 & 3 & 4 \\ 1 & 4 & 3 & 2 \end{bmatrix}$$

keine Untergruppe. Grund?

Gruppen vom Typ (760) sind wegen ihrer überschaubaren Struktur besonders wichtig. Jedes Element dieser Gruppe ist eine „Potenz" des festen Elementes a. Bildet man a^4, d.h., wendet man viermal hintereinander die Drehung a an, so kommt man wieder zur Ausgangssituation zurück ($a^4 = e$). Vier Drehungen um 90° bilden einen „Zyklus"; danach wiederholt sich alles: $a^5 = a, a^6 = a^2$, $a^7 = a^3$, $a^8 = e$. Gruppen dieser Art nennt man daher zyklisch. Etwas allgemeiner definiert man:

(761) *Die Gruppe G heißt zyklisch, wenn es ein Element $a \in G$ gibt, so daß jedes Element aus G eine ganzzahlige „Potenz" von a ist. Die Potenzen von a sind dabei wie folgt definiert:*

$$a^n := \underbrace{aa \ldots a}_{n\text{-mal}} \quad \text{für} \quad n \in \mathbf{N}$$

$$a^0 := e \doteq \text{Einheit in } G$$

$$a^{-1} = \text{Inverses von } a$$

$$a^{-n} := (a^{-1})^n = \underbrace{a^{-1} a^{-1} \ldots a^{-1}}_{n\text{-mal}} \quad \text{für} \quad n \in \mathbf{N}$$

a heißt erzeugendes Element der zyklischen Gruppe G, die man dann auch in der Form schreibt:

$$G = \langle a \rangle .$$

Es kann für eine zyklische Gruppe durchaus mehrere erzeugende Elemente geben. So sieht man leicht, daß mit a auch a^{-1} ein erzeugendes Element ist. Im Beispiel (760) sind a und $a^{-1} = a^3$ die einzigen Erzeugenden. Das Element $c = a^2$ (= Drehung um 180°) erzeugt nur die zweielementige Untergruppe $\{e, c\}$, da $c^2 = a^4 = e$, $c^{-1} = a^2 = c$ ist.

Zu ganzzahligen Potenzen eines Elementes x einer beliebigen Gruppe G findet man auf sehr einfache Weise das Produktelement. Aus dem assoziativen Gesetz ergibt sich nämlich leicht folgendes Potenzgesetz für beliebiges $x \in G$:

(762) $\quad x^m x^n = x^{m+n} \quad$ für alle $\quad m, n \in \mathbf{Z}$

Z.B.: $x^3 x^{-2} = (xxx)(x^{-1} x^{-1}) = x(xxx^{-1} x^{-1}) = xe = x = x^1$.
Wegen $x^0 = e$ folgt aus (762) sofort auch das Inverse einer Potenz:

(763) $\quad (x^m)^{-1} = x^{-m} \quad$ für $\quad m \in \mathbf{Z}$

Diese Regeln (762) und (763) zeigen, daß man in zyklischen Gruppen $G = \langle a \rangle$ überaus einfach rechnen kann. Aus (762) folgt außerdem, daß zyklische Gruppen immer abelsch sind:

$$a^m a^n = a^{m+n} = a^n a^m$$

Es gibt zwei ganz verschiedene Typen von zyklischen Gruppen $G = \langle a \rangle$:

A) Alle Potenzen a^m, $m \in \mathbf{Z}$, sind verschieden. Dann heißt $G = \langle a \rangle$ eine unendliche zyklische Gruppe, da sie unendlich viele Elemente enthält.

B) Mindestens zwei Potenzen von a sind gleich, es gilt also für zwei ganze Zahlen $m, p \in \mathbf{Z}$, $m > p$:

$$a^m = a^p \qquad \text{oder} \qquad a^{m-p} = e$$

Somit existieren natürliche Zahlen k, z.B. $k = m - p$, mit der Eigenschaft $a^k = e$. Die kleinste unter diesen Zahlen $k \in \mathbf{N}$ sei n. Eine leichte Überlegung zeigt dann: Alle Potenzen

(764) $\qquad a^0 = e, a, a^2, a^3, \ldots, a^{n-1}$

sind verschieden, und jede Potenz a^l, $l \in \mathbf{Z}$ stimmt mit einer der Potenzen (764) überein. Die Gruppe $G = \langle a \rangle$ hat im Fall B) also n Elemente und lautet

(765) $\qquad G = \langle a \rangle = \{e, a, a^2, \ldots, a^{n-1}\}, \qquad a^n = e$

$G = \langle a \rangle$ wird in diesem Fall als endliche zyklische Gruppe bezeichnet.

Beispiele für solche endlichen zyklischen Gruppen sind die Gruppe (760) mit $n = 4$ und die unter b) S. 219 angegebene Gruppe mit $n = 2$.

Die ganzzahligen Potenzen einer festen reellen Zahl ($\neq 0$, $\neq \pm 1$) bilden eine unendliche zyklische Gruppe mit der gewöhnlichen Multiplikation als Verknüpfung, z.B.

$$G = \langle 2 \rangle = \{2^m;\, m \in \mathbf{Z}\} \qquad (2^0 = 1)$$

Die wichtigste unendliche zyklische Gruppe, sozusagen der Standardtyp, ist die Menge der ganzen Zahlen mit der Addition als Verknüpfung und der Zahl 1 als erzeugendem Element:

$$\mathbf{Z} = \langle 1 \rangle = \{m \cdot 1;\, m \in \mathbf{Z}\}$$

Statt der Potenzen treten hier die Vielfachen der erzeugenden Zahl 1 auf:

$$\left.\begin{aligned} n \cdot 1 &= \underbrace{1 + 1 + \cdots + 1}_{n\text{-mal}} \\ (-n) \cdot 1 &= \underbrace{(-1) + (-1) + \cdots + (-1)}_{n\text{-mal}} \end{aligned}\right\} \quad n \in \mathbf{N}$$

$$0 \cdot 1 = 0 = \text{Einheit von } \mathbf{Z}.$$

Beliebig viele weitere unendliche zyklische Gruppen findet man unter den Untergruppen von $\mathbf{Z}$: Die ganzzahligen Vielfachen einer festen natürlichen Zahl k

$$\{mk;\, m \in \mathbf{Z}\}$$

bilden jeweils eine solche zyklische Gruppe bzgl. Addition. So erhält man für $k = 1$ die Gruppe $\mathbf{Z}$ selbst, für $k = 2$ die Gruppe der geraden Zahlen, für $k = 3$ die Gruppe der Zahlen 0, ± 3, ± 6, $\pm 9, \ldots$ usw.

4.4.3. Die orthogonale Gruppe; Symmetriegruppen. Im dreidimensionalen Raum wählen wir ein festes rechtwinkliges (x_1, x_2, x_3)-Koordinatensystem, so daß jeder Punkt oder Vektor durch ein reelles Zahlentripel dargestellt wird. Eine lineare Abbildung f der Punkte oder Vektoren in sich lautet dann (vgl. (701))

(766) $\quad f: X \mapsto f(X) := AX + B$

mit den Matrizen

$$X = \begin{bmatrix} x_1 \\ x_2 \\ x_3 \end{bmatrix} \quad B = \begin{bmatrix} b_1 \\ b_2 \\ b_3 \end{bmatrix} \quad A = (a_{ik})_{\substack{1 \le i \le 3 \\ 1 \le k \le 3}}$$

Unter diesen Abbildungen sind diejenigen besonders wichtig, die den Abstand von irgend zwei Punkten nicht verändern, für die also mit $|X| = \sqrt{x_1^2 + x_2^2 + x_3^2}$ gilt (vgl. (641), (643)):

(767) $\quad |f(X) - f(Y)| = |X - Y| \quad$ für alle $\quad X = \begin{bmatrix} x_1 \\ x_2 \\ x_3 \end{bmatrix}, \ Y = \begin{bmatrix} y_1 \\ y_2 \\ y_3 \end{bmatrix}$

Lineare Abbildungen f mit dieser Eigenschaft (767) heißen Bewegungen. Es gilt der Satz:

(768) *Die Bewegungen bilden eine (unendliche) Gruppe, wenn als Verknüpfung die Hintereinanderausführung der Abbildungen gewählt wird.*

Beweis. Offensichtlich ist mit f und g auch die Verkettung $f \circ g: X \mapsto f(g(X))$ eine Bewegung. Ebenso ist die identische Abbildung $e: X \mapsto X$ eine Bewegung, und es gilt $e \circ f = f \circ e = f$ für alle Abbildungen (766), also sicher für alle Bewegungen. Das bedeutet: e ist Einheit. Ist ferner die Abbildung f in (766) eine Bewegung, so gilt $\det A \neq 0$. Wäre nämlich $\det A = 0$, so gäbe es nach (748) eine nichttriviale Lösung Y des homogenen Gleichungssystems

$$AY = 0 := \begin{bmatrix} 0 \\ 0 \\ 0 \end{bmatrix}$$

Einsetzen dieser Lösung Y neben $X = 0$ in (767) führt aber auf den Widerspruch

$$0 = |f(0) - f(Y)| = |0 - Y| = |Y| \neq 0.$$

Also ist $\det A \neq 0$ und nach (741) existiert die zu A inverse Matrix $\tilde{A}$ mit $A\tilde{A} = \tilde{A}A = E =$ dreireihige Einheitsmatrix. Die Abbildung

$$\tilde{f}: X \mapsto \tilde{A}X - \tilde{A}B$$

ist jetzt die Umkehrabbildung von f in (766) und daher ebenfalls eine Bewegung. $\tilde{f}$ ist nun im Sinne der Gruppendefinition das Inverse von f, da offensichtlich $f \circ \tilde{f} = \tilde{f} \circ f = e$ gilt. Damit sind alle Gruppeneigenschaften[1]) nachgewiesen.

---

[1]) Das assoziative Gesetz ist bei der Verkettung von Abbildungen stets erfüllt.

Zu den Bewegungen gehören zum Beispiel alle Translationen (660) und alle Drehungen um eine beliebige Achse. Durch sie lassen sich Ortsveränderungen von starren Körpern im Raum beschreiben und ihnen verdanken die Bewegungen ihren Namen. Aber auch Spiegelungen an einer Ebene oder an einem Punkt sind Bewegungen in dem durch (767) definierten Sinn. Während Drehungen und Spiegelungen immer mindestens einen Punkt fest lassen, haben Translationen keinen Fixpunkt. Bei der Untersuchung der Symmetrieeigenschaften von Molekülen spielen nur solche Bewegungen eine Rolle, die mindestens einen gemeinsamen Fixpunkt haben. Wählt man einen solchen Fixpunkt als Ursprung O des Koordinatensystems, so folgt in der Darstellung (766) notwendig $B = \begin{bmatrix} 0 \\ 0 \\ 0 \end{bmatrix}$. Insgesamt ergibt sich nun leicht (Beweis als Übung):

(769) *Eine lineare Abbildung f des Raumes in sich ist genau dann eine Bewegung mit Fixpunkt O, wenn es eine (3×3)-Matrix A gibt mit der Eigenschaft*

$$f(X) = AX, \qquad |AX| = |X| \quad \textit{für alle} \quad X = \begin{bmatrix} x_1 \\ x_2 \\ x_3 \end{bmatrix}$$

Die Menge dieser Abbildungen f bildet eine Untergruppe der Gruppe aller Bewegungen; sie heißt die orthogonale Gruppe bezüglich O. Die Elemente f dieser Gruppe heißen orthogonale Abbildungen[1]) *und die zugehörigen Matrizen A nennt man orthogonale Matrizen.*

Folgende typischen Beispiele orthogonaler Matrizen lernten wir bisher schon kennen:

(770) $$A_1 = \begin{bmatrix} \cos\varphi & -\sin\varphi & 0 \\ \sin\varphi & \cos\varphi & 0 \\ 0 & 0 & 1 \end{bmatrix} \quad A_2 = \begin{bmatrix} 1 & 0 & 0 \\ 0 & 1 & 0 \\ 0 & 0 & -1 \end{bmatrix} \quad A_3 = \begin{bmatrix} \cos\varphi & -\sin\varphi & 0 \\ \sin\varphi & \cos\varphi & 0 \\ 0 & 0 & -1 \end{bmatrix}$$

A_1 beschreibt eine Drehung um die x_3-Achse mit Drehwinkel φ, A_2 eine Spiegelung an der (x_1, x_2)-Ebene und A_3 eine sogenannte Drehspiegelung: Sie entsteht durch Hintereinanderausführung der beiden vorangehenden Abbildungen: $A_3 = A_1 A_2 = A_2 A_1$. Die Menge der Fixpunkte besteht im ersten Fall aus einer Geraden, im zweiten aus einer Ebene und im dritten aus einem einzigen Punkt (sofern $0 < \varphi < 2\pi$ gilt).

Man kann nun zeigen, daß die orthogonale Gruppe durch diese drei Typen von Abbildungen bereits erschöpft wird. Wir vermerken ohne Beweis:

(771) *Für eine orthogonale Abbildung f ist nur einer der drei folgenden Fälle möglich:*

a) *f ist eine Drehung um eine durch O gehende Achse.*

b) *f ist eine Spiegelung an einer durch O gehenden Ebene.*

c) *f ist eine Drehspiegelung, d.h., f setzt sich zusammen aus einer Drehung um eine*

[1]) Wenn im weiteren von der orthogonalen Gruppe oder von orthogonalen Abbildungen die Rede ist, wird stillschweigend vorausgesetzt, daß ein Nullpunkt O geeignet festgelegt ist.

Achse durch O und einer Spiegelung an derjenigen Ebene durch O, die zur Drehachse senkrecht ist.

Die Umkehrabbildung (= das Inverse) von f gehört jeweils zum selben Typ wie f.

Wozu ist nun die orthogonale Gruppe gut? Wir wollen darlegen, daß sie zusammen mit ihren Untergruppen das geeignete Instrument zur Beschreibung der Symmetrieeigenschaften eines Moleküls ist.

Unter einem Molekül verstehen wir – vereinfachend – ein System von endlich vielen punktförmigen Atomen, die starr im Raum miteinander verbunden sind und somit zusammen eine feste geometrische Figur bilden. So wird das Benzol-Molekül C_6H_6 durch ein regelmäßiges Sechseck, das Methan-Molekül CH_4 durch ein reguläres Tetraeder beschrieben. Wann kann man nun davon sprechen, daß ein bestimmtes Molekül eine „Symmetrie" aufweist?

(772) *Definition. Eine orthogonale Abbildung $f \neq e$* [1]) *heißt eine Symmetrie des vorgegebenen Moleküls M, wenn jedes Atom von M durch f an einen Raumpunkt bewegt wird, wo sich auch vor der Abbildung ein Atom desselben Elementes befand. Da gleichartige Atome nicht unterscheidbar sind, sind auch die Zustände des Moleküls vor und nach der Abbildung f nicht zu unterscheiden. Man sagt, das Molekül M geht bei Anwendung der Abbildung f in sich über.*

Aus dieser Definition zieht man sofort eine einfache Folgerung: Enthält ein Molekül *M* von einem bestimmten Element nur ein Atom, so kann dieses Atom bei keiner Symmetrie *f* von *M* den Ort verändern, es ist also ein Fixpunkt jeder Symmetrie von *M*. Beispiele: Jede Symmetrie des H_2O-Moleküls läßt das O-Atom fest. Ebenso ist das N-Atom Fixpunkt aller Symmetrien des NH_3-Moleküls.

Ferner ergibt sich leicht folgende Aussage:

(773) *Alle Abbildungen aus der orthogonalen Gruppe, die ein Molekül M in sich überführen, also Symmetrien von M sind, bilden zusammen mit e eine Untergruppe. Sie heißt die Symmetriegruppe des Moleküls M. (Verknüpfung in dieser Gruppe ist natürlich die Hintereinanderausführung von Abbildungen.)*

Die Symmetriegruppen von Molekülen sind im allgemeinen endlich, d.h., sie enthalten nur endlich viele orthogonale Abbildungen. Je größer die Symmetriegruppe eines Moleküls, umso regelmäßiger, „symmetrischer" ist das Molekül aufgebaut. Es gibt auch ganz unsymmetrische Moleküle, deren Symmetriegruppe nur aus der Einheit *e* besteht. Andererseits gibt es Moleküle mit unendlicher Symmetriegruppe. Jedes zweiatomige Molekül läßt zum Beispiel eine beliebige Drehung um die Molekülachse zu. Interessant sind in diesem Zusammenhang jedoch nur Moleküle mit endlicher Symmetriegruppe $\neq \{e\}$.

Bei der Bestimmung von Symmetriegruppen, deren Kenntnis viele Untersuchungen in der physikalischen Chemie vereinfacht, braucht gemäß (771) nur nach Drehungen,

---

[1]) *e* ist die identische Abbildung und daher die Einheit in der orthogonalen Gruppe. Als „triviale Symmetrie" kann man *e* auch zu den Symmetrien eines jeden Moleküls zählen.

Spiegelungen und Drehspiegelungen gesucht zu werden, die das betreffende Molekül in sich überführen. Dieses Programm soll im folgenden für einige typische Moleküle durchgeführt werden. Da die auftretenden orthogonalen Abbildungen oft durch Permutationen der Atome des Moleküls bestimmt sind, kann man das Rechnen mit Abbildungen bzw. Matrizen meistens durch das einfachere Rechnen mit Permutationen (vgl. Beispiel 7, S. 217) ersetzen.

4.4.4. Beispiele von Symmetriegruppen. Kleine Buchstaben a, b, ... bedeuten im folgenden jeweils orthogonale Abbildungen (Symmetrien), und ab ist die Abbildung, die sich ergibt, wenn zuerst b und dann a angewandt wird.

a) Die Symmetriegruppe des CH_2FCl-Moleküls (Fig. 44). Die einzige Symmetrie ist die Spiegelung an der Ebene, welche die Atome C, Cl, F enthält und die Verbindungsstrecke der H-Atome senkrecht schneidet und halbiert. Die Symmetriegruppe enthält also nur zwei Elemente.

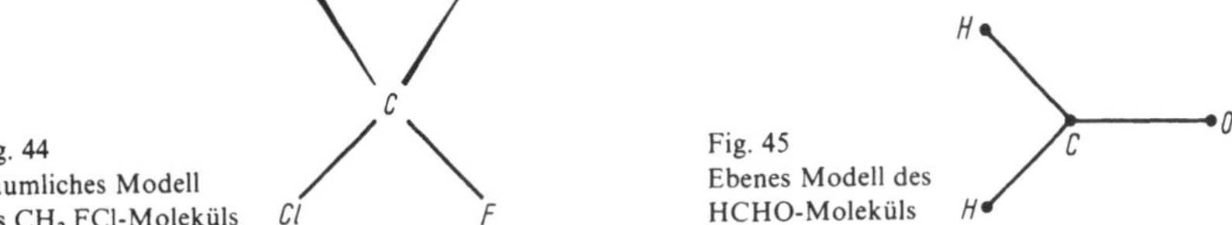

Fig. 44 Räumliches Modell des CH_2 FCl-Moleküls

Fig. 45 Ebenes Modell des HCHO-Moleküls

b) Die Symmetriegruppe des HCHO-Moleküls (Formaldehyd). Die Atome dieses Moleküls sind in einer Ebene angeordnet (Fig. 45). Bei jeder Symmetrie müssen das C- und das O-Atom offenbar fest bleiben. Bei der Spiegelung a an der Molekülebene bleiben sogar alle Atome fest (Dennoch ist $a \neq e$!). Eine weitere Symmetrie ist die Drehung b um die CO-Achse mit Drehwinkel 180°. Es gilt $a^2 = b^2 = e$; $ab = ba$ = Spiegelung an der Ebene, welche die CO-Achse enthält und auf der Verbindungslinie der H-Atome senkrecht steht. Weitere Symmetrien gibt es nicht. Die Symmetriegruppe besteht also aus den 4 Abbildungen e, a, b, ab. Sie ist abelsch, aber nicht zyklisch.

c) Die Symmetriegruppe des Naphthalin-Moleküls $C_{10}H_8$ (Fig. 46). Zu dieser Gruppe gehören neben der Spiegelung a an der Molekülebene die Drehungen b und c um die Achsen β bzw. γ mit den Drehwinkeln 180°. Man stellt leicht fest: $a^2 = b^2 = c^2 = e$, $ab = ba$, $ac = ca$, $bc = cb$. ab ist die Spiegelung an der Ebene, die β enthält und γ senkrecht schneidet. ac ist die Spiegelung an der Ebene, die γ enthält und β senkrecht schneidet. bc ist die Punktspiegelung am Symmetriezentrum. Schließlich ist abc die Drehung um die zur Molekülebene senkrechte Achse durch das Symmetriezentrum mit dem Drehwinkel 180°. Weitere Symmetrien gibt es nicht. Somit lautet die Symmetriegruppe

$$G = \{e, a, b, c, ab, ac, bc, abc\}.$$

Sie sind wieder abelsch, jedoch nicht zyklisch.

d) Die Symmetriegruppe des NH_3-Moleküls. Die drei H-Atome des Ammoniakmoleküls bilden ein gleichseitiges Dreieck, und senkrecht über dessen Mittelpunkt be-

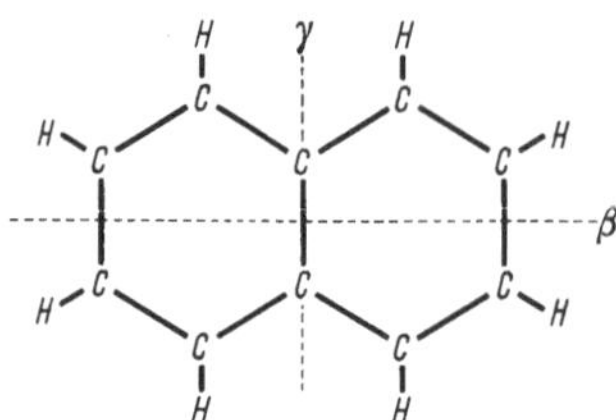

Fig. 46
(Ebenes) Naphthalin-Molekül

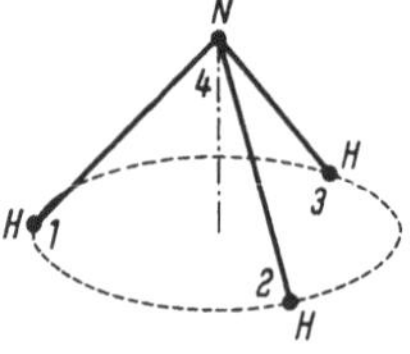

Fig. 47 Das NH_3-Molekül

findet sich das N-Atom. Wir numerieren alle Atome von 1 bis 4 durch (vgl. Fig. 47) und können dann die Symmetrien durch Permutationen der Ziffern 1, 2, 3, 4 ausdrücken. Zunächst erhält man die Drehung a um die vertikale Achse durch das N-Atom mit Drehwinkel 120°:

$$a = \begin{bmatrix} 1 & 2 & 3 & 4 \\ 2 & 3 & 1 & 4 \end{bmatrix}$$

a^2 ist eine entsprechende Drehung um 240° und $a^3 = e$ ist wieder die Einheit. Eine weitere Symmetrie ist die Spiegelung b an der Ebene, welche die Drehachse und den Punkt 3 enthält:

$$b = \begin{bmatrix} 1 & 2 & 3 & 4 \\ 2 & 1 & 3 & 4 \end{bmatrix}, \quad b^2 = e$$

Zwei zusätzliche Spiegelungen ergeben sich durch Verknüpfung aus a und b

$$ab = \begin{bmatrix} 1 & 2 & 3 & 4 \\ 3 & 2 & 1 & 4 \end{bmatrix} \quad a^2 b = \begin{bmatrix} 1 & 2 & 3 & 4 \\ 1 & 3 & 2 & 4 \end{bmatrix}$$

Man prüft leicht nach: $ba = a^2 b$, $ba^2 = ab$, $a^{-1} = a^2$, $b^{-1} = b$. Damit bilden die 6 Symmetrien (3 Drehungen und 3 Spiegelungen)

$$G = \{e, a, a^2, b, ab, a^2 b\}$$

bereits eine Gruppe, und da es keine weiteren Symmetrien gibt, ist dies die volle Symmetriegruppe von NH_3. Wegen $ba \neq ab$ ist sie nichtabelsch. Die Drehungen bilden eine zyklische Untergruppe $\langle a \rangle$.

e) Die Symmetriegruppe des Äthan-Moleküls C_2H_6 in der trans-Konstellation. Im räumlichen Modell dieses Moleküls liegen sich je 2 H-Atome bezüglich des Molekülzentrums gegenüber (vgl. Fig. 48). Eine erste Symmetrie ist die Drehspiegelung a mit Drehwinkel 60°:

$$a = \begin{bmatrix} 1 & 2 & 3 & 4 & 5 & 6 \\ 4 & 5 & 6 & 2 & 3 & 1 \end{bmatrix} \quad a^6 = e$$

Weitere Drehspiegelungen sind a^3, a^5, während a^2 und a^4 reine Drehungen sind. Eine reine Spiegelung (an welcher Ebene?) ist dagegen die Symmetrie

$$b = \begin{bmatrix} 1 & 2 & 3 & 4 & 5 & 6 \\ 2 & 1 & 3 & 4 & 6 & 5 \end{bmatrix} \quad b^2 = e$$

Wir betrachten nun die von a und b erzeugte Gruppe G. Wegen $ba = a^5 b = a^{-1} b$ besteht G aus den 12 Elementen $a^i b^j$, $0 \leq i \leq 5$, $0 \leq j \leq 1$. Der Leser prüfe nach, daß $b, a^2 b, a^4 b$ Spiegelungen und $ab, a^3 b, a^5 b$ Drehungen um geeignete horizontale Achsen (Drehwinkel 180°) sind. G ist bereits die volle Symmetriegruppe. Sie ist nichtabelsch, enthält aber die zyklische Untergruppe $\langle a \rangle$ mit 6 Elementen.

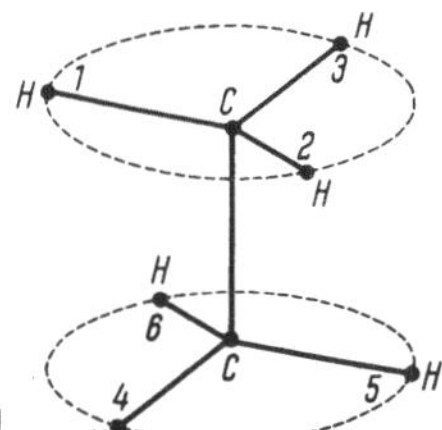

Fig. 48
Das Äthanmolekül

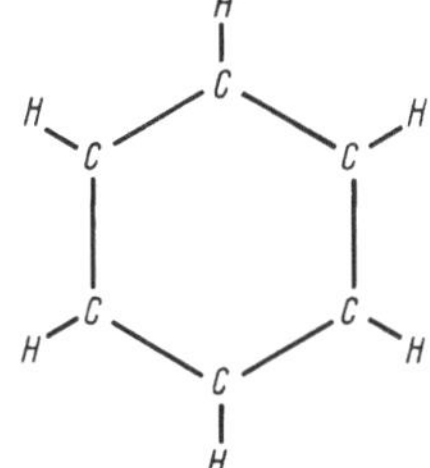

Fig. 49
Das Benzolmolekül

f) Die Symmetriegruppe des Benzols C_6H_6 (Fig. 49). Die Drehung a um die Molekülachse mit Drehwinkel 60° lautet als Permutation (nach Durchnumerierung der C-Atome von 1 bis 6)

$$a = \begin{bmatrix} 1 & 2 & 3 & 4 & 5 & 6 \\ 6 & 1 & 2 & 3 & 4 & 5 \end{bmatrix} \qquad a^6 = e$$

Weitere Symmetrien sind die Spiegelung b an der die Symmetrieachse enthaltenden Ebene durch 1 und 4:

$$b = \begin{bmatrix} 1 & 2 & 3 & 4 & 5 & 6 \\ 1 & 6 & 5 & 4 & 3 & 2 \end{bmatrix} \qquad b^2 = e$$

und die Spiegelung c an der Molekülebene, die wieder alle Atome festläßt, aber dennoch nicht die Einheit ist. Die von a, b und c durch Hintereinanderschalten erzeugte Gruppe G ist bereits die volle Symmetriegruppe. Man erkennt leicht die Beziehungen $ba = a^5 b = a^{-1} b$, $bc = cb$, $ca = ac$, $c^2 = e$. Daraus folgt, daß jedes Element von G auf die Gestalt $a^i b^j c^k$ mit $0 \leq i \leq 5$, $0 \leq j \leq 1$, $0 \leq k \leq 1$ gebracht werden kann. Z.B. ist $cbaba^3 = c(ba)ba^3 = ca^5 b^2 a^3 = ca^8 = ca^2 = a^2 c = a^2 b^0 c^1$. Damit besitzt die Symmetriegruppe G insgesamt $6 \cdot 2 \cdot 2 = 24$ Elemente. Darunter sind 6 Drehungen a^i um die (vertikale) Molekülachse, 6 Spiegelungen $a^i b$, 6 Drehspiegelungen $a^i c$ und 6 Drehungen $a^i bc$ um geeignete horizontale Drehachsen ($0 \leq i \leq 5$). Genauere Einzelheiten mag der Leser selbst herausfinden. Ist G abelsch?

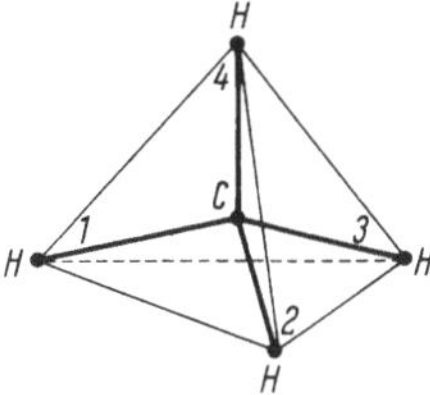

Fig. 50
Das Methanmolekül

g) Die Symmetriegruppe des Methan-Moleküls CH_4. Im räumlichen Modell des CH_4-Moleküls befinden sich die H-Atome in den 4 Ecken eines regulären Tetraeders, dessen Mittelpunkt das C-Atom einnimmt (vgl. Fig. 50). In diesem Fall lassen sich die Symmetrien eindeutig durch Permutationen der 4 H-Atome beschreiben[1]), so daß wir nur mit Permutationen der Ziffern 1, 2, 3, 4 zu rechnen brauchen. Bei genauer Untersuchung stellt sich heraus, daß alle $4! = 24$ Permutationen dieser Ziffern eine Symmetrie des CH_4-Moleküls liefern. Zum Beispiel bedeutet

$$a = \begin{bmatrix} 1 & 2 & 3 & 4 \\ 2 & 3 & 4 & 1 \end{bmatrix}$$

eine Drehspiegelung, deren Drehachse durch die Mittelpunkte der Strecken $\overline{13}$ und $\overline{24}$ geht (Drehwinkel 90°), und die Permutationen

$$b = \begin{bmatrix} 1 & 2 & 3 & 4 \\ 2 & 1 & 4 & 3 \end{bmatrix} \quad \text{und} \quad c = \begin{bmatrix} 1 & 2 & 3 & 4 \\ 1 & 2 & 4 & 3 \end{bmatrix}$$

bezeichnen eine Drehung bzw. eine Spiegelung. Der Leser interpretiere analog weitere Permutationen, z. B. a^2, ab, ba, a^2c, a^3c.

Die Symmetriegruppe enthält also wie im vorangehenden Beispiel 24 Elemente und ist ebenfalls nichtabelsch. Beide Gruppen haben aber eine unterschiedliche Struktur, denn die vorliegende Gruppe enthält z. B. keine zyklische Untergruppe mit 6 Elementen.

Übungsaufgaben. 141. Man zeige: Die Menge G der komplexen Zahlen vom Betrag 1 bildet bzgl. Multiplikation eine abelsche Gruppe. Für jedes $a \in G$ bedeutet die Zuordnung $z \mapsto az$ ($z \in \mathbf{C}$) eine Drehung in der Gaußschen Zahlenebene.

Anleitung: Benutze Polarkoordinaten für $a \in G$.

142.* Bilden die 3 Matrizen

$$\begin{bmatrix} 1 & 0 & 0 \\ 0 & 1 & 0 \\ 0 & 0 & 1 \end{bmatrix}, \quad \begin{bmatrix} 0 & 1 & 0 \\ 0 & 0 & 1 \\ 1 & 0 & 0 \end{bmatrix}, \quad \begin{bmatrix} 0 & 0 & 1 \\ 1 & 0 & 0 \\ 0 & 1 & 0 \end{bmatrix}$$

eine Gruppe bzgl. Matrizenmultiplikation? Welche Bewegungen beschreiben diese Matrizen nach Festlegung eines rechtwinkligen Koordinatensystems?

143.* Welche komplexen Zahlen erzeugen bezüglich Multiplikation je eine zyklische Gruppe mit 6 Elementen?

144.* Welchen Einschränkungen sind die reellen Zahlen a, b, c zu unterwerfen, damit die Matrizen

$$A = \begin{bmatrix} a & b \\ 0 & c \end{bmatrix}$$

eine Gruppe bezüglich Matrizenmultiplikation bilden? Für welche a, b, c ist $G = \langle A \rangle$ eine endliche zyklische Gruppe?

---

[1]) Entsprechendes gilt nicht für das Beispiel f). Die zu c gehörige Permutation stimmt dort mit der zu e gehörigen Permutation überein.

145.* Man stelle fest, welche der folgenden Matrizen eine orthogonale Abbildung gemäß (769) definieren:

$$\text{a)} \begin{bmatrix} \frac{\sqrt{3}}{2} & 0 & -\frac{1}{2} \\ 0 & -1 & 0 \\ \frac{1}{2} & 0 & \frac{\sqrt{3}}{2} \end{bmatrix} \quad \text{b)} \begin{bmatrix} \frac{1}{2} & -\frac{5}{6} & 0 \\ -\frac{5}{6} & \frac{1}{2} & 0 \\ 0 & 0 & 1 \end{bmatrix} \quad \text{c)} \begin{bmatrix} 1 & 0 & 0 \\ 0 & t & -\sqrt{1-t^2} \\ 0 & \sqrt{1-t^2} & t \end{bmatrix}$$

$(|t| \leq 1, t \in \mathbf{R})$.

146. Man beweise die Formel

$$xy = \frac{1}{2}(x^2 + y^2 - (x - y)^2)$$

für das Skalarprodukt zweier Vektoren x und y und zeige damit, daß orthogonale Abbildungen nicht nur die Länge eines Vektors, sondern auch den Winkel zwischen irgend zwei Vektoren unverändert lassen.

147.* Sei G die Gruppe aller Permutationen der Ziffern 1, 2, 3, 4. Man bestimme

a) alle Elemente $a \in G$ mit $a^2 = e$; b) alle Elemente $a \in G$ mit $a^3 = e$; c) alle Elemente $a \in G$ mit $a^4 = e$, $a^2 \neq e$.

Gibt es Elemente $a \in G$ mit $a^n = e$, $a \neq e$ und $n > 4$, die noch nicht unter a), b), c) vorkommen?

148.* Man gebe alle (verschiedenen!) Elemente der Gruppe an, die von zwei Elementen a und b mit folgenden Eigenschaften erzeugt wird: $a^5 = e$, $a^n \neq e$ für $1 \leq n \leq 4$, $b^2 = e$, $ba = a^4b$. Man identifiziere a und b mit geeigneten Symmetrien des regelmäßigen Fünfecks.

149. Man bestimme alle Drehungen in der Symmetriegruppe des CH_4-Moleküls (vgl. Beispiel g), S. 227) und zeige, daß sie eine Untergruppe bilden. Ist diese Untergruppe abelsch?

150.* Man ermittle die Symmetriegruppen folgender Moleküle:

a) H_2O b) CO_2 (linear) c) HCN (linear) d) Borsäure $B(OH)_3$
e) Chloroform $CHCl_3$ f) 1, 3, 5-Trichlorbenzol $C_6H_3Cl_3$ (vgl. Fig. 51)

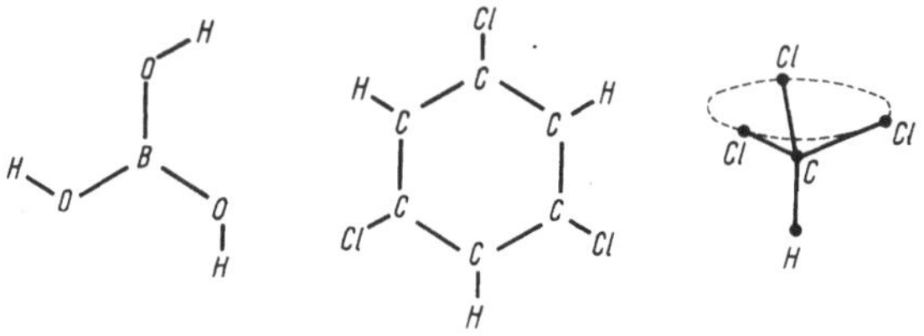

Fig. 51 Borsäure (eben); 1, 3, 5-Trichlorbenzol (eben); Chloroform (räumlich)

5. Funktionen von mehreren Veränderlichen

In den ersten drei Kapiteln wurden Funktionen von nur einer reellen Veränderlichen behandelt. Einen Teil der dort eingeführten Begriffe übertragen wir jetzt auf Funktionen von zwei und mehr reellen Variablen. Dabei werden wir auf Beweise in zunehmendem Maße verzichten und dafür mehr auf die zahlreichen Anwendungen eingehen.

5.1. Differentialrechnung für Funktionen mehrerer Veränderlicher

5.1.1. Beispiele von Funktionen mehrerer Veränderlicher; Stetigkeitsbegriff. Die in den Naturwissenschaften auftretenden funktionalen Zusammenhänge sind meistens komplizierter als die bisher behandelten Funktionen einer unabhängigen Variablen. Beispiele dafür wurden bereits in (30) und (32) angegeben. Dort gab es nicht nur eine, sondern zwei bzw. drei unabhängige Veränderliche. Ebenso erhält man aus der „reduzierten" van-der-Waalsschen Zustandsgleichung (81) (vgl. Übungsaufgabe 17) bei Auflösung nach dem Druck P eine Funktion der zwei Variablen V und T:

$$(774) \qquad (V,T) \mapsto P(V,T) := \frac{8T}{3V-1} - \frac{3}{V^2}$$

In Worten bedeutet dies: Jedem Zahlenpaar (V,T) für Volumen und Temperatur wird durch den ganz rechts stehenden Ausdruck eindeutig eine Zahl $P = P(V,T)$ zugeordnet, die den Druck P des Gases angibt. Zur vollständigen Festlegung dieser Funktion gehört aber – wie bei Funktionen einer Variablen – neben der Zuordnungsvorschrift (774) noch die Angabe des Definitionsbereichs, der hier eine Menge von Zahlenpaaren oder geometrisch ausgedrückt, eine Menge von Punkten in der Ebene sein muß. Physikalisch und mathematisch sinnvoll ist als Definitionsbereich die Punktmenge

$$(775) \qquad D := \{(V,T);\ V > \frac{1}{3},\ T > 0\},$$

die in der (V, T)-Ebene einen Quadranten ausfüllt.

Bei Funktionen von drei Veränderlichen kommt als Definitionsbereich analog eine Menge von Zahlentripeln oder von Punkten im Raum in Betracht. Für das Hagen-Poiseuillesche Gesetz (32), das auch in der Form

$$(776) \qquad (r, D, \eta) \mapsto Q(r, D, \eta) := \frac{\pi D r^4}{8\eta}$$

geschrieben werden kann, wird man z. B. aus physikalischen Gründen jede Veränderliche r, D, η in einem passenden positiven (endlichen) Intervall variieren lassen, so daß der Definitionsbereich dieser Funktion aus den Punkten eines Quaders besteht.

Eine beliebige Funktion f von n reellen Variablen $x_1, \ldots, x_n$ $(n \in \mathbf{N})$ wäre in der Form zu schreiben:

(777) $\quad (x_1, \ldots, x_n) \mapsto f(x_1, \ldots, x_n), \quad (x_1, \ldots, x_n) \in D$

Der Definitionsbereich D ist dabei eine Menge von sogenannten n-tupeln $(x_1, \ldots, x_n)$ reeller Zahlen. Dies sind für $n = 1$ reelle Zahlen, für $n = 2$ reelle Zahlenpaare und für $n = 3$ reelle Zahlentripel. Ein n-tupel $(x_1, \ldots, x_n)$ heißt auch „Punkt" eines n-dimensionalen Raumes. Da die Bezeichnung (777) recht schwerfällig ist, spricht man stattdessen häufig auch etwas nachlässig von der „Funktion $f(x_1, \ldots, x_n)$" und verzichtet außerdem auf die Angabe des Definitionsbereiches, wenn seine präzise Festlegung in dem betrachteten Zusammenhang unwesentlich ist.

Die meisten Begriffe, die für Funktionen einer Veränderlichen eingeführt wurden, erfordern bei Funktionen mehrerer Veränderlicher eine kompliziertere Definition. Dies gilt insbesondere für den Stetigkeitsbegriff.

Stetigkeit einer Funktion f von drei Variablen in einem festen Punkt (y_1, y_2, y_3) bedeutet anschaulich gesprochen folgendes (vgl. S. 54): Der Funktionswert $f(x_1, x_2, x_3)$ liegt beliebig nahe beim Funktionswert $f(y_1, y_2, y_3)$, wenn nur der Punkt (x_1, x_2, x_3) in hinreichender Nähe des Punktes (y_1, y_2, y_3) liegt. Oder: Die Zahl $f(x_1, x_2, x_3)$ nähert sich der Zahl $f(y_1, y_2, y_3)$, wenn der Punkt (x_1, x_2, x_3) sich dem Punkt (y_1, y_2, y_3) nähert. Diese anschauliche Vorstellung läßt sich für beliebige Variablenzahl $n \in \mathbf{N}$ durch folgende Definition präzisieren:

(778) *Die Funktion f in (777) heißt* stetig im Punkt $(y_1, \ldots, y_n) \in D$ *wenn es zu jeder (beliebig kleinen) Zahl $\varepsilon > 0$ eine Zahl $\delta > 0$ gibt mit der Eigenschaft:*

$|f(x_1, \ldots, x_n) - f(y_1, \ldots, y_n)| < \varepsilon$ für alle Punkte $(x_1, \ldots, x_n) \in D$, für die $|x_i - y_i| < \delta$ $(1 \leq i \leq n)$ gilt.

Die Funktion f heißt ferner stetig in *D, wenn sie in jedem Punkt von D stetig ist.*

Im Falle $n = 3$ ist die Menge der Punkte (x_1, x_2, x_3) mit $|x_i - y_i| < \delta (1 \leq i \leq 3)$ offenbar ein Würfel mit dem Mittelpunkt (y_1, y_2, y_3) und der Kantenlänge 2δ (Was ergibt sich für $n = 2$?)

Stetig sind z. B. alle Polynome in mehreren Veränderlichen, etwa

$$f(x, y) := 2 - xy + 3x^2y + x^2y^3 - 5y^9,$$
$$g(x, y, z) := x^3 + 6xz - 3yz^2 + 4x^5y^2z^3.$$

Auch die rationalen Funktionen, die als Quotienten von Polynomen definiert sind, sind in allen Punkten stetig, in denen das Nennerpolynom nicht verschwindet. Beispiele sind die Funktionen (774) und (776) oder:

$$F(x, y) := \frac{x^3 - 2y^3 + xy}{x^2 - y^2} \qquad G(x, y, z) := \frac{2x^2y + 4yz^3}{x^2 + y^2 + z^2}$$

Die Funktion F ist in allen Punkten der (x, y)-Ebene stetig, die nicht auf einer der Geraden $y = x$ oder $y = -x$ liegen. G ist im ganzen Raum mit Ausnahme des Nullpunkts $(0, 0, 0)$ stetig.

Folgende Funktionen von x und y sind in allen Punkten der (x, y)-Ebene stetig:

$$e^{2x-3y}, \quad \ln(1 + x^4 + x^2y^2), \quad \sin(xy^3), \quad \sqrt{x^2 + y^2}$$

Graphisch kann man den Verlauf einer Funktion f von x und y durch eine Fläche über der (x, y)-Ebene veranschaulichen (vgl. Abschnitt 1.3.1). Eine gute Vorstellung von der Form einer solchen Fläche gewinnt man oft schon durch das Einzeichnen einiger Höhenlinien in die (x, y)-Ebene. Für die Funktion e^{2x-3y} zum Beispiel sind die Höhenlinien parallele Geraden, und zwar lautet die zur Höhe h gehörige Höhenlinie: $2x - 3y = \ln h$. Man skizziere diese Geraden für die Höhen $h = 1/3, 1, 5, 10, 15$. Wie sehen die Höhenlinien für die Funktion $\sqrt{x^2 + y^2}$ aus?

5.1.2. Partielle Ableitungen. Bei Funktionen einer Veränderlichen spielte der Ableitungsbegriff eine grundlegende Rolle. Wie läßt sich dieser auf Funktionen mehrerer Veränderlicher übertragen? Das Wesentliche zeigt bereits ein Beispiel: Aus der Funktion

(779) $$f:(x,y) \mapsto 3x^2y - 8x\cos y$$

werden Funktionen einer Veränderlichen, wenn man einer der zwei Variablen x und y einen festen Wert gibt und nur die andere variieren läßt. So erhält man für

$$y = 1: \quad x \mapsto 3x^2 - 8x\cos 1$$

$$y = \frac{\pi}{2}: \quad x \mapsto \frac{3\pi}{2}x^2$$

$$x = -1: \quad y \mapsto 3y + 8\cos y,$$

und wenn die festgehaltenen Variablen nicht genauer spezifiziert werden, ergeben sich aus (779) allgemein die Funktionen

$$g: x \mapsto 3x^2y - 8x\cos y \qquad (y \text{ fest})$$

$$h: y \mapsto 3x^2y - 8x\cos y \qquad (x \text{ fest})$$

g und h sind offenbar differenzierbare Funktionen einer Variablen. Ihre Ableitungen g' und h' lauten:

$$g': x \mapsto 6xy - 8\cos y \qquad (y \text{ fest})$$

$$h': y \mapsto 3x^2 + 8x\sin y \qquad (x \text{ fest}).$$

Läßt man jetzt die vorübergehend festgehaltenen Veränderlichen wieder frei variieren, so werden aus g' und h' erneut Funktionen von zwei Variablen:

(780) $$\tilde{g}:(x,y) \mapsto 6xy - 8\cos y$$

(781) $$\tilde{h}:(x,y) \mapsto 3x^2 + 8x\sin y$$

Diese Funktionen heißen die partiellen Ableitungen der Funktion f. Genauer ist $\tilde{g}$ die partielle Ableitung von f nach x und $\tilde{h}$ die partielle Ableitung von f nach y.

Nach diesem einleitenden Beispiel definieren wir nun allgemein:

(782) *Sei f eine Funktion von n Veränderlichen:*

$$f:(x_1, \ldots, x_n) \mapsto f(x_1, \ldots, x_n), \quad (x_1, \ldots, x_n) \in D$$ [1]

[1]) D sei etwa so beschaffen, daß jede Variable ein offenes Intervall durchläuft.

und die n Funktionen einer Veränderlichen

$$f_i : x_i \mapsto f_i(x_i) := f(x_1, \ldots, x_n) \qquad (x_j \textit{ fest für } j \neq i)$$

seien überall in D differenzierbar mit den Ableitungen f_i' $(1 \leq i \leq n)$. *Die Funktion von n Veränderlichen*

$$(x_1, \ldots, x_n) \mapsto f_i'(x_i)$$

heißt dann die partielle Ableitung von f nach x_i *(genauer: nach der i-ten Variablen) und wird üblicherweise mit*

$$f_{x_i} \qquad \textit{oder} \qquad \frac{\partial f}{\partial x_i}$$

bezeichnet.

Bemerkung. Diese Bezeichnung ist nicht ganz einwandfrei, weil darin die Namen der Variablen vorkommen, die ja völlig willkürlich sind: In der Definition (777) dürfen die x_i nämlich durch beliebige andere Buchstaben ersetzt werden (vgl. auch Fußnote, S. 25). Bei einer solchen Umbenennung der Variablen ergeben sich in der Tat gelegentlich Schwierigkeiten. Leider hat sich jedoch die obige „klassische" Bezeichnungsweise gerade in der anwendungsorientierten Literatur so sehr eingebürgert, daß es nicht vertretbar erscheint, hier eine andere (unmißverständliche) Bezeichnung zu wählen.

Etwas ungenau läßt sich die Definition (782) so zusammenfassen: Die partiellen Ableitungen sind nichts anderes als gewöhnliche Ableitungen von Funktionen, bei denen alle Variablen bis auf eine festgehalten werden. *In diesem Sinne übertragen sich alle Regeln für das Differenzieren von Funktionen einer Variablen auch auf die partielle Differentiation.*

Die anschauliche Bedeutung der partiellen Ableitungen erläutern wir an einer Funktion f von 2 Variablen $(x, y) \mapsto f(x, y)$: Die partielle Ableitung von f nach x im Punkt (x_0, y_0), also die Zahl $f_x(x_0, y_0) = (\partial f / \partial x)(x_0, y_0)$, gibt die Änderung der Funktionswerte $f(x, y)$ an, wenn der Punkt (x, y) von (x_0, y_0) aus auf derjenigen Geraden variiert, die durch (x_0, y_0) geht und parallel ist zur x-Achse. Die analoge Aussage für $f_y(x_0, y_0)$ formuliere der Leser selbst. Die partiellen Ableitungen lassen sich wie die Ableitungen von Funktionen einer Variablen als Tangentensteigungen interpretieren. Für welche Kurven?

Zur Einübung des partiellen Ableitens betrachten wir einfache Beispiele.

Beispiele. a) Für die Funktion

(783) $$f(x, y, z) := z\, e^{x^2 + y^2} + \sqrt{1 + x^2 + z^4}$$

berechnet man nach der Kettenregel:

$$f_x(x, y, z) = 2\, x\, z\, e^{x^2 + y^2} + \frac{x}{\sqrt{1 + x^2 + z^4}}$$

$$f_y(x, y, z) = 2\, y\, z\, e^{x^2 + y^2}$$

$$f_z(x, y, z) = e^{x^2 + y^2} + \frac{2\, z^3}{\sqrt{1 + x^2 + z^4}}$$

b) Für die Funktion (774) folgt

$$\frac{\partial P}{\partial V}(V,T) = -\frac{24T}{(3V-1)^2} + \frac{6}{V^3}; \qquad \frac{\partial P}{\partial T}(V,T) = \frac{8}{3V-1}$$

Was ergibt sich für $\frac{\partial P}{\partial V}(1,1)$?

c) Die Zustandsgleichung für ideale Gase lautet (p, v, T bezeichnen den Druck, das Molvolumen und die absolute Temperatur des Gases, R ist die Gaskonstante):

(784) $$p = f(v,T) := R\frac{T}{v}$$

oder $$v = g(p,T) := R\frac{T}{p}.$$

Bedeuten C_p und C_v die Molwärme des Gases bei konstantem Druck bzw. konstantem Volumen, so gilt für deren Differenz die Formel

$$C_p - C_v = T \cdot f_T(v,T) \cdot g_T(p,T).$$

Wegen $f_T(v,T) = R/v$ und $g_T(p,T) = R/p$ folgt hieraus und aus (784) die wichtige Beziehung

(785) $$C_p - C_v = \frac{TR^2}{pv} = R.$$

Die partiellen Ableitungen f_{x_i} $(1 \leq i \leq n)$ einer Funktion f der Variablen $x_1, \ldots, x_n$ sind nach Definition (782) wieder Funktionen von $x_1, \ldots, x_n$. Es ist daher sinnvoll, auch nach den partiellen Ableitungen von f_{x_i} zu fragen. Falls sie existieren, nennt man sie die partiellen Ableitungen 2. Ordnung von f. Folgende Bezeichnungen sind dafür üblich:

(786) $$f_{x_i x_j} = \frac{\partial^2 f}{\partial x_j \, \partial x_i} = \text{partielle Ableitung von } f_{x_i} \text{ nach } x_j$$

Für die Funktion (783) ergibt sich zum Beispiel:

$$f_{xy}(x,y,z) = 4xyz\,e^{x^2+y^2}$$

$$f_{xz}(x,y,z) = 2x\,e^{x^2+y^2} - \frac{2xz^3}{(1+x^2+z^4)\sqrt{1+x^2+z^4}}$$

$$f_{yy}(x,y,z) = 2z(1+2y^2)\,e^{x^2+y^2}$$

$$f_{yz}(x,y,z) = 2y\,e^{x^2+y^2}$$

(787) $$f_{yx} = f_{xy}, \quad f_{zx} = f_{xz}, \quad f_{zy} = f_{yz}$$

Weiter sind in naheliegender Weise partielle Ableitungen dritter und noch höherer Ordnung definiert. $f_{xyz} = \partial^3 f/(\partial z\, \partial y\, \partial x)$ bedeutet z.B. die partielle Ableitung von f_{xy} nach z. Man berechnet so für die Funktion (783):

$$f_{xyz}(x,y,z) = 4xy\,e^{x^2+y^2},$$

(788) $$f_{xzy} = f_{yxz} = f_{yzx} = f_{zxy} = f_{zyx} = f_{xyz},$$

(789) $$f_{yzz} = f_{zyz} = f_{zzy} = 0,$$
$$f_{xxyz}(x, y, z) = 4y(1 + 2x^2)e^{x^2+y^2}, \ldots$$

Die Ergebnisse (787) bis (789) legen die Vermutung nahe, daß für die Funktion (783) zwei höhere partielle Ableitungen jeweils dann gleich sind, wenn sie sich nur durch die Reihenfolge der vorgenommenen Ableitungen unterscheiden. Diese Vermutung ist richtig. Sie bestätigt sich sogar für praktisch alle[1]) in den Anwendungen vorkommenden Funktionen. Es gilt nämlich folgende wichtige Aussage (ohne Beweis):

(790) *Für die Funktion $f:(x_1, \ldots, x_n) \mapsto f(x_1, \ldots, x_n)$ seien alle möglichen partiellen Ableitungen bis zu einer Ordnung k (≥ 2) vorhanden und stetig* (vgl. (778)). *Dann stimmen alle die partiellen Ableitungen l-ter Ordnung ($2 \leq l \leq k$) überein, bei denen sich nur die Reihenfolge der zu bildenden Ableitungen unterscheidet.*

Die Voraussetzungen dieses Satzes sind für die Funktion (783) und für beliebig großes k erfüllt. Damit weiß man z. B. ohne Rechnung ($l = 4$):

$$f_{xxzz} = f_{xzxz} = f_{zxxz} = f_{zxzx} = f_{zzxx} = f_{xzzx}.$$

5.1.3. Die Kettenregel für partielle Differentiation. Die Bewegung eines Massenpunktes in der (x_1, x_2)-Ebene oder im (x_1, x_2, x_3)-Raum läßt sich durch zwei bzw. drei Funktionen der Zeit t

(791) $$t \mapsto \begin{bmatrix} \varphi_1(t) \\ \varphi_2(t) \end{bmatrix} \quad \text{bzw.} \quad t \mapsto \begin{bmatrix} \varphi_1(t) \\ \varphi_2(t) \\ \varphi_3(t) \end{bmatrix}$$

beschreiben, wenn man folgende Vereinbarung trifft: Im Zeitpunkt t befindet sich der Massenpunkt an der Stelle mit den Koordinaten

$$\begin{bmatrix} x_1 \\ x_2 \end{bmatrix} = \begin{bmatrix} \varphi_1(t) \\ \varphi_2(t) \end{bmatrix} \quad \text{bzw.} \quad \begin{bmatrix} x_1 \\ x_2 \\ x_3 \end{bmatrix} = \begin{bmatrix} \varphi_1(t) \\ \varphi_2(t) \\ \varphi_3(t) \end{bmatrix}$$

Da der bewegte Massenpunkt eine gewisse Kurve durchlaufen wird, nennt man eine Zuordnung der Art (791) ganz allgemein eine ebene Kurve bzw. Raumkurve. t variiert dann in irgendeinem Intervall und bedeutet nicht notwendig die Zeit.

Es sei jetzt eine solche Raumkurve φ vorgegeben:

(792) $$\varphi : t \mapsto \begin{bmatrix} \varphi_1(t) \\ \varphi_2(t) \\ \varphi_3(t) \end{bmatrix} \qquad t \in I = \text{Intervall}$$

Ferner liege eine Funktion $f(x_1, x_2, x_3)$ vor, deren Definitionsbereich alle Kurvenpunkte von φ enthält. Dann läßt sich folgende Funktion F einer Variablen bilden:

(793) $$F : t \mapsto F(t) := f(\varphi_1(t), \varphi_2(t), \varphi_3(t)), \qquad t \in I$$

---

[1]) Man kann aber leicht auch Funktionen $f(x, y)$ angeben, für die $f_{xy} \neq f_{yx}$ gilt (vgl. [4], I, S. 314)

Eine wichtige Frage in diesem Zusammenhang lautet nun: Wie berechnet sich die Ableitung von F aus den Ableitungen $\varphi'_1, \varphi'_2, \varphi'_3$ und den partiellen Ableitungen von f? Eine Antwort gibt die folgende Kettenregel, die eine Verallgemeinerung der Kettenregel (157) ist:

(794) *Die Funktion $f:(x_1, \ldots, x_n) \mapsto f(x_1, \ldots, x_n)$ besitze stetige partielle Ableitungen f_{x_i} $(1 \leq i \leq n)$ und $\varphi_1, \ldots, \varphi_n$ seien im Intervall I differenzierbare Funktionen mit der Eigenschaft, daß der Punkt $(\varphi_1(t), \ldots, \varphi_n(t))$ für jedes $t \in I$ im Definitionsbereich von f liegt. Dann ist auch die Funktion*

$$F: t \mapsto F(t) := f(\varphi_1(t), \ldots, \varphi_n(t)) \qquad (t \in I)$$

in I differenzierbar, und ihre Ableitung F' lautet

$$F'(t) = \sum_{i=1}^{n} f_{x_i}(\varphi_1(t), \ldots, \varphi_n(t))\,\varphi'_i(t).$$

Wir beweisen diese Kettenregel nur für den Sonderfall $n = 2$ und setzen dabei überdies voraus, daß φ_1 und φ_2 streng monoton sind. Für $s \neq t$ ist dann $\varphi_i(s) \neq \varphi_i(t)$. Deshalb kann der Differenzenquotient von F wie folgt umgeformt werden:

$$\frac{F(s) - F(t)}{s - t} = \frac{f(\varphi_1(s), \varphi_2(s)) - f(\varphi_1(t), \varphi_2(t))}{s - t}$$

$$= \underbrace{\frac{f(\varphi_1(s), \varphi_2(t)) - f(\varphi_1(t), \varphi_2(t))}{\varphi_1(s) - \varphi_1(t)}}_{= Q_1} \cdot \underbrace{\frac{\varphi_1(s) - \varphi_1(t)}{s - t}}_{= Q_2} +$$

$$+ \underbrace{\frac{f(\varphi_1(s), \varphi_2(s)) - f(\varphi_1(s), \varphi_2(t))}{\varphi_2(s) - \varphi_2(t)}}_{= Q_3} \cdot \underbrace{\frac{\varphi_2(s) - \varphi_2(t)}{s - t}}_{= Q_4}$$

Für den Grenzübergang $s \to t$ ergibt sich nach Definition der gewöhnlichen bzw. partiellen Ableitung wegen $\varphi_i(s) \to \varphi_i(t)$: $Q_1 \to f_{x_1}(\varphi_1(t), \varphi_2(t))$, $Q_2 \to \varphi'_1(t)$, $Q_4 \to \varphi'_2(t)$.

Der Beweis ist also erbracht, wenn wir noch zeigen können

(795) $\qquad Q_3 \to f_{x_2}(\varphi_1(t), \varphi_2(t)) \quad$ für $\quad s \to t.$

Wieder nach Definition der partiellen Ableitung ist $Q_3 = f_{x_2}(\varphi_1(s), \varphi_2(s)) + R$, wobei der Rest R nach Null strebt, wenn $|s - t|$ nach Null strebt. Die vorausgesetzte Stetigkeit von f_{x_2} impliziert nun noch $f_{x_2}(\varphi_1(s), \varphi_2(s)) \to f_{x_2}(\varphi_1(t), \varphi_2(t))$ für $s \to t$, so daß (795) und damit die Kettenregel für $n = 2$ bewiesen ist.

Aus der Kettenregel (794) leitet man leicht eine weitere Differentiationsregel ab, die dann benötigt wird, wenn die Funktionen $\varphi_1, \ldots, \varphi_n$ nicht nur von einer Variablen abhängen. Wir formulieren sie hier nur für den wichtigsten Sonderfall:

(796) *Die Funktion $f:(x, y) \mapsto f(x, y)$ besitze stetige partielle Ableitungen f_x, f_y. Ferner sollen die Funktionen*

$$\begin{aligned} \varphi &: (u, v) \mapsto \varphi(u, v) \\ \psi &: (u, v) \mapsto \psi(u, v) \end{aligned} \qquad (u, v) \in D$$

partielle Ableitungen $\varphi_u, \varphi_v, \psi_u, \psi_v$ besitzen und so beschaffen sein, daß für jedes $(u, v) \in D$ der Punkt

$$\begin{bmatrix} x \\ y \end{bmatrix} = \begin{bmatrix} \varphi(u, v) \\ \psi(u, v) \end{bmatrix}$$

im Definitionsbereich von f liegt. Dann besitzt auch die Funktion

$$F : (u, v) \mapsto F(u, v) := f(\varphi(u, v), \psi(u, v))$$

in D partielle Ableitungen F_u, F_v *und sie lauten*

$$F_u(u, v) = f_x(\varphi(u, v), \psi(u, v)) \cdot \varphi_u(u, v) + f_y(\varphi(u, v), \psi(u, v)) \cdot \psi_u(u, v),$$
$$F_v(u, v) = f_x(\varphi(u, v), \psi(u, v)) \cdot \varphi_v(u, v) + f_y(\varphi(u, v), \psi(u, v)) \cdot \psi_v(u, v).$$

Beweis. Zur Berechnung von F_u ist v als konstant zu betrachten, also werden φ und ψ Funktionen einer Variablen. Die Behauptung für F_u folgt nun durch Anwendung der Kettenregel (794). Der Beweis für F_v ist analog.

Die Regel (796) findet besonders häufige Anwendung im Zusammenhang mit Koordinatentransformationen. Als Beispiel betrachten wir den Übergang von rechtwinkligen (x, y)-Koordinaten zu Polarkoordinaten (ϱ, ϑ). Die Umrechnungsvorschriften lauten:

(797) $$x = \varrho \cos\vartheta, \; y = \varrho \sin\vartheta$$

oder bei Auflösung nach ϱ und ϑ:

(798) $$\varrho = \sqrt{x^2 + y^2}, \quad \vartheta = \arctan\frac{y}{x} \quad (x \neq 0)$$

Eine beliebige Funktion $f(x, y)$ der kartesischen Koordinaten (x, y) drückt sich durch die Festsetzung

(799) $$F(\varrho, \vartheta) := f(\varrho\cos\vartheta, \varrho\sin\vartheta)$$

als Funktion der Polarkoordinaten (ϱ, ϑ) aus. Oft will man aber nicht nur die Funktion f selbst in dieser Weise auf Polarkoordinaten umrechnen, sondern auch ihre partiellen Ableitungen. Wir stellen uns also die Frage:

Wie drücken sich die partiellen Ableitungen von f durch die partiellen Ableitungen von F aus?

Mit Hilfe von (797) und (798) folgt aus (799) die Identität

$$f(x, y) = F\left(\sqrt{x^2 + y^2}, \arctan\frac{y}{x}\right)$$

Hierauf wenden wir die Regel (796) an (man beachte: x, y treten an die Stelle von u, v; die Rollen von f und F sind vertauscht). Es folgt:

$$f_x(x, y) = F_\varrho\left(\sqrt{x^2 + y^2}, \arctan\frac{y}{x}\right) \cdot \frac{x}{\sqrt{x^2 + y^2}} - F_\vartheta\left(\sqrt{x^2 + y^2}, \arctan\frac{y}{x}\right) \cdot \frac{y}{x^2 + y^2}$$

(800)

$$= F_\varrho(\varrho, \vartheta) \cdot \cos\vartheta - F_\vartheta(\varrho, \vartheta) \cdot \frac{\sin\vartheta}{\varrho}$$

$$f_y(x,y) = F_\varrho\left(\sqrt{x^2+y^2}, \arctan\frac{y}{x}\right)\cdot\frac{y}{\sqrt{x^2+y^2}} + F_\vartheta\left(\sqrt{x^2+y^2}, \arctan\frac{y}{x}\right)\cdot\frac{x}{x^2+y^2}$$

(801)

$$= F_\varrho(\varrho,\vartheta)\cdot\sin\vartheta + F_\vartheta(\varrho,\vartheta)\cdot\frac{\cos\vartheta}{\varrho}$$

Unter entsprechend mehr Rechenaufwand gewinnt man hieraus auch für die höheren partiellen Ableitungen von f Ausdrücke, die nur Ableitungen von F enthalten. Der Leser prüfe z. B. die Richtigkeit folgender Ergebnisse nach ($F_{\varrho\vartheta} = F_{\vartheta\varrho}$ wird vorausgesetzt):

(802)
$$f_{xx}(x,y) = \cos^2\vartheta\cdot F_{\varrho\varrho}(\varrho,\vartheta) - \frac{2}{\varrho}\sin\vartheta\cos\vartheta\cdot F_{\varrho\vartheta}(\varrho,\vartheta) + \frac{1}{\varrho^2}\sin^2\vartheta\cdot F_{\vartheta\vartheta}(\varrho,\vartheta) + \frac{1}{\varrho}\sin^2\vartheta\cdot F_\varrho(\varrho,\vartheta) + \frac{2}{\varrho^2}\sin\vartheta\cos\vartheta\cdot F_\vartheta(\varrho,\vartheta).$$

(803)
$$f_{yy}(x,y) = \sin^2\vartheta\cdot F_{\varrho\varrho}(\varrho,\vartheta) + \frac{2}{\varrho}\sin\vartheta\cos\vartheta\cdot F_{\varrho\vartheta}(\varrho,\vartheta) + \frac{1}{\varrho^2}\cos^2\vartheta\cdot F_{\vartheta\vartheta}(\varrho,\vartheta) + \frac{1}{\varrho}\cos^2\vartheta\cdot F_\varrho(\varrho,\vartheta) - \frac{2}{\varrho^2}\sin\vartheta\cos\vartheta\cdot F_\vartheta(\varrho,\vartheta).$$

5.1.4. Mittelwertsatz und Taylorformel; Approximation durch lineare und quadratische Funktionen. Eine wesentliche Eigenschaft der differenzierbaren Funktionen einer Variablen bestand darin, daß sie in der Umgebung eines Punktes näherungsweise durch Polynome (lineare Funktionen, quadratische Funktionen usw.) ersetzt werden können. Die Grundlage dafür war die Taylorformel (276) und, als deren einfachster Sonderfall, der Mittelwertsatz (284). Analoge Sätze gibt es auch für Funktionen mehrerer Veränderlicher. Man gewinnt sie durch Rückführung auf Funktionen einer Variablen.

Wir setzen voraus, daß für die Funktion

$$f:(x_1,\ldots,x_n)\mapsto f(x_1,\ldots,x_n)$$

alle partiellen Ableitungen, die im folgenden jeweils vorkommen, stetig sind. Nun seien $(a_1,\ldots,a_n)$ und $(y_1,\ldots,y_n)$ zwei beliebige Punkte aus dem Definitionsbereich D von f mit der Eigenschaft, daß deren „Verbindungsstrecke" ebenfalls zu D gehört. Das sind alle Punkte $(x_1,\ldots,x_n)$, die für ein t zwischen 0 und 1 die Form

$$x_i = a_i + t(y_i - a_i) \qquad (1\le i\le n)$$

haben. Dann kann folgende Funktion F gebildet werden:

$$F(t) := f(a_1 + t(y_1 - a_1),\ldots,a_n + t(y_n - a_n)) \qquad (0\le t\le 1)$$

deren Ableitungen sich nach der Kettenregel (794) mit $\varphi_i(t) = a_i + t(y_i - a_i)$ berechnen:

(804)
$$F'(t) = \sum_{i=1}^{n}(y_i - a_i)\cdot f_{x_i}(a_1 + t(y_1 - a_1),\ldots,a_n + t(y_n - a_n))$$

(805)
$$F''(t) = \sum_{i,j=1}^{n}(y_i - a_i)(y_j - a_j)\cdot f_{x_i x_j}(a_1 + t(y_1 - a_1),\ldots,a_n + t(y_n - a_n))$$

Der Mittelwertsatz (284) und die Taylorformel (276), (283) für die Funktion F liefern

(806) $$F(1) = F(0) + F'(\vartheta)$$

(807) $$F(1) = F(0) + F'(0) + \frac{1}{2}F''(\tilde{\vartheta})$$

mit geeigneten Zahlen $\vartheta, \tilde{\vartheta}$ zwischen 0 und 1. Nun ist $F(0) = f(a_1, \ldots, a_n)$, $F(1) = f(y_1, \ldots, y_n)$.

Unter den angegebenen Voraussetzungen erhalten wir daher aus (804) bis (807) folgende wichtigen Formeln: (Der Punkt $(y_1, \ldots, y_n)$ wird dem allgemeinen Brauch entsprechend wieder mit $(x_1, \ldots, x_n)$ bezeichnet.) Erstens den

Mittelwertsatz für Funktionen mehrerer Veränderlicher

(808) $$f(x_1, \ldots, x_n) = f(a_1, \ldots, a_n) + \sum_{i=1}^{n}(x_i - a_i)\cdot f_{x_i}(a_1 + \vartheta(x_1 - a_1), \ldots, a_n + \vartheta(x_n - a_n))$$

mit geeignetem ϑ zwischen 0 und 1, und zweitens einen einfachen Sonderfall der

Taylorformel für Funktionen mehrerer Veränderlicher:

(809) $$\begin{aligned} f(x_1, \ldots, x_n) &= f(a_1, \ldots, a_n) + \sum_{i=1}^{n}(x_i - a_i)\cdot f_{x_i}(a_1, \ldots, a_n) + \\ &+ \frac{1}{2}\sum_{i,j=1}^{n}(x_i - a_i)(x_j - a_j)\cdot f_{x_i x_j}(a_1 + \tilde{\vartheta}(x_1 - a_1), \ldots, a_n + \tilde{\vartheta}(x_n - a_n)) \end{aligned}$$

mit geeignetem $\tilde{\vartheta}$ zwischen 0 und 1.

In den Anwendungen hat man häufig folgende Situation zu betrachten: Der „Entwicklungspunkt" $(a_1, \ldots, a_n)$ wird festgehalten und $(x_1, \ldots, x_n)$ ist ein beliebiger Punkt in der Nähe von $(a_1, \ldots, a_n)$. Wegen der (vorausgesetzten) Stetigkeit der partiellen Ableitungen liegen dann auch die Zahlenwerte $f_{x_i}(a_1 + \vartheta(x_1 - a_1), \ldots, a_n + \vartheta(x_n - a_n))$ und $f_{x_i x_j}(a_1 + \tilde{\vartheta}(x_1 - a_1), \ldots, a_n + \tilde{\vartheta}(x_n - a_n))$ nahe bei den festen Zahlen $f_{x_i}(a_1, \ldots, a_n)$ bzw. $f_{x_i x_j}(a_1, \ldots, a_n)$. Aus (808) und (809) ergeben sich daher die wichtigen Näherungsausdrücke

(810) $$f(x_1, \ldots, x_n) \approx f(a_1, \ldots, a_n) + \sum_{i=1}^{n}(x_i - a_i) f_{x_i}(a_1, \ldots, a_n)$$

(811) $$\begin{aligned} f(x_1, \ldots, x_n) &\approx f(a_1, \ldots, a_n) + \sum_{i=1}^{n}(x_i - a_i)\cdot f_{x_i}(a_1, \ldots, a_n) + \\ &+ \frac{1}{2}\sum_{i,j=1}^{n}(x_i - a_i)(x_j - a_j)\cdot f_{x_i x_j}(a_1, \ldots, a_n) \end{aligned}$$

falls $(x_1, \ldots, x_n)$ in der Nähe von $(a_1, \ldots, a_n)$ liegt.

Die rechte Seite von (810) ist eine lineare Funktion in den Variablen $x_1, \ldots, x_n$, während die rechte Seite von (811) eine quadratische Funktion dieser Variablen darstellt. Im allgemeinen wird die quadratische Näherung (811) für die Funktion f besser sein als die lineare Näherung (810), dafür ist sie aber auch komplizierter.

Den Fall $n = 2$ wollen wir noch geometrisch interpretieren.

Während das Schaubild der Funktion $f(x_1, x_2)$ eine Fläche $\mathscr{F}$ im (x_1, x_2, x_3)-Raum darstellt, ist das Schaubild der approximierenden Funktion

(812) $$g(x_1, x_2) := f(a_1, a_2) + (x_1 - a_1) f_{x_1}(a_1, a_2) + (x_2 - a_2) f_{x_2}(a_1, a_2)$$

eine Ebene E, die durch den Punkt $(a_1, a_2, f(a_1, a_2))$ geht und auf dem Vektor $(f_{x_1}(a_1, a_2), f_{x_2}(a_1, a_2), -1)$ senkrecht steht (vgl. (612) und Übungsaufgabe 116). Der Punkt $(a_1, a_2, f(a_1, a_2))$, durch den auch die Fläche $\mathscr{F}$ geht, kann anschaulich als „Berührungspunkt" von E und $\mathscr{F}$ gedeutet werden; E heißt daher auch die Tangentialebene an die Fläche $\mathscr{F}$ im Punkt $(a_1, a_2, f(a_1, a_2))$. Die Näherungsformel (810) für $n = 2$ bedeutet somit in geometrischer Sprache: Das Schaubild von f wird in der Umgebung des Punktes (a_1, a_2) durch die zugehörige Tangentialebene im Punkt (a_1, a_2) ersetzt.

Nicht mehr ganz so einfach ist die geometrische Deutung der Formel (811) für $n = 2$. Hier wird die Fläche $\mathscr{F}$ (= Schaubild von f) nicht durch eine Ebene, sondern durch eine „quadratische Fläche" angenähert. Typische Beispiele von quadratischen Flächen, die dabei auftreten können, sind die elliptischen und hyperbolischen Paraboloide:

$$x_3 = \frac{x_1^2}{a^2} + \frac{x_2^2}{b^2} \quad \text{bzw.} \quad x_3 = \frac{x_1^2}{a^2} - \frac{x_2^2}{b^2}$$

Auf Einzelheiten müssen wir hier verzichten.

Beispiele zu den Formeln (810), (811): **a)** Für die Funktion

$$f(x, y) := x\cos(x + y) + (y - 1)^2 e^{-x^2}$$

lautet die lineare Approximation (810) zum Entwicklungspunkt (0,0):

$$f(x, y) \approx 1 + x - 2y$$

und für die quadratische Approximation (811) zum gleichen Entwicklungspunkt errechnet man

$$f(x, y) \approx 1 + x - 2y - x^2 + y^2.$$

Die Tangentialebene an die Fläche $z = f(x, y)$ im Punkt (0, 0, 1) hat die Gleichung $z = 1 + x - 2y$.

b) Um die Funktion

$$f(x, y) := \frac{y}{x}$$

in der Umgebung des Punktes (1,1) linear oder quadratisch zu approximieren, berechnen wir $f_x(1,1) = -1$, $f_y(1,1) = 1$, $f_{xy}(1,1) = f_{yx}(1,1) = -1$, $f_{xx}(1,1) = 2$, $f_{yy}(1,1) = 0$. Also gilt nach (810) und (811) in der Nähe des Punktes (1,1):

$$f(x, y) \approx 1 + (x - 1)(-1) + (y - 1) \cdot 1 = 1 - x + y$$

bzw. $$f(x, y) \approx 1 - x + y + \frac{1}{2}(x - 1)^2 \cdot 2 + \frac{1}{2}(x - 1)(y - 1)(-1) + \\ + \frac{1}{2}(y - 1)(x - 1)(-1) + \frac{1}{2}(y - 1)^2 \cdot 0 = 1 - 2x + 2y + x^2 - xy$$

c) Für die Schwingungsdauer τ (in s) eines mathematischen Pendels gilt die Beziehung

$$\tau = 2\pi \sqrt{\frac{l}{g}}$$

(l = Länge des Pendels in cm, g = Erdbeschleunigung in cm s^{-2}). Gesucht ist ein linearer Ausdruck in l und g, der eine gute Näherung für τ darstellt, wenn l nur wenig von 100 und g nur wenig von 981 abweicht.

Die partiellen Ableitungen

$$\frac{\partial \tau}{\partial l} = \frac{\pi}{\sqrt{lg}}, \qquad \frac{\partial \tau}{\partial g} = -\pi \sqrt{\frac{l}{g^3}}$$

haben an der Stelle $(l, g) = (100,981)$ die Werte 0,01003 bzw. $-$ 0,00102, so daß nach (810) folgt

$$\tau \approx 2{,}006 + 0{,}01003 \cdot (l - 100) - 0{,}00102 \cdot (g - 981)$$

5.1.5. Fehlerrechnung. Eine weitere Anwendung des Mittelwertsatzes (808) und der Näherungsformel (810) ist die sogenannte Fehlerrechnung, die überall dort eine Rolle spielt, wo mit ungenauen Meßwerten gerechnet wird. Es handelt sich um folgende Situation:

Eine physikalische Größe y hänge nach einem bekannten Gesetz von n Größen $x_1, \ldots, x_n$ ab:

$$y = f(x_1, \ldots, x_n)$$

Zur Berechnung von y müssen also die Werte von $x_1, \ldots, x_n$ gemessen werden, was nur mit begrenzter Genauigkeit möglich ist. Die gemessenen Werte bezeichnen wir mit $\tilde{x}_1, \ldots, \tilde{x}_n$, die wahren Werte mit $\bar{x}_1, \ldots, \bar{x}_n$. Aus den Meßwerten errechnet sich für y der Näherungswert

$$\tilde{y} = f(\tilde{x}_1, \ldots, \tilde{x}_n)$$

während der wahre y-Wert durch

$$\bar{y} = f(\bar{x}_1, \ldots, \bar{x}_n)$$

gegeben ist. Die Differenz $\tilde{y} - \bar{y}$ heißt der absolute Fehler von y. Gesucht ist eine Abschätzung von $|\tilde{y} - \bar{y}|$, wenn man weiß, wie groß die Beträge der Meßfehler $|\tilde{x}_i - \bar{x}_i|$, $1 \leq i \leq n$, höchstens sind. Nach dem Mittelwertsatz (808) erhält man

(813)
$$\begin{aligned} &f(\bar{x}_1, \ldots, \bar{x}_n) - f(\tilde{x}_1, \ldots, \tilde{x}_n) \\ &\quad = \sum_{i=1}^{n} (\bar{x}_i - \tilde{x}_i) f_{x_i}(\tilde{x}_1 + \vartheta(\bar{x}_1 - \tilde{x}_1), \ldots, \tilde{x}_n + \vartheta(\bar{x}_n - \tilde{x}_n)) \end{aligned}$$

In dieser Formel sind zwar die wahren Werte $\bar{x}_1, \ldots, \bar{x}_n$ unbekannt, aus dem jeweils angewandten Meßverfahren ergibt sich aber in der Regel auch eine Aussage über die Meßgenauigkeit. Das heißt, man kann positive Zahlen $\varepsilon_1, \ldots, \varepsilon_n$ so angeben, daß sicher $|\tilde{x}_i - \bar{x}_i| \leq \varepsilon_i$ für $1 \leq i \leq n$ gilt. Außerdem ist es häufig nicht schwer, eine obere

Schranke M_i für $|f_{x_i}(x_1, \ldots, x_n)|$ in der Umgebung des Punktes $(\tilde{x}_1, \ldots, \tilde{x}_n)$ zu finden. Sei etwa

(814) $$|f_{x_i}(x_1, \ldots, x_n)| \leq M_i \quad \text{für alle} \quad (x_1, \ldots, x_n) \quad \text{mit} \quad |x_j - \tilde{x}_j| \leq \varepsilon_j \quad (1 \leq j \leq n)$$

Wegen $0 < \vartheta < 1$ gilt dies sicher auch für $(x_1, \ldots, x_n) = (\tilde{x}_1 + \vartheta(\bar{x}_1 - \tilde{x}_1), \ldots, \tilde{x}_n + \vartheta(\bar{x}_n - \tilde{x}_n))$. Aus (813) folgt damit die gewünschte Fehlerabschätzung

(815) $$|\tilde{y} - \bar{y}| \leq \sum_{i=1}^{n} \varepsilon_i M_i$$

Ein ganz einfaches Beispiel mag das Vorangehende erläutern.

Es ist die Geschwindigkeit eines gleichförmig bewegten Massenpunktes zu ermitteln. Dazu mißt man die Länge s einer Strecke und die Zeit t, die der Massenpunkt braucht, um diese Strecke zurückzulegen. Seine Geschwindigkeit ist dann

$$v = f(s, t) := \frac{s}{t}$$

Die wirklich gemessenen Werte seien $\tilde{s} = 27{,}1$ cm, $\tilde{t} = 11{,}3$ s. Daraus folgt $\tilde{v} = \tilde{s}/\tilde{t} = 2{,}3982\,\text{cm}\,\text{s}^{-1}$. Die Meßgenauigkeit betrage $\pm 0{,}03$ cm für die Längenmessung und $\pm 0{,}05$ s für die Zeitmessung, so daß $\varepsilon_1 = 0{,}03$ und $\varepsilon_2 = 0{,}05$ gewählt werden kann. Wegen

$$\left.\begin{aligned} |f_s(s,t)| &= \left|\frac{1}{t}\right| \leq \frac{1}{\tilde{t} - \varepsilon_2} = \frac{1}{11{,}25} = M_1 \\ |f_t(s,t)| &= \left|-\frac{s}{t^2}\right| \leq \frac{\tilde{s} + \varepsilon_1}{(\tilde{t} - \varepsilon_2)^2} = \frac{27{,}13}{11{,}25^2} = M_2 \end{aligned}\right\} \begin{array}{l} \text{für alle } (s, t) \text{ mit} \\ |s - 27{,}1| \leq 0{,}03,\ |t - 11{,}3| \leq 0{,}05 \end{array}$$

ergibt sich nach (815) folgende Schranke für den absoluten Fehler der Geschwindigkeit

$$|\tilde{v} - \bar{v}| \leq \frac{0{,}03}{11{,}25} + 0{,}05 \cdot \frac{27{,}13}{11{,}25^2} = 0{,}01339.$$

Das Ergebnis für die wahre Geschwindigkeit $\bar{v}$ läßt sich also in der Form angeben:

$$\bar{v} = \tilde{v} \pm 0{,}0134 = 2{,}3982 \pm 0{,}0134\ \text{cm}\,\text{s}^{-1}$$

oder etwas gröber abgeschätzt $2{,}384 \leq \bar{v} \leq 2{,}412$.

Manchmal ist es zu mühsam, brauchbare Schranken M_i mit der Eigenschaft (814) wirklich zu berechnen. Man begnügt sich dann mit einer nur näherungsweise gültigen Fehlerbetrachtung, die lediglich die Größenordnung des Fehlers $|\tilde{y} - \bar{y}|$ angibt. Sie folgt leicht aus der Formel (810) und lautet

(816) $$|\tilde{y} - \bar{y}| \approx \sum_{i=1}^{n} \varepsilon_i |f_{x_i}(\tilde{x}_1, \ldots, \tilde{x}_n)|$$

wenn die Meßfehler $|\tilde{x}_i - \bar{x}_i|$ nicht größer als ε_i sind.

Angewandt auf obiges Beispiel liefert die Formel (816)

$$|\tilde{v} - \bar{v}| \approx \frac{0{,}03}{11{,}3} + 0{,}05 \cdot \frac{27{,}1}{11{,}3^2} = 0{,}01326.$$

Dies ist jedoch keine echte Fehlerschranke mehr, wie sie oben nach Formel (815) gewonnen wurde.

Bei den meisten Fehlerbetrachtungen kommt es nicht auf den absoluten Fehler $\tilde{y} - \bar{y}$ an, sondern auf den relativen Fehler

(817) $$\left|\frac{\tilde{y}-\bar{y}}{\bar{y}}\right| \approx \left|\frac{\tilde{y}-\bar{y}}{\tilde{y}}\right|$$

der vielfach auch in Prozenten angegeben wird:

(818) $$100 \cdot \left|\frac{\tilde{y}-\bar{y}}{\bar{y}}\right| \ \%$$

Diesen relativen Fehler wollen wir für einen häufig auftretenden Sonderfall noch näher untersuchen.

Viele funktionale Zusammenhänge in den Naturwissenschaften haben die einfache Form

(819) $$y = f(x_1, \ldots, x_n) := a\, x_1^{c_1}\, x_2^{c_2} \cdots x_n^{c_n}$$

mit positiven Variablen $x_1, \ldots, x_n$ und reellen Konstanten $a \neq 0, c_1, \ldots, c_n$. Für solche Funktionen errechnet man aus (810):

$$\frac{\bar{y}-\tilde{y}}{\tilde{y}} = \frac{f(\bar{x}_1, \ldots, \bar{x}_n) - f(\tilde{x}_1, \ldots, \tilde{x}_n)}{f(\tilde{x}_1, \ldots, \tilde{x}_n)} \approx \sum_{i=1}^{n} c_i \cdot \frac{\bar{x}_i - \tilde{x}_i}{\tilde{x}_i}$$

Damit folgt für den größtmöglichen relativen Fehler von y der wichtige Näherungsausdruck

(820) $$\left|\frac{\tilde{y}-\bar{y}}{\tilde{y}}\right| \approx \sum_{i=1}^{n} |c_i| \cdot \left|\frac{\tilde{x}_i - \bar{x}_i}{\tilde{x}_i}\right|$$

Er besagt: Der maximale relative Fehler einer durch (819) gegebenen Größe y setzt sich linear aus den relativen Fehlern der x_i zusammen; als Koeffizienten treten die Beträge der Exponenten in (819) auf. Speziell für $c_i = \pm 1$ $(1 \leq i \leq n)$ ergibt sich: Der maximale relative Fehler von y ist die Summe der relativen Fehler der x_i.

Beispiele und Folgerungen. **a)** $y = 27 \cdot \frac{\sqrt{x_1} \cdot x_2^3}{x_3^2}$. Die relative Meßgenauigkeit von x_1, x_2, x_3, sei 2% bzw 0,5% bzw. 1,5%. Dann läßt sich y mit einer Genauigkeit von $1/2 \cdot 2 + 3 \cdot 0{,}5 + 2 \cdot 1{,}5 = 5{,}5\%$ berechnen.

b) Der relative Fehler einer Potenz $y = x^n$ $(n \in \mathbf{N})$ ist das n-fache des relativen Fehlers von x.

c) Der relative Fehler einer n-ten Wurzel $y = \sqrt[n]{x}$ ist der n-te Teil des relativen Fehlers von x.

d) Für das Rechnen mit Dezimalzahlen gelten bestimmte Konventionen. Die Angabe $a = 1{,}23$ bedeutet in der Regel: Der genaue Wert von a weicht von 1,23 um höchstens eine halbe Einheit der letzten angegebenen Stelle ab, liegt also zwischen 1,225 und 1,235. Demnach heißt $b = 1{,}2300$ nichts anderes als $1{,}22995 \leq b \leq 1{,}23005$. Nach dieser Übereinkunft erkennt man leicht: Die Dezimalzahlen 123; 12,3; 1,23; 0,123; 0,0123; ... und allgemein $1{,}23 \cdot 10^k$ $(k \in \mathbf{Z})$ haben alle denselben relativen Fehler, nämlich

$$100 \cdot \frac{0{,}005 \cdot 10^k}{1{,}23 \cdot 10^k} = \frac{0{,}5}{1{,}23} \approx 0{,}41\%$$

Man sagt, die Zahlen $1{,}23 \cdot 10^k$ sind auf drei geltende Stellen genau. Entsprechend sind die Zahlen $1{,}2300 \cdot 10^k$ auf 5 geltende Stellen genau. Der relative Fehler einer Dezimalzahl ist umso kleiner, je größer die Anzahl der geltenden Stellen ist.

5.1.6. Maxima und Minima von Funktionen mehrerer Veränderlicher. Wir betrachten eine Funktion

$$f:(x_1, \ldots, x_n) \mapsto f(x_1, \ldots, x_n), \qquad (x_1, \ldots, x_n) \in D$$

deren sämtliche zweiten partiellen Ableitungen $f_{x_i x_j}$ in D noch stetig sind. Wie bei Funktionen einer Variablen fragen wir jetzt nach solchen Punkten aus D, in denen der Funktionswert von f am größten bzw. kleinsten wird. Dabei beschränken wir uns auf lokale Maxima und Minima, die wie folgt definiert sind:

(821) *Die Funktion f nimmt im Punkt $(a_1, \ldots, a_n) \in D$ ein lokales Minimum bzw. Maximum an, wenn es eine „Umgebung" $U \subset D$ von $(a_1, \ldots, a_n)$ gibt:*

$$U := \{(x_1, \ldots, x_n);\ |x_i - a_i| < \delta \text{ für } 1 \leq i \leq n\}\ ^1)$$

mit der Eigenschaft:

$$\left.\begin{array}{ll} & f(x_1, \ldots, x_n) \geq f(a_1, \ldots, a_n) \\ \text{bzw.} & f(x_1, \ldots, x_n) \leq f(a_1, \ldots, a_n) \end{array}\right\} \text{für alle} \quad (x_1, \ldots, x_n) \in U$$

Ein lokales Minimum (Maximum) braucht offensichtlich kein globales oder absolutes Minimum (Maximum) zu sein.

Wir geben zunächst Bedingungen an, die sicher erfüllt sind, wenn f im Punkt $(a_1, \ldots, a_n)$ ein lokales Minimum oder Maximum (kurz: Extremum) annimmt (Notwendige Bedingungen):

(822) *Nimmt die Funktion f im Punkt $(a_1, \ldots, a_n)$ ein lokales Extremum an, so gilt für alle i, $1 \leq i \leq n$:*

$$f_{x_i}(a_1, \ldots, a_n) = 0.$$

Beweis. Die Voraussetzung bedeutet insbesondere, daß auch die Funktion einer Variablen $x \mapsto f(a_1, \ldots, a_{i-1}, x, a_{i+1}, \ldots, a_n)$ im Punkt $x = a_i$ ein lokales Extremum annimmt. Nach (337) verschwindet also dort die Ableitung dieser Funktion, deren Wert nach (782) gerade $f_{x_i}(a_1, \ldots, a_n)$ ist. Da i $(1 \leq i \leq n)$ beliebig war, ist die Behauptung damit bewiesen.

Für $n = 2$ bedeuten die notwendigen Bedingungen $f_{x_i}(a_1, a_2) = 0$ $(i = 1, 2)$, daß die Tangentialebene an die Fläche $x_3 = f(x_1, x_2)$ im Punkt $(a_1, a_2, f(a_1, a_2))$ die Gleichung $x_3 = f(a_1, a_2) = \text{const}$ hat (vgl. (812)) und somit parallel zur (x_1, x_2)-Ebene liegt.

Das Verschwinden der ersten partiellen Ableitungen in einem Punkt $(a_1, \ldots, a_n)$ garantiert aber noch keineswegs, daß f dort ein lokales Extremum annimmt. Ein Beispiel dafür ist die Funktion

$$f(x_1, x_2) := x_1 x_2 .$$

[1]) Der Leser überlege sich, daß U die natürliche Übertragung der Begriffe Quadrat $(n = 2)$ und Würfel $(n = 3)$ auf höhere „Dimensionen" ist. δ ist beliebig positiv.

Ihre partiellen Ableitungen f_{x_1}, f_{x_2} verschwinden im Punkt $(a_1, a_2) = (0,0)$. Aber der Wert $f(0,0) = 0$ ist weder lokales Minimum noch lokales Maximum (Warum?).

Eine hinreichende Bedingung, d.h. eine Garantie dafür, daß ein lokales Minimum bzw. Maximum sicher vorliegt, enthält der folgende (hier nicht bewiesene) Satz für $n = 2$:

(823) *Die Funktion $f:(x_1, x_2) \mapsto f(x_1, x_2)$ nimmt sicher dann im Punkt (a_1, a_2) ein lokales Extremum an, wenn außer*

$$f_{x_1}(a_1, a_2) = f_{x_2}(a_1, a_2) = 0$$

noch die Ungleichung

$$\text{(A)} \qquad f_{x_1 x_1}(a_1, a_2) \cdot f_{x_2 x_2}(a_1, a_2) - f^2_{x_1 x_2}(a_1, a_2) > 0$$

erfüllt ist. Und zwar liegt für $f_{x_1 x_1}(a_1, a_2) > 0$ ein lokales Minimum, für $f_{x_1 x_1}(a_1, a_2) < 0$ ein lokales Maximum vor. Gilt dagegen

$$\text{(B)} \qquad f_{x_1 x_1}(a_1, a_2) \cdot f_{x_2 x_2}(a_1, a_2) - f^2_{x_1 x_2}(a_1, a_2) < 0,$$

so nimmt f im Punkt (a_1, a_2) sicher kein lokales Extremum an.

Beispiele. a) $f(x, y) = ax^2 + 2bxy + cy^2$. Die Punkte, in denen die partiellen Ableitungen f_x und f_y verschwinden, erfüllen das Gleichungssystem

$$\text{(824)} \qquad \begin{aligned} 2ax + 2by &= 0 \\ 2bx + 2cy &= 0 \end{aligned}$$

Nur in Punkten (x, y), die dieses System lösen, kann f nach (822) ein lokales Extremum annehmen. Die Bedingung (A) lautet (unabhängig von der betrachteten Stelle!)

$$\text{(825)} \qquad 4(ac - b^2) > 0$$

Ist (825) erfüllt, so hat das System (824) nach (748) nur die Lösung (0,0) und nach (823) ist $f(0,0) = 0$ ein lokales Minimum für $a > 0$, ein lokales Maximum für $a < 0$. Im Fall $4(ac - b^2) < 0$ nimmt f an keiner Stelle ein Extremum an. Es bleibt der Fall

$$ac - b^2 = 0$$

in dem obige Sätze keine Aussage liefern. Für $a \neq 0$ gilt aber die Identität

$$\text{(826)} \qquad ax^2 + 2bxy + cy^2 = \frac{1}{a}(ax + by)^2 + \frac{1}{a}(ac - b^2)y^2$$

Hieraus folgt direkt: Im Fall (825) ist $f(0,0) = 0$ sogar ein globales Minimum bzw. Maximum, denn für alle (x, y) gilt offenbar $f(x, y) \geq 0$, wenn $a > 0$, und $f(x, y) \leq 0$, wenn $a < 0$ ist. (826) gibt auch für $ac - b^2 = 0$, $a \neq 0$ eine Antwort: Alle Lösungen (x, y) des Systems (824) – das sind alle Punkte auf der Geraden $ax + by = 0$ (vgl. (712)) – ergeben den Funktionswert $f(x, y) = 0$. Dieser ist ein globales Minimum oder Maximum, je nachdem, ob $a > 0$ oder $a < 0$ ist. Nebenbei ist damit auch erwiesen, daß (A) keine „notwendige Bedingung" für ein lokales Extremum ist.

b) $f(x,y) := (x^2 + y^2)^2 - 2(x^2 - y^2)$. Durch Nullsetzen der ersten Ableitungen von f ergeben sich die Gleichungen

$$4x(x^2 + y^2) - 4x = 0$$
$$4y(x^2 + y^2) + 4y = 0$$

Ihre reellen Lösungen sind (0,0), (1,0) und (− 1,0). Höchstens an diesen Stellen kann also f Extremwerte annehmen. Man errechnet weiter $f_{xx}(0,0) = -4, f_{yy}(0,0) = 4$, $f_{xy}(0,0) = 0$. Im Punkt (0,0) ist damit (B) erfüllt, die Funktion f nimmt dort also keinen Extremwert an. Aus $f_{xx}(1,0) = f_{yy}(1,0) = 8$, $f_{xy}(1,0) = 0$ folgt andererseits, daß f im Punkt (1,0) ein lokales Minimum annimmt. Wegen der Symmetrie $f(-x,y) = f(x,y)$ gilt dasselbe für den Punkt (− 1,0).

c) Das Brechungsgesetz von Snellius. Zwei isotrope optische Medien M_1, M_2 mit den Lichtgeschwindigkeiten c_1, c_2 mögen den (x,y,z)-Raum ausfüllen. M_1 befinde sich im Halbraum $z > 0$, M_2 im Halbraum $z < 0$. Ein Lichtstrahl von einem Punkt A_1 im oberen Halbraum zu einem Punkt A_2 im unteren Halbraum (oder umgekehrt) nimmt denjenigen Weg, der die kürzeste Zeit erfordert (Fermatsches Prinzip). Hieraus folgt bereits, daß er sich in jedem einzelnen Medium geradlinig fortpflanzt. Der Weg des Lichtstrahls ist also bekannt, wenn man weiß, in welchem Punkt P er die Trennungsebene $z = 0$ trifft. Das Koordinatensystem kann so gewählt werden, daß $A_1 = (0,0,a)$, $a > 0$, und $A_2 = (b,0,c)$, $b \geq 0$, $c < 0$, gilt. Mit $P = (x,y,0)$ erhält man für die Zeit t, in der der Lichtstrahl den Weg von A_1 nach A_2 zurücklegt:

$$t = f(x,y) := \frac{1}{c_1}\sqrt{x^2 + y^2 + a^2} + \frac{1}{c_2}\sqrt{(x-b)^2 + y^2 + c^2}$$

Nach dem Fermatschen Prinzip sind x, y so zu bestimmen, daß $t = f(x,y)$ minimal wird. Nullsetzen von f_x, f_y liefert die „notwendigen Bedingungen“

$$\frac{x}{c_1\sqrt{x^2 + y^2 + a^2}} + \frac{x-b}{c_2\sqrt{(x-b)^2 + y^2 + c^2}} = 0$$

$$\frac{y}{c_1\sqrt{x^2 + y^2 + a^2}} + \frac{y}{c_2\sqrt{(x-b)^2 + y^2 + c^2}} = 0$$

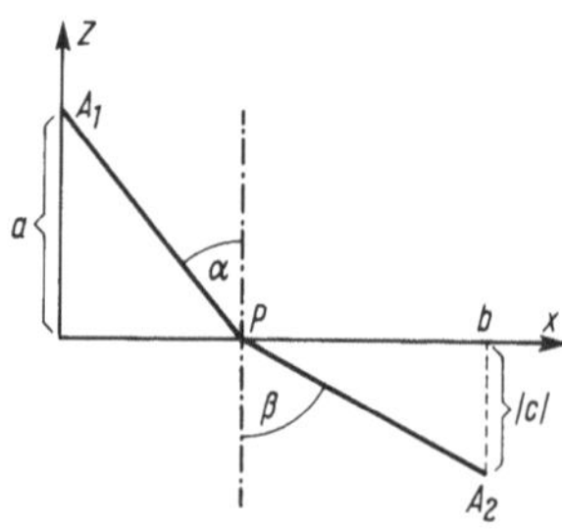

Fig. 52 Zum Brechungsgesetz

Aus der zweiten Gleichung folgt $y = 0$, das heißt, der Punkt P liegt in der vertikalen Koordinatenebene $y = 0$, die auch A_1 und A_2 enthält. Weiter ergibt sich aus der ersten Gleichung

$$\text{(827)} \qquad \frac{x}{c_1\sqrt{x^2 + a^2}} = \frac{b-x}{c_2\sqrt{(x-b)^2 + c^2}}$$

Diese Gleichung besitzt, wie man zeigen kann, genau eine reelle Lösung $x = \bar{x}$, und $f(\bar{x},0)$ ist wirklich ein globales Minimum von f. $\bar{x}$ ist nach (827) genau dann gleich Null, wenn $b = 0$ gilt. In diesem Fall wird der Lichtstrahl nicht gebrochen. Er durchdringt die Trennungsfläche $z = 0$ senkrecht. Für $b > 0$ haben gemäß (827) $\bar{x}$ und $b - \bar{x}$ dasselbe Vorzeichen. Das bedeutet: $0 < \bar{x} < b$. Wir definieren den Einfallswinkel α und den Brechungswinkel β (vgl. Fig. 52) durch

$$\sin\alpha = \frac{\bar{x}}{\sqrt{\bar{x}^2 + a^2}} \qquad \sin\beta = \frac{b - \bar{x}}{\sqrt{(b - \bar{x})^2 + c^2}}$$

und erhalten aus (827) das Brechungsgesetz von Snellius:

$$\frac{\sin\alpha}{\sin\beta} = \frac{c_1}{c_2}$$

5.1.7. Ausgleichen von Meßfehlern; Regressionsgerade. Eine wichtige Anwendung der Theorie der Extremwerte ist das Ausgleichen von Meßfehlern. Grob gesagt, handelt es sich dabei um folgendes: Durch ein Experiment, welches die Abhängigkeit einer Größe y von einer anderen Größe x ermitteln sollte, seien endlich viele Meßpunkte in der (x, y)-Ebene gewonnen worden. Nun soll eine Kurve gefunden werden, die sich einerseits den vorliegenden Meßpunkten möglichst gut anschmiegt und die andererseits einen möglichst einfachen, „glatten" Verlauf hat. Häufig sucht man eine solche „Glättungsfunktion" unter den Geraden $y = ax + b$, den Potenzfunktionen $y = bx^a$ oder den Exponentialfunktionen $y = be^{ax}$. Wie in Abschnitt 3.2.4 gezeigt wurde, gehen auch die letzten zwei Kurventypen in Geraden über, wenn man sie auf doppelt bzw. einfach logarithmischem Papier darstellt. Daher ist in der Praxis die Glättung durch lineare Funktionen am wichtigsten, und allein mit diesem Problem werden wir uns im folgenden beschäftigen.

Wir nehmen also an, daß zu den x-Werten $x_1, \ldots, x_n$ (alle verschieden) die y-Werte $y_1, \ldots, y_n$[1]) gemessen wurden, so daß die Meßpunkte

(828) $\qquad (x_1, y_1), \quad (x_2, y_2), \ldots, \quad (x_n, y_n)$

in die (x, y)-Ebene eingetragen werden können. n sei eine nicht zu kleine Zahl, etwa $6 \leq n \leq 20$; theoretisch wird jedoch nur $n \geq 2$ benötigt. Wir setzen ferner voraus, daß es sinnvoll ist, y als lineare Funktion von x zu suchen. (Kriterien dafür erörtern wir weiter unten.) Dann erhebt sich die Frage: Wie paßt man eine solche Gerade

(829) $\qquad y = ax + b$

den Meßpunkten (828) am besten an? Bei geringem Genauigkeitsanspruch wird man die Gerade nach Augenmaß einzeichnen und daraus die Zahlen a (= Steigung) und b (= y-Achsenabschnitt) ablesen. Im allgemeinen ist dieses Vorgehen zu ungenau. Ein mathematisch einwandfreies Verfahren ist dagegen die sog. Methode der kleinsten Fehlerquadrate (vgl. (341)). Sie bevorzugt keinen einzelnen Meßpunkt und berücksichtigt damit, daß in der Regel alle Werte $y_1, \ldots, y_n$ mit ungefähr derselben Genauigkeit gemessen wurden[2]). Bezeichnet

---

[1]) y_i kann bereits der Mittelwert aus mehreren Messungen zum Ausgangswert x_i sein $(1 \leq i \leq n)$.

[2]) Die Werte $x_1, \ldots, x_n$ werden als genau angesehen, da man einen Fehler von x_i als Fehler von y_i interpretieren kann. Wie?

(830) $\varphi_i := a x_i + b - y_i \quad (1 \le i \le n)$

die vertikale Abweichung des Meßpunktes (x_i, y_i) von der Geraden (829), so lautet die Vorschrift zur Bestimmung der Geraden (829):

Die Zahlen a und b sind so zu wählen, daß die Summe der Abweichungsquadrate

(831) $\varphi_1^2 + \varphi_2^2 + \cdots + \varphi_n^2$

den kleinstmöglichen Wert annimmt.

Nach (830) suchen wir also ein globales Minimum der Funktion

(832) $f : (a, b) \mapsto \sum_{i=1}^{n} (a x_i + b - y_i)^2 \quad (a \in \mathbf{R}, b \in \mathbf{R})$

Gemäß (822) setzen wir die partiellen Ableitungen von f nach a und b gleich Null:

(833)
$$\frac{\partial f}{\partial a}(a,b) = 2 \sum_{i=1}^{n} x_i\,(a x_i + b - y_i) = 0$$
$$\frac{\partial f}{\partial b}(a,b) = 2 \sum_{i=1}^{n} (a x_i + b - y_i) = 0$$

Diese notwendigen Bedingungen bilden ein lineares Gleichungssystem für a und b:

(834)
$$a \sum_{i=1}^{n} x_i^2 + b \sum_{i=1}^{n} x_i = \sum_{i=1}^{n} x_i y_i$$
$$a \sum_{i=1}^{n} x_i + b \cdot n = \sum_{i=1}^{n} y_i$$

Die „Koeffizientenmatrix" dieses Systems hat die Determinante

(835) $d = n \sum_{i=1}^{n} x_i^2 - (\sum_{i=1}^{n} x_i)^2$

und wegen der durch Ausmultiplizieren leicht nachweisbaren Identität

(836) $n \sum_{i=1}^{n} x_i^2 - \left(\sum_{i=1}^{n} x_i\right)^2 = \frac{1}{2} \sum_{i,j=1}^{n} (x_i - x_j)^2$

ist d sicher größer als Null ($n \ge 2$). Nach (746) besitzt das System (834) somit genau eine Lösung, nämlich

(837) $a = \hat{a} := \frac{1}{d} \left(n \sum_{i=1}^{n} x_i y_i - \left(\sum_{i=1}^{n} x_i\right)\left(\sum_{i=1}^{n} y_i\right)\right)$

(838) $b = \hat{b} := \frac{1}{d} \left(\left(\sum_{i=1}^{n} x_i^2\right)\left(\sum_{i=1}^{n} y_i\right) - \left(\sum_{i=1}^{n} x_i y_i\right)\left(\sum_{i=1}^{n} x_i\right)\right)$

Aus (833) berechnen wir jetzt noch

(839) $f_{aa}(a,b) \cdot f_{bb}(a,b) - f_{ab}^2(a,b) = 4d > 0$

so daß f im Punkt $(\hat{a}, \hat{b})$ ein lokales Minimum annimmt. Da f jedoch an keiner weiteren

Stelle der (a, b)-Ebene ein lokales Minimum annimmt[1]), ist $f(\hat{a}, \hat{b})$ sogar ein globales Minimum. Durch die Methode der kleinsten Fehlerquadrate wird also die Gerade

(840) $$y = \hat{a}x + \hat{b}$$

als lineare Glättungsfunktion für die Meßpunkte (828) ausgewählt. Diese Gerade heißt auch Regressionsgerade (von y bezüglich x).

Wir betrachten ein einfaches Beispiel. Die Meßpunkte seien durch folgende Tabelle gegeben:

(841)

x	0	1	2	3	4	5
y	3	5	7	8	10	10

Dann ist

$$d = 6 \cdot (1 + 2^2 + 3^2 + 4^2 + 5^2) - (1 + 2 + 3 + 4 + 5)^2 = 105,$$

$$\begin{aligned}\hat{a} &= \frac{1}{105}\,(6 \cdot (1 \cdot 5 + 2 \cdot 7 + 3 \cdot 8 + 4 \cdot 10 + 5 \cdot 10) - \\ &\qquad - (1 + 2 + 3 + 4 + 5)\,(3 + 5 + 7 + 8 + 10 + 10)) \\ &= \frac{153}{105} = \frac{51}{35}\end{aligned}$$

und analog ergibt sich: $\hat{b} = 74/21$

Die Regressionsgerade hat also die Gleichung

$$y = \frac{51}{35}x + \frac{74}{21} \approx 1{,}457\,x + 3{,}524$$

Für eine größere Zahl n von Meßpunkten benötigt man zur Bestimmung der Regressionsgeraden bereits eine Tischrechenmaschine.

Wann ist es nun sinnvoll, die Regressionsgerade (840) als gute Näherung für den Zusammenhang zwischen den Größen x und y aufzufassen? Dann sicher nicht, wenn die Meßpunkte (828) wild in der (x, y)-Ebene verstreut liegen. Aber wie genau müssen die Meßpunkte einer geraden Linie folgen? Diese Frage soll jetzt untersucht werden. Das wesentliche Hilfsmittel dazu ist der sog. Korrelationskoeffizient.

Wir bezeichnen mit

$$\bar{x} := \frac{1}{n}\sum_{i=1}^{n} x_i, \quad \bar{y} := \frac{1}{n}\sum_{i=1}^{n} y_i$$

die Mittelwerte der Zahlen $x_1, \ldots, x_n$ bzw. $y_1, \ldots, y_n$. Dann heißt die Zahl [2])

[1]) Das System (834) hat ja nur eine Lösung.

[2]) Der Nenner ist größer als Null, wenn nicht alle y_i denselben Wert haben. Dies setzen wir voraus.

(842)
$$r = \frac{\sum_{i=1}^{n} (x_i - \bar{x})(y_i - \bar{y})}{\sqrt{\sum_{i=1}^{n} (x_i - \bar{x})^2} \sqrt{\sum_{i=1}^{n} (y_i - \bar{y})^2}}$$

der Korrelationskoeffizient von $x_1, \ldots, x_n$ und $y_1, \ldots, y_n$.

Um zu erkennen, welche Werte r annehmen kann, ziehen wir folgende Identität heran, die für beliebige reelle Zahlen $u_1, \ldots, u_n$ und $v_1, \ldots, v_n$ gilt und wie ihr Spezialfall (836) vom Leser nachgerechnet werden kann:

(843)
$$\left(\sum_{i=1}^{n} u_i^2\right) \cdot \left(\sum_{i=1}^{n} v_i^2\right) - \left(\sum_{i=1}^{n} u_i v_i\right)^2 = \frac{1}{2} \sum_{i,j=1}^{n} (u_i v_j - u_j v_i)^2$$

Hierin setzen wir speziell $u_i = x_i - \bar{x}$, $v_i = y_i - \bar{y}$ und erhalten aufgrund von (842)

$$\underbrace{(1 - r^2) \cdot \left(\sum_{i=1}^{n} (x_i - \bar{x})^2\right) \cdot \left(\sum_{i=1}^{n} (y_i - \bar{y})^2\right)}_{= A} = \underbrace{\frac{1}{2} \sum_{i,j=1}^{n} ((x_i - \bar{x})(y_j - \bar{y}) - (x_j - \bar{x})(y_i - \bar{y}))^2}_{= B}$$

Da $A > 0$ und $B \geq 0$ gilt, folgt hieraus auch $1 - r^2 \geq 0$ oder $-1 \leq r \leq 1$. Ist $r = \pm 1$, so muß $B = 0$ gelten, was nur möglich ist, wenn jeder einzelne Summand verschwindet:

$$(x_i - \bar{x})(y_j - \bar{y}) = (x_j - \bar{x})(y_i - \bar{y}) \qquad \text{für} \qquad i, j = 1, 2, \ldots, n$$

oder
$$\frac{y_j - \bar{y}}{x_j - \bar{x}} = \frac{y_i - \bar{y}}{x_i - \bar{x}}, \qquad \text{falls} \qquad x_i \neq \bar{x},\ x_j \neq \bar{x}$$

Dies bedeutet: Alle Punkte (x_i, y_i), $1 \leq i \leq n$, liegen auf einer festen Geraden durch den Punkt $(\bar{x}, \bar{y})$.

Insgesamt erhalten wir also das wichtige Ergebnis:

(844) *Der Korrelationskoeffizient r kann nur zwischen -1 und 1 liegen. Er ist genau dann 1 oder -1, wenn alle Meßpunkte (x_i, y_i) auf einer (nicht horizontalen) Geraden liegen. Diese Gerade stimmt dann mit der Regressionsgeraden überein. Die Wahrscheinlichkeit dafür, daß der Zusammenhang zwischen x und y durch eine lineare Funktion, nämlich die Regressionsgerade, beschreibbar ist, wird damit umso größer sein, je näher der Korrelationskoeffizient r bei $+1$ oder bei -1 liegt.*

Wie weit r von 1 oder -1 höchstens abweichen darf, damit die Regressionsgerade den Funktionsverlauf noch richtig wiedergibt, hängt sehr stark von der Anzahl n der Meßpunkte ab: Je größer n, desto größer sind auch die für r zugelassenen Intervalle $\langle -1, -1 + \varepsilon \rangle$ und $\langle 1 - \varepsilon, 1 \rangle$. Man kann zeigen: Damit zwischen x und y mit mindestens 98-prozentiger Sicherheit eine lineare Beziehung besteht, muß $|r|$ in Abhängigkeit von n die in der folgenden Tabelle angegebenen Werte überschreiten:

(845)

n	5	6	7	8	9	10	12	15	20	40	70	100
$\lvert r \rvert$	0,93	0,88	0,83	0,79	0,75	0,72	0,66	0,59	0,52	0,37	0,28	0,23

Auf eine Begründung dieser wahrscheinlichkeitstheoretischen Aussage kann hier nicht eingegangen werden. Vgl. [5], S. 209.

Für das Beispiel (841) ergibt sich der Korrelationskoeffizient $r = 0{,}978$, der den für $n = 6$ in (845) angegebenen Wert 0,88 übersteigt.

Übungsaufgaben. 151. Man veranschauliche sich folgende Funktionen $f(x, y)$ durch Einzeichnen einiger „Höhenlinien" in die (x, y)-Ebene:

a) $x^2 + y^2$ b) $(x - y)^2$ c) $(x + 2y)^3$

d) $e^{-(x^2+y^2)}$ e) $\dfrac{1}{x - y}$ f) $\dfrac{1}{1 + x^2 + 4y^2}$

152. Man untersuche die Gestalt der Fläche $z = x^2 - y^2$ mittels der Höhenlinien $z = 0, \pm 1, \pm 2, \pm 3, \pm 4$. Der Punkt $(x, y, z) = (0, 0, 0)$ heißt Sattelpunkt dieser Fläche. Man begründe diese Bezeichnung.

153.* Für folgende Funktionen $f(x, y)$ bilde man die partiellen Ableitungen f_x, f_y:

a) $\dfrac{x}{y}$ b) $\sqrt{x} - 2^y$ c) e^{xy^2} d) $\tan(ax + by)$

e) $\dfrac{xy}{\sqrt{1 + x^2}}$ f) $\dfrac{x + y}{x - y}$ g) $\dfrac{1}{1 + x^4 + y^6}$ h) x^y $(x > 0)$

i) $\sqrt{1 + \sin^2 x - \cos y}$ j) $\ln\sqrt{1 + y^2}$ k) $\dfrac{1}{\sqrt{y}}\, e^{-x^2}$

154. Für folgende Funktionen $f(x, y)$ prüfe man die Beziehung $f_{xy} = f_{yx}$ nach:

a) $\dfrac{x^2}{1 + y^2}$ b) $\dfrac{\sin x}{\cos y}$ c) $x^3 e^{y^2}$ d) $\sqrt{xy^3}$

155.* f und g seien zweimal differenzierbare Funktionen einer Variablen. Man bestimme alle partiellen Ableitungen von höchstens 2. Ordnung für folgende Funktionen F:

a) $F(x, y) = f(x) + g(y)$ b) $F(x, y) = f(x)\, g(y)$

c) $F(x, y) = \dfrac{f(x)}{g(y)}$ d) $F(x, y) = \sqrt{f^2(x) + g^2(y)}$

156.* Man berechne die 1. und 2. Ableitung von $F(t) := f(\varphi(t), \psi(t))$, wenn $f(x, y)$ eine der Funktionen

a) $e^{x^2 + y}$ b) $\cos(xy)$ c) $\dfrac{1}{1 + x^2 + y^2}$

und $(\varphi(t), \psi(t))$ eines der Funktionenpaare

d) (t^2, t^3) e) $(\cos t, \sin t)$ f) (e^t, e^{-t})

ist.

157.* Man berechne alle partiellen Ableitungen höchstens 2. Ordnung von $F(x, y) := f(g(x, y))$, wenn $f(z)$ eine der Funktionen

a) $\sqrt{1+z^2}$ b) $z e^z$ c) $(1+z)^2$

und $g(x, y)$ eine der Funktionen

d) $x(x+y)$ e) $y \sin x$ f) $x^2 - y^2$

ist.

158. Man zeige: a) Die Funktion $f(x, y) := \ln\sqrt{x^2+y^2}$ genügt der „partiellen Differentialgleichung" $f_{xx} + f_{yy} = 0$.

b) Die Funktion $f(x, y, z) := 1/\sqrt{x^2+y^2+z^2}$ genügt der partiellen Differentialgleichung $f_{xx} + f_{yy} + f_{zz} = 0$.

c) Jede Funktion $f(x, y) := F(x) + G(y)$ mit beliebigen differenzierbaren Funktionen F und G genügt der partiellen Differentialgleichung $f_{xy} = 0$.

159. Die Gleichungen

a) $x - y - z = 0$ b) $2x - z = 1$ c) $y + 3z + 1 = 0$ d) $z - 2 = 0$

beschreiben Ebenen im (x, y, z)-Raum. Man gebe in jedem Fall einen Vektor an, der senkrecht auf der Ebene steht (vgl. Übungsaufgabe 116) und skizziere ihre Lage im Raum durch ihre Schnittgeraden – sofern sie existieren – mit den drei Koordinatenebenen $x = 0, y = 0, z = 0$.

160.* Wie lautet die Gleichung der Tangentialebene an die Fläche

a) $z = \dfrac{1}{1+x-y}$ im Punkt $(x, y, z) = (0, 0, 1)$

b) $z = \dfrac{y}{\sqrt{1+x^2}}$ im Punkt $(0, 1, 1)$

c) $z = ax + by + xy + y^3$ im Punkt $(0, 0, 0)$

d) $z = 2x^2 + y^2$ im Punkt $(-1, 1, 3)$

161.* Man approximiere folgende Funktionen f in der Umgebung des angegebenen Punktes durch lineare Funktionen:

a) $f(x, y) = \sin(x+y) + x\cos y$ in $(0,0)$

b) $f(x, y, z) = xyz$ in $(1, 1, 1)$

c) $f(x, y, z) = x \sin y \cos z$ in $\left(1, \dfrac{\pi}{2}, 0\right)$

d) $f(x, y, z) = (x-y)^3 e^{z^2}$ in $(-1, -1, 0)$

162. Löst man die Zustandsgleichung für ideale Gase $p \cdot v = RT$ (vgl. (784)) nach einer der Variablen p, v, T auf, so erhält man drei Funktionen von je 2 Variablen:

$$p = p(v, T), \qquad v = v(p, T), \qquad T = T(p, v)$$

In der Thermodynamik ist folgende prägnante Bezeichnungsweise üblich: $(\partial p/\partial v)_T$

ist die partielle Ableitung von $p(v, T)$ nach v, $(\partial T/\partial p)_v$ ist die partielle Ableitung von $T(p, v)$ nach p, usw.[1]) Man rechne folgende Beziehungen nach:

a) $\left(\frac{\partial p}{\partial v}\right)_T \cdot \left(\frac{\partial v}{\partial p}\right)_T = 1$ b) $\left(\frac{\partial p}{\partial v}\right)_T \left(\frac{\partial v}{\partial T}\right)_p = -\left(\frac{\partial p}{\partial T}\right)_v$

c) $\left(\frac{\partial p}{\partial v}\right)_T \left(\frac{\partial v}{\partial T}\right)_p \left(\frac{\partial T}{\partial p}\right)_v = -1$

163. Neben p, v, T (vgl. Übungsaufgabe 162) ist auch die (spezifische) Entropie S eine wichtige Größe in der Thermodynamik. Für kalorisch ideale Gase (vgl. S. 262) gilt

(846) $$p v = RT, \quad S = S_0 + C_v \ln \frac{p v^{\varkappa}}{\varkappa - 1}$$

mit (vgl. (785))

(847) $$\varkappa = \frac{C_p}{C_v}, \quad C_p - C_v = R, \quad S_0 = \text{const.}$$

Mittels dieser Beziehungen lassen sich folgende Aufgaben behandeln:

a) Man bestimme T und p als Funktionen von v, S und zeige

(848) $$\left(\frac{\partial T}{\partial v}\right)_S = -\left(\frac{\partial p}{\partial S}\right)_v$$

b) Man bestimme T und v als Funktionen von p, S und zeige

(849) $$\left(\frac{\partial T}{\partial p}\right)_S = \left(\frac{\partial v}{\partial S}\right)_p$$

c) Man bestimme v und S als Funktionen von p, T und zeige

(850) $$\left(\frac{\partial v}{\partial T}\right)_p = -\left(\frac{\partial S}{\partial p}\right)_T$$

d) Man bestimme p und S als Funktionen von v, T und zeige

(851) $$\left(\frac{\partial p}{\partial T}\right)_v = \left(\frac{\partial S}{\partial v}\right)_T$$

(848) bis (851) sind die sog. Maxwellschen oder thermodynamischen Relationen.

164.* Mit welchem prozentualen Fehler muß man bei der Bestimmung der Größe $w = x^2 y^{-1} \sqrt{z}$ rechnen, wenn der Meßfehler von x, y, z der Reihe nach 2%, 0,5% und 3% beträgt?

165.* Bei der Bestimmung des Inhalts $V = \pi \mathrm{d}^3/6$ einer Kugel kann der Durchmesser d = 1,072 cm auf 1/100 mm genau gemessen werden. Für π wird der Wert 3,14 benutzt (genau: $\pi = 3{,}14159\ldots$). Mit welcher prozentualen Genauigkeit erhält man damit den Inhalt V?

---

[1]) Der untere Index bedeutet hier nicht eine partielle Ableitung, sondern gibt die Variable an, die gerade konstant gehalten wird.

166.* Man prüfe nach, ob folgende Funktionen f ein lokales (globales) Minimum oder Maximum annehmen:

a) $f(x,y) := 1 - x^2 - 2y^2$
b) $f(x,y) := x^2 - xy - y^2$
c) $f(x,y) := 5x^2 - 4xy + y^2$
d) $f(x,y) := x^2 - 4xy + 3y^2$
e) $f(x,y) := x^3 + y^2$
f) $f(x,y) := (x-y)^4$
g) $f(x,y) := (x-y)^3 + 12xy$
h) $f(x,y) := (x^2 - y^2)^2 - 2(x^2 + y^2)$
i) $f(x,y) := (x^2 + y^2)^2 + 8xy$

167.* Welcher Punkt der Fläche $z = \sqrt{1 + (2x - 3y)^2}$ hat den kleinsten Abstand vom Punkt $(x,y,z) = (1,0,0)$?

168. Man zeige: Unter allen Dreiecken mit festem Umfang U besitzt das gleichseitige Dreieck (mit der Seitenlänge $U/3$) den größten Flächeninhalt F.

Anleitung: Man benutze (614) und $F = (1/2)\,a\,b\,\sin\gamma$; suche dann das Maximum von F^2.

169.* Zu den Meßwerten

x	1	6	9	13	16
y	2,2	0,2	− 0,6	− 1,9	− 3,1

bestimme man die Regressionsgerade (von y bzgl. x) und den Korrelationskoeffizienten.

5.2. Einiges aus der Integralrechnung für Funktionen mehrerer Veränderlicher

5.2.1. Differentialformen und Kurvenintegrale. Bei Funktionen einer Veränderlichen spielte der Begriff der Stammfunktion eine wichtige Rolle. Zur Erinnerung: Eine Funktion F heißt Stammfunktion von f, wenn $F' = f$ ist. Wie läßt sich dieser Begriff auf Funktionen von n Variablen übertragen? Als vernünftig erweist sich folgende Definition:

(852) *Die Funktion $F(x_1,\ldots,x_n)$ heißt Stammfunktion der n Funktionen $f_1(x_1,\ldots,x_n)$, $\ldots, f_n(x_1,\ldots,x_n)$, wenn gilt*

$$F_{x_i}(x_1,\ldots,x_n) = f_i(x_1,\ldots,x_n) \quad \textit{für} \quad 1 \le i \le n$$

Zum Beispiel besitzen die Funktionen ($n = 2$)

(853) $\quad f_1(x_1,x_2) = 3x_1^2 x_2, \quad f_2(x_1,x_2) = x_1^3 + 2x_2$

die Stammfunktion $F(x_1,x_2) = x_1^3 x_2 + x_2^2$.

Wegen $F_{x_i x_j} = F_{x_j x_i}$ (vgl. (790)) gilt nach Definition (852) auch

(854) $$\frac{\partial f_i}{\partial x_j} = \frac{\partial f_j}{\partial x_i} \quad \text{für} \quad i,j = 1,\ldots,n.$$

Nicht jedes n-tupel von Funktionen $f_1, \ldots, f_n$ erfüllt jedoch diese Bedingungen (854), *somit gibt es auch nicht immer eine zugehörige Stammfunktion*, im Gegensatz zum früheren Fall $n = 1$.

Zum Beispiel besitzen für $n = 2$ die Funktionen $f_1(x_1, x_2) = x_2$, $f_2(x_1, x_2) = -x_1$ keine Stammfunktion, denn es gilt

$$1 = \frac{\partial f_1}{\partial x_2} \neq \frac{\partial f_2}{\partial x_1} = -1$$

Folgende Bezeichnungen sind gebräuchlich: Für beliebige Funktionen $f_1, \ldots, f_n$ von $x_1, \ldots, x_n$ heißt das Symbol

(855) $\quad f_1(x_1, \ldots, x_n)\, \mathrm{d}x_1 + \cdots + f_n(x_1, \ldots, x_n)\, \mathrm{d}x_n$

eine Differentialform. Falls die Bedingungen (854) erfüllt sind, heißt (855) eine exakte Differentialform. Besitzen $f_1, \ldots, f_n$ eine Stammfunktion F, so nennt man (855) ein vollständiges Differential, genauer: das vollständige Differential $\mathrm{d}F$ von F. Es lautet

(856) $\quad \mathrm{d}F := F_{x_1}(x_1, \ldots, x_n)\,\mathrm{d}x_1 + \cdots + F_{x_n}(x_1, \ldots, x_n)\, \mathrm{d}x_n$

Schließlich heißt das n-tupel $(F_{x_1}, \ldots, F_{x_n})$ der ersten partiellen Ableitungen von F das Gradientenfeld oder der Gradient von F, kurz:

(857) $\quad \operatorname{grad} F := (F_{x_1}, \ldots, F_{x_n})$

Nach diesen Bezeichnungen gilt offenbar die

Aussage. *Jedes vollständige Differential ist eine exakte Differentialform.*

Wichtig ist nun, daß auch die Umkehrung richtig ist, wenn wir nur die Voraussetzungen etwas präzisieren: Die Funktionen $f_1, \ldots, f_n$ seien weiterhin in einem „Quader" Q: $a_i < x_i < b_i (1 \leq i \leq n)$ definiert, und in Q sollen alle ersten partiellen Ableitungen von $f_1, \ldots, f_n$ stetig sein. Dann gilt:

(858) *Die Differentialform* (855) *ist genau dann ein vollständiges Differential, wenn die Bedingungen* (854) *erfüllt sind.*

Auf den Beweis dieses Satzes müssen wir verzichten. Dafür soll an Beispielen gezeigt werden, wie man eine Stammfunktion von $f_1, \ldots, f_n$ berechnet, falls (854) erfüllt ist.

Das wesentliche Hilfsmittel dazu ist das sog. Kurvenintegral oder Linienintegral. Bei dessen Definition beschränken wir uns auf den Fall $n = 3$. Durch Weglassen einer Komponente erhält man daraus den ebenfalls wichtigen Fall $n = 2$.

Durch drei beliebige differenzierbare Funktionen $\varphi_1, \varphi_2, \varphi_3$ einer Variablen t sei eine Raumkurve K (vgl. (792)) gegeben:

(859) $\quad K: x_1 = \varphi_1(t), \quad x_2 = \varphi_2(t), \quad x_3 = \varphi_3(t) \quad a \leq t \leq b$

Diese Kurve liege ganz im Definitionsbereich der von x_1, x_2, x_3 abhängigen Funktionen f_1, f_2, f_3. Dann ist das bestimmte Integral

(860) $$I = \int_a^b \Big(f_1(\varphi_1(t), \varphi_2(t), \varphi_3(t))\,\varphi_1'(t) + f_2(\varphi_1(t), \varphi_2(t), \varphi_3(t))\,\varphi_2'(t) + \\ + f_3(\varphi_1(t), \varphi_2(t), \varphi_3(t))\,\varphi_3'(t)\Big)\,\mathrm{d}t$$

wohldefiniert und heißt das Kurvenintegral von (f_1, f_2, f_3) über K. Man schreibt dafür kürzer:

(861) $$I = \int_K (f_1(x_1, x_2, x_3)\,dx_1 + f_2(x_1, x_2, x_3)\,\mathrm{d}x_2 + f_3(x_1, x_2, x_3)\,\mathrm{d}x_3)$$

Wir betrachten ein Beispiel für $n = 2$. Es sei

$$f_1(x_1, x_2) = x_1 - x_2, \qquad f_2(x_1, x_2) = x_1 + x_2$$

Das Kurvenintegral von (f_1, f_2) soll über zwei verschiedene Wege (= Kurven) mit Anfangspunkt $(1,0)$ und Endpunkt $(0,1)$ berechnet werden, und zwar einmal über die gerade Verbindungsstrecke

$$K_1: x_1 = \varphi_1(t) = 1 - t, \qquad x_2 = \varphi_2(t) = t, \qquad 0 \le t \le 1$$

und zweitens über den Viertelkreis

$$K_2: x_1 = \varphi_1(t) = \cos t, \qquad x_2 = \varphi_2(t) = \sin t, \qquad 0 \le t \le \frac{\pi}{2}$$

Nach (860) berechnet man

$$\int_{K_1} ((x_1 - x_2)\,\mathrm{d}x_1 + (x_1 + x_2)\,\mathrm{d}x_2) = \int_0^1 2t\,\mathrm{d}t = 1$$

$$\int_{K_2} ((x_1 - x_2)\,\mathrm{d}x_1 + (x_1 + x_2)\,\mathrm{d}x_2) =$$

$$= \int_0^{\frac{\pi}{2}} (-(\cos t - \sin t)\sin t + (\cos t + \sin t)\cos t)\,\mathrm{d}t$$

$$= \int_0^{\frac{\pi}{2}} (\sin^2 t + \cos^2 t)\,\mathrm{d}t = \int_0^{\frac{\pi}{2}} 1\,\mathrm{d}t = \frac{\pi}{2}$$

Die Kurvenintegrale über K_1 und K_2 sind also verschieden. Wir halten fest:

(862) *Das Kurvenintegral von (f_1, f_2) (oder von (f_1, f_2, f_3) im Falle $n = 3$) hängt im allgemeinen nicht nur von Anfangs- und Endpunkt des Integrationsweges ab, sondern auch davon, wie der Weg zwischen diesen beiden Punkten verläuft.*

Die einzige und überaus wichtige Ausnahme von dieser Regel bilden die Gradientenfelder[1]). Man erhält nämlich (vgl. (228)):

(863) *Falls f_1, f_2, f_3 eine Stammfunktion F besitzen, gilt für einen beliebigen Weg K mit Anfangspunkt (a_1, a_2, a_3) und Endpunkt (b_1, b_2, b_3):*

(A) $$\int_K (f_1(x_1, x_2, x_3)\,\mathrm{d}x_1 + f_2(x_1, x_2, x_3)\,\mathrm{d}x_2 + f_3(x_1, x_2, x_3)\,\mathrm{d}x_3) = \\ = F(b_1, b_2, b_3) - F(a_1, a_2, a_3)$$

---

[1]) Daß nur für Gradientenfelder das Kurvenintegral vom Weg unabhängig ist, wird hier nicht bewiesen.

Das heißt, das Kurvenintegral eines Gradientenfeldes hängt nur von Anfangs- und Endpunkt des Integrationsweges, nicht hingegen von dessen sonstigem Verlauf ab. In den Anwendungen ist häufig der Anfangspunkt fest und der Endpunkt variabel. Die Aussage läßt sich dann so wenden: Das Kurvenintegral eines Gradientenfeldes ist nur eine Funktion des Kurvenendpunktes.

Zu beweisen ist nur die Formel (A). Der Weg K sei durch die Funktionen $x_i = \varphi_i(t)$, $i = 1,2,3$, $t_1 \leq t \leq t_2$, gegeben, und es sei $G(t) := F(\varphi_1(t), \varphi_2(t), \varphi_3(t))$. Nach (794) und (852) ist dann

$$G'(t) = f_1(\varphi_1(t), \varphi_2(t), \varphi_3(t))\,\varphi_1'(t) + f_2(\varphi_1(t), \varphi_2(t), \varphi_3(t))\,\varphi_2'(t) + \\ + f_3(\varphi_1(t), \varphi_2(t), \varphi_3(t))\,\varphi_3'(t)$$

Nach (860) lautet jetzt die linke Seite von (A):

$$\int_{t_1}^{t_2} G'(t)\,\mathrm{d}t = G(t_2) - G(t_1)$$

und dies stimmt mit der rechten Seite von (A) überein, da $\varphi_i(t_1) = a_i$ und $\varphi_i(t_2) = b_i$ gilt.

Die Formel (A) sehen wir uns noch etwas genauer an. Wenn der Endpunkt (b_1, b_2, b_3) des Integrationsweges variiert, ist die rechte Seite als Funktion von b_1, b_2, b_3 eine Stammfunktion des Gradientenfeldes (f_1, f_2, f_3). Denn mit F ist auch $F +$ const eine Stammfunktion[1]). Damit haben wir gemäß (858) endlich eine Methode zur Berechnung einer Stammfunktion für Funktionen f_1, f_2, f_3, die eine exakte Differentialform (855) bilden: Man braucht nur das Kurvenintegral von f_1, f_2, f_3 über irgend einen Weg (im Definitionsbereich der f_i) mit variabel gedachtem Endpunkt (y_1, y_2, y_3) zu berechnen. Das Ergebnis ist eine Stammfunktion, ausgedrückt in den Variablen y_1, y_2, y_3.

Den Integrationsweg von einem festen Punkt (a_1, a_2, a_3) zum variablen Punkt (y_1, y_2, y_3) wählt man natürlich so, daß die erforderlichen Rechnungen möglichst einfach werden. Das ist in der Regel der aus achsenparallelen Strecken bestehende Streckenzug, welcher durch die Punkte (a_1, a_2, a_3), (y_1, a_2, a_3), (y_1, y_2, a_3) und (y_1, y_2, y_3) führt. Dieser Weg hat zwar Ecken, der Satz (863) gilt jedoch auch für solche Integrationswege K. Durch Zerlegung in drei achsenparallele Wegstücke erhält man aus der Formel (A) nach (860) eine Stammfunktion $G(y_1, y_2, y_3) = F(y_1, y_2, y_3) - F(a_1, a_2, a_3)$ in der Form

(864) $$G(y_1, y_2, y_3) = \int_{a_1}^{y_1} f_1(t, a_2, a_3)\,\mathrm{d}t + \int_{a_2}^{y_2} f_2(y_1, t, a_3)\,\mathrm{d}t + \int_{a_3}^{y_3} f_3(y_1, y_2, t)\,\mathrm{d}t$$

Analog ergibt sich im Falle $n = 2$ als Stammfunktion G von f_1, f_2:

(865) $$G(y_1, y_2) = \int_{a_1}^{y_1} f_1(t, a_2)\,\mathrm{d}t + \int_{a_2}^{y_2} f_2(y_1, t)\,\mathrm{d}t$$

Mit diesen wichtigen Formeln sollen jetzt einige Stammfunktionen konkret ausgerechnet werden.

---

[1]) Ohne Beweis sei erwähnt, daß jede Stammfunktion diese Form hat.

Beispiele. a) Die Funktionen

$$f_1(x_1,x_2,x_3):=2x_1x_2+x_2x_3+2x_1,\qquad f_2(x_1,x_2,x_3):=x_1^2+x_1x_3+x_3^2,$$
$$f_3(x_1,x_2,x_3):=x_1x_2+2x_2x_3$$

erfüllen offenbar die Bedingungen (854), definieren also eine exakte Differentialform. Wir wählen $(a_1,a_2,a_3)=(0,0,0)$ und erhalten aus (864) die Stammfunktion

$$\begin{aligned}G(y_1,y_2,y_3)&=\int_0^{y_1}2t\,\mathrm{d}t+\int_0^{y_2}y_1^2\,\mathrm{d}t+\int_0^{y_3}(y_1y_2+2y_2t)\,\mathrm{d}t\\&=y_1^2+y_1^2y_2+y_1y_2y_3+y_2y_3^2.\end{aligned}$$

Eine beliebige Stammfunktion F von f_1,f_2,f_3 hat also in x_1, x_2, x_3 ausgedrückt die Gestalt

$$F(x_1,x_2,x_3)=x_1^2+x_1^2x_2+x_1x_2x_3+x_2x_3^2+C,\qquad C=\text{const}$$

b) Die Funktionen

$$f_1(x_1,x_2,x_3):=\frac{2}{x_1},\qquad f_2(x_1,x_2,x_3):=\frac{1}{x_2}-\frac{1}{x_2^2x_3^2},$$
$$f_3(x_1,x_2,x_3):=-\frac{2}{x_2x_3^3}$$

sind für $x_i>0$ definiert $(i=1,2,3)$ und erfüllen dort die Bedingungen (854). Mit $(a_1,a_2,a_3)=(1,1,1)$ ergibt sich aus (864):

$$\begin{aligned}G(y_1,y_2,y_3)&=\int_1^{y_1}\frac{2}{t}\,\mathrm{d}t+\int_1^{y_2}\left(\frac{1}{t}-\frac{1}{t^2}\right)\mathrm{d}t-\int_1^{y_3}\frac{2}{y_2t^3}\,\mathrm{d}t\\&=2\ln y_1+\ln y_2+\frac{1}{y_2}-1+\frac{1}{y_2y_3^2}-\frac{1}{y_2}\\&=\ln(y_1^2y_2)+\frac{1}{y_2y_3^2}-1\end{aligned}$$

Damit lauten die Stammfunktionen (Probe!)

$$F(x_1,x_2,x_3)=\ln(x_1^2x_2)+\frac{1}{x_2x_3^2}+C,\qquad C=\text{const}$$

c) Als Beispiel für den Fall $n=2$ betrachten wir die Funktionen

$$f_1(x_1,x_2):=\frac{2x_1}{x_2},\qquad f_2(x_1,x_2):=-\frac{1+x_1^2}{x_2^2}$$

die wiederum eine exakte Differentialform definieren, denn es ist $\partial f_1/\partial x_2=\partial f_2/\partial x_1$. Wir setzen $(a_1,a_2)=(0,1)$ und erhalten aus der Formel (865):

$$G(y_1,y_2)=\int_0^{y_1}\frac{2t}{1}\,\mathrm{d}t-\int_1^{y_2}\frac{1+y_1^2}{t^2}\,\mathrm{d}t=y_1^2+\frac{1+y_1^2}{y_2}-\frac{1+y_1^2}{1}=\frac{1+y_1^2}{y_2}-1$$

Die Stammfunktionen von f_1,f_2 lauten also (Probe!)

$$F(x_1,x_2)=\frac{1+x_1^2}{x_2}+C,\qquad C=\text{const}$$

d) Für die Funktionen

$$f_1(x_1, x_2) := -\frac{x_2}{x_1^2 + x_2^2}, \qquad f_2(x_1, x_2) := \frac{x_1}{x_1^2 + x_2^2}$$

ist die Gültigkeit der Beziehung $\partial f_1/\partial x_2 = \partial f_2/\partial x_1$ leicht nachzuprüfen. Im Punkt (0,0) sind diese partiellen Ableitungen jedoch nicht mehr stetig (ohne Beweis), so daß wir uns nach den Voraussetzungen von (858) auf einen der vier Quadranten, etwa $x_1 > 0$, $x_2 > 0$, beschränken müssen. Mit $(a_1, a_2) = (1,1)$ folgt aus (865):

$$G(y_1, y_2) = -\int_1^{y_1} \frac{1}{t^2+1}\,\mathrm{d}t + \int_1^{y_2} \frac{y_1}{y_1^2+t^2}\,\mathrm{d}t = -\arctan t\,\Big|_1^{y_1} + \arctan\frac{t}{y_1}\,\Big|_1^{y_2}$$

$$= -\arctan y_1 + \arctan 1 + \arctan\frac{y_2}{y_1} - \arctan\frac{1}{y_1}$$

Wegen der Identität $\arctan\frac{1}{y_1} = \frac{\pi}{2} - \arctan y_1$ (Beweis als Übungsaufgabe!) ergeben sich hieraus die Stammfunktionen

$$F(x_1, x_2) = \arctan\frac{x_2}{x_1} + C, \qquad C = \text{const}$$

5.2.2. Differentialformen in der Thermodynamik. Kurvenintegrale und (exakte) Differentialformen für $n = 2$ spielen eine große Rolle in der Thermodynamik. Das soll in diesem Abschnitt durch Beispiele erläutert werden. Dazu muß aber erst ein Zusammenhang zwischen den ganz formal definierten Differentialformen und den Anwendungen hergestellt werden.

Was ist die physikalische Bedeutung einer Differentialform

(866) $\qquad f_1(x_1, x_2)\,\mathrm{d}x_1 + f_2(x_1, x_2)\,\mathrm{d}x_2$

wenn x_1 und x_2 gegebene physikalische Größen sind? Wir beantworten diese Frage für den Fall, daß (866) eine exakte Differentialform ist. In diesem Fall gibt es eine Stammfunktion $F(x_1, x_2)$ mit $F_{x_1} = f_1$, $F_{x_2} = f_2$. Sind nun (x_1, x_2) und $(\bar{x}_1, \bar{x}_2)$ zwei hinreichend benachbarte Punkte, so gilt nach (810):

(867) $\qquad F(\bar{x}_1, \bar{x}_2) - F(x_1, x_2) \approx f_1(x_1, x_2)\cdot(\bar{x}_1 - x_1) + f_2(x_1, x_2)\cdot(\bar{x}_2 - x_2)$

In Worten heißt dies: Wenn x_1 und x_2 sich nur wenig ändern, nämlich um $\bar{x}_1 - x_1$ bzw. $\bar{x}_2 - x_2$, so ist die ebenfalls kleine Änderung der Stammfunktion F von f_1, f_2 näherungsweise durch die rechte Seite von (867) gegeben. Sehr kleine Änderungen einer Größe x werden in den Anwendungen oft recht suggestiv mit dem „Differential" $\mathrm{d}x$ bezeichnet (vgl. Fußnote, S. 53). Aus (867) erhält man so näherungsweise den Ausdruck

(868) $\qquad \mathrm{d}F = f_1(x_1, x_2)\,\mathrm{d}x_1 + f_2(x_1, x_2)\,\mathrm{d}x_2\,.$

Dies legt folgende Vereinbarung nahe: Das vollständige Differential $\mathrm{d}F$ von F, das formal mit (868) übereinstimmt (vgl. (856)), drückt nichts anderes aus als die Näherungsformel (867): Geht man vom Punkt (x_1, x_2) über zum Punkt $(x_1 + dx_1, x_2 + dx_2)$, so ändert sich $F(x_1, x_2)$ um dF, d.h., $F(x_1, x_2)$ geht näherungsweise über in $F(x_1, x_2) + f_1(x_1, x_2)\,dx_1 + f_2(x_1, x_2)\,dx_2$.

Diese Interpretation eines vollständigen Differentials oder einer exakten Differentialform wollen wir weiterhin im Auge behalten. Falls die Differentialform (866) nicht exakt ist ($\partial f_1/\partial x_2 \neq \partial f_2/\partial x_1$), gibt es zwar keine Funktion F, deren Änderung durch (866) beschrieben würde, aber wie eben kann zu jedem Paar von benachbarten Punkten (x_1, x_2) und $(x_1 + dx_1, x_2 + dx_2)$ der Zahlenwert $f_1(x_1, x_2)\,dx_1 + f_2(x_1, x_2)\,dx_2$ berechnet werden.

Beispiel. Für $x_1 = 1$, $x_2 = 2$, $dx_1 = 0{,}02$, $dx_2 = -0{,}01$ ergibt die Differentialform $(x_1 + x_2^2)\,dx_1 + x_2\,dx_2$ den Wert $(1 + 4) \cdot 0{,}02 - 2 \cdot 0{,}01 = 0{,}08$.

Nach diesen Vorbereitungen nun die angekündigten

Beispiele. **a)** Folgerungen aus dem ersten Hauptsatz der Thermodynamik (Energiesatz) für ideale Gase. Wir betrachten eine Gasmenge M von der Masse 1 Mol. Den Zusammenhang zwischen Druck p, absoluter Temperatur T und Volumen v von M bestimmt die (thermische) Zustandsgleichung (784):

(869) $\qquad pv = RT \qquad (R =$ universelle Gaskonstante)

Weiter bedeute Q die in M enthaltene Wärmemenge und E die innere Energie von M. Eine kleine, der Gasmenge M zugeführte Wärmemenge dQ wird die innere Energie um dE vergrößern und eventuell die Arbeit dA leisten. Wählt man für alle Energieformen dieselbe Maßeinheit, etwa Kalorien, so lautet der 1. Hauptsatz

(870) $\qquad dQ = dE + dA$

dA ist in der Regel eine reine Ausdehnungsarbeit (vgl. (231)). Dann gilt $dA = p\,dv$, und (870) lautet

(871) $\qquad dQ = dE + p\,dv$

Aus dem Energiesatz läßt sich schließen, daß E eine Zustandsgröße ist und daher als Funktion der unabhängigen Variablen T und v betrachtet werden kann:

$$E = E(T, v)$$

Das vollständige Differential

$$dE = \frac{\partial E}{\partial T}\,dT + \frac{\partial E}{\partial v}\,dv$$

setzen wir in (871) ein und erhalten mit (869)

(872) $$dQ = \frac{\partial E}{\partial T}\,dT + \left(\frac{\partial E}{\partial v} + \frac{RT}{v}\right)dv$$

Wir prüfen nun, ob die rechts stehende Differentialform exakt ist. Nach (858) müßte

$$\frac{\partial^2 E}{\partial v\,\partial T} \quad \text{mit} \quad \frac{\partial}{\partial T}\left(\frac{\partial E}{\partial v} + \frac{RT}{v}\right) = \frac{\partial^2 E}{\partial T\,\partial v} + \frac{R}{v}$$

übereinstimmen. Wegen $R/v \neq 0$ ist dies nicht der Fall. Damit steht rechts in (872) kein vollständiges Differential. Die Konsequenz: Es gibt keine Stammfunktion $Q = Q(T, v)$. Die im Gas enthaltene Wärmemenge Q ist also keine Zustandsgröße, die allein durch den gegenwärtigen Zustand (T, v) des Gases bestimmt wäre. Vielmehr hängt das Kurvenintegral

$$\int_K \mathrm{d}Q$$

von dem gewählten Weg K in der (T, v)-Ebene ab. Es kommt also darauf an, wie der Prozeß der Wärmezufuhr vonstatten ging, kurz: Q hängt von der Vorgeschichte des Gases ab.

b) Die Entropie als Stammfunktion. Wir multiplizieren die auf der rechten Seite von (872) stehende (nicht exakte) Differentialform mit $1/T$ und erhalten

$$\text{(873)} \qquad \frac{1}{T}\frac{\partial E}{\partial T}\,\mathrm{d}T + \left(\frac{1}{T}\frac{\partial E}{\partial v} + \frac{R}{v}\right)\mathrm{d}v\,.$$

Der zweite Hauptsatz der Thermodynamik besagt unter anderem: Die Differentialform (873) ist exakt, d. h., es gilt

$$\frac{\partial}{\partial v}\left(\frac{1}{T}\frac{\partial E}{\partial T}\right) = \frac{\partial}{\partial T}\left(\frac{1}{T}\frac{\partial E}{\partial v} + \frac{R}{v}\right).$$

Hieraus folgt sofort

$$\frac{1}{T}\frac{\partial^2 E}{\partial v\,\partial T} = -\frac{1}{T^2}\frac{\partial E}{\partial v} + \frac{1}{T}\frac{\partial^2 E}{\partial T\,\partial v}$$

also

$$\text{(874)} \qquad \frac{\partial E}{\partial v} = 0\,.$$

In Worten

Die innere Energie E eines idealen Gases hängt nicht vom Volumen v ab; sie ist eine reine Funktion der Temperatur T:

$$\text{(875)} \qquad E = E(T)\,.$$

Damit lautet die exakte Differentialform (873) (E' = Ableitung von $E(T)$):

$$\text{(876)} \qquad \frac{E'}{T}\,\mathrm{d}T + \frac{R}{v}\,\mathrm{d}v$$

und nach (858) gibt es dazu eine Stammfunktion $S = S(T, v)$ mit

$$\frac{\partial S}{\partial T} = \frac{E'}{T}, \qquad \frac{\partial S}{\partial v} = \frac{R}{v}\,.$$

Diese Zustandsgröße S heißt die (auf 1 Mol bezogene) Entropie des betrachteten idealen Gases. Als Stammfunktion ist S nur bis auf eine additive Konstante bestimmt. Mit irgend zwei positiven Zahlen a, b gilt nach (865):

(877) $$S(T,v)=\int_a^T \frac{E'(x)}{x}\,\mathrm{d}x+\int_b^v \frac{R}{y}\,\mathrm{d}y.$$

Hier kann die rechte Seite ausgerechnet werden, wenn die Energiefunktion $E(T)$ bekannt ist. Für die sog. kalorisch idealen Gase gilt

(878) $$E(T)=C_v T+E_0 \qquad (C_v, E_0 \text{ konstant})$$

Die Ableitung $E'(T)=C_v$ ist definitionsgemäß die Molwärme bei konstantem Volumen und ist in diesem theoretisch wichtigen Sonderfall eine Konstante. Mit $(a,b)=(1/C_v,1)$ ergibt sich für kalorisch ideale Gase aus (877):

$$S(T,v)=\int_{1/C_v}^T \frac{C_v}{x}\,\mathrm{d}x+\int_1^v \frac{R}{y}\,\mathrm{d}y=C_v\ln(C_v T)+R\ln v$$

und mit der Abkürzung $\varkappa=C_p/C_v$ folgt wegen (394) und (785):

(879) $$S(T,v)=C_v\ln(C_v T v^{R/C_v})=C_v\ln(C_v T v^{\varkappa-1})$$

Weitere Beziehungen für kalorisch ideale Gase enthält die Übungsaufgabe 163. Ferner sei auf die Übungsaufgaben 174 bis 176 hingewiesen.

5.2.3. Kurvenintegrale von Kraftfeldern; Arbeit, Potential, Gradient, Rotation. Bereits in Abschnitt 4.1.2. wurden Vektoren zur Beschreibung von Kräften benutzt. Wir betrachten jetzt folgende Situation: Im Anschauungsraum sei ein rechtwinkliges (x_1,x_2,x_3)-Koordinatensystem festgelegt, so daß jeder Punkt und jeder Vektor als Zahlentripel aufgefaßt werden kann. Befindet sich ein Massenpunkt M mit der Masse 1 im Punkt (x_1,x_2,x_3), so wirke auf ihn eine Kraft, die durch den Vektor[1])

(880) $$(f_1(x_1,x_2,x_3), f_2(x_1,x_2,x_3), f_3(x_1,x_2,x_3))$$

beschrieben wird. Das so definierte Tripel von Funktionen (f_1,f_2,f_3) mit der angegebenen Interpretation heißt ein Kraftfeld. (Allgemeiner nennt man irgendein Tripel von Funktionen mit gemeinsamem Definitionsbereich ein Vektorfeld.) Statt auf Massenpunkte kann ein Kraftfeld z. B. auch auf elektrische Ladungen wirken, doch der Einfachheit halber werden wir das Folgende in den Begriffen der Mechanik ausdrücken. Anschaulich kann man sich ein Kraftfeld so vorstellen: In jedem Raumpunkt ist ein Pfeil angeheftet, dessen Länge und Richtung sich von Punkt zu Punkt ändern kann. Länge und Richtung des Pfeils geben Größe bzw. Richtung der Kraft an, die auf eine dort befindliche Einheitsmasse M wirkt.

Beispiele von Kraftfeldern. **a**) Das Schwerefeld der Erde. Lokal kann die Erdbeschleunigung $g=981\,\mathrm{cm\,s^{-2}}$ als konstant gelten. Wählt man die x_1- und x_2-Achse horizontal, die x_3-Achse senkrecht nach oben und die Masseneinheit 1 Gramm, so lautet das Erdfeld $(0,0,-g)$, in (880) wäre also $f_1(x_1,x_2,x_3)=f_2(x_1,x_2,x_3)=0$, $f_3(x_1,x_2,x_3)=-g=\text{const}$ zu setzen. Anschaulich: Der die Kraft – gemessen

---

[1]) Wir schreiben die Komponenten eines Vektors im folgenden stets in Zeilenform.

in g cm s^{-2} – auf die Masseneinheit 1 Gramm angebende Pfeil hat in jedem Punkt die gleiche Länge g und die gleiche Richtung, nämlich senkrecht nach unten.

b) Das elektrostatische Feld einer Punktladung. Ein punktförmiger Ladungsträger mit der Ladung Q, der sich im Koordinatenursprung befindet, erzeugt im Raum ein elektrisches Feld (f_1, f_2, f_3) mit

(881) $$f_i(x_1, x_2, x_3) = c\,Q\,\frac{x_i}{(x_1^2 + x_2^2 + x_3^2)^{\frac{3}{2}}}, \qquad i = 1, 2, 3$$

Dabei ist c eine positive Konstante, die von der gewählten Ladungseinheit abhängt. Auf eine positive Einheitsladung im Punkt (x_1, x_2, x_3), also mit dem Abstand $r = \sqrt{x_1^2 + x_2^2 + x_3^2}$ vom Nullpunkt, wirkt demnach eine radial nach außen $(Q > 0)$ bzw. nach innen $(Q < 0)$ gerichtete Kraft von der Größe

(882) $$\sqrt{f_1^2 + f_2^2 + f_3^2} = \frac{c \cdot |Q|}{x_1^2 + x_2^2 + x_3^2} = \frac{c \cdot |Q|}{r^2}.$$

Im Kraftfeld (880) werde nun eine Einheitsmasse M längs der Kurve

(883) $$K\colon x_i = \varphi_i(t), \qquad i = 1, 2, 3, \qquad a \le t \le b$$

vom Punkt $(\varphi_1(a), \varphi_2(a), \varphi_3(a))$ zum Punkt $(\varphi_1(b), \varphi_2(b), \varphi_3(b))$ bewegt.

Die bei dieser Verschiebung *vom Kraftfeld geleistete* Arbeit *A wird definiert als das Kurvenintegral von* (f_1, f_2, f_3) *über* K (vgl. (861)):

(884) $$A = \int_K (f_1\,dx_1 + f_2\,dx_2 + f_3\,dx_3)$$

A ist somit eine Zahl, und sie kann positiv oder negativ sein. Falls die Funktionen f_1, f_2, f_3 keine Stammfunktion besitzen, hängt die Arbeit A nicht nur von Anfangs- und Endpunkt des Weges K ab, sondern auch von seinem Verlauf zwischen diesen Punkten. Für viele in der Physik wichtige Kraftfelder (f_1, f_2, f_3) existiert jedoch eine Stammfunktion F. $U = -F$ heißt dann ein Potential des Kraftfeldes (f_1, f_2, f_3), und die Arbeit A ist in diesem Fall allein von Anfangs- und Endpunkt des Verschiebungsweges bestimmt. Nach (863) gilt nämlich

(885) $$A = U(\varphi_1(a), \varphi_2(a), \varphi_3(a)) - U(\varphi_1(b), \varphi_2(b), \varphi_3(b))$$

Beide oben angegebenen Beispiele von Kraftfeldern besitzen ein Potential, sind also Gradientenfelder.

Das Potential des Erdfeldes im Beispiel a) lautet offenbar $U(x_1, x_2, x_3) = g\,x_3$. Wird also die Masse 1 Gramm vom Punkt (a_1, a_2, a_3) nach (b_1, b_2, b_3) bewegt, so leistet das Erdfeld nach (885) dabei die Arbeit $A = g(a_3 - b_3)$. In diesem Fall ist demnach A lediglich vom Höhenunterschied zwischen Anfangs- und Endpunkt des Weges abhängig. Horizontale Verschiebungen leisten keine Arbeit.

Das Potential des Kraftfeldes (881) läßt sich leicht nach der Formel (864) berechnen. Es lautet (Probe!)

(886) $$U(x_1, x_2, x_3) = \frac{c\,Q}{\sqrt{x_1^2 + x_2^2 + x_3^2}}$$

In allen Punkten einer Kugelfläche von beliebigem Radius r um den Nullpunkt hat dieses Potential denselben Wert cQ/r. Wird ein Massenpunkt so verschoben, daß Ausgangs- und Endpunkt auf ein- und derselben derartigen Kugelfläche („Äquipotentialfläche") liegen, so ist die vom Kraftfeld dabei geleistete Arbeit nach (885) gleich Null.

Ein Kraftfeld, das eine Stammfunktion F und damit ein Potential $U = -F$ besitzt, hat die Gestalt $(F_{x_1}, F_{x_2}, F_{x_3})$. Dieses Tripel von partiellen Ableitungen der Funktion F heißt der Gradient von F, kurz:

(887) $\quad \operatorname{grad} F := (F_{x_1}, F_{x_2}, F_{x_3})$

$\operatorname{grad} F$ ordnet also jedem Punkt (a_1, a_2, a_3) den Vektor $\operatorname{grad} F(a_1, a_2, a_3)$ mit den Komponenten $F_{x_1}(a_1, a_2, a_3)$, $F_{x_2}(a_1, a_2, a_3)$, $F_{x_3}(a_1, a_2, a_3)$ zu. Das zum Potential U gehörige Kraftfeld lautet demnach $-\operatorname{grad} U$ (vgl. (638)).

Der Begriff des Gradienten spielt jedoch nicht nur im Zusammenhang mit Kraftfeldern eine Rolle. Er läßt sich allgemein für Funktionen F von n Veränderlichen $x_1, \ldots, x_n$ $(n \geq 1)$ definieren:

(888) $\quad \operatorname{grad} F := (F_{x_1}, \ldots, F_{x_n})$

und ist ein wirksames Instrument bei der Untersuchung des Verhaltens der Funktion F. Dies erläutern wir am Fall $n = 2$. Eine Funktion $F(x, y)$ veranschaulicht man sich häufig durch eine „Höhenkarte", d.h., durch eine Reihe von Höhenlinien $F(x, y) = \text{const}$. Für die Konstruktion solcher Höhenlinien ist oft folgende Tatsache hilfreich (ohne Beweis):

(889) *Die durch einen beliebigen Punkt (a, b) gehende Höhenlinie verläuft dort senkrecht zum Vektor* $\operatorname{grad} F(a, b) = (F_x(a, b),\ F_y(a, b))$. *Dieser Vektor gibt diejenige Richtung im Punkt (a, b) an, in der die Funktion F am stärksten zunimmt. Oder im anschaulichen Bild der Höhenkarte*: grad F *gibt überall die Richtung des steilsten Anstiegs an.*

Eine analoge Aussage gilt auch für Funktionen von mehr als zwei Variablen. Sei etwa $U(x_1, x_2, x_3)$ das Potential eines Kraftfeldes. Die Menge der Punkte (x_1, x_2, x_3), in denen U denselben Wert hat wie in einem festen Punkt (a_1, a_2, a_3), bildet eine Fläche $\mathcal{F}$, die sog. Äquipotentialfläche durch (a_1, a_2, a_3). Man kann nun zeigen: Der Kraftvektor $-\operatorname{grad} U(a_1, a_2, a_3)$ steht senkrecht auf der Fläche $\mathcal{F}$ im Punkt (a_1, a_2, a_3) und gibt die Richtung an, in der U am stärksten abnimmt. In dieser Richtung bewegt sich ein unter der Wirkung des Kraftfeldes $-\operatorname{grad} U$ stehender Massenpunkt. Er strebt somit einem Minimum des Potentials U zu.

Wie wir nach (858) wissen, ist das Kraftfeld (oder allgemeiner: Vektorfeld)

(890) $\quad f := (f_1, f_2, f_3)$

genau dann der negative Gradient eines Potentials $U(x_1, x_2, x_3)$:

(891) $\quad f = -\operatorname{grad} U,$

wenn die Bedingungen

(892) $$\frac{\partial f_3}{\partial x_2} - \frac{\partial f_2}{\partial x_3} = 0, \quad \frac{\partial f_1}{\partial x_3} - \frac{\partial f_3}{\partial x_1} = 0, \quad \frac{\partial f_2}{\partial x_1} - \frac{\partial f_1}{\partial x_2} = 0$$

erfüllt sind. Unabhängig davon, ob diese Beziehungen gelten oder nicht, werden die linken Seiten von (892) zu einem neuen Vektorfeld, der sog. Rotation von f, kurz rot$f$, zusammengefaßt:

(893) $$\operatorname{rot} f := \left(\frac{\partial f_3}{\partial x_2} - \frac{\partial f_2}{\partial x_3}, \frac{\partial f_1}{\partial x_3} - \frac{\partial f_3}{\partial x_1}, \frac{\partial f_2}{\partial x_1} - \frac{\partial f_1}{\partial x_2}\right).$$

Beispiel: Für das Vektorfeld $f := (x_1 - x_2, x_2^2, x_1 x_3)$ erhält man $\operatorname{rot} f = (0, -x_3, 1)$.

Falls $\operatorname{rot} f = \boldsymbol{O}$ gilt, falls also rot f an jeder Stelle der Nullvektor (0, 0, 0) ist, und damit die Gleichungen (892) bestehen, nennt man das Vektorfeld f wirbelfrei.

Für jede Funktion $F(x_1, x_2, x_3)$ ist das Vektorfeld $f = \operatorname{grad} F$ bekanntlich wirbelfrei, d.h., es gilt für alle F die Identität

(894) $$\operatorname{rot} \operatorname{grad} F = \boldsymbol{O}$$

Die Bezeichnung „Rotation" für das Vektorfeld (893) erklärt sich wie folgt: Dreht sich ein Körper mit konstanter Winkelgeschwindigkeit $w = (\omega_1, \omega_2, \omega_3)$ um eine durch den Koordinatenursprung gehende Achse, so lautet der Geschwindigkeitsvektor $v(x_1, x_2, x_3)$ im Punkt (x_1, x_2, x_3) nach (627) und (640):

$$v(x_1, x_2, x_3) = (\omega_2 x_3 - \omega_3 x_2, \omega_3 x_1 - \omega_1 x_3, \omega_1 x_2 - \omega_2 x_1)$$

Für dieses „Geschwindigkeitsfeld" v berechnet man nun gemäß (893):

(895) $$\operatorname{rot} v = 2w.$$

5.2.4. Beispiele von Bereichsintegralen. Bisher haben wir die Integralrechnung im Grunde noch nicht auf Funktionen mehrerer Veränderlicher erweitert. Die einzig behandelten Kurvenintegrale wurden ja durch (860), (864), (865) auf bestimmte Integrale von Funktionen einer Variablen zurückgeführt. Die eigentliche Erweiterung der Integralrechnung führt zu den sog. Bereichsintegralen, deren systematische Herleitung hier aber nicht möglich ist. Wir begnügen uns damit, die Problemstellung an einem einfachen Beispiel aufzuzeigen, und erläutern dann, ebenfalls an Beispielen, wie man Bereichsintegrale mit Hilfe von Stammfunktionen (im Sinne von Abschnitt 2.3.4) berechnen kann.

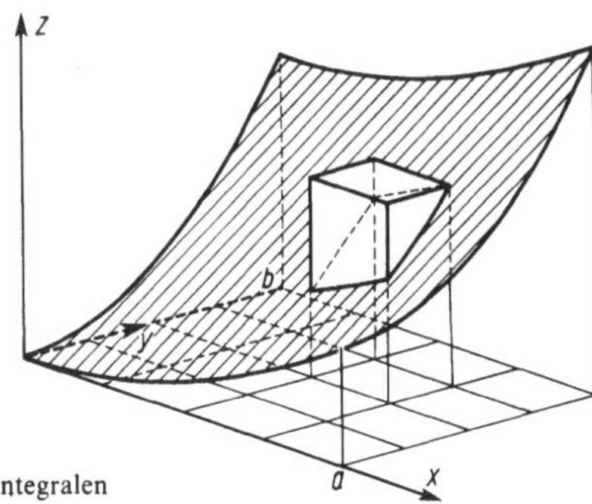

Fig. 53 Zur Definition von Bereichsintegralen

Im rechtwinkligen (x, y, z)-Koordinatensystem betrachten wir diejenige räumliche Figur R, die senkrecht über dem Rechteck B: $0 \leq x \leq a$, $0 \leq y \leq b$ in der (x, y)-Ebene liegt und oben von der Fläche $z = x^2 + 2y^2$ begrenzt wird (vgl. Fig. 53). Wir fragen nach dem Volumen V von R. Wie läßt sich überhaupt das Volumen eines so „krummen" Körpers definieren?

Analog zu dem Vorgehen in Abschnitt 2.3.1 ersetzen wir R durch eine Vereinigung von Zylindern, deren Volumen (= Grundfläche mal Höhe) bekannt ist. Die Summe der Volumina dieser Zylinder gilt dann als Näherungswert für V. Zur Durchführung dieses Programms zerlegen wir den rechteckigen Bereich B durch die Teilpunkte $k \cdot a/n$ auf der x-Achse und $l \cdot b/n$ auf der y-Achse ($k, l = 0, 1, \ldots, n$) in n^2 Teilrechtecke mit den Seitenlängen a/n und b/n. Über jedem Teilrechteck nimmt die Funktion $f(x, y) := x^2 + 2y^2$ in der Ecke den größten Wert an, die vom Nullpunkt am weitesten entfernt ist. Diesen maximalen Funktionswert wählen wir als Höhe des Zylinders über dem jeweiligen Teilrechteck. Die Summe V_n der Volumina dieser Zylinder lautet nun (vgl. Obersumme (196)):

$$V_n = \sum_{k,l=1}^{n} \frac{a}{n} \cdot \frac{b}{n} \left(\left(\frac{ka}{n} \right)^2 + 2 \left(\frac{lb}{n} \right)^2 \right)$$

$$= \frac{a^3 b}{n^4} \sum_{k,l=1}^{n} k^2 + \frac{2ab^3}{n^4} \sum_{k,l=1}^{n} l^2 = \left(\frac{a^3 b}{n^3} + \frac{2ab^3}{n^3} \right) \sum_{k=1}^{n} k^2$$

und mit (199) folgt weiter

$$V_n = \frac{1}{3} \cdot (a^3 b + 2ab^3) \cdot \frac{(n+1)(n+\frac{1}{2})}{n^2}$$

Für immer feinere Zerlegungen, d.h., für $n \to \infty$, strebt V_n gegen $(a^3 b + 2ab^3)/3$, und diesen Grenzwert definiert man als Volumen V der räumlichen Figur R:

(896) $$V := \frac{1}{3}(a^3 b + 2ab^3)$$

Diese Definition erscheint gerechtfertigt, da sich derselbe Grenzwert V ergeben hätte, wenn als Höhe der Zylinder nicht der jeweils maximale Funktionswert gewählt worden wäre, sondern der minimale („Untersummen"). Man bezeichnet die Zahl V als das Bereichsintegral oder einfach Integral von f über den Bereich B und verwendet dafür das Symbol

(897) $$V = \int_B f(x, y)\, dx\, dy = \int_B (x^2 + 2y^2)\, dx\, dy$$

Ähnlich wie für dieses Beispiel läßt sich das Bereichsintegral auch für praktisch beliebige nichtnegative Funktionen $f(x, y)$ und auch für krummlinig begrenzte Bereiche B definieren. Verzichtet man darauf, das Bereichsintegral als Rauminhalt zu interpretieren, so kann man auch die Forderung $f \geq 0$ fallenlassen. Theoretisch könnte man mit dem so Erreichten zufrieden sein, jedoch nicht als Praktiker. Denn die mühsame Berechnung des obigen Beispiels läßt Schlimmes befürchten für kompliziertere Integrationsaufgaben. Überraschenderweise stellt sich diese Befürchtung aber als unbegründet heraus. Obwohl nämlich der Begriff des Bereichsintegrals etwas grundsätzlich Neues ist im Vergleich mit der Integralrechnung bei einer Veränderlichen, läßt sich die

Berechnung von Bereichsintegralen wieder auf die Ermittlung von Stammfunktionen zurückführen.

Im einfachsten Fall (Integrationsbereich B = achsenparalleles Rechteck) lautet diese wichtige Aussage wie folgt:

Es sei $f(x, y)$ im Rechteck B: $a \leq x \leq b$, $c \leq y \leq d$, stetig. Dann gilt:

(898) $$\int_B f(x,y)\,\mathrm{d}x\,\mathrm{d}y = \int_c^d \left(\int_a^b f(x,y)\,\mathrm{d}x\right)\mathrm{d}y = \int_a^b \left(\int_c^d f(x,y)\,\mathrm{d}y\right)\mathrm{d}x$$

In Worten:

Das Bereichsintegral erhält man durch zwei nacheinander ausgeführte gewöhnliche Integrationen.

Dabei ist gleichgültig, ob zuerst in x-Richtung oder in y-Richtung integriert wird. Es ist nur zu beachten, daß bei der Berechnung von $\int_a^b f(x, y)\,\mathrm{d}x$ y als konstant zu behandeln ist, und entsprechend bei der Berechnung von $\int_c^d f(x, y)\,\mathrm{d}y$ x als konstant gilt.

Die Formel (898) verifizieren wir an Hand des obigen Beispiels. Für das Integral (897) ergibt sich einmal

$$\int_0^b\left(\int_0^a (x^2 + 2y^2)\,\mathrm{d}x\right)\mathrm{d}y = \int_0^b\left(\left(\frac{x^3}{3} + 2y^2 x\right)\Bigg|_{x=0}^{x=a}\right)\mathrm{d}y$$

$$= \int_0^b\left(\frac{a^3}{3} + 2ay^2\right)\mathrm{d}y = \frac{a^3}{3}y + \frac{2}{3}ay^3\Bigg|_{y=0}^{y=b} = \frac{1}{3}a^3 b + \frac{2}{3}ab^3,$$

und bei Vertauschung der Integrationsreihenfolge:

$$\int_0^a\left(\int_0^b (x^2 + 2y^2)\,\mathrm{d}y\right)\mathrm{d}x = \int_0^a\left(x^2 y + \frac{2}{3}y^3\Bigg|_{y=0}^{y=b}\right)\mathrm{d}x$$

$$= \int_0^a\left(bx^2 + \frac{2}{3}b^3\right)\mathrm{d}x = \frac{bx^3}{3} + \frac{2}{3}b^3 x\Bigg|_{x=0}^{x=a} = \frac{1}{3}a^3 b + \frac{2}{3}ab^3$$

Beide Ergebnisse stimmen mit (896) überein.

Als eine etwas kompliziertere Anwendung der Formel (898) berechnen wir noch das Integral von $f(x, y) := x \sin xy$ über das Rechteck $0 \leq x \leq 1$, $-\pi/2 \leq y \leq 0$. Es ergibt sich

$$\int_0^1\left(\int_{-\pi/2}^0 x \sin xy\,\mathrm{d}y\right)\mathrm{d}x = \int_0^1\left(-\cos xy\Bigg|_{y=-\pi/2}^{y=0}\right)\mathrm{d}x$$

$$= \int_0^1\left(-1 + \cos\frac{\pi x}{2}\right)\mathrm{d}x = \left(-x + \frac{2}{\pi}\sin\frac{\pi x}{2}\right)\Bigg|_0^1 = \frac{2}{\pi} - 1$$

Bei Vertauschung der Integrationsreihenfolge würde die Rechnung ein wenig umständlicher. Der Leser führe sie zur Übung aus.

Eine zu (898) analoge Formel gilt auch noch, wenn der Integrationsbereich kein achsenparalleles Rechteck ist. Bei der ersten Integration hängen die Integrationsgrenzen dann von der Variablen ab, über die gerade nicht integriert wird.

Als Beispiel berechnen wir das Volumen V einer Kugel vom Radius r. Liegt ihr Mittelpunkt im Nullpunkt eines rechtwinkligen (x, y, z)-Koordinatensystems, so hat die obere Hälfte der Kugeloberfläche die Gleichung

$$z = f(x, y) = \sqrt{r^2 - x^2 - y^2}, \qquad x^2 + y^2 \leq r^2$$

Zur Berechnung von $V/8$ haben wir die Funktion f über den Viertelkreis: $x^2 + y^2 \leq r^2$, $x \geq 0$, $y \geq 0$ zu integrieren. Führt man zuerst die Integration in x-Richtung aus, so folgt (vgl. (259))

$$\frac{1}{8} V = \int_0^r \left(\int_0^{\sqrt{r^2 - y^2}} \sqrt{r^2 - x^2 - y^2}\, \mathrm{d}x \right) \mathrm{d}y$$

$$= \int_0^r \left(\frac{x}{2} \sqrt{r^2 - x^2 - y^2} - \frac{r^2 - y^2}{2} \arccos \frac{x}{\sqrt{r^2 - y^2}} \Bigg|_{x=0}^{x=\sqrt{r^2 - y^2}} \right) \mathrm{d}y$$

$$= \int_0^r \frac{r^2 - y^2}{2} \cdot \frac{\pi}{2}\, \mathrm{d}y = \frac{\pi}{4} \left(r^2 y - \frac{y^3}{3} \right) \Bigg|_0^r = \frac{\pi}{6} r^3$$

Damit ist $V = 4\pi r^3/3$.

Übungsaufgaben. 170.* Welche der folgenden Differentialformen sind exakt, und wie lauten die zugehörigen Stammfunktionen?

a) $x\,\mathrm{d}x + y\,\mathrm{d}y$ b) $y\,\mathrm{d}x - x^2\,\mathrm{d}y$ c) $y\,\mathrm{d}x + x\,\mathrm{d}y$

d) $\frac{1}{y}\,\mathrm{d}x - \frac{x}{y^2}\,\mathrm{d}y$ e) $\mathrm{d}u + u\,\mathrm{d}v$ f) $w\,\mathrm{d}z - w^2\,\mathrm{d}w$

171.* Für den Weg K: $x = t$, $y = t^2$, $0 \leq t \leq 1$ berechne man folgende Kurvenintegrale

a) $\int_K (y\,\mathrm{d}x + \mathrm{d}y)$ b) $\int_K (x\,y\,\mathrm{d}x - \sqrt{y}\,\mathrm{d}y)$

c) $\int_K (2\,x\,y\,\mathrm{d}x - y\,\mathrm{d}y)$ d) $\int_K (x \cos y\,\mathrm{d}x + e^y\,\mathrm{d}y)$

172.* Für die Wege $K_1 : x = t$, $y = t$, $0 \leq t \leq 1$ und $K_2 : x = t^2$, $y = t$, $0 \leq t \leq 1$ berechne man die Kurvenintegrale ($i = 1,2$)

a) $\int_{K_i} \left(\frac{y}{1 + xy}\,\mathrm{d}x + \frac{x}{1 + xy}\,\mathrm{d}y \right)$ b) $\int_{K_i} \left(\frac{y}{1 + x}\,\mathrm{d}x + \frac{x}{1 + y}\,\mathrm{d}y \right)$

In welchem Fall weiß man von vornherein, daß die Integrale über K_1 und K_2 übereinstimmen?

173.* Für den geschlossenen Weg $K: x = \cos t, y = \sin t, 0 \leq t \leq 2\pi$ berechne man die Kurvenintegrale

a) $\int\limits_K (\mathrm{d}x + y\,\mathrm{d}y)$ b) $\int\limits_K (2xy\,\mathrm{d}x + x^2\,\mathrm{d}y)$

c) $\int\limits_K \mathrm{d}x$ d) $\int\limits_K (y\,\mathrm{d}x + \mathrm{d}y)$

Warum kann man in den Fällen a), b), c) das Ergebnis ohne Rechnung vorhersagen?

174.* Sei K ein geschlossener Weg in der (T, v)-Ebene. (T = absolute Temperatur, v = Molvolumen eines kalorisch idealen Gases.) Das Kurvenintegral (vgl. (872) und (878))

(899) $$Q = \int\limits_K \left(C_v\,\mathrm{d}T + \frac{RT}{v}\,\mathrm{d}v\right)$$

ist der mathematische Ausdruck eines „Kreisprozesses". Q ist die Wärmemenge, die während des Kreisprozesses vollständig in mechanische Arbeit umgewandelt wurde. Man berechne Q, falls K ein achsenparalleles Rechteck ist, dessen Endpunkte wie folgt durchlaufen werden: $(T_1, v_1) \to (T_2, v_1) \to (T_2, v_2) \to (T_1, v_2) \to (T_1, v_1)$.

175.* Man zeige, daß die Differentialform

$$v^{\varkappa-1}\,\mathrm{d}T + (\varkappa - 1)\,T v^{\varkappa-2}\,\mathrm{d}v, \quad \varkappa = \text{const}$$

ein vollständiges Differential ist, und bestimme dazu eine Stammfunktion $F(T, v)$.

176. Man zeige, daß das Kurvenintegral (899) verschwindet, wenn die jetzt nicht geschlossene Kurve K eine Adiabate ist, d.h., wenn K gegeben ist durch $T = t, v = at^{\frac{1}{1-\varkappa}}$, $T_1 \leq t \leq T_2$ (a = const, $\varkappa = C_p/C_v$). Wie hängen die Adiabaten mit der Stammfunktion $F(T, v)$ der Aufgabe 175 zusammen?

177.* Wie lauten die Potentiale $U(x, y, z)$ folgender Kraftfelder (f_1, f_2, f_3)?

a) $(1, 1, 1)$ b) $(-x, -y, -z)$ c) $(-2x, -2y, 0)$ d) $(2x, 0, -1)$.

Welche Gestalt haben die zugehörigen Äquipotentialflächen?

178.* Welches der folgenden Vektorfelder (f_1, f_2, f_3) ist ein Gradientenfeld und wie lautet eine zugehörige Stammfunktion?

a) (yz, xz, x^2) b) $(yz, z(x - 2y), y(x - y))$

c) $\left(y\sqrt{1 + z^2}, x\sqrt{1 + z^2}, \dfrac{xy}{\sqrt{1 + z^2}}\right)$

179.* Welche Arbeit leistet das elektrostatische Feld (881), wenn eine positive Einheitsladung vom Punkt (x_1, x_2, x_3) auf irgend einem Weg ins Unendliche bewegt wird? Man drücke diese Arbeit durch das Potential (886) aus.

180.* Durch Angabe eines zweidimensionalen Vektors bestimme man diejenige Richtung, in der die Werte folgender Funktionen $f(x,y)$ vom Punkt $(0,0)$ aus am stärksten anwachsen bzw. abnehmen:

a) $2x - y$ b) $x^2 - 2y + 1$ c) $e^{-x+\sin y}$

d) $\sqrt{1 + x - y^3}$ e) $x e^{-y^2} + 3 \tan y - 2$

181.* Man zeige: Der (maximale) Steigungswinkel φ der Fläche $g(x,y,z) := z - f(x,y) = 0$ im Flächenpunkt $(a,b,f(a,b))$ ist gleich dem Winkel zwischen den Vektoren $(0,0,1)$ und $\operatorname{grad} g(a,b,f(a,b)) = (-f_x(a,b), -f_y(a,b), 1)$. Mit Hilfe von (642) berechne man φ für folgende Flächen $z = f(x,y)$ in den jeweils angegebenen Punkten:

a) $z = x^2 y^3$ im Punkt $(1,1,1)$

b) $z = e^{-(x^2+y^2)}$ im Punkt $(1,0,e^{-1})$

c) $z = \dfrac{2}{x^2 - y}$ im Punkt $(1,-1,1)$

182.* Für folgende Vektorfelder berechne man die Rotation

a) $(x - y, y + z, x + z)$ b) $(z^3, xy^2, x^2 z)$

c) $\left(\dfrac{x}{x^2+y^2+z^2}, \dfrac{y}{x^2+y^2+z^2}, \dfrac{z}{x^2+y^2+z^2}\right)$

Für welches Feld existiert ein Potential?

183. Man zeige: Genau dann gilt für zwei Funktionen $u(x,y)$, $v(x,y)$ die Beziehung $u_x + v_y = 0$, wenn es eine Funktion $F(x,y)$ gibt mit der Eigenschaft $u = F_y, v = -F_x$.

184.* Für den Bereich B: $0 \le x \le 2$, $1 \le y \le 4$ berechne man folgende Bereichsintegrale:

a) $\int_B x^2 y^3 \,dx\,dy$ b) $\int_B \sqrt{x+y}\,dx\,dy$ c) $\int_B \ln(2x+3y)\,dx\,dy$

d) $\displaystyle\int_B \frac{x}{\sqrt{4y^2 - x^2}}\,dx\,dy$

Man deute diese Integrale als Rauminhalte.

185.* Für den Dreiecksbereich B: $x + y \le 1$, $x \ge 0$, $y \ge 0$ berechne man die Bereichsintegrale:

a) $\int_B (y - 3x^2)\,dx\,dy$ b) $\displaystyle\int_B \frac{x}{1+y}\,dx\,dy$

Lassen sich beide Integrale als Rauminhalte deuten?

6. Differentialgleichungen

Differentialgleichungen sind für die Naturwissenschaften unentbehrlich. Zum Beispiel werden Naturgesetze wie die Erhaltung der Masse, der Energie und des Impulses häufig durch Differentialgleichungen ausgedrückt. Differentialgleichungen fungieren oft auch als mathematische Modelle, die wirkliche Phänomene möglichst gut beschreiben sollen. Das Auffinden von adäquaten mathematischen Modellen ist eine wichtige und schwierige Aufgabe des Naturwissenschaftlers. Daher werden wir diesen Gesichtspunkt besonders hervorheben und an einfachen Beispielen üben, wie man zu einem gegebenen Problem eine passende Differentialgleichung aufstellt.

6.1. Gewöhnliche Differentialgleichungen 1. Ordnung

6.1.1. Beispiele und geometrische Deutung. Einige Differentialgleichungen (kurz: DGln[1])) haben wir beiläufig schon in (178) und den Übungsaufgaben 41 und 158 kennengelernt. In der üblichen prägnanten Bezeichnungsweise lauten drei dieser Beispiele:

(900) $$y' = k(a - y)$$

(901) $$x^2 y'' - x y' + y = 0$$

(902) $$z_{xx} + z_{yy} = 0$$

(900) und (901) heißen gewöhnliche DGln: Sie enthalten eine unbekannte Funktion $y = y(x)$ einer reellen Veränderlichen x. (902) ist eine sog. partielle DGl, weil sie partielle Ableitungen der gesuchten Funktion $z(x, y)$ von zwei Variablen enthält. Diesen letzteren Typ werden wir im Rahmen dieses Buches nicht mehr behandeln.

Die DGl (900) enthält nur die 1. Ableitung y' der gesuchten Funktion y, während in (901) auch deren 2. Ableitung y'' vorkommt. Man nennt (900) daher eine DGl 1. Ordnung und (901) eine DGl 2. Ordnung. Vorerst betrachten wir nur DGln 1. Ordnung. Wie man etwa in den Biowissenschaften zu solchen DGln gelangt, zeigen wir noch an einem typischen Beispiel, das nicht ganz so einfach ist wie (900).

Gesucht ist ein mathematisches Modell für die zeitliche Änderung der Einwohnerzahl eines Landes oder allgemeiner für das Wachstum einer Population mit vorgegebenem Lebensraum. Ein solches Modell soll die wesentlichen Faktoren berücksichtigen, die unwesentlichen aber – zugunsten möglichst großer Einfachheit – bewußt vernachlässigen. Zu diesem Zweck werden Hypothesen aufgestellt, die aufgrund statistischer Daten als vernünftig erscheinen.

Es sei $y(t)$ die Einwohnerzahl zur Zeit t, gemessen z. B. in der Einheit 100 Millionen, und h eine gewisse kleine Zeitspanne. Die Bevölkerungszunahme $y(t + h) - y(t)$ in dieser Zeitspanne lautet

[1]) Im folgenden kürzen wir Differentialgleichung(en) durch DGl bzw. DGln ab.

(903) $$y(t+h) - y(t) = (G - T + E - A)h$$

wenn G, T, E, A der Reihe nach die Anzahl der Geburten, Todesfälle, Einwanderer und Auswanderer pro Zeiteinheit, etwa pro Jahr, angibt. Für diese Zahlen werden folgende Annahmen gemacht:

a) $G = (a - by(t))y(t)$ mit Konstanten $a > 0$, $b > 0$. Das heißt: Solange $y(t)$ klein ist, ist G ungefähr proportional zur vorhandenen Einwohnerzahl. Bei wachsender Einwohnerzahl $y(t)$ nimmt die Lebensqualität ab, und die Geburtenrate sinkt.

b) $T = (c + dy(t))y(t)$ mit Konstanten $c > 0$, $d > 0$.

Der Leser gebe dafür eine zur vorangehenden analoge Interpretation.

c) E und A sind Konstanten.

Mit diesen stark vereinfachenden Annahmen erhält man aus (903):

(904) $$\frac{y(t+h) - y(t)}{h} = (a - c)y(t) - (b + d)y^2(t) + E - A.$$

Für große Populationen kann $y(t)$ ferner als kontinuierlich veränderliche, differenzierbare Funktion angenommen werden, so daß sich beim Grenzübergang $h \to 0$ auf der linken Seite gerade die Ableitung $y'(t)$ ergibt. Bei Umbenennung der Koeffizienten folgt somit aus (904):

(905) $$y'(t) = \alpha y(t) - \beta y^2(t) + \gamma, \qquad \alpha \gtreqless 0, \beta > 0, \gamma \gtreqless 0$$

Dies ist eine gewöhnliche DGl 1. Ordnung für die gesuchte Funktion $y(t)$. Man schreibt dafür noch kürzer

(906) $$y' = \alpha y - \beta y^2 + \gamma$$

Jede Funktion $t \mapsto y(t)$, die für alle t aus einem bestimmten Intervall der Gleichung (905) genügt, heißt eine Lösung der DGl (906). Wie man solche Lösungen wirklich berechnet, zeigen wir später.

Wir kommen jetzt zur allgemeinen Gestalt einer DGl 1. Ordnung. Sie lautet

(907) $$y' = f(x, y).$$

Hier ist f eine gegebene stetige Funktion von zwei reellen Variablen x und y; ihr Definitionsbereich sei D. Eine Funktion $x \mapsto y(x)$, deren Kurvenbild ganz in D liegt, heißt Lösung der DGl (907), wenn für alle x gilt:

(908) $$y'(x) = f(x, y(x)).$$

Bemerkung. Die prägnante Bezeichnung (907) für eine DGl hat sich sehr bewährt, bedarf aber einer kurzen Erläuterung. Sie gilt der Doppelrolle, die der Buchstabe y darin spielt: Auf der rechten Seite bezeichnet y nämlich eine reelle Variable, links ist y dagegen das Zeichen für eine Funktion und y' deren Ableitung. Mißverständnisse sind aber ausgeschlossen, wenn man (907) stets nur als Kurzform von (908) versteht.

Es ist sehr lehrreich, die DGl (907) auch geometrisch zu deuten. Eine Funktion $f(x, y)$ haben wir bisher als Fläche $z = f(x, y)$ in einem räumlichen (x, y, z)-Koordinatensystem veranschaulicht. Nun gehen wir anders vor. Nach (908) soll ja zu jedem

Punkt $(x, y) \in D$ die Zahl $f(x, y)$ die Steigung einer Lösungskurve in eben diesem Punkt (x, y) angeben. Wir denken uns daher durch jeden Punkt $(x, y) \in D$ ein kurzes Geradenstück mit der Steigung $f(x, y)$ gezeichnet. Das so entstehende Richtungsfeld (vgl. Fig. 54) ist nun das geometrische Gegenstück zur DGl (907). Den Lösungen dieser DGl entsprechen jetzt Kurven, die in das Richtungsfeld „passen": das sind Kurven, die in jedem Punkt gerade die durch das Richtungsfeld vorgegebene Steigung haben. Sie heißen Integralkurven der DGl (907). Man vermutet anhand der Fig. 54, daß durch jeden Punkt von D eine solche Integralkurve geht. Dies ist tatsächlich richtig. Falls f eine stetige partielle Ableitung f_y besitzt, läßt sich sogar zeigen:

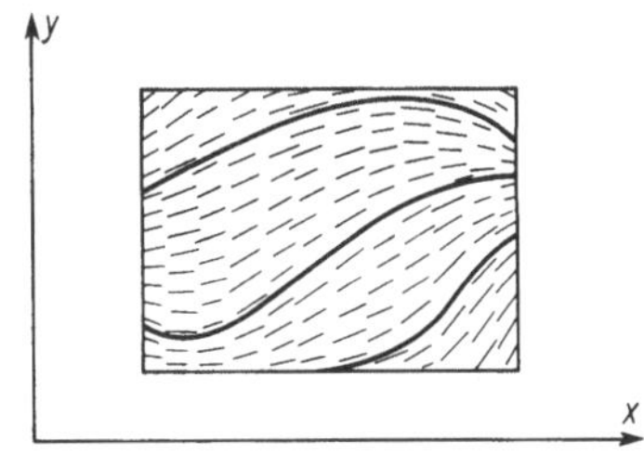

Fig. 54 Das Richtungsfeld einer DGl 1. Ordnung

(909) *Zu jedem Punkt (a, b) aus D gibt es genau eine Lösung $x \mapsto y(x)$ der DGl (907) mit der Eigenschaft $y(a) = b$. Oder in geometrischer Sprache: Durch jeden Punkt von D geht genau eine Integralkurve.*

Dem Praktiker hilft dieser „Existenzsatz" wenig, denn er zeigt nicht, wie man eine Lösung oder gar alle Lösungen einer gegebenen DGl wirklich berechnen kann. Daß das Lösen einer DGl keineswegs trivial zu sein braucht, zeigt schon der allereinfachste Typ, bei dem f nur von x abhängt. Die DGl $y' = f(x)$ lösen heißt dann eine Stammfunktion von f aufsuchen, und bereits dies ist in geschlossener Form manchmal nicht mehr möglich (vgl. (265)).

Die allgemeinen (Näherungs-)Verfahren zur Berechnung der Lösungen einer DGl (907) sind so aufwendig, daß wir hier nicht darauf eingehen können (vgl. dazu [2]). Es gibt aber unter den DGln (907) häufig auftretende und daher wichtige Typen, deren Lösungen durch spezielle Methoden relativ einfach berechnet werden können. Diese Lösungsmethoden wollen wir nun kennenlernen.

6.1.2. Differentialgleichungen mit getrennten Variablen. Der erste wichtige Sonderfall der DGl (907) ergibt sich, wenn $f(x, y)$ das Produkt einer differenzierbaren Funktion g von x allein und einer differenzierbaren Funktion h von y allein ist, Man nennt dann die DGl

(910) $\quad y' = g(x)\,h(y)$

eine DGl mit getrennten Variablen. Für diese DGl sollen jetzt die Lösungen konkret berechnet werden. Sind I und J die Definitionsintervalle von g bzw. h, so präzisieren wir unser Ziel wie folgt: Zu beliebigen Zahlen $a \in I$, $b \in J$ ist diejenige Lösung y der DGl (910) anzugeben, die die Bedingung $y(a) = b$ erfüllt, also durch den Punkt (a, b) geht (vgl. (909)).

Wir nehmen zunächst an, wir hätten diese Lösung bereits, die wir deutlichkeitshalber mit $y = \varphi(x)$ bezeichnen. Was folgt aus dieser Annahme für die Gestalt der Funktion φ?

Es gilt offenbar

(911) $\varphi'(x) = g(x)\,h(\varphi(x)), \qquad \varphi(a) = b$

Falls $h(b) = 0$ ist, gilt $y = \varphi(x) = b$, wie man sich durch Einsetzen in (911) sofort überzeugt. Die Integralkurve ist also die Parallele zur x-Achse durch den Punkt (a, b). Diesen trivialen Fall können wir weiterhin beiseite lassen und demnach $h(b) \neq 0$ annehmen. Dann gibt es ein ganzes Intervall um b, in dem h ebenfalls $\neq 0$ ist. Auf dieses Intervall, das eventuell kleiner ist als J, beschränken sich die weiteren Überlegungen. Die erste Gleichung in (911) kann jetzt durch $h(\varphi(x))$ dividiert werden, ferner integrieren wir beide Seiten von a bis x [1]):

(912) $$\int_a^x \frac{\varphi'(s)}{h(\varphi(s))}\,\mathrm{d}s = \int_a^x g(t)\,\mathrm{d}t$$

Die linke Seite formen wir noch nach der Substitutionsregel (244) um und erhalten wegen $\varphi(x) = y$, $\varphi(a) = b$:

(913) $$\int_b^y \frac{1}{h(t)}\,\mathrm{d}t = \int_a^x g(t)\,\mathrm{d}t$$

Sei nun $G(x)$ eine Stammfunktion von $g(x)$ und $H(y)$ eine Stammfunktion von $1/h(y)$. Aus (913) folgt dann.

(914) $$H(y) = \underbrace{G(x) - G(a) + H(b)}_{=:\,z}$$

Hier kann – wenigstens theoretisch – nach y aufgelöst werden, denn wegen $H'(y) = 1/h(y) \neq 0$ ist H streng monoton (vgl. (334) und Übungsaufgabe 64), so daß zu $H(y) = z$ eine Umkehrfunktion $y = \tilde{H}(z)$ existiert. Damit ist unser Ziel erreicht: Die Lösung $y = \varphi(x)$ von (910) ist durch Funktionen ausgedrückt, die aus den gegebenen Funktionen g und h berechenbar sind, nämlich durch die Stammfunktionen G und H und die Umkehrfunktion $\tilde{H}$ von H. Sie lautet ausführlich:

(915) $$y = \varphi(x) = \tilde{H}(G(x) - G(a) + H(b))$$

Bemerkungen. 1. Die Berechnung der Stammfunktionen G und H kann durchaus schwierig oder gar in geschlossener Form unmöglich sein. Dennoch gilt eine DGl bereits als gelöst, wenn sie auf die Berechnung von Stammfunktionen zurückgeführt ist. Denn Letzteres ist ein Problem der elementareren Integralrechnung.

2. Ebenso kann die Berechnung der Umkehrfunktion $\tilde{H}$ von H kompliziert oder praktisch unmöglich sein. Ein Ausweg ist dann oft, die Gleichung (914) nicht nach y, sondern nach x aufzulösen und die gesuchte Integralkurve in der Form $x = x(y)$ darzustellen.

3. Das oben beschriebene Lösungsverfahren läßt sich auf folgendes einprägsame und für die Praxis überaus nützliche Schema bringen:

---

[1]) Die Integrationsvariable kann bekanntlich mit einem beliebigen Buchstaben bezeichnet werden, vgl. (210).

Erster Schritt. Man schreibe die DGl (910) in der Form (vgl. Fußnote S. 53 und Übungsaufgabe 48)

$$\frac{dy}{dx} = g(x)\,h(y) \tag{916}$$

und führe dann folgende Trennung der Veränderlichen durch:

$$\frac{dy}{h(y)} = g(x)\,dx \tag{917}$$

Zweiter Schritt. Man integriere (917) links von b bis y und rechts von a bis x, und löse das Ergebnis nach y auf.

Diese letzte Bemerkung wenden wir gleich auf einige Beispiele an. Alle diese Beispiele zur DGl (916) fallen unter den speziellen Typ $y' = h(y)$, das heißt, g ist die konstante Funktion.

Beispiele. a) Die in (900) angegebene DGl

$$y' = \frac{dy}{dt} = k(a-y) \tag{918}$$

beschreibt chemische Reaktionen erster Ordnung. $y = y(t)$ bedeutet darin die Konzentration des bis zum Zeitpunkt t umgesetzten Stoffes, a ist die Anfangskonzentration des Ausgangsstoffes und k die Reaktionskonstante. Wir suchen die Lösung $y(t)$ mit der Anfangsbedingung $y(0) = 0$. (917) lautet jetzt

$$\frac{dy}{a-y} = k\,dt$$

und der zweite Schritt erfordert die Integration

$$\int_0^y \frac{d\eta}{a-\eta} = \int_0^t k\,d\tau$$

Sie liefert $-\ln(a-\eta)\Big|_0^y = \ln\dfrac{a}{a-y} = kt$

und schließlich bei Auflösung nach y

$$y = a(1 - e^{-kt}) \tag{919}$$

Der Leser mache die Probe durch Einsetzen in die DGl (918). Vgl. auch Übungsaufgabe 41 a).

b) Chemische Reaktionen zweiter Ordnung werden durch DGln der Form

$$\frac{dy}{dt} = k(a-y)^2 \tag{920}$$

oder

$$\frac{dy}{dt} = k(a-y)(b-y) \qquad (a \neq b) \tag{921}$$

beschrieben, wobei $y(t)$ dieselbe Bedeutung wie im Beispiel a) hat und a, b Anfangskonzentrationen sind. Gesucht werden wieder Lösungen $y(t)$ mit der Anfangsbedingung $y(0) = 0$. Durch Trennung der Veränderlichen erhält man

(922) $$\int_0^y \frac{d\eta}{(a-\eta)^2} = \int_0^t k\,d\tau \quad \text{bzw.} \quad \int_0^y \frac{d\eta}{(a-\eta)(b-\eta)} = \int_0^t k\,d\tau$$

Eine Stammfunktion von $(a-\eta)^{-2}$ ist $(a-\eta)^{-1}$, und für $(a-\eta)^{-1}(b-\eta)^{-1}$ ergibt sich durch Teilbruchzerlegung (vgl. 3.1.4) die Stammfunktion

$$\frac{1}{a-b} \ln \frac{a-\eta}{b-\eta}$$

Aus (922) folgt damit als Lösung von (920)

(923) $$y = a - \frac{a}{1+akt} = \frac{a^2kt}{1+akt}$$

und als Lösung von (921) nach kurzer Rechnung

(924) $$y = \frac{ab(1-e^{(a-b)kt})}{b-ae^{(a-b)kt}}$$

Durch Einsetzen in die DGln prüfe man wieder die Richtigkeit der Ergebnisse nach.

c) Reaktionsgleichung von Michaelis und Menten. Für die Substratkonzentration $x(t)$ zur Zeit t gilt bei einer enzymatischen Reaktion die DGl

(925) $$x' = \frac{dx}{dt} = -\frac{Vx}{x+K_m}$$

(V = Maximalwert der Reaktionsgeschwindigkeit, K_m = Michaeliskonstante). Zu bestimmen ist die Lösung $x(t)$ zur Anfangsbedingung $x(0) = x_0$. Trennung der Veränderlichen und Integration liefert

$$-\int_{x_0}^{x} \frac{\xi + K_m}{\xi}\,d\xi = \int_0^t V\,d\tau$$

oder ausgerechnet:

(926) $$Vt = x_0 - x + K_m \ln \frac{x_0}{x}.$$

Dies ist eine in x transzendente Gleichung, so daß die Auflösung nach $x = x(t)$ in diesem Fall nicht in geschlossener Form ausgeführt werden kann (vgl. Bemerkung 2). Dagegen ist eine Auflösung nach $t = t(x)$ trivial. Der Leser skizziere diese Kurve im (x, t)-Koordinatensystem $(0 < x \leq x_0)$ für $V = 0{,}04$, $K_m = 0{,}02$, $x_0 = 1$.

d) Die DGl (906) soll für den Spezialfall $\gamma = 0$ gelöst werden. (Welche Bedeutung hat diese Annahme für das in Abschnitt 6.1.1 aufgestellte Modell?) Wir suchen also nichtnegative Lösungen $y(t)$ der DGl

(927) $$y' = \frac{dy}{dt} = y(\alpha - \beta y) \qquad (\alpha \in \mathbf{R}, \beta > 0)$$

Genauer: Zu gegebenem Anfangswert $y_0 \geq 0$ ist diejenige (eindeutig bestimmte) Lösung $y(t)$ zu berechnen, für die $y(0) = y_0$ gilt. Zwei Sonderfälle erledigt man sofort: Für $y_0 = 0$ lautet diese Lösung $y(t) = 0$ und für $y_0 = \alpha/\beta$ ergibt sich $y(t) = \alpha/\beta$ (Probe!). Es sei nun $y_0 \neq 0$ und $\neq \alpha/\beta$. Durch Trennung der Veränderlichen und Teilbruchzerlegung ergibt sich für $\alpha \neq 0$:

$$\frac{\mathrm{d}y}{y(\alpha - \beta y)} = \left(\frac{1}{\alpha y} + \frac{\beta}{\alpha(\alpha - \beta y)}\right)\mathrm{d}y = \mathrm{d}t$$

und durch Integration:

$$t = \frac{1}{\alpha}\int_{y_0}^{y}\left(\frac{1}{\eta} + \frac{\beta}{\alpha - \beta\eta}\right)\mathrm{d}\eta = \frac{1}{\alpha}\left(\ln\frac{y}{y_0} - \ln\frac{\alpha - \beta y}{\alpha - \beta y_0}\right) = \frac{1}{\alpha}\ln\frac{y(\alpha - \beta y_0)}{y_0(\alpha - \beta y)}$$

Auflösung nach $y = y(t)$ liefert hieraus:

$$y(t) = \frac{\alpha/\beta}{1 + \left(\frac{\alpha}{\beta y_0} - 1\right)e^{-\alpha t}} \qquad (\alpha \neq 0) \tag{928}$$

Für $\alpha = 0$ berechnet man direkt aus (927):

$$y(t) = \frac{y_0}{1 + y_0 \beta t} \tag{929}$$

Der Leser diskutiere den Verlauf der Lösungen (928) und (929). Existiert $\lim_{t\to\infty} y(t)$? Man skizziere je eine Lösung (928) für $y_0 > \alpha/\beta > 0$ und $0 < y_0 < \alpha/\beta$. Schließlich interpretiere man die Eigenschaften der Lösungen im Rahmen des in Abschnitt 6.1.1 eingeführten Modells zum zeitlichen Wachstum von Populationen.

6.1.3. Lineare Differentialgleichungen. Die DGl (907) heißt linear, wenn $f(x, y)$ eine lineare Funktion in y ist. Lineare DGln haben also die Gestalt

$$y' = g(x) \cdot y + h(x) \tag{930}$$

wobei die Funktionen g und h in einem Intervall I wenigstens stetig sein sollen. Ist $h(x) = 0$, so ergibt sich die lineare homogene DGl

$$y' = g(x) \cdot y \tag{931}$$

die ein Sonderfall der DGl (910) mit getrennten Variablen ist. Zu beliebigen Zahlen $a \in I$ und $b \in \mathbf{R}$ erhält man daher die Lösung $y(x)$ von (931) mit der Eigenschaft $y(a) = b$ durch die Methode der Variablentrennung. Es folgt für $b = 0$: $y(x) = 0$, und für $b \neq 0$:

$$\int_b^y \frac{\mathrm{d}\eta}{\eta} = \int_a^x g(\xi)\,\mathrm{d}\xi, \qquad \ln\frac{y}{b} = \int_a^x g(\xi)\,\mathrm{d}\xi$$

und daraus

$$y = y(x) = b \exp \int_a^x g(\xi)\,\mathrm{d}\xi. \tag{932}$$

Dies ist die Lösung von (931) mit der Anfangsbedingung $y(a) = b$. Sie gilt in dieser Form offenbar auch noch für $b = 0$.

Zu den einfachsten Beispielen des homogenen Typs (931) gehört die DGl $y' = cy$ mit den Lösungen $y(x) = be^{c(x-a)} = b\,e^{-ac} \cdot e^{cx}$, vgl. (178).

Wie findet man nun die Lösungen der komplizierteren inhomogenen DGl (930)?

Überraschenderweise kommt man mit Hilfe der Lösung (932) der homogenen DGl an dieses Ziel. Nämlich auf folgendem Weg: Für die gesuchte Lösung $y(x)$ der DGl (930) macht man den Ansatz

$$(933) \qquad y(x) = z(x) \exp \int_a^x g(\xi)\, \mathrm{d}\xi$$

mit einer noch unbekannten Funktion $z(x)$. Einsetzen dieser Funktion y und ihrer Ableitung in die DGl (930) liefert als Bedingung für $z(x)$ eine triviale DGl $z'(x) = G(x)$ mit bekannter Funktion G. z ist also eine Stammfunktion von G.

Diese Lösungsmethode heißt Variation der Konstanten, da formal die Konstante b in (932) als variabel, d.h., als Funktion $z(x)$ aufgefaßt wird. Wir führen nun die einzelnen Schritte dieser Methode aus.

Die Ableitung der Funktion (933) lautet:

$$(934) \qquad y'(x) = z'(x) \exp \int_a^x g(\xi)\, \mathrm{d}\xi + z(x) g(x) \exp \int_a^x g(\xi)\, \mathrm{d}\xi$$

(933) und (934) werden in (930) eingesetzt. Nach Division mit $\exp \int_a^x g(\xi)\, \mathrm{d}\xi$ ergibt sich als Bedingung für $z(x)$:

$$z'(x) = h(x) \exp\left(-\int_a^x g(\xi)\, \mathrm{d}\xi\right) =: G(x)$$

Soll die Lösung (933) durch den Punkt (a, b) gehen, so muß offenbar $z(a) = b$ sein, wir erhalten also

$$z(x) = b + \int_a^x G(\eta)\, \mathrm{d}\eta.$$

Wir fassen zusammen: Die Lösung $y(x)$ der inhomogenen linearen DGl (930) mit der Anfangsbedingung $y(a) = b$ lautet

$$\textbf{(935)} \qquad y(x) = \left(b + \int_a^x G(\eta)\, \mathrm{d}\eta\right) \exp \int_a^x g(\xi)\, \mathrm{d}\xi$$

mit

$$\textbf{(936)} \qquad G(x) := h(x) \exp\left(-\int_a^x g(\xi)\, \mathrm{d}\xi\right)$$

Die hier auftretenden Integrale lassen sich häufig nicht in geschlossener Form berechnen. In diesem Fall kann man ein graphisches Lösungsverfahren heranziehen. Dazu sei auf [15], Tl. 1, S. 30, verwiesen.

Beispiele. **a**) Für die DGl

$$y' = \frac{y}{x} - \sqrt{x} \quad (x > 0)$$

soll die Lösung $y(x)$ durch den Punkt (1,3) berechnet werden. Es ist

$$G(x) = -\sqrt{x}\exp\left(-\int_1^x \frac{d\xi}{\xi}\right) = -\sqrt{x}\exp\ln\frac{1}{x} = -\frac{1}{\sqrt{x}}$$

und damit nach (935)

$$y(x) = \left(3 - \int_1^x \frac{d\eta}{\sqrt{\eta}}\right)\exp\int_1^x \frac{d\xi}{\xi} - (3 - 2(\sqrt{x} - 1))x = x(5 - 2\sqrt{x}) \quad \text{(Probe!)}$$

b) Für den Dampfdruck $p = p(T)$ einer Flüssigkeit bei der absoluten Temperatur T gilt näherungsweise die DGl

(937) $$\frac{dp}{dT} = \frac{q_0 + (C_p - C)T}{RT^2}p$$

Hierin bedeutet C die Molwärme der Flüssigkeit, C_p die Molwärme des Dampfes, q_0 die Verdampfungswärme bei $T = 0$ und R die Gaskonstante.

Die DGl (937) ist linear homogen; die Lösung $p(T)$ durch den Punkt (T_0, p_0) erhält man also nach (932):

$$\begin{aligned} p(T) &= p_0 \exp\int_{T_0}^T \frac{q_0 + (C_p - C)\tau}{R\tau^2}\,d\tau \\ &= p_0 \exp\left(-\frac{q_0}{RT} + \frac{q_0}{RT_0} + \frac{C_p - C}{R}(\ln T - \ln T_0)\right) \end{aligned}$$

Hieraus folgt schließlich

(938) $$p(T) = AT^{(C_p - C)/R}\exp\left(-\frac{q_0}{RT}\right)$$

mit einem geeigneten konstanten Faktor A. Man diskutiere das Verhalten dieser Dampfdruckkurve für wachsendes T.

Auch die bereits untersuchte DGl (918) ist linear. Weitere Beispiele behandeln wir in Abschnitt 6.1.5.

6.1.4. Exakte Differentialgleichungen; integrierender Faktor. Wir betrachten jetzt Differentialformen

(939) $$P(x, y)\,dx + Q(x, y)\,dy$$

wie sie in Abschnitt 5.2.1 eingeführt wurden. Dabei setzen wir voraus: P und Q sind in einem achsenparallelen Rechteck D der (x, y)-Ebene von Null verschieden und besitzen stetige partielle Ableitungen 1. Ordnung. Folgende Vereinbarung soll nun gelten:

Die „Gleichung"

(940) $$P(x,y)\,\mathrm{d}x + Q(x,y)\,\mathrm{d}y = 0$$

ist nur eine andere Darstellungsform für eine der DGln

(941) $$\frac{\mathrm{d}y}{\mathrm{d}x} = -\frac{P(x,y)}{Q(x,y)},$$

(942) $$\frac{\mathrm{d}x}{\mathrm{d}y} = -\frac{Q(x,y)}{P(x,y)},$$

die durch formale Division mit $Q(x,y)\,\mathrm{d}x$ bzw. $P(x,y)\,\mathrm{d}y$ aus (940) hervorgehen. (940) ist also eine DGl, bei der man sich noch nicht festgelegt hat, ob y als Funktion von x – wie in (941) – oder x als Funktion von y – wie in (942) – bestimmt werden soll.

Die DGl (940) heißt exakt, wenn die Differentialform (939) exakt ist, wenn also $P_y = Q_x$ gilt. Falls (940) exakt ist, gibt es nach (858) eine Stammfunktion von (P, Q), d. h. eine Funktion $F(x, y)$ mit der Eigenschaft:

(943) $$F_x = P, \qquad F_y = Q.$$

Man nennt F auch eine Stammfunktion der DGl (940). F läßt sich durch ein Kurvenintegral der Form (865) berechnen.

Die folgende Aussage zeigt nun, wie man aus der Kenntnis einer Stammfunktion F die Lösungen der exakten DGl (940) erhält:

(944) *Es sei $F(x,y)$ eine Stammfunktion von (P,Q) und (a,b) ein beliebiger Punkt aus dem Definitionsbereich D. Dann ist die Gleichung*

$$F(x,y) = F(a,b)$$

sowohl nach $y = y(x)$ als auch nach $x = x(y)$ auflösbar, und zwar so, daß $y(a) = b$, $x(b) = a$ gilt. $y(x)$ ist dann eine Lösung der DGl (941) und $x(y)$ eine Lösung von (942). Beide Lösungen beschreiben dieselbe Kurve durch den Punkt (a,b). Etwas ungenau wird dieses Ergebnis oft so ausgedrückt: Die Lösungen der DGl (941) bzw. (942) erhält man durch Auflösen der Gleichung $F(x,y) = C = const$ nach y bzw. x.

Beweisen wollen wir hiervon nur die Behauptung, daß $y(x)$ eine Lösung von (941) ist. Da $y(x)$ durch Auflösung von $F(x,y) = F(a,b)$ nach y entsteht, gilt für alle x die Identität $F(x,y(x)) - F(a,b) = 0$. Dann verschwindet auch die Ableitung der linken Seite nach x überall. Sie lautet nach (794):

$$F_x(x,y) + F_y(x,y)\cdot y' = 0.$$

Wegen (943) erfüllt $y(x)$ somit die DGl (941).

Beispiele exakter DGln.

a) $$\frac{2x}{y}\,\mathrm{d}x - \frac{1+x^2}{y^2}\,\mathrm{d}y = 0$$

Eine Stammfunktion lautet nach S.258, Beispiel c)

$$F(x,y) = \frac{1+x^2}{y}$$

Für beliebige Zahlen $a \in \mathbf{R}$, $b > 0$ (oder $b < 0$) lösen wir die Gleichung

$$\frac{1+x^2}{y} = \frac{1+a^2}{b}$$

nach $y = y(x)$ auf und erhalten so die Lösung

$$y = b \cdot \frac{1+x^2}{1+a^2}$$

der DGl $y' = \dfrac{\mathrm{d}y}{\mathrm{d}x} = \dfrac{2xy}{1+x^2}$

b) Für die exakte DGl

$$-\left(y + \frac{1}{x-1}\right)\mathrm{d}x + (2y - x)\,\mathrm{d}y = 0$$

ist die Integralkurve durch den Punkt $(0, -1)$ der (x, y)-Ebene zu berechnen. Als Stammfunktion ergibt sich nach (865) für $x < 1$:

$$\begin{aligned} F(x,y) &= \int_0^x \left(1 + \frac{1}{1-t}\right)\mathrm{d}t + \int_{-1}^y (2t - x)\,\mathrm{d}t \\ &= y^2 - xy - \ln(1-x) - 1 \end{aligned}$$

Wegen $F(0, -1) = 0$ lautet die Gleichung $F(x, y) = F(0, -1)$ in diesem Fall

$$y^2 - xy - \ln(1-x) - 1 = 0$$

Auflösung nach y ergibt zunächst

$$y(x) = \frac{x}{2} \pm \sqrt{\frac{x^2}{4} + \ln(1-x) + 1},$$

aber wegen der Forderung $y(0) = -1$ ist hierin die Wurzel mit dem Minuszeichen zu nehmen. Existiert die so gewonnene Lösung $y(x)$ für alle $x < 1$?

Exakte DGln, das sahen wir, lassen sich relativ leicht lösen. Man möchte daher möglichst viele DGln

(945) $$y' = \frac{\mathrm{d}y}{\mathrm{d}x} = f(x,y)$$

in eine exakte DGl umformen. Nun läßt sich die DGl (945) stets in der Form

(946) $$f(x,y)\,\mathrm{d}x - \mathrm{d}y = 0$$

schreiben, aber ebenso rechtmäßig ist auch die Umformung

(947) $$M(x,y)f(x,y)\,\mathrm{d}x - M(x,y)\,\mathrm{d}y = 0,$$

wenn die Funktion M im Definitionsbereich von f nirgends verschwindet. Während die DGl (946) nur dann exakt ist, wenn f eine Funktion von x allein ist (trivialer Fall!), kann die äquivalente DGl (947) bei geeigneter Wahl der Funktion M durchaus exakt werden. Ein einfaches Beispiel dafür ist die DGl mit getrennten Variablen: Ist $f(x, y) = g(x)h(y)$, so lautet (947) mit $M(x, y) := 1/h(y)$

$$g(x)\,\mathrm{d}x - \frac{1}{h(y)}\,\mathrm{d}y = 0 \tag{948}$$

und diese DGl ist offenbar exakt. Die Funktion $1/h(y)$ heißt deshalb ein integrierender Faktor der DGl $g(x)h(y)\,\mathrm{d}x - \mathrm{d}y = 0$. Allgemein definiert man:

Die Funktion $M(x, y)$ ist ein integrierender Faktor *der (nicht exakten) DGl*

$$P(x, y)\,\mathrm{d}x + Q(x, y)\,\mathrm{d}y = 0, \tag{949}$$

wenn die DGl

$$M(x, y)\,P(x, y)\,\mathrm{d}x + M(x, y)\,Q(x, y)\,\mathrm{d}y = 0 \tag{950}$$

exakt ist, wenn also

$$\frac{\partial(MP)}{\partial y} = \frac{\partial(MQ)}{\partial x} \tag{951}$$

gilt.

Falls M im Definitionsbereich von P und Q nicht verschwindet, haben die DGln (949) und (950) dieselben Lösungen. Man erhält sie mittels einer Stammfunktion von (MP, MQ) gemäß (944). Demnach ist die Suche nach einem integrierenden Faktor M für eine DGl (946) oder (949) eine lohnende Aufgabe. Sie ist aber schwierig, wenn man keinerlei Vermutung über die mögliche Bauart von M hat. Oft gelangt man durch einen speziellen Ansatz für M zum Ziel; zum Beispiel mit der Annahme, daß M nur von x oder nur von y abhängt. Ob ein derartiger Ansatz zum Erfolg führt, hängt natürlich von der Gestalt der gegebenen Funktionen P und Q ab und muß durch Einsetzen in (951) geprüft werden.

Wir betrachten nun einige

Beispiele. **a**) Die DGl (vgl. (872) und (878))

$$C_v\,\mathrm{d}T + \frac{RT}{v}\,\mathrm{d}v = 0 \tag{952}$$

ist nicht exakt, ein integrierender Faktor ist nach S. 261 $M(T, v) = 1/T$. (Zur Übung leite der Leser dieses Ergebnis aus der Annahme ab, daß M eine Funktion von T allein ist.) Eine Stammfunktion der DGl (952) ist die Entropie $S(T, v)$ in (879). $S(T, v) = \text{const}$ bedeutet danach $Tv^{\varkappa - 1} = \text{const}$. Die Integralkurven der DGl (952) sind also die Adiabaten oder Isentropen.

b) Die lineare DGl (vgl. (930))

$$(g(x)y + h(x))\,\mathrm{d}x - \mathrm{d}y = 0 \tag{953}$$

ist für $g \neq 0$ nicht exakt. Wir suchen einen nur von x abhängigen integrierenden Faktor $M(x)$. Nach (951) muß gelten

$$M(x)\,g(x) = -\,M'(x).$$

Dies ist eine lineare homogene DGl für M. Eine Lösung ist nach (932)

$$M(x) = \exp(-\int_a^x g(\xi)\,d\xi)$$

Mit diesem integrierenden Faktor für die DGl (953) könnte man mittels einer Stammfunktion erneut die Lösung (935) herleiten.

c) Die DGl

(954) $$(4x^2y + 2xy^2)\,dx + (3x^3 + 5x^2y)\,dy = 0, \qquad x > 0,\ y > 0$$

ist nicht exakt. Die Gestalt der auftretenden Funktionen läßt vermuten, daß ein integrierender Faktor der Form $M(x,y) = x^\alpha y^\beta$ existiert. Mit diesem Ansatz lautet die Bedingung (951) nach Zusammenfassen gleicher Potenzen:

$$\begin{aligned}&(4\beta + 4)\,x^{\alpha+2}y^\beta + (2\beta + 4)\,x^{\alpha+1}y^{\beta+1}\\ &= (3\alpha + 9)\,x^{\alpha+2}y^\beta + (5\alpha + 10)\,x^{\alpha+1}y^{\beta+1}\end{aligned}$$

Diese Bedingung ist erfüllt, wenn α und β dem Gleichungssystem

$$\begin{aligned}3\alpha - 4\beta &= -5\\ 5\alpha - 2\beta &= -6\end{aligned}$$

genügen, also die Werte $\alpha = -1$, $\beta = 1/2$ haben. Somit existiert tatsächlich ein integrierender Faktor der angenommenen Form, nämlich $M(x,y) = x^{-1}\sqrt{y}$. Durch Multiplikation der DGl (954) mit M ergibt sich die exakte DGl

(955) $$(4xy^{3/2} + 2y^{5/2})\,dx + (3x^2y^{1/2} + 5xy^{3/2})\,dy = 0$$

Eine Stammfunktion dieser DGl lautet nach (865):

$$\begin{aligned}F(x,y) &= \int_1^x (4t + 2)\,dt + \int_1^y (3x^2t^{1/2} + 5xt^{3/2})\,dt\\ &= 2x^2y^{3/2} + 2xy^{5/2} - 4\end{aligned}$$

Die Integralkurve von (955) und folglich von (954) durch den Punkt (a, b) erhält man jetzt durch Auflösung der Gleichung $F(x,y) = F(a,b) = \text{const}$ nach y oder x. Die Auflösung nach y ist nicht in geschlossener Form durchführbar, dagegen ergibt sich $x = x(y)$ durch Lösen einer quadratischen Gleichung. Der Leser führe die Rechnung aus.

6.1.5. Beispiele zum Aufstellen von Differentialgleichungen. Ein Naturwissenschaftler sollte zwar lernen, einfache DGln selbst zu lösen; seine eigentliche und oft schwierige Aufgabe ist aber nicht das Lösen, sondern das Aufstellen von DGln. Dazu braucht er vor allem die Kenntnis der für sein Arbeitsgebiet relevanten physikalischen Gesetze. Er muß ferner durch Experimente gestützte Hypothesen aufstellen und ein Gespür dafür entwickeln, welche Effekte bei der modellhaften Behandlung eines Problems als geringfügig vernachlässigt werden dürfen. Schließlich muß er eine adäquate mathematische Formulierung für sein Problem finden. An einigen ganz einfachen Beispielen soll dies nun geübt werden.

Beispiele. a) Der radioaktive Zerfall. Es soll das Gesetz für den zeitlichen Ablauf des Zerfalls radioaktiver Substanzen gefunden werden.

Es sei $Q(t)$ die Menge des zur Zeit t (noch) vorhandenen radioaktiven Stoffes. Wir vergleichen $Q(t)$ mit $Q(\tau)$, wo der Zeitpunkt $\tau > t$ sich nur wenig von t unterscheidet. Die Erfahrung lehrt: Die zwischen den Zeitpunkten t und τ zerfallene Stoffmenge $Q(t) - Q(\tau)$ ist annähernd proportional der Menge $Q(t)$ und der Länge $\tau - t$ des Zeitintervalls. Mit dem Proportionalitätsfaktor $\lambda > 0$ folgt also

$$Q(t) - Q(\tau) = \lambda Q(t) \cdot (\tau - t)$$

oder
$$\frac{Q(\tau) - Q(t)}{\tau - t} = -\lambda Q(t)$$

Für $\tau \to t$ ergibt sich daraus die DGl

(956) $$Q'(t) = -\lambda Q(t)$$

deren Lösung wir nach (932) sofort angeben können. Sie lautet, falls A die zur Zeit $t = 0$ vorhandene Stoffmenge ist (vgl. (433)):

$$Q(t) = A e^{-\lambda t}$$

b) Die barometrische Höhenformel. Es ist eine möglichst einfache Formel für den Verlauf des Luftdrucks in der Atmosphäre zu ermitteln.

Bei Beschränkung auf ein kleines Beobachtungsgebiet können wir annehmen, daß der Druck p innerhalb einer beliebigen horizontalen Schicht konstant ist und daher nur von der Höhe x (in cm) über dem Meeresspiegel abhängt: $p = p(x)$. Die gleiche Annahme gilt für die Dichte $\varrho = \varrho(x)$, die absolute Temperatur $T = T(x)$ und das spezifische Volumen $V = V(x)$ der Luft. Für $0 \leq \xi < x$ weiß man aus der Physik: Der Druckunterschied $p(\xi) - p(x)$ ist gleich dem Gewicht G einer vertikalen Luftsäule vom Querschnitt $1\,\text{cm}^2$, die sich zwischen den Höhen x und ξ befindet. Ist $x - \xi$ klein, so ist die Dichte ϱ in dieser Luftsäule überall annähernd gleich $\varrho(x)$, und es gilt dann $G = (x - \xi) \cdot g \cdot \varrho(x)$ (g = Erdbeschleunigung). Damit folgt

$$\frac{p(\xi) - p(x)}{\xi - x} = -g\,\varrho(x)$$

und für $\xi \to x$

(957) $$p'(x) = -g\,\varrho(x)$$

Weiter wird die Luft als ideales Gas betrachtet. Ist M ihr Molekulargewicht, so lautet die Zustandsgleichung für Luft in der Höhe x:

$$p(x)\,V(x) = \frac{p(x)}{\varrho(x)} = \frac{R\,T(x)}{M}$$

und aus (957) folgt nun als DGl für $p(x)$:

(958) $$p'(x) = -\frac{g\,M}{R\,T(x)}\,p(x)$$

Hieraus kann $p(x)$ berechnet werden, wenn der Temperaturverlauf $T(x)$ bekannt ist. Die einfachste Annahme $T(x) = T = \text{const}$ führt nach (932) zu der Lösung (vgl. (431))

(959) $$p(x) = p(0) \exp\left(-\frac{gM}{RT}x\right)$$

c) Abkühlung eines heißen Körpers. Zum Zeitpunkt $t = 0$ habe ein Körper K (z. B. ein Lebewesen) die einheitliche Temperatur T_0, die höher ist als die Temperatur T_a der Umgebung („Außentemperatur"): $T_0 > T_a$. Wir fragen nach dem Abkühlungsvorgang, der durch die Temperatur $T(t)$ von K für alle Zeiten $t \geq 0$ beschrieben wird.

Um ein möglichst einfaches Modell zu erhalten, werden folgende Annahmen gemacht: 1. Der Körper K ist homogen und besitzt eine konstante spezifische Wärme c. 2. Beim Abkühlen von K erhöht sich die Außentemperatur T_a nicht, sondern bleibt konstant. 3. Das Newtonsche Abkühlungsgesetz ist gültig. Es besagt: Der Wärmeverlust des Körpers zwischen zwei dicht aufeinander folgenden Zeitpunkten t und τ $(> t)$ ist proportional der Oberfläche F des Körpers, der Differenz zwischen Körpertemperatur $T(t)$ und Außentemperatur, und der Länge $\tau - t$ des Zeitintervalls.

Aufgrund dieser Annahmen hat K zur Zeit t den Wärmeinhalt $cMT(t)$ (M = Masse von K), und für den Wärmeverlust zwischen t und τ ergibt sich

$$cMT(t) - cMT(\tau) = kF(T(t) - T_a)(\tau - t), \qquad k = \text{const}$$

oder

$$\frac{T(\tau) - T(t)}{\tau - t} = -\frac{kF}{cM}(T(t) - T_a)$$

Für $\tau \to t$ folgt also die DGl

(960) $$T' = \frac{dT}{dt} = -\frac{kF}{cM}T + \frac{kFT_a}{cM}$$

Für diese lineare inhomogene DGl suchen wir die Lösung mit dem Anfangswert $T(0) = T_0$. Sie lautet nach (935)

(961) $$T(t) = T_a + (T_0 - T_a)\exp\left(-\frac{kF}{cM}t\right).$$

d) Das Gesetz von Hagen-Poiseuille. Es ist ein Modell aufzustellen, welches folgende vage formulierte Frage beantwortet: Wieviel Flüssigkeit kann pro Sekunde durch ein dünnes Rohr oder eine Kapillare gepreßt werden? Wir betrachten dazu folgende Situation: In einem geraden Rohr mit dem Innenradius R und der Länge L befindet sich eine Flüssigkeit der Zähigkeit η. An den Rohrenden A und E herrscht der Druck p_A bzw p_E, und aufgrund der Druckdifferenz $p_A - p_E > 0$ bewegt sich die Flüssigkeit stationär in Richtung von A nach E. Wichtig ist folgende

Annahme: Die Strömung im Rohr ist achsenparallel, achsialsymmetrisch und unabhängig von der Längsrichtung. Die Strömungsgeschwindigkeit u ist also in jedem Punkt nur eine Funktion von dessen Achsenabstand r: $u = u(r)$.

Es sei nun M die Flüssigkeitsmenge zwischen zwei gedachten Zylindern mit den Radien r und ϱ ($r < \varrho, \varrho - r$ klein). Nach Newton wirkt auf M folgende Reibungskraft K_1 entgegen der Strömungsrichtung:

$$K_1 = -2\pi\varrho L\eta v(\varrho) + 2\pi r L\eta v(r)$$

Hierin ist $v(r)$ die Ableitung von $u(r)$, $v = u'$.

Die von der Druckdifferenz $D = p_A - p_E$ auf M ausgeübte Kraft K_2 in Strömungsrichtung lautet andererseits

$$K_2 = D\pi(\varrho^2 - r^2).$$

Unter der Voraussetzung, daß außer K_1 und K_2 keine weiteren Kräfte in Achsenrichtung auf M wirken, muß jetzt $K_1 = K_2$ sein. Wegen $\varrho^2 - r^2 = (\varrho - r)(\varrho + r) \approx (\varrho - r)2r$ bedeutet dies

$$\frac{\varrho v(\varrho) - r v(r)}{\varrho - r} \approx -\frac{Dr}{L\eta}$$

und für $\varrho \to r$:

$$(r v(r))' = -\frac{Dr}{L\eta}$$

oder

(962) $$v' = -\frac{1}{r}v - \frac{D}{L\eta}.$$

Die Lösung $v(r)$ dieser DGl mit $v(R) = \hat{v}$ lautet nach (935)

$$v(r) = \frac{R}{r}\left(\hat{v} + \frac{DR}{2L\eta}\right) - \frac{Dr}{2L\eta}$$

Auf der Rohrachse $r = 0$ bleibt diese Lösung nur dann endlich, wenn $\hat{v} + \dfrac{DR}{2\eta L} = 0$ ist. Aus physikalischen Gründen setzen wir also $\hat{v} = -\dfrac{DR}{2\eta L}$. Aus

$$u'(r) = v(r) = -\frac{Dr}{2L\eta}$$

erhält man durch Integration die Strömungsgeschwindigkeit $u(r)$ mit der „Haftbedingung" $u(R) = 0$ an der Rohrwand:

(963) $$u(r) = -\int_R^x \frac{Dx}{2L\eta}\,\mathrm{d}x = \frac{D}{4L\eta}(R^2 - r^2), \qquad 0 \leq r \leq R$$

Mittels $u(r)$ erhalten wir jetzt auch die pro Zeiteinheit am Rohrende E ausströmende Flüssigkeitsmenge Q. Dazu überlegt man sich leicht, daß von der oben definierten Flüssigkeitsmenge M pro Zeiteinheit näherungsweise der Anteil $2\pi r(\varrho - r)\cdot u(r)$ ausströmt. Q ergibt sich dann durch Aufsummieren solcher Anteile, d.h. durch Integration (vgl. 2.3.2):

(964) $$Q=\int_0^R 2\pi r u(r)\,\mathrm{d}r=\frac{2\pi D}{4L\eta}\int_0^R (rR^2-r^3)\,\mathrm{d}r=\frac{\pi D R^4}{8\eta L}$$

Übungsaufgaben. 186.* Für folgende DGln skizziere man die Richtungsfelder und berechne die Lösungen durch den Punkt (a, b) mit $a \neq 0,\ b \neq 0$:

a) $y'=\frac{y}{x}$ b) $y'=-\frac{y}{x}$ c) $y'=\frac{x}{y}$ d) $y'=-\frac{x}{y}$

187. Unter den Isoklinen einer DGl $y'=f(x,y)$ versteht man die Kurven, die durch Gleichungen $f(x,y)=c=$ const beschrieben werden. In den Punkten einer solchen Isokline haben alle Integralkurven dieselbe Steigung c. Man bestimme die Isoklinen folgender DGln und zeichne mit ihrer Hilfe das Richtungsfeld:

a) $y'=y-x$ b) $y'=-\frac{x^2}{y^2}$ c) $y'=y^2-x$

188. Man zeige: Ist $c\in\mathbf{R}$ eine Lösung der Gleichung $f(y)=0$, so ist $y(x)=c$ eine Lösung der DGl $y'=f(y)$. Gilt auch die Umkehrung? Man gebe die konstanten Lösungen folgender DGln an:

a) $y'=ay-b$ b) $y'=y(y^2-1)$ c) $y'=\sin y$

189.* Für die DGln

a) $y'=\frac{y}{1+x^2}$ b) $y'=x^3 e^y$ c) $y'=\frac{1-2x}{1+\cos^2 y}$

bestimme man die Lösung durch den Punkt $(0,c)$, $c\in\mathbf{R}$, mittels Trennung der Veränderlichen.

190.* Für folgende linearen DGln berechne man die Lösung $y(x)$ mit $y(1)=c, c\in\mathbf{R}$:

a) $y'=\left(1+\frac{1}{x}\right)y$ b) $y'=x^2-y$ c) $y'=-\frac{y}{x}+\ln x$ d) $y'=2xy+1$.

191. Man zeige: a) Sind $y_1(x)$ und $y_2(x)$ irgend zwei Lösungen der DGl (931), so ist auch $y(x):=c_1y_1(x)+c_2y_2(x)$ $(c_1, c_2\in\mathbf{R})$ eine Lösung von (931).

b) Sind $y_1(x)$ und $y_2(x)$ irgend zwei Lösungen der DGl (930), so ist $y(x):=y_1(x)-y_2(x)$ eine Lösung der DGl (931).

192.* Für die DGl $y'=\sqrt{y}$ prüfe man nach, daß $y(x)=0$ und $y(x)=x^2/4$ $(x\geq 0)$ Lösungen mit demselben Anfangswert $y(0)=0$ sind. Man vergleiche dieses Ergebnis mit (909) und begründe die Abweichung.

193.* Für die folgenden exakten DGln bestimme man die Lösungen zunächst in der Form $F(x,y)=c$ und löse dann nach einer Variablen x oder y auf:

a) $-\frac{1}{x}\,\mathrm{d}x+2y\,\mathrm{d}y=0$ b) $(2xy-y^2)\,\mathrm{d}x+(x^2-2xy)\,\mathrm{d}y=0$

c) $2xy\,\mathrm{d}x+\left(x^2+\frac{1}{y}\right)\mathrm{d}y=0$.

194.* Man suche für folgende DGln einen nur von x und einen nur von y abhängenden integrierenden Faktor:

a) $3y^2\,dx + 2xy\,dy = 0$ b) $(1+y)\,dx - x\,dy = 0$.

195.* Man zeige, daß die DGl (952) auch einen nur von v abhängigen integrierenden Faktor hat. Man berechne mit seiner Hilfe die Integralkurven von (952).

196.* Das Wachstum (= die zeitliche Änderung der Höhe y) einer Pflanze sei in jedem Augenblick direkt proportional ihrer Höhe y und umgekehrt proportional der dritten Potenz ihres Alters t. Der Proportionalitätsfaktor sei K. Man stelle die DGl für die zu berechnende Höhe $y = y(t)$ auf und löse sie unter der Bedingung $y(\varepsilon) = \delta$ $(\varepsilon > 0, \delta > 0)$. Welche Höhe erreicht die Pflanze für $t \to \infty$?

6.2. Lineare Differentialgleichungen 2. Ordnung

6.2.1. Beispiele; allgemeine Aussagen. Gewöhnliche DGln 2. Ordnung enthalten auch die zweite Ableitung der gesuchten Funktion $y = y(x)$. Im einfachsten Fall treten y und y' überhaupt nicht auf:

(965) $$y'' = f(x)$$

mit einer in einem Intervall I stetigen Funktion f. Die Lösungen dieser DGl erhält man durch sukzessives Aufsuchen zweier Stammfunktionen. Für beliebiges $a \in I$ ergibt sich nämlich aus (965):

$$y'(x) = y'(a) + \int_a^x f(\xi)\,d\xi,$$

(966) $$y(x) = y(a) + (x-a)\,y'(a) + \int_a^x \left(\int_a^\eta f(\xi)\,d\xi\right) d\eta$$

Hier dürfen $y(a)$ und $y'(a)$ ganz beliebig vorgegeben werden.

Die meisten in den Anwendungen vorkommenden DGln 2. Ordnung folgen aus dem Newtonschen Grundgesetz der Mechanik.

Beispiel. Wir betrachten die Bewegung eines Massenpunktes M der Masse m längs der x-Achse. Ist $x(t)$ der Ort von M zur Zeit t, so ist $x'(t)$ seine Geschwindigkeit und $x''(t)$ seine Beschleunigung im Zeitpunkt t. Nach dem Newtonschen Gesetz ist dann $mx''(t)$ gleich der auf M in Richtung der x-Achse zur Zeit t wirkenden Kraft K[1]. K kann außer von t auch von $x(t)$ und $x'(t)$ abhängen: $K = f(t, x, x')$. Damit wird die Bewegung des Massenpunktes durch folgende DGl für die unbekannte Funktion $t \mapsto x(t)$ beherrscht:

(967) $$mx'' = f(t, x, x')$$

Besonders einfach wird die Funktion f, wenn die auf M wirkende Kraft allein von einer

---

[1]) Die Vektoren Kraft, Geschwindigkeit, Beschleunigung lassen sich in diesem Fall durch je eine reelle Zahl beschreiben. Warum?

elastischen Feder herrührt, mit der M verbunden ist. (Man stelle sich etwa vor, daß M an einer Spiralfeder hängt und die x-Achse vertikal ist.) Ist $x = 0$ die Ruhelage von M, so erhält man $f(t, x, x') = -kx$ (k = Federkonstante > 0) und folglich die DGl

(968) $$mx'' = -kx \quad \text{oder} \quad x'' + a^2 x = 0, \quad a^2 := \frac{k}{m}$$

Lösungen dieser DGl sind die Funktionen $x(t) = \sin at$, $x(t) = \cos at$ und allgemeiner (vgl. Übungsaufgabe 41):

(969) $$x(t) = A \sin at + B \cos at, \quad A, B \text{ beliebige Konstanten}$$

Weitere Lösungen gibt es nicht (vgl. Übungsaufgabe 199).

Welche unter den unendlich vielen Lösungen (969) beschreibt nun die Bewegung des Massenpunktes? Um diese Frage beantworten zu können, muß man die Anfangslage $x(0)$ und die Anfangsgeschwindigkeit $x'(0)$ von M kennen. Durch Einsetzen von $t = 0$ in die Funktion (969) und deren Ableitung ergibt sich $x(0) = B$, $x'(0) = Aa$; damit lautet die Lösung der DGl (968) zu den gegebenen Anfangsbedingungen $x(0) = x_0$ und $x'(0) = v_0$:

(970) $$x(t) = x_0 \cos at + \frac{v_0}{a} \sin at$$

Welcher Art ist demnach die Bewegung des Massenpunktes etwa für $v_0 = 0$, $x_0 \neq 0$?

Die bisherigen Beispiele (965), (968) von DGln 2. Ordnung zeigten: Man kann nicht nur – wie bei DGln 1. Ordnung – den Funktionswert der gesuchten Lösung an einer festen Stelle vorschreiben, sondern auch den Wert ihrer ersten Ableitung an derselben Stelle. Diese Aussage gilt allgemein für DGln 2. Ordnung. Wir formulieren sie hier (ohne Beweis) nur für lineare DGln, auf die wir uns ohnehin beschränken müssen:

(971) *In der DGl*

$$y'' = g(x)y' + h(x)y + k(x)$$

für die gesuchte Funktion $x \mapsto y(x)$ seien die Funktionen g, h, k in einem Intervall I stetig. Dann gibt es zu jedem $a \in I$ und beliebigen Zahlen $b \in \mathbf{R}$, $c \in \mathbf{R}$ genau eine Lösung $x \mapsto y(x)$ $(x \in I)$ mit den „Anfangswerten" $y(a) = b$, $y'(a) = c$. Geometrisch bedeutet dies: Durch einen Punkt (a, b) der (x, y)-Ebene gibt es unendlich viele Integralkurven (= Lösungskurven) $y = y(x)$, und zwar zu jedem $c \in \mathbf{R}$ genau eine, die diesen Punkt mit der Steigung c passiert.

Der Leser skizziere einige der Lösungskurven der DGl $y'' = 2$, die durch den Punkt $(0,0)$ gehen.

6.2.2. Lineare Differentialgleichungen 2. Ordnung mit konstanten Koeffizienten. Die lineare DGl

(972) $$y'' + f(x)y' + g(x)y = h(x)$$

und die zugehörige homogene DGl

(973) $y'' + f(x)y' + g(x)y = 0$

haben wichtige Eigenschaften, die man ganz einfach nachrechnet (vgl. Übungsaufgabe 191):

(974) a) *Sind* $y = \varphi_1(x)$ *und* $y = \varphi_2(x)$ *Lösungen der DGl* (972), *so ist* $y = \varphi_2(x) - \varphi_1(x)$ *Lösung der DGl* (973).
b) *Sind* $y = \psi_1(x)$ *und* $y = \psi_2(x)$ *Lösungen der DGl* (973), *so ist auch* $y = c_1 \cdot \psi_1(x) + c_2 \cdot \psi_2(x)$ *mit beliebigen reellen Zahlen* c_1, c_2 *eine Lösung der DGl* (973)[1]).

Diese Eigenschaften benutzen wir bei der folgenden Untersuchung der linearen DGl mit konstanten Koeffizienten, die in der Physik am häufigsten auftritt. Sie lautet

(975) $y'' + ay' + by = c$

mit beliebigen Konstanten a, b, c. Eine Lösung dieser DGl errät man sofort, nämlich

(976) $y = \varphi_1(x) := \frac{c}{b} \quad (b \neq 0)$

Jede andere Lösung $y = \varphi_2(x)$ von (975) ist nach (974) a) eine Summe $\varphi_1(x) + \psi(x)$, wo $y = \psi(x)$ eine Lösung der zu (975) gehörigen homogenen DGl

(977) $y'' + ay' + by = 0$

ist. *Es genügt also, die Lösungen dieser DGl* (977) *zu berechnen*. Das ist unser nächstes Ziel.

Die entscheidende Idee bei der Lösung von (977) ist ein Exponentialansatz für y:

(978) $y(x) = e^{\lambda x}$

mit einer noch unbekannten Konstanten λ. Man erhält dann $y'(x) = \lambda e^{\lambda x}, y''(x) = \lambda^2 e^{\lambda x}$. Einsetzen in (977) und Division mit $e^{\lambda x}$ liefert eine quadratische Gleichung für λ:

(979) $\lambda^2 + a\lambda + b = 0$

mit den Lösungen

(980) $\lambda_1 = \frac{1}{2}(-a + \sqrt{a^2 - 4b}), \quad \lambda_2 = \frac{1}{2}(-a - \sqrt{a^2 - 4b}).$

λ_1, λ_2 sind reell und verschieden für $a^2 - 4b > 0$, reell und gleich für $a^2 - 4b = 0$ und schließlich konjugiert komplex für $a^2 - 4b < 0$. Dementsprechend haben auch die Lösungen (978) der DGl (977) unterschiedlichen Charakter:

1. $a^2 - 4b > 0$: Lösungen von (977) sind die Exponentialfunktionen $y = e^{\lambda_1 x}$, $y = e^{\lambda_2 x}$ und nach (974), b) auch

(981) $y = Ae^{\lambda_1 x} + Be^{\lambda_2 x}$

mit beliebigen reellen Zahlen A, B. Durch geeignete Bestimmung von A, B gewinnt man hieraus zu jedem Zahlentripel (α, β, γ) genau eine Lösung $y(x)$ mit $y(\alpha) = \beta, y'(\alpha) = \gamma$.

[1]) Vgl. die Lösungen (969) der DGl (968).

Zum Beispiel müssen für $(\alpha, \beta, \gamma) = (0, 0, 1)$ die Zahlen A, B den Gleichungen $A + B = 0$, $\lambda_1 A + \lambda_2 B = 1$ genügen, d.h., man hat $A = (\lambda_1 - \lambda_2)^{-1}$, $B = (\lambda_2 - \lambda_1)^{-1}$ zu setzen.

2. $a^2 - 4b = 0$: Wegen $\lambda_1 = \lambda_2 = -a/2$ erhält man aus dem Ansatz (978) nur die Lösungen $y(x) = A e^{-(a/2)x}$. Eine weitere Lösung ist jedoch in diesem Fall $y(x) = x \cdot e^{-(a/2)x}$ (Probe!), so daß jetzt die allgemeine Lösung von (977) lautet:

(982) $y(x) = (A + Bx) e^{-(a/2)x}$ $\quad A, B$ beliebige Konstanten

Der Leser bestimme hieraus z. B. diejenige Lösung, die durch den Punkt (0,1) geht und dort die Steigung -1 hat.

3. $a^2 - 4b < 0$. Mit den Abkürzungen

(983) $$\sigma = -\frac{a}{2}, \quad \tau = \frac{1}{2}\sqrt{4b - a^2}$$

gilt $\lambda_1 = \sigma + i\tau$, $\lambda_2 = \sigma - i\tau$; aus (978) und der Eulerschen Formel (193) gewinnt man somit die komplexen Lösungen von (977)

$$y_1(x) = e^{(\sigma + i\tau)x} = e^{\sigma x} e^{i\tau x} = e^{\sigma x}(\cos \tau x + i \sin \tau x)$$
$$y_2(x) = e^{(\sigma - i\tau)x} = e^{\sigma x}(\cos \tau x - i \sin \tau x)$$

Da nur reelle Lösungen interessieren, sucht man c_1, c_2 so zu bestimmen, daß die Lösung $c_1 y_1(x) + c_2 y_2(x)$ reell wird. Dies gelingt mit $(c_1, c_2) = (1/2, 1/2)$ und $(-i/2, i/2)$. Man erhält so die reellen Lösungen $e^{\sigma x} \cos \tau x$, $e^{\sigma x} \sin \tau x$ und damit die allgemeine Lösung von (977):

(984) $y(x) = (A \cos \tau x + B \sin \tau x) e^{\sigma x}$

mit beliebigen reellen Konstanten A, B.

Wir betrachten nun typische Beispiele, zu denen der Leser die Einzelheiten ausführen sollte:

Beispiele. a) Die DGl $y'' + y' - 2y = 1$ hat nach (976) und (981) die allgemeine Lösung

$$y(x) = -\frac{1}{2} + A e^x + B e^{-2x}$$

b) Die DGl $y'' - 2y' + y = 2$ hat nach (976) und (982) die allgemeine Lösung

$$y(x) = 2 + (A + Bx) e^x$$

c) Die DGl $y'' - 2y' + 2y = 0$ hat nach (983) und (984) die allgemeine Lösung

$$y(x) = (A \cos x + B \sin x) e^x.$$

6.2.3. Anwendung auf mechanische und elektrische Schwingungen. Wir betrachten einen Massenpunkt M der Masse m, der nur längs der x-Achse beweglich ist. Im Zeitpunkt t befinde er sich an der Stelle $x(t)$. Wie im Beispiel (968) wirke auf M im Zeitpunkt t eine Federkraft $K_1 = -kx(t)$[1]). Außerdem soll jetzt auch die Reibung (Dämpfung) berücksichtigt werden. Häufig ist die an M angreifende Reibungskraft K_2 proportional zu seiner Geschwindigkeit. In diesem Fall ergibt sich also zur Zeit t: $K_2 = -r\,x'(t)$, $r > 0$ (Begründung für das Minuszeichen?). Schließlich kann noch eine äußere Kraft K_3 auf M wirken. Oft handelt es sich um eine zeitlich periodische „Erregerkraft", die im einfachsten Fall die Form hat: $K_3 = K_0 \cos \omega t$. Nach dem Newtonschen Gesetz ist jetzt $mx''(t) = K_1 + K_2 + K_3 = -kx(t) - rx'(t) + K_0 \cos \omega t$. Für die Bewegung des Massenpunktes M gilt somit die DGl:

(985) $$mx'' + rx' + kx = K_0 \cos \omega t$$

mit positiven Konstanten m, r, k und beliebiger Konstante K_0.

Ehe wir die Lösungen dieser DGl untersuchen, sei eine analoge Situation aus der Elektrizitätslehre dargestellt.

Ein Kondensator der Kapazität C sei über den Ohmschen Widerstand R und die Induktivität L zu einem „Schwingungskreis" geschlossen. Dieser Schwingungskreis sei mit einem Erregerkreis gekoppelt, der eine zeitlich periodische Spannung $U_0 \cos \omega t$ überträgt. Für die im Zeitpunkt t am Kondensator herrschende Spannung $U(t)$ läßt sich dann die DGl herleiten:

(986) $$LU'' + RU' + \frac{1}{C}U = \frac{U_0}{C} \cos \omega t$$

Die DGln (986) und (985) können formal identifiziert werden. Dazu trifft man folgende Zuordnungen, die eine für das Verständnis wichtige *Analogie zwischen elektromagnetischen und mechanischen Vorgängen* aufdecken:

Spannung $U(t) \Leftrightarrow$ Lage $x(t)$ des Massenpunktes

Induktivität $L \Leftrightarrow$ Masse m

Widerstand $R \Leftrightarrow$ Dämpfungskonstante r

Kehrwert $\frac{1}{C}$ der Kapazität $\Leftrightarrow$ Federkonstante k

$\frac{U_0}{C} \Leftrightarrow K_0$

Demnach genügt es, eine der DGln (985), (986) zu lösen. Wir wollen die Eigenschaften der Lösungen in der Sprache der Mechanik ausdrücken und wählen daher die DGl (985).

Zunächst untersuchen wir die zu (985) gehörige homogene DGl

(987) $$mx'' + rx' + kx = 0$$

Ihre Lösungen $x(t)$ nennt man freie Schwingungen des Massenpunktes. Nach den Ergebnissen hinsichtlich der Lösungen der DGl (977) sind drei Fälle zu unterscheiden (Man denke sich $a = r/m$, $b = k/m$ eingesetzt):

---

[1]) Vgl. Fußnote S. 288.

1. Starke Dämpfung: $r^2 > 4mk$. Die Lösungen von (987) lauten nach (981)

(988) $\qquad x(t) = Ae^{\lambda_1 t} + Be^{\lambda_2 t}$

mit

$$\lambda_1 = \frac{1}{2m}(-r + \sqrt{r^2 - 4mk}), \qquad \lambda_2 = \frac{1}{2m}(-r - \sqrt{r^2 - 4mk}).$$

Wegen $\lambda_2 < \lambda_1 < 0$ fallen die Lösungen für wachsendes t exponentiell gegen 0 ab. Der Massenpunkt führt in diesem Fall also keine Schwingungen aus.

2. Aperiodischer Grenzfall: $r^2 = 4mk$. Nach (982) ergibt sich jetzt für die Lösungen von (987):

(989) $\qquad x(t) = (A + Bt)e^{-(r/2m)t}$

Auch dies sind keine eigentlichen Schwingungen. Der Leser skizziere ein Weg-Zeit-Diagramm für $A = B = 1$, $r = 2m$.

3. Schwache Dämpfung: $r^2 < 4mk$. Die Lösungen von (987) lauten nun nach (984):

(990) $\qquad x(t) = (A \cos \tau t + B \sin \tau t)e^{\sigma t}$

mit

$$\sigma = -\frac{r}{2m} \leq 0, \qquad \tau = \frac{1}{2m}\sqrt{4mk - r^2}.$$

Dies sind Schwingungen, deren Amplitude im Falle $r > 0$ für $t \to \infty$ gegen 0 strebt, vgl. Fig. 55. Für $r = 0$, also $\sigma = 0$, sind es ungedämpfte harmonische Schwingungen.

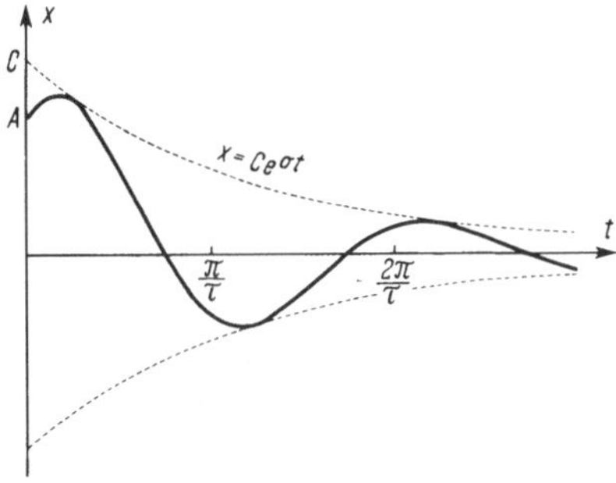

Fig. 55
Gedämpfte Schwingungen eines Massenpunktes ($C = \sqrt{A^2 + B^2}$)

Abschließend erörtern wir noch kurz die inhomogene DGl (985). Ihre Lösungen heißen erzwungene Schwingungen des Massenpunktes M. Nach (974), a) brauchen wir nur eine Lösung $\tilde{x}(t)$ dieser DGl zu finden. Denn jede Lösung von (985) ist dann eine Summe $\tilde{x}(t) + x(t)$, wo $x(t)$ eine Lösung der bereits untersuchten homogenen DGl (987) ist. Es zeigt sich, daß der Ansatz

(991) $\qquad \tilde{x}(t) = c \cos \omega t + d \sin \omega t$

mit frei verfügbaren Konstanten c, d zum Ziel führt. Durch Einsetzen von $\tilde{x}(t)$, $\tilde{x}'(t)$, $\tilde{x}''(t)$ in (985) erhält man die Bedingungen

$$c = \frac{K_0(k - m\omega^2)}{(k - m\omega^2)^2 + r^2\omega^2} \qquad d = \frac{K_0 r\omega}{(k - m\omega^2)^2 + r^2\omega^2}$$

und mit diesen Werten von c, d ist (991) tatsächlich eine Lösung von (985). Bei vorhandener Dämpfung ($r > 0$) klingen alle Lösungen $x(t)$ der homogenen Gleichung (987) für $t \to \infty$ nach 0 ab (vgl. (988) – (990)). Jede Lösung $\tilde{x}(t) + x(t)$ der inhomogenen DGl (985) nähert sich daher nach einem gewissen „Einschwingungsvorgang" der harmonischen Schwingung $\tilde{x}(t)$; der Massenpunkt schwingt also dann mit derselben Frequenz wie die periodische Erregerkraft.

Übungsaufgaben. 197.* Man bestimme alle Lösungen $y(x)$ der DGln:

a) $y'' = \sin x$ b) $y'' = \frac{1}{x}$ $(x > 0)$ c) $y'' + 2xy' = 0$

Anleitung zu c): Man setze $z(x) := y'(x)$ und benutze (932).

198.* Ein Stein werde auf der vertikal nach oben zeigenden x-Achse (Einheit = 1 cm) im Zeitpunkt $t = 0$ vom Punkt x_0 aus mit der Anfangsgeschwindigkeit v_0 (in cm s^{-1}) nach oben geworfen. Man bestimme seinen Ort $x(t)$ zur Zeit $t > 0$, wenn seine Bewegung durch die DGl $x'' = -981$ beherrscht wird. Wie hoch fliegt der Stein für $x_0 = 150$ cm, $v_0 = 2000$ cm s^{-1}?

199. a) Man zeige: Ist $y = \varphi(x)$ eine Lösung der DGl $y'' + a^2 y = 0$ mit $\varphi(c) = \varphi'(c) = 0$ für ein $c \in \mathbf{R}$, so gilt $\varphi(x) = 0$ für alle x.

Anleitung: Man multipliziere die DGl mit $2y'$ und integriere dann von c bis x.

b) Man zeige: Zu jedem Zahlentripel (c_1, c_2, c_3) gibt es höchstens eine Lösung $y(x)$ der DGl $y'' + a^2 y = 0$ mit $y(c_1) = c_2$, $y'(c_1) = c_3$.

Anleitung: Man benutze a) und (974).

200.* Für die folgenden DGln und Zahlentripel (a, b, c) bestimme man jeweils die Lösung $y(x)$ mit $y(a) = b, y'(a) = c$:

a) $y'' - y = 0$, $(-1, 2, 3)$

b) $y'' + 2y' + y = 1$, $(1, 3, -1)$

c) $y'' + 4y = 2$, $\left(\frac{\pi}{2}, 2, 1\right)$

d) $4y'' + 8y' + 5y = -10$, $(0, -2, 1)$

201.* Man zeige, daß die DGl $y'' + 2y' + 2y = e^{3x}$ eine Lösung $y = c \cdot e^{3x}$ mit geeignetem $c \in \mathbf{R}$ hat, und bestimme mit deren Hilfe alle Lösungen dieser DGl.

202*. Für die DGl $y'' - 2y' - 3y = 5\sin 2x$ suche man eine Lösung der Form $y = C\cos 2x + D\sin 2x$. Sodann berechne man diejenige Lösung $y(x)$ der DGl, für die $y(0) = y'(0) = 1$ ist.

203.* Die DGl

$$3y'' - \frac{2}{x}y' - \frac{2}{x^2}y = 0 \qquad (x > 0)$$

besitzt zwei Lösungen der Gestalt $y = x^a$. Man bestimme sie und gebe mit ihrer Hilfe diejenige Lösung an, die mit horizontaler Tangente durch den Punkt (1, 1) geht.

7. Wahrscheinlichkeitsrechnung

Kenntnisse über statistische Methoden sind für den experimentierenden Naturwissenschaftler unentbehrlich. Er braucht sie nicht nur für eine sachgerechte Darstellung seiner Meßergebnisse, sondern vor allem bei der Entscheidung darüber, welche Bedeutung den gewonnenen Daten beizumessen ist. Den exakten mathematischen Rahmen für die in der Praxis üblichen statistischen Verfahren liefert die Wahrscheinlichkeitsrechnung. Mit ihren Begriffsbildungen und Methoden ist es möglich, die statistischen Verfahren genau zu definieren sowie deren Aussagekraft zu berechnen und klar zu formulieren. Es ist daher sinnvoll, der Beschreibung der wichtigsten statistischen Verfahren eine kurze Einführung in die Wahrscheinlichkeitsrechnung voranzustellen.

7.1. Diskrete Wahrscheinlichkeitsverteilungen

7.1.1. Hinführung zum Begriff „Wahrscheinlichkeit“. Wir betrachten als Zufallsexperiment das Werfen eines 5-Mark-Stücks. Jeder ist überzeugt, daß die Ergebnisse „Adler“ ($= A$) und „Zahl“ ($= Z$) gleichwahrscheinlich sind. Darunter versteht man, daß bei *häufiger* Wiederholung dieses Experiments die Ergebnisse A und Z ungefähr gleich oft auftreten. Wird also n-mal geworfen und tritt dabei a-mal „Adler“ und z-mal „Zahl“ auf ($a + z = n$), so liegen die Zahlen $\frac{a}{n}$ und $\frac{z}{n}$ in der Nähe von $\frac{1}{2}$. $\frac{a}{n}$ bzw. $\frac{z}{n}$ heißt die relative Häufigkeit von A bzw. Z. Je größer n gewählt wird, um so bessere Übereinstimmung von $\frac{a}{n}$ und $\frac{z}{n}$ erwartet man bei wirklicher n-maliger Ausführung des Experiments. Daher ist es sinnvoll festzusetzen: *Die Ergebnisse A und Z haben je die* Wahrscheinlichkeit $\frac{1}{2}$.

Ähnlich ist die Situation beim Würfeln mit einem (einwandfreien) Würfel. Es werde n-mal gewürfelt und für $i = 1, 2, \ldots, 6$ trete n_i-mal die Augenzahl i auf. Dann gilt $n_1 + n_2 + \ldots + n_6 = n$, und für großes n liegen die relativen Häufigkeiten $\frac{n_i}{n}$ nahe bei $\frac{1}{6}$. Auch hier wird deshalb definiert: *Die Würfelergebnisse* $1, 2, \ldots, 6$ *haben je die* Wahrscheinlichkeit $\frac{1}{6}$.

In beiden Beispielen ist somit die Wahrscheinlichkeit eines Ergebnisses eine eindeutig festgelegte Zahl zwischen 0 und 1, welche die ständig schwankende relative Häufigkeit dieses Ergebnisses annähert und ersetzt. Das Rechnen mit Wahrscheinlichkeiten wird damit einfacher als das Rechnen mit relativen Häufigkeiten. Weiter haben die zwei Zufallsexperimente folgende gemeinsame Struktur:

a) Es gibt eine sog. Grundgesamtheit, nämlich die (unendliche) Menge aller möglichen Würfe mit der Münze bzw. mit dem Würfel.

b) Es gibt eine genau festgelegte (endliche) Menge Ω von möglichen Ergebnissen, nämlich $\Omega = \{A, Z\}$ bzw. $\Omega = \{1, 2, 3, 4, 5, 6\}$. Ω heißt der Ergebnisraum.

c) Jedem Ergebnis $\omega \in \Omega$ wird eine Wahrscheinlichkeit zugeordnet, die wir mit $p(\omega)$ bezeichnen.[1])

Es gilt

(992) $$0 \leq p(\omega) \leq 1 \quad \text{für alle} \quad \omega \in \Omega$$

(993) $$\sum_{\omega \in \Omega} p(\omega) = 1$$

Fragt man beim Würfelexperiment nun noch allgemeiner, mit welcher relativen Häufigkeit z.B. eine gerade Augenzahl oder eine Augenzahl >4 auftritt, so gelangt man analog wie oben zur Wahrscheinlichkeit des „Ereignisses" $\{2, 4, 6\}$ bzw. des „Ereignisses" $\{5, 6\}$. Diese Wahrscheinlichkeiten werden vernünftigerweise gleich $\frac{1}{2}$ bzw. $\frac{1}{3}$ gesetzt. Allgemein nennt man eine beliebige Teilmenge E von Ω ein Ereignis, und die Wahrscheinlichkeit des Ereignisses E, mit $P(E)$ bezeichnet, wird erwartungsgemäß wie folgt definiert:[2])

(994) $$P(E) := \sum_{\omega \in E} p(\omega).$$

Es gilt dann $P(\{\omega\}) = p(\omega)$ für alle $\omega \in \Omega$, und aus (993) folgt $P(\Omega) = 1$. Ferner ist z.B. $P(\{1, 6\}) = p(1) + p(6) = \frac{1}{6} + \frac{1}{6} = \frac{1}{3}$ = Wahrscheinlichkeit, eine „1" oder eine „6" zu würfeln.

7.1.2. Diskrete Wahrscheinlichkeitsräume und -verteilungen. Die Begriffe, die bisher, von Beispielen ausgehend, eingeführt wurden, werden nun allgemeiner und präziser gefaßt. Der Begriff „Grundgesamtheit" spielt jedoch erst in der Statistik eine Rolle und tritt im folgenden nicht auf. Hier wird nur der Ergebnisraum Ω gebraucht. Ω soll jetzt eine beliebige endliche oder „abzählbare" Menge sein. Dabei heißt eine unendliche Menge abzählbar, wenn sich ihre Elemente mit den natürlichen Zahlen durchnumerieren lassen. Z.B. ist $\mathbf{N}$ abzählbar, $\mathbf{R}$ jedoch nicht.

---

[1]) Nach dem englischen Wort probability = Wahrscheinlichkeit.

[2]) Beachte: Während p für *Elemente* von Ω erklärt ist, wird P für *Teilmengen* von Ω definiert.

Die Teilmengen von Ω heißen Ereignisse. Weiter sei P eine Abbildung, die jeder Teilmenge $A \subseteq \Omega$ eine reelle Zahl $P(A)$ aus dem Intervall $\langle 0,1 \rangle$ zuordnet und darüber hinaus folgende Eigenschaften hat:

a) *Ist $\mathfrak{A}$ eine endliche oder abzählbare Menge von Ereignissen, von denen keine zwei ein gemeinsames Element besitzen, und ist B die Vereinigungsmenge aller Ereignisse aus $\mathfrak{A}$, so gilt*

(995) $$P(B) = \sum_{A \in \mathfrak{A}} P(A)$$

b) $P(\Omega) = 1$

c) $P(\Phi) = 0 \quad (\Phi = \text{leere Menge})$

d) $P(\Omega \backslash A) = 1 - P(A)$ *für alle Ereignisse A*.

Bemerkungen. 1) Die Eigenschaften c) und d) sind bereits Folgerungen aus den übrigen Eigenschaften. Z. B. ergibt sich c) aus a) wie folgt: $P(\Omega) = P(\Omega \cup \Phi) = P(\Omega) + P(\Phi)$, also $P(\Phi) = P(\Omega) - P(\Omega) = 0$. Der Leser beweise d) mittels a) und b).

2) Die Summe auf der rechten Seite von (995) ist eine unendliche Reihe, falls $\mathfrak{A}$ unendlich ist. Aber diese Reihe ist absolut konvergent, so daß die Summationsreihenfolge der Glieder tatsächlich beliebig ist. (Ohne Beweis.)

3) Häufig wird die Abbildung P nur für alle einelementigen Teilmengen $\{\omega\}$ von Ω, die sog. Elementarereignisse, definiert. Gilt dann

(996) $$P(\{\omega\}) \geq 0 \quad \textit{für alle} \quad \omega \in \Omega$$

(997) $$\sum_{\omega \in \Omega} P(\{\omega\}) = 1,$$

so besitzt die durch die Festsetzung

(998) $$P(A) := \sum_{\omega \in A} P(\{\omega\}) \quad \text{für} \quad A \subseteq \Omega$$

vervollständigte Definition von P alle oben geforderten Eigenschaften. Der Leser prüfe dies nach.

Bezeichnungen. Eine Abbildung P mit den angegebenen Eigenschaften heißt eine diskrete Wahrscheinlichkeitsverteilung auf Ω. $P(A)$ heißt die Wahrscheinlichkeit oder das Wahrscheinlichkeitsmaß des Ereignisses A. Der Ergebnisraum Ω heißt auch das sichere Ereignis, Φ das unmögliche Ereignis. Ω und P zusammen heißen ein diskreter Wahrscheinlichkeitsraum.

Wir geben nun drei wichtige diskrete Wahrscheinlichkeitsverteilungen an.

7.1.3. Laplace-Verteilung oder Gleichverteilung. Sei Ω eine *endliche* Menge. Für eine beliebige Teilmenge $A \subseteq \Omega$ bezeichne $|A|$ die Anzahl der Elemente von A. Wir setzen nun voraus: *Die Wahrscheinlichkeit aller Elementarereignisse $\{\omega\}$ von Ω ist gleich groß.*

Wegen (997) folgt dann

$$P(\{\omega\}) = \frac{1}{|\Omega|} \quad \text{für alle} \quad \omega \in \Omega,$$

und für ein beliebiges Ereignis $A \subseteq \Omega$ ergibt sich nach (998)

$$\text{(999)} \qquad P(A) = \frac{|A|}{|\Omega|}$$

Wahrscheinlichkeitsverteilungen mit der Eigenschaft (999) heißen Laplace-Verteilungen oder Gleichverteilungen. Beispiele hierfür sind das Münzenwerfen und das Würfeln aus 7.1.1. Vgl. auch Übungsaufgabe 204.

7.1.4. Die Binomialverteilung. Zu festem $n \in \mathbf{N}$ und $p \in \mathbf{R}$, $0 < p < 1$, definieren wir den Ereignisraum $\Omega := \{0, 1, \ldots, n\}$ und die Wahrscheinlichkeit der Elementarereignisse durch

$$\text{(1000)} \qquad P(\{k\}) := \binom{n}{k} p^k (1-p)^{n-k}, \qquad k = 0, 1, \ldots, n$$

worin $\binom{n}{k} := \frac{n!}{k!(n-k)!}$ die Binomialkoeffizienten sind. Offenbar ist $P(\{k\}) > 0$, und aus der binomischen Formel (128) folgt

$$\sum_{k=0}^{n} P(\{k\}) = \sum_{k=0}^{n} \binom{n}{k} p^k (1-p)^{n-k} = ((1-p)+p)^n = 1^n = 1\,.$$

Nach Bemerkung 3) wird also durch (1000) eine diskrete Wahrscheinlichkeitsverteilung erzeugt: Sie heißt Binomialverteilung mit den Parametern n und p, kurz: $B_{n,p}$-Verteilung, und ist von großer praktischer Bedeutung.

Eine typische Anwendungssituation für die Binomialverteilung lautet wie folgt (zur Begründung vgl. Übungsaufgabe 205): Ein Zufallsexperiment habe nur die zwei möglichen Ergebnisse T (= „Treffer" oder „Erfolg") und M (= „Mißerfolg"). Die Wahrscheinlichkeit von T (= „Trefferwahrscheinlichkeit") sei p und die Wahrscheinlichkeit von M demnach $1-p$. Dieses Zufallsexperiment werde nun insgesamt n-mal unabhängig voneinander ausgeführt. Die Wahrscheinlichkeit dafür, daß unter den n Ergebnissen genau k „Treffer" sind, ist dann gerade die in (1000) angegebene Zahl.

Beispiele. a) Von einem Medikament sei bekannt, daß es eine bestimmte Krankheit mit Wahrscheinlichkeit p heilt. Mit diesem Medikament werden n Patienten behandelt. Dann ist $\binom{n}{k} p^k (1-p)^{n-k}$ die Wahrscheinlichkeit dafür, daß genau k Patienten geheilt werden.

b) Eine Maschine produziert täglich n Stück eines Serienartikels mit einem Ausschußanteil p. Die Wahrscheinlichkeit dafür, daß eine Tagesproduktion genau k Ausschußstücke enthält, lautet dann wieder $\binom{n}{k} p^k (1-p)^{n-k}$.

7.1.5. Die Poisson-Verteilung. Hier ist der Ergebnisraum Ω die Menge aller nichtnegativen ganzen Zahlen, also abzählbar. λ sei eine feste positive reelle Zahl. Die Wahrscheinlichkeit der Elementarereignisse wird wie folgt festgelegt:

(1001) $$P(\{k\}) := \frac{\lambda^k}{k!} e^{-\lambda}, \quad k = 0, 1, 2, \ldots$$

Alle diese Zahlen sind positiv. Ferner ergibt sich aus der Definition der Exponentialfunktion (125):

$$\sum_{k=0}^{\infty} P(\{k\}) = e^{-\lambda} \sum_{k=0}^{\infty} \frac{\lambda^k}{k!} = e^{-\lambda} e^{\lambda} = 1 .$$

Damit wird durch (1001) wieder eine diskrete Wahrscheinlichkeitsverteilung definiert (vgl. Bemerkung 3). Sie heißt Poisson-Verteilung mit dem Parameter λ.

7.1.6. Zusammenhang zwischen Binomialverteilung und Poisson-Verteilung. Die Poisson-Verteilung (1001) erhält man aus der Binomialverteilung (1000) durch den Grenzübergang

(1002) $$n \to \infty, \text{ mit } np =: \lambda = \text{const, also } p \to 0.$$

Dies ergibt sich wie folgt: Für festes $k \in \mathbf{N}$ und $n \geq k$ gilt

$$\binom{n}{k} p^k = \frac{\lambda^k}{k!} \cdot \frac{n}{n} \cdot \frac{n-1}{n} \cdots \frac{n-k+1}{n} \to \frac{\lambda^k}{k!} \text{ für } n \to \infty,$$

$$(1-p)^{-k} = \left(1 - \frac{\lambda}{n}\right)^{-k} \to 1 \text{ für } n \to \infty,$$

$$(1-p)^n = \left(1 - \frac{\lambda}{n}\right)^n = \exp\left(n \ln\left(1 - \frac{\lambda}{n}\right)\right) =$$

$$= \exp\left(-\lambda \cdot \left(-\frac{n}{\lambda} \ln\left(1 - \frac{\lambda}{n}\right)\right)\right) \to e^{-\lambda} \text{ für } n \to \infty.$$

Die letzte Grenzwertaussage folgt dabei aus S. 108, Beispiel a) mit $x := -\frac{\lambda}{n}$. Insgesamt erhalten wir also beim Grenzübergang (1002) wie behauptet:

(1003) $$\binom{n}{k} p^k (1-p)^{n-k} \to \frac{\lambda^k}{k!} e^{-\lambda}.$$

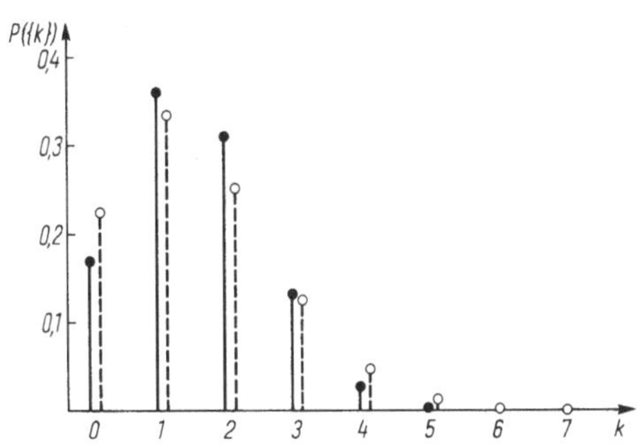

Fig. 56 Vergleich der $B_{5,\frac{3}{10}}$-Verteilung (durchgezogen) mit der Poisson-Verteilung zum Parameter $\lambda = 1{,}5$ (gestrichelt)

7.1.7. Typische Anwendungssituationen der Poisson-Verteilung. Wir sahen, daß beim Grenzübergang (1002) die Binomialverteilung (1000) in die Poisson-Verteilung (1001) übergeht. Das bedeutet: Für *große n* kann die Binomialverteilung mit den Parametern n und $p = \lambda/n$ durch die Poisson-Verteilung mit dem Parameter λ angenähert werden. (In der Praxis genügt dafür oft schon $n > 10$ und $p < 0{,}1$.) Daher wird die Poisson-Verteilung (1001) in der Regel auf Situationen angewandt, die eigentlich durch die Binomialverteilung $B_{n,p}$ mit großem n und kleinem $p = \lambda/n$ zu beschreiben wären (vgl. 7.1.5). Die Zahl $\lambda = np$ entspricht dabei der mittleren Trefferzahl bei n-maliger Ausführung des Zufallsexperimentes (vgl. 7.3.6.a)).

Somit ergibt sich folgende typische Anwendungssituation für die Poisson-Verteilung mit Parameter λ.

Ein Zufallsexperiment mit genau zwei möglichen Ergebnissen T (= „Treffer") und M (= „Mißerfolg") habe eine sehr kleine, aber nicht bekannte Trefferwahrscheinlichkeit p. Dieses Experiment werde n-mal unabhängig voneinander ausgeführt, wobei n eine feste, sehr große, aber unbekannte Zahl ist. Bekannt sei jedoch die bei solchen n-maligen Ausführungen des Experiments *im Mittel* auftretende Trefferzahl, die wir mit λ bezeichnen. Dann ist die Wahrscheinlichkeit dafür, daß bei einer *konkreten* n-maligen Ausführung des Experiments genau k Treffer erzielt werden, näherungsweise gleich $\frac{\lambda^k}{k!} e^{-\lambda}$.

Dieses Anwendungsmuster verdeutlichen wir noch durch zwei

Beispiele. a) Durch Messungen an einer bestimmten Menge eines radioaktiven Elements (α-Strahler) wurde festgestellt, daß in Zeitintervallen I der Länge 7,5 s im Mittel $\lambda = 3{,}87$ α-Teilchen emittiert werden. Wie groß ist die Wahrscheinlichkeit p_k dafür, daß in einem Zeitintervall I genau k α-Teilchen emittiert werden? Das „Experiment" lautet hier: Eines der insgesamt n Atome des α-Strahlers wird 7,5 s lang beobachtet. „Treffer" bedeutet, daß das Atom während dieser Zeit ein α-Teilchen emittiert. p_k ist nun die Wahrscheinlichkeit dafür, daß alle n Atome zusammen in einem Zeitintervall I genau k α-Teilchen emittieren. Da n sehr groß und damit $p = \frac{\lambda}{n}$ sehr klein ist, kann die Poisson-Verteilung herangezogen werden, die $p_k = \frac{\lambda^k}{k!} e^{-\lambda}$ mit $\lambda = 3{,}87$ liefert. Z.B. ergibt sich $p_0 \approx 0{,}021$, $p_2 \approx 0{,}156$, $p_5 \approx 0{,}151$, $p_7 \approx 0{,}054$, $p_{10} \approx 0{,}004$. Diese theoretischen Ergebnisse lassen sich experimentell nachprüfen: Bei Messungen für eine größere Anzahl von Intervallen I muß sich ergeben: In ungefähr $100\, p_k$ % aller betrachteten Intervalle I wurden genau k α-Teilchen emittiert ($k = 0, 1, 2, \ldots$). Vgl. dazu [6], S. 174.

b) In eine Zählkammer wird eine Suspension roter Blutkörperchen eingebracht. Eine Auszählung hinreichend vieler Quadrate der Zählkammer ergibt für die mittlere Anzahl roter Blutkörperchen pro Quadrat den Wert λ. Wie groß ist nun die Wahrscheinlichkeit p_k dafür, daß sich in einem beliebig ausgewählten Quadrat Q der Zählkammer genau k rote Blutkörperchen befinden? Das „Zufallsexperiment" lautet in diesem Fall:

Man wähle ein rotes Blutkörperchen der Suspension aus und stelle fest, ob es sich im Quadrat Q befindet (= „Treffer“) oder nicht. p_k ist dann die Wahrscheinlichkeit dafür, daß bei Ausführung dieses „Experiments“ mit allen n roten Blutkörperchen der Suspension insgesamt genau k Treffer erzielt werden. n ist eine sehr große (unbekannte) Zahl, so daß die Poisson-Verteilung anwendbar ist, die $p_k = \frac{\lambda^k}{k!} e^{-\lambda}$ liefert. Dieses Ergebnis läßt sich auch in folgender experimentell überprüfbaren Form ausdrücken: In ungefähr $\frac{100\lambda^k}{k!} e^{-\lambda}$ % aller Quadrate der Zählkammer befinden sich je genau k rote Blutkörperchen ($k = 0, 1, 2, \ldots$).

Übungsaufgaben. 204.* Ein Zufallsexperiment bestehe im Werfen *zweier* unterscheidbarer (einwandfreier) Würfel. Wie lautet der Ergebnisraum Ω? Wie groß ist die Wahrscheinlichkeit a) mindestens eine „6“ b) keine „1“ c) zwei gleiche Augenzahlen d) zwei benachbarte Augenzahlen e) weder „1“ noch „6“ zu würfeln?

205. Führt man ein Zufallsexperiment mit den zwei Ergebnissen T (= „Treffer“) und M (= „Mißerfolg“) n mal aus, so läßt sich das Resultat als ein „Wort“ der Länge n auffassen, das nur aus den Buchstaben T und M besteht. So bedeutet z.B. für $n = 5$ das „Wort“ $TTMTM$, daß der erste, zweite und vierte Versuch Treffer, der dritte und fünfte dagegen Mißerfolge waren.

a) Man prüfe für verschiedene n folgende Aussage nach: Die Anzahl derartiger „Wörter“, die genau k mal den Buchstaben T enthalten, ist gleich

$$\binom{n}{k} = \frac{n!}{k!(n-k)!} \qquad (0 \leq k \leq n).$$

Diese Zahl gibt also an, auf wie viele Arten man k Plätze (Objekte) aus insgesamt n Plätzen (Objekten) auswählen kann.

b) Die n Ausführungen des Zufallsexperiments heißen unabhängig voneinander, wenn die Wahrscheinlichkeit eines „Wortes“ gleich dem *Produkt* der Wahrscheinlichkeiten aller Buchstaben dieses „Wortes“ ist. Wie groß ist demnach (Unabhängigkeit vorausgesetzt), die Wahrscheinlichkeit der „Wörter“ MMT, $TTTMT$, $MTMMMM$ und allgemein eines „Wortes“ mit k Buchstaben T und n–k Buchstaben M, wenn p die Trefferwahrscheinlichkeit ist?

206.* Eine (unsymmetrische) Münze liefert bei 1000 Würfen 700mal „Zahl“. Wie groß ist die Wahrscheinlichkeit, daß „Zahl“ bei 10 Würfen a) genau 5mal b) 10mal c) höchstens 4mal d) 6, 7 oder 8mal auftritt?

207.* In einer Stadt ereignet sich durchschnittlich jeden Tag *ein* Verkehrsunfall. Wie groß ist die Wahrscheinlichkeit dafür, daß an einem (normalen) Tag a) überhaupt kein Unfall passiert b) genau 2 Unfälle c) mindestens 4 Unfälle passieren? d) An wieviel Tagen im Jahr muß mit mindestens 2 Unfällen gerechnet werden?

Anleitung: Man benutze die Poisson-Verteilung.

208. * Mit jeweils demselben Volumen V einer Bakteriensuspension wurden 100 gleiche Nährböden beimpft. 17 davon bleiben steril, d.h., die entsprechende Impfflüssigkeit enthielt kein Bakterium. Man bestimme (näherungsweise) die Wahrscheinlichkeit dafür, daß in einem beliebigen Impfvolumen V dieser Suspension a) weniger als 2 b) genau 3 c) mindestens 5 d) genau k Bakterien enthalten sind.

Anleitung: Man benutze die Poisson-Verteilung, deren Parameter λ aus den gegebenen Größen zu berechnen ist.

7.2. Stetige Wahrscheinlichkeitsverteilungen

7.2.1. Radioaktiver Zerfall als Zufallsexperiment. Von einem Zeitpunkt $t = 0$ an beobachten wir eine radioaktive Substanz, etwa einen α-Strahler, und notieren den Zeitpunkt $T \geq 0$, in welchem das erste α-Teilchen emittiert wird. Da dieser Zeitpunkt T nicht vorhersehbar ist, kann man auch hier von einem Zufallsexperiment sprechen. Aber als „Ergebnis" T des Experiments ist jetzt grundsätzlich *jede* nichtnegative reelle Zahl möglich. Der Ergebnisraum ist somit die Menge $\mathbf{R}_0^+$ aller nichtnegativen reellen Zahlen, die im Gegensatz zu den bisherigen Beispielen und der Forderung in 7.1.2 *weder endlich noch abzählbar* ist. Diese Tatsache hat eine wichtige Konsequenz. Um nämlich ein brauchbares Wahrscheinlichkeitsmodell zu erhalten, muß man in diesem Fall die auch anschaulich vernünftige Annahme machen, daß jedes Elementarereignis die Wahrscheinlichkeit 0 besitzt. Oder mit anderen Worten: Die Wahrscheinlichkeit, daß T ganz genau mit einer *vorgegebenen* Zahl aus $\mathbf{R}_0^+$ übereinstimmt, ist stets 0. Dagegen läßt sich sehr wohl eine positive Wahrscheinlichkeit dafür angeben, daß T in einem gegebenen *Intervall* $I = (a, b)$ mit $0 \leq a < b$ liegt. Wir bezeichnen diese Wahrscheinlichkeit mit $P(I)$ oder auch mit $P(a < T < b)$. Messungen ergaben folgendes: Es gibt eine positive Zahl λ, unabhängig von a und b, so daß (näherungsweise) gilt:

$$(1004) \qquad P(I) = P(a < T < b) = \int_a^b \lambda \mathrm{e}^{-\lambda t} \mathrm{d}t\,.$$

Diese Formel bleibt auch noch gültig, wenn die Intervallgrenzen a, b einzeln oder insgesamt zu I hinzugenommen werden. Da man eine Stammfunktion kennt, ergibt sich aus (1004):

$$P(I) = -\mathrm{e}^{-\lambda t}\Big|_a^b = \mathrm{e}^{-\lambda a} - \mathrm{e}^{-\lambda b}.$$

Für $a = 0$, $b = \infty$ erhält man hieraus speziell

$$P(\mathbf{R}_0^+) = P(0 \leq T < \infty) = 1$$

d.h., die Wahrscheinlichkeit für das sichere Ereignis, daß nämlich T im Intervall $\langle 0, \infty)$ liegt, ist erwartungsgemäß wieder 1.

Die hier betrachtete Wahrscheinlichkeitsverteilung nennt man stetig, weil das Ergebnis T nicht auf „diskrete" Werte beschränkt ist, sondern „stetig" variieren kann. Es erweist sich als zweckmäßig, im Gegensatz zum diskreten Fall (vgl. 7.1.2) *nicht alle*, sondern nur gewisse Teilmengen von $\mathbf{R}_0^+$ als Ereignisse zu definieren und deren Wahrscheinlichkeiten zu berechnen. Zu den Ereignissen zählen u.a. sämtliche Intervalle; ihre Wahrscheinlichkeiten sind durch (1004) gegeben.

7.2.2. Allgemeine Definition einer stetigen Wahrscheinlichkeitsverteilung. Das vorangehende Beispiel soll nun wieder Anhaltspunkte für die allgemeine Definition liefern. Statt der unter dem Integral von (1004) stehenden *speziellen* Funktion

$$f(x) := \lambda \mathrm{e}^{-\lambda x}, \quad x \geq 0$$

betrachten wir jetzt eine *beliebige*, auf *ganz* $\mathbf{R}$ definierte Funktion $f: \mathbf{R} \to \mathbf{R}$ mit folgenden Eigenschaften:

(1005) *f ist nichtnegativ und besitzt höchstens endlich viele Unstetigkeitsstellen.*

(1006) *Das (uneigentliche) Integral* $\int_{-\infty}^{\infty} f(x)\,\mathrm{d}x$ *existiert und hat den Wert* 1.

Mittels dieser Funktion f kann jedem Intervall I mit den Endpunkten a, b als Wahrscheinlichkeit die Zahl

(1007) $$P(I) := \int_a^b f(x)\,\mathrm{d}x$$

zugeordnet werden. Offenbar ist dann $P(\mathbf{R}) = 1$ und $0 \leq P(I) \leq 1$. Über die Festsetzung (1007) für Intervalle hinaus läßt sich auch für kompliziertere Teilmengen A von $\mathbf{R}$ die Wahrscheinlichkeit $P(A)$ definieren: Ausgehend von Intervallen als Ereignissen hat man lediglich die Regeln a) und d) aus 7.1.2 mit $\Omega = \mathbf{R}$ wiederholt anzuwenden. Auf diese Weise erhält man als Ereignisse auch Vereinigungen von endlich oder abzählbar vielen Intervallen. Die Abbildung P, die jedem solchen Ereignis A die Wahrscheinlichkeit $P(A)$ zordnet, heißt eine (eindimensionale) stetige Wahrscheinlichkeitsverteilung, und f heißt die zugehörige Verteilungsdichte oder Dichte(funktion). $P(A)$ heißt auch das Wahrscheinlichkeitsmaß von A. Die in 7.1.2 a) bis d) zusammengestellten Regeln für das Rechnen mit Wahrscheinlichkeiten bleiben auch hier gültig, wenn Ω durch $\mathbf{R}$ ersetzt wird.

Bemerkung. Das Beispiel in 7.2.1. fällt unter die obige Definition einer stetigen Wahrscheinlichkeitsverteilung, wenn die Dichtefunktion f wie folgt gewählt wird:

(1008) $$f(x) := \begin{cases} 0 & \text{für } x < 0 \\ \lambda \mathrm{e}^{-\lambda x} & \text{für } x \geq 0 \end{cases}$$

Sie ist nur im Punkt $x = 0$ unstetig. Die durch f definierte Wahrscheinlichkeitsverteilung heißt Exponentialverteilung mit dem Parameter λ (Fig. 57).

7.2.3. Die Normalverteilung. Die wichtigste stetige Wahrscheinlichkeitsverteilung ist die sog. Normalverteilung. Die Dichtefunktion f der Standard-Normalverteilung lautet:

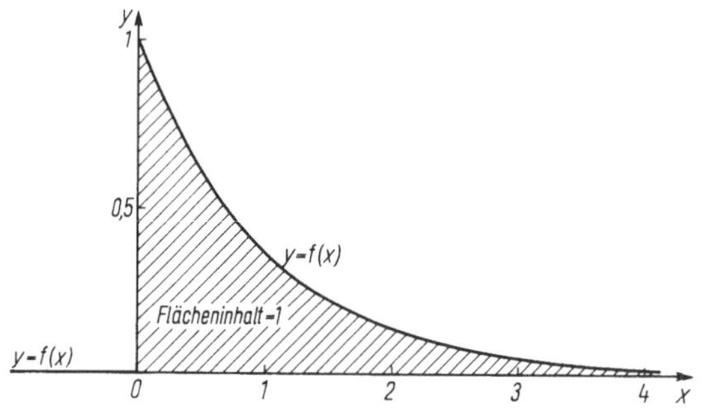

Fig. 57 Dichte der Exponentialverteilung zum Parameter $\lambda = 1$

(1009) $$f(x) := \frac{1}{\sqrt{2\pi}} e^{-\frac{x^2}{2}}, \quad x \in \mathbf{R}$$

Die Eigenschaft (1006) bedeutet hier

(1010) $$\frac{1}{\sqrt{2\pi}} \int_{-\infty}^{\infty} \exp\left(-\frac{x^2}{2}\right) dx = 1 .$$

Einen Beweis dieser wichtigen Aussage findet man z.B. in [4], II, S. 89.

Nun sei $\mu \in \mathbf{R}$ und $\sigma > 0$ beliebig, aber fest gewählt. Die Normalverteilung mit den Parametern μ und σ^2, kurz: $N(\mu, \sigma^2)$, besitzt die Dichtefunktion

(1011) $$\tilde{f}(x) = \frac{1}{\sigma\sqrt{2\pi}} \exp\left(-\frac{(x-\mu)^2}{2\sigma^2}\right), \quad x \in \mathbf{R}$$

Auch für diese Dichte ist die Bedingung (1006) erfüllt. Dies folgt mittels Substitution $y = \sigma^{-1}(x - \mu)$ aus (1010):

$$\frac{1}{\sigma\sqrt{2\pi}} \int_{-\infty}^{\infty} \exp\left(-\frac{(x-\mu)^2}{2\sigma^2}\right) dx = \frac{\sigma}{\sigma\sqrt{2\pi}} \int_{-\infty}^{\infty} \exp\left(-\frac{y^2}{2}\right) dy = 1 .$$

Die Standard-Normalverteilung ist offenbar der Spezialfall $N(0, 1)$ der Verteilung $N(\mu, \sigma^2)$. Die Bedeutung der Parameter μ und σ^2 wird in 7.3.6 c) erklärt.

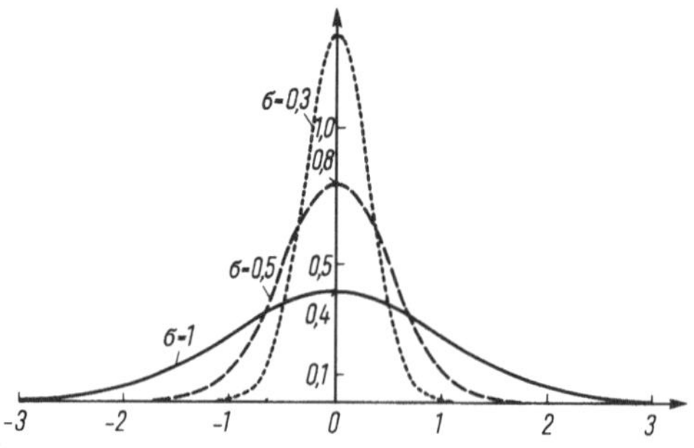

Fig. 58 Dichte der Normalverteilung $N(0, \sigma^2)$ für $\sigma = 1$, 0,5 und 0,3

Neben der Normalverteilung spielen auch die drei im folgenden vorgestellten stetigen Wahrscheinlichkeitsverteilungen eine entscheidende Rolle bei statistischen Verfahren.

7.2.4. Die Chi-Quadrat-Verteilung. Für beliebiges festes $n \in \mathbf{N}$ betrachten wir die Funktion

(1012) $$f_n(x) := \begin{cases} \dfrac{1}{C_n} x^{\frac{n}{2}-1} e^{-\frac{x}{2}} & \text{für} \quad x > 0 \\ 0 & \text{für} \quad x \leq 0 \end{cases}$$

Dabei ist C_n die Konstante

(1013) $$C_n := \begin{cases} 1 \cdot 3 \cdot 5 \cdot \ldots \cdot (2m-1)\sqrt{2\pi} & \text{für} \quad n = 2m+1, m \in \mathbf{N} \\ 2^m (m-1)! & \text{für} \quad n = 2m, m \in \mathbf{N} \end{cases}$$

und $C_1 = \sqrt{2\pi}$. (Bei Kenntnis der Gammafunktion $\Gamma(x)$ läßt sich einheitlich für alle n schreiben:

$$C_n = 2^{\frac{n}{2}} \Gamma\left(\frac{n}{2}\right).$$

Zur Definition der Gammafunktion vgl. [4], II, S. 79 und die Übungsaufgabe 213). Die Funktion f_n ist die Dichte der sog. Chi-Quadrat-Verteilung mit n Freiheitsgraden, auch kurz χ_n^2-Verteilung.

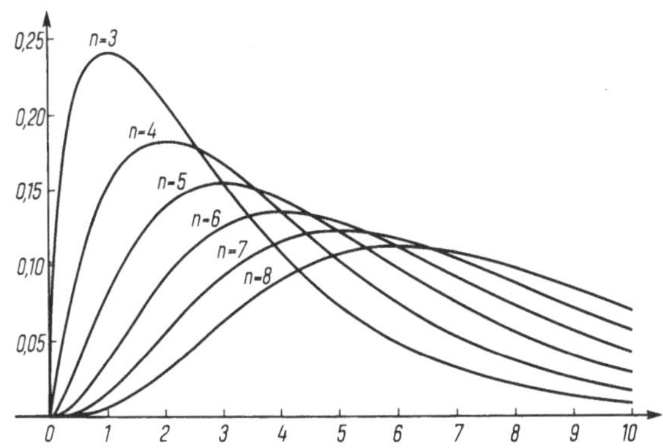

Fig. 59 Dichte der χ_n^2-Verteilung für verschiedene n

Als Dichte muß f_n die Bedingung

(1014) $$\int_{-\infty}^{\infty} f_n(x)\,dx = \int_0^{\infty} f_n(x)\,dx = 1$$

erfüllen. Dies kann durch vollständige Induktion (vgl. S. 20) bewiesen werden, und zwar für gerade und ungerade n getrennt. Wir führen den Beweis von (1014) hier nur für ungerade $n = 2m + 1$, $m \in \mathbf{N}_0$. Für $m = 0$, also $n = 1$ ergibt die Substitution $x = y^2$, $y > 0$, nach (1010):

$$\int_0^\infty f_1(x)\,\mathrm{d}x = \frac{1}{\sqrt{2\pi}} \int_0^\infty \frac{1}{\sqrt{x}} \mathrm{e}^{-\frac{x}{2}} \mathrm{d}x = \frac{2}{\sqrt{2\pi}} \int_0^\infty \mathrm{e}^{-\frac{y^2}{2}} \mathrm{d}y = 1\,.$$

Nun sei (1014) für ein festes $n = 2m + 1$ bereits bewiesen. Wir zeigen durch partielle Integration, daß dann (1014) auch für $n + 2 = 2(m + 1) + 1$ gilt:

$$\begin{aligned} C_{n+2} \int_0^\infty f_{n+2}(x)\,\mathrm{d}x &= \int_0^\infty x^{m+\frac{1}{2}} \mathrm{e}^{-\frac{x}{2}} \mathrm{d}x \\ &= \underbrace{-2x^{m+\frac{1}{2}} \mathrm{e}^{-\frac{x}{2}} \Big|_0^\infty}_{=0} + (2m+1) \int_0^\infty x^{m-\frac{1}{2}} \mathrm{e}^{-\frac{x}{2}}\, \mathrm{d}x \\ &= (2m+1)\, C_n = C_{n+2}\,. \end{aligned}$$

Damit ist (1014) für alle ungeraden n bewiesen.

Nebenbei sei bemerkt, daß die χ_2^2-Verteilung mit der Exponentialverteilung zum Parameter $\lambda = \dfrac{1}{2}$ übereinstimmt (vgl. (1008)).

7.2.5. Die t-Verteilung. Die t-Verteilung mit n Freiheitsgraden ($n \in \mathbf{N}$) oder kurz: die t_n-Verteilung hat die Dichte

(1015) $$g_n(x) := K_n \left(1 + \frac{x^2}{n}\right)^{-\frac{n+1}{2}}, \qquad x \in \mathbf{R}$$

K_n ist dabei folgende Konstante:

(1016) $$K_n := \begin{cases} \dfrac{\sqrt{2m+1}}{(2m+2)\pi} \dfrac{2 \cdot 4 \cdot \ldots \cdot (2m+2)}{1 \cdot 3 \cdot \ldots \cdot (2m+1)} & \text{für} \quad n = 2m+1, m \in \mathbf{N}_0 \\[2ex] \sqrt{\dfrac{m}{2}} \dfrac{1 \cdot 3 \cdot \ldots \cdot (2m-1)}{2 \cdot 4 \cdot \ldots \cdot (2m)} & \text{für} \quad n = 2m, m \in \mathbf{N} \end{cases}$$

g_n hat wieder die Eigenschaft

(1017) $$\int_{-\infty}^{\infty} g_n(x)\,\mathrm{d}x = 1\,, \qquad n \in \mathbf{N}$$

die hier allerdings nicht bewiesen werden soll. (Vgl. [10], Teil 2, S. 13, 5) und S. 34, 4).) Ebenfalls ohne Beweis vermerken wir folgende Limesbeziehungen:

(1018) $$\lim_{n\to\infty} g_n(x) = \frac{1}{\sqrt{2\pi}} \mathrm{e}^{-\frac{x^2}{2}}, \qquad \lim_{n\to\infty} \int_{-\infty}^{x} g_n(t)\,\mathrm{d}t = \frac{1}{\sqrt{2\pi}} \int_{-\infty}^{x} \mathrm{e}^{-\frac{t^2}{2}} \mathrm{d}t\,.$$

Das bedeutet: *Für $n \to \infty$ konvergiert die t_n-Verteilung gegen die Standard-Normalverteilung. In den Anwendungen kann daher die t_n-Verteilung von etwa $n = 30$ an schon sehr gut durch die Standard-Normalverteilung angenähert werden.*

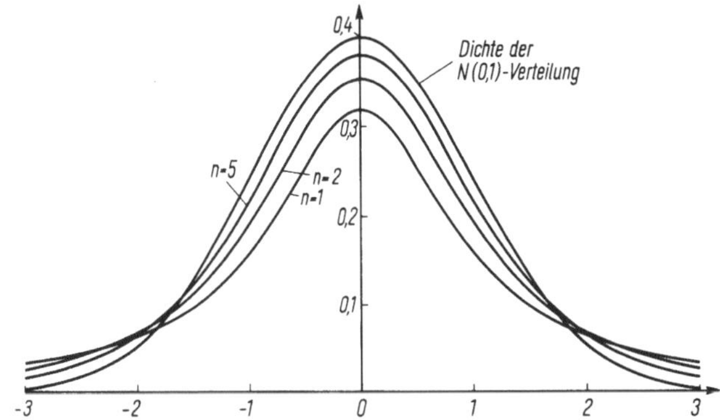

Fig. 60 Dichte der t_n-Verteilung für $n = 1, 2, 5$ im Vergleich mit der $N(0,1)$-Verteilung

7.2.6. Die *F*-Verteilung. Die Dichte der F-Verteilung mit (m, n) Freiheitsgraden oder kurz der $F_{m,n}$-Verteilung lautet

$$\textbf{(1019)} \qquad f_{m,n}(x) := \frac{m^{\frac{m}{2}} n^{\frac{n}{2}}}{B\left(\frac{m}{2}, \frac{n}{2}\right)} \cdot \frac{x^{\frac{m}{2}-1}}{(n + mx)^{\frac{m+n}{2}}} \quad \text{für} \quad x > 0$$

und $f_{m,n}(x) = 0$ für $x \leq 0$. Dabei sind m, n natürliche Zahlen und $B\left(\frac{m}{2}, \frac{n}{2}\right)$ ist ein Funktionswert der sog. Betafunktion, die sich mittels (1027) durch die Gammafunktion ausdrücken läßt. (Vgl. Übungsaufgabe 217.) Die Beziehung

$$(1020) \qquad \int_0^\infty f_{m,n}(x)\, \mathrm{d}x = 1$$

kann Integraltafeln entnommen werden; vgl. etwa [10], Teil 2, S. 177, 13a).

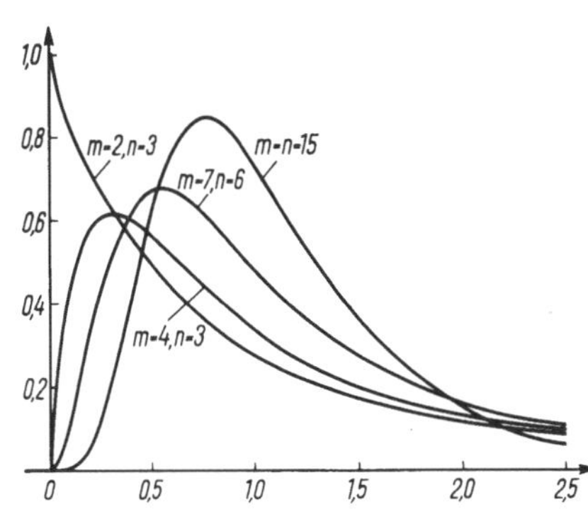

Fig. 61 Dichte der $F_{m,n}$-Verteilung für verschiedene m, n

Übungsaufgaben. 209.* Für die den radioaktiven Zerfall gemäß 7.2.1 beschreibende Exponentialverteilung mit der Dichte (1008) berechne man die Halbwertszeit τ, die durch die Forderung

$$\int_0^\tau f(t)\,dt = \frac{1}{2} \quad \left(= \int_\tau^\infty f(t)\,dt\right)$$

festgelegt ist.

210. Die Funktionen $\Phi(x)$ und $\Phi(x;\mu,\sigma^2)$ seien definiert durch

$$\text{(1021)} \qquad \Phi(x) := \frac{1}{\sqrt{2\pi}} \int_{-\infty}^{x} \exp\left(-\frac{t^2}{2}\right) dt\,, \qquad x \in \mathbf{R}$$

$$\text{(1022)} \qquad \Phi(x;\mu,\sigma^2) := \frac{1}{\sigma\sqrt{2\pi}} \int_{-\infty}^{x} \exp\left(-\frac{(t-\mu)^2}{2\sigma^2}\right) dt\,, \qquad x \in \mathbf{R}$$

Man zeige:

$$\text{(1023)} \qquad \Phi(-x) = 1 - \Phi(x) \qquad \text{für alle} \quad x \in \mathbf{R}$$

$$\text{(1024)} \qquad \Phi(x;\mu,\sigma^2) = \Phi\left(\frac{x-\mu}{\sigma}\right) \qquad \text{für alle} \quad x \in \mathbf{R}\,.$$

211. P und $P_{\mu,\sigma}$ bezeichne die Wahrscheinlichkeitsmaße der Standard-Normalverteilung bzw. der Verteilung $N(\mu,\sigma^2)$. Mit den Definitionen (1021), (1022) zeige man:

a) $P(\langle a,b\rangle) = \Phi(b) - \Phi(a)$

b) $P(\langle -a,a\rangle) = 2\Phi(a) - 1$

c) $P_{\mu,\sigma}(\langle \mu-b,\mu+b\rangle) = 2\Phi\left(\frac{b}{\sigma}\right) - 1\,.$

Anleitung zu b) und c): Man benutze (1023) bzw. (1024).

212.* Mit Hilfe einer Funktionentafel für Φ (z. B. [20], S. 99) bestimme man

a) die Zahl b jeweils so, daß $P_{\mu,\sigma}(\langle \mu-b,\mu+b\rangle)$ die Werte 0,5, 0,95 und 0,99 annimmt,

b) die Werte von $P_{\mu,\sigma}(\langle \mu-b,\mu+b\rangle)$ für $b=\sigma$, 2σ und 3σ.

213. Die Gammafunktion $\Gamma(x)$ ist für $x>0$ durch ein (uneigentliches) Integral definiert:

$$\textbf{(1025)} \qquad \Gamma(x) := \int_0^\infty e^{-t} t^{x-1}\,dt$$

Man beweise:

a) $\Gamma(x+1) = x\Gamma(x) \qquad$ für alle $\quad x>0\,,$

b) $\Gamma(1) = 1,\ \Gamma(n+1) = n! \qquad$ für $\quad n \in \mathbf{N}\,,$

c) $\Gamma\left(\frac{1}{2}\right) = \sqrt{\pi}$,

d) $\Gamma\left(\frac{2m+1}{2}\right) = \frac{1}{2}\cdot\frac{3}{2}\cdot\frac{5}{2}\cdot\ldots\cdot\frac{2m-1}{2}\sqrt{\pi}$ für $m \in \mathbf{N}$.

Anleitung: Zu a): Partielle Integration; zu c): Substitution $2t = s^2$ und Verwendung von (1010); zu b) und d): Man benutze a).

214. Man zeige: Die Dichte der χ_n^2-Verteilung

a) besitzt für $n \geq 3$ ein Maximum an der Stelle $n-2$,

b) ist für $n = 1$ und 2 monoton fallend auf $\mathbf{R}^+$.

215.* P_n bezeichne das Wahrscheinlichkeitsmaß der χ_n^2-Verteilung. Für $n = 5, 10, 15$ und $\gamma = 0{,}05,\ 0{,}5,\ 0{,}95$ bestimme man mittels einer Funktionentafel (z.B. [20], S. 104) die Werte $a > 0$ mit $P_n(\langle 0, a\rangle) = \gamma$.

216. Man beweise die Aussage (1017) für $n = 1$.

Anleitung: Man benutze (506).

217. Die Betafunktion $B(r,s)$ ist für $r > 0, s > 0$ durch

(1026) $$B(r,s) := \int_0^1 t^{r-1}(1-t)^{s-1}\,dt$$

definiert und steht in folgendem Zusammenhang mit der Gammafunktion:

(1027) $$B(r,s) = \frac{\Gamma(r)\Gamma(s)}{\Gamma(r+s)}, \quad r > 0,\ s > 0.$$

Man prüfe (1027) für $(r,s) = (1,s)$, $(r,1)$ und $\left(\frac{1}{2},\frac{1}{2}\right)$ durch Ausrechnen beider Seiten nach.

Hinweis zur Berechnung von $B\left(\frac{1}{2},\frac{1}{2}\right)$: Man substituiere $t = \tau^2$ und benutze (508).

218. Man beweise (1020) für $m = n = 1$.

Anleitung: Man substituiere $x = y^2$ und benutze (506).

7.3. Zufallsgrößen; Verteilungsfunktion, Erwartungswert und Varianz

7.3.1. Diskrete Zufallsgrößen und ihre Verteilungsfunktion. Es liege ein diskreter Wahrscheinlichkeitsraum mit Ergebnisraum Ω und Wahrscheinlichkeitsverteilung P vor (vgl. 7.1.2). Eine beliebige Funktion $\Omega \to \mathbf{R}$ heißt dann eine diskrete Zufallsgröße (oder auch Zufallsvariable). Dem allgemeinen Brauch entsprechend werden wir Zufallsgrößen mit großen Buchstaben $X, Y, \ldots$ und ihre Funktionswerte mit kleinen Buchstaben $x, y, \ldots$ bezeichnen. Es sei nun $X: \Omega \to \mathbf{R}$ eine solche Zufallsgröße. Wir setzen

(1028) $\Omega' := X(\Omega) =$ *Bild von* Ω *unter der Abbildung* X, und für beliebiges $A \subseteq \mathbf{R}$:

(1029) $X^{-1}(A) := \{\omega \in \Omega;\ X(\omega) \in A\}$.

Die Menge $\Omega' \subset \mathbf{R}$ ist wieder endlich oder abzählbar. Für $X^{-1}(A)$ ist als Teilmenge von Ω (Ereignis) die Wahrscheinlichkeit $P(X^{-1}(A))$ definiert. Wir schreiben dafür in der Regel

(1030) $P(X^{-1}(A)) =: P(X \in A)$

und nennen dies die *Wahrscheinlichkeit dafür, daß die Zufallsgröße X einen Wert aus A annimmt*. Falls A ein Intervall (a, b) ist schreiben wir auch

(1031) $P(X^{-1}(A)) =: P(a < X < b)$.

Analog sind die Wahrscheinlichkeiten $P(a \leq X \leq b)$, $P(-\infty < X \leq x)$, $P(X = c)$ usw. erklärt.

Wir wählen nun für A speziell das halbunendliche Intervall $(-\infty,\ x\rangle$ mit variablem rechten Endpunkt x. Dann ergibt sich folgende wichtige Funktion $F: \mathbf{R} \to \mathbf{R}$:

(1032) $F(x) := \mathrm{P}(-\infty < X \leq x) = P(X \leq x), \quad x \in \mathbf{R}$

Diese Funktion heißt (kumulative) Verteilungsfunktion oder Verteilung der Zufallsgröße X. Die Zahl $F(x)$ ist offenbar die Wahrscheinlichkeit dafür, daß die Zufallsgröße X einen Wert $\leq x$ animmt.

Eine Verteilungsfunktion hat stets folgende leicht nachzuweisende Eigenschaften:

(1033) $0 \leq F(x) \leq 1$ für alle $x \in \mathbf{R}$

(1034) $P(a < X \leq b) = F(b) - F(a)$ für alle $a < b$

(1035) *F ist monoton wachsend*

(1036) $\lim_{x \to -\infty} F(x) = 0, \quad \lim_{x \to \infty} F(x) = 1$.

Wir betrachten noch kurz den Sonderfall, daß $\Omega' = X(\Omega)$ eine *endliche* Menge ist (vgl. Fig. 62):

(1037) $\Omega' = \{x_1, x_2, \ldots, x_n\}$ mit $x_1 < x_2 < \ldots < x_n$ und

(1038) $P(X = x_i) = p_i > 0, \quad 1 \leq i \leq n$.

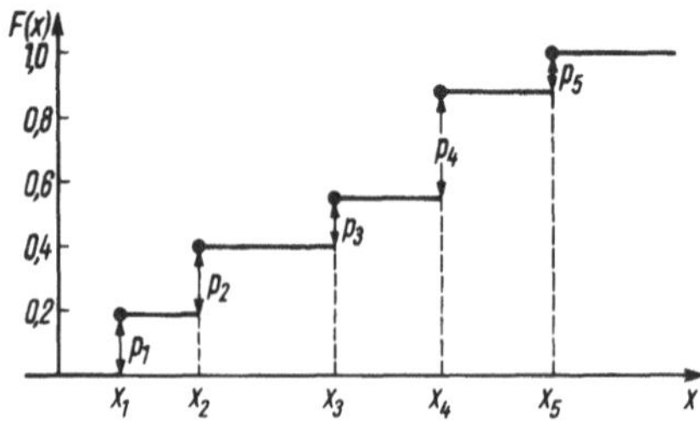

Fig. 62 Verteilungsfunktion einer Zufallsgröße, die nur 5 Werte annehmen kann

Hier ist $F(x)=0$ für $x<x_1$, $F(x)=p_1+p_2+\ldots+p_i=\text{const}$ für $x\in\langle x_i, x_{i+1})$, $i=1,\ldots,n-1$ und $F(x)=1=p_1+\ldots+p_n$ für $x\geq x_n$. F ist also stückweise konstant, und in den Sprungstellen x_i beträgt die Sprunghöhe gerade $p_i=P(X=x_i)$. Eine Funktion dieser Art nennt man Treppenfunktion.

Beispiel. Ein Glücksspiel mit den Ergebnissen T („Treffer") und M („Mißerfolg") und der Trefferwahrscheinlichkeit p wird n mal gespielt. Diese n Spiele zusammen sollen als *ein* Zufallsexperiment gelten. Der Ergebnisraum Ω dieses Zufallsexperiments kann dann in leicht verständlicher Weise (vgl. Übungsaufgabe 205) als die Menge aller „Wörter" der Länge n aufgefaßt werden, die nur aus den Buchstaben T und M bestehen. (Es gibt 2^n solche Wörter. Begründung?) Die Wahrscheinlichkeit eines „Wortes" $\omega\in\Omega$, das genau k mal den Buchstaben T enthält, lautet

(1039) $$P(\{\omega\})=p^k(1-p)^{n-k}.$$

Für den durch Ω und P gegebenen diskreten Wahrscheinlichkeitsraum definieren wir nun eine (diskrete) Zufallsgröße $X:\Omega\to\mathbf{R}$ durch die Festsetzung: Für beliebiges $\omega\in\Omega$ ist

(1040) $$X(\omega):=\text{Anzahl der Buchstaben } T \text{ in } \omega.$$

Das bedeutet: *X gibt die Anzahl der Treffer bei n-maligem Spiel an* oder auch den Gesamtgewinn, wenn pro Treffer ein Gewinn von 1 DM ausgesetzt ist.

Aus (1040) folgt offenbar

(1041) $$\Omega'=X(\Omega)=\{0,1,\ldots,n\},$$

und da es $\binom{n}{k}$ Wörter ω gibt, die den Buchstaben T genau k mal enthalten, ergibt sich aus (1039)

(1042) $$P(X=k)=\binom{n}{k}p^k(1-p)^{n-k};\quad k=0,1,\ldots,n.$$

Die Verteilungsfunktion F von X lautet demnach:

(1043) $$F(x)=P(X\leq x)=\sum_{\substack{k\in\Omega'\\ k\leq x}}\binom{n}{k}p^k(1-p)^{n-k},\quad x\in\mathbf{R}.$$

Wegen (1042) sagt man: Die Zufallsgröße X ist binomialverteilt, genauer: $B_{n,p}$-verteilt.

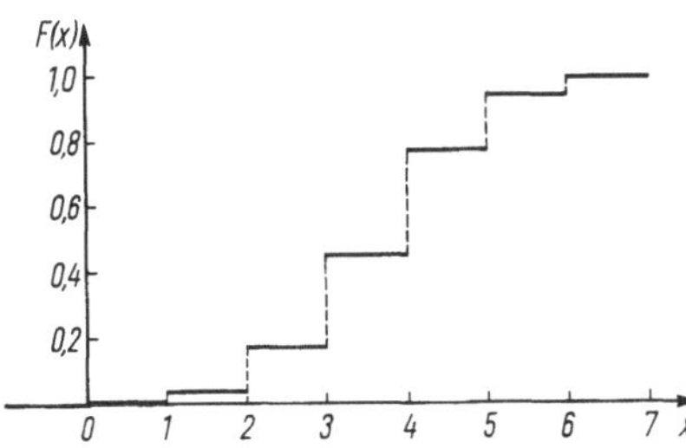

Fig. 63 Verteilungsfunktion der $B_{6,\frac{3}{5}}$-Verteilung

7.3.2. Stetige Zufallsgrößen und ihre Verteilungsfunktion. Jetzt sei der Ergebnisraum Ω eine beliebige *nicht abzählbare unendliche* Menge. (Einfache Beispiele für Ω: Intervall, $\mathbf{R}$, Kreislinie, Kreisscheibe, Ebene, Vollkugel, Quader, ...) Gewisse Teilmengen A von Ω gelten als „Ereignisse“, für welche die Wahrscheinlichkeit $P(A)$ mit den Eigenschaften a)–d) aus 7.1.2 definiert ist. *Eine Abbildung* $X: \Omega \to \mathbf{R}$ *heißt eine stetige Zufallsgröße, wenn* $P(X \leq x)$ *für alle* $x \in \mathbf{R}$ *definiert ist und eine Dichte* $f: \mathbf{R} \to \mathbf{R}$ *mit den Eigenschaften* (1005), (1006) *existiert, so daß gilt*

(**1044**) $$P(X \leq x) = \int_{-\infty}^{x} f(t)\,\mathrm{d}t\,.$$

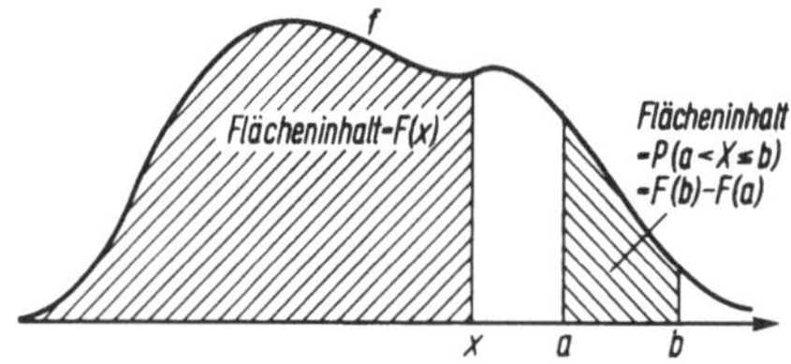

Fig. 64
Zur Definition der Verteilungsfunktion F einer stetigen Zufallsgröße X mit der Dichte f

Die so definierte Funktion $F: \mathbf{R} \to \mathbf{R}$ mit

(**1045**) $$F(x) := \int_{-\infty}^{x} f(t)\,\mathrm{d}t\,, \qquad x \in \mathbf{R}$$

heißt wieder (vgl. (1032)) Verteilungsfunktion oder Verteilung der (stetigen) Zufallsgröße X und f heißt auch die Dichte (der Verteilung) von X. Aus (224) folgt leicht:

(**1046**) $F'(x) = f(x)$ *an jeder Stetigkeitsstelle* x *von* f,

und die *Eigenschaften* (1033) *bis* (1036) *bleiben auch hier gültig.* Aber die Verteilungsfunktion F hat jetzt *keine Sprungstellen*, sondern ist eine *überall stetige* Funktion.

Bemerkungen. 1) In der Praxis werden stetige Zufallsgrößen auch dann (als gute Näherungen) verwendet, wenn der Ergebnisraum Ω zwar nur *endlich*, aber sehr groß ist oder zumindest als groß gedacht werden kann. *Typische Beispiele:* (*i*) Ω = Menge der Individuen ω einer Population; $X(\omega)$ = Körpergewicht von ω. (*ii*) Ω = Menge der Moleküle ω in einem Mol eines Gases (fester Beobachtungszeitpunkt!); $X(\omega)$ = kinetische Energie des Moleküls ω. (*iii*) Ω = Menge aller denkbaren Messungen ω einer physikalischen Größe; $X(\omega)$ = Meßfehler bei der Messung ω.

2) Der Leser fragt sich vielleicht, warum man überhaupt Zufallsgrößen, also Abbildungen des Ergebnisraumes in die reellen Zahlen betrachtet. Der Hauptgrund: Ergebnisse in ihrer möglichen Vielfalt sind quantitativen mathematischen Methoden nur schwer zugänglich. Erst nach dem Übergang von den Ergebnissen zu den reellen Zahlen ist es möglich, das bewährte Instrumentarium der Mathematik, vor allem die Differential- und Integralrechnung, zur Lösung wahrscheinlichkeitstheoretischer Probleme einzusetzen.

Beispiele. **a)** Wir betrachten das in 7.2.1 beschriebene Zufallsexperiment. Dort war $\Omega = \mathbf{R}_0^+$. Für die identische Abbildung

$$X(T) := T, \qquad T \in \mathbf{R}_0^+$$

gilt nach (1004):

$$P(X \leq x) = P(T \leq x) = \int_0^x \lambda e^{-\lambda t} dt = 1 - e^{-\lambda x} \quad \text{für} \quad x \geq 0$$

und $P(X \leq x) = 0$ für $x < 0$.

Damit ist X eine stetige Zufallsgröße mit der Dichte (1008). Man skizziere die Verteilungsfunktion von X für $\lambda = 1$.

b) Das Zufallsexperiment besteht jetzt darin, aus der erwachsenen männlichen Bevölkerung Ω eines Landes durch einen geeigneten Zufallsmechanismus einen Mann auszuwählen. Ω ist also zugleich der Ergebnisraum. Interessiert man sich im Augenblick nur für die Körpergröße (andere Eigenschaften wären z. B. das Körpergewicht oder der Blutdruck), so wird man die Zuordnung $X : \Omega \to \mathbf{R}$, $X(\omega) :=$ Körpergröße (in cm) des Mannes $\omega \in \Omega$, betrachten. X ist dann näherungsweise (vgl. obige Bemerkung 1)) eine stetige Zufallsgröße, die erfahrungsgemäß ungefähr *normalverteilt* ist, d. h., für feste Zahlen $\mu \in \mathbf{R}$, $\sigma > 0$ gilt

$$(1047) \qquad P(X \leq x) \approx \frac{1}{\sigma\sqrt{2\pi}} \int_{-\infty}^{x} \exp\left(-\frac{(t-\mu)^2}{2\sigma^2}\right) dt = \Phi\left(\frac{x-\mu}{\sigma}\right)$$

(vgl. (1021), (1022), (1024)). Dabei ist $P(X \leq x)$ die Wahrscheinlichkeit dafür, daß ein Mann aus Ω höchstens x cm groß ist, oder der Anteil der Männer aus Ω, die höchstens x cm groß sind.

7.3.3. Erwartungswert einer Zufallsgröße. Die häufigste Frage bei vorliegender Zufallsgröße X lautet: Welchen Wert nimmt X *im Mittel* an? Ist z. B. bei einem Glücksspiel $X(\omega)$ der für das Spielergebnis ω ausgesetzte Gewinn, so ist für einen Spieler wichtig, welchen Gewinn er *durchschnittlich pro Spiel erwarten* kann. Die gesuchte Zahl ist der sog. Erwartungswert von X, der den wichtigsten „Parameter" der Zufallsgröße X darstellt.

Zur Vorbereitung der genauen Definition betrachten wir zunächst eine Zufallsgröße X mit nur *endlich* vielen Werten, also

$$(1048) \qquad X(\Omega) = \Omega' = \{x_1, \ldots, x_n\}, \qquad P(X = x_k) = p_k, \qquad 1 \leq k \leq n.$$

Wird das zugehörige Zufallsexperiment sehr oft, sagen wir N mal, ausgeführt, so nimmt X den Wert x_k ungefähr Np_k mal an ($1 \leq k \leq n$). Für den *Mittelwert* (das arithmetische Mittel) $\bar{x}$ der N Funktionswerte von X gilt dann offenbar:

$$\bar{x} \approx \frac{1}{N} \sum_{k=1}^{n} x_k N p_k = \sum_{k=1}^{n} x_k p_k = \sum_{k=1}^{n} x_k P(X = x_k).$$

Der letzte Ausdruck gibt nun Anlaß zu folgender

Definition des Erwartungswertes einer diskreten Zufallsgröße: *Die diskrete Zufallsgröße X habe den endlichen oder abzählbaren Wertebereich $X(\Omega) = \Omega'$. Dann heißt*

(1049) $$E(X) := \sum_{x \in \Omega'} x P(X = x)$$

der Erwartungswert (der Verteilung) von X.

Bemerkung. Falls Ω' *nicht endlich* ist, ist die rechte Seite von (1049) eine unendliche Reihe (ohne festgelegte Summationsreihenfolge), die nicht notwendig konvergent ist. (Vgl. Übungsaufgabe 220.) Damit $E(X)$ sinnvoll definiert ist, muß *vorausgesetzt* werden:

(1050) $$\sum_{x \in \Omega'} |x| \, P(X = x) \text{ ist konvergent.}$$

Wenn von Erwartungswerten die Rede ist, wird (1050) *stets stillschweigend angenommen.*

Wir berechnen $E(X)$ für den besonders einfachen Fall einer gleichverteilten Zufallsgröße X (vgl. 7.1.3): Hier gilt neben (1048) noch

$$P(X) = x_k) = p_k = \frac{1}{n} \quad \text{für alle} \quad k = 1, \dots, n,$$

also $$E(X) = \sum_{k=1}^{n} x_k \cdot \frac{1}{n} = \frac{1}{n} \sum_{k=1}^{n} x_k$$

$$= \text{arithmetisches Mittel von } x_1, \dots, x_n.$$

Nun sei X eine *stetige* Zufallsgröße. Wegen $P(X = x) = 0$ für alle $x \in \mathbf{R}$ ist die Definition (1049) hier sicher nicht brauchbar. Ersetzt man jedoch die Summe in (1049) durch ein geeignetes Integral, so gelangt man zu folgender

Definition des Erwartungswertes einer stetigen Zufallsgröße: *Die stetige Zufallsgröße X besitze die Dichte f, und es existiere das (uneigentliche) Integral*

(1051) $$\int_{-\infty}^{\infty} |x| f(x) \mathrm{d}x.$$

Dann heißt die Zahl

(1052) $$E(X) := \int_{-\infty}^{\infty} x f(x) \mathrm{d}x$$

der Erwartungswert (der Verteilung) von X.

Beispiel. Sei X die in 7.3.2, Beispiel a) betrachtete Zufallsgröße mit der Dichte (1008).

Dann ist

$$E(X)=\int_0^\infty x\lambda e^{-\lambda x}dx = -xe^{-\lambda x}|_0^\infty + \int_0^\infty e^{-\lambda x}dx = \frac{1}{\lambda}.$$

Im Mittel wird also nach $1/\lambda$ Zeiteinheiten das erste α-Teilchen emittiert (Vgl. 7.2.1)

7.3.4. Funktionen von Zufallsgrößen und ihr Erwartungswert. Es sei $\varphi: \mathbf{R} \to \mathbf{R}$ eine differenzierbare Funktion, deren Ableitung φ' noch stetig ist und nur endlich viele Nullstellen hat. Z.B. kann φ ein Polynom sein. Ist dann $X: \Omega \to \mathbf{R}$ irgendeine Zufallsgröße (diskret oder stetig), so läßt sich nachweisen, daß auch die verkettete Abbildung

(1053) $\quad Y = \varphi \circ X: \Omega \to \mathbf{R}$

wieder eine Zufallsgröße ist. Man nennt Y eine Funktion der Zufallsgröße X. Da solche Zufallsgrößen Y oft gebraucht werden, ist es wichtig zu wissen, wie man den Erwartungswert $E(Y)$ berechnen kann[1]).

Der folgende Satz zeigt dies:

a) *Ist X eine diskrete Zufallsgröße mit $X(\Omega) = \Omega'$, so gilt*

(**1054**) $\quad E(Y) = E(\varphi \circ X) = \sum_{x \in \Omega'} \varphi(x) P(X = x).$

b) *Ist X eine stetige Zufallsgröße mit der Dichte f, so gilt*

(**1055**) $\quad E(Y) = E(\varphi \circ X) = \int_{-\infty}^{\infty} \varphi(x) f(x) dx.$

Beweis. Wir beweisen nur die Aussage (1055) und zwar für den einfacheren Fall, daß φ' überall positiv ist. φ ist also streng monoton wachsend und besitzt eine Umkehrfunktion ψ. Zuerst berechnen wir die Dichte von Y. Sei $\varphi(-\infty) =: a(\geq -\infty)$ und $\varphi(\infty) =: b(\leq \infty)$. Dann ist offenbar $P(Y \leq y) = 0$ für $y \leq a$ und $= 1$ für $y \geq b$. Für $y \in (a, b)$ lautet die Verteilungsfunktion G von Y:

$$G(y) = P(Y \leq y) = P(X \leq \psi(y)) = \int_{-\infty}^{\psi(y)} f(t) dt,$$

und nach der Substitution $s = \varphi(t)$, $t = \psi(s)$:

$$G(y) = \int_a^y f(\psi(s)) \psi'(s) ds.$$

Damit erhält man für die Dichte g von Y: $g(y) = 0$ für $y \notin (a, b)$ und $g(y) = G'(y) = f(\psi(y))\psi'(y)$ für $y \in (a, b)$. (Vgl. (1046).) Nach Definition ist nun

$$E(Y) = \int_{-\infty}^{\infty} y g(y) dy = \int_a^b y f(\psi(y)) \psi'(y) dy = \int_{-\infty}^{\infty} \varphi(x) f(x) dx$$

(Substitution $y = \varphi(x)$.) Damit ist (1055) bewiesen.

---

[1]) Die Existenz von $E(Y)$ wird stillschweigend vorausgesetzt.

Eine erste *Anwendung* erhalten wir für $\varphi(x) := c_2 x^2 + c_1 x + d$ mit Konstanten $c_1, c_2, d \in \mathbf{R}$ und $(c_1, c_2) \neq (0,0)$. Es ist dann $Y = \varphi \circ X = c_2 X^2 + c_1 X + d$, und aus (1054) bzw. (1055) ergibt eine leichte Rechnung

(1056) $$E(c_2 X^2 + c_1 X + d) = c_2 E(X^2) + c_1 E(X) + d$$

Dies bleibt auch für $c_1 = c_2 = 0$ richtig, denn die konstante Abbildung d kann als diskrete Zufallsgröße $\tilde{X}$ aufgefaßt werden, für die nach (1049) mit $\Omega' = \{d\}$ gilt:

$$E(d) = E(\tilde{X}) = dP(\tilde{X} = d) = dP(\Omega) = d \cdot 1 = d\,.$$

7.3.5. Varianz einer Zufallsgröße. Nach dem Erwartungswert ist die Varianz der zweite wichtige „Parameter" einer Wahrscheinlichkeitsverteilung bzw. einer Zufallsgröße X. Besitzt X den Erwartungswert $E(X) =: \mu$, so läßt sich die Zufallsgröße $Y = (X - \mu)^2$ definieren. (Man setze in (1053) $\varphi(x) := (x - \mu)^2$.) Falls nun auch der Erwartungswert $E(Y)$ existiert, so heißt diese Zahl die Varianz $V(X)$ (der Verteilung) von X, also

(1057) $$\textit{Varianz von } X = V(X) := E((X - \mu)^2) \textit{ mit } \mu := E(X)\,.$$

Nach (1054) und (1055) hat $V(X)$ folgende Darstellung:

(1058) $$\begin{cases} V(X) = \sum\limits_{x \in \Omega'} (x - \mu)^2 P(X = x) \\ \textit{für eine diskrete Zufallsgröße } X \textit{ mit } X(\Omega) = \Omega' \end{cases}$$

bzw.

(1059) $$\begin{cases} V(X) = \int\limits_{-\infty}^{\infty} (x - \mu)^2 f(x)\mathrm{d}x \\ \textit{für eine stetige Zufallsgröße } X \textit{ mit der Dichte } f. \end{cases}$$

Es gilt stets $V(X) \geq 0$. Oft wird die Varianz $V(X)$ auch mit σ^2 bezeichnet. $\sigma = \sqrt{V(X)} \geq 0$ heißt die Standardabweichung von X. Dieser Name drückt folgenden Sachverhalt aus: σ ist ein Maß dafür, wie stark die X-Werte *vom Erwartungswert* $E(X) = \mu$ *im Mittel abweichen.* Ist σ klein, so sind die X-Werte stark in der Nähe von μ konzentriert. Für großes σ dagegen „streuen" die X-Werte sehr weit um den Erwartungswert $E(X)$.

Aufgrund der Definition (1057) ergeben sich mittels (1056) noch zwei Regeln für das Rechnen mit Varianzen:

(1060) $$V(X) = E(X^2) - E(X)^2$$

(1061) $$V(cX + d) = c^2 V(X) \qquad \text{für} \quad c, d = \text{const.}$$

Beweis von (1060). Mit $\mu = E(X)$ ist $V(X) = E((X - \mu)^2) = E(X^2 - 2\mu X + \mu^2) = E(X^2) - 2\mu E(X) + \mu^2 = E(X^2) - \mu^2$.

Der Beweis von (1061) sei dem Leser als Übung empfohlen. Ganz ähnlich beweist man auch folgende häufig benutzte Aussage:

(**1062**) *Hat die Zufallsgröße X den Erwartungswert μ und die Varianz $\sigma^2 > 0$, so hat die „normierte" Zufallsgröße* $Y := \frac{1}{\sigma}(X - \mu)$ *den Erwartungswert* 0 *und die Varianz* 1.

7.3.6. Beispiele zur Berechnung von $E(X)$ und $V(X)$

a) Die Zufallsgröße X sei $B_{n,p}$-verteilt (vgl. 7.1.4), d.h.

$$P(X = k) = \binom{n}{k} p^k q^{n-k}, \qquad q := 1 - p;\ k = 0, 1, \ldots, n.$$

Dann gilt

(**1063**) $\qquad E(X) = np, \qquad V(X) = np(1-p) = npq.$

Wir beweisen nur die erste Behauptung (vgl. auch Aufgabe 234):

$$E(X) = \sum_{k=0}^{n} kP(X = k) = \sum_{k=1}^{n} k \frac{n!}{k!(n-k)!} p^k q^{n-k}$$

$$= np \sum_{k=1}^{n} \frac{(n-1)!}{(k-1)!(n-k)!} p^{k-1} q^{n-k} = np \underbrace{\sum_{j=0}^{n-1} \binom{n-1}{j} p^j q^{n-1-j}}_{= 1 \text{ nach } (128)} = np.$$

b) Sei X Poisson-verteilt, d.h. für ein $\lambda > 0$ gilt:

$$P(X = k) = \frac{\lambda^k}{k!} e^{-\lambda}, \qquad k = 0, 1, 2, \ldots$$

Dann ergibt sich

(**1064**) $\qquad E(X) = V(X) = \lambda$

Beweis. Der Beweis von $E(X) = \lambda$ ist einfach und wird dem Leser überlassen. Aus (1060) und (1054) folgt dann

$$V(X) = E(X^2) - \lambda^2 = \sum_{k=0}^{\infty} k^2 \frac{\lambda^k}{k!} e^{-\lambda} - \lambda^2$$

$$= \lambda \Bigg(\underbrace{\sum_{k=1}^{\infty} (k-1) \frac{\lambda^{k-1}}{(k-1)!} e^{-\lambda}}_{= E(X) = \lambda} + \underbrace{\sum_{k=1}^{\infty} \frac{\lambda^{k-1}}{(k-1)!} e^{-\lambda}}_{= 1} \Bigg) - \lambda^2 = \lambda.$$

Poisson-verteilte Zufallsgrößen X kamen implizit in 7.1.7 Beispiel a) (X = Anzahl der in einem Zeitintervall I emittierten α-Teilchen) und Beispiel b) (X = Anzahl der roten Blutkörperchen in einem Quadrat der Zählkammer) vor. Der Leser gebe auch die in den Übungsaufgaben 207 und 208 implizit auftretenden Poisson-verteilten Zufallsgrößen an.

c) Für eine standardnormalverteilte Zufallsgröße X mit der Dichte (1009) gilt

(1065) $E(X)=0, \quad V(X)=1$

Beweis. $E(X)=\frac{1}{\sqrt{2\pi}}\int\limits_{-\infty}^{\infty} x\,e^{-\frac{x^2}{2}}dx = 0,$

da der Integrand eine ungerade Funktion ist. Weiter folgt nach (1059) und durch partielle Integration:

$$V(X)=\frac{1}{\sqrt{2\pi}}\int\limits_{-\infty}^{\infty} x\cdot x\,e^{-\frac{x^2}{2}}dx$$

$$=\underbrace{-\frac{x}{\sqrt{2\pi}}e^{-\frac{x^2}{2}}\Big|_{-\infty}^{\infty}}_{=0}+\underbrace{\frac{1}{\sqrt{2\pi}}\int\limits_{-\infty}^{\infty} e^{-\frac{x^2}{2}}dx}_{=1 \text{ nach } (1010)}=1.$$

Nun betrachten wir für ein $\mu\in\mathbf{R}$ und ein $\sigma>0$ die Zufallsgröße

(1066) $Y:=\sigma X+\mu, \quad X=$ standardnormalverteilt.

Es wird behauptet: *Y ist $N(\mu,\sigma^2)$-verteilt*, d.h., Y hat die Dichte (1011), und es gilt:

(1067) $E(Y)=\mu, \quad V(Y)=\sigma^2.$

Das bedeutet: *Die Parameter μ und σ^2 der Normalverteilung $N(\mu,\sigma^2)$ sind gerade der Erwartungswert bzw. die Varianz dieser Verteilung.*

Die Formeln (1067) ergeben sich unter Benutzung von (1065) aus (1056) bzw. (1061):

$$E(Y)=E(\sigma X+\mu)=\sigma E(X)+\mu=\mu,$$

$$V(Y)=V(\sigma X+\mu)=\sigma^2 V(X)=\sigma^2.$$

Um noch die Aussage über die Dichte von Y zu beweisen, betrachten wir die in (1021) eingeführte Funktion

(1068) $\Phi(x):=\frac{1}{\sqrt{2\pi}}\int\limits_{-\infty}^{x} e^{-\frac{t^2}{2}}dt,$

die gerade die Verteilungsfunktion von X ist, mit der Ableitung

(1069) $\Phi'(x)=\frac{1}{\sqrt{2\pi}}e^{-\frac{x^2}{2}}=$ Dichte von X.

Die Verteilungsfunktion F von Y lautet nun:

$$F(y)=P(Y\le y)=P(\sigma X+\mu\le y)=P\left(X\le\frac{y-\mu}{\sigma}\right)=\Phi\left(\frac{y-\mu}{\sigma}\right).$$

Für die Dichte $F'(y)$ von Y folgt damit aus (1069):

(1070) $$F'(y) = \Phi'\left(\frac{y-\mu}{\sigma}\right) \cdot \frac{1}{\sigma} = \frac{1}{\sigma\sqrt{2\pi}}\, e^{-\frac{(y-\mu)^2}{2\sigma^2}},$$

was behauptet worden war.

d) Das Maxwellsche Verteilungsgesetz. Ein bestimmtes Volumen (z. B. 1 Mol) eines idealen Gases der Temperatur T werde im Zeitpunkt 0 beobachtet. Für jedes Molekül ω aus dieser Gasmenge sei

$X(\omega) := $ Geschwindigkeitsbetrag (im folgenden kurz: Geschwindigkeit) von ω im Zeitpunkt 0.

$X(\omega)$ ist eine (unbekannte) nichtnegative Zahl, und die Abbildung X kann näherungsweise als stetige Zufallsgröße mit folgender Dichte f aufgefaßt werden (vgl. [14], S. 527):

(1071) $$f(x) := \begin{cases} \dfrac{4}{c^3\sqrt{\pi}}\, x^2 e^{-\frac{x^2}{c^2}} & \text{für} \quad x \geq 0 \\ 0 & \text{für} \quad x < 0 \end{cases}$$

Hierin ist c die von T abhängende Konstante

(1072) $$c := \left(\frac{2kT}{m}\right)^{\frac{1}{2}}$$

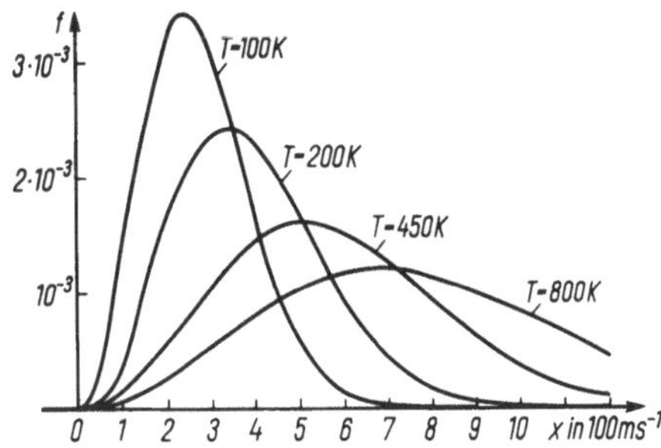

Fig. 65 Die Geschwindigkeitsverteilung (1071) für Stickstoff (N_2) bei verschiedenen Temperaturen T

mit k = Boltzmannsche Konstante und m = Masse eines Moleküls. Physikalisch bedeutet diese Aussage: Der Bruchteil, den die Moleküle mit einer Geschwindigkeit zwischen x und $x+h$ (h klein) bilden, beträgt

$$\int_x^{x+h} f(t)\,dt \approx hf(x).$$

Die Eigenschaft $\int_0^\infty f(x)\,dx = 1$ ergibt sich durch eine Rechnung, die der zur Bestimmung von $V(X)$ in Beispiel c) angestellten Rechnung ganz ähnlich ist.

Aus der Forderung $f'(x) = 0$, $x > 0$ folgt leicht $x = c$, so daß c die einzige Maximalstelle von f ist. c ist damit die „wahrscheinlichste" Geschwindigkeit eines Moleküls. Diese ist nicht zu verwechseln mit der mittleren Geschwindigkeit $\bar{v}$ der Moleküle, die mit $E(X)$ übereinstimmt. Man berechnet

$$\frac{c^3\sqrt{\pi}}{4} E(X) = \int_0^\infty x^2 \cdot x e^{-\frac{x^2}{c^2}} dx$$

$$= -\frac{c^2 x^2}{2} e^{-\frac{x^2}{c^2}} \Big|_0^\infty + c^2 \int_0^\infty x e^{-\frac{x^2}{c^2}} dx$$

$$= -\frac{c^4}{2} e^{-\frac{x^2}{c^2}} \Big|_0^\infty = \frac{c^4}{2}.$$

Somit gilt

(1073) $$\bar{v} = E(X) = \frac{2c}{\sqrt{\pi}} \approx 1{,}13c$$

Von besonderem Interesse ist in der Physik das mittlere Geschwindigkeitsquadrat $\overline{v^2}$ (zu unterscheiden von $\bar{v}^2$!), das durch $\overline{v^2} := E(X^2)$ definiert ist. Mit (1055) ergibt sich

$$E(X^2) = \frac{4}{c^3\sqrt{\pi}} \int_0^\infty x^3 \cdot x e^{-\frac{x^2}{c^2}} dx$$

$$= \underbrace{-\frac{2}{c\sqrt{\pi}} x^3 e^{-\frac{x^2}{c^2}} \Big|_0^\infty}_{=0} + \frac{3}{2} c^2 \cdot \underbrace{\frac{4}{c^3\sqrt{\pi}} \int_0^\infty x^2 e^{-\frac{x^2}{c^2}} dx}_{=1} = \frac{3}{2} c^2,$$

also

(1074) $$\overline{v^2} = E(X^2) = \frac{3}{2} c^2.$$

Schließlich erhält man aus (1060):

$$V(X) = \overline{v^2} - \bar{v}^2 = \left(\frac{3}{2} - \frac{4}{\pi}\right) c^2 \approx 0{,}227 c^2.$$

Übungsaufgaben. 219.* Ein Telefonkunde ruft jeden Sonntag seine Mutter an. Er weiß aus Erfahrung, daß er dabei nur mit der Wahrscheinlichkeit p $(0 < p \leq 1)$ auf Anhieb durchkommt.

a) Wie lautet der Ergebnisraum Ω dieses sonntäglichen „Zufallsexperiments", wenn die Buchstaben T und M für „Durchkommen" bzw. „Nichtdurchkommen" benutzt werden?

b) Für die Zufallsgröße X, welche die erforderlichen Versuche zählt, bestimme man die Verteilung, $E(X)$ und $V(X)$.

Anleitung für $E(X)$ und $V(X)$: Man benutze die erste und zweite Ableitung der geometrischen Reihe (108).

220.* Beim Werfen einer symmetrischen Münze wird der doppelte Einsatz ausbezahlt, wenn „Adler" (A) erscheint, und der Einsatz einbehalten, wenn „Zahl" (Z) erscheint. Ein Spieler wirft die Münze so oft, bis zum ersten Mal „Adler" erscheint. Dabei setzt er für den ersten Wurf 1 DM ein und verdoppelt den Einsatz nach jedem Auftreten von „Zahl". Z.B. hat er für das Ergebnis ZZA insgesamt $1+2+4=7$ DM eingesetzt und erhält 8 DM ausbezahlt.

a) Wie lautet der Ergebnisraum Ω des Spiels?

b) Die Zufallsgröße X messe die „Länge" (= Anzahl der Würfe) eines Spiels. Man berechne $P(X=k)$, $k \in \mathbf{N}$, und $E(X)$.

c) Man bestimme die Zufallsgröße Y (als Funktion von X), die den Gesamteinsatz eines Spiels angibt.

d) Man zeige, daß $E(Y)$ nicht existiert.

e) Man zeige, daß die Zufallsgröße $G := 2^X - Y$ den Nettogewinn eines Spieles angibt und stets den Wert 1 hat.

221.* Ein Schütze schießt auf eine kreisförmige Zielscheibe mit Mittelpunkt O und Radius a. Die Wahrscheinlichkeit, daß er die Kreisscheibe um O mit Radius r $(0 \leq r \leq a)$ trifft, sei $\frac{r^2}{a^2}$. Die Menge aller Punkte der Zielscheibe kann als zugehöriger Ergebnisraum Ω betrachtet werden. Durch $X(P) :=$ Abstand des Punktes $P \in \Omega$ vom Mittelpunkt O wird eine Zufallsgröße X definiert. Man bestimme die Dichte f, die Verteilungsfunktion F von X sowie $E(X)$ und $V(X)$.

222. Man zeige, daß eine t_1-verteilte Zufallsgröße keinen Erwartungswert besitzt.

Anleitung: Man berechne $A := \int\limits_0^a \frac{2x}{1+x^2}\,dx$ und zeige $A \to \infty$ für $a \to \infty$.

223.* Man bestimme $c \in \mathbf{R}$ so, daß durch $f(x) := cx(1-x)$ für $x \in (0,1)$ und $f(x) := 0$ für $x \notin (0,1)$ eine Dichte definiert wird. Wie lautet die Verteilungsfunktion, der Erwartungswert und die Varianz einer so verteilten Zufallsgröße X?

224.* Für eine Zufallsgröße X mit der Dichte

$$f(x) := \begin{cases} (b-a)^{-1} & \text{für } x \in (a,b) \\ 0 & \text{für } x \notin (a,b) \end{cases} \qquad (a < b)$$

berechne man Verteilungsfunktion, $E(X)$ und $V(X)$.

225. Die Zufallsgröße X sei $N(0,1)$-verteilt. Man zeige, daß dann $Y := X^2$ χ_1^2-verteilt ist.

Anleitung: Man benutze $P(Y \le y) = P(-\sqrt{y} \le X \le \sqrt{y})$.

226.* Die Zufallsgröße X habe die Dichte

$$f(x) := \begin{cases} 1 & \text{für } 0 \le x \le 1 \\ 0 & \text{sonst} \end{cases}$$

Man berechne die Dichte g von $\sqrt{X}$.

227. Sei X eine χ_n^2-verteilte Zufallsgröße und C_n die in (1013) definierte Konstante. Man zeige zunächst

$$E(X) = \frac{C_{n+2}}{C_n}, \qquad E(X^2) = \frac{C_{n+4}}{C_n}$$

(Anleitung: Man benutze (1014) für $n+2$ bzw. $n+4$ anstelle von n) und beweise damit $E(X) = n$, $V(X) = 2n$.

228. Für eine Zufallsgröße X existiere $E(X)$ und $V(X)$. Man zeige: $V(X)$ ist der kleinste Wert, den $E((X-c)^2)$ annimmt, wenn c ganz $\mathbf{R}$ durchläuft.

Anleitung: Man forme $E((X-c)^2)$ gemäß (1056) um und leite nach c ab.

7.4. Zufallsvektoren, Unabhängigkeit

7.4.1. Mehrdimensionale Zufallsgrößen (Zufallsvektoren). Bisher war eine Zufallsgröße X eine Abbildung, die jedem Ergebnis $\omega \in \Omega$ nur *eine* reelle Zahl $X(\omega)$ zuordnet. Häufig interessieren aber an einem Ergebnis ω gleich *mehrere* Merkmale. Ist ω zum Beispiel ein aus der männlichen Bevölkerung Ω eines Landes zufällig ausgewähltes Individuum, so könnten etwa die drei Merkmale Gewicht, Körpergröße, Brustumfang von ω in Form von drei Zahlen $X_1(\omega)$, $X_2(\omega)$, $X_3(\omega)$ festgehalten werden. Die Abbildung

$$\omega \mapsto (X_1(\omega), X_2(\omega), X_3(\omega)), \qquad \omega \in \Omega$$

heißt dann eine dreidimensionale Zufallsgröße oder auch Zufallsvektor. Die Komponenten X_1, X_2, X_3 dieses Zufallsvektors sind wieder Zufallsgrößen im bisherigen Sinn, wobei z. B. $X_1(\omega)$ das Gewicht des Individuums ω bedeutet. *Die allgemeine Definition lautet:* Sind n Zufallsgrößen $X_1, \ldots, X_n$ auf *demselben* Ergebnisraum Ω gegeben, so heißt die Abbildung

(1075) $\omega \mapsto (X_1(\omega), X_2(\omega), \ldots, X_n(\omega)), \quad \omega \in \Omega$

ein n-dimensionaler Zufallsvektor. Ein solcher ordnet also jedem Ergebnis $\omega \in \Omega$ ein „n-tupel" von reellen Zahlen zu. Für $n = 2$ ist dies ein Zahlenpaar (= Punkt in der Ebene) und für $n = 3$ ein Zahlentripel (= Punkt im Raum).

n-dimensionale Zufallsgrößen sind vor allem in der Statistik von großer Bedeutung. Dort ist n oft der Umfang einer Stichprobe und ist somit keineswegs auf kleine Zahlen beschränkt. Wir betrachten ein typisches

Beispiel. Auf einem Ergebnisraum Ω sei eine (1-dimensionale) Zufallsgröße X vorgegeben. Bei einer Stichprobe vom Umfang n („mit Zurücklegen") wird n-mal nacheinander und unabhängig voneinander folgendes Experiment ausgeführt: Durch „Zufallsauswahl" wird ein Element $\omega \in \Omega$ herausgegriffen, die Zahl $X(\omega)$ notiert und dann ω wieder zurückgelegt. Wir fassen diese n Experimente zu *einem Gesamtexperiment* zusammen, dessen Ergebnisraum das n-fache kartesische Produkt von Ω ist:

(1076) $\Omega^n := \underbrace{\Omega \times \Omega \times \ldots \times \Omega}_{n\text{-mal}} := \{(\omega_1, \ldots, \omega_n); \omega_k \in \Omega \quad \text{für} \quad k = 1, \ldots, n\}.$

Ein Ergebnis $(\omega_1, \ldots, \omega_n)$ aus Ω^n bedeutet dann für unser Gesamtexperiment: Beim k-ten Versuch wurde das Element $\omega_k \in \Omega$ herausgegriffen, $k = 1, \ldots, n$.

Die Zufallsgröße X auf Ω erzeugt nun folgenden Zufallsvektor $(X_1, \ldots, X_n)$ auf Ω^n:

(1077) $X_i(\omega_1, \ldots, \omega_n) := X(\omega_i), \quad 1 \leq i \leq n.$

In Worten: Die Zufallsgröße X_i (auf Ω^n) ordnet einem Ergebnis des Gesamtexperiments gerade den Wert der Zufallsgröße X für das Ergebnis des i-ten (Teil-)Experiments zu. (Man beachte: Dem Ergebnisraum Ω in (1075) entspricht in diesem Beispiel nicht Ω, sondern Ω^n.)

Ein Spezialfall dieses Beispiels lautet: $\Omega = \{T, M\}$ = Ergebnisraum eines Zufallsexperiments mit den zwei möglichen Ergebnissen T („Treffer") und M („Mißerfolg"). $X: \Omega \to \mathbf{R}$ sei definiert durch $X(T) = 1$, $X(M) = 0$. Für den Zufallsvektor $(X_1, \ldots, X_n)$ auf Ω^n gilt dann:

(1078) $X_i(\omega_1, \ldots, \omega_n) = \begin{cases} 1 & \text{falls } \omega_i = T \\ 0 & \text{falls } \omega_i = M \end{cases}, \quad i = 1, \ldots, n$

7.4.2. Verteilung(sfunktion) eines Zufallsvektors, Randverteilungen, Unabhängigkeit von Zufallsgrößen. Es sei Ω ein Ergebnisraum mit der Wahrscheinlichkeitsverteilung P und $(X_1, \ldots, X_n)$ sei ein n-dimensionaler Zufallsvektor auf Ω. Wir definieren nun die Verteilungsfunktion dieses Zufallsvektors. Dazu benutzen wir folgende allgemein übliche und prägnante Schreibweise (vgl. auch (1031)):

(1079) $P(a_1 < X_1 \leq b_1, \ldots, a_n < X_n \leq b_n)$

$$:= P(\{\omega \in \Omega;\ a_i < X_i(\omega) \leq b_i \text{ für } i = 1, \ldots, n\}), \quad -\infty \leq a_i < b_i$$

und bei festem k:

(1080) $P(X_k \leq c) := P(\{\omega \in \Omega;\ X_k(\omega) \leq c\}), \quad c \in \mathbf{R}$

Die (gemeinsame) Verteilungsfunktion des Zufallsvektors $(X_1, \ldots, X_n)$ ist definitionsgemäß folgende Funktion F der n reellen Variablen $(x_1, \ldots, x_n) \in \mathbf{R}^n$ ($\mathbf{R}^n$ = n-faches kartesisches Produkt von $\mathbf{R}$):

(1081) $F(x_1, \ldots, x_n) := P(-\infty < X_1 \leq x_1, \ldots, -\infty < X_n \leq x_n)$

$$= P(X_1 \leq x_1, \ldots, X_n \leq x_n).$$

Neben dieser Funktion F betrachten wir auch die zu den *einzelnen* Zufallsgrößen X_k gehörigen Verteilungsfunktionen F_k im bisherigen Sinne ($k = 1, \ldots, n$):

(1082) $F_k(x_k) = P(X_k \leq x_k), \quad x_k \in \mathbf{R}$

F_k heißt auch die Verteilungsfunktion der k-ten Randverteilung des Zufallsvektors $(X_1, \ldots, X_n)$. Die Funktionen $F_1, \ldots, F_n$ hängen nur von *einer* Variablen ab und sind daher einfacher zu handhaben als F. Es stellt sich deshalb die Frage, ob die Verteilungsfunktion F schon eindeutig festgelegt und berechenbar ist, wenn man die Funktionen $F_1, \ldots, F_n$ kennt. Im allgemeinen ist diese Frage zu verneinen (vgl. nachfolgendes Beispiel a)), die in der Statistik auftretenden Zufallsvektoren haben aber in der Regel diese günstige Eigenschaft, die man (stochastische) Unabhängigkeit nennt. Wir definieren: *Die Zufallsgrößen $X_1, \ldots, X_n$ heißen* unabhängig, *wenn für die in* (1081), (1082) *definierten Funktionen gilt:*

(1083) $F(x_1, \ldots, x_n) = F_1(x_1) \cdot \ldots \cdot F_n(x_n)$

In diesem Fall ist also F auf einfache Weise aus den $F_1, \ldots, F_n$, nämlich als deren Produkt, berechenbar. Zur Erläuterung der Bezeichnung „Unabhängigkeit" für die Eigenschaft (1083) betrachten wir

Beispiele. a) Sei Ω die Menge aller Studierenden an einer Universität. Wir betrachten folgende zwei Zufallsgrößen X_1, X_2 auf Ω:

(1084)

$$X_1(\omega) := \begin{cases} 0 & \text{falls } \omega \text{ männlich ist} \\ 1 & \text{falls } \omega \text{ weiblich ist} \end{cases}$$

$$X_2(\omega) := \begin{cases} 0 & \text{falls } \omega \text{ Raucher ist} \\ 1 & \text{falls } \omega \text{ Nichtraucher ist} \end{cases}$$

Durch Befragung der Studierenden sei folgende Wahrscheinlichkeitsverteilung festgestellt worden:

(1085) $$\begin{aligned} &P(X_1 = 0, X_2 = 0) = 0{,}25; \quad P(X_1 = 1, X_2 = 0) = 0{,}175 \\ &P(X_1 = 0, X_2 = 1) = 0{,}375; \, P(X_1 = 1, X_2 = 1) = 0{,}2 \end{aligned}$$

(Kontrolle: Die Summe der vier Zahlen muß 1 ergeben!)

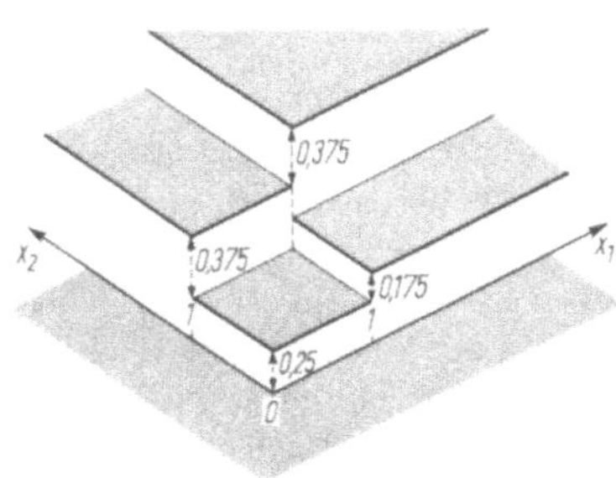

Fig. 66 Verteilungsfunktion des Zufallsvektors (X_1, X_2) aus Beispiel a)

Hieraus berechnet man z.B.

$$\begin{aligned} &P(X_1 \leq 0, X_2 \leq 0) = 0{,}25; \, P(X_1 \leq 0) = 0{,}25 + 0{,}375 = 0{,}625; \\ &P(X_2 \leq 0) = 0{,}25 + 0{,}175 = 0{,}425 \end{aligned}$$

Wegen $0{,}25 \neq 0{,}625 \cdot 0{,}425$ gilt

(1086) $$P(X_1 \leq 0, X_2 \leq 0) \neq P(X_1 \leq 0) \cdot P(X_2 \leq 0)$$

oder $$F(0{,}0) \neq F_1(0) \cdot F_2(0).$$

Damit ist für den Zufallsvektor (X_1, X_2) die Bedingung (1083) nicht erfüllt, d.h., die Zufallsgrößen X_1 und X_2 sind *nicht* unabhängig. Um den Sinn dieser Aussage zu verstehen, schreiben wir (1086) in folgender gleichwertiger Form

(1087) $$\frac{P(X_1 = 0, X_2 = 0)}{P(X_1 = 0)} \neq P(X_2 = 0)$$

Die linke Seite ist die Wahrscheinlichkeit dafür, daß ein zufällig ausgewählter (männlicher) Student ein Raucher ist. Die rechte Seite ist die Wahrscheinlichkeit dafür, daß ein zufällig ausgewählter Studierender, ob männlich oder weiblich, ein Raucher ist. Da diese zwei Wahrscheinlichkeiten nicht gleich sind, hängt die Raucherquote davon ab, ob man nur die männlichen oder *alle* Studierenden betrachtet. In diesem Sinne besteht eine Abhängigkeit zwischen den Zufallgrößen X_1 und X_2.

b) Sei $(X_1, \ldots, X_n)$ der in 7.4.1. als Beispiel angegebene Zufallsvektor auf Ω^n (vgl. (1077)). Dort wurde angenommen, daß die n Experimente „unabhängig voneinander" ausgeführt werden. Diese vage Formulierung kann nun in folgender Weise präzisiert werden: Wir setzen voraus:

(A) *Die Verteilungsfunktionen $F_1, \ldots, F_n$ der Zufallsgrößen $X_1, \ldots, X_n$ sind alle gleich und stimmen mit der Verteilungsfunktion G von X überein:*

(1088) $$F_k(x_k) = P(X_k \leq x_k) = G(x_k), \quad k = 1, \ldots, n$$

(B) *Die Zufallsgrößen $X_1, \dots, X_n$ sind unabhängig. Für ihre gemeinsame Verteilungsfunktion F gilt also nach* (1083), (1088):

(1089) $$F(x_1, \dots, x_n) = G(x_1) \cdot \ldots \cdot G(x_n).$$

Diese Eigenschaften (A), (B) sind grundlegend für viele statistische Schlußweisen, wie wir noch sehen werden.

7.4.3. Funktionen von Zufallsvektoren, ihr Erwartungswert und ihre Varianz. Für die folgenden Betrachtungen ist eine Unterscheidung zwischen diskreten und stetigen Zufallsvektoren nötig: $(X_1, \dots, X_n)$ heißt ein diskreter Zufallsvektor, wenn jedes $X_k, k = 1, \dots, n$, eine diskrete Zufallsgröße ist. $(X_1, \dots, X_n)$ heißt ein stetiger Zufallsvektor, falls eine auf $\mathbf{R}^n$ definierte stetige[1]) Funktion $f = f(x_1, \dots, x_n) \geq 0$ derart existiert, daß die (gemeinsame) Verteilungsfunktion F von $(X_1, \dots, X_n)$ sich in folgender Weise als n-faches Integral (vgl. (898) für den Fall $n = 2$) darstellen läßt:

(1090) $$F(x_1, \dots, x_n) = \int_{-\infty}^{x_n} \dots \int_{-\infty}^{x_2} \left(\int_{-\infty}^{x_1} f(t_1, \dots, t_n) \, dt_1 \right) dt_2 \dots dt_n.$$

Die Funktion f heißt Dichte des Zufallsvektors $(X_1, \dots, X_n)$. Für einen stetigen Zufallsvektor $(X_1, \dots, X_n)$ mit Dichte f kann man zeigen:

Die Zufallsgrößen $X_1, \dots, X_n$ sind genau dann unabhängig, wenn gilt

(1091) $$f(x_1, \dots, x_n) = f_1(x_1) \cdot \ldots \cdot f_n(x_n),$$

wobei f_k die Dichte der Zufallsgröße X_k ist, $k = 1, \dots, n$.

Die entsprechende Aussage für diskrete Zufallsgrößen lautet (ohne Beweis):

Die diskreten Zufallsgrößen $X_1, \dots, X_n$ sind genau dann unabhängig, wenn gilt:

(1092) $$P(X_1 = x_1, \dots, X_n = x_n) = P(X_1 = x_1) \cdot \ldots \cdot P(X_n = x_n).$$

Sei nun $(X_1, \dots, X_n)$ wieder ein *beliebiger* Zufallsvektor. Bei der theoretischen Begründung statistischer Verfahren bildet man aus den Funktionen $X_1, \dots, X_n$ häufig eine neue Funktion $\varphi(X_1, \dots, X_n)$, die ebenfalls eine Zufallsgröße ist und deren Eigenschaften (z.B. Verteilung, Erwartungswert, Varianz) untersucht werden müssen. Wichtige Beispiele sind

(1093) $$\varphi(X_1, \dots, X_n) := \frac{1}{n}(X_1 + X_2 + \dots + X_n)$$

und

(1094) $$\varphi(X_1, \dots, X_n) := \frac{1}{n-1}(X_1^2 + \dots + X_n^2) - \frac{1}{n(n-1)}(X_1 + \dots + X_n)^2.$$

Wir stellen im folgenden allgemeine Aussagen zusammen, mit deren Hilfe dann z.B. der Erwartungswert von $\varphi(X_1, \dots, X_n)$ in (1093), (1094) berechnet werden kann, falls $E(X_k)$ und $V(X_k)$ für $k = 1, \dots, n$ bekannt sind. Dazu sei jetzt $\varphi = \varphi(x_1, \dots, x_n)$ eine

[1]) Es genügen schon schwächere, zu (1005) analoge Voraussetzungen.

beliebige auf ganz $\mathbf{R}^n$ definierte Funktion mit stetigen partiellen Ableitungen. Durch Einsetzen der Zufallsgrößen $X_1, \dots, X_n$ in φ entsteht dann die Zufallsgröße

(1095) $\quad Y := \varphi(X_1, \dots, X_n)\,.$

Für den Erwartungswert $E(Y)$ läßt sich analog zu (1054), (1055) folgendes zeigen (vgl. Fußnote S. 315):

a) *Sei* $(X_1, \dots, X_n)$ *ein diskreter Zufallsvektor auf* Ω *mit* $X_k(\Omega) =: \Omega'_k \subset \mathbf{R}$ *für* $k = 1, \dots, n$. *Dann gilt:*

(1096) $$E(Y) = \sum_{x_1 \in \Omega'_1} \cdots \sum_{x_n \in \Omega'_n} \varphi(x_1, \dots, x_n) P(X_1 = x_1, \dots, X_n = x_n)$$

b) *Sei* $(X_1, \dots, X_n)$ *ein stetiger Zufallsvektor mit der Dichte f. Dann gilt:*

(1097) $$E(Y) = \int_{-\infty}^{\infty} \cdots \int_{-\infty}^{\infty} \varphi(x_1, \dots, x_n) f(x_1, \dots, x_n) \mathrm{d}x_1 \dots \mathrm{d}x_n\,.$$

Aus diesen Formeln ergeben sich wichtige Folgerungen. Zunächst kann man $\varphi(x_1, \dots, x_n) = c_1 x_1 + \dots + c_n x_n$ wählen und erhält aus (1096) bzw. (1097)

(1098) $$E(c_1 X_1 + \dots + c_n X_n) = c_1 E(X_1) + \dots + c_n E(X_n)$$

Wir beweisen dies für einen stetigen 2-dimensionalen Zufallsvektor (X_1, X_2). Nach (1097) gilt

$$\begin{aligned} E(c_1 X_1 + c_2 X_2) &= \int_{-\infty}^{\infty} \int_{-\infty}^{\infty} (c_1 x_1 + c_2 x_2) f(x_1, x_2) \mathrm{d}x_1 \mathrm{d}x_2 \\ &= c_1 \int_{-\infty}^{\infty} x_1 \underbrace{\left(\int_{-\infty}^{\infty} f(x_1, x_2) \mathrm{d}x_2 \right)}_{=:\, g_1(x_1)} \mathrm{d}x_1 + c_2 \int_{-\infty}^{\infty} x_2 \underbrace{\left(\int_{-\infty}^{\infty} f(x_1, x_2) \mathrm{d}x_1 \right)}_{=:\, g_2(x_2)} \mathrm{d}x_2 \end{aligned}$$

Die Behauptung ist bewiesen, wenn g_1 die Dichte von X_1 und g_2 die Dichte von X_2 ist. Nun folgt aus (1090) für die Verteilungsfunktion F_2 von X_2:

$$F_2(x_2) = \int_{-\infty}^{x_2} \int_{-\infty}^{\infty} f(t_1, t_2) \mathrm{d}t_1 \mathrm{d}t_2 = \int_{-\infty}^{x_2} g_2(t_2) \mathrm{d}t_2\,.$$

Nach (1044) ist also g_2 die Dichte von X_2, und ähnlich folgt, daß g_1 die Dichte von X_1 ist.

Eine zweite Folgerung aus (1096), (1097) lautet:

Sind $X_1, \dots, X_n$ *unabhängige Zufallsgrößen, so gilt*

(1099) $$E(X_1 \cdot \ldots \cdot X_n) = E(X_1) \cdot \ldots \cdot E(X_n)$$

Dies wird für den Sonderfall zweier diskreter Zufallsgrößen ($n = 2$) auf folgende Weise bewiesen: Nach (1096), (1092) und (1049) ergibt sich

$$E(X_1 X_2) = \sum_{x_1 \in \Omega'_1} \sum_{x_2 \in \Omega'_2} x_1 x_2 \underbrace{P(X_1 = x_1, X_2 = x_2)}_{= P(X_1 = x_1) \cdot P(X_2 = x_2)}$$

$$= \sum_{x_1 \in \Omega'_1} x_1 P(X_1 = x_1) \cdot \sum_{x_2 \in \Omega'_2} x_2 P(X_2 = x_2) = E(X_1) \cdot E(X_2).$$

Aus den Formeln (1098), (1099) gewinnt man nun leicht folgenden wichtigen Additionssatz für Varianzen:

Für unabhängige *Zufallsgrößen* $X_1, \ldots, X_n$ *gilt*

(1100) $V(X_1 + \ldots + X_n) = V(X_1) + \ldots + V(X_n)$

Beweis für $n = 2$. Wir setzen $Y := X_1 + X_2$ und erhalten mittels (1098), (1099) und dreimaliger Anwendung von (1060):

$$\begin{aligned} V(Y) &= E(Y^2) - E(Y)^2 = E(X_1^2 + 2X_1 X_2 + X_2^2) - (E(X_1) + E(X_2))^2 \\ &= E(X_1^2) + 2E(X_1 X_2) + E(X_2^2) - E(X_1)^2 - 2E(X_1)E(X_2) - E(X_2)^2 \\ &= E(X_1^2) - E(X_1)^2 + E(X_2^2) - E(X_2)^2 = V(X_1) + V(X_2). \end{aligned}$$

7.4.4. Beispiel. Sei X eine Zufallsgröße mit

(1101) $E(X) = \mu, \quad V(X) = \sigma^2.$

Dazu bilden wir gemäß (1077) die unabhängigen Zufallsgrößen $X_1, \ldots, X_n$, welche die n-fache Ausführung des zu X gehörigen Zufallsexperiments (oder auch die Stichproben vom Umfang n) beschreiben. Da X_k dieselbe Verteilungsfunktion wie X hat (vgl. (1088)), gilt auch

(1102) $E(X_k) = \mu, \quad V(X_k) = \sigma^2, \quad k = 1, \ldots, n$

Zunächst sollen nun Erwartungswert und Varianz der Zufallsgröße (= „Mittelwert" von $X_1, \ldots, X_n$)

(1103) $\bar{X} := \frac{1}{n}(X_1 + \ldots + X_n)$

berechnet werden. Nach (1098) und (1102) erhält man

(1104) $E\left(\frac{1}{n}(X_1 + \ldots + X_n)\right) = \frac{1}{n} E(X_1) + \ldots + \frac{1}{n} E(X_n) = \mu = E(X)$

und aus (1061), (1100) und (1102) folgt

(1105)
$$\begin{aligned} V\left(\frac{1}{n}(X_1 + \ldots + X_n)\right) &= \frac{1}{n^2} V(X_1 + \ldots + X_n) \\ &= \frac{1}{n^2} V(X_1) + \ldots + \frac{1}{n^2} V(X_n) \\ &= \frac{\sigma^2}{n} = \frac{1}{n} V(X) \end{aligned}$$

Weiter soll der Erwartungswert der Zufallsgröße

(1106) $$Z := \frac{1}{n-1}(X_1^2 + \ldots + X_n^2) - \frac{1}{n(n-1)}(X_1 + \ldots + X_n)^2$$

berechnet werden, die sich mittels $\bar{X}$ auch in der Form

(1107) $$Z = \frac{1}{n-1}((X_1 - \bar{X})^2 + \ldots + (X_n - \bar{X})^2)$$

schreiben läßt (Die Umformung sollte der Leser ausführen.) und daher die „Varianz" einer Stichprobe mißt (vgl. 8.2.1). Aus (1098), (1099), (1060) und (1102) folgt

$$E(Z) = \frac{1}{n-1}\sum_{i=1}^{n} E(X_i^2) - \frac{1}{n(n-1)}\sum_{i=1}^{n} E(X_i^2) - \frac{1}{n(n-1)}\sum_{\substack{i,k=1\\ i\neq k}}^{n} E(X_i X_k)$$

$$= \frac{1}{n}\sum_{i=1}^{n} E(X_i^2) - \frac{1}{n(n-1)}\sum_{\substack{i,k=1\\ i\neq k}}^{n} \underbrace{E(X_i)E(X_k)}_{=\mu^2}$$

$$= \frac{1}{n}\sum_{i=1}^{n}(V(X_i) + E(X_i)^2) - \mu^2 = \sigma^2 + \mu^2 - \mu^2 = \sigma^2$$

Damit haben wir das für die Schätztheorie (vgl. (1120)) wichtige Ergebnis:

(1108) $$E(Z) = V(X).$$

Bemerkung. Bei der Herleitung wurde die einfache Tatsache benutzt, daß wegen der Unabhängigkeit von $X_1, \ldots, X_n$ auch je *zwei* Zufallsgrößen $X_i, X_k \, (i \neq k)$ unabhängig sind.

Übungsaufgaben. 229. Der Zufallsvektor (X_1, X_2) besitze die (gemeinsame) Verteilungsfunktion F, und F_i sei die Verteilungsfunktion von $X_i \, (i = 1,2)$. Man zeige:

a) $P(a_1 < X_1 \leq b_1, a_2 < X_2 \leq b_2) = F(b_1, b_2) - F(b_1, a_2) - F(a_1, b_2) + F(a_1, a_2)$

b) $P(X_1 > a, X_2 > b) = 1 - F_1(a) - F_2(b) + F(a,b)$

c) $P(X_1 > a, X_2 \leq b) = F_2(b) - F(a,b)$.

230. Für unabhängige Zufallsgrößen X_1, X_2 zeige man mit Hilfe von Aufgabe 229:

a) $P(a_1 < X_1 \leq b_1, a_2 < X_2 \leq b_2) = P(a_1 < X_1 \leq b_1) \cdot P(a_2 < X_2 \leq b_2)$

b) $P(X_1 > a, X_2 > b) = P(X_1 > a) \cdot P(X_2 > b)$

c) $P(X_1 > a, X_2 \leq b) = P(X_1 > a) \cdot P(X_2 \leq b)$.

231.* Die auf Ω definierten Zufallsgrößen X_1, X_2 mögen nur die Werte 1 und 2 annehmen, und zwar mit den Wahrscheinlichkeiten:

$P(X_1 = 1, X_2 = 1) = 0{,}4$; $P(X_1 = 1, X_2 = 2) = 0{,}2$; $P(X_1 = 2, X_2 = 1) = 0{,}3$;
$P(X_1 = 2, X_2 = 2) = 0{,}1$.

a) Man bestimme die Wahrscheinlichkeiten $p_{ij} := P(X_i = j)$ für $i,j = 1,2$.

b) Wie müßten die gegebenen Wahrscheinlichkeiten abgeändert werden, damit X_1, X_2 unabhängige Zufallsgrößen mit den unter a) berechneten Randverteilungen würden?

232.* Für beliebige Ereignisse $A, B \subseteq \Omega$ mit $P(A) \neq 0$ heißt

$$P(B|A) := \frac{P(A \cap B)}{P(A)}$$

die bedingte Wahrscheinlichkeit von B unter der Bedingung A. Ferner heißen die Ereignisse A und B unabhängig, wenn $P(B|A) = P(B)$ gilt. Mit den in Aufgabe 231 definierten Zufallsgrößen X_1, X_2 bilden wir nun die Ereignisse $(i = 1,2)$

$$A_i := \{\omega \in \Omega;\, X_1(\omega) = i\},\; B_i := \{\omega \in \Omega;\, X_2(\omega) = i\}.$$

Man berechne die bedingten Wahrscheinlichkeiten $P(B_j|A_i)$ und zeige, daß die Ereignisse A_i und B_j nicht unabhängig sind $(i,j = 1,2)$.

233. Sei X eine konstante Zufallsgröße auf $\Omega: X(\omega) = c$ für alle $\omega \in \Omega$. Man zeige für *jede* Zufallsgröße Y auf Ω: X und Y sind unabhängig.

234. Die Zufallsgröße X nehme nur die Werte 0 und 1 an mit $P(X = 1) = p$, und $X_1, \ldots, X_n$ seien die gemäß (1077) definierten Zufallsgrößen, die unabhängig sind und dieselbe Verteilung wie X haben (vgl. (1088)).

a) Man zeige: Die Zufallsgröße $Y := X_1 + \ldots + X_n$ ist $B_{n,p}$-verteilt (vgl. (1042)).

b) Man zeige $E(X) = p$, $V(X) = p(1-p)$ und berechne dann mittels (1098), (1100) auf einfache Weise $E(Y)$ und $V(Y)$. (Vgl. (1063).)

235. Die unabhängigen Zufallsgrößen X_1, X_2 seien Poisson-verteilt mit dem Parameter λ_1 bzw. λ_2 (vgl. 7.1.5 und 7.3.6). Man zeige, daß dann die Zufallsgröße $Y := X_1 + X_2$ Poisson-verteilt ist mit dem Parameter $\lambda_1 + \lambda_2$.

Anleitung: Man benutze $P(X_1 + X_2 = k) = \sum_{i=0}^{k} P(X_1 = i, X_2 = k - i)$ und (1092).

236.* Die unabhängigen Zufallsgrößen X_1, X_2 seien beide standardnormalverteilt (vgl. 7.3.6c)). Mit Hilfe einer Tabelle für die in (1021) definierte Funktion Φ (z. B. [20], S. 104) berechne man folgende Wahrscheinlichkeiten:

a) $P\left(-2 < X_1 \le 1, 1 < X_2 \le \frac{3}{2}\right)$, b) $P(X_1 > 2, 0 < X_2 \le 2)$, c) $P(X_1 > -1, X_2 \le 3)$.

Hinweis: Man benutze Aufgabe 230.

8. Statistik

Die Hauptaufgabe der Statistik besteht darin, aus einer Stichprobe, die einer im allgemeinen sehr großen Menge, der sog. Grundgesamtheit, entnommen wurde, Rückschlüsse auf interessierende Eigenschaften der *ganzen* Grundgesamtheit zu ziehen. Solche Schlüsse von einer echten Teilmenge (= Stichprobe) auf die ganze Menge sind logischerweise niemals sicher. Jedoch kann der Grad ihrer Unsicherheit mit Hilfe der Wahrscheinlichkeitsrechnung mathematisch exakt beschrieben werden.

Bei der folgenden Darstellung der wichtigsten statistischen Verfahren wird in noch stärkerem Maße als bisher auf Beweise verzichtet.

8.1. Zufallsstichproben

8.1.1. Stichproben aus Grundgesamtheiten. Eine Stichprobe vom Umfang n, kurz: n-Stichprobe, aus einer Grundgesamtheit G ziehen heißt grob gesprochen nichts anderes als n mal ein Element aus G auswählen. (Wie diese Auswahl zu treffen ist, wird weiter unten erörtert.) Die Elemente von G können Lebewesen, Gegenstände, Experimente usw. sein, die i. a. vielerlei verschiedenartige Merkmale aufweisen. Im einfachsten Fall interessiert man sich jedoch nur für *ein* ganz bestimmtes unter diesen Merkmalen, das bei jedem Element von G in verschieden starkem Maße vorhanden sein kann. Wir nehmen im folgenden stets an, daß die Verteilung dieses Merkmals M über die ganze Grundgesamtheit durch eine Zufallsgröße X adäquat beschrieben werden kann. Der Definitionsbereich Ω (= Ergebnisraum) von X ist dabei die Menge aller möglichen Intensitäten des Merkmals M. Damit besteht die folgende Abbildungskette

(1109) $\quad G \to \Omega \to \mathbf{R}$

durch die jedem Element e aus G zunächst seine Merkmalsintensität $\omega(e) \in \Omega$ und dieser dann die Zahl $X(\omega(e))$ zugeordnet wird. Typische Beispiele sind:

a) G ist die Menge aller denkbaren Temperaturmessungen eines bestimmten Körpers, M ist das Merkmal „Temperatur", Ω die Menge aller möglichen Temperaturen und X ordnet jeder Temperatur ihre Maßzahl in Grad Kelvin zu.

b) G ist die Menge aller Individuen einer sehr großen Population, M das Merkmal „Gewicht" und X ordnet jedem Gewicht seine Maßzahl in Gramm zu.

c) G ist die Menge aller Artikel einer einheitlichen Warensendung. Ω umfaßt nur die zwei Elemente „in Ordnung" und „defekt", auf denen X die Werte 0 bzw. 1 annimmt.

Aufgrund der Zuordnung (1109) läßt sich jede n-Stichprobe durch n reelle Zahlen $(x_1, \ldots, x_n)$ wie folgt beschreiben: *x_k ist der Wert der Zufallsgröße X für das Merkmal des aus der k-ten Ziehung stammenden Elements aus G, $k = 1, \ldots, n$.* Im obigen Beispiel a) sind also $x_1, \ldots, x_n$ die Meßwerte von n Temperaturmessungen. Im Beispiel c) besteht jedes n-tupel $(x_1, \ldots, x_n)$ nur aus Nullen und Einsen.

Wie wir sehen werden, benötigt man von einer n-Stichprobe nur diese Zahlen $(x_1, \dots, x_n)$ zur Gewinnung von Aussagen über die (unbekannte!) Verteilung von X. Daher werden wir weiterhin eine n-Stichprobe stets mit dem zugehörigen Zahlen-n-tupel $(x_1, \dots, x_n)$ *gleichsetzen*. Die Menge aller möglichen n-Stichproben (bei fester Grundgesamtheit G, festem Merkmal M und fester Zufallsgröße X) ist somit eine Teilmenge des $\mathbf{R}^n$ und heißt der Stichprobenraum (zu G, M und X).

8.1.2. Unabhängige Zufallsstichproben. Nun kommen wir zur wichtigen Frage, welche Vorschriften beim Ziehen einer n-Stichprobe zu beachten sind. Wir stellen, wie allgemein üblich, folgende zwei Bedingungen (B_1) und (B_2):

(B_1) *Die n Ziehungen der Stichprobe sind unabhängig voneinander.*

(B_2) *Bei jeder einzelnen Ziehung hat jedes Element die gleiche Chance gezogen zu werden.*

Ehe wir diese Bedingungen präzisieren, noch einige erläuternde Bemerkungen dazu:

Die Bedingung (B_1) impliziert, daß die Grundgesamtheit G während der Ziehungen *nicht verändert* wird. Bei *unendlichen* (und näherungsweise auch bei endlichen, aber *sehr großen*) Grundgesamtheiten G kann dies stets als erfüllt angesehen werden (vgl. die Beispiele a) und b) in 8.1.1). Ist G jedoch *endlich* und nicht allzu groß, so muß jedes gezogene Element vor dem Ziehen des nächsten Elements wieder in die Grundgesamtheit zurückgelegt werden, kurz: es muß sich um eine Stichprobe mit Zurücklegen handeln. Damit läßt sich dann die Bedingung (B_2) für endliches G auch so ausdrücken: Bei jeder Ziehung ist die Wahrscheinlichkeit gezogen zu werden für alle Elemente von G gleich groß.

Die etwas vagen Bedingungen (B_1), (B_2) sollen jetzt in eine klare mathematische Voraussetzung umgemünzt werden. Dazu sei an die Annahme in 8.1.1 erinnert, daß die Verteilung des Merkmals M über der Grundgesamtheit G durch die Zufallsgröße X auf Ω beschrieben wird. Zu dieser Zufallsgröße X bilden wir wie in (1077) die folgenden, den n-Stichproben aus G entsprechenden Zufallsgrößen $X_1, \dots, X_n$ auf Ω^n:

(1110) $$X_k(\omega) := X(\omega_k) \quad \text{für} \quad \omega = (\omega_1, \dots, \omega_n) \in \Omega^n, \qquad k = 1, \dots, n.$$

Mittels $X_1, \dots, X_n$ legen wir nun endlich die exakte Bedeutung von (B_1), (B_2) in naheliegender Weise wie folgt fest (vgl. auch die Bedingungen (B), (A) auf S. 325/326):

(1111) Voraussetzung: *Die Zufallsgrößen $X_1, \dots, X_n$ sind* unabhängig *und haben alle* dieselbe *Verteilung wie X.*

n-Stichproben, bei denen die Voraussetzungen (B_1), (B_2) und damit auch (1111) als (annähernd) erfüllt gelten können, heißen (unabhängige) Zufallsstichproben. Die Werte $(x_1, \dots, x_n)$ einer solchen Zufallsstichprobe – die wir ja mit der Stichprobe selbst gleichsetzen wollen – heißen eine Realisierung von $(X_1, \dots, X_n)$. Man sagt auch: x_k ist ein beobachteter Wert der Zufallsgröße X_k $(k = 1, \dots, n)$.

Wir nehmen an, daß es sich bei allen weiterhin vorkommenden Stichproben um (unabhängige) Zufallsstichproben handelt, auch wenn der Kürze wegen nur von „Stichproben" die Rede ist.

Zwei wichtige Feststellungen sind hier noch zu treffen.

1) Es kann sehr schwierig und aufwendig sein, eine echte Zufallstichprobe herzustellen. (Für diesbezügliche Methoden muß auf die Literatur, z. B. [6] verwiesen werden.)

2) Die aus einer Stichprobe in den folgenden Abschnitten zu gewinnenden Aussagen über die Verteilung von X – z. B. über $E(X)$ und $V(X)$ – haben nur dann Gültigkeit, wenn eine (unabhängige) Zufallsstichprobe vorlag.

Übungsaufgaben: 237.* Auf einem Versuchsfeld wurde Mais angebaut. Man interessiert sich nun für das Gewicht der reifen Maiskolben. Wie lauten hier die in 8.1.1. mit G, M, Ω und X bezeichneten Größen?

238.* Aus 18 Objekten, die von 1 bis 18 durchnumeriert sind und mit ihren Nummern identifiziert werden, ist eine Stichprobe vom Umfang 6 zu ziehen. Folgende vier Verfahren werden vorgeschlagen:

a) Die Objekte werden in die 6 Gruppen $\{1,2,3\}$, $\{4,5,6\}$, ..., $\{16,17,18\}$ eingeteilt und das k-te Element der Stichprobe wird aus der k-ten Gruppe ausgelost ($k = 1, \ldots, 6$).

b) Es werden dieselben Gruppen wie unter a) gebildet und von 1 bis 6 durchnumeriert. Nun wird einmal gewürfelt. Aus der Gruppe, deren Nummer mit der gewürfelten Augenzahl übereinstimmt, wird dann das erste Element der Stichprobe ausgelost und nach Notieren seiner Nummer wieder in die entsprechende Gruppe zurückgelegt. Auf dieselbe Weise – beginnend mit einmaligem Würfeln – wird das zweite bis sechste Element der Stichprobe bestimmt.

c) Das erste Element der Stichprobe wird aus allen 18 Objekten ausgelost, das zweite Element der Stichprobe wird aus den restlichen 17 Objekten ausgelost, ..., das sechste Element wird schließlich aus den restlichen 13 Objekten ausgelost.

d) Das erste Element der Stichprobe wird aus allen 18 Objekten ausgelost und nach Notieren seiner Nummer wieder zurückgelegt. Dieses Verfahren wiederholt sich für die Bestimmung des zweiten bis sechsten Elements der Stichprobe.

Welche dieser Verfahren ergeben eine unabhängige Zufallsstichprobe? Man begründe die Antworten.

239.* Bei der Qualitätskontrolle eines Postens von 200 gleichartigen Artikeln, die in Kartons zu je 20 abgepackt sind, wird ein Karton „zufällig herausgegriffen" (= ausgelost). Sämtliche Artikel aus diesem Karton werden dann der Reihe nach geprüft. Handelt es sich hierbei um eine unabhängige Zufallsstichprobe vom Umfang 20?

240.* Ein Marktforschungsinstitut will eine Haushaltsbefragung in einer Großstadt durchführen. Dazu werden aus dem Telefonbuch dieser Stadt 50 Haushalte „blind" ausgewählt. Warum ist dies keine unabhängige Zufallsstichprobe?

8.2. Schätzen von Parametern

8.2.1. Mittelwert und (empirische) Varianz einer Stichprobe. Es liege die Zufallsgröße X vor, über deren unbekannte Verteilung man etwas erfahren möchte. Dazu sei die Stichprobe

(1112) $(x_1, \ldots, x_n) \in \mathbf{R}^n$

gezogen worden. Diese Stichprobe ist also eine Realisierung des Zufallsvektors $(X_1, \ldots, X_n)$, der durch (1110) definiert ist und der Voraussetzung (1111) genügt. Das arithmetische Mittel

(1113) $\bar{x} := \frac{1}{n}(x_1 + \ldots + x_n)$

heißt der Mittelwert der Stichprobe (1112), und die Zahl

(1114) $s^2 := \frac{1}{n-1} \sum_{k=1}^{n} (x_k - \bar{x})^2$

heißt die (empirische) Varianz der Stichprobe (1112).

Die Zahl

(1115) $\frac{n-1}{n} s^2 = \frac{1}{n} \sum_{k=1}^{n} (x_k - \bar{x})^2$

ist offenbar das arithmetische Mittel der n „Abweichungsquadrate" $(x_1 - \bar{x})^2, \ldots, (x_n - \bar{x})^2$. Damit ist s^2 ein Maß dafür, wie stark die Stichprobenwerte $x_1, \ldots, x_n$ von ihrem Mittelwert $\bar{x}$ abweichen: Ist s^2 groß, so ist auch die mittlere Abweichung groß.

Mittelwert $\bar{x}$ und Varianz s^2 sind die wichtigsten Parameter einer Stichprobe. Bezüglich weiterer Parameter wie Zentralwert, Modalwert, Spannweite sei auf die Literatur verwiesen; vgl. z. B. [1].

8.2.2. Erwartungstreue Schätzfunktionen für $E(X)$ und $V(X)$. Vergleicht man die Definition des Erwartungswertes $E(X)$ in 7.3.3 mit obiger Definition des Mittelwertes $\bar{x}$ einer konkret vorliegenden Stichprobe (1112), so erkennt man, daß $\bar{x}$ ein brauchbarer Näherungswert für den i. a. unbekannten Erwartungswert von X sein wird. $\bar{x}$ heißt daher ein Schätzwert für $E(X)$, und die zu $\bar{x}$ gehörige Zufallsgröße (vgl. (1093), (1103)):

(1116) $\bar{X} := \frac{1}{n}(X_1 + \ldots + X_n)$

heißt eine Schätzfunktion für $E(X)$. In 7.4.4 ergab sich für den Erwartungswert von $\bar{X}$ (wegen (1111) sind die dortigen Ergebnisse hier gültig):

(1117) $E(\bar{X}) = E(X)$.

Aufgrund dieser Eigenschaft von $\bar{X}$, die wesentlich für eine gute Schätzfunktion von $E(X)$ ist, heißt $\bar{X}$ eine erwartungstreue Schätzfunktion für $E(X)$. (1117) besagt folgendes: Denkt man sich zu hinreichend vielen n-Stichproben die Schätzwerte $\bar{x}$ gebildet, so ist das arithmetische Mittel dieser Schätzwerte ungefähr gleich $E(X)$.

Ob die Schätzfunktion $\bar{X}$ wirklich gute Schätzwerte für $E(X)$ liefert, hängt außer von (1117) noch davon ab, ob die $\bar{X}$-Werte nicht allzu weit um $E(X) = E(\bar{X})$ streuen, d. h., ob die Varianz $V(\bar{X})$ hinreichend klein ist. Nun gilt nach (1105)

(1118) $$V(\bar{X}) = \frac{1}{n} V(X).$$

Das bedeutet: Durch Wahl eines hinreichend großen Stichprobenumfangs n läßt sich $V(\bar{X})$ sogar *beliebig klein* machen. Dank dieser günstigen Eigenschaft heißt $\bar{X}$ auch eine (erwartungstreue und) konsistente Schätzfunktion für $E(X)$.

Nun soll aus einer vorliegenden Stichprobe $(x_1, \ldots, x_n)$ auch noch ein Schätzwert für die unbekannte Varianz $V(X)$ berechnet werden. Ein Vergleich der Definition (1057) von $V(X)$ mit der rechten Seite von (1115) läßt vermuten, daß $n^{-1}(n-1)s^2$ eine vernünftige Näherung für $V(X)$ sein wird. Aber in der Regel wählt man nicht diese Zahl $n^{-1}(n-1)s^2$, sondern die für große n sich nur geringfügig davon unterscheidende *empirische Varianz s^2 als Schätzwert für $V(X)$*. Wir führen also der Definition von s^2 in (1114) entsprechend folgende Zufallsgröße S^2 als Schätzfunktion für $V(X)$ ein:

(1119) $$S^2 := \frac{1}{n-1} \sum_{k=1}^{n} (X_k - \bar{X})^2.$$

Diese Zufallsgröße wurde bereits in 7.4.4 (unter der Bezeichnung Z) betrachtet. Wegen der Voraussetzung (1111) bleibt die dortige Berechnung des Erwartungswertes $E(S^2)$ auch hier gültig. Nach (1108) gilt somit:

(1120) $$E(S^2) = V(X),$$

und dies bedeutet, daß S^2 eine erwartungstreue Schätzfunktion für $V(X)$ ist.

Damit haben wir auch den Grund dafür gefunden, warum s^2 und nicht $n^{-1}(n-1)s^2$ als Schätzwert für $V(X)$ bezeichnet wird: Wegen

(1121) $$E\left(\frac{n-1}{n} S^2\right) = \frac{n-1}{n} E(S^2) = \frac{n-1}{n} V(X) \neq V(X)$$

wäre die Zufallsgröße $n^{-1}(n-1)S^2$ *keine* erwartungstreue Schätzfunktion für $V(X)$. (Vgl. jedoch Aufgabe 242.)

8.2.3. Konfidenzintervalle für Schätzwerte von Parametern. Die Zufallsgröße X und der zugehörige Zufallsvektor $(X_1, \ldots, X_n)$ mögen ihre in 8.1.2 festgelegte Bedeutung weiter beibehalten. Mittels einer Stichprobe $(x_1, \ldots, x_n)$, die eine Realisierung von $(X_1, \ldots, X_n)$ ist, konnten die Schätzwerte $\bar{x}$ und s^2 für $E(X)$ bzw. $V(X)$ berechnet werden. Was noch fehlt, ist eine Aussage über die *Zuverlässigkeit* solcher Schätzungen. Am liebsten hätte man – z.B. für $E(X)$ – eine Aussage der Art: Aus den Zahlen $x_1, \ldots, x_n$ läßt sich eine nicht zu große Zahl $a > 0$ derart berechnen, daß $E(X)$ *mit Sicherheit* im Intervall $\langle \bar{x} - a, \bar{x} + a \rangle$ liegt. Da eine solche Aussage grundsätzlich nicht möglich ist, strebt man folgendes weniger ehrgeizige Ziel an: Eine Zahl $a > 0$ ist derart anzugeben, daß $E(X)$ *mit zuvor festgelegter hoher Wahrscheinlichkeit* γ (üblich ist $\gamma = 0{,}95$ oder $0{,}99$) im Intervall $\langle \bar{x} - a, \bar{x} + a \rangle$ liegt. Dieses Ziel soll nun genau und etwas allgemeiner formuliert werden.

Der zu untersuchende Parameter der Verteilung von X sei mit ϑ bezeichnet. Man stelle sich etwa $\vartheta = E(X)$ oder $\vartheta = V(X)$ vor. γ sei eine feste, zwischen 0 und 1 (in der Praxis nahe bei 1) gelegene Zahl. Wir machen nun folgende Annahme: Man kennt zwei Zufallsgrößen U, W, die Funktionen des Zufallsvektors $(X_1, \ldots, X_n)$ sind,

(1122) $$U = g_1(X_1, \ldots, X_n), \quad W = g_2(X_1, \ldots, X_n), \quad U \leq W$$

und die Eigenschaft haben:

(1123) $$P(U \leq \vartheta \leq W) := P(U \leq \vartheta, W \geq \vartheta) = \gamma.$$

Das „Zufallsintervall" $\langle U, W \rangle$ heißt dann ein Konfidenzintervall (Vertrauensintervall) für den (unbekannten) Parameter ϑ zum Konfidenzniveau γ. Man nennt (1123) auch eine Intervallschätzung für ϑ.

Praktisch wird diese Situation wie folgt ausgenutzt: Aus einer vorliegenden Stichprobe $(x_1, \ldots, x_n)$ als Realisierung von $(X_1, \ldots, X_n)$ werden die Zahlen

(1124) $$u := g_1(x_1, \ldots, x_n), \quad w := g_2(x_1, \ldots, x_n)$$

als Realisierungen der Zufallsgrößen U, W berechnet. Es ist $u \leq w$, und die Eigenschaft (1123) bedeutet jetzt: *Der Parameter ϑ liegt mit Wahrscheinlichkeit γ im Intervall $\langle u, w \rangle$*[1]. Denkt man sich also sehr viele Stichproben ausgeführt, so ist die Aussage „$\vartheta \in \langle u, w \rangle$" näherungsweise in $100\gamma\%$ aller Fälle richtig und in $100(1-\gamma)\%$ aller Fälle falsch. Das Risiko, mit der Annahme „$\vartheta \in \langle u, w \rangle$" eine Fehlentscheidung zu treffen, ist somit um so größer, je kleiner das Konfidenzniveau γ ist. Man wird also γ sicher dann sehr nahe bei 1 wählen, wenn eine Fehlentscheidung teuer zu stehen käme.

Für wichtige Beispiele werden im folgenden Konfidenzintervalle $\langle U, W \rangle$ konkret angegeben.

8.2.4. Konfidenzintervalle für $E(X)$, wenn X normalverteilt und $V(X)$ bekannt ist. Wir setzen jetzt folgende auch praktisch wichtige Situation voraus: Die Zufallsgröße X, die die Verteilung eines Merkmals in einer Grundgesamtheit beschreibt, ist normalverteilt mit unbekanntem Erwartungswert $\mu = E(X)$ und bekannter Varianz $\sigma^2 = V(X)$.

Für den Parameter μ konstruieren wir nun ein Vertrauensintervall.

Wir gehen aus von der Schätzfunktion $\bar{X}$ für μ (vgl. 8.2.2):

(1125) $$\bar{X} = \frac{1}{n}(X_1 + \ldots + X_n), \quad E(\bar{X}) = \mu, \quad V(\bar{X}) = \frac{1}{n}\sigma^2$$

Nach (1111) sind auch $X_1, \ldots, X_n$ normalverteilt und unabhängig. Nun wenden wir folgenden wichtigen Satz an (zum Beweis vgl. [16], S. 188):

(1126) *Die Summe von endlich vielen unabhängigen und normalverteilten Zufallsgrößen ist wieder eine normalverteilte Zufallsgröße.*

---

[1]) $\langle u, w \rangle$ wird wieder (empirisches) Konfidenzintervall genannt.

Damit ist $n\bar{X} = X_1 + \ldots + X_n$ normalverteilt, und aus 7.3.6. c) folgt dies auch für $\bar{X}$. Nach (1125) ist $\bar{X}$ somit $N(\mu, n^{-1}\sigma^2)$-verteilt, was wiederum zur Folge hat, daß die Zufallsgröße

$$\textbf{(1127)} \qquad Y := \frac{\sqrt{n}}{\sigma}(\bar{X} - \mu)$$

$N(0,1)$-verteilt ist (vgl. (1066)). Ihre Verteilungsfunktion Φ wurde in (1068) definiert. Zu beliebig vorgegebener Zahl γ, $0 < \gamma < 1$, wird nun die Zahl $c = c(\gamma)$ so bestimmt, daß

$$(1128) \qquad P(-c \leq Y \leq c) = \gamma$$

also (vgl. Aufgabe 211)

$$\Phi(c) - \Phi(-c) = 2\Phi(c) - 1 = \gamma, \qquad \Phi(c) = \frac{1+\gamma}{2}$$

gilt. c heißt auch das $\frac{1+\gamma}{2}$-Quantil der $N(0,1)$-Verteilung. Aus einer Funktionentafel für Φ ergibt sich zum Beispiel folgende Tabelle:

(1129)

γ	0,90	0,95	0,98	0,99	0,995
c	1,645	1,960	2,326	2,576	2,807

Dieses c benutzen wir zu folgender Definition von U, W (vgl. (1122)):

$$\textbf{(1130)} \qquad \begin{aligned} U &:= \frac{1}{n}(X_1 + \ldots + X_n) - \frac{c\sigma}{\sqrt{n}} = \bar{X} - \frac{c\sigma}{\sqrt{n}} \\ W &:= \frac{1}{n}(X_1 + \ldots + X_n) + \frac{c\sigma}{\sqrt{n}} = \bar{X} + \frac{c\sigma}{\sqrt{n}} \end{aligned}$$

Nun gelten folgende Äquivalenzen:

$$-c \leq Y \leq c \Leftrightarrow -c \leq -Y \leq c \Leftrightarrow \bar{X} - \frac{c\sigma}{\sqrt{n}} \leq \mu \leq \bar{X} + \frac{c\sigma}{\sqrt{n}} \Leftrightarrow U \leq \mu \leq W$$

Somit folgt aus (1128):

$$(1131) \qquad P(U \leq \mu \leq W) = P(-c \leq Y \leq c) = \gamma$$

Dies bedeutet, daß $\langle U, W \rangle$ ein Konfidenzintervall für μ zum Niveau γ ist. Die Länge dieses Intervalls

$$(1132) \qquad W - U = 2\frac{c\sigma}{\sqrt{n}}$$

ist hier konstant (genauer: eine konstante Zufallsgröße). Sie ist um so größer, je größer γ und damit c ist. Will man bei hohem Konfidenzniveau gleichzeitig die Länge des Konfidenzintervalls klein halten, so muß man nach (1132) offenbar den Stichprobenumfang n ziemlich groß wählen.

Rechenbeispiel. Es sei $\sigma = 0{,}5$, und eine 25-Stichprobe habe den Mittelwert $\bar{x} = 12{,}4$ ergeben. Das Konfidenzniveau soll 0,95 sein. Nach (1129) ist dann $c = 1{,}960$. Man berechnet

$$u = 12{,}4 - \frac{1{,}960 \cdot 0{,}5}{5} \approx 12{,}2\,; \qquad w = 12{,}4 + \frac{1{,}960 \cdot 0{,}5}{5} \approx 12{,}6\,.$$

Der gesuchte Erwartungswert μ liegt also mit 95prozentiger Sicherheit zwischen 12,2 und 12,6.

8.2.5. Konfidenzintervalle für $E(X)$, wenn X normalverteilt und $V(X)$ unbekannt ist. Die jetzige Situation unterscheidet sich von der vorangehenden nur dadurch, daß neben $\mu = E(X)$ jetzt auch $\sigma^2 = V(X)$ unbekannt ist. Die in (1130) definierten Zufallsgrößen U, W enthalten den unbekannten Parameter σ und sind somit unbrauchbar. Wir ersetzen daher σ dort durch die Schätzfunktion S für σ, die als (positive) Wurzel aus der in (1119) angegebenen Schätzfunktion S^2 für σ^2 definiert ist:

(1133) $$S := \sqrt{\frac{1}{n-1} \sum_{k=1}^{n} (X_k - \bar{X})^2}$$

Wir bilden also die Zufallsgrößen

(1134) $$U := \bar{X} - \frac{c}{\sqrt{n}} S\,, \qquad W := \bar{X} + \frac{c}{\sqrt{n}} S\,,$$

wobei die Konstante c noch geeignet zu wählen sein wird. Wir erhalten wieder durch einfache Umformung

(1135) $$U \leq \mu \leq W \Leftrightarrow -c \leq \frac{\sqrt{n}}{S} (\bar{X} - \mu) \leq c$$

und führen daher die Zufallsgröße

(1136) $$Z := \frac{\sqrt{n}}{S} (\bar{X} - \mu)$$

ein. Aufgrund von (1135) gilt die zu erfüllende Bedingung

(1137) $$P(U \leq \mu \leq W) = \gamma$$

genau dann, wenn

(1138) $$P(-c \leq Z \leq c) = \gamma$$

erfüllt ist. Da γ vorgegeben wird, ist dies eine Bedingung für c; diese können wir jedoch erst auswerten, wenn die Verteilung von Z bekannt ist. Die entscheidende Aussage lautet nun (zum Beweis vgl. [16]):

(1139) *Die Zufallsgröße Z besitzt eine t-Verteilung mit $n-1$ Freiheitsgraden. Ihre Dichte ist also die in* (1015) *definierte Funktion g_{n-1}.*

Sei G_{n-1} die zu g_{n-1} gehörige Verteilungsfunktion. Aus der Symmetrie von g_{n-1} folgt $G_{n-1}(-x) = 1 - G_{n-1}(x)$ für alle $x \in \mathbf{R}$, und daher

$$P(-c \leq Z \leq c) = G_{n-1}(c) - G_{n-1}(-c) = 2G_{n-1}(c) - 1\,.$$

Nach (1138) muß c also eine Lösung der Gleichung

(1140) $$G_{n-1}(c) = \frac{1}{2}(1 + \gamma)$$

sein. Für die wichtigsten Werte von γ und für n bis etwa 30 ist die Lösung c von (1140) aus Tafeln (z.B. [16], S. 405) abzulesen. Man erhält so etwa folgende c-Werte („Quantile"):

(1141)

$\gamma \backslash n$	5	10	15
0,95	2,78	2,26	2,14
0,99	4,60	3,25	2,98

(Für $\gamma = 0{,}99$ und $n = 10$ ist $c = 3{,}25$.) Für größere n (etwa $n > 30$) ist wegen (1018) die Funktion Φ eine gute Näherung für G_{n-1}, so daß in diesem Fall die Tabelle (1129) herangezogen werden kann.

Nach Einsetzen des so berechneten Wertes $c = c(\gamma, n)$ in die Funktionen U, W in (1134) ist $\langle U, W \rangle$ das gesuchte Konfidenzintervall für $\mu = E(X)$ zum Konfidenzniveau γ und zum Stichprobenumfang n.

Berechnungsbeispiel. Es liege folgende 10-Stichprobe vor: 7,1; 7,2; 6,9; 6,6; 7,0; 7,1; 6,9; 6,9; 6,8; 7,0.

Man berechnet: $\bar{x} = 6{,}95$; $s^2 = 0{,}029$; $s = 0{,}17$. Für $\gamma = 0{,}95$ liefert die Tabelle (1141) $c = 2{,}26$. Damit lauten die Realisierungen von U und W:

$$u = \bar{x} - \frac{c}{\sqrt{10}}\, s \approx 6{,}83\,; \qquad w = \bar{x} + \frac{c}{\sqrt{10}}\, s \approx 7{,}07\,.$$

$\mu = E(X)$ liegt also mit 95prozentiger Sicherheit zwischen 6,8 und 7,1.

8.2.6. Konfidenzintervalle für eine Trefferwahrscheinlichkeit (bei großem Stichprobenumfang). Die Zufallsgröße X nehme nur die Werte 1 (für einen „Treffer") und 0 an. Für die unbekannte Trefferwahrscheinlichkeit $p := P(X = 1)$, die offenbar mit $E(X)$ übereinstimmt, soll eine Intervallschätzung durchgeführt werden. Dabei wird $0 < p < 1$ vorausgesetzt.

Zu X bilden wir wie bisher den Zufallsvektor $(X_1, \ldots, X_n)$. Die Zufallsgröße

(1142) $$Y := X_1 + \ldots + X_n = n\bar{X}$$

die die „Anzahl der Treffer bei n Versuchen" angibt, ist $B_{n,p}$-binomialverteilt (vgl. Aufgabe 234) mit

(1143) $E(Y) = np\,, \quad V(Y) = np(1-p)\,.$

Für die „standardisierte“ Zufallsgröße

(1144) $Z := \frac{1}{\sqrt{np(1-p)}}(Y - np) = \frac{\sqrt{n}}{\sqrt{p(1-p)}}(\bar{X} - p)$

gilt dann nach (1056), (1061)

(1145) $E(Z) = 0,\ V(Z) = 1\,.$

Ein wichtiges Resultat der Wahrscheinlichkeitstheorie besagt nun, *daß Z für große n – es genügt bereits $np(1-p) > 9$ – annähernd $N(0,1)$-verteilt ist* (vgl. [16], S. 134). Damit folgt

(1146) $P(-c \le Z \le c) \approx \Phi(c) - \Phi(-c) = 2\Phi(c) - 1\,.$

Weiter erhält man durch äquivalente Umformungen:

$$-c \le Z \le c \Leftrightarrow Z^2 \le c^2 \Leftrightarrow p^2(n^2 + nc^2) - p(2nY + nc^2) + Y^2 \le 0 \Leftrightarrow$$

(1147)
$$\underbrace{\frac{1}{n+c^2}\left(Y + \frac{c^2}{2} - c\sqrt{\frac{Y(n-Y)}{n} + \frac{c^2}{4}}\right)}_{=:U} \le p \le$$
$$\le \underbrace{\frac{1}{n+c^2}\left(Y + \frac{c^2}{2} + c\sqrt{\frac{Y(n-Y)}{n} + \frac{c^2}{4}}\right)}_{=:W}$$

(Die letzte Umformung entspricht der Auflösung einer quadratischen Ungleichung für p.) Ist bei gegebenem Konfidenzniveau γ die Zahl c Lösung von

$$2\Phi(c) - 1 = \gamma \quad \text{oder} \quad \Phi(c) = \frac{1}{2}(1 + \gamma)\,,$$

so gilt nach (1146) mit den in (1147) definierten Zufallsgrößen U, W:

(1148) $P(U \le p \le W) = \gamma\,,$

d.h., $\langle U, W\rangle$ ist ein Konfidenzintervall für p zum Niveau γ.

Beispiel. Sei p der unbekannte Anteil der defekten Stücke eines größeren Warenpostens. Bei einer 200-Stichprobe wurden 17 defekte Stücke gezählt. Gesucht ist eine Intervallschätzung für p zum Niveau 0,90. Die Zufallsgröße X nehme für „defekt“ den Wert 1 und sonst den Wert 0 an. Dann ist $p = P(X = 1)$. Die Zahl 17 ist eine Realisierung von Y ($n = 200$). Für $\gamma = 0{,}90$ ergibt sich aus (1129) der Wert $c = 1{,}645$. Damit lassen sich die Realisierungen u, w von U bzw. W nach (1147) berechnen. Man erhält $u = 0{,}058$; $w = 0{,}123$. p liegt also mit 90% Sicherheit zwischen u und w.

8.2.7. Bemerkung über die Brauchbarkeit der Normalverteilung. In jedem der Beispiele 8.2.4 bis 8.2.6 war an mindestens einer Stelle von der Normalverteilung die Rede: In 8.2.4 und 8.2.5 wurde X als normalverteilt *vorausgesetzt*, und als *Aussagen* ergab sich, daß die Zufallsgröße (1127) *exakt* $N(0,1)$- *verteilt* ist und die Zufallsgrößen (1136) und (1144) wenigstens *näherungsweise* für große n $N(0,1)$-*normalverteilt* sind.

Hier wird sichtbar, daß die Normalverteilung in der angewandten Statistik eine bevorzugte Rolle spielt. Dies hat vor allem zwei Gründe:

Erstens sind in den Anwendungsgebieten viele Merkmale näherungsweise normalverteilt.

Zweitens gilt der „zentrale Grenzwertsatz" (vgl. [16], S. 201) der – etwas ungenau ausgedrückt – folgendes besagt: *Ist* X beliebig *verteilt mit* $E(X) = \mu$, $V(X) = \sigma^2 > 0$ *und ist* $\bar{X}$ *die in* (1116) *definierte Schätzfunktion für* μ, *so ist die Zufallsgröße*

$$\textbf{(1149)} \qquad \frac{\sqrt{n}}{\sigma}(\bar{X} - \mu)$$

für große n *annähernd* $N(0,1)$-*verteilt*.

Die Zufallsgrößen (1127) und (1144) sind offenbar Sonderfälle von (1149). Damit bleiben z.B. die in 8.2.4 erzielten Ergebnisse im Falle eines *großen Stichprobenumfangs* n auch dann (näherungsweise) gültig, wenn X *nicht* normalverteilt ist.

Übungsaufgaben. 241. Sei $y_k = ax_k + b$, $k = 1, \ldots, n$ und $\bar{x}$, s_x^2 bzw. $\bar{y}$, s_y^2 seien Mittelwert und (empirische) Varianz von $(x_1, \ldots, x_n)$ bzw. $(y_1, \ldots, y_n)$. Man bestätige folgende Formeln durch Nachrechnen:

$$\bar{y} = a\bar{x} + b, \qquad s_y^2 = a^2 s_x^2 .$$

242. * Für die Zufallsgröße X existiere $\mu := E(X)$ und $V(X)$.

Man setze $Y := n^{-1} \sum_{k=1}^{n} (X_k - \mu)^2$ ($X_1, \ldots, X_n$ wie im Text) und zeige durch Berechnung von $E(Y)$, daß Y eine erwartungstreue Schätzfunktion für $V(X)$ ist.

243. * Eine n-Stichprobe zu einer normalverteilten Zufallsgröße X mit Varianz σ^2 habe den Mittelwert $\bar{x} = 23{,}2$. Man bestimme für $E(X)$ ein Konfidenzintervall $\langle u, w \rangle$ zum Niveau 0,99, falls

a) $n = 10$, $\sigma = 1$ b) $n = 10$, $\sigma = 3$ c) $n = 20$, $\sigma = 1$ d) $n = 20$, $\sigma = 3$ ist.

244. * Für eine normalverteilte Zufallsgröße X mit $V(X) = 1$ soll der Stichprobenumfang n möglichst klein, aber so festgelegt werden, daß die Länge (1132) des Konfidenzintervalls für $E(X)$ zum Niveau 0,95 keinen größeren Wert als a) 1 b) 0,5 annimmt.

245. * Mit einem Würfel wurde 1000mal gewürfelt. Für die Augenzahlen $1, 2, \ldots, 6$ ergaben sich dabei die Häufigkeiten 151, 146, 169, 198, 181, 155. Man bestimme ein

Konfidenzintervall $\langle u, w\rangle$ zum Niveau 0,95 für die Wahrscheinlichkeit folgender Ereignisse:

a) $\{6\}$ b) $\{4\}$ c) $\{1,6\}$ d) $\{4,5,6\}$.

Hinweis: Man benutze die Ergebnisse aus 8.2.6.

246.* Zu einer normalverteilten Zufallsgröße X wurde folgende Stichprobe gezogen: $-1{,}21$; $-1{,}15$; $-1{,}18$; $-1{,}23$; $-1{,}24$; $-1{,}19$; $-1{,}18$; $-1{,}20$. Man bestimme für $E(X)$ ein Konfidenzintervall $\langle u, w\rangle$ zum Niveau 0,99.

Hinweis: Man benutze eine Tafel für die t-Verteilung.

247.* Eine 80-Stichprobe zur normalverteilten Zufallsgröße X besitze den Mittelwert $\bar{x} = 0{,}37$ und die (empirische) Varianz $s^2 = 2{,}61$. Man bestimme für $E(X)$ ein Konfidenzintervall $\langle u, w\rangle$ zum Niveau 0,99.

Hinweis: Man benutze die Normalverteilung als Näherung der t-Verteilung.

8.3. Testen von Parametern

8.3.1. Vorläufige und exemplarische Formulierung des Problems. Eine der häufigsten Aufgaben der Statistik besteht darin, aufgrund einer Stichprobe zwischen zwei möglichen Annahmen, sog. Hypothesen zu entscheiden. Typisch ist folgende Situation:

Man interessiert sich etwa für den Erwartungswert $E(X)$ einer Zufallsgröße X. Dabei ist $E(X)$ nicht gänzlich unbekannt, sondern man weiß (z. B. durch Vergleich mit Erfahrungswerten bei gleichen oder ähnlichen Fragestellungen oder auch aus Daten, die andere zur Verfügung stellten), daß einer der folgenden Fälle (a), (b), (c) vorliegt:

(a) Für $E(X)$ kommen nur zwei (bekannte) Werte μ_0 oder μ_1 in Frage.

(b) Es spricht einiges dafür, daß $E(X) = \mu_0$ ist (μ_0 bekannt), aber $E(X)$ kann auch größer als μ_0 sein.

(c) Es spricht einiges dafür, daß $E(X) = \mu_0$ ist (μ_0 bekannt), aber $E(X)$ kann auch *nach beiden Seiten* von μ_0 abweichen.

Es wird dann ein Verfahren gesucht, das *mittels einer Stichprobe* zu einer eindeutigen Entscheidung darüber führt, ob

im Falle (a): $E(X) = \mu_0$ oder $E(X) = \mu_1$

im Falle (b): $E(X) = \mu_0$ oder $E(X) > \mu_0$

im Falle (c): $E(X) = \mu_0$ oder $E(X) \neq \mu_0$

angenommen werden soll. In allen drei Fällen wird also eine aus einer Stichprobe heraus begründete *Entscheidung zwischen zwei alternativen Möglichkeiten* oder Hypothesen angestrebt. Die erste Hypothese wird traditionell mit H_0, die zweite mit H_1 bezeichnet. Im Falle (b) z. B. lautet $H_0: E(X) = \mu_0$ und $H_1: E(X) > \mu_0$.

Das gesuchte Entscheidungsverfahren zwischen H_0 und H_1 heißt ein Test.

Da die Entscheidung für H_0 oder H_1 aufgrund einer Stichprobe fallen soll, sind natürlich Fehlentscheidungen möglich. Es gibt zwei Arten davon:

Der „Fehler 1. Art" *ist eine Entscheidung für H_1, obwohl H_0 richtig ist.*

Der „Fehler 2. Art" *ist eine Entscheidung für H_0, obwohl H_1 richtig ist.*

Ein Test ist offenbar um so besser, je seltener bei seiner Anwendung Fehlentscheidungen vorkommen. Genaueres wird darüber im folgenden gesagt.

8.3.2. Das allgemeine Modell für das Testen eines Parameters. Die dargestellten Testprobleme passen in folgendes allgemeinere Schema:

Sei ϑ der zu testende Parameter der Verteilung von X (z. B. $\vartheta = E(X)$ oder $\vartheta = V(X)$). Ferner sei Θ die Menge aller möglichen Werte von ϑ und

(1150) $\Theta = \Theta_0 \cup \Theta_1, \quad \Theta_0 \cap \Theta_1 = \phi$

eine disjunkte Zerlegung von Θ. (Im obigen Fall (b) wäre z. B. $\Theta = \langle \mu_0, \infty)$, $\Theta_0 = \{\mu_0\}$ und $\Theta_1 = (\mu_0, \infty)$.) Die Hypothesen H_0, H_1 über den wahren Wert von ϑ werden dann wie folgt festgelegt:

H_0: Der wahre Wert ϑ liegt in Θ_0, kurz: $\vartheta \in \Theta_0$

H_1: Der wahre Wert ϑ liegt in Θ_1, kurz: $\vartheta \in \Theta_1$.

Nun zur Entscheidung zwischen H_0 und H_1. Diese soll nach Festlegung des Testverfahrens allein durch die Stichprobe $(x_1, \ldots, x_n)$ bestimmt werden, die eine Realisierung des zu X gehörigen Zufallsvektors $(X_1, \ldots, X_n)$ darstellt (vgl. 8.1.2). Es liegt daher nahe, das Entscheidungsverfahren durch eine geeignet gewählte Funktion $g: \mathbf{R}^n \to \mathbf{R}$ und eine passende „kritische" Zahl c wie folgt zu formulieren[1]: Sei $g(x_1, \ldots, x_n)$ der Wert der Funktion g für die vorliegende Stichprobe $(x_1, \ldots, x_n)$. Dann wird vereinbart:

(1151)
$g(x_1, \ldots, x_n) > c$ *impliziert eine Entscheidung für H_1*
$g(x_1, \ldots, x_n) \leq c$ *impliziert eine Entscheidung für H_0.*

Als nächstes ist nach der Wahrscheinlichkeit eines Fehlers 1. bzw. 2. Art zu fragen. Dazu bilden wir die zu g gehörige Zufallsgröße

(1152) $T := g(X_1, \ldots, X_n)$,

die wegen ihrer aus (1151) ersichtlichen Rolle im Testverfahren auch als Prüfgröße oder Testgröße bezeichnet wird. Da die Verteilung von X und nach (1111) dann auch diejenige von $X_1, \ldots, X_n$ vom konkreten Wert des Parameters ϑ abhängt, gilt dies auch für die Verteilung von T. Diese Abhängigkeit drücken wir im folgenden durch eine entsprechende Bezeichnung aus. Zum Beispiel:

[1]) Bei „zweiseitigen" Tests benötigt man gelegentlich auch *zwei* kritische Zahlen; vgl. 8.3.5.

(1153) $P(T > c|\vartheta) := \begin{cases} \textit{Wahrscheinlichkeit dafür, daß } T > c \textit{ gilt, sofern } \vartheta \textit{ der wahre} \\ \textit{Parameterwert ist.} \end{cases}$

Nach (1151) ist dies auch die Wahrscheinlichkeit, sich für H_1 zu entscheiden, sofern ϑ der wahre Parameterwert ist. Ist nun ϑ speziell aus Θ_0, also die Hypothese H_0 richtig, so ist (1153) offenbar gerade die Wahrscheinlichkeit eines Fehlers 1. Art. Diese hängt wieder von $\vartheta \in \Theta_0$ ab und wird im folgenden mit $w_1(\vartheta)$ bezeichnet:

(1154) $w_1(\vartheta) := P(T > c|\vartheta), \quad \vartheta \in \Theta_0$

Entsprechend sieht man, daß

(1155) $w_2(\vartheta) := P(T \leq c|\vartheta), \quad \vartheta \in \Theta_1$

die Wahrscheinlichkeit eines Fehlers 2. Art ist.

Am besten wäre es nun, die Zahl c so zu wählen, daß beide Fehlerwahrscheinlichkeiten (1154) und (1155) *gleichzeitig* möglichst klein werden. Dieser Wunsch ist aber nicht erfüllbar. Daher gibt man die bisherige Neutralität zwischen H_0 und H_1 und somit auch zwischen Fehlern 1. und 2. Art auf und *bevorzugt den Fehler 1. Art* wie folgt:

Es wird eine obere Fehlerschranke α – in der Regel $\alpha = 0{,}05$ oder $\alpha = 0{,}01$ – für den Fehler 1. Art vorgeschrieben. Man fordert also:

(1156) $w_1(\vartheta) = P(T > c|\vartheta) \leq \alpha \quad$ *für alle* $\vartheta \in \Theta_0$

Ein Test mit dieser Eigenschaft heißt ein Test zum Niveau α. Fällt aufgrund eines solchen Testes die Entscheidung zugunsten von H_1, so hat man sich höchstens mit der Wahrscheinlichkeit α geirrt. Daher die Sprechweise: *Eine Entscheidung für H_1 ist mit einer (zugelassenen)* Irrtumswahrscheinlichkeit α *statistisch gesichert.*

Dagegen kann bei einem Test zum Niveau α die Wahrscheinlichkeit für eine Fehlentscheidung zugunsten von H_0, also die Wahrscheinlichkeit eines Fehlers 2. Art, noch sehr groß sein. Um auch diesen Fehler unter Kontrolle zu halten, versucht man die Testgröße T und die Zahl c so zu wählen, daß – bei vorgegebenem α – nicht nur (1156) gilt, sondern auch noch eine *möglichst kleine obere Schranke* für $w_2(\vartheta)$, $\vartheta \in \Theta_1$, herauskommt. Die Funktion

(1157) $\beta(\vartheta) := 1 - w_2(\vartheta) = P(T > c|\vartheta), \quad \vartheta \in \Theta_1$

soll also eine *möglichst große untere Schranke* haben. $\beta(\vartheta)$ ist offenbar die Wahrscheinlichkeit, sich für H_1 zu entscheiden, wenn H_1 tatsächlich richtig ist. $\beta(\vartheta)$ heißt auch die Schärfe des Tests.

Bemerkung: In der Regel hat ein Test zum Niveau α eine ziemlich geringe Schärfe, d.h., die Wahrscheinlichkeit eines Fehlers 2. Art ist viel größer als die vorgeschriebene Irrtumswahrscheinlichkeit α. Damit ist eine Entscheidung für H_0 längst nicht so gut gegen Irrtum gesichert wie eine Entscheidung für H_1. Will man also eine bestimmte Hypothese H mit einer gewissen maximalen Irrtumswahrscheinlichkeit α statistisch sichern, so muß man in einem Test zum Niveau α $H_1 := H$ und $H_0 :=$ Alternative zu H setzen.

Das hier dargestellte theoretische Testmodell wird im folgenden auf einfache Situationen angewandt. Dabei zeigt sich auch, daß die *Schärfe eines Tests durch Wahl eines größeren Stichprobenumfangs n erhöht werden kann.*

8.3.3. Test für $\vartheta = E(X)$, wenn X normalverteilt und $V(X) = : \sigma^2$ bekannt ist. Es sei bekannt, daß $E(X) \geq \vartheta_0$ ist, wobei ϑ_0 eine konkret gegebene Zahl ist. Zu testen ist die Hypothese $H_0 : E(X) = \vartheta_0$ gegen die Hypothese $H_1 : E(X) > \vartheta_0$. Dies ist ein sog. einseitiger Test, der vielen Anwendungssituationen besonders gut entspricht (vgl. auch (b) in 8.3.1).

Beispiel. X gibt das Gewicht einer Tierpopulation an, deren Futter ein bestimmter Zusatz beigemengt wurde. ϑ_0 ist dann das bekannte Durchschnittsgewicht bei Fütterung ohne Zusatz. Zu testen ist, ob der Futterzusatz das Durchschnittsgewicht erhöht (H_1) oder wirkungslos ist (H_0).

Als Prüfgröße T bietet sich die Schätzfunktion

$$(1158) \qquad T := \bar{X} = \frac{1}{n}(X_1 + \ldots + X_n)$$

für $E(X)$ an. Da $\Theta_0 = \{\vartheta_0\}$ nur ein Element enthält, kann in (1156) „=“ statt „≤“ gefordert werden. Wir suchen also eine Zahl c mit der Eigenschaft

$$(1159) \qquad P(T > c|\vartheta_0) = \alpha = \textit{vorgegeben}$$

oder

$$(1160) \qquad P(T \leq c|\vartheta_0) = 1 - \alpha\,.$$

Es gilt offenbar die Äquivalenz

$$(1161) \qquad T \leq c \Leftrightarrow Y := \frac{\sqrt{n}}{\sigma}(T - \vartheta_0) \leq \frac{\sqrt{n}}{\sigma}(c - \vartheta_0) = : \tilde{c}$$

und Y ist $N(0,1)$-verteilt, wenn ϑ_0 der wahre Wert von $E(X)$ ist (vgl. 8.2.4). Ist Φ wieder die Verteilungsfunktion der $N(0,1)$-Verteilung, so folgt aus (1160) und (1161) für $\tilde{c}$ die Bedingung:

$$(1162) \qquad \Phi(\tilde{c}) = 1 - \alpha\,.$$

Bei gegebenem α berechnet man hieraus mittels einer Tafel für Φ den Wert $\tilde{c}$ und damit auch den Wert c, für den (1159) gilt:

$$(1163) \qquad c = \frac{\sigma}{\sqrt{n}}\tilde{c} + \vartheta_0$$

Ist nun $\bar{x}$ der Mittelwert der entnommenen Stichprobe, so wird im Falle $\bar{x} \leq c$ die Hypothese H_0 angenommen und im Falle $\bar{x} > c$ die Hypothese H_1.

Für die Schärfe $\beta(\vartheta)$ des Tests zum Niveau α folgt aus (1157) und ein wenig Rechnung

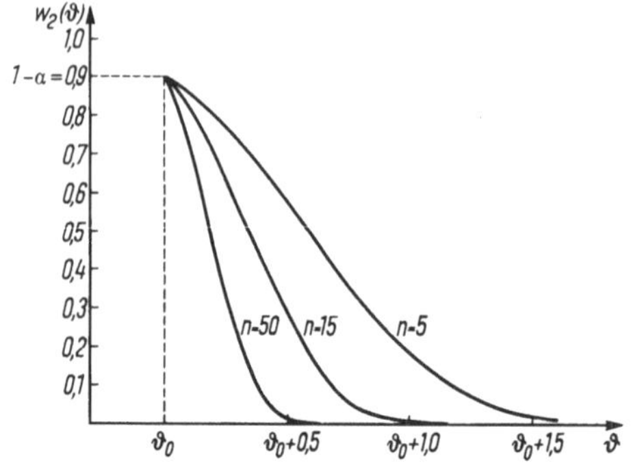

Fig. 67 Wahrscheinlichkeit $w_2(\vartheta) = 1 - \beta(\vartheta)$ eines Fehlers 2. Art für den einseitigen Test von $E(X)$ zum Niveau $\alpha = 0{,}1$ $(\sigma = 1)$

$$\beta(\vartheta) = P(T > c|\vartheta) = P\left(\frac{\sqrt{n}}{\sigma}(T-\vartheta) > \frac{\sqrt{n}}{\sigma}(c-\vartheta)|\vartheta\right)$$

$$(1164) \qquad = 1 - \Phi\left(\frac{\sqrt{n}}{\sigma}(c-\vartheta)\right) = \Phi\left(\frac{\sqrt{n}}{\sigma}(\vartheta - c)\right)$$

$$= \Phi\left(\frac{\sqrt{n}}{\sigma}(\vartheta - \vartheta_0) - \tilde{c}\right), \qquad \vartheta > \vartheta_0$$

Hier wurde benutzt, daß die Zufallsgröße $\sigma^{-1}\sqrt{n}(T-\vartheta)$ $N(0{,}1)$-verteilt ist, wenn ϑ der wahre Wert von $E(X)$ ist. Ferner wurde (1023) herangezogen. Aus (1164) erkennt man, daß die Funktion β monoton steigt – denn Φ hat diese Eigenschaft –, und daß

$$(1165) \qquad \lim_{\vartheta \to \vartheta_0} \beta(\vartheta) = \Phi(-\tilde{c}) = 1 - \Phi(\tilde{c}) = \alpha$$

ist. Da α eine kleine Zahl ist, kann die Testschärfe somit sehr kleine Werte annehmen. Entsprechend kommt nach (1157) die Wahrscheinlichkeit $w_2(\vartheta)$ eines Fehlers 2. Art beliebig nahe an $1-\alpha$ heran. Die Figur 67 zeigt den Verlauf von $w_2(\vartheta)$ für verschiedene n. Man erkennt: Je größer der Stichprobenumfang n, um so steiler fällt $w_2(\vartheta)$ von $1-\alpha$ gegen 0 ab. Als praktische Nutzanwendung ergibt sich: Falls bei einem Test zum Niveau α der Fehler 2. Art zu groß ausfällt, sollte man vielleicht einen größeren Stichprobenumfang wählen.

Zahlenbeispiel: Sei $\sigma = 1$ und $\vartheta_0 = 17{,}5$. Eine Stichprobe habe den Mittelwert $\bar{x} = 17{,}8$ ergeben, der eine Realisierung von $T = \bar{X}$ ist. Wir betrachten zwei verschiedene Werte von α, und zwar jeweils für $n = 10$ und $n = 50$.

1) $\alpha = 0{,}05$: Man erhält $\tilde{c} = 1{,}645$ und damit $c = 18{,}02$ $(n = 10)$ bzw. $c = 17{,}73$ $(n = 50)$. Nach (1151) fällt also die Entscheidung im Falle $n = 10$ für H_0, im Falle $n = 50$ für H_1. Die Entscheidung hängt somit vom Umfang der zugrundeliegenden Stichprobe ab.

2) $\alpha = 0{,}01$: Es folgt $\tilde{c} = 2{,}326$, $c = 18{,}24$ $(n = 10)$ bzw. $c = 17{,}83$ $(n = 50)$. Für beide Stichprobenumfänge fällt jetzt die Entscheidung zugunsten von H_0.

Bemerkung. Neben dem hier dargestellten „einseitigen Test“ für $E(X)$ wird häufig auch der „zweiseitige Test“ $H_0: \vartheta = \vartheta_0$, $H_1: \vartheta \neq \vartheta_0$ oder der ebenfalls einseitige Test $H_0: \vartheta = \vartheta_0$, $H_1: \vartheta < \vartheta_0$ benötigt. Man vergleiche dazu etwa [1], S. 84.

8.3.4. Zweiseitiger Test für $\vartheta = E(X)$, wenn X normalverteilt und $V(X)$ unbekannt ist (t-Test). Es soll die Hypothese $H_0: E(X) = \vartheta_0$ gegen die Hypothese $H_1: E(X) \neq \vartheta_0$ getestet werden; das Testniveau sei α. Da σ jetzt unbekannt ist, kann die in (1161) definierte Zufallsgröße Y nicht nutzbringend eingesetzt werden. Stattdessen liegt es nahe, wie schon in 8.2.5 die Zufallsgröße

(1166) $$Z := \frac{\sqrt{n}}{S}(\bar{X} - \vartheta_0)$$

zu bilden. Dabei ist S die Schätzfunktion (1133) für $V(X)$. Nach (1139) hat Z eine t-Verteilung mit $n-1$ Freiheitsgraden, falls $E(X) = \vartheta_0$ ist. Ihre Verteilungsfunktion werde wie in 8.2.5 mit G_{n-1} bezeichnet. Wir wählen nun $|Z|$ als Testgröße und müssen daher die kritische Zahl c durch die Forderung

(1167) $$P(|Z| > c|\vartheta_0) = \alpha$$

festlegen. Wegen $G_{n-1}(-x) = 1 - G_{n-1}(x)$ folgt dann:

$$1 - \alpha = P(-c \leq Z \leq c|\vartheta_0) = G_{n-1}(c) - G_{n-1}(-c) = 2G_{n-1}(c) - 1$$

also

(1168) $$G_{n-1}(c) = 1 - \frac{\alpha}{2}.$$

Mittels Tabellen kann hieraus c berechnet werden. (Vgl. (1140), (1141) mit $\gamma := 1 - \alpha$.)

Der Test verläuft nun wie folgt: Nach Entnahme einer Stichprobe $x_1, \ldots, x_n$ werden die Zahlen $\bar{x}$ und s berechnet (vgl. (1113), (1114)) und außerdem die Zahl

(1169) $$z := \frac{\sqrt{n}}{s}(\bar{x} - \vartheta_0) \quad (= \text{beobachteter Wert von } Z).$$

Je nachdem, ob $|z| \leq c$ oder $|z| > c$ gilt, hat man dann für H_0 oder H_1 zu entscheiden.

Zahlenbeispiel. Sei $\vartheta_0 = 74$ und $\alpha = 0{,}05$. Die Stichprobe vom Umfang $n = 10$ ergebe $\bar{x} = 69{,}7$ und $s = 5{,}4$. Es folgt $z = -2{,}52$, und aus Tabelle (1141) mit $\gamma = 1 - \alpha = 0{,}95$ und $n = 10$ liest man $c = 2{,}26$ ab. Wegen $|z| = 2{,}52 > 2{,}26$ wird zugunsten von $H_1: E(X) \neq 74$ entschieden.

Bemerkung. Für einseitige Tests von $E(X)$, wenn X normalverteilt und $V(X)$ unbekannt ist, sei z. B. auf [1], S. 85, verwiesen.

8.3.5. Test für die Varianz einer normalverteilten Zufallsgröße. Sei X normalverteilt und sowohl $E(X)$ als auch $V(X) = \sigma^2$ unbekannt. Zu testen sei die Hypothese

(1170) $$H_0: V(X) = \sigma_0^2$$

gegen eine der folgenden Hypothesen H_1:

$$\textbf{(a)}\ V(X) > \sigma_0^2 \qquad \textbf{(b)}\ V(X) < \sigma_0^2 \qquad \textbf{(c)}\ V(X) \neq \sigma_0^2$$

Als Testgröße eignet sich die Zufallsgröße

(1171) $$T := \frac{n-1}{\sigma_0^2} S^2$$

Zu vorgegebenem Testniveau α haben wir für (a) und (b) die kritische Zahl c so zu bestimmen, daß

(1172) im Falle (a): $P(T > c \mid \sigma_0^2) = \alpha$,

(1173) im Falle (b): $P(T < c \mid \sigma_0^2) = \alpha$

gilt. Im Falle (c) benötigt man jetzt aber *zwei* kritische Zahlen c_1 und c_2 mit der Eigenschaft:

(1174) $$P(T < c_1 \mid \sigma_0^2) = P(T > c_2 \mid \sigma_0^2) = \frac{\alpha}{2}.$$

Zur Berechnung dieser kritischen Zahlen braucht man folgende Aussage (zum Beweis vgl. etwa [16], S. 194):

(**1175**) *Falls $V(X) = \sigma_0^2$ ist, hat die Zufallsgröße T die in* 7.2.4 *definierte Chi-Quadrat-Verteilung mit $n-1$ Freiheitsgraden.*
Die Verteilungsfunktion dieser χ_{n-1}^2-Verteilung sei mit F_{n-1} bezeichnet. Dann folgt

$$P(T > c \mid \sigma_0^2) = 1 - F_{n-1}(c), \qquad P(T < c \mid \sigma_0^2) = F_{n-1}(c),$$

und die Forderungen (1172) bis (1174) ergeben

im Falle (a): $F_{n-1}(c) = 1 - \alpha$

im Falle (b): $F_{n-1}(c) = \alpha$

im Falle (c): $F_{n-1}(c_1) = \frac{\alpha}{2}, F_{n-1}(c_2) = 1 - \frac{\alpha}{2}.$

Mittels Tabellen für die Funktion F_{n-1} erhält man hieraus die gesuchten kritischen Zahlen.

Zahlenbeispiel: Es sei $\sigma_0^2 = 20$, $\alpha = 0{,}05$ und $n = 15$. Einer Tabelle, z.B. [16], S. 402, entnimmt man dann für den Fall (a): $c = 23{,}68$, für den Fall (b): $c = 6{,}57$ und für den Fall (c): $c_1 = 5{,}63$, $c_2 = 26{,}12$. Liefert nun eine Stichprobe vom Umfang 15 die Werte $\bar{x} = 121{,}3$ und $s^2 = 34{,}7$, so ergibt sich für die Testgröße T die Realisierung $\frac{14}{20} \cdot 34{,}7 = 24{,}29$. Das bedeutet: Die Entscheidung fällt im Falle (a) für $H_1: V(X) > 20$, in den Fällen (b) und (c) dagegen für $H_0: V(X) = 20$.

Übungsaufgaben: 248.* Eine Firma produzierte bisher Batterien mit einer mittleren Lebensdauer von 25 (Betriebs-)Stunden bei einer Standardabweichung σ von 3 Stunden. Sie behauptet nun, die Batterien aus der neuesten Produktion hätten eine längere Lebensdauer (bei gleichem σ). Eine 10-Stichprobe aus der neuesten Produktion ergibt die mittlere Lebensdauer $\bar{x} = 26{,}5$ Stunden.

a) Mittels dieser Stichprobe prüfe man die Behauptung der Firma durch einen einseitigen Test zum Niveau 0,05. (Annahme: Die Lebensdauer X ist normalverteilt, $V(X) = 9$.)

b) Man berechne die Wahrscheinlichkeit w dafür, daß der Kunde den Angaben der Firma aufgrund des Tests keinen Glauben schenkt, obwohl in Wirklichkeit $E(X) = 27$ ist.

249.* Nach Angabe des Herstellers ist die mittlere Lebensdauer der von ihm gelieferten Batterien 27 Stunden und die Standardabweichung σ höchstens 3 Stunden. Eine 15-Stichprobe ergibt $\bar{x} = 25{,}1$ und $s = 3{,}4$ Stunden. Können die Herstellerangaben aufgrund von Tests zum Niveau 0,05 angezweifelt werden?

Hinweis: Unter der Annahme, daß die Lebensdauer X normalverteilt ist, verwende man einen zweiseitigen t-Test für $E(X)$ und einen einseitigen Test für $V(X)$.

250.* Der Hersteller eines Medikaments behauptet, sein Medikament sei in 80% aller Anwendungsfälle wirksam. Bei der Erprobung an 150 Patienten war es jedoch nur in 108 Fällen wirksam. Man prüfe die Herstellerangabe durch einseitige Tests zum Niveau (a) 0,05 und (b) 0,01.

Hinweis: Man benutze die Testgröße (1144) mit $n = 150$, $p = 0{,}8$, die annähernd $N(0,1)$-verteilt ist, falls die Behauptung des Herstellers stimmt.

251.* Wie groß ist in der vorangehenden Aufgabe die Wahrscheinlichkeit w dafür, daß aufgrund der angegebenen Tests die Behauptung des Herstellers akzeptiert wird, obwohl das Medikament tatsächlich nur in 70% aller Fälle wirksam ist?

Hinweis: Die benutzte Testgröße Z läßt sich in der Form schreiben: $Z = a\tilde{Z} + b$ mit $a = (0{,}7 \cdot 0{,}3)^{\frac{1}{2}} \cdot (0{,}8 \cdot 0{,}2)^{-\frac{1}{2}}$, $b = -0{,}1 \cdot \sqrt{150} \cdot (0{,}8 \cdot 0{,}2)^{-\frac{1}{2}}$ und $\tilde{Z} := (150)^{\frac{1}{2}} \cdot (0{,}7 \cdot 0{,}3)^{-\frac{1}{2}}(\bar{X} - 0{,}7)$, wo $\tilde{Z}$ näherungsweise $N(0,1)$-verteilt ist.

252.* Der Lieferant eines Massenartikels versichert, der Ausschußanteil p seiner Lieferung mache höchstens 0,06 aus. Eine 300-Stichprobe ergibt 24 defekte Stücke. Der Kunde führt mit dieser Stichprobe einen Test von $H_0: p = 0{,}06$ gegen $H_1: p > 0{,}06$ zum Niveau 0,05 durch. Stützt das Ergebnis die Behauptung des Lieferanten?

Hinweis: Man benutze die Prüfgröße (1144) mit $n = 300$, $p = 0{,}06$, die $N(0,1)$-verteilt ist, wenn H_0 richtig ist.

253.* Wie groß ist die Wahrscheinlichkeit w dafür, daß beim Test in Aufgabe 252 die Entscheidung für H_0 fällt, obwohl in Wahrheit $p = 0{,}08$ ist?

Hinweis: Analoges Vorgehen wie bei Aufgabe 251.

254.* Zur Prüfung, ob eine Münze „echt" ist, d.h., ob beim Werfen die Wahrscheinlichkeit von „Kopf" genau gleich 1/2 ist, wurde sie 100mal geworfen. Dabei ergab sich

59mal „Kopf". Ist damit die Unechtheit der Münze mit der Irrtumswahrscheinlichkeit 0,05 statistisch gesichert?

Hinweis: Man führe einen zweiseitigen Test durch und benutze dabei (1144).

255.* Beim Spiel mit einem Würfel wird die Vermutung laut, der Würfel sei nicht echt, und zwar träten die „1" und die „6" zu häufig auf. Es wird daher zur Probe 600mal gewürfelt und dabei 221mal „1" oder „6" registriert. Ist damit der Würfel mit einer Irrtumswahrscheinlichkeit von 0,05 unecht?

Hinweis: Einseitiger Test von $H_0 := 1/3$ gegen $H_1 : p > 1/3$, mit $p =$ Wahrscheinlichkeit des Ereignisses $\{1, 6\}$.

8.4. Weitere Testprobleme

8.4.1. Vergleich der Erwartungswerte zweier unabhängiger Normalverteilungen mit gleicher Varianz. Eine Frage aus der Praxis kann lauten: Welches von zwei Futtermitteln (oder Medikamenten, Heilverfahren, Düngemitteln Produktionsverfahren, ...) ist das bessere? Oder: Ist ein neues Futtermittel A besser als das herkömmliche? Solche Fragestellungen lassen sich näherungsweise wie folgt behandeln: Es seien X und Y normalverteilte Zufallsgrößen mit *derselben* (unbekannten) Varianz (im Beispiel: $X =$ Gewicht der Tiere aus der mit A gefütterten Grundgesamtheit, $Y =$ Gewicht der Tiere aus der auf herkömmliche Weise gefütterten Grundgesamtheit). Zu testen ist dann die Hypothese

(1176) $$H_0 : E(X) = E(Y)$$

gegen die Hypothese

(1177) $$H_1 : E(X) > E(Y).$$

Zur Durchführung dieses Tests braucht man nicht – wie bisher – nur *eine*, sondern *zwei* unabhängige Stichproben („Zweistichprobenproblem"): Eine n-Stichprobe $x_1, \ldots, x_n$ als Realisierung der zu X gehörigen Zufallsgrößen $X_1, \ldots, X_n$ (vgl. 8.1.2) und eine m-Stichprobe $y_1, \ldots, y_m$ als Realisierung der in entsprechender Weise zu Y gehörigen Zufallsgrößen $Y_1, \ldots, Y_m$. Dabei brauchen die Stichprobenumfänge n und m nicht gleich zu sein. Wir benutzen im folgenden die Zufallsgrößen

(1178) $$\bar{X} := \frac{1}{n}\sum_{k=1}^{n} X_k, \quad \bar{Y} := \frac{1}{m}\sum_{k=1}^{m} Y_k$$
$$S_1^2 := \frac{1}{n-1}\sum_{k=1}^{n}(X_k - \bar{X})^2, \quad S_2^2 := \frac{1}{m-1}\sum_{k=1}^{m}(Y_k - \bar{Y})^2$$

und deren Realisierungen

(1179)
$$\bar{x} := \frac{1}{n}\sum_{k=1}^{n} x_k, \quad \bar{y} := \frac{1}{m}\sum_{k=1}^{m} y_k$$
$$s_1^2 := \frac{1}{n-1}\sum_{k=1}^{n}(x_k - \bar{x})^2, \quad s_2^2 := \frac{1}{m-1}\sum_{k=1}^{m}(y_k - \bar{y})^2.$$

Man bildet nun die Testgröße

(1180) $$T := \sqrt{\frac{nm(n+m-2)}{n+m}} \cdot \frac{\bar{X} - \bar{Y}}{\sqrt{(n-1)S_1^2 + (m-1)S_2^2}},$$

die eine t-Verteilung mit $n + m - 2$ Freiheitsgraden hat (Verteilungsfunktion: G_{n+m-2}), *falls die Hypothese H_0 zutrifft* (zum Beweis vgl. [16], S. 223). Zu gegebenem Testniveau α wird die kritische Zahl c als Lösung von

(1181) $$G_{n+m-2}(c) = 1 - \alpha$$

aus Tabellen abgelesen. Andererseits berechnet man die Realisierung t der Testgröße T:

(1182) $$t := \sqrt{\frac{nm(n+m-2)}{n+m}} \cdot \frac{\bar{x} - \bar{y}}{\sqrt{(n-1)s_1^2 + (m-1)s_2^2}}.$$

Ist $t > c$, so entscheidet man für H_1; ist $t \leq c$, so entscheidet man für H_0, oder vorsichtiger: man hat keinen Grund, H_0 abzulehnen.

Zahlenbeispiel. Es sei $n = 13$, $m = 15$, $\alpha = 0{,}05$. Aus [16], S. 405, folgt dann $c = 1{,}71$. Aus den 2 Stichproben ergebe sich $\bar{x} = 57{,}1$, $s_1^2 = 24{,}7$ und $\bar{y} = 53{,}5$, $s_2^2 = 23{,}8$. Man errechnet damit $t = 1{,}93 > c$. Also fällt die Entscheidung für $E(X) > E(Y)$.

8.4.2. Vergleich der Varianzen zweier unabhängiger Normalverteilungen (F-Test). Im vorangehenden Test war $V(X) = V(Y)$ vorausgesetzt. Ob diese Voraussetzung tatsächlich erfüllt ist, kann selbst wieder durch einen Test geprüft werden. Ferner ist man bei beeinflußbaren Zufallsgrößen oft an einer möglichst kleinen Varianz interessiert (z. B. an möglichst gleichmäßiger Qualität der produzierten Ware oder an möglichst gleichmäßiger Größe von Früchten). Daher ist es wichtig, für zwei unabhängige normalverteilte Zufallsgrößen X und Y etwa die Vermutung $V(X) < V(Y)$ statistisch abzusichern. Dies geschieht durch einen Test von

(1183) $$H_0 : V(X) = V(Y) \text{ gegen } H_1 : V(X) < V(Y)$$

zum Niveau α. Die dazu benutzte Prüfgröße ist

(1184) $$T := \frac{S_2^2}{S_1^2}, \text{ mit } S_1^2, S_2^2 \text{ wie in (1178).}$$

Man kann zeigen: *Falls die Hypothese H_0 richtig ist, besitzt T eine F-Verteilung mit $(m-1, n-1)$ Freiheitsgraden* (vgl. 7.2.6). Bezeichnet $F_{m-1,n-1}$ ihre Verteilungsfunktion, so berechnet sich die kritische Zahl c mittels Tafelwerken aus der Gleichung

(1185) $$F_{m-1,n-1}(c) = 1 - \alpha$$

Aus zwei Stichproben $x_1, \ldots, x_n$ und $y_1, \ldots, y_m$ berechnet man nun s_1^2, s_2^2 und die Realisierung von T:

(1186) $$t := \frac{s_2^2}{s_1^2}.$$

Ist $t > c$, so entscheidet man für $V(X) < V(Y)$. Im Falle $t \leq c$ akzeptiert man H_0 oder geht zu größeren Stichprobenumfängen über.

Bemerkung. Für die Durchführung des hier beschriebenen „F-Tests" braucht man nichts über die Größe von $E(X)$ und $E(Y)$ zu wissen.

Zahlenbeispiel. Für $n = 15$, $m = 16$, $\alpha = 0{,}05$ ergibt sich aus [16], S. 407, $c = 2{,}46$. Aus den Stichproben sei $s_1^2 = 13{,}8$ und $s_2^2 = 26{,}1$ errechnet worden. Es folgt $t = 1{,}89 < c$. Es besteht also kein „signifikanter" Unterschied zwischen $V(X)$ und $V(Y)$.

8.4.3. Testen einer Verteilungsfunktion: der Chi-Quadrat-Test. Bisher wurden nur *Parameter* von Verteilungen getestet, der *Verteilungstyp* selbst wurde dagegen stets als bekannt, nämlich als annähernde Normalverteilung, vorausgesetzt. Jetzt soll eine *Verteilung als ganze* getestet werden. Das am häufigsten benutzte Testverfahren, den sog. Chi-Quadrat-Test, stellen wir *hier nur für den Fall einer endlichen diskreten Verteilung* dar (die natürlich auch als Approximation einer stetigen Verteilung verstanden werden kann).

Die Zufallsgröße $X : \Omega \to \mathbf{R}$ nehme nur die Werte $a_1, \ldots, a_k$ an (k = feste Zahl). Zu testen sei die Hypothese

(1187) $$H_0 : P(X = a_i) = p_i, \quad 1 \leq i \leq k$$

wo p_i vorgegebene positive Wahrscheinlichkeiten mit der Summe 1 sind. Es bezeichne n wieder den ins Auge gefaßten Stichprobenumfang. Auf $\Omega^n = \Omega \times \Omega \times \ldots \times \Omega$ (n mal) werden folgende Zufallsgrößen $Z_1, \ldots, Z_k$ definiert:

(1188) $$Z_i(\omega_1, \ldots, \omega_n) := \textit{Anzahl der Werte } a_i \textit{ unter den } n \textit{ Zahlen } X(\omega_1), \ldots, X(\omega_n)$$

Damit bildet man die in der Regel mit χ^2 bezeichnete Testgröße T

(1189) $$T = \chi^2 := \sum_{i=1}^{k} \frac{(Z_i - np_i)^2}{np_i}.$$

Falls die Hypothese H_0 zutrifft, ist Z_i B_{n,p_i}-binomialverteilt und somit $E(Z_i) = np_i$. Das bedeutet, daß man für χ^2 um so kleinere (positive) Werte erwartet, je besser die Hypothese H_0 erfüllt ist. Zur Festlegung einer kritischen Zahl c benötigt man folgende Aussage (ohne Beweis):

(1190) *Falls H_0 zutrifft und n so groß ist, daß für alle i $np_i \geq 5$ gilt, besitzt die Testgröße χ^2 näherungsweise eine Chi-Quadrat-Verteilung mit $k-1$ Freiheitsgraden (vgl. 7.2.4).*

Sei F_{k-1} die zugehörige Verteilungsfunktion. Will man eine Abweichung von der Hypothese H_0 mit einer Irrtumswahrscheinlichkeit α statistisch sichern, so muß die

Zahl c wieder Lösung der Gleichung

(1191) $$F_{k-1}(c) = 1 - \alpha$$

sein und aus Tabellen entnommen werden.

Sei nun $x_1, \ldots, x_n$ eine Stichprobe. Sie besteht nur aus den Zahlen $a_1, \ldots, a_k$, und zwar soll a_i genau z_i mal unter den Zahlen $x_1, \ldots, x_n$ vorkommen, $i = 1, 2, \ldots, k$ $(z_1 + \ldots + z_k = n)$. Dann ist

(**1192**) $$\chi_0^2 := \sum_{i=1}^{k} \frac{(z_i - np_i)^2}{np_i}$$

eine Realisierung der Testgröße χ^2. Ist $\chi_0^2 > c$, so wird H_0 abgelehnt. Diese Entscheidung ist mit der Irrtumswahrscheinlichkeit α gesichert. Ist jedoch $\chi_0^2 \leq c$, so hat man keinen Grund, H_0 abzulehnen, obwohl eine Entscheidung *für* H_0 mit ziemlich großer Wahrscheinlichkeit falsch sein kann.

Zahlenbeispiel. $n = 100$, $k = 5$, $p_1 = 0{,}10$; $p_2 = 0{,}21$; $p_3 = 0{,}35$; $p_4 = 0{,}22$; $p_5 = 0{,}12$. Für $\alpha = 0{,}05$ bzw. $0{,}01$ ergibt sich $c = 9{,}49$ bzw. $13{,}28$. Aus einem Test sei $z_1 = 5$, $z_2 = 16$, $z_3 = 43$, $z_4 = 29$, $z_5 = 7$ gewonnen worden. Daraus folgt $\chi_0^2 = 9{,}83$. Auf dem 5%-Niveau ist H_0 also abzulehnen, auf dem 1%-Niveau dagegen nicht.

8.4.4. Unabhängigkeitstests. Auf ein und derselben Grundgesamtheit beobachten wir jetzt *zwei* Merkmale gleichzeitig. Dies entspricht einem zweidimensionalen Zufallsvektor (X, Y) auf einem Ergebnisraum Ω. Zu testen ist die Hypothese

(**1193**) H_0 : *X und Y sind unabhängige Zufallsgrößen*

Wir behandeln dieses Testproblem hier *nur für den einfachen Fall, daß X und Y je nur zwei Werte annehmen können.* Es seien dies die Zahlen 0 und 1. Auf Ω^n (n = vorgesehener Stichprobenumfang) bilden wir die Zufallsgrößen

$$Z_{00}, Z_{01}, Z_{10}, Z_{11}$$

wie folgt:

$$Z_{ij}(\omega_1, \ldots, \omega_n) := \begin{cases} \textit{absolute Häufigkeit des Zahlenpaares } (i,j) \textit{ unter den} \\ n \textit{ Paaren } (X(\omega_k), Y(\omega_k)),\ k = 1, \ldots, n \end{cases}$$

wobei i und j gleich 0 oder 1 ist.

Man kann nun wieder beweisen: *Falls die Hypothese H_0 zutrifft und n hinreichend groß ist, besitzt die Testgröße*

(**1194**) $$\chi^2 := \frac{n(Z_{00}Z_{11} - Z_{01}Z_{10})^2}{(Z_{00} + Z_{01})(Z_{00} + Z_{10})(Z_{11} + Z_{01})(Z_{11} + Z_{10})}$$

näherungsweise eine Chi-Quadrat-Verteilung mit 1 *Freiheitsgrad* (vgl. [6], S. 532). Die kritische Zahl c zum Testniveau α ist damit aus der Gleichung $F_1(c) = 1 - \alpha$ zu bestimmen. Dabei ist F_1 die Verteilungsfunktion der χ_1^2-Verteilung.

Liegt nun eine n-Stichprobe $(x_1, y_1), \ldots, (x_n, y_n)$ des Zufallsvektors (X, Y) vor – alle x_k, y_k sind 0 oder 1 – und gibt z_{ij} an, wie oft das Paar (i, j) in der Stichprobe vorkommt, so ist

$$\textbf{(1195)} \qquad \chi_0^2 := \frac{n(z_{00} z_{11} - z_{01} z_{10})^2}{(z_{00} + z_{01})(z_{00} + z_{10})(z_{11} + z_{01})(z_{11} + z_{10})}$$

eine Realisierung der Testgröße χ^2 in (1194). Falls $\chi_0^2 > c$ ist, wird die Hypothese H_0 verworfen, d.h., man betrachtet X und Y als abhängige Zufallsgrößen.

Übungsaufgaben. 256.* Auf dem Niveau (a) 0,10 (b) 0,05 (c) 0,01 soll getestet werden, ob von zwei Weizenanbaumethoden A, B die Methode A zu größeren Ernteerträgen führt als B. A wurde auf 7, B auf 8 Testfeldern ausprobiert. Dabei ergab sich für A bzw. für B ein mittlerer Hektarertrag von 35,9 bzw. 33,7 dz und eine empirische Varianz von 8,4 bzw. 6,8 dz^2.

Hinweis: Man unterstelle Normalverteilung und gleiche Varianz.

257.* Zwei Maschinen A und B produzieren denselben Massenartikel, bei dem eine bestimmte Längenabmessung mit möglichst geringen Schwankungen einzuhalten ist. Eine 13-Stichprobe aus der Produktion von A ergibt für diese Längenabmessung die empirische Varianz 0,045 mm^2, und eine 10-Stichprobe aus der Produktion von B hat entsprechend die empirische Varianz 0,131 mm^2. Kann man daraufhin mit einer Irrtumswahrscheinlichkeit (a) 0,05 (b) 0,01 behaupten, die Maschine A arbeite gleichmäßiger als B?

258.* Ein Würfel wurde 1020mal geworfen. Dabei hatten die Augenzahlen $1, \ldots, 6$ folgende absoluten Häufigkeiten: 195, 151, 148, 189, 183, 154. Man teste die Hypothese, daß der Würfel echt ist, auf dem Niveau (a) 0,05 (b) 0,01.

259.* Für eine Zufallsgröße X, die nur die Werte $0, 1, \ldots, 5$ annehmen kann, liege eine Stichprobe vom Umfang 1000 vor. Darin mögen die Zahlen 0 bis 5 der Reihe nach 63, 281, 371, 211, 67, 7mal vorkommen. Man teste die Hypothese H_0, daß X eine $B_{5,\frac{2}{5}}$-Binomialverteilung besitzt, auf dem Niveau (a) 0,10 (b) 0,05.

260.* Eine Repräsentativbefragung von 400 Studierenden habe nachstehende „Vierfeldertafel“ ergeben. Man teste auf dem Niveau (a) 0,05 (b) 0,01, ob zwischen dem x_k, y_k sind 0 oder 1

	Raucher	Nichtraucher
männlich	103	147
weiblich	77	73

Geschlecht einerseits und den Rauchgewohnheiten andererseits eine Abhängigkeit besteht?

Anhang

Lösungen der mit * versehenen Übungsaufgaben

1. a) $-\frac{1}{5}+\frac{7}{5}\mathrm{i}$ b) $0{,}181534-0{,}085073\,\mathrm{i}$ c) $12{,}756981+0{,}121194\,\mathrm{i}$

2. a) $\frac{1}{\sqrt{2}}\left(\cos\frac{\pi}{4}+\mathrm{i}\sin\frac{\pi}{4}\right)$ b) $\cos\frac{n\pi}{2}+\mathrm{i}\sin\frac{n\pi}{2}$ c) $\cos\frac{\pi}{6}+\mathrm{i}\sin\frac{\pi}{6}$

d) $\cos\frac{\pi}{2}+\mathrm{i}\sin\frac{\pi}{2}$ e) $(a^2+b^2)(\cos 0+\mathrm{i}\sin 0)$

7. a) $\pm\frac{1}{\sqrt{2}}(1+\mathrm{i})$ b) $\pm\sqrt{r}\left(\cos\frac{\alpha}{2}+\mathrm{i}\sin\frac{\alpha}{2}\right)$

c) $\frac{1}{\sqrt{2}}-\left(1+\frac{1}{\sqrt{2}}\right)\mathrm{i},\ -\frac{1}{\sqrt{2}}-\left(1-\frac{1}{\sqrt{2}}\right)\mathrm{i}.$

8. a) $1,\ \frac{1}{2}(-1\pm\sqrt{3}\,\mathrm{i})$ b) $-\mathrm{i},\ \frac{1}{2}(\pm\sqrt{3}+\mathrm{i})$ c) $\pm 1\pm \mathrm{i}.$

10. Kein x für $b^2-4ac<0$. Sonst alle x mit $\frac{1}{2a}\left(-b-\sqrt{b^2-4ac}\right)\leq$

$\leq x\leq\frac{1}{2a}\left(-b+\sqrt{b^2-4ac}\right).$

14. Die Polynomdivision liefert:

a) $\frac{x^2+1}{x-1}=x+1+\frac{2}{x-1}$ b) $\frac{x^2-1}{x^2+1}=1-\frac{2}{x^2+1}$

c) $\frac{x^3-x^2-x}{x+1}=(x-1)^2-\frac{1}{x+1}$

15. $$\frac{x^3}{x^2+2Ax+B}=x-2A+\frac{(4A^2-B)x+2AB}{x^2+2Ax+B}$$

16. $$\frac{ax^2+bx+c}{x^2+2Ax+B}=a+\frac{(b-2aA)\xi}{\xi^2+B-A^2}+\frac{c-aB-A(b-2aA)}{\xi^2+B-A^2}\qquad\text{mit } \xi=x+A.$$

23. $0{,}\overline{23}\ldots=\frac{23}{100}\sum_{k=0}^{\infty}100^{-k}=\frac{23}{100}\cdot\frac{1}{1-\frac{1}{100}}=\frac{23}{99}$

27. Die Folgen a), c), d), f), g) konvergieren gegen $1,\ \sqrt[3]{2/3},\ 0,\ 1,\ 0$. Die Folgen b) und e) divergieren gegen $+\infty$.

30. $\sum\frac{1}{(k-1)^2}$ ist eine Majorante. **31.** Von einer Stelle an ist $|a_k|>1$.

32. a) $\frac{a}{3}$ b) 2 c) $-\infty$ d) 1 e) $\cos 1$

33. a) -2 b) $-$ c) $-$ d) 1 e) $\frac{1}{2}$ f) 1.

37. a) $\frac{1-2x^2}{\sqrt{1-x^2}}$ b) $\frac{x^2+\frac{3}{2}x\sqrt{x}}{(x+\sqrt{x})^2}$ c) $(3x^2-2x^4)e^{-x^2}$

d) $\frac{1}{\cos^2 x}$ e) $n\cos x \cdot (\sin x)^{n-1}$ f) $-\frac{n}{2}\frac{\sin\sqrt{x}}{\sqrt{x}}(\cos\sqrt{x})^{n-1}$

g) $2x\cos(x^2)\,e^{\sin(x^2)}$ h) $\frac{2}{1-x^2}$ i) $\ln x$ j) $\frac{\cos x}{\sin x}$

38. Die maximale Höhe $\frac{a^2}{1962}+b$ cm wird nach $\frac{a}{981}$ s erreicht.

39. $p(t) = 2370\,e^{0{,}2290\,t}$. Die Werte 10^4; 10^5; 10^6 werden in den Zeitpunkten $t = 6{,}2868$; 16,3416; 26,3964 erreicht. $p(30) = 2{,}2824 \cdot 10^6$.

43. $\frac{4}{3}\sqrt{2}$ **44.** $\pi a b$

45. a) $\frac{1}{3}$ b) π c) 0 d) 1 e) 1 f) $\frac{1}{2}\ln 3$.

46. a) $2x\sin x + (2-x^2)\cos x$ b) $(x^3-6x)\sin x + (3x^2-6)\cos x$

c) $-\frac{1}{3}(2+\sin^2 x)\cos x$ d) $\frac{x^2}{4}(2\ln x - 1)$

e) $\frac{1}{2}(\ln x)^2$ f) $x(\ln x)^2 - 2x\ln x + 2x$

g) $-\frac{\cos(a-b)x}{2(a-b)} - \frac{\cos(a+b)x}{2(a+b)}$ $(a^2 \neq b^2)$

h) $\frac{\sin(a-b)x}{2(a-b)} - \frac{\sin(a+b)x}{2(a+b)}$ $(a^2 \neq b^2)$

i) $\frac{\sin(a-b)x}{2(a-b)} + \frac{\sin(a+b)x}{2(a+b)}$ $(a^2 \neq b^2)$ j) $\frac{2}{3}x\sqrt{x}\left(\ln x - \frac{2}{3}\right)$

47. a) $\frac{3}{8}(1+x^2)^{4/3}$ b) $-\frac{1}{2}e^{-x^2}$ c) $\ln(1+\sin x)$ d) $\frac{2}{3}(1+e^y)^{3/2}$

e) $\frac{1}{4}(y^2\sqrt{1-y^4} - \arccos y^2)$ f) $2(\sqrt{y}-1)e^{\sqrt{y}}$

48. a) $2\sqrt{1+y} - 2\ln(1+\sqrt{1+y})$ b) $-y-4\sqrt{y}-4\ln(1-\sqrt{y})$

49. a) $\dfrac{1}{\sqrt{1+x^4}}$ b) $\dfrac{1}{\sqrt{x}}$ c) $\dfrac{2}{x}\sin(x^2)$ d) $e^{-x^2}(\int\limits_0^x e^{-t^2}\,\mathrm{d}t)^{-1}$

e) $\dfrac{1}{x}(e^x - e^{-x})$ f) 0.

50. $c_1 = 1,\ c_2 = \dfrac{1}{2e}$

51. $F(y) = \dfrac{\sqrt{2\pi}\,\sigma}{2}\operatorname{erf}\left(\dfrac{y-m}{\sqrt{2}\,\sigma}\right)$. Für $m = 0,\ \sigma = 1$ ist $F(1) = 0{,}8556$; $F(2) = 1{,}1963$;

$F(4) = 1{,}2532$; $F(0{,}6744) = \dfrac{\sqrt{2\pi}}{4}$

52. Substitution $u = -x - t$

53. a) $5\ln\dfrac{x}{1-x} - \dfrac{1}{x} + \dfrac{4}{1-x} + \dfrac{3}{2}\dfrac{1}{(1-x)^2} + \dfrac{2}{3}\dfrac{1}{(1-x)^3} + \dfrac{1}{4}\dfrac{1}{(1-x)^4}$

b) $\left(\dfrac{x}{4} + \dfrac{5}{24}\right)\sqrt{x^2 - x + 1}^{\,3} + \dfrac{1}{16}\left(\left(\dfrac{x}{2} - \dfrac{1}{4}\right)\sqrt{x^2 - x + 1} + \right.$

$\left. + \dfrac{3}{8}\ln\left(x - \dfrac{1}{2} + \sqrt{x^2 - x + 1}\right)\right)$

c) $\dfrac{1}{2}\cdot\dfrac{\sin x}{\cos^2 x} + \dfrac{1}{2}\ln\dfrac{1 + \sin x}{\cos x}$ d) $\dfrac{3\pi}{16}$ e) $n!$ f) $\dfrac{4!}{n^5} +$

$+ \dfrac{(-1)^{n+1}}{n^5}((n\pi)^4 - 12(n\pi)^2 + 24)$.

54. a) 5,16625 b) 5,1975 **55.** 3,0836

57. a) $1 - \dfrac{\left(x - \dfrac{\pi}{2}\right)^2}{2!} + \dfrac{\left(x - \dfrac{\pi}{2}\right)^4}{4!}$

b) $(x-1) - \dfrac{3}{2}(x-1)^2 + \dfrac{11}{6}(x-1)^3 - \dfrac{25}{12}(x-1)^4$

c) $\dfrac{1}{2}\sum\limits_{k=0}^{n}(k+1)(k+2)x^k$ d) $1 + x^2 + \dfrac{2}{3}x^4 + \dfrac{17}{45}x^6$

e) $\sum\limits_{k=1}^{n}(1 - (-1)^k)\dfrac{x^k}{k}$ f) $2 - x + x^2 - x^3$

g) $-1 + 31(x-2) + 56(x-2)^2 + 36(x-2)^3$

h) $e\left(1 - 2x + 3x^2 - \dfrac{10}{3}x^3\right)$

i) $e\left(-1 + 2(x+1) - \dfrac{3}{2}(x+1)^2 + \dfrac{2}{3}(x+1)^3\right)$ j) $1 - \dfrac{1}{3}x^2 - \dfrac{1}{45}x^4$

58.
$$\frac{1}{1-x^2} = \begin{cases} \frac{1}{2}\sum\limits_{k=0}^{\infty}\left(\frac{1}{3^{k+1}} - 1\right)(x+2)^k & \text{für} \quad |x+2| < 1 \\ \sum\limits_{k=0}^{\infty} x^{2k} & \text{für} \quad |x| < 1 \\ \frac{1}{2}\sum\limits_{k=0}^{\infty}\left(\frac{1}{4^{k+1}} - \frac{1}{2^{k+1}}\right)(-1)^k(x-3)^k & \text{für} \quad |x-3| < 2 \end{cases}$$

60. f hat Pole in $x = \pm\,\mathrm{i}$

61. a) $\frac{1}{\sqrt{e}}(2-x)$ b) $\frac{1}{2}(1+x)$ c) $1-\frac{x}{2}$ d) $1+\frac{x}{2}$ e) 0

f) x g) x h) $\ln(2+\sqrt{3}) + \frac{1}{\sqrt{3}}(x-2)$.

62. a) 3 b) ∞ c) 0 d) $\sqrt{2}$. **63.** a) $\frac{1}{3}$ b) $-\frac{1}{2}$ c) 0

65. $\varphi(h) = a + \frac{1}{4a} - 1$ mit $a := \frac{1}{h}(\sqrt{1+h} - 1)$. $\varphi(h) \approx \frac{1}{32}h^2$ für kleines h.

67. $T_k = 1$; Berührungspunkt $(V, P) = (1, 1)$.

68. Für $2\beta^2 < \Omega^2$ tritt ein Maximum an der Stelle $\omega = \sqrt{\Omega^2 - 2\beta^2}$ auf. Sein Wert ist $\frac{1}{2\beta\sqrt{\Omega^2 - \beta^2}}$.

69. Größte Reaktionsgeschwindigkeit im Zeitpunkt $t = \frac{1}{k_2 - k_1} \cdot \ln\frac{k_2}{k_1}$

70. 1,16556

71. a) $(x - 1 - \mathrm{i}\sqrt{2})(x - 1 + \mathrm{i}\sqrt{2})$ b) $(x-1)\left(x + \frac{1}{2} - \frac{\sqrt{3}}{2}\mathrm{i}\right)\left(x + \frac{1}{2} + \frac{\sqrt{3}}{2}\mathrm{i}\right)$

c) $(x+1)(x - \mathrm{i}\sqrt{2})(x + \mathrm{i}\sqrt{2})$

d) $(x - a - \mathrm{i}a)(x - a + \mathrm{i}a)(x + a - \mathrm{i}a)(x + a + \mathrm{i}a)$ mit $a = \frac{\sqrt[4]{5}}{\sqrt{2}}$

e) $(x-1)(x+1)\left(x - \frac{1}{2} - \frac{\sqrt{3}}{2}\mathrm{i}\right)\left(x - \frac{1}{2} + \frac{\sqrt{3}}{2}\mathrm{i}\right)\left(x + \frac{1}{2} - \frac{\sqrt{3}}{2}\mathrm{i}\right) \cdot$

$\cdot \left(x + \frac{1}{2} + \frac{\sqrt{3}}{2}\mathrm{i}\right)$

73. a) 1 und 2 b) -1 und -2 c) -1 und -2 d) 2 und 3.

74. Einzige reelle Wurzel: $x = -0{,}6369$. Für alle Wurzeln $x \in \mathbb{C}$ gilt $|x| \le 3$.

75. $2 - \frac{131}{60}x + \frac{237}{60}x^2 - \frac{41}{30}x^3$

77. Für die Einwohnerzahl zur Zeit $1950 + x$ lautet das Interpolationspolynom: $827000 - 4633{,}3\,x + 3670\,x^2 - 194{,}667\,x^3 + 2{,}8\,x^4$. Stärkstes Wachstum im Jahr 1959. Im Jahr 1961 wurde die Millionengrenze überschritten.

78. a) $\frac{2}{11}\frac{1}{x-3} + \frac{-8+7\sqrt{2}\,\mathrm{i}}{88} \cdot \frac{1}{x+\sqrt{2}\,\mathrm{i}} - \frac{8+7\sqrt{2}\,\mathrm{i}}{88}\frac{1}{x-\sqrt{2}\,\mathrm{i}}$

b) $\frac{1}{(x+1)^3} - \frac{2}{(x+1)^2} + \frac{1}{x+1}$

c) $\frac{1}{2}\frac{1}{x+\mathrm{i}} + \frac{1}{2}\frac{1}{x-\mathrm{i}} - \frac{\mathrm{i}}{4}\frac{1}{(x+\mathrm{i})^2} + \frac{\mathrm{i}}{4}\frac{1}{(x-\mathrm{i})^2}$

79. $R(x) = 1 - \frac{2}{(x-1)^2} + \frac{1}{x+2}$

80. a) $x^2 - x + 1$ b) 3 c) $x + 1$ d) 0

81. 19,8130; 2,6651; 584,0578; 0,6235; 4714,8545; $34{,}1932 \cdot 10^6$.

83. a) $1 + \frac{1}{4}x^2 - \frac{11}{96}x^4$ b) $1 - \frac{2}{5}x^2 + \frac{1}{75}x^4$

c) $1 - \frac{x}{2} + \frac{3}{8}x^2 - \frac{13}{16}x^3 + \frac{131}{128}x^4$ d) $2 + \ln 2 \cdot x^4$

e) $1 - \frac{1}{12}x^2 + \frac{1}{1440}x^4$ f) $1 + \frac{3}{2}x^2 - 3x^3 + \frac{11}{8}x^4$

84. a) $\frac{1}{\ln a} \cdot (x-1)$ b) $1 + x\ln a$ c) $b^c\left(1 + \frac{ac}{b}x\right)$

d) $1 + \frac{1}{2}(a-b)\,x$ e) $1 + (b-a)\,x$

86. $x(t) = 1000\,e^{0{,}0261\,t}$ **87.** $y = 5{,}36\,x^{-0{,}73}$ **88.** $y(t) = \frac{0{,}0350}{1 + 0{,}13\,t}$

90. a) $r = A\varphi$ b) $r = e^{(1/2A)\varphi}$ c) $r = |A| \cdot \sqrt{\cos 2\varphi}$

95. a) $x \arcsin x + \sqrt{1-x^2}$ b) $x \arctan x - \frac{1}{2}\ln(x^2+1)$

c) $x \operatorname{arcosh} x - \sqrt{x^2-1}$ d) $x \operatorname{arcoth} x + \frac{1}{2}\ln(x^2-1)$

96. a) $\frac{x+1}{2}\sqrt{x^2+2x} - \frac{1}{2}\operatorname{arcosh}(x+1)$

b) $-\sqrt{2-x-x^2} - \frac{1}{2}\arcsin\frac{2x+1}{3}$

c) $-\frac{1}{4}x^2 + \frac{1}{4}x - \frac{3}{16}\ln(1-x-2x^2) - \frac{23}{48}\ln\frac{1+x}{1-2x}, \left(-1 < x < \frac{1}{2}\right).$

d) $\dfrac{2\sin x}{\sin x + \cos x - 1}$

99. a) $\cos a \cos x - \sin a \sin x$ b) $\frac{1}{2} + \frac{\cos 2}{2}\cos 2x - \frac{\sin 2}{2}\sin 2x$

c) $\frac{3}{4}\sin x - \frac{1}{4}\sin 3x$ d) $\frac{1}{8} - \frac{1}{8}\cos 4x$

101. a) $\frac{1}{2} - 2\sum_{k=1}^{\infty} \frac{\sin 2\pi k x}{k}$ b) $\frac{2}{\pi} - \frac{4}{\pi}\sum_{k=1}^{\infty} \frac{(-1)^k \cos 2kx}{(2k-1)(2k+1)}$

c) $\frac{1}{8} + \sum_{k=1}^{\infty}\left(\frac{2}{\pi^2 k^2}\left(1-\cos\frac{k\pi}{2}\right)\cos kx + \frac{1}{\pi k}\left(1-\frac{2}{\pi k}\sin\frac{k\pi}{2}\right)\sin kx\right)$

102. $12\left(\sin x - \frac{\sin 2x}{2^3} + \frac{\sin 3x}{3^3} - \frac{\sin 4x}{4^3} + - \cdots\right)$

103. $A\cdot\left(\frac{1}{\pi} + \frac{1}{2}\sin Bt + \sum_{k=1}^{\infty}\frac{2}{\pi(1-4k^2)}\cos 2kBt\right)$

104. $\frac{1}{\sqrt{3}} - \left(\frac{4}{\sqrt{3}} - 2\right)\sin x$

105. a) Konvergenz in $x = \pi$, Divergenz in $x = 0$

b) Konvergenz in $x = \frac{\pi}{4}$, Divergenz in $x = \frac{\pi}{2}$.

106. a) Periode π b) Periode π c) nicht periodisch

d) Periode 2 e) Periode $\frac{2\pi}{3}$ f) nicht periodisch

g) nicht periodisch h) Periode $\frac{2\pi}{g}$, $g =$ größter gemeinsamer Teiler von m und n.

111. a) $\sqrt{21}$ b) $\sqrt{2-\sqrt{3}} = 0{,}5176$ c) $\sqrt{14t^2 + 16t + 10}$, kleinster Abstand: $\sqrt{\frac{38}{7}} = 2{,}3299$.

112. a) $\left(-1, 1, \frac{7}{2}\right)$; $\left(\frac{1}{4}\cos\varphi, \frac{1}{4}\sin\varphi, \frac{1}{2} + \frac{\sqrt{3}}{4}\right)$; $\left(\frac{1+t}{2}, 0, \frac{3+t}{2}\right)$

b) $\left(-\frac{1}{3}, \frac{2}{3}, \frac{10}{3}\right)$; $\left(\frac{1}{6}\cos\varphi, \frac{1}{6}\sin\varphi, \frac{2}{3} + \frac{\sqrt{3}}{6}\right)$; $\left(\frac{2t+1}{3}, -\frac{t}{3}, 2 + \frac{t}{3}\right)$

113. a), b), d). **114.** Nein.

115. Kreiskegel, dessen Achse durch O geht und die Richtung von $\boldsymbol{a}$ hat.

119. $|\boldsymbol{k}| = m\sqrt{6}$ g cm s^{-2}, $|\boldsymbol{v}| = \sqrt{2}$ cm s^{-1}

121. $\boldsymbol{x} = \frac{\boldsymbol{a}\boldsymbol{x}}{|\boldsymbol{a}|^2}\boldsymbol{a} + \left(\boldsymbol{x} - \frac{\boldsymbol{a}\boldsymbol{x}}{|\boldsymbol{a}|^2}\boldsymbol{a}\right)$

122. a) $\begin{bmatrix} -1 & 0 & 3 \\ 1 & -1 & 0 \\ 0 & 1 & 0 \end{bmatrix}$ b) $\begin{bmatrix} 0 & 1 \\ 1 & 1 \\ 1 & -1 \end{bmatrix}$ c) $\begin{bmatrix} 0 & -1 & 1 \\ 1 & 0 & -1 \end{bmatrix}$ d) $\begin{bmatrix} a_1 \\ a_2 \\ a_3 \end{bmatrix}$

124. a) 180°-Drehung um die x_1-Achse. b) 120°-Drehung um die durch (0,0,0) und (1, 1, 1) gehende Achse. c) 30°-Drehung um die x_3-Achse. d) Projektion auf die zum Vektor $\begin{bmatrix} 1 \\ 1 \\ 1 \end{bmatrix}$ senkrechte Ebene durch O.

126. $\begin{bmatrix} a_1 & b_1 & c_1 \\ a_2 & b_2 & c_2 \\ a_3 & b_3 & c_3 \end{bmatrix}$ **128.** c) $a = c = 0$ d) $\tilde{A} = \begin{bmatrix} 1 & -a & ac-b \\ 0 & 1 & -c \\ 0 & 0 & 1 \end{bmatrix}$

131. $A^3 = A^4 = \cdots =$ Nullmatrix.

132. a) $\left(\frac{17}{22}, \frac{3}{22}\right)$ b) $(0,0)$ c) nicht lösbar d) $\left(t, \frac{3}{2} - \frac{3}{4}t\right), t \in \mathbf{R}$.

134. a) 6 b) 0 c) abc d) 0 e) -36

135. a) und b): $a_{11}\,a_{22}\,a_{33} \ldots a_{nn}$ **136.** $\det B = c^n \det A$

138. a) $(178, 232, -40)$ b) $\left(-\frac{543}{26}, \frac{59}{26}, \frac{81}{13}, \frac{31}{26}\right)$

139. a) $(0,0,0)$ b) $\left(0, \frac{2}{3}t, t\right)$; $t \in \mathbf{R}$ c) $(3s - 2t, s, t)$; $s, t \in \mathbf{R}$.

140. a) $\begin{bmatrix} a^{-1} & 0 & 0 & 0 \\ 0 & b^{-1} & 0 & 0 \\ 0 & 0 & c^{-1} & 0 \\ 0 & 0 & 0 & d^{-1} \end{bmatrix}$ falls $abcd \neq 0$ b) $\begin{bmatrix} 0 & 0 & 0 & 1 \\ 0 & 0 & 1 & 0 \\ 0 & a^{-1} & 0 & 0 \\ a^{-1} & 0 & 0 & 0 \end{bmatrix}$ für $a \neq 0$

c) $\begin{bmatrix} 1 & -a & ab \\ 0 & 1 & -b \\ 0 & 0 & 1 \end{bmatrix}$ d) $\begin{bmatrix} 0 & 1 & 0 \\ 0 & 0 & 1 \\ 1 & 0 & 0 \end{bmatrix}$

142. Ja. Drehungen von 0°, 120°, 240° um die durch (0, 0, 0) und (1, 1, 1) gehende Achse.

143. $\frac{1}{2} + \mathrm{i}\frac{\sqrt{3}}{2}$ und $\frac{1}{2} - \mathrm{i}\frac{\sqrt{3}}{2}$

144. $ac \neq 0$. Eine endliche Gruppe erzeugt jede der Matrizen

$\begin{bmatrix} -1 & 0 \\ 0 & -1 \end{bmatrix}, \begin{bmatrix} 1 & b \\ 0 & -1 \end{bmatrix}, \begin{bmatrix} -1 & b \\ 0 & 1 \end{bmatrix}$ mit $b \in \mathbf{R}$

145. a) und c) sind orthogonale Matrizen

147. Lösung für c): $\begin{bmatrix}1&2&3&4\\2&3&4&1\end{bmatrix}, \begin{bmatrix}1&2&3&4\\4&1&2&3\end{bmatrix}, \begin{bmatrix}1&2&3&4\\3&4&2&1\end{bmatrix}, \begin{bmatrix}1&2&3&4\\4&3&1&2\end{bmatrix},$

$\begin{bmatrix}1&2&3&4\\3&1&4&2\end{bmatrix}, \begin{bmatrix}1&2&3&4\\2&4&1&3\end{bmatrix}$. Antwort auf die letzte Frage: Nein.

148. a^i, $a^i b$ mit $0 \leq i \leq 4$

150. a) Die Gruppe enthält die Einheit e, zwei Spiegelungen a, b und eine 180°-Drehung ab.

b) Die Gruppe wird von allen Drehungen um die Molekülachse A, einer 180°-Drehung um eine zu A senkrechte Achse und einer Spiegelung an einer zu A senkrechten Ebene erzeugt.

c) Die Gruppe wird von allen Drehungen um die Molekülachse A und einer Spiegelung an einer A enthaltenden Ebene erzeugt.

d) Die Gruppe enthält 6 Elemente. Sie ist zyklisch und wird von einer Drehspiegelung erzeugt.

e) Die Gruppe enthält 6 Elemente. Sie wird erzeugt von einer 120°-Drehung a und einer Spiegelung b an einer die Drehachse enthaltenden Ebene. $ba = a^2 b$.

f) Die Gruppe enthält 12 Elemente $a^i b^j c^k$, $0 \leq i \leq 2$, $0 \leq j \leq 1$, $0 \leq k \leq 1$. a ist eine 120°-Drehung, b eine Spiegelung an einer zur Molekülebene senkrechten Ebene, c die Spiegelung an der Molekülebene. $ba = a^2 b$, $ca = ac$, $cb = bc$.

153. a) $\frac{1}{y}, -\frac{x}{y^2}$ b) $\frac{1}{2\sqrt{x}}, -2^y \ln 2$ c) $y^2 e^{xy^2}, 2xy\, e^{xy^2}$

d) $\frac{a}{\cos^2(ax+by)}, \frac{b}{\cos^2(ax+by)}$ e) $\frac{y}{(1+x^2)^{3/2}}, \frac{x}{\sqrt{1+x^2}}$

f) $\frac{-2y}{(x-y)^2}, \frac{2x}{(x-y)^2}$ g) $\frac{-4x^3}{(1+x^4+y^6)^2}, \frac{-6y^5}{(1+x^4+y^6)^2}$ h) $yx^{y-1}, x^y \ln x$

i) $\sin x \cos x \cdot (1+\sin^2 x - \cos y)^{-1/2}, \frac{1}{2} \sin y (1+\sin^2 x - \cos y)^{-1/2}$

j) $0, \frac{y}{1+y^2}$ k) $-2xy^{-1/2}e^{-x^2}, -\frac{1}{2}y^{-3/2}e^{-x^2}$

155. a) $F_x = f'$, $F_y = g'$, $F_{xx} = f''$, $F_{xy} = F_{yx} = 0$, $F_{yy} = g''$
b) $F_x = f'g$, $F_y = fg'$, $F_{xx} = f''g$, $F_{xy} = F_{yx} = f'g'$, $F_{yy} = fg''$

156. Kombination b) – d): $F'(t) = -5t^4 \sin(t^5)$, $F''(t) = -20t^3 \sin(t^5) - 25t^8 \cos(t^5)$.

157. Ergebnis für die Kombination c)–d): $F_x = 2(2x+y)(1+x^2+xy)$, $F_y = 2x(1+x^2+xy)$, $F_{xx} = 4(1+x^2+xy) + 2(2x+y)^2$, $F_{xy} = F_{yx} = 2(1+x^2+xy) + 2x(2x+y)$, $F_{yy} = 2x^2$.

160. a) $x - y + z = 1$ b) $z = y$ c) $z = ax + by$ d) $4x - 2y + z + 3 = 0$

161. a) $2x + y$ b) $x + y + z - 2$ c) x d) 0

164. 6% **165.** 0,35%

166. a) Globales Maximum in (0,0) b) kein Extremwert
c) globales Minimum in (0,0) d) kein Extremwert e) kein Extremwert
f) globales Minimum in allen Punkten der Geraden $y = x$
g) lokales Minimum in $(1, -1)$ h) lokales Maximum in (0,0)
i) globales Minimum in $(1, -1)$ und $(-1, 1)$.

167. Der Punkt $\left(\frac{5}{7}, \frac{3}{7}, \frac{5}{7}\sqrt{2}\right)$

169. $y = -0{,}34420\,x + 2{,}45783$; Korrelationskoeffizient $r = -0{,}998$.

170. a) $\frac{1}{2}(x^2 + y^2)$ b) – c) xy d) $\frac{x}{y}$ e) – f) –

171. a) $\frac{4}{3}$ b) $-\frac{5}{12}$ c) 0 d) $\frac{1}{2}\sin 1 + e - 1$.

172. a) $\ln 2, \ln 2$ b) $2(1 - \ln 2), \frac{3}{2} - \frac{\pi}{2} + \ln 2$

173. a) 0 b) 0 c) 0 d) $-\pi$.

174. $Q = (T_2 - T_1) R \ln \frac{v_2}{v_1}$ **175.** $F(T, v) = T v^{\varkappa - 1}$

177. a) $-x - y - z$ (Ebenen) b) $\frac{1}{2}(x^2 + y^2 + z^2)$ (Kugelflächen)
c) $x^2 + y^2$ (Kreiszylinder) d) $z - x^2$ (parabolische Zylinder).

178. b) ist ein Gradientenfeld mit der Stammfunktion $xyz - y^2 z$.

179. Arbeit $= \frac{cQ}{\sqrt{x_1^2 + x_2^2 + x_3^2}}$

180. Für stärkste Zunahme: a) $\begin{bmatrix} 2 \\ -1 \end{bmatrix}$ b) $\begin{bmatrix} 0 \\ -2 \end{bmatrix}$ c) $\begin{bmatrix} -1 \\ 1 \end{bmatrix}$ d) $\begin{bmatrix} 1 \\ 0 \end{bmatrix}$ e) $\begin{bmatrix} 1 \\ 3 \end{bmatrix}$

181. a) 74,50° b) 36,34° c) 48,19°.

182. a) $(-1, -1, 1)$ b) $(0, 3z^2 - 2xz, y^2)$ c) $(0, 0, 0)$

184. a) 170 b) $\frac{4}{15}(36\sqrt{6} - 9\sqrt{3} - 31)$ c) 13,2078
d) $15 - 4\sqrt{15} + \ln(4 + \sqrt{15}) = 1{,}5715$

185. a) $-\frac{1}{12}$ b) $2\ln 2 - \frac{5}{4}$

186. a) $y = \frac{b}{a}x$ b) $y = \frac{ab}{x}$ c) $y = \pm\sqrt{x^2 - a^2 + b^2}$ für $b \gtrless 0$.
d) $y = \pm\sqrt{a^2 + b^2 - x^2}$ für $b \gtrless 0$.

189. a) $y = c\,e^{\arctan x}$ b) $y = -\ln\left(e^{-c} - \frac{1}{4}x^4\right)$
c) $x = \frac{1}{2} - \frac{1}{2}\sqrt{1 - 4F(y)}$ mit $F(y) := \frac{1}{4}(6y + \sin 2y - 6c - \sin 2c)$

190. a) $y = cx\,e^{x-1}$ b) $y = x^2 - 2x + 2 + (c-1)\,e^{1-x}$
c) $y = \frac{c}{x} + \frac{1}{4}\left(\frac{1}{x} - x\right) + \frac{x}{2}\ln x$ d) $y = e^{x^2}\left(\int_1^x e^{-t^2}\,dt + c\,e^{-1}\right)$

192. Die Funktion $y \mapsto \sqrt{y}$ ist in $y = 0$ nicht differenzierbar.

193. a) $y^2 - \ln x = c$, $x = e^{y^2 - c}$ b) $x^2y - xy^2 = c$, $y = \frac{1}{2}x \pm \frac{1}{2x}\sqrt{x^4 - 4cx}$
c) $x^2y + \ln y = c$, $x = \pm\sqrt{\frac{c - \ln y}{y}}$

194. a) x^2 und $y^{-4/3}$ b) $\frac{1}{x^2}$ und $\frac{1}{(1+y)^2}$ **195.** Integrierender Faktor $v^{R/C_v} = v^{\varkappa - 1}$

196. $y' = \frac{dy}{dt} = K\frac{y}{t^3}$, $y(t) = \delta\, e^{\frac{K}{2\varepsilon^2}}\, e^{-\frac{K}{2t^2}}$, $y(t) \to \delta\, e^{\frac{K}{2\varepsilon^2}}$ für $t \to \infty$.

197. a) $y = -\sin x + Ax + B$ b) $y = x\ln x - x + Ax + B$
c) $y = A\,\mathrm{erf}(x) + B$ (vgl. (273))

198. $x(t) = x_0 + v_0 t - \frac{981}{2}t^2$. Erreichte Höhe: 2188,7 cm.

200. a) $y = \frac{5}{2}e^{x+1} - \frac{1}{2}e^{-x-1}$ b) $y = 1 + (1+x)\,e^{1-x}$
c) $y = -\frac{3}{2}\cos 2x - \frac{1}{2}\sin 2x + \frac{1}{2}$ d) $y = 2e^{-x}\sin\frac{x}{2} - 2$.

201. Allgemeine Lösung: $y = \frac{1}{17}e^{3x} + (A\cos x + B\sin x)\,e^{-x}$

202. Gesuchte Lösung: $y = \frac{4}{13}\cos 2x - \frac{7}{13}\sin 2x + \frac{9}{13}e^{3x}$

203. Lösungen sind $y = x^2$ und $y = x^{-1/3}$ Gesuchte Lösung: $y = \frac{1}{7}x^2 + \frac{6}{7}x^{-1/3}$

204. $\Omega = \{(i,j);\ 1 \le i \le 6,\ 1 \le j \le 6\}$

a) $\frac{11}{36}$ b) $\frac{25}{36}$ c) $\frac{1}{6}$ d) $\frac{5}{18}$ e) $\frac{4}{9}$

206. Es ist die Binomialverteilung mit $n = 10$ und $p = 0{,}7$ heranzuziehen. a) 0,103 b) 0,028 c) 0,047 d) 0,700

207. a) $e^{-1} \approx 0{,}368$ b) 0,184 c) 0,019 d) 96.

208. $\lambda = -\ln \frac{17}{100} \approx 1{,}772,$

a) 0,471 b) 0,158 c) 0,034

209. $\tau = \frac{\ln 2}{\lambda} \approx 0{,}6931/\lambda$

212. a) $b = 0{,}674\sigma$, $1{,}960\sigma$ und $2{,}576\sigma$.

b) 0,6827, 0,9545, 0,9973

215. $n = 5$: 1,15 4,35 11,07

$n = 10$: 3,94 9,34 18,31

$n = 15$: 7,26 14,34 25,00

219. a) $\Omega = \{T, MT, MMT, MMMT, \ldots\}$

b) $P(X = k) = p(1-p)^{k-1},\ k \in \mathbf{N};\ E(X) = \frac{1}{p};\ V(X) = \frac{1-p}{p^2}.$

220. a) $\Omega = \{A, ZA, ZZA, \ldots\}$. b) $P(X = k) = 2^{-k},\ k \in \mathbf{N},\ E(X) = 2.$

c) $Y = 2^X - 1$ d) $\sum_{k=1}^{\infty} (2^k - 1)2^{-k}$ konvergiert nicht.

e) $G \equiv 1$ folgt aus c).

221. $f(x) = \frac{2x}{a^2}$ für $x \in (0, a)$ und $f(x) = 0$ für $x \notin (0, a)$.

$F(x) = \frac{x^2}{a^2}$ für $x \in (0, a)$, $F(x) = 0$ für $x \le 0$ und

$F(x) = 1$ für $x \ge a$. $E(X) = \frac{2}{3}a$; $V(X) = \frac{a^2}{18}$.

223. $c = 6$. $P(X \le x) = x^2(3 - 2x)$ für $x \in (0, 1)$.

$E(X) = \frac{1}{2}$, $V(X) = \frac{1}{20}$.

224. $P(X \le x) = \frac{x-a}{b-a}$ für $x \in (a, b)$; $E(X) = \frac{a+b}{2}$, $V(X) = \frac{1}{12}(b-a)^2$.

226. $g(x) = 2x$ für $0 \leq x \leq 1$ und $= 0$ sonst.

231. a) $p_{11} = 0{,}6 \quad p_{12} = 0{,}4 \quad p_{21} = 0{,}7 \quad p_{22} = 0{,}3$.
b) Es müßte gelten: $P(X_1 = i, X_2 = j) = p_{1i} p_{2j}$, $i, j = 1, 2$.

232. $P(B_1|A_1) = \frac{2}{3} \neq \frac{7}{10} = P(B_1)$, $P(B_1|A_2) = \frac{3}{4} \neq \frac{7}{10} = P(B_1)$,

$P(B_2|A_1) = \frac{1}{3} \neq \frac{3}{10} = P(B_2)$, $P(B_2|A_2) = \frac{1}{4} \neq \frac{3}{10} = P(B_2)$.

236. a) 0,0752 b) 0,0109 c) 0,0011

237. G = Menge aller reifen Maiskolben auf dem Feld, M = Gewicht, Ω = Menge aller möglichen Gewichte; X ordnet jedem Gewicht seine Maßzahl, z.B. in Gramm, zu.

238. Nur b) und d) ergeben eine unabhängige Zufallsstichprobe.

239. Nein.

240. Weil nicht jeder Haushalt ein Telefon hat.

242. $E(Y) = n^{-1} \sum_{k=1}^{n} E((X_k - \mu)^2) = n^{-1} \sum_{k=1}^{n} V(X_k) = V(X)$.

243. a) $u = 22{,}39$; $w = 24{,}02$ b) $u = 20{,}76$; $w = 25{,}64$
c) $u = 22{,}62$; $w = 23{,}78$ d) $u = 21{,}47$; $w = 24{,}93$.

244. a) $n = 16$ b) $n = 62$.

245. a) $u = 0{,}134$; $w = 0{,}179$ b) $u = 0{,}174$; $w = 0{,}224$
c) $u = 0{,}278$; $w = 0{,}335$ d) $u = 0{,}503$; $w = 0{,}565$.

246. $u = -1{,}234$; $w = -1{,}161$.

247. $u = -0{,}095$; $w = 0{,}835$.

248. a) $3^{-1}\sqrt{10}(\bar{x} - 25) = 1{,}581 < \tilde{c} = 1{,}645$. Keine Bestätigung der Firmenangabe.
b) $w = 0{,}32$.

249. $z = -2{,}16 < -c = -2{,}14$, also Entscheidung für $H_1: E(X) \neq 27$. Die Angabe über σ kann nicht angezweifelt werden, denn Realisierung von $T = 17{,}98 < c = 23{,}68$.

250. $c = -1{,}645$ bzw. $-2{,}326$. Wegen $z = -2{,}45 < c$ ist die Behauptung des Herstellers in beiden Fällen zurückzuweisen.

251. $w = 1 - \Phi\left(\frac{c - b}{a}\right)$. (a) $w = 0{,}11$ (b) $w = 0{,}26$.

252. Da $z = 1{,}459 < c = 1{,}645$, kann H_0 nicht abgelehnt werden.

253. $w = \Phi(0{,}163) = 0{,}56$.

254. $z = 1{,}800$, $c = 1{,}960$. Wegen $-c \leq z \leq c$ ist die Unechtheit nicht gesichert.

255. Ja.

256. (a) $c = 1{,}35$ (b) $c = 1{,}77$ (c) $c = 2{,}65$. $t = 1{,}55$.
(a): A besser als B. (b) und (c): Kein Unterschied zwischen A und B.

257. $t = 0{,}131/0{,}045 = 2{,}91$. (a) $c = 2{,}80$, Antwort: ja.
(b) $c = 4{,}39$, Antwort: nein.

258. $\chi_0^2 = 13{,}25$. (a) $c = 11{,}07$; der Würfel ist nicht echt. (b) $c = 15{,}09$; die Echtheit kann nicht angezweifelt werden.

259. $\chi_0^2 = 10{,}41$. (a) $c = 9{,}24$, also H_0 ablehnen.
(b) $c = 11{,}07$, also keine Ablehnung von H_0.

260. $\chi_0^2 = 3{,}89$ (nach (1195)). (a) $c = 3{,}84$, also besteht eine Abhängigkeit. (b) $c = 6{,}64$, also keine Abhängigkeit.

Symbolverzeichnis

$\mathbf{C}$	Menge der komplexen Zahlen
$\mathbf{N}$	Menge der natürlichen Zahlen
$\mathbf{Q}$	Menge der rationalen Zahlen
$\mathbf{R}$	Menge der reellen Zahlen
$\mathbf{Z}$	Menge der ganzen Zahlen
$\mathbf{R}^n$	Menge der reellen n-tupel
Ω^n	kartesisches Produkt (1076)
$\arg z$	Argument von z, S. 16
$\det A$	Determinante von A, S. 203
DGl(n)	Differentialgleichung(en)
cm	Zentimeter
g	Gramm
s	Sekunde
e	$= 2{,}71828\ldots$ oder: Einheit einer Gruppe, S. 216
π	$= 3{,}14159\ldots$
exp	Exponentialfunktion, S. 48
lg	Zehnerlogarithmus, S. 136
ln	natürlicher Logarithmus, S. 63
$\{x;\ldots\}$	Menge der x mit der Eigenschaft...
$\{x,y,z,\ldots\}$	Menge mit den Elementen $x,y,z,\ldots$
$\{a_n\}$	Zahlenfolge, S. 37
$x \in A$	x ist Element der Menge A
$x \notin A$	x liegt nicht in A
$A \subseteq B$	A ist Teilmenge von B
$A \subset B$	A ist echte Teilmenge von B
$A \setminus B$	Menge der Elemente von A, die nicht in B liegen
$a := b$	a wird durch b definiert; a ist eine Bezeichnung für b
$a =: b$	b wird durch a definiert; b ist eine Bezeichnung für a
$a \approx b$	a ist annähernd gleich b
$a \neq b$	a und b sind verschieden
$a < b$	a ist kleiner als b
$a \leq b$	a ist kleiner als b oder gleich b
$a > b$	a ist größer als b
$a \geq b$	a ist größer als b oder gleich b

$\langle a \rangle$	von a erzeugte zyklische Gruppe, S. 220
$\langle a, b \rangle$	abgeschlossenes Intervall, S. 19
(a, b)	offenes Intervall, S. 19 oder: Zahlenpaar
$x \mapsto f(x)$	Zuordnung bei Funktionen oder Abbildungen, S. 25
$\leftrightarrow$	umkehrbar eindeutige Zuordnung
$\Leftrightarrow$	äquivalent
$a_n \to a$	a_n konvergiert gegen a, S. 38
$x \to \infty$	x strebt nach unendlich, S. 50
$\lim\limits_{n\to\infty} a_n$	Grenzwert von a_n für $n \to \infty$, S. 38
$\lvert x \rvert$	Betrag von $x \in \mathbf{R}$ oder $x \in \mathbf{C}$, S. 19
$\lvert \boldsymbol{x} \rvert$	Länge des Vektors $\boldsymbol{x}$, S. 175
$\lvert A \rvert$	Anzahl der Elemente von A
$\overrightarrow{PQ}$	gerichtete Strecke, Vektor, S. 171
$a\boldsymbol{u}$	Produkt der Zahl a mit dem Vektor $\boldsymbol{u}$
$\boldsymbol{u}\,\boldsymbol{v}$	Skalarprodukt, S. 177
$\boldsymbol{u} \times \boldsymbol{v}$	Vektorprodukt, S. 179
$n!$	$1 \cdot 2 \cdot 3 \cdot \cdots \cdot n$ (lies: n Fakultät)
$\binom{a}{n}$	$\dfrac{a(a-1)\cdots(a-n+1)}{n!}$
$\sum\limits_{k=1}^{n} a_k$	$a_1 + a_2 + a_3 + \cdots + a_n$
$a_{11}, a_{12}, \ldots$	Doppelindizes (lies: a eins eins, a eins zwei, ...)
$f \circ g$	Verkettung von f und g, S. 28
$y' = \dfrac{\mathrm{d}y}{\mathrm{d}x}$	Ableitung der Funktion $x \mapsto y(x)$
$f^{(k)}$	k-te Ableitung von f
$f_{x_i} = \dfrac{\partial f}{\partial x_i}$	partielle Ableitung von f nach x_i, S. 233
$G(x)\Big\vert_a^b$	$G(b) - G(a)$

Literatur

[1] Bosch, K.: Angewandte mathematische Statistik. Reinbek 1976

[2] Collatz, L.: Differentialgleichungen. 5.Aufl. Stuttgart 1973

[3] Emde, F.: Tafeln elementarer Funktionen. 2.Aufl. Leipzig 1948

[4] Erwe, F.: Differential- und Integralgleichung I, II. Mannheim 1962

[5] Fisher, R.A.: Statistical Methods for Research Workers. Edinburgh–London 1950

[6] Fisz, M.: Wahrscheinlichkeitsrechnung und mathematische Statistik. Berlin-Ost 1970

[7] Frey-Wyssling, A.: Deformation and Flow in Biological Systems. Amsterdam 1952

[8] Fromherz, H.: Physikalisch-chemisches Rechnen in Wissenschaft und Technik. 3.Aufl. Weinheim/Bergstr. 1966

[9] Grimsehl, E.: Lehrbuch der Physik. Bd.1 21.Aufl. 1971. Bd.2 18.Aufl. 1973. Bd.3 15.Aufl. 1969. Bd.4 16.Aufl. 1975. Leipzig

[10] Gröbner, W.; Hofreiter, N.: Integraltafel Tl.1 4.Aufl. 1965. Tl.2 4.Aufl. 1966. Wien und Innsbruck

[11] Grotemeyer, K.P.: Analytische Geometrie. Berlin 1962

[12] Hayashi, K.: Fünfstellige Funktionentafeln. Berlin 1930

[13] Jahnke–Emde–Lösch: Tafeln höherer Funktionen. 7.Aufl. Stuttgart 1966

[14] Joos, G.: Lehrbuch der theoretischen Physik. 12.Aufl. Frankfurt a.M. 1970

[15] Kamke, E.: Differentialgleichungen. Tl.1 6.Aufl. 1969. Tl.2 5.Aufl. 1965. Leipzig

[16] Kreyszig, E.: Statistische Methoden und ihre Anwendungen. 3.Aufl. Göttingen 1968

[17] Ryshik, I.M.; Gradstein, I.S.: Tafeln. Berlin 1957

[18] Schlichting, H.: Grenzschichttheorie. 5.Aufl. Karlsruhe 1965

[19] Uhde, K.: Spezielle Funktionen der mathematischen Physik. Tafeln II. Mannheim 1964

[20] Wetzel, W./Jöhnk, M.-D./Naeve, P.: Statistische Tabellen. Berlin 1967

[21] Willers, F.A.: Mathematische Maschinen und Instrumente. Berlin 1951

Sachverzeichnis

Francon

Physik für Biologen, Chemiker und Geologen

Von Prof. Dr. M. Françon, Faculté des Sciences de Paris

Übersetzt aus dem Französischen von Dipl.-Phys. H. von Groote

Band 1: 208 Seiten mit 261 Bildern. Kart. DM 19,80
(Teubner Studienbücher) ISBN 3-519-03022-5

Aus dem Inhalt: Mechanik der Bewegungen / Kräfte und Wechselwirkungen / Zustände der Materie. Gase, feste Körper, Flüssigkeiten / Thermodynamik / Elektrisches Potential / Elektrische und magnetische Felder / Magnetische und elektromagnetische Induktion / Elektrische Ströme

Band 2: 171 Seiten mit 198 Bildern. Kart. DM 18,80
(Teubner Studienbücher) ISBN 3-519-03023-3

Aus dem Inhalt: Elektronik / Elektromagnetische Wellen. Schallwellen / Interferenz, Diffraktion, Polarisation / Mikroskopische Verfahren, Photometrie / Grundzüge der Relativitätstheorie / Atombau und Radioaktivität / Kernreaktionen, Elementarteilchen / Einheiten, Konstanten

Walcher

Praktikum der Physik

Von Prof. Dr.-Ing. Dr. h.c. W. Walcher, Universität Marburg

Unter Mitarbeit von Prof. Dr. phil. M. Elbel, Prof. Dr. phil. W. Fischer, Dr. phil. G. Popp, Dr. rer. nat. R. Sturm, Dr. rer. nat. R. Thielmann und Prof. Dr. phil. W. Zimmermann

4., neubearbeitete und erweiterte Auflage. 1979. 408 Seiten mit 231 Bildern, 99 Versuchen, 15 Tabellen im Text und einem Tabellenanhang. Kart. DM 28,–
(Teubner Studienbücher) ISBN 3-519-33016-4

Aus dem Inhalt: Physikalische Größen und ihre Einheiten, Fehlerrechnung, Praktische Regeln / 99 Versuche zu den Gebieten Mechanik, Akustik, Wärmelehre, Optik, Elektrizitätslehre, Atomphysik, Digitale Elektronik

Kneubühl

Repetitorium der Physik

Von Prof. Dr. sc. nat. F. K. Kneubühl, Eidg. Technische Hochschule Zürich

1975. XVI, 632 Seiten mit 332 Bildern. Kart. DM 29,–
(Teubner Studienbücher) ISBN 3-519-03012-8

Aus dem Inhalt: Mechanik des Massenpunktes, der starren und festen Körper / Hydro- und Aerodynamik / Relativität / Elektrizität / Magnetismus / Maxwellsche Gleichungen / Elektrische und magnetische Eigenschaften fester Körper / Schwingungen und Wellen / Schall / Elektromagnetische Wellen / Quanten- und Wellenmechanik / Thermodynamik / Statistische Mechanik / Kernphysik / Festkörperphysik / Physikalische Anwendungen der komplexen Zahlen, der Fourierreihen, der Fourier- und der Laplace-Transformation / Physikalische Einheiten und Tabellen / Mathematische Formeln / Fachwörter englisch-deutsch-französisch

Teubner Studienbücher Fortsetzung

Mathematik Fortsetzung

Kohlas: **Stochastische Methoden des Operations Research**
192 Seiten. DM 24,80 (LAMM)

Krabs: **Optimierung und Approximation**
208 Seiten. DM 26,80

Müller: **Darstellungstheorie von endlichen Gruppen**
IX, 211 Seiten. DM 24,80

Rauhut/Schmitz/Zachow: **Spieltheorie**
Eine Einführung in die mathematische Theorie strategischer Spiele
400 Seiten. DM 28,80 (LAMM)

Schwarz: **Methode der finiten Elemente**
320 Seiten. DM 29,80 (LAMM)

Stiefel: **Einführung in die numerische Mathematik**
5. Aufl. 292 Seiten. DM 26.80 (LAMM)

Stiefel/Fässler: **Gruppentheoretische Methoden und ihre Anwendung**
Eine Einführung mit typischen Beispielen aus Natur- und Ingenieurwissenschaften
256 Seiten. DM 26,80 (LAMM)

Stummel/Hainer: **Praktische Mathematik**
299 Seiten. DM 28,80

Topsøe: **Informationstheorie**
Eine Einführung. 88 Seiten. DM 14,80

Velte: **Direkte Methoden der Variationsrechnung**
Eine Einführung unter Berücksichtigung von Randwertaufgaben bei partiellen Differentialgleichungen. 198 Seiten. DM 26,80 (LAMM)

Walter: **Biomathematik für Mediziner**
2. Aufl. 206 Seiten. DM 19,80

Witting: **Mathematische Statistik**
Eine Einführung in Theorie und Methoden. 3. Aufl. 223 Seiten. DM 26,80 (LAMM)

Preisänderungen vorbehalten